继电保护故障处理技术与实例分析

国网山东省电力公司电力科学研究院　编著

中国电力出版社
CHINA ELECTRIC POWER PRESS

内 容 提 要

本书是在总结许多起继电保护故障处理的经验教训的基础上写成的。本书详尽叙述继电保护误动或拒动等故障现象的过程，深入分析故障存在的原因，从理论上论证故障所产生的根源，给出故障处理的方法及应采取的防范措施。

全书共分七章，第1章全面介绍了电力系统出现的“信号误发、保护误动、断路器误跳、设备误停”的问题，并阐明了在现场开展工作所遵循的一般规则。第2～6章分别介绍了发电机保护、变压器保护、母线保护、线路保护、断路器保护的故障处理。第7章介绍了其他设备保护及二次回路故障处理的特点与实例分析。

本书语言通俗、内容丰富、资料详实，是现场继电保护工作者进行故障处理的作业指导书；可作为运行人员、管理人员、设计人员以及大专院校广大师生的参考书；也可作为高等院校电力系统及其自动化专业或电气工程专业的研究生教材。

图书在版编目（CIP）数据

继电保护故障处理技术与实例分析/国网山东省电力公司电力科学研究院编著. —北京：中国电力出版社，2022.6

ISBN 978-7-5198-5869-8

Ⅰ. ①继… Ⅱ. ①国… Ⅲ. ①电力系统－继电保护－故障修复②电力系统－继电保护－事故－案例 Ⅳ. ①TM77

中国版本图书馆 CIP 数据核字（2021）第156372号

出版发行：中国电力出版社
地　　址：北京市东城区北京站西街19号（邮政编码 100005）
网　　址：http://www.cepp.sgcc.com.cn
责任编辑：畅　舒（010-63412312）
责任校对：黄　蓓　常燕昆　王小鹏
装帧设计：王红柳
责任印制：吴　迪

印　　刷：三河市万龙印装有限公司
版　　次：2022年6月第一版
印　　次：2022年6月北京第一次印刷
开　　本：787毫米×1092毫米　16开本
印　　张：34.5
字　　数：655千字
印　　数：0001—1000册
定　　价：150.00元

《继电保护故障处理技术与实例分析》
编 审 人 员

主　编　苏文博

副主编　王大鹏　王　昕　张国辉　高广玲　牟旭涛　孙　健
赵阳德　井雨刚　李玉敦　李　宽

编　写　杨　超　李聪聪　赵斌超　黄　强　张婉婕　孙孔明
王　宏　刘　萌　王永波　史方芳　梁正堂　李　娜
孙运涛　唐新建　王　军　黄秉青　刘世富　曹文君
王　涛　吕　强　刘大虎　徐志恒　邱　涛　张永明
王　坤　李建志　郑　伟　苏东亮　张　凯　王邦惠
李文升　杨　宁　高贵云　刘国强　李子峰　李因勤
冯泮臣　贾　涵　王建伟　徐艳红　任继海　任乾超
邱永刚　李　华　艾德常　邹月明　何　刚　丁文渊
郝国文　杨荣华

主　审　李　磊

副主审　周大洲　刘延华　汤建红　潘向华　刘　娟

审　核　周家春　李文亮　刘承禄　栾国军　高贵升　魏恒胜
潘曰涛　王　毅　刘爱兵　张　松　翟　滢　程云祥
赵秉泉　高传增　任永军　李念震　尹训鹏　张　鹏
慈成恩　麻海燕　葛凌峰　林西国　石秀刚　夏明富
逄　蕾　刘兰海　赵　峰　贺广辉　冷述文

前言

《继电保护事故处理技术与实例》已经出版十几年了，作为实用性比较强的一本参考书，该书在指导现场工作方面发挥了重要作用，得到了电力部门同行以及高等学校师生的普遍认可。过去的十几年继电保护专业工作发生了重大变化，在电力系统中不仅投入了众多的新设备，同时也暴露出许多前所未有的问题，出现了一些信号误发、保护误动、断路器误跳、设备误停等事故处理的新素材。根据广大读者的需要，完成了这本《继电保护故障处理技术与实例分析》的编写工作。

继电保护的故障处理是继电保护工作的重要环节，是电力系统故障处理的一部分。继电保护故障处理涉及以下三方面内容：

第一，涉及继电保护的动作行为。即继电保护的误动与拒动方面不正确动作的行为，继电保护的误发与拒发方面不正确发信号的行为，还有与继电保护灵敏性、选择性、快速性、可靠性相违背的行为等问题。根据统计资料，按照保护的种类划分特点如下：发电机所配置的各类保护都有不正确动作的记录；变压器保护则是以差动保护的误动而著称；母线保护同样是差动保护的误动作具有代表性；线路保护表现的是高频问题突出；保护抗干扰差的性能给人带来了太多的烦恼；至于小系统、小电厂继电保护专业的故障也是居高不下。所有这些都是不正确动作的一面，值得认真对待。

第二，涉及电力系统的故障。继电保护的故障往往会伴随着一次系统的故障而出现，或者说在一次系统的故障旋涡中酝酿着继电保护的故障，也就是说一次系统的故障是继电保护事故的滋生地，因此，继电保护的故障处理与电力系统的故障处理密切相关。对于一个发电厂，当一台机组故障停机甚至全厂停电时；对于一个变电站，当一台变压器故障停电甚至全站停电时；对于一个电力系统，当出现大面积停电甚至系统瓦解时，会有大量的断路器跳闸、保护动作、信息报警等现象。此时如何快速确定是一次设备故障，还是保护误动作，或是一、二次设备均有问题发生，是矛盾的主要方面，也是工作的难点所在。只有找到了故障设备，才能及时确定处理措施。可见，如何在大量的信息面前及时确定故障设备是非常关键的，在第一时间内寻找故障点，是电力系统故障处理完成的第一步。

第三，涉及继电保护的专业工作。随着微机型继电保护的广泛使用，使得继电保护的运行与管理以及相关专业工作发生了深刻的变化，表现在设计、安装、调试、检修以及整定计算各个环节，特点是继电保护的配置复杂化，二次电缆的密度增加，一、二次设备的寿命差别太大，发电机组的电气控制与 DCS 的联系更加紧密，以及现场调试项目过于简化，现场工作过分依赖于设备生产厂家等。与此同时，继电保护事故处理的思路与以前相比出现明显的变化，表现在特殊运行方式下继电保护误动问题突出、二次回路故障的概率增加、断路器误跳问题依然存在、保护的动态特性差、定值问题突出、人为的事故尚未杜绝、变电站的无人职守增加了故障处理难度等。

根据上述内容，该书所选的素材中，有的故障原因已经查明，有的原因却没有找到，但是其故障处理的过程，其故障分析的思路仍然具有参考价值，其预防故障再次发生的防范措施的意义仍然是积极的；并且所采取的防范措施或许已经避免了故障的再次发生。因此，为了便于故障分析和预防类似故障的再次发生，安排了不同的设备、不同故障类型的章节，希望能对读者有所裨益。

当面对现场需要处理的故障时，不在于你的水平有多高，也不在于你的能力有多强，如果不往那里去想，就找不到正确的方向。因为，只要问题分析不到位，那就不一定找到故障点；就是找到了故障点，也不一定找到引发故障的原因；就是找到了故障原因，也不一定找到有针对性的防范措施。如此的因果关系链已经在现场若干的故障分析时得到证实。因此，必须运用一种正确的问题分析与处理的方法，才能够做到继电保护的快速事故处理。

联想到 2015 年华电继电保护技能大赛的故障处理现场，当选手面对一种设备时，首先考虑的是设备的功能，以及可能发生的问题，思路对者故障及时得到排除，成绩优秀。反之，交白卷的大有人在。

本书通过实例的分析阐明了故障处理的思路，其解决问题的方法是可以借鉴的，掌握这些思路对读者了解继电保护原理、掌握设备的性能、丰富现场的知识、提高分析问题与解决问题的能力会有所帮助；掌握继电保护的故障处理技术，在电力系统故障的大风大浪面前不至于一筹莫展。对于电力系统，如果在增强工作人员素质、提高专业技术水平、加速事故处理速度、减少事故的概率等方面有所帮助，出版该书的愿望就实现了。

虽然出版该书的愿望是美好的，旨在服务于现场、服务于专业、服务于电力发展、服务于未来，并将目前运行的不同容量、不同电压等级设备保护的问题分析展示给读者。但是，受电力系统现场实际故障素材的限制，在取材上难免存在较大片面性。好在这种片面性从侧面反映出了当今继电保护故障以及事故处理的趋势，表现出了专业工作的新特点。

山东电力的同行们在提供资料方面做出了无私的贡献，其中李华东、刘卫东、马诚良、亓奎正、朱青、张高峰、王庆玉、张青青、张用、孙桂芳、李军、张广斌、卢永生、夏文辉、张国亮、陈志霞、葛峰、宋海青、尚绪勇、李怀东、于洪亮、王启岗、张文波、任卫村、朱静海、于爱民、杜宁宁、王兰花、张洪英、朱明波、李振强、李维勇、苏江海、马伟、宋立波、宋中炜等帮助做了大量工作，在此表示衷心的感谢。

对于书中存在的错误，恳请读者及时批评指正。

编著者

2021 年 12 月

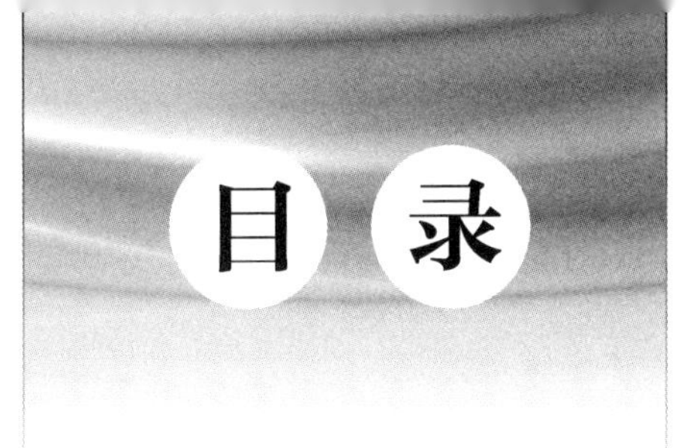

目录

第1章

继电保护的故障处理

随着电力系统电压等级的逐步提高，发电机组装机容量的不断增加，继电保护的配置越来越完备，继电保护的原理越来越实用。但是，继电保护的故障却一直没有杜绝，不同设备、不同原理、形形色色的故障时有发生，暴露出了方方面面的问题，值得我们去研究。

电力系统继电保护以及二次系统的故障会发生在哪里呢？可以说故障根源的寻觅要在"信号误发、保护误动、断路器误跳、设备误停"所包含的事件里。本章的目标在于展示现场继电保护故障的分布规律，力求寻找一种正确认识与识别"信号误发、保护误动、断路器误跳、设备误停"涉及的故障现象与基本故障类型之间的关系，确定其表面现象与内在实质因素的必然联系，解决一般问题与特殊故障的处理思路。

继电保护故障处理的思路是根据故障现象寻找故障原因，根据故障原因确定防范措施，是解决问题不可回避的一般思路与途径，是描述故障处理过程的缩影，是现场开展工作必须遵循的方法与步骤。

继电保护的故障类型有以下几种划分方法：①按照传统的观点，继电保护故障类型的划分框架是：设备问题、技术问题、人为问题。②根据统计规律，将现场的故障类型划分为人为因素、抗干扰问题、电源问题、厂用系统问题、低压系统问题、配电网系统问题、二次系统问题、定值问题等。③考虑到逻辑关系，继电保护故障类型的划分所执行的原则是：按照故障的起因、按照故障的发展过程、按照故障造成的后果。

故障处理要以系统的、全局的、统筹的观念看问题。例如，断路器的跳闸导致设备停止运行，有的是系统被逼迫的结果，应该考虑系统原因；有的是保护本身的行为所致，则需分析局部的纵深问题。因此，故障处理时应统筹兼顾。

第1节　继电保护的故障处理综述

本节根据故障类型划分的原则，结合当前故障的特点，将电力系统继电保护出现概率较高的问题进行宏观上的粗略概括与分析。

一、断路器的误动跳合闸

断路器误动跳闸是指在系统无故障、保护没有动作、人为没有操作的条件下断路器的跳闸行为。

（一）断路器误动跳闸的分类

断路器误动跳闸的问题，或者说断路器无故障跳闸的问题，可以分为以下三类：

（1）断路器机构的问题。对于机械操作的断路器，由于断路器的机构脱扣，自己跳闸；对于液压操作的断路器，由于压力降低等原因，断路器自己跳闸。

（2）跳闸回路绝缘的问题。在直流系统中，由于断路器控制跳闸回路的绝缘击穿造成的断路器误动跳闸。

（3）跳闸回路抗干扰的问题。由于断路器控制跳闸回路的抗干扰问题导致的误动跳闸。跳闸回路抗干扰的问题是本书研究的重要内容之一。

（二）实例分析提要

1．发电厂机组投入控制熔断器时断路器误动合闸

在投入控制熔断器时，断路器误动合闸。于是检测了控制回路 1—3 之间杂散电容，数值达到 0.33μF。可以判定，是控制回路的电阻电容的充电暂态过程使合闸继电器动作，造成了断路器的误动合闸。从此，开拓了检测杂散电容超标与否的新领域，以分析二次系统抗干扰问题。

2．热电厂升压站母联断路器的误动跳闸

在升压站母联断路器的跳闸回路中，有 4 台机组的后备保护跳闸节点相并联，为了捕捉并区别误动的状况，在每个节点的回路中串联了一只动作灵敏的中间继电器，其动作功率小于 0.5W。

某日，4 台机组跳母联断路器的中间继电器中，有 3 个同时动作。由此证明中间继电器的动作行为是误动作。误动作的原因是干扰信号使跳闸继电器误动跳闸。

3．变电站断路器的大面积跳闸

500kV CEL 变电站由于断路器大面积跳闸，造成了 4 次全站停电的故障。根据跳闸断路器的特征，并结合以上两个实例确定了误动跳闸的三个条件：跳闸回路的杂散电容太大、干扰信号存在、跳闸继电器动作功率低。

由此解决了一类没有解决的问题：确定了跳闸源的问题、确定了跳闸通道的问题、确定了跳闸继电器动态指标的问题。

4．发电厂机组磁场断路器 Q7 误动跳闸

某日，FAW 发电厂 1 号机组负荷 288MW，发出“发电机内部故障”“主汽门关闭”

“发电机失磁”等光字牌信号，1 号机跳闸。DCS 系统事故追忆报警信号顺序如下：“Q7 断路器事故跳闸”“调节器低励限制”“调节器 A 柜退出”“调节器 B 柜退出”“1 号发电机失磁”。检查结果表明，机组跳闸的原因是发电机-变压器组失磁保护动作。失磁的主要原因是灭磁断路器 Q7 事故跳闸。Q7 跳闸后，发电机失去励磁电流，发电机无功功率瞬间突减为–120Mvar，调节器 A/B 柜低励限制动作。检查发现 Q7 断路器机构过死点的距离发生变化（正常为 3～4mm）。Q7 跳闸的原因是，在运行中由于长期振动的作用，使过死点的距离变小，造成机构不稳定，Q7 机构脱扣跳闸。

二、断路器的失灵与失灵保护

（一）断路器的失灵保护

1. *以往的失灵保护——独立的失灵保护装置*

失灵保护的逻辑判断部分在失灵保护装置中，失灵保护动作后直接启动母线保护的出口继电器，跳开相邻的所有断路器。

2. *目前的失灵保护——与母线保护配合的失灵启动逻辑*

逻辑判断部分在母线保护装置中，失灵保护动作后启动母线保护的失灵逻辑，完成有选择的跳闸，跳开相邻的所有断路器。

3. *失灵保护故障的特点*

失灵保护涉及的设备多，不仅启动的回路多，而且跳闸的输出回路也多。由于牵一发而动全身，其不正确动作所带来的负面影响就特别明显。因此，涉及部门以及管理部门对于失灵保护的投入与否是极其慎重的，也是这种原因影响了失灵保护的应用。

（二）实例分析提要

1. *线路故障断路器失灵全厂停电*

某日，KOL 发电厂事故音响报警，6 台机组的电流、电压、有功、无功表摆动剧烈。检查发现，是龙东线路故障，断路器拒动，1～6 号机组全停。

运行记录表明，龙东线高频距离、高频方向保护动作，213 断路器 A 相未跳开，确认 220kV 系统无电压后，就地手动打闸成功。

分析认为，213 断路器 A 相拒绝跳闸是泄压闭锁造成的，断路器泄压后自动闭锁跳闸，导致保护动作、断路器拒绝分闸。

失灵保护时间整定 t=0.25s，未投。切除故障的是发电厂外围变电站后备保护。如果失灵保护投入运行可以保证 3 台机组正常运行。

2. *发电厂母线保护的失灵开入量启动通道误动作*

HES 发电厂 220kV PIS 线 4.7km 处发生接地短路，在线路保护动作跳闸的同时Ⅱ母差保护动作，跳开所有连接的元件给系统造成了很大的混乱。分析认为，是线路接地短路电流通过243断路器失灵启动母差保护的通道输入了干扰信号，干扰信号启动母差保护并导致其误动作。根据故障现象确定了母差保护动作跳闸的原因是“短路产生的冲击形电流信号源出现、电磁感应形成的‘流控电压源’容量充足、杂散电容存在、母差动作的速度太快”等几方面因素。采取了相应的防范措施，问题得到彻底解决。

3. 发电厂线路故障与断路器失灵保护误动作

CES发电厂220kV JID线因下雨发生单相接地故障，故障点位于JID线出口处，线路保护动作正常，断路器跳闸。但是JID线A相断路器失灵，保护动作。根据断路器失灵保护的动作逻辑可知，失灵保护的动作需要三个条件：保护启动、断路器接点在合闸位置、低电压闭锁开放。检查发现，问题出在断路器合闸位置接点上，断路器跳闸后其位置没有切换过来，接点未能正常开断，导致逻辑误判，失灵动作，跳开三相，保护返回。对断路器位置接点处理后，模拟静态试验，保护动作正常。

三、差动保护的一系列问题

由于差动保护的原理简单，动作快速，因此在电力系统中得到了广泛的应用。

（一）差动保护不正确动作的范畴

按照保护设备的划分，可以将差动保护理解为所谓的广义差动，有发电机的差动保护，变压器的差动保护，母线的差动保护，线路的差动保护，用电设备的差动保护等。

对这些差动保护，有几种导致其不正确动作的因素，例如保护躲励磁涌流的特性，保护的定值整定，TA的特性以及区外故障穿越电流的特性等。

（二）实例分析提要

1. 变电站线路重合到永久性故障母线保护动作

8月3日，110kV CED站KEC线8.4km处发生接地故障，线路保护动作跳闸。经过整定的延时后重合到永久性故障上，线路保护再次动作跳闸，与此同时，II母线保护B相动作，跳开该母线连接的所有设备。

B相保护动作的原因，在于其故障电流的波形暂态分量明显，差电流达到定值的持续时间长，而启动保护并导致出口跳闸。

2. 变电站变压器差动保护打雷时误动作

打雷时变压器差动保护动作是不正常的。雷电通过高压线对地放电是在瞬间完成的，如果雷电对地放电没有引起工频的单相接地故障的话，变压器差动保护不会动作；同样避雷器动作也是在瞬间完成，避雷器动作的对地放电电流也区别于工频的单相接地故障电流，因此，差动保护也不会动作。

差动保护反映的是工频电流，而雷电对地放电是在 1.2μs 从 0 上升到最大值，其整个过程不过 0.1ms，差动保护不可能反映出来。可见，雷电没有启动变压器差动保护，雷电也不可能启动变压器差动保护。因此，如果打雷时母线差动保护动作了，要么是雷电引起了工频的单相接地故障致使保护正确动作，要么是雷电干扰造成保护误动作。

3. 发电厂机组误强励时大差保护动作

DIX 发电厂 1 号机组启动时出现过电压故障，过电压的倍数为 $1.6U_{\mathrm{N}}$，其保护的动作情况为，过电压保护未出口，过励磁保护未出口，大差保护动作灭磁。

可见，差动保护成为机组过电压以及过励磁的主保护。大差保护在机组过励磁时动作，属于歪打正着。此时，差动保护能够动作也是启动定值低的缘故。由于过励磁保护的动作时间长，还来不及启动差动保护已经出口跳闸了。过电压保护也是如此，所以，应当认真考虑缩短过电压保护的动作时间的问题。

四、非电量保护的不正确动作

根据继电保护的原理构成，将开关量保护划分为 3 部分，即启动元件、逻辑判断元件、执行元件。变压器的非电量保护指的是开关量保护的启动环节，是保护的源头。发电机组的非电量保护也是如此。

（一）非电量保护的分类

1. 变压器的非电量保护

根据变压器故障的特点，装设了不同原理的非电量保护，分类如下：

（1）轻瓦斯保护，油浸式变压器浮筒式瓦斯保护，定值 300cm^2。

（2）重瓦斯保护，油浸式变压器浮筒式重瓦斯保护：结构与轻瓦斯一致，定值 600cm^2；油浸式变压器挡板式重瓦斯保护：反映油流速度，整定与冷却方式有关，自然冷却的变压器流速慢，定值 0.6～1m/s；强油冷却的变压器流速快，定值 1.1～1.25m/s。双接点串联。

（3）压力释放保护，油浸式变压器压力达到释放阀动作值时压力释放阀打开，位置开关闭合。

（4）压力突变保护，油浸式变压器压力突变继电器安装于内部，油压变化量较大时压力继电器动作。

（5）温度保护，温度表计显示油温以及铁芯温度，温度达到设定位置时接点闭合。

对新投产变压器瓦斯保护的规定：以往的规定，冲击时重瓦斯保护退出跳闸，改发信号；现在观点，冲击时重瓦斯保护投入跳闸，误动了再另做分析。

2. 发电机组的非电量保护

根据发电机故障的特点，装设了不同原理的非电量保护，分类如下：

（1）断水保护，发电机冷却水中断保护，延时时间 100s；

（2）机电大联锁保护，电跳机与机跳电保护；

（3）励磁保护，励磁故障必须停机的保护；

（4）系统保护，发电机-变压器组解列联跳磁场断路器等的保护。

（二）实例分析提要

1. 发电厂厂用变压器冲击时瓦斯保护误动作

发电厂厂用变压器装设的是浮筒式重瓦斯保护。在第一次冲击厂用变压器试验时重瓦斯保护动作跳闸。之后进行了变压器的绝缘检查，结果正常。并进行了变压器的气体化验，结果也正常，放净气体后再次送电，瓦斯保护没有动作。

由此可以判定，在第一次冲击厂用变压器试验时重瓦斯保护动作跳闸是误动作，原因是气体没有释放干净，再加上冲击试验时油流的影响，将内部的气体带入气体继电器，达到定值而动作。

2. 电厂电泵启动时厂用变压器瓦斯保护动作

KOL 电厂在电泵启动时厂用变压器瓦斯保护动作。当油流达到定值瓦斯保护动作值保护的动作就属正确动作。其原因与变压器的制造质量有关，与保护的定值有关。必须根据变压器冷却方式调整定值。

3. 变电站压力突变继电器误动作

CLA 220kV 智能站启动送电，21 时 03 分 26 秒，在对 1 号主变压器冲击过程中主变压器本体非电量保护动作，跳开主变压器高压侧断路器。23 时 14 分 28 秒，对 1 号主变压器进行第二次冲击，再次发生主变压器本体非电量保护动作，停止送电。

由第二次冲击时断路器动作但没有记录开入事项，可推断非电量开入信号保持时间非常短，最短信号保持时间小于 6ms。因此，压力突变继电器瞬时动作是导致主变压器跳闸的原因。更换压力突变继电器后问题得到解决。

五、开入量控制与保护的误动作

开入量系列控制保护及告警信号，指的不仅是保护的中间环节，而且是开关量保护的整体逻辑，既有启动部分，又有中间的逻辑判断部分，还有执行部分，是整体逻辑的总和。

（一）不同原理的开关量控制保护及告警信号

1. 按照开入量执行元件的原理来区分

依据“采样环节”的原理来区分开入量有两种，一是光耦原理的开入量，二是重动继电器原理的开入量。

2. 按照开入量元件的应用来区分

依据元件的应用来区分，也就是根据启动保护的信号来源来区分，开入量保护有若干种，例如，发电机组的电跳机与机跳电保护开入量，ECS 与 DCS 控制逻辑开入量，ECS 与 DCS 告警信号开入量，隔离开关位置辅助接点采集开入量，励磁调节器磁场断路器位置采集开入量，变压器非电量保护的重动继电器开入量，发电机冷却水断水保护开入量，发电机组的锅炉、汽轮机以及电气大联锁等。

其中，发电机组的电跳机与机跳电开入量保护，即位置联锁跳闸的保护。所谓开入量保护的误动作，也就是发电机组的电气与热工开入量保护的抗干扰问题。电跳机问题出在热工保护中，机跳电问题出在电气保护上。两类问题均属于开入量保护的范畴。

开入量控制保护及告警信号的误动作时有发生，以下是几个简单的例子。

（二）实例分析提要

1. 发电厂出线断路器合闸后瞬时跳闸

12 月 13 日 13 时 13 分 13 秒，XIF 发电厂在对费钟Ⅱ线 215 断路器合环送电时，三相合闸后 40ms 时 A 相跳开。可以确定，215A 相断路器出现了所谓的无故障跳闸问题，即断路器的不明确原因跳闸。在排除了回路绝缘的问题以及抗干扰问题之后，另一种可能的原因是断路器操作系统的问题，即断路器启动跳闸的状态没有复位。就是在断路器本体、操作继电器箱存在控制回路的跳闸状态没有返回导致了断路器一合接着分闸的过程出现。遗憾的是，线路送电正常运行后，当时的状态已经无法再次确认。

2. 发电厂机组 DCS 死机

ZOB 发电厂 2 号机组在调试过程中 DCS 突然死机，与 2 号机组关联的 6kV ⅡA 段、6kV ⅡB 段备用电源进线断路器跳闸，其他设备均未动作。这是作者见到的第二次 DCS 死机故障，检查原因是工频交流电源混入了 DCS 供电的直流电源系统。造成大量的开关量控制、告警信号以及其他设备同时误动作，此时若干的信息浪涌入 DCS，再加上主机内存不足，通信堵塞，DCS 死机瘫痪。

3. 发电厂机组断路器跳闸与 DCS 电跳机保护误动作

KAF 发电厂 1 号机组在试运行期间曾经多次因为机跳电或电跳机故障停机，没有找到导致设备动作的原因。分析认为，机组电气侧机跳电是光耦输入原理的开入量启动环节，逻辑电路为开入量—光耦—CPU—出口，在保护的逻辑环节设有延时定值，步长 0.1s，若不作设定则被确认为 0.0s，当干扰信号沿光耦通道入侵时，保护逻辑无法识别。若干扰信号幅度大于 40V、宽度达 5ms，则出口动作。问题的关键在于开入量接点两端的杂散电容超标，是杂散电容为干扰信号提供了通道，使干扰信号跨过接点直接启动了机跳电逻辑，导致机跳电出口动作。

电跳机的逻辑电路也存在如此的问题，从输入启动到出口动作延时 12ms，但是输入信号宽度达 5ms 则出口动作，属于逻辑记忆的问题。

制定了防范措施：针对脉冲幅度 40V、宽度 5ms 的干扰信号即可启动保护的特点，采取增加 20ms 的逻辑延时以及增加重动继电器的措施后，问题得到解决，再没有出现过类似的故障。

六、直流系统故障对保护的动作行为的影响

（一）直流系统的故障影响到保护动作行为

对于电气集中控制的发电厂，以及大小变电站，其直流系统的供电范围覆盖范围很广，直流系统的接地、短路、断线或交流混入的故障必然影响到保护动作行为，尤其是抗干扰性能差的设备，问题更为严重。直流系统最为严重的故障莫过于交流混入。

变电站的全站停电、发电厂的全厂停电等，往往都是直流系统的故障导致的。

（二）实例分析提要

1. 热电厂 8 台机组全停的故障

某日，HUS 地区突遇雷暴天气，热电厂在运行的锅炉全部灭火，机组全停。

故障时热电厂 1、2、5、6 号低压厂用变压器，1、4、5 号高压厂用变压器瓦斯保护相继动作，低电压自投及厂用电快切装置动作，负荷由厂用分支切至备用Ⅰ段运行，即 01 号高压备用变压器带 6kVⅠ段、Ⅱ段（2 号机变压器大修）、Ⅳ段和Ⅴ段运行。

经现场检查确认，1、4、5 号厂用变压器及 1、2、5、6 号低压厂用变压器保护均接自 1 号直流屏，且保护装置非电量保护均为光耦原理的开入量保护，雷电暴雨时，造成直流系统接地，引起控制电缆对地和线间电容反复充放电的过程，造成保护误动作。

2. 发电厂机跳电故障

5 月 19 日，XIJ 发电厂 1 号机组直流系统接地，伴随出口断路器无故障跳闸，经过检测重瓦斯重动继电器的动作功率可以确定故障的原因。重瓦斯重动继电器位于集控室机组保护的 C 柜，其动作功率仅有 1W；断路器保护联跳也位于 C 柜，动作功率一致小于 1W；出口断路器操作箱位于升压站，与 C 柜是一批产品，动作功率也不合格；机跳电的逻辑进 C 柜与重瓦斯重动继电器属于一类；电跳机采用的是光耦原理，更经受不起该类事故。

但是，可以确认的是电气开关动作在先，电跳机动作在后。

3. 变电站交流混入直流导致多台断路器跳闸

某日，QIC 变电站 5021、5022、21F、22F 断路器同时跳闸，并且 SOE 系统发出了

很多错误报文。经检查确认，是交流混入直流电源导致了 5021、21F、22F 断路器的跳闸出口继电器的误动作；是交流干扰信号启动了 5022 断路器的跳跃闭锁继电器，是跳跃闭锁继电器的自保持功能放大了干扰信号的负面作用，造成了跳跃闭锁继电器的误动作。信号误发、断路器误跳的原因是，上述继电器的动作功率低，关联着高额杂散电容的长电缆，于是在干扰出现时进入了如此的怪圈：干扰信号经过杂散电容跨过了启动接点，启动了动作功率低的跳闸出口继电器，造成了断路器跳闸；跳跃闭锁继电器启动的道理也如此。

七、电气干扰对保护动作行为的影响

（一）雷电的特征参数

雷电过程的波形即陡波。雷电对地放电是在 1.2μs 从 0 上升到最大值，并在 50μs 之内放完 50%的电量，其整个过程不过 0.1ms。与工频电气量的特征有着本质的区别。雷电过程持续的时间虽短，但是雷电的能量却不可估量。如果防雷措施不到位，会导致灾难性的后果。

雷电的第一类危害是绝缘击穿，包括一次绝缘击穿与二次绝缘击穿，绝缘击穿会损坏设备。例如雷电能够引起工频的单相接地故障等。

雷电的第二类危害是电气干扰，雷电干扰容易造成保护的不正确动作。

（二）实例分析提要

1. 发电厂电跳机误动作

7 月 13 日，QIZ 发电厂 2 号机组正常运行，负荷 104MW，主汽压力 13.3MPa，主汽温度 533℃，机组在 AGC 方式。天降大雨，伴有雷电。3:20:09 一声巨雷，集控室有明显震感，2 号机组跳闸，MFT 动作原因为发电机-变压器组出口断路器跳闸。

此次机组跳闸原因：强雷电脉冲或感应雷过电压通过电缆屏蔽层感应（串入）到 ETS 机柜，造成 ETS 系统输入信号“发电机故障”状态反转（由 0 到 1），触发机组 ETS 系统保护动作信号发出，汽轮机跳闸。主汽门关闭信号送至发电机-变压器组出口断路器跳闸回路，油断路器跳闸信号传输到 FSSS 系统触发锅炉 MFT。

ETS 机柜电跳机误动作的原因是光耦原理的开入量抗干扰性能差。将 ETS 系统 LPC 卡件查询电源的 24V 正端接地，防止因地电位冲击干扰造成信号翻转，也防止导线对地放电造成光耦误动。

2. QIZ 发电厂 DCS 系统告警信号误发

上述 ETS 机柜电跳机误动作的同时，发电机故障、启动/备用变压器故障、低压厂用变压器保护故障信号误发。

发电机故障、启动/备用变压器故障、低压厂用变压器保护故障信号发出的原因是：

DCS 系统 DI 卡的接点直流电源为 24V，正、负端悬空，由于信号电缆与系统地存在分布电容，当雷电袭击时，强电干扰感应到信号电缆上，24V 电源与地之间瞬间有电流经过，对地放电，光耦瞬间导通，造成信号误发。

DCS 系统信号误发的原因是光耦原理的开入量抗干扰性能差。

3. 发电厂线路遭雷击电压切换继电器节点击穿

5 月 31 日，网控室警铃响，110kVⅠ、Ⅱ母线电压指示到零，线路断路器闪光；主变压器 110kV 侧断路器手柄灯灭。电厂所在地区正逢雷雨天气。

分析认为，110kV 辛广线发生 C 相接地短路，造成地电位瞬间升高或者感应雷击造成地电位瞬间升高，将 4 号主变压器 110kV 侧中性点接地开关辅助接点机构箱击穿，使高电压沿中性点接地开关辅助接点的电缆窜入 4 号机保护柜。击穿后，由于两端地电位的抬升，在回路产生大电流，出现拉弧，影响到保护插件内部的电压切换继电器，将电压切换继电器节点击穿，引起 TV 二次三相短路，造成 110kVⅠ、Ⅱ母线 TV 小断路器跳闸，保护失压。

八、TA/TV 的特性损坏与保护的动作行为

（一）TA/TV 绝缘击穿与特性损坏对保护的动作行为的影响

TA/TV 的故障有一次绝缘击穿、二次两点接地、二次开路、特性损坏等，这些故障会对保护的动作行为产生影响，导致保护的不正确动作。

1. GIS 与 TA/TV 绝缘击穿时有发生

TA 一次侧绝缘击穿与保护的动作行为（GIS）。500kV ZAR 变电站、济南变电站、运河变电站的 TA 先后发生过对地绝缘击穿事故。根据统计结果，前几年曾经是故障高发期，省属电力系统故障发生的频率是每周 1 次。

2. 地电流进入保护驱动保护跳闸

按照保护不正确动作的起因划分，TA 二次的两点接地会导致当系统发生接地故障时地电流进入保护驱动导致保护动作跳闸。

雷电时或系统接地短路时 TA 二次两个接地点的形成，详细内容见基本故障类型。

3. 特性损坏导致保护的不正确动作

TA 二次饱和等特性的影响会导致保护的不正确动作，TV 的特性以及二次回路引发的保护不正确动作也时有发生。

（二）实例分析提要

1. 变电站 TA 的一次绝缘击穿

某日，500kV ZAR 站蒙照线线路高频方向、距离保护动作；母线保护动作。线路

保护动作启动关联断路器 5032、5033 跳闸；母线保护动作启动关联断路器 5012、5033 跳闸。

当时根据保护动作与断路器的跳闸情况认为线路发生了故障，因此安排人员寻线，却未见故障。对线路强送电，断路器再次跳闸。检查发现是 5033 TA 一次击穿。

从理论上分析认为，TA 内部出现对地故障时，电气上存在一个点，这个点既在线路保护区内，同时也在母线保护区内。只有如此，才能出现线路保护与母线保护同时跳闸的问题。但是，在实际上这个点是不存在的。

人们有一种愿望是，线路 TA 范围内故障时线路保护动作；母线 TA 范围内故障时母线保护动作；TA 内部对地故障时希望线路与母线保护都动作，否则只能靠失灵保护切除短路电流。由于失灵保护动作出口的时间较长，有这种愿望是理所当然的，但是，愿望是愿望，现实是现实。对于问题的分析，可以用电磁理论找到答案。

2. 变电站变压器差动二次绝缘击穿保护误动作

500kV ZOB 站 3 号主变压器 B 屏差动保护在区外线路发生单相接地故障时误动跳闸，经检查发现该变压器 35kV 侧 C 相 TA 二次侧 C4401 对地的绝缘损坏，如此导致 TA 二次 C4401、N4401 两点接地。当线路上发生接地故障时由于地电流的作用引起变电站地电位的变化，在差动保护电流输入端 C4401、N4401 之间外加了一个电压Δu，该电压产生一个附加的电流ΔI，其数值达到了保护的整定值，造成了保护的误动作。

3. 变电站 TA 两点接地与零序过电流保护误动作

某日，220kV CEL 变电站 2 号主变压器 C 相后备零序保护动作，关联断路器跳闸。检查发现零序保护电流回路中有零序电流指示，约 0.5A。现场检查发现 C 相中性点 TA 接线端子与分支箱电缆之间存在不稳定的接地点，更换备用线后绝缘正常，之后投入运行，保护中的零序电流消失。两点接地的形成，使接地故障的电流直接进入保护，如果电流的数值达到定值就启动保护动作。造成了 TA 二次回路的第二个接地点，是导致保护误动作的根源所在。

TA 二次的多点接地是另一类难以解决的问题。

九、系统不对称运行以及谐波对保护的影响

电力系统的三相参数的不平衡会产生负序的电流电压，负序的电流、电压必定影响到负序保护的动作行为。

（一）系统负序以及谐波电气量的来源

系统负序电流、电压分为两类，即工频负序与谐波负序。是参数的不平衡导致了负序与谐波，这种不平衡的参数也分为结构参数与运行参数。

电力系统的工频负序电流、电压，是由于电力线路的不对称故障以及单相重合闸期间产生的负序电流、电压；发电、输电、变电、配电参数的不对称产生的负序电流、电压；负荷不对称产生的负序电流、电压。

电力系统谐波负序电流、电压，一般来源于负荷钢厂、化工厂、电气化铁路等整流设备的运行产生的谐波负序电流、电压。

（二）实例分析提要

1. 发电厂机组区外故障负序电流保护动作跳闸

11 月 15 日，HES 发电厂 80km 以外的端庄变电站近处 110kV 线路 A 相发生永久性故障，2 号发电机的负序电流保护动作跳闸，机组全停。2001 年 6 月 18 日 220kV 石姚线发生 BC 相故障，故障点距发电厂 35km，2 号发电机的负序电流保护再次动作跳机。区外故障期间产生的负序电流导致发电机组负序电流保护动作跳闸，原因与热积累效应有关。

对于两次区外故障的保护动作行为的评价一直没有达成一致的意见，一种观点认为发电机内部没有发生故障机组就不应该跳闸，保护跳闸属于误动作。另一种观点认为负序保护乃是一种机组的后备保护，当定值达到动作值以后就应该动作于跳闸。

2. 发电厂线路谐波和负序电流引起的保护频繁启动

WUL 炼钢厂生产过程中产生的谐波，导致 WUL 电厂 110kV 六银线保护零序电流元件、失去静稳元件频繁启动，线路保护复压闭锁的保护被开放。怀疑是由谐波和负序电流引起的。于某日对六银线进行了谐波测试，结果表明，六银线谐波电流含量较高，明显超出国家标准的允许值。负序电流含量也很高，最大时可超过正序电流的 20%。为了防止谐波电流和负序电流对保护的影响，采取相应的措施后问题得到解决。另外，WUL 电厂还有谐波负序电压启动保护的先例。

3. 发电厂机组启动并网后复压闭锁的过电流保护开放

LIB 发电厂 1 号机组启动并网后机组负序电流达 300A，接近机组允许的不正常值，复压闭锁的过电流保护开放。随着负荷的增加，负序电流在衰减，当机组带满负荷时，负序电流小于 70A。

十、系统振荡与保护的动作行为

（一）振荡的条件与特征参数

电力系统与机组的振荡特征参数是概念性的，比如振荡中心、振荡周期、电压降低、电流增大以及阻抗保护会误动作等，是在教材上能够找得到的。来自现场的特征参数也不例外。在此不多做叙述。

至于振荡发生的条件，可以从故障的实例中寻找。有的振荡模式在电网的计算结果中就能看得到。有的是伴随着故障引起了振荡。有的是机组并网时参数调整太粗犷，并网后机组有功功率与无功功率均倒灌，电网将机组拉入同步过程中发生了短暂的振荡过程。总而言之，网架结构强的电网不太容易出现振荡问题，对于长线路的末端电网振荡现象是很难避免的。振荡出现以后，保护的动作行为与特性、定值密切相关。

（二）实例分析提要

1. 发电厂低频振荡原因分析

HAW 发电厂 5、6 号机组自并网以来，多次发生低频振荡现象。振荡发生时，600MW 的机组从 400～700MW 之间每秒晃 4 次，邻近的地区的 LAP、KOL 等电厂均能明显觉察到负荷的波动，对系统的安全稳定运行造成了极大的影响。经过检查与分析得出以下结论：

（1）在电网结构不变的情况下，系统存在发电厂 5、6 号机组与烟台地区机组之间的低频振荡模式。

（2）根据波形分析，每次负荷摆动均伴有系统电压的波动，是系统电压的波动导致了机组的振荡，机组的振荡加剧系统电压的波动，振荡发生在当地电网由吸收负荷转化为外送电量的平衡点。

（3）在诸多提高系统对该振荡模式阻尼的措施中，最简单、有效且各方均能接受的方法是将 HAW 厂 5 号和 6 号机组的 PSS 投入运行，但诸措施均不能使该振荡模式消失。

（4）低频振荡与网架结构有关，但是目前改变烟威地区 500kV 主网架结构，对改善系统对该振荡模式的阻尼效果不明显。

（5）相同有功功率的情况下，提高机组无功功率的输出，可增强机组的阻尼，减小机组负荷的波动。

（6）修改 DEH 控制系统的积分时间常数，对机组负荷波动的影响不大。

2. 发电厂振荡问题分析

某日，CEL 发电厂 2 号机组在检修后启动时，由于发电机电压低于系统电压，致使并网后发电机电压降低到 1.9kV，无功吸收 150Mvar；同时由于发电机频率 49.95Hz 低于系统频率，致使并网后发电机出现逆功率现象。如此，机组进入不稳定区域，造成失步运行，失步保护动作出口。运行人员及时调整，才很快转入同步状态。

防止机组失步故障的措施是修改同期装置定值，将压差与频差的值减小，并且只保留定值正的部分，并网时手动操作使发电机电压高出系统电压值。采取措施以后，其效果明显，未再出现类似的问题。

3. 热电厂发电机非同期并列后出现的振荡过程

11 月 15～17 日，NIJ 热电厂 1 号发电机试运行时出现了两次跳闸，110kV 母线接地两台机组停运的故障。11 月 20 日，在对二次设备进行了全面检查后 1 号发电机组再次并网，又出现非同期并列的问题。最后确认机组存在励磁系统的问题，同期系统非同期并列的问题，机组振荡的问题，发电机保护误动的问题，电跳机与机跳电功能抗干扰的问题，采取措施后问题得到解决。

十一、保护跳闸方式与机组的稳定运行

作为运行中的发电厂，一个值得讨论的问题是，保护跳闸方式对机组稳定运行的影响。或者说大机组保护的跳闸方式与大机组孤网运行，以及小机组系统保护的跳闸方式与小系统的孤网运行，是保护的设计与整定计算时必须考虑的问题。

（一）机组孤网运行的环境是如何形成的

1. 大电厂机组的孤网运行

从理论上讲发电厂停机的方式有 3 种，第一机炉电全停，第二机组解列灭磁，第三机组解列不灭磁。后来，又增加了程序逆功率跳闸方式。

由于网架结构的问题，只要线路停则电厂必然停，因为机组的低负荷稳燃 FCB 功能好使的不多。一旦机组甩掉负荷，其控制系统自动跟踪调节，晃来晃去就全停了。统计规律就是如此。因此，目前执行的是全停方案与程序逆功率跳闸。主保护动作于机炉电全停，后备保护动作于程序跳闸。大机组无法实行孤网运行的方式。

2. 自备电厂与地方电厂的孤网运行

并网线路低电压与低频保护投入运行，其整定策略是电力系统一有风吹草动首先甩掉自备电厂与地方电厂。第一轮低频定值 F_1=48Hz，低电压定值 U_1=78V；第二轮低频定值 F_2=47Hz，低电压定值 U_2=75V；延时时间 0.2s。

带小电厂的运行变电站设置的备用电源自投，其整定原则是“备用电源自投”切换时第一步就甩掉小电源。其实，对于“备自投”切换时甩掉小电源的做法，曾经给小电厂带来了灾难性的后果，值得研究。比如在电源切换时增加小电源与备用电源的同期检测以及同期闭锁逻辑，如果两者摆角不大则小电源不必解列。另外还有其他措施可以一并保住小电厂，在关键时刻保住这些备用电源。

（二）实例分析提要

1. GUF 发电厂线路故障跳闸机组化瓦

某日，GUF 发电厂唯一的 500kV 线路因为暴雪天气在 92km 处发生 C 相接地故障，保护动作故障线路跳闸，重合闸不成功三相跳闸；由于 500kV 线路停电，也造成了电厂

的备用电源失电；线路跳闸的同时联切运行的 1、2 号机组；作为保安电源，1 号机组的柴油发电机启动成功，但是出口断路器未合闸；1 号机组的直流油泵启动，运行 16min 后跳闸，如此导致机组化瓦。关键的问题是 1 号机组的柴油发电机出口断路器为何没有合闸，直流油泵电动机为何在运行中跳闸？

柴油发电机出口断路器没有合闸的原因是柴油发电机的控制模块动态性能不好。失电合闸状况下，出口断路器不能合闸；控制模块××模式下合闸状况不能复位；当控制模块电源掉电恢复后不能识别失电开关位置，不管失电开关位置如何均报“失电合闸”，实际上的电气接线就不存在失电，因此功能上存在缺陷；分析认为，控制模块在柴油机启动后处于死机状态，后续程序停止。

直流油泵电动机在运行中跳闸可能的原因：一是直流电压低；二是跳闸继电器动作功率低；三是人为的因素。尚未确定。

2. 发电厂脱网后机组超速

某发电厂 25MW 纯凝汽轮发电机组带有功功率 6.8MW，脱网后机组超速。发电机组的系统结构是，发电机出线→10kV 全屏蔽绝缘铜管母线→发电机断路器→供电公司 35kV 变电站→357 断路器→35kV 变电站→电网。发电厂系统结构见图 1-1。事故发展过程的时间顺序见图 1-2。

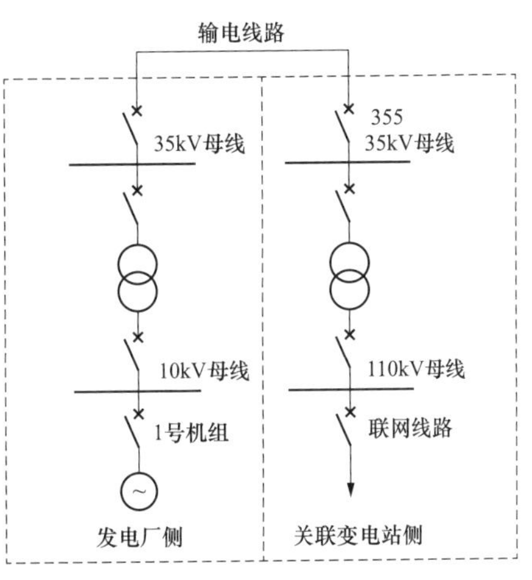

图 1-1　发电厂系统结构图

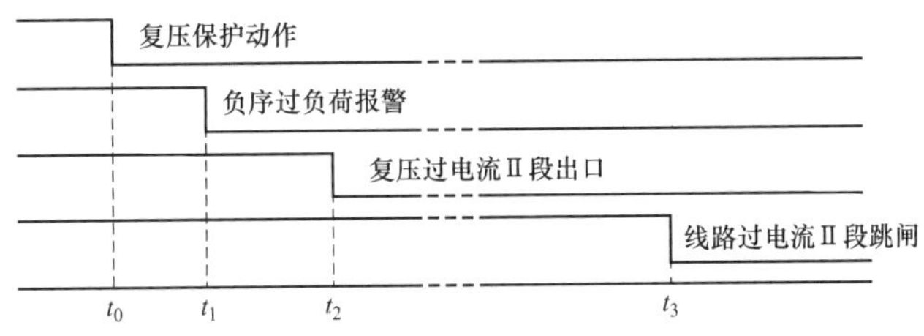

图 1-2　电厂事故发展过程的时间顺序

图 1-2 中，t_0= 0s 复压保护动作，t_1=1.662s 负序过负荷报警，t_2=2.480s 复压过电流Ⅱ段出口，t_3= 66.637s 线路 357 断路器过电流Ⅱ段跳闸。

可以确认的问题，事故过程是电气故障跳闸后机组甩负荷，汽轮机保护系统没有动作而超速，首先是机械超速保护失灵，其次是电气保护因为没有电源而不起作用。在超速到一定转速下，励磁机小轴承受不了强大离心力先断裂，发电机轴在高转速离心力和轴系失衡后振动的双重作用下断裂，发电机定子、转子在强大离心力作用下从运行平台飞落到 0m。

这是一起典型的机组超速故障。是电气故障发生后，因为超速保护系统性能问题而引发的事故。如果保护系统有效的话，不会造成设备的严重损坏。

关于全厂停电原因的疑点：第一，关于电气故障，没有理清始发点在何处？第二，关于发电机保护系统的动作行为，差动保护是区内故障拒绝动作还是区外故障不应该动作？第三，关于线路保护的动作行为，是关联 35kV 线路 355 断路器过电流Ⅱ段跳闸，还是低频、低压保护跳闸？第四，关于发电机开关与灭磁开关的跳闸行为，没有开关跳闸的信息。由于没能及时奔赴现场，疑点的答案无处寻觅。但是不影响问题的分析，即只要超速保护不可靠则跳机后超速是必然的。

3. 供电线停电与小电厂孤网运行全停

某日，ZOB 地区发生一起因吊车施工导致 220kV 线路跳闸的事故，同时，变电站关联的地方电厂也解列停机，造成了当地大片用户的供电中断。随后，调度与值班人员积极采取措施，尽快恢复了送电。

造成用户供电中断的原因出在地方电厂的并网条件上。这些地方电厂的解列条件是窄范围的低频或低电压，就是一有风吹草动就启动保护跳闸，甩掉小电厂，以避免拖垮大电网。其实，作为用户在主供电线路停电以后，地方电厂就成了它们可贵的备用电源；作为变电站，也是如此。防范措施是，放宽小电厂的解列条件，将窄范围的低频或低电压调整为宽范围，并且把延时时间放的长一些。这样在关键时刻，保留这难得的、最后的电源支撑。

十二、接地系统的区域划分与保护的定值配合

（一）接地系统的区域划分与零序保护的定值

1. 接地系统的区域划分

以发电厂的 600MW 机组为例，按照系统结构的特点，其接地系统的区域划分为：

（1）主变压器高压侧 500kV（或 220kV 或 750kV）为直接接地的大电流接地系统。

（2）发电机出线侧 22kV 为小电流接地系统。

（3）高压厂用电源系统 10kV（或 6kV）中阻接地的小电流接地系统。

（4）低压厂用电源系统 0.4kV 为直接接地的大电流接地系统。

2. 零序保护的定值配合

上述 4 个接地系统的零序分量已经被三角形接线的变压器隔离，唯有发电机定子接地保护的整定，需考虑主变压器高压侧接地时电容的传递作用产生的零序电压对保护的影响，其他零序保护动作量与时间无须考虑不同接地系统之间的配合问题。

（二）实例分析提要

1. ZOD 发电厂 4 号主变压器高压侧接地时机组定子接地保护误动作

当 ZOD 发电厂 500kV 系统侧发生接地故障时，主变压器高压侧的零序电压耦合到发电机侧；激发了具备谐振条件的发电机电容电感电路的谐振，从而产生了振荡过程。是谐振放大了主变压器耦合的零序电压，使发电机的零序电压上升；再加上发电机的强行励磁加剧了零序电压的增长进程；并且谐振电压的衰减缓慢。几个条件共同作用导致定子零序电压大于整定值的时间，造成了发电机定子接地保护误动作。

另外，在现场主变压器高压侧的零序电压闭锁未投入，显然，定子接地保护低定值段出口没有经过高压侧零序电压的闭锁，而是直接跳闸，这与设计逻辑相违背。

2. QUW 发电厂高压厂用变压器 6kV 侧分支零序过电流保护的定值

分支零序过电流保护也就是 6kV 母线工作分支零序的保护。

电流元件，根据中性点经小电阻接地变压器的零序电流保护应有对 6kV 厂用出线最小接地故障灵敏系数不小于 1.5 的要求来整定。已知启动备用变压器中性点为经阻值为 40Ω 的电阻接地则可计算出用灵敏系数为 2 配合整定。

当 6kV 分支发生单相接地故障时有 $3I_0=\dfrac{6300}{\sqrt{3}\times 40}=91(\mathrm{A})$

则动作电流为 $I_{\mathrm{op}}=\dfrac{3I_0}{K_{\mathrm{sen}}n_{\mathrm{a}}}=\dfrac{91}{2\times 100/1}=0.45(\mathrm{A})$

动作时限及出口，按与 6kV 厂用电零序过电流保护最大动作时间 0.9s 配合整定，取 t=0.9s+0.3s=1.2s。出口动作于全停。

3. NIJ 发电厂机组 $3U_0$ 定子接地与系统保护的配合问题

12 月 18 日，NIJ 发电厂 220kV GIS 系统 IB 母线差动保护动作跳闸，600ms 后 II 母线差动保护动作跳闸，2 号发电机机组全停。

2 号发电机故障录波器的电压录波正确，根据其录波图形可知，在 220kV 母线出现接地故障时发电机的定子接地保护 $3U_0$ 电压为 0，其暂态分量也几乎为 0。也就是说发电机的定子接地保护无须与系统的保护配合。但是发电机组的 $3U_0$ 定子接地保护整定时间为 5.5s，是为了与系统接地保护的配合，该时间必须缩短。

十三、与接地系统相关的问题

（一）与接地系统相关的 3 类问题

1. 小电流接地系统电容电流的补偿问题

小电流接地系统电容电流的补偿有 3 种，即过补偿、欠补偿与全补偿。典型的系统结构状况见图 1-3。

2. 大电流接地系统电容电流的吸收与无功平衡问题

输电线路的电容电流所形成的无功功率与机组的无功输出叠加后供给系统，因此机组的无功输出首先取决于电网的无功需求、电网的电压需求。除此之外还必须扣除系统电容电流所形成的无功功率，尤其是高压电网的电容大，无功多，其份额不可忽略。

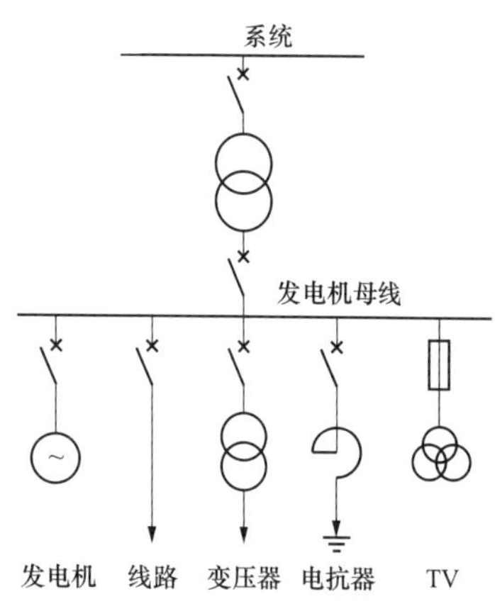

图 1-3 一次系统结构简图

3. 发电厂的厂用电系统 TV 的谐振与消谐

在厂用系统的小电流接地系统中，当母线 TV 的电感与系统对地电容之间参数匹配时就具备了谐振的条件，如果再有激发因素出现则会产生谐振，进而产生过电压。为了解决与接地相关的 TV 谐振问题，一般采取一次加装非线性电阻的措施，或二次加装电子式消谐装置的方案。

大电流接地系统 CVT 的应用消除了 TV 谐振问题。

（二）实例分析提要

1. 东郊站与连接发电厂系统的补偿不足

东郊站与电厂的一次系统结构状况如下，110kV 母线经变压器连接到 10kV 母线，10kV 母线连接的设备：容量为 15MW 的发电机，挡位 1 挡且补偿电流为 5A 的中性点补偿电抗器。

运行过程中出现三相不平衡现象，其中一组故障数据：U_A=6.70kV，U_B=6.60kV，U_C=5.20kV，$3U_0$=19V（二次值）。结合系统的参数进行原因分析，其结论是对于电容电流的补偿不足。采取的防范措施是调整补偿电抗器抽头至 9 挡，之后零序电容电流消失，但未必是最佳补偿状态。

2. 新城站与连接发电厂系统的补偿过剩

新城站与关联电厂的一次系统结构状况如下，110kV 母线经变压器连接到 10kV 母线，10kV 母线连接的设备：发电机，容量 25MW；中性点无补偿电抗器；采用的是补偿电抗器方式，接地变压器：挡位 15 挡，是最大位置，补偿电流 60A；消谐装置，一次消谐 TV；电缆供电的设备，电容电流 28A。

运行过程中出现三相不平衡现象，其中一组不平衡数据：U_A=6.35kV，U_B=5.59kV，U_C=6.22kV，$3U_0$=12V（二次）。结合系统的参数进行原因分析，其结论是对于电容电流过度补偿。采取的防范措施是断开 TV 一次消谐的非线性电阻；调整补偿电抗器抽头。

3. 变电站与连接发电厂系统的串联谐振

ZUD 变电站与关联电厂的一次系统结构状况如下，35kV 母线经变压器连接到 6kV

母线，6kV 母线连接的设备：发电机，容量 15MW；采用中性点补偿电抗器方式，挡位 9 挡，最大补偿电流 12A；二次消谐 TV；电缆供电的设备，电容电流 15A。运行过程中出现三相不平衡现象，其中一组故障数据：中性点电压 U_0=3kV（一次值），机端 $3U_0$=100V（二次值）。原因分析的结论是出现了全补偿与串联谐振过程，是自动调整误动作导致调节过度。采取的防范措施：调整补偿电抗器抽头。

4. 热电厂发电机组的电抗器补偿不够的问题

SAK 热电厂 10kV 系统先后出现过几次零序电压报警的问题，报警时 SAK 热电厂的记录显示 10kV 系统三相电压不平衡。经分析可知，零序电压报警与电容电流补偿有关，由于生物 I 线所带的整个 10kV 系统的电缆多，累计长度较长，电容电流较大。当发电机组的电抗器不能实现过补偿时，在某些方式下容易出现三相电压不平衡、零序电压报警的现象。用逐步增加发电机组中性点电抗器挡位的方法，调整 10kV 系统电容电流补偿的深度，保证 10kV 系统处于过补偿状态，问题得到解决。

5. 发电厂机组脱硫段铁磁谐振与 TV 故障损坏的问题

HUQ 发电厂自 2011 年至今，8 号机组脱硫 TV 先后出现过 3 次由于主厂房 6kV 设备故障，严重影响正常运行的问题。分析认为，苗圃变电站 A 相电缆接地，高压零序保护正确动作（一次值 3A 投信号），8 号机组故障录波器也同时启动录波，波形显示开口三角零序电压二次最大 50V 左右，超过 TV 断线保护 $3U_0$ 判据内部固化定值 8V 且无电流突变而发出 TV 断线信号。

随着接地情况恶化，相电压降为 0，BC 两相升高为线电压，是导致共同接于 6kV 备用乙母线的 8 号脱硫 6kV 母线 TV 与系统电容之间发生铁磁谐振，出现过电压导致避雷器爆炸，TV 断线。避雷器爆炸瞬间大电流使脱硫 80 乙达到分支保护动作条件而跳闸。

6. 发电厂母线电压水平及发电机的进相问题

RUH 发电厂处在输送线路首端，500kV 母线电压控制目标 530kV，远低于线路空载电压 538kV。不管机组运行方式如何改变，机组必须首先吸收两条线路约 80Mvar 的无功功率；目前运行在 22～23kV，所以发电机组正常运行状态下无功负荷也不高，一般长期运行在高功率因数的状态下，在 0.98～1 内波动。将主变压器分接开关由 3 挡调至 2 挡，电压变比由 525kV/22kV 变为 538.125kV/22kV，问题得到解决。

十四、设备的过电压与电压保护

（一）系统过电压是如何产生的

对于发电机-变压器组来讲，过电压很难，但是让过电压保护不正确动作更难。发电机-变压器组过电压保护不动作的原因：一是发电机电压的上升受到变压器的特性限制，

使 $U<1.2U_N$；二是保护的整定值问题，导则规定的过电压保护的电压定值偏高，时间偏长，详见第 3 章第 14 节。

可见，发电机过电压保护是非常可靠的一种保护。根据本节“二”的分析可知，当发电机过电压、过励磁时差动保护都会动作，差动保护充当了过电压、过励磁时主保护的角色，这是设计时没有考虑到的。

不过，对于线路就是另一番景象。导致线路过电压的原因，既有一次系统操作引发的过电压，也有 TV 二次问题导致的保护误动作，并非只是 TV 的问题。

（二）实例分析提要

1. 操作线路隔离开关造成线路 A 相过电压

操作 50221 隔离开关时，断路器跳闸前 JIH 线路 TV A 相二次电压波形畸变严重，呈三角形。而且电压明显升高，录波图显示换算到一次侧最大峰值 732.33kV。TV B、C 两相二次电压波形正常，幅值正常。零序电压有不规则的交流波形。

由于 CVT 不存在铁磁谐振问题，因此是操作 50221 隔离开关造成 JIH 线 A 相过电压，或局部谐振过电压。

操作过电压造成 JIH 线路 TV A 相二次波形畸变，且幅值大幅波动，引起 JIH 线 LFP-925 保护动作、出口跳闸及高频通道故障。

2. 变电站 TV 二次谐振过电压导致保护误动作

220kV CEL 变电站，2016 年 3 月只是投了 5、6 号站用变压器的负荷，运行正常。

随后 4 月将综合甲、乙段负荷投入后，发生了两次 B 相 TV 熔断器烧坏的情况；TV 柜内只配备了二次消谐装置，且消谐装置也已投入了使用。故障录波图显示的 6kV 母线电压波形表明，三相电压畸变严重，饱和严重，电压 B 相瞬时值超过 200V，远远超出额定值 85V。原因是 TV 的电感与系统电容之间出现谐振，进而导致过电压。防范措施是除去甲、乙段负荷多余的 TV；调整二次消谐装置参数，使其达到最佳状态；加装一次消谐装置。

3. 热电厂母线对地故障时零序过电压保护误动作

REL 热电厂 110kV 1 号主变压器中性点不接地运行，2 号主变压器接地运行。某日 17 时 28 分，当地雷雨交加，雷电袭击了 110kV 升压站母线。同时，1 号主变压器 110kV 零序过电压保护动作跳闸，1 号机组全停；2 号主变压器零序过电流保护动作跳闸，2 号机组全停；避雷器 A、C 相各动作 1 次。

对于 1 号机组是 I 母线 TV 开口三角形 B 相电压绝缘击穿短路，$3U_0$ 电压数值上升，保护动作跳机；对于 2 号机组及 2 号主变压器零序 TA 二次回路对地绝缘击穿，是 I 母线 TV 开口三角电压 $3U_0$ 与 2 号主变压器零序电流保护绞到一起，两者绝缘为 0，亦即Ⅰ母线 $3U_0$ 电压混入了 2 号主变压器零序保护电流回路，导致了保护的误动作。

十五、变压器后备保护的有关问题

（一）零序保护的配置与应用

1. 变压器零序保护的配置原则

变压器零序保护的配置分为接地变压器零序保护与不接地变压器零序保护，具体的保护配置状况如下：

（1）三段零序过电流保护：Ⅰ段时限跳母联，Ⅱ段时限跳不接地变压器，Ⅲ段时限跳接地变压器。

（2）零序过电压保护：固定时限 0.3s 跳不接地变压器。

2. 零序过电流与过电压保护定值整定

（1）零序过电流保护：Ⅰ段 11A、1.0s 跳母联，Ⅱ段 4A、4.8s 跳母联，Ⅱ段 4A、5.3s 跳本体。

（2）零序过电压保护：5.5V、4.3s 跳本体。

3. 主变压器零序保护的反事故措施

即经中性点放电间隙接地的 110～220kV 变压器的零序电压保护，其 $3U_0$ 定值一般整定为 150～180V（额定电压为 300V），保护动作后延时 0.3～0.5s 跳变压器各侧断路器。

（二）实例分析提要

1. YIL 发电厂雷击 110kV 母线主变压器保护动作行为

某日，YIL 发电厂 110kVⅠ母线遭雷击，1 号主变压器零序过电压保护动作，2 号主变压器零序过电流保护动作，1、2 号机组停机。Ⅰ、Ⅱ母线运行正常。

检查发现Ⅰ母线开口三角有电压，不消失；Ⅰ母线 A、C 相避雷器动作，B 相未动作；Ⅰ母线 B、C 相二次电缆被烧毁。

1 号主变压器零序过电压定值 U_{DZ}=10.0V、T=3.5s。由于Ⅰ母线 TV 开口三角形电压的数值已经超过了定值，保护出口动作，使 1 号机组跳闸。

2 号主变压器零序过电流定值 I_{DZ}=1.7A、T=4.0s。根据检查结果可知，2 号主变压器零序 TA 二次被烧断，零序过电流保护输入回路与Ⅰ母线 TV 开口三角电压 L630 之间的绝缘接近于 0，因此是开口三角电压启动了 2 号主变压器零序保护，使 2 号机组跳闸。

2. HAD 发电厂全停故障与主变压器零序保护动作行为

某日，HAD 发电厂线路故障，断路器拒分，1～6 号机组全停，检查发现故障线高频距离、高频方向动作，223断路器A相未跳开。经检查确认220kV系统已经无电压的状况下，运行人员手动打掉故障的223A相断路器。发电厂与220kV系统关联的设备全停。

分析认为，是主变压器零序过电流跳母联逻辑未投入，如果投入了跳母联，故障时可保全3台机组不停。而且整定时间不配套，故障发生后周围的变电站提前全部跳开。

3. CEL发电厂主变压器后备保护误跳母联断路器

CEL电厂发电机-变压器组接线方式为单元接线；发电厂发电机-变压器组主变压器后备保护保护跳闸方式，主变压器后备保护仍然采用第一时限缩小故障范围（跳母联或分段断路器），第二时限跳变压器断路器的跳闸方式。

当发电机-变压器组主变压器高压侧引出线发生故障，变压器差动保护动作跳开主变压器高压侧断路器和发电机磁场断路器，对于发电机来说故障点并没切除，由于发电机转子绕组剩磁作用，仍然向故障点提供短路电流，最终导致主变压器后备保护（零序过电流、复压过电流等保护）动作，误将升压站母联断路器跳开，改变了电网的运行方式。发电厂与关联系统一次结构见图1-4。

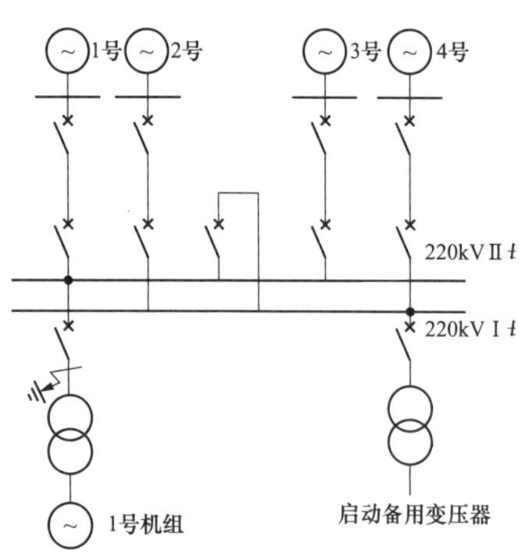

图1-4　发电厂与关联系统一次结构图

由此，可以断定，当母线故障时，如果母线保护拒动，则主变压器后备保护（零序过电流、复压过电流等保护）动作，结果会与之一样。

防范措施，将主变压器后备保护（零序过电流、复压过电流等保护）动作于全停。

作为防范措施的推广，对于出线是并网联络线，主变压器后备保护直接动作于全停。如果母线解列后，非故障母线能够将其余负荷输送出去，则可以缩小故障范围，跳开母联或分段断路器。

十六、输电线路故障与保护的动作行为

（一）线路保护故障的特点

输电线路的故障频率居高不下，保护动作频繁，其不正确动作时有发生。

线路保护故障的特点是高频通道的故障，光纤通道的故障，以及故障点过渡电阻的影响使故障测量不准确等。

就高频通道的故障而言，有通道断线、通道短路、通道衰耗超标、两侧高频叠加出现的频拍现象等问题。

（二）实例分析提要

1. 太阳热电厂 110kV 线路故障机组保护越级跳闸

某日，太阳热电厂 110kV 站联Ⅲ线路电缆头爆炸，1 号主变压器高压侧断路器过电流Ⅰ段跳闸，1 号主变压器中压侧断路器过电流Ⅰ段跳闸，1 号机组停机。线路故障后出现以下疑点：

问题 1，110kV 站联Ⅲ线路保护拒绝动作。

问题 2，1 号主变压器高压侧方向电流Ⅰ段保护越级跳闸。

问题 3，1 号主变压器中压侧断路器过电流Ⅰ段跳闸。

对于问题 1，110kV 站联Ⅲ线路纵差保护拒绝动作的原因，是电厂侧 TA 二次回路断线采样通道错误，保护不能做出正确的逻辑判断。太阳发电厂与系统结构见图 1-5。

2. 220kV 线路故障相邻线路零序保护误动作

某日，YED 变电站岳安线路 A 相发生接地故障，相邻线路岳山线零序保护越级动作跳闸，岳山线的末端无电源，但是有变压器中性点接地运行。是保护定值配合问题，没有保证保护动作选择性。另外，要增加方向闭锁环节，以保证保护动作的可靠性。

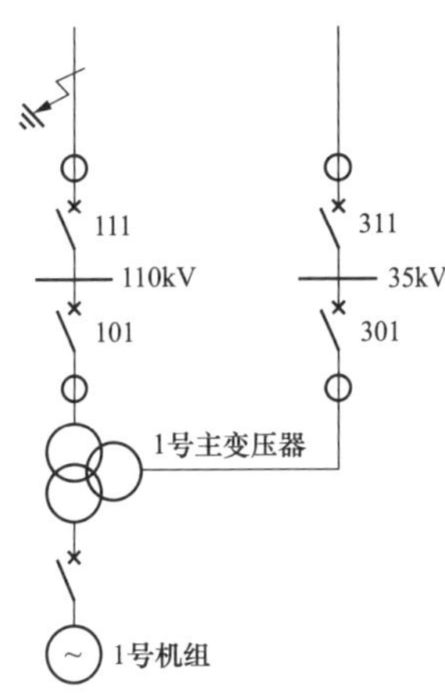

图 1-5　太阳发电厂电气与接入系统图

3. 线路断线故障时保护拒绝动作

某日，220kV XID 线区内发生 A 相断线不接地故障。两侧 RCS-931B 和 RCS-902BFM 主保护均无法满足动作条件；后备保护，大杨站侧线路保护未动作，阳信站侧 RCS-931B/RCS-902BFM 零序过电流Ⅳ段保护动作。

相邻变电站侧完全断线后，零序电流值约为 2.05A，零序功率为正方向（$P_0<-1$VA 零序功率为正方向，$P_0>0$ 零序功率为反方向）。

因此，必定有一侧保护不动作。从原理上看断线不接地故障属于纵向单一故障类型，其零序电流值能否达到动作电流值取决于负荷电流大小，负荷电流越大，断线后的零序电流也越大；而零序功率反映了保护安装处背后阻抗特性，其方向则取决于断口相对于保护安装处的位置，若断口位于保护正方向，则零序功率方向为正；断口位于保护反方向，则零序功率方向为负。

4. 电网 213 风暴潮

某日逢大风天气，这一天 220kV 龙汤线、金北Ⅰ线、金北Ⅱ线、盐孤线（3 次）、琅董Ⅱ线、涓怡线（2 次）、霞沙线（3 次）、昆银线故障保护动作跳闸，500kV 昆牟线（2 次）

故障保护动作跳闸，保护动作正确，重合闸动作行为不完全尽人意。

十七、发电机绝缘的损坏与保护的动作行为

（一）反应发电机绝缘的保护与问题

与发电机绝缘相关的保护有 3 种，由于原理的问题、定值低的问题、信号强度的问题、抗干扰的问题等，使得保护不正确动作的问题层出不穷，分析如下。

1. 不同原理的转子接地保护的应用问题

目前在现场应用比较广泛的转子接地保护有追加直流的转子接地保护、追加工频交流的转子接地保护、利用转子本身电压启动的乒乓式的转子接地保护等。采用追加直流的转子接地保护动作的灵敏度与接地位置有关，而且容易误动作，因此基本上退出了历史舞台。

从原理上讲，转子一点接地后并不影响机组的正常发电运行。因此，机组的运行规程规定，转子一点接地保护动作于信号，两点接地保护动作于跳闸。

由于发电机转子的冷却方式不同，其定值的整定原则也不相同。例如，水冷机组问题与水质有关，转子接地保护的定值，R=5kΩ 时发信号，R＞2kΩ 正常运行，R＜2kΩ 跳闸。

转子接地保护的致命问题是不能识别转子的内部与外部的故障。保护不仅能够反应转子线圈的对地绝缘故障，也能反应外回路的绝缘降低与损坏。而且外部故障的概率要高于内部。因此，运行过程中转子一点接地保护动作后，首先应检查外回路的绝缘状况，尽量避免外回路故障跳机的现象发生。

2. 发电机匝间短路与保护的动作行为

匝间保护按三相对中性点电压之和接线。实际上，中性点漂移时会产生不平衡电压，保护按躲过中性点漂移时的不平衡电压整定。如果系统发生单相对地故障时，由于三相电压的对称性没有变化，所以 $3U_0$=0。因此，这种保护具有很高的灵敏度。

由于原理的问题，定值的问题，再加上断线闭锁不好用，保护误动的现象时有发生。定值太小，有的定值取 3V 左右，容易误动作。

3. 不同原理的定子接地保护与虚幻接地

开口三角电压 $3U_0$ 原理的定子接地保护，目前，发电机 $3U_0$ 原理的定子接地保护启动量采用的是机端 TV 开口三角电压与中性点 TV 二次电压。定子接地保护一般定值是 15V，正常是 $3U_0$ 的不平衡电压约 1V。

三次谐波原理的定子接地保护，动作量 U_{S3} 为机端三次谐波电压，制动量 U_{N3} 为中性点三次谐波电压。其动作判据如下：正常运行时，动作量 U_{S3}＜制动量 U_{N3}；定子靠近

中性点侧接地时，动作量 U_{S3}＞制动量 U_{N3}；一般定值整定，动作量 U_{S3}∶制动量 U_{N3} 为 1:2。三次谐波原理的定子接地保护，定子接地时，由于动作量采用的是小信号，因此其正确动作的概率较低，现场基本上投的发信号。另外，该保护需要实测发电机升压或并网后的中性点电压，这与运行规程的规定相矛盾。

发电机定子的虚幻接地，在发电机定子对地绝缘良好的状况下，定子接地保护却动作跳闸，或发出告警信号，就是所谓的虚幻接地。只有避免虚幻接地的发生，才能提高定子接地保护的正确动作率。

匝间保护与定子接地保护的区别，匝间保护与定子接地保护只有一线之差，其问题以及不正确动作的现象也有相类似的一面，就是误动作的概率高，另外两者均反映电压，这是共同的一面。至于区别，一是保护区的差别，匝间保护只反应的是发电机定子绕组的纵向不对称故障，即匝间故障，不反应母线系统对地的故障；定子接地保护反应的是绕组的横向不对称故障，即定子接地故障，但是该保护不仅反应母线系统对地的绝缘问题，还能够反应严重的定子的匝间故障。二是保护定值的区别，表现在数值上的高与低，匝间保护定值 2～5V，定子接地保护定值 10～15V。其实匝间保护与定子接地保护难以区别。

（二）实例分析提要

1. 发电厂机组转子接地保护误动作

QUH 发电厂 1 号机组投产以后，转子接地保护一年动作一次。一开始分析认为，不能够排除发电机转子绕组引线和滑环处存在不稳定接地的可能性，如此保护动作则为正确动作。但是，实际的检查结果上并非如此，是装置的误动作。

机组转子接地保护的一组定值，对地绝缘电阻 500Ω，延时时间 3s，一点接地出口跳闸。

2. 发电厂机组升压过程中乒乓式的转子接地保护误动作

XIZ 发电厂 5 号机组在开机电气试验过程中，由于电压上升速度较快，升压过程中乒乓式的转子接地保护误动作。分析认为，是保护的采样计算跟不上电压的变化，而出现了误判行为。

发电厂转子一点接地保护的一组定值，一点接地，灵敏段 20kΩ 5s，不灵敏段 2.5kΩ、5s；两点接地，二次谐波电压 5V、8s。

3. 发电厂机组匝间保护误动作

TAH 发电厂 7 号机组匝间保护定值 5V，不平衡电压 1.9V。某日 2TV B 相一次熔断器熔断，保护动作跳闸。显然，一次熔断器熔断是造成匝间保护动作的直接原因。一次熔断器熔断与振动有关，与熔丝的质量有关。

当时匝间保护与定子接地保护均误动，没有弄明白的问题：一是匝间保护与定子接地保护是否接线到同一组电压互感器（2TV）；二是 2TV B 相一次熔断器熔断，同时 1TV 一次熔断器也熔断。因为，从原理上讲，匝间保护与定子接地保护不可能用同一组电压互感器，因为两者为同一组 TV 就成了一种保护。如此匝间专用 TV 一次熔断器熔断时匝间保护与定子接地保护也不可能同时动作，除非两组 TV 同时断线。

4. 发电厂机组 $3U_0$ 原理的定子接地保护误动作

某日，TAH 发电厂 7 号机组 $3U_0$ 原理的定子接地保护动作跳机故障发生后，对相关事项进行了检查，结果如下：

（1）外观检查结果，发电机检查结果正常，A 相 TV 一次对地有放电的痕迹。

（2）三相电压的对称状况，A 相电压，47V；B 相电压，52V；C 相电压，82V。

（3）定子接地保护是取发电机机端 $3U_0$ 电压构成。保护定值 15V，动作出口，跳机。

值得注意的是，在动作逻辑上只考虑了二次熔断器断线闭锁，没有考虑一次熔断器熔断闭锁。因此，当发电机出口 TV 一次熔断器熔断，$3U_0$ 原理的定子接地保护必定动作跳闸。

5. 发电厂机组三次谐波保护原理的定子接地保护误动作

故障发生后对中性点侧以及机端侧三次谐波电压进行了检查，结果：中性点侧三次谐波电压动作量 U_{S3}= 2.03V，机端侧三次谐波电压制动量 U_{N3}=1.02V。

显然测得的数值不正常，停机检查一次系统无问题，分析原因为干扰信号所致。

十八、智能变电站的控制与保护

与常规变电站相比，智能变电站的关键问题是合并单元以及网络与通信。合并单元与网络通信的故障对保护动作行为的影响不可避免。

（一）智能化变电站的建设理念与出现的问题

智能化变电站的建设，实现了信息数字化、通信网络化、信息共享标准化的愿望；创造了虚拟端子、保护控制就地安装的理念；迎来了一大批的发明专利；为科研部门、制造部门开辟了广阔的市场。但是，通过前几年智能化变电站的建设与运行发现不少问题没有得到彻底解决。

合并单元是为了智能化的需要而设置的，就合并单元的问题而言，至少存在以下几方面。抗干扰的问题；寿命限制的问题；运行环境，即电磁环境与自然环境的问题；电源的限制问题。另外，多出一个环节，多一份故障的概率；还有产品缺少挂网运行的考验，缺少成型设计的文本支持问题。

有的电压互感器的一次侧采用的是电容分压原理，后面是电磁式互感器变换等环节，其暂态过程比较明显，影响了可靠性以及准确性。

就网络的通信而言也存在问题，例如通信的拥堵问题，由此导致了延时时间不确定问题，还有可靠性的问题等，都没有摸清楚。

还有土建的问题，例如电缆通道的建设，就很不规范。投资的问题，投资总额与常规站相比还要多。运行维护没有跟上趟等。

总而言之，作者作为调试人员亲身经历了智能站的建设。见证了智能站工作的艰辛，见证了智能站存在的问题，见证了智能站的不可靠。自 MIY 变电站的问题暴露出以后，再建的智能站就很少采用电子式互感器以及小信号互感器了。

（二）实例分析提要

1. 变电站保护频繁误动

TUH 变电站 35kV 电子式电流互感器，型号 PSET60335CTDH-D，参数指标见表 1-1。

表 1-1 35kV 电子式电流互感器参数指标

出线端标志	标准级	一次电流	额定输出	I_{th}	I_{dyN}
1s	5P20	1500A	200mV	31.5kA/3s	80kA
2s	0.2 级	100A	4V		

注 I_{th} 为额定短时热电流；I_{dyN} 为额定动稳定电流。

35kV 电子式电压互感器，型号 PSET6035UTDH-C，参数指标见表 1-2。

表 1-2 35kV 电子式电压互感器参数指标

出线端标志	标准级	一次电压	额定输出	绝缘水平
1s	5P20	$35kV/\sqrt{3}$	4V	40.5/95/200kV
2s	0.2 级	$35kV/\sqrt{3}$	4V	
da-dn	3P	$35kV/\sqrt{3}$	100/3	

根据上述结果可知，其二次输出 200mV 与 4V，所谓的小信号，抗干扰能力差，不可投入运行。

2. 变电站母线冲击过程中 TV 二次丢波形

在主变压器冲击过程中，对于母线 TV 以及变压器高压侧 TV 二次电压波形进行了检查，结果表明，母线 TV、变压器高压侧 TV 二次电压均产生间断。

根据录波图可知，第一次母线带主变压器冲击过程中，主变压器高压侧 TV B 相电压 U_b 波形丢失达 640ms；第二次主变压器冲击过程中 II 母线 A 相电压 U_a 波形丢失 10ms，B 相电压 U_b 波形丢失 8ms。

母线带变压器冲击试验过程中，由于励磁涌流的影响导致电压出现波形丢失，或波形间断。如此，必然影响到计量的结果，甚至影响到保护的动作行为。事后进行了处理，当时类似的问题未再出现，但是以后是很难保证的。

3. 变电站电缆通道的规划与设置问题

作者检查了正在建设中的220kV西裕变电站，印象最为深刻的是电缆通道的建设。铺设方式与施工工艺可以如此描述，“光纤电缆遍地走，几片盖板定乾坤”。虽然采用的是防静电盖板，但是之后的运行维护以及检修却没有方便可谈了。

十九、智能电网的控制与保护

谈到智能电网，自然会联想到分布式发电；谈到分布式发电，必然联系到低电压配电系统以及新能源发电问题。除了通信设备的更新换代以外，低电压配电系统的特点是纵横交错的接线，环环相扣的网络。配电系统双回路控制的手拉手、背靠背、肩并肩、心连心是对复杂网络的最形象的描述。新能源的发电形式则离不开风力发电与太阳能发电。由于增加了发电设备，使得配电系统网络的控制与保护变得更为复杂，由此就产生了控制智能化、保护智能化、电网智能化的新局面。

（一）智能电网的问题

在以往低电压配电系统的问题是人们重视程度不够，资金投入不够，因此，与高压电网相比那才叫望尘莫及。近几年的形势发生了巨大变化，智能电网的状况也让人耳目一新，对智能电网的具体问题分析如下：

1. 对于智能化的理解问题

由于导向的影响和资金投入的作用，不难想象，作为研究课题出现了门类繁多的研究项目，例如，控制系统现代化的数据库，包括静态数据库与动态数据库，配电网中的故障定位功能，系统故障自愈功能，广域保护的研究与应用，高灵敏度的接地保护以及机器人的巡检作业等。

同样，作为工程应用，现代化与自动化的设备得到广泛的应用，其四遥功能——遥测、遥信、遥调、遥控成为现实，出现了来自不同厂家的设备。例如，现代的RTU系统、变压器的自动调节分接头与有载调压、异电源的同期装置、备用电源的快切装置、小电流接地系统的故障选线、保护的远距离更改定值、直流电源的在线监测等。

值得注意的是，配置上的智能化依然离不开简单可靠的理念。系统的合理布局，设备的合理应用是无可非议的。但是，把智能化理解成复杂化，把智能电网理解成了复杂电网却令人费解。作为电网，无论是高压电网还是低压电网；无论是大电网还是小电网；无论是智能电网还是常规电网，最关键的指标是安全可靠，在这前提下再考虑线损问题，电能质量问题，无功补偿问题。

2. 关于电源的并网问题

由于在系统中出现了电源，并网问题是无法回避的环节。无论是作为工频交流电源的同期并列，还是直流电源的无差异并列均如此。前者，必须考虑的是压差、频差与滑差均满足的条件实施并网。无论是设计部门，还是运行部门都必须高度重视电源的并网问题。

3. 关于小电流接地选线问题

为了解决小电流接地选线问题和接地保护动作灵敏度的问题，人们对中性点的接地方式做了一些调整，由高阻 72Ω 接地、中阻 6～12Ω 接地到 0Ω 短时接地等。但是，小电流接地系统经高阻的接地故障，以及经高阻的间歇性接地故障选线问题依然没有得到有效的解决。

4. 关于运维的人员水平问题

作者曾经考察过多家风力发电场与太阳能发电场，有的是大发电公司的小电场，有的是村头电站。比较规范的人员配置是 10 个人两班倒，在现场基本上能办的事就是开机与停机的操作，仅此而已。总体的评价是，设备的智能化程度不低，人员的专业水平不高。人员尚达不到进行一般的故障处理的能力。那些村头电站的管理就更没法想象了。

对于智能电网的管理问题，关键是合理组织的问题，也就是组织体系的问题。

（二）实例分析提要

1. BEW 风力发电机的接触器跳闸与拉弧导致烧毁

某日，发电场 315 线路速断保护动作，断路器跳闸。故障的发生使 2 号机组严重损坏，既有电弧烧损的痕迹，也有外绝缘材料燃烧成灰烬的现象。

故障的起因是并网接触器的绝缘损坏。根据并网接触器的构造与原理应用可知，并网接触器的接触电阻不为 0，并网接触器的额定切断电流为 2510A，并且两只并网接触器的操作频繁。如果两只并网接触器开断时间的不一致，理论上会使其开断的电流增加近于一倍。

鉴于以上原因，由于并网接触器触头的接触电阻不为 0，因此运行过程中一直存在着发热的现象。运行时间越长，触头的光洁度就越差，其接触电阻就越大，发热也越严重，这是存在的第一种恶性循环。

运行过程中的并网接触器由于操作频繁、并且切断大电流，因此息弧的过程不可避免。运行时间越长，触头的光洁度就越差，息弧的能力也就越差，这是存在的第二种恶性循环。

综合以上两个方面的问题，运行过程中的并网接触器，由于发热与拉弧的共同作用，致使并网接触器三相对地绝缘与相间绝缘下降；由于导体与周围绝缘介质温度的上升，并且在强电场的作用下加速了空气的游离过程，使带电离子的数量剧增。可以确定，绝缘的损坏是导致故障发生的起因。

绝缘损坏造成了间歇性短路的发生，随着绝缘参数与电气参数的变化，由于游离的作用导致了接触器周围的绝缘击穿，并形成了导电通道；由于去游离的作用是接触器周围的绝缘恢复。两者共同作用的结果是间歇性短路的发生。绝缘击穿与弧光短路的发生加剧了周围电气绝缘的损坏程度，如果恶性循环不可逆转，则间歇性短路就会发展成为永久性的故障。

并网断路器弧光短路时的高温电弧不仅烧化了铜导体，也烧化了铁板。箱体烧损形成的直径约为 40cm 的洞就是见证。

上述接触器与断路器的弧光短路导致了干式变压器出现的绝缘损坏，造成了 35kV 侧 A 相接地故障、AB 相间短路故障、ABC 三相短路故障。尽管 315 断路器的线路保护及时切除了故障，但是，电弧的蔓延波及到了整个箱体，受到株连的不仅是干式变压器。无法拯救的整个箱体的燃烧过程一直延续到化为灰烬。

需要关注的是，并网接触器间歇性短路伴随的过电压过程与机组的强行励磁，对故障的发展起到了推波助澜的作用。间歇性弧光短路与伴随的过电压，间歇性弧光短路与夹杂的机组强行励磁，其暂态过程也是值得研究的课题。

同时，系统故障保护动作断路器跳闸后，机组剩磁的作用延长了故障持续的过程。

保护的配置问题，风机发电机出口装设了过电流保护，速断保护，差动保护。当发电机出口发生三相短路时，没有启动有断弧能力的断路器跳闸，靠远后备保护动作切除故障。

2. 太阳能发电场箱式变压器瓦斯保护动作与报警

（1）制造问题导致一年内两台箱式变压器发生匝间短路故障，重瓦斯保护动作跳闸。经检查发现故障的原因是接线存在问题，在高压绕组中 3 个线圈首尾接线方式出了差错，是接线的错误造成耐压水平降低，运行时间久了出现绝缘击穿的故障。

（2）多台箱式变压器油位偏低轻气体继电器报警，其中 10 号箱式变压器一天之内报警 5 次。检查发现是变压器箱体的密封不良，运行中存在漏油现象。漏油的同时必然会有气体进入，气体再进入轻气体继电器，气体积累的结果就是轻气体继电器动作报警，结局是显而易见的。

（3）运行指标不理想。夜间变压器也不退出，厂用电率高，接近 4%；线损大，而且发电量越高线损越大；谐波超标；运行电压接近 38kV。

3. YUZ 风力发电场的防雷问题

某日，YUZ 风电场遭遇雷电暴风雨天气。使得风电场 A29 与 A19 箱式变压器电气主回路遭受雷击，夏甸Ⅰ线、夏甸Ⅱ线保护动作，断路器 312、313 跳闸。

故障发生后，对相关的设备进行了检查，发现问题如下。A29 与 A19 箱式变压器烧损严重，内部设备被烧得面目全非。A29 与 A19 箱式变压器高压侧避雷器 B 相外绝缘均发现放电烧伤的痕迹，烧伤的状况见图 1-6。另外，从图 1-6 可见箱式变压器高压侧避雷器的接地连接线线径不够。

图 1-6　避雷器 B 相外绝缘发现放电烧伤的痕迹

接地连接线施工工艺不合格，例如，不可用箱体充当接地的过渡连接线；焊接接地线的接触面没有除掉油漆层等。

故障录波器图形见图 1-7。夏甸Ⅰ线、夏甸Ⅱ线保护动作，断路器 312、313 跳闸，但是，没有见到保护的动作信息。

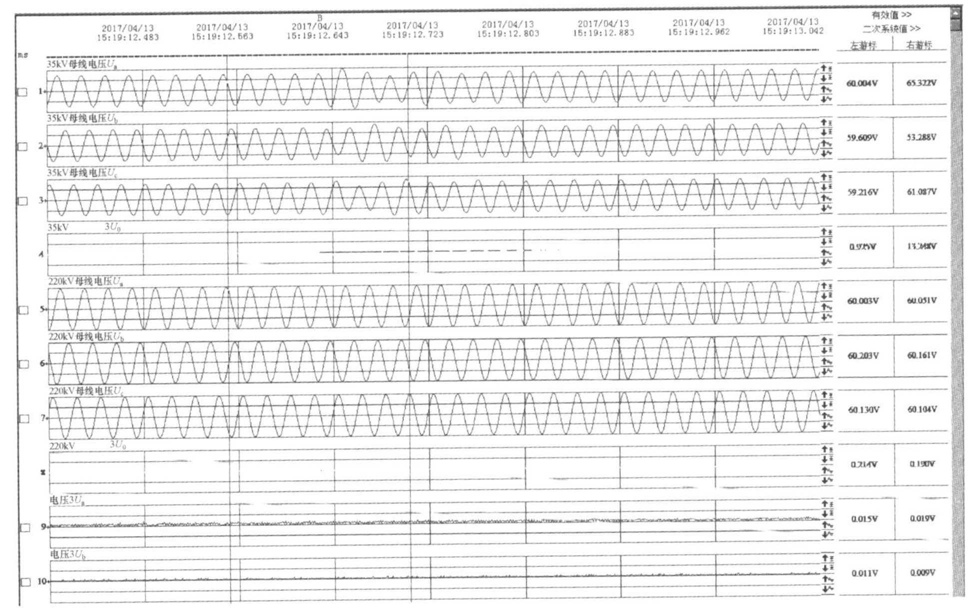

图 1-7　故障录波器图形

故障的原因分析如下：

由故障录波器图可知，箱式变压器高压侧避雷器出现放电过程，导致 35kV 电压波动严重。

（1）箱式变压器低压侧避雷器被击穿导致三相短路，断路器保护启动，断路器跳闸；同时电弧燃烧，烧伤了相邻的设备。

（2）避雷器的参数不合格，或者是避雷器伞裙的积灰多、污秽严重导致了外绝缘的闪络。

电气设备遭遇的雷电过程的来路是怎样的，是雷落到外线路上沿线路进入箱内的呢，还是雷落到箱体（或地）上，导致地电位升高，反击电气设备的结果？其实，两种原因都不影响问题的分析与处理。

二十、特高压工程的有关问题

经过几年的努力，省内特高压电网的网架结构已经基本形成，作者作为调试人员也参加了±800kV换流站的调试工作，参加了1000kV变电站的调试工作。作为参与者，在建设工地上领略了特高压工程的风姿，见证了电力系统优秀团队的工作能力，体验了送电过程的艰辛，认识了一边科研一边应用的快节奏，积累了一些素材。

（一）出现的问题

总体上说，特高压工程设备的功能配置比较完备，但是所用的控制、保护、信号、网络等从原理上的突破不多。在启动调试过程中出现的问题并不新鲜，也类似于常规的变电站，例如，电子式互感器的抗干扰问题，冲击变压器时差动保护的误动问题等。此外，提出几个很现实的问题供大家参考。

1. 信息系统的报警泛滥

特高压站调试过程中出现最多的问题，或者说最叫人无奈的烦心事是报警系统的信息泛滥，在操作一台断路器跳或合闸时会发出几十条信息，把有用没有用的信号都报了出来，数据的信息筛选功能一般，有价值的信息筛选的太粗犷。

2. 变压器的偏磁无法回避

随着特高压直流工程的并网运行，爆出了变压器的偏磁问题，尽管在工程的设计阶段完成了分析与计算、仿真与模拟，并考虑了偏磁的出现与治理方案，但是，偏磁的治理仍然是一项非常艰巨的任务。

例如，受±660kV直流工程单极运行的影响，日照电厂的变压器偏磁电流达9A，产生的噪声的分贝值明显增加。其实，±800kV线路单极运行的影响必然存在，不仅如此，当双极运行的电流不平衡时，临近的发电厂、变电站的变压器也一定深受其害。

3. 电力系统的安全与稳定运行

电力生产关注的首要问题是安全，特高压直流工程也不例外。目前，最令人担心的问题是系统的稳定问题。尽管配置了相关的安稳系统，运行管理部门必须严阵以待，时刻准备应对由于稳定问题造成的被动局面。

（二）实例分析提要

1. QIJ±800kV 线路参数测试所遇到的问题

根据以往的线路参数测试工作的状况，结合扎青线路沿线地理结构的特点与参数测试时观测到的数据指标，提出以下几个浅陋的问题，仅供参考。

在电力系统的相关工作中，不只是电网的潮流分析计算，安全稳定计算，继电保护的整定计算需要准确、实用的线路参数，作为电网规划设计的最终的校验比对，正确的线路参数也是至关重要的。

几种线路参数很难呼应。线路参数理论上的规划设计值、试验室的仿真计算值、现场的测试值、运行的实际值等，其结果相差有多少？

由于线路参数的仿真计算无法解决的实际问题，线路参数的现场测试很难避免的干扰问题，设备的测量误差以及原理的问题等，最终只能得到一个大概的结论。分析如下：

线路参数的仿真计算存在无法解决的实际问题。从青州到扎鲁特路途 1000 余千米，实际的线路跨越了千山万水，计算用的数学模型不可能全面准确地计入沼泽地区、山岭地段、沙漠地带等的数不尽的差别，因此模拟计算仅仅是粗略的仿真，其结果的准确程度能够达到多少个百分点，80%还是 90%，不得而知。采集到的地理地貌图见图 1-8。

图 1-8　地理地貌图

线路参数的现场测试很难避免的干扰问题。由于锡泰直流运行指标对于测试线路感应电压的影响，其实测的结果又有多大的准确性呢？

XT 线的满负荷运行给线路参数的测试造成了严重的影响。从理论上讲，如果锡泰线双极运行平衡，则对于扎青线的影响可以忽略不计。但是，实际上两极线路并没有绑在一起，还有正负极输送电流的不平衡以及谐波电流的不一致，再加上线路所处地形地貌的影响等。因此，使得两极电流产生的磁场对于外界的影响必然存在，导致“扎青线”感应电压的出现，某日夜间 0 点记录的极 1 电压 87.7kV，极 2 电压 13.9kV，白天极 1 电压 53.0kV。

感应电压随运行参数、结构参数不平衡的状况而波动，感应电压的出现既影响到线路参数的测试结果，又造成了安全问题。

通过扎青线的线路参数测试，对于感应电压的问题有了更为深刻的认识。除了相邻的锡泰线的直流线路以外，还有若干的交流线；除了相邻线以外还有跨越线。

交流感应对直流的影响也不可忽视。

2. 换流站1000kV滤波器送电产生的尖脉冲

青州站1000kV第一大组第一小组滤波器第一次送电过程中，录波器采集到了尖脉冲，脉冲的二次最大值为5A。

为了判别尖脉冲来源首先了解电子式电流互感器的原理。电子式电流互感器的铭牌参数见表1-3。电子式电流互感器的基本构成见图1-9。

表1-3　　电子式电流互感器的铭牌参数

型号	PCS-9250-EAC-1000S
最大进线交流电压	1000kV
额定一次电流	1000A/2000A
额定二次电流	1A
雷电冲击耐受电压	2250kV
准确级	5P30/TPE
出厂日期	2017年11月

电子式电流互感器的原理可参考罗氏线圈的结构与原理。合并单元不在就地，在保护室。

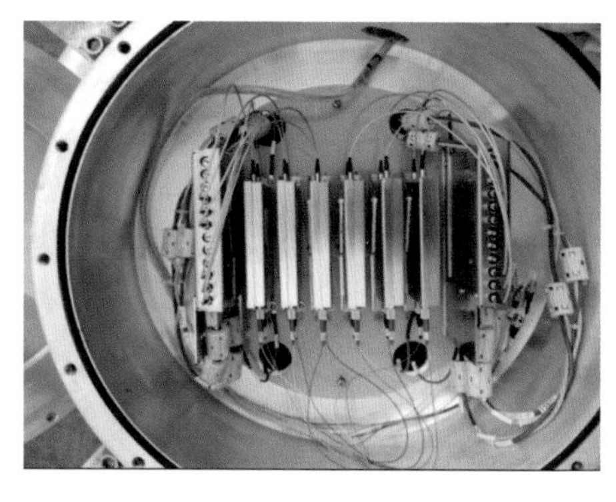

图1-9　电子式电流互感器的基本构成

有关人员从理论上计算并用RTDS进行系统仿真，分析了换流站小组滤波器送电开关合闸后的电流特性。

注：系统阻抗与电源电压为已知，合闸角度从0°～360°顺序代入，可以得出电流波形来。

经过以上分析得出的结论是，一次系统类似录波图形的电流波形不存在，因此，也就不存在一次经过TA变换到二次的脉冲电流，所以采集到的脉冲电流是二次系统电磁干扰的结果。

3. 换流站1000kV滤波器送电监测到的脉冲群

沂南换流站1000kV滤波器第二大组第四小组滤波器送电时外接录波器检测到了脉冲群，录波图详见图1-10、图1-11。图1-10中，在工频一个周波内采集到了6个脉冲，最大者二次值为5A，显然是脉冲泛滥成灾。图1-11是将图1-10幅值最大的波形展开在5μs的间隔内的图形。

测试系统用的是典型的罗氏线圈。基本构成如下：

罗氏线圈—电缆—就地采样计算器—电缆—光转换器—光缆—录波器。

系统录波器分辨率，每秒1万次，即10次/ms。

外接录波器分辨率，每秒 10 万次，即 100 次/ms。

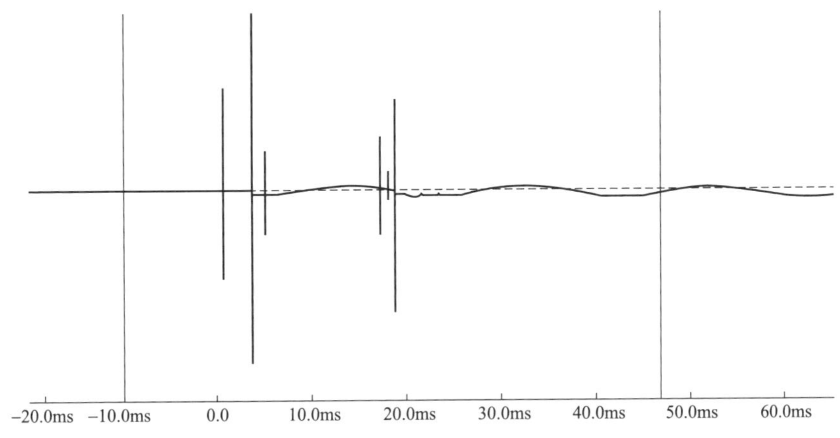

图 1-10　检测到的脉冲泛滥情况

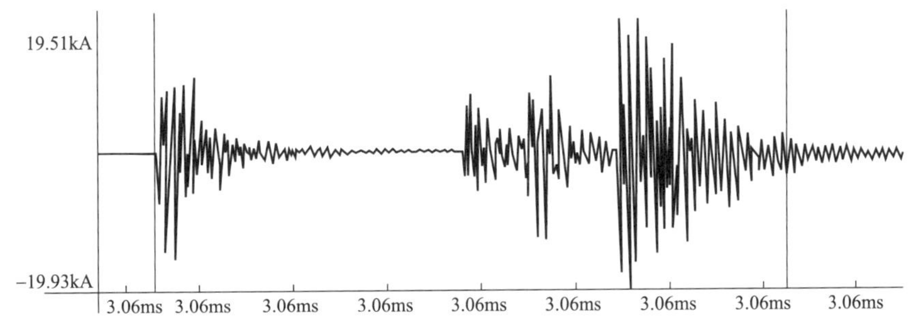

图 1-11　尖脉冲展开后的情形

泛滥的脉冲说明了什么，作为疑点需要作认真的研究。得到的结论应该与 ZOQ 换流站一致。

4. 换流站 1000kV 滤波器送电时差动保护误动作

滤波器的系统结构与差动保护 TA 的配置见图 1-12。

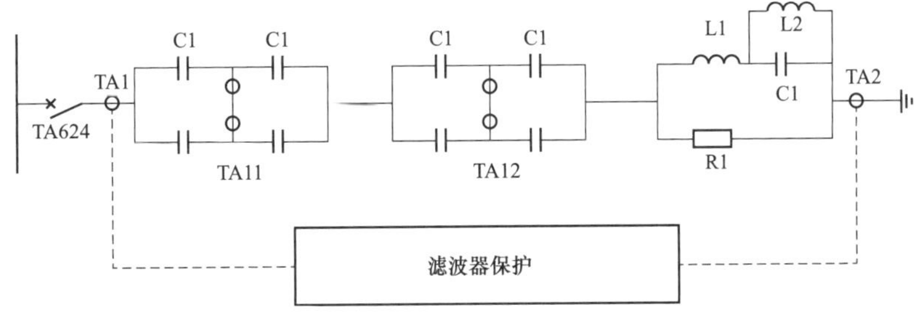

图 1-12　滤波器的系统结构与差动保护 TA 的配置

合闸角控制仪因网络没有调通没法试验，1000kV 滤波器第一大组第一小组第一次送电时电流送到了最大值上；滤波器两侧差动保护 TA 原理不同，型号不同，批次不同。导致滤波器小差动保护误动作。相关的几个问题与处理方法如下：

（1）合闸角控制仪动作指标的确定，将合闸时间控制在60ms±3ms范围内，跳闸时间控制在50ms±2ms范围内。

（2）滤波器两侧差动保护TA的确定，将差动保护TA进行更换，使差动保护TA原理相同，型号相同，由厂家更换。

（3）差动保护定值的更改，将差动保护最小动作电流提高为$0.7I_N$，二次谐波制动系数降低到0.13。

最后第三项措施没用上，采用了前两项措施，又进行了送电试验，结果表明问题得到解决。

第2节　专业技术工作的观点概论

谈论专业工作的观点，目的在于让专业的管理走向正规化，技术工作走向制度化，故障处理走向标准化的道路，并且远离误区。应该强调的是，专业工作需要各部门共同参与，设计、生产、安装、调试各个环节必须有人分别把关。以减少电力系统的故障、提高继电保护的正确动作率。

一、关于需要停电的故障处理

作为与发电厂相关的发电系统最容易出现的是发电机定子接地故障与转子接地故障，继电保护最为棘手的也是定子接地保护故障与转子接地保护故障的处理；作为与用户关联的供电系统最容易出现的是不接地系统的接地故障与接地系统的接地短路故障，继电保护的最大挑战也是不接地系统接地保护故障与零序保护故障的处理。

电力系统的运行规程、继电保护检修规程沿用了以前的一些做法，即带电状态下进行故障处理。鉴于当前电力系统的备用容量充足，当继电保护故障处理需要一次设备停电时，负荷的调配、运行方式的调整等并不存在困难，因此为了配合继电保护的事故处理，应该合理地安排一次设备的起停工作。

二、关于整套保护观念的故障处理

作为保护的动作范围与保护范围、正确动作与不正确动作的条件等，所有这些构成整套保护的体系，即整套系统的观念。具体地讲，一方面，不只是始于TV、TA、开入量的源头，以及开出量跳闸结果—回路末端—跳闸线圈，信号部分去处等范围之间所涵盖的区域；另一方面还要明确保护的特性，保护的范围，保护应该何时投入、何时退出，保护拒动了谁来替补、误动了结局又如何？如此就构建出了以保护为中心，辐射四面八方的整个系统的画卷。

继电保护的事故处理必须树立整套保护的观念、整体系统的观念，而不是某一部分或某一装置的局部观念，处于这种考虑，书中在介绍有关系统的结构以及有关系统的运行情况方面花了不少的笔墨，以帮助读者理解、分析事故的处理过程。

三、关于电气的复故障处理

在故障处理时往往存在许多假相掩盖了真相，例如当保护动作跳闸时，很难区别一次系统出现的故障与继电保护的故障，此时有些基本的原则可以遵循，一次系统出现故障时必定有若干的信息反映出来；反之，若只有一种信号出现，则是继电保护误动作。在系统出现复故障或者在相邻设备上出现故障保护又动作时，会有若干的信息出现，作出准确的判断是比较困难的，此时应当注意抓住主要矛盾。

轻微的故障例外与转子一点接地故障例外。

四、关于保护的正确动作与误动作的界定

1. 两台同样的机组保护出现的不同动作行为

石横发电厂 1、2 号机组的负序反时限保护特性能够反应转子的热积累效应。但是，两台同样的机组保护却有着不同的动作行为。

两台机组的差别是，1 号机组的定子曾经因为损坏换过线圈，2 号机组的定子没有换过。当线路上发生故障重合闸期间，机组负序反时限保护动作跳机，类似的跳机事件曾经发生过 3 次。在同样的运行环境下，2 号机组负序反时限保护没有动作过。

2. 正确动作与误动作的评价标准不统一

从保护系统的观点出发，认为机组本身没有故障，也不属于后备保护动作的范围，保护就不应该跳机。机组的负序反时限保护特性见图 1-13。

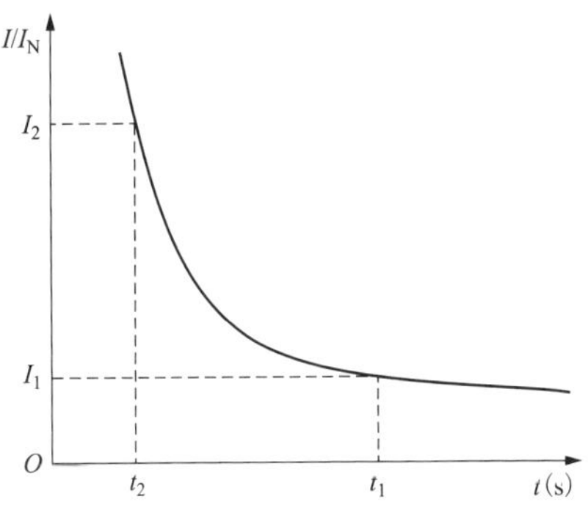

图 1-13　机组负序反时限保护特性曲线

从保护机组的观点出发，认为机组负序电流到达整定值就证明转子的热积累效应到达整定值，就应该跳机。

由于持第一种观点的人占上风，后来 1 号机组负序反时限保护特性保护换了，不反应转子的热积累效应了，是否能影响到机组的寿命，尚未得到验证。

五、关于变电站保护与控制一体化设计

一体化设计的控制与保护装置，即所谓的“综保”设备，不仅具有结构简单、体积

小、重量轻的特点，同时具备信息共享、通信方便的优点，被普遍应用到低压系统中；同样测量与控制一体化的设计也具备类似的特点，被普遍应用到高压系统中。如此，一体化设计得到广泛应用。但是，在高压系统中尚不能推广保护与控制的一体化设计理念。

六、关于保护的双重化配置

对于保护双重化的配置，从以下三方面来理解：

1. 保护双重化配置的目的

双重化配置是从硬件上实现“主、后备保护”的设置理念，是“主、后备保护”配置的代替手段；双重化的两套保护按“或”门输出，目的是为了防止拒动，由此增加了一次设备故障时保护动作的可靠性，但却增加了保护误动跳闸的概率，XIZ 电厂就有现成的例子证明这一点。

XIZ 电厂 4 号发电机-变压器组保护 B 柜 REG316 保护装置由于采样值的不稳定，使 A 相电流数据异常漂移，达到了发电机正序、负序电流保护动作整定值，在机组正常的条件下保护动作跳闸。

用三相微机继电保护校验仪器对 REG316 保护装置通入三相电流，发现 A 相电流采样大范围波动，采样结果见表 1-4。

表 1-4　　A 相电流采样结果

外加电流	三相	1A	3A	5A
显示电流（A）	A 相	0.437～3.107	0.603～7.190	0.26～13.9
	B 相	0.980	2.995	4.975
	C 相	0.994	2.991	4.968

2. 保护双重化配置的应用

目前，在电力系统中所有 220kV 及以上设备，包括发电机、变压器、母线、线路等保护，均要求双重化配置。国家电网双重化率的指标平均在 90%以上。

谈到双重化保护应用的历史进程，众所周知，第一次出现在保护反措条文上的是枢纽变电站的主变压器保护要求双重化的配置，但其他没有。后来双重化配置的应用普及了，用到了上述所有的发供电主要设备，其原因是多方面的，在此不妄加评论，但其中主要的两条原因，一是保护设备的投资能够被人们所接受，二是性价比，即保护设备的投资与关键时刻发挥作用而避免的损失已经被人们所认可。

3. 如何看待保护的双重化

由于配置的双重化，给工作带来了方便的一面，方便了设备的轮换检修与不停电更换；同时也存在不利的一面，即造价双倍、检修工作量双倍、更换工作量双倍、占地面积接近双倍。虽然保护的双重化配置方式得到了广泛应用，尤其是在 220kV 及以上的电网中基本上得到普及。但是，从不利的方面来衡量，双重化的配置永远都是不合算的。

对于微机型保护装置，现在已经不是讨论用或不用的年代，而是讨论如何用的时候。作者的观点是，微机型保护装置好用就用，不好用就不用，不必拿双重化的两套保护来弥补配置与设计方面的不足。

事实证明，单重配置的保护在防止拒动方面已经具有成功的经验。换句话说，对于单重配置的保护，单纯的由于配置问题而导致拒动的概率微乎其微。尤其是 220kV 及以下设备，继电保护没有必要双重化配置。也有不少专工建议，将 220kV 设备的保护实施单套配置。

七、关于保护的合理配置

对于保护的配置，有设计规则可以查询，但现场的实际配置状况却差别很大，尤其是微机保护应用，由于在程序上很容易实现多种保护的逻辑，加上生产厂家以不变应万变的设计理念的误导作用，使现场人员在选择功能时该要的不该要的功能都要，该用的不该用的逻辑都用，使保护的配置过于复杂化。在此需要强调的是简单可靠的配置理念。

1. 按设计规则配置

按照设计规则，该有的功能要保留，不该有的功能要除去，保证保护的合理配置。

2. 按简单的理念配置

保护的配置应该是越简单越好，不是越复杂越好。因此，要避免保护配置的复杂化。

八、关于专业发展的误区

内容包括一次二次设备，部门包括个别的发供电系统，专业发展的误区体现在以下几个方面。

1. 片面追求高指标

由于受高指标意识的影响，个别部门公布的保护投入率、正确动作率、微机化率、双重化率、光纤化率等指标的真实性大打折扣。

例如保护与自动化设备正确动作率的问题。一直以来，继电保护的正确动作率是专业人员所关注的，10 年前大概的数字是 98%，近几年正确动作率逼近 100%。100%是大家追求的目标，局部地区是容易做到的，但是大的区域却很难，可以说 100%的数字水分太大。因为，往往是一次系统无故障时二次保护也风平浪静；一旦一次系统的故障出现了则会导致二次系统动作的一片狼藉，因此距离 100%的目标依然存在差距。

2. 邮件与信息泛滥

网络的发展给通信带来了极大的方便，因此也使各类的邮件、信息泛滥起来了。往往是信息的内容越多，其真实有用的成分就越少。

3. 不成熟的产品得到应用

对于电子式互感器等产品，尚未经过挂网运行考验，就在某智能化变电站上推广应用，结果在变电站的调试阶段以及送电阶段出现过一系列的问题：220kV 线路和母线 TV 存在 4° 左右的角差；在主变压器冲击过程中 TV 二次电压波形均出现间断异常，间断时间最长的达 625ms；220kV 线路智能终端报文出现死机，中断时间约 1min。

针对类似的问题，希望通过大家的共同努力走出误区，使专业的人员努力进取、奋发向上，使专业的发展向着更健康、更广阔的方向迈进。

九、关于技术监督 20 年走过的历程

继电保护实施专业监督以后走过了 20 年的历程，专业的面貌发生了天翻地覆的变化，集中表现在以下 3 个方面。

1. 在设备方面

形成了以微机保护为主体的设备体系，专业配置实现了 4 化：即微机化、双重化、光纤化与无人化。

将不是微机的保护停用；把单套的保护换成了双重化设备；将高频保护换成了光纤保护；将有人值班的变电站实现了无人值守，控制屏不见了，可谓旧貌变新颜。

2. 在管理方面

坚持了全过程技术监督的原则，在发电厂、供电公司、监督部门的管理基本根据技术监督规定开展工作，管理者之间保持信息畅通，工作秩序良好。

3. 在人员方面

在人员方面保持了良好的精神面貌，培养了一支特别能吃苦、特别能战斗、特别能钻研的职工队伍。

但是，自从发电厂与电网分家之后，有些部门的专业管理在走下坡路，技术监督工作越干越差。因此，整个电力系统的发展是很不均衡的。

十、关于做好专业工作的思路

继电保护的运行管理、调试与检修等工作，目标是提高继电保护的正确动作率，为此，管理工作者需要具备必要的理论知识与实践知识。既要熟悉一次系统，又要熟悉二次系统；既要掌握保护的基本原理，又要掌握实际运行状况。

只要继电保护的各级管理人员以及继电保护专业人员尽职尽责，在具体工作中努力把好设计审查关，把好调试关，把好验收关，把好运行管理关。那么继电保护的运行水

平是会令人满意的。

十一、关于保护误动作与拒绝动作的评价

关于继电保护的误动作与拒绝动作是一个原始的话题或课题，但是现代的行业管理赋予了新的内涵，那就是既不允许误动也不允许拒动。

1. 专业工作的出发点

国外的观点，在发电厂几个人围绕一台运行机组值班，设备出了问题就跳闸停机，宁愿让保护误动，不允许拒动。机组停机后让检修部门进行缺陷或故障的分析与处理。

国内的观点，在电力系统比较薄弱的年代，继电保护的误动会导致设备的停电，那时工作的出发点是宁愿保护拒动也不允许误动。现在的观点是，既不允许误动也不允许拒动，因为人们对于误动与拒动的忍受或接受能力为 0。

2. 误动与拒动的危害

在一次设备运行正常的条件下，由于保护的误动造成设备停运是很麻烦的事情。例如，发电机组保护的无故障跳机，不仅中断了机组的发电，同时对于系统的稳定产生不良的影响。而且，机组重新启动还需要时间，还要消耗浪费燃料。

当一次设备发生故障时，如果主保护拒绝动作，近后备保护也拒绝动作，对于设备的危害将是灾难性的。事实证明保护拒动造成的危害远远超过误动。

十二、关于保护的现场检验

1. 现场检验存在的问题

受某些因素的影响，在现场的保护检验省掉了一些不该简化的项目，漏掉了一些能表征保护特性指标的检验项目，将整个试验内容省掉了一半。

2. 保护必须做的检验项目

为了全面检验保护的应能与特性，在现场的调试与定期的检验时，必须完成一下项目：绝缘检查与 TA 回路电阻测试、特性检查与传动试验、动作时间与返回时间检验、动作指标与返回系数检测（返回系数不能为 1）、带电后的试验等。

十三、关于设备的改造与更换

1. 设备寿命的界定

国产微机保护关于设备寿命的界定：科研项目规定 6 年，运行设备规定 10～12 年，电源设备规定 5 年。作者对此的观点如下：

（1）一次与二次设备寿命的设计不匹配。目前发电机、变压器等一次设备的设计寿命

是 30 年，二次设备的规定寿命是 10～12 年，三代二次设备陪伴一代一次设备，两者不统一。如果按照 10～12 年的节奏更换设备，则现场人员处于永无休止地更换保护的工作链中。

（2）使用年限的规定无科学依据。目前设备的元器件、加工工艺、原理与自检功能等都不是以前所能够比拟的，将使用年限定在 10～12 年，无科学依据。

首先，可以将年限的规定放宽，定在 15 年，使两代二次设备陪伴一代一次设备，更为合理。其次，目前的产品，按照 10～12 年的年限规定，尚未走到尽头，寿命的长短没有得到充分的考证，只是拿以前的尺度来衡量现代的设备，证据不足。再者，10～12 年的年限规定，使得设备没有坏就换掉了，做法不经济。

（3）电源的问题比较突出。电源的问题比较突出，要求 5 年更换，实际上是换电容、与发热元件。可见，电源的问题与整体装置的故障有本质的区别。

2. 设备的更换原则

设备的更换可以执行不坏不换的原则。对于电磁型产品，还能用的就不需要换成微机型产品。对于微机型产品，10 年周期到了但还没坏者依然用。对于双重化配置的保护，两套设备不可能同时损坏，因此，不坏不换的理由更加充分。

十四、关于工程的合理工期与价格

工程的设计、设备的制造、安装与调试皆需要合理的工期。反之，如果没有合理的工期就不能保证工程的质量。因此，必须保证工程的合理工期。

同样，设备必须制定合理的价格。厂商的经营目标是为了赢利，因此，如果没有一定的利润空间，就容易出现以次充好、以假乱真的现象。因此，应避免低价中标的问题，保证设备的合理价格。

十五、关于保护的状态检修

近几年，随着输变电工程状态检修工作的逐步推进，继电保护状态检修的序幕也在供电部门渐渐地拉开。值得注意的是，状态检修需要有与之配套的评价措施与评价手段。并且需要进一步研究检修工作的深度与广度，研究哪些设备可以实施状态检修，检修时怎么干。但是，目前既没有规程、又无标准，希望随着工作的开展积累一些好的经验，以便指导下一步的工作。

十六、关于正确对待反事故措施

1. 反事故措施缺乏统一管理

谈到反事故措施的文件，有国家的、有地方的，还有企业的，可谓种类繁多。并且在现场反事故措施年年做，不知尽头是何年，不知原因在哪里。对此，必须深刻反思，以避免卷入永无休止的执行反措的漩涡。

有一种基本原则可以遵守，每当提出一项反事故的措施，不但要考虑是否会产生负面效应，更要考虑系统可能发生的故障，以免降低在常见故障中的性能。

2. 正确对待反事故措施

有的部门设备发生一次故障，不管是否是共性的问题，都会形成一项反事故措施，名其曰举一反三。

对于有共性问题的反事故措施，是合理的，有必要去执行；对于所出现的问题并不具备代表性，无共性问题的反事故措施，无合理性可谈，去做广泛的推广意义不大。

十七、关于正确对待保护的事故

在电力系统的现实工作中，设备的事故难以杜绝，人为的事故时有发生。但是，出了问题应如何对待是值得关注的。

应该鼓励一种行为，即一旦出了问题，一定要避免遮遮掩掩的不良倾向，有关人员要及时投入工作，进行认真的分析、采取有力的措施、实施快速的事故处理。应该倡导一种精神，即奖励对事故的快速处理作出贡献的人们。应该宽容一种错误，即对于人为的事故，只要不是故意的捅出来的事故，就不予追究，如此有利于事故分析与处理。

十八、关于避免拼设备的行为

如果设备出了故障，应该及时停下来，不要拼设备，不要让设备带病坚持工作。一次设备是这样，二次也如此。对于工作人员，只要能将故障的设备安全及时地停下来就是贡献，并提倡奖励做出贡献者。

例如，HAD 发电厂 7 号机组转子一点接地的处理思路：接地信号复归不掉，确认转子一点接地后立即安排停机。

十九、关于定值的管理

1. 管辖范围的划分

电力系统内的模式：以发电厂母线为界，网上的定值计算调度负责，发电厂内部的由电厂负责。两家工作任务具体的划分是，调度部门负责网上的保护、发电厂母线保护与机组失磁保护等定值管理。发电厂负责发电厂机组保护、厂用系统保护等定值管理。

一些电力企业的模式：基建阶段实施交钥匙工程，包括定值的整定计算，均由承包商负责，正式发电以后，与上述模式一致。

2. 定值管理的套路

在发电厂与供电公司应设整定计算专工，由专工实施定值的计算管理。

由于保护的定值与系统的参数有关，因此，如果系统结构变了定值也要变。一般要求各个发供电部门一年核算一次。

当定值的计算、审核、批准手续完备后交给试验人员，定值执行完结以后填写回执单，并交付计算管理部门。

如果定值与装置的整定范围不合适，则必须重新下达定值。

二十、关于保护软件版本的管理

由于设备生产厂家的不同，生产批次的差别，使目前运行装置的软件版本类别甚多，很不利于管理。软件版本是微机继电保护及安全自动装置的重要属性，是装置正确动作的可靠保证。因此，必须加强电网微机保护装置的运行管理，统一全网同型号装置的软件版本，避免因软件版本管理不善而引起装置异常或造成装置不正确动作，确保电网安全稳定运行。软件版本升级的原则。

1. 对于存在严重缺陷的软件版本

如果装置原软件版本存在严重缺陷，继电保护主管部门应及时下发有关版本升级的反措文件，限期整改。各单位收到文件后，应立即组织实施，并确保如期完成。

2. 对于存在一般缺陷的软件版本

装置原软件版本存在一般缺陷（如报文显示或后台通信及规约等），但不涉及保护原理、功能以及定值等，继电保护主管部门发布新软件版本时，明确允许新、老版本同时存在。新投运装置按新版本要求，原装置暂维持老版本，择机申请升级。

3. 对于软件版本的入网检测

新型微机保护装置投入运行前，必须进行入网检测，通过检测试验合格的软件版本方能投入使用。根据检测报告对有关程序进行修改后形成的新版本，应重新检测，确保不存在保护逻辑的衍生问题——寄生逻辑。

二十一、关于变电站的无人职守与综合自动化

1. 变电站综合自动化存在的问题

有些变电站的综合自动化系统不仅存在设计标准不统一、设备配置不统一、设备功能不完善的问题。同时存在设备淘汰周期短、需要 10 年换一遍的麻烦。而且存在系统操作、巡视不方便的困难。还存在难以实现及时、迅速的事故处理等。

2. 无人职守与有人值班的选择

对于用设备还是用人的问题，应当怎样决策，或者说选择标准是什么，作为运行变电站，如果对于上述问题不在乎的话，就实施无人职守的管理方式。否则，应当实施派人值班的管理制度。

二十二、关于智能变电站的工程建设

对于智能变电站国家电网有定义，其基本特征是信息数字化、通信网络化、信息共享标准化。现将专业发展的趋势以及值得注意的问题作以分析。

1. 专业发展的历程

保护的发展经历了两次大变革，一是从分立元件保护过渡到微机保护，是微机发展的结果。二是从微机保护过渡到智能化保护，是网络发展的结果。

智能变电站的主体是自动化的内容，保护、计量、故障录波与一次设备的变动相对较小。关于自动化专业发展的历程大概是：

大约之前 30 年，提出了综合自动化的理念，开始了综合自动化变电站建设的历程。

大约之前 20 年，提出了数字化的理念，开始了数字化变电站建设的历程。

大约之前 10 年，提出了智能化的理念开始了智能化变电站建设的历程。最近几年，经过科研、生产、安装、调试与运行后，对电子式互感器、对合并单元有了更明确的认识，智能变电站的工程建设出现了另一番景象。

2. 两家最大受益者

参与智能化变电站研究与建设的若干家部门中，科研部门与设备厂两家受益最大。由于智能化变电站建设导向的确定，对于科研部门，为科学研究指明了方向，并增加了科研资金的投入，使人有事可干。对于设备厂家，为产品的销售开辟了市场，并安排了人员就业。

3. 应该注意的问题

（1）避免专业发展进入误区。对于电气设计、系统结构、设备配置简单可靠的基本理念不可丢弃，以避免进入智能化与复杂化对等误区。

（2）选择跳闸的方式。当前的跳闸方式有两种，即直采直跳与网络跳闸。对于直采直跳，从接线方式上是用光缆代替了电缆，对保护的跳闸时间没有影响，是首选的跳闸方式。对于网络跳闸，实现了网络化通信，减少了光缆数量，保护的跳闸时间受到网络的影响，可能会增加不确定的跳闸延时。

（3）确定设计的标准。关于标准问题，目前的设计标准与制造标准尚未达到常规变电站的水平，还需要时间的积淀。

（4）明确通信管理的分工。对于信息共享，通信是重头戏，工作要有人干，并且配置必要的设备。通信工作分工的总体思路是，通信工作由通信的人员干，保护的人员只干保护的工作，保护的人员没有必要掺和通信的事情。

二十三、关于设备的寄生逻辑

1. 所谓的寄生逻辑

由于微机设备一直处于采样与接收信息、进行逻辑判断与发出指令的循环中，排除抗干扰与接线错误等问题，还存在一种逻辑，即当操作或运行到某一步时，出现一种正常逻辑之外的结果，发出错误的命令，即所谓的寄生逻辑。

2. 寄生逻辑存在的事例

德州电厂机组开关误合的例子，德州电厂 5 号机组 DCS 控制系统上装设有自动同期合闸功能，设备在没有接到合闸命令的情况下发出了合闸脉冲，导致机组非同期并列。分析认为不是干扰的原因，而是寄生逻辑的问题，将这套多余的自动同期功能退出后，运行正常。

二十四、关于电气控制与 DCS 的接口

1. 电气控制进入 DCS 后所暴露的问题

由于电气控制系统进入了 DCS（distributed control system，分散控制系统），使发电机组总启动试验增加了新的内容：励磁控制、程序并网、机组并网带初负荷等，这些内容在以前出版的规定《发电机组总启动试验》中尚无涉及，因此，DCS 的纳入改变了发电机组总启动试验的方法。同时，由于电气控制系统进入了 DCS，使发电机组总启动试验过程中以及运行过程中出现过若干问题，给故障的分析带来了很大的困难。DCS 最为频繁的故障是电跳机与机跳电，相当于机组保护误动作，DCS 误动作的问题有两类，即寄生逻辑与抗干扰性能差的问题。

第一类，将寄生逻辑的概念用于 DCS 的误动作，由于 DCS 一直处于接收信息或者根据逻辑判断发出操作命令循环中，在执行到操作的某一步时发出错误的命令，即出现了寄生逻辑。

根据正常的逻辑与错误逻辑区别，将非人为设置的错误逻辑归结为寄生逻辑的问题。对于 DCS 正常逻辑与寄生逻辑的动作结果，两者均能发出跳闸脉冲与合闸脉冲。同时，DCS 事件记录栏目均有信号输出。

第二类，在系统无故障、人员未操作、保护未动作的条件下，由于不正常的信号输入导致了 DCS 瞬态的输出，即出现了抗干扰问题。

出现的此类问题有一个共同的特征，即 DCS 误发跳闸命令时没有留下任何正确的指示信号或记录信号，根据有没有信号的区别，将没有信号的事件归结为抗干扰性能差的问题。

2. 关于 DCS 问题的防范措施

对出现的上述问题，作出如下相应的改进措施。

（1）将电气控制系统独立。对于与 DCS 关联的电气量，将电气控制系统部分独立，将其他模拟量、开关量接入 DCS。电气与热工不在同一平台上，DCS 是热工分散控制的主体，电气操作的要求与之相差深远，一个要求 ms 级速动性，一个要求 s 级，对热工控制无大患的 DCS 电气控制暴露出了若干问题。因此电气控制需要一个与之相应的控制平台。

（2）保留手动操作的控制方式。对电气控制系统设置独立的启、停机手段，使之既能够正确地启动，也能够安全地停机。最可靠的是保留手动操作方式，保证机组能开、能停。既能用最简单的办法将机组启动起来，也能用最简单的办法将机组停下来。

（3）简化开关的同期条件。对于 DCS 电气控制并网，保留最简单的同期条件，保留压差、频差与滑差 3 个条件，其他条件均删除。对于 DCS 程序并网，应尽量简化条件，实施简单可靠的策略。

对于 DCS 抗干扰的问题，应采取相应的措施，在此不再论述。

二十五、关于近期保护故障的特点

1. 二次回路故障的比例增加

由于保护装置的可靠性明显提高，二次回路的问题却没有大幅度缩减，两者相比的结果就是二次回路故障的比例增加。因此在现场增加了二次回路的实验项目，例如，TA 二次回路直流电阻、交流阻抗的测试，TA 二次 V-A 特性的测试等，以此来减少二次回路方面的问题，增加系统的健康水平。

2. 定值的问题突出

定值上出现的是整定计算与设备整定两个方面的问题。设备整定的错误，即执行定值出了错误，在此不作论述。整定计算的问题有如下几种类型。

（1）二次谐波制动系数的确定。变压器差动保护的二次谐波制动系数取值范围 0.15～0.2，已不满足变压器冲击试验时的制动要求，应该适当降低。

（2）差动保护启动电流的确定。由于 TA 变比差别的缘故，各种设备差动保护的启动电流应有所差别，发电机取 $0.4I_N$，变压器取 $0.5I_N$，起动备用变压器取 $0.6\sim0.7I_N$，但在现场的取值都偏离较远。

（3）三类延时时间的应用。有三类延时时间，在现场用的也不好。即级差延时 0.3s，抗干扰延时 10ms，躲暂态延时——躲电动机启动或过渡过程延时 0.1～1.0s。

（4）发电机过电压保护定值的整定。对于发电机-变压器组结构的发电机电压不超过 $1.20U_N$ 的例子：鸳鸯湖电厂发电机组带线路 0 起升压时机组误强励；辛店电厂发电机组空载试验时误强励；西龙池抽水储能机组空载试验时；日照发电厂机组空载试验时。这些从该书后续的内容中都能找到。

发电机过电压保护的动作值规定 $1.3U_N$，延时 0.5s，电压动作值太高。对于发电机-变压器组结构的发电机，由于主变压器、厂用变压器的限制，静态的电压可能永远也达不到 $1.3U_N$，因此，过电压保护形同虚设，将电压定值改为 $1.20U_N$，延时时间改为 0.1s 更合理。

另外，过电压保护与过励磁保护的定值，过励磁保护与励磁调节器的过励限制的定值都应该有密切的配合。

（5）发电机定子接地保护定值的整定。发电机基波零序电压定子接地保护的动作时间规定为 1.5s，实际上就是没有将其作为主保护来应用。运行经验证明，对于中性点是经过变压器接地的发电机，将定值改为 0.2s 更为合理。

3. 后备保护不起好作用

对于设备出现的严重故障，如果快速保护不动作，主保护不动作，等到后备保护动作切除故障实在是很麻烦的事情。幸好，对于出现的若干故障，基本上无需后备保护动作就已经被切除。也就是说后备保护没有发挥作用，但是，误动增添的乱子可谓不少，也就是说后备保护不起好作用。

4. 抗干扰问题没有肃清

在现场，干扰信号的来源依然存在，抗干扰所采取的防范措施也没有做得尽善尽美。因此，抗干扰的问题不可能肃清。大量的实例已经证明了这种观点。

比较强的干扰有：工频交流混入直流系统、电力系统的接地故障电流进入变电站、空投变压器产生的励磁涌流以及操作造成的干扰等。

通常的防范措施是：屏蔽措施，增加抗干扰延时，提高重动继电器的动作功率等。

5. 对直流电源的重视程度不够

电力系统的若干故障是由于直流电源系统的问题引起的。例如，直流开关的配置不当造成的越级跳闸时有发生，另外本书中也列举了一些实例，都证明了一点，即人们对直流电源的重视程度不够，在此不再多做重述。

6. 人为的问题依然存在

前面曾经提到，人为的事故时有发生。更何况，现场工作干得越多，出错的概率就越高。因此，要正确对待人为的事故。

7. 微机控制与保护的故障

在 10 年之前对于微机控制与保护的评价是如此描述的：①抗干扰性能差；②死机问题——强干扰下出现的故障；③容易受直流分量以及谐波分量的影响；④采样过程中产生的漂移；⑤显示的信息不对；⑥打印的波形失真；⑦集成块容易损坏；⑧机箱故障难分析。目前微机的控制与保护的健康状况大有改观。

二十六、关于保护的动态特性与静态特性

1. 保护的两种特性

保护具有动态特性与静态特性两种：在现场的试验只能检测到保护的静态特性，却看不到动态特性，动态特性只能在动模试验室或运行中得到检验。

2. 动态特性与静态特性辩证法

动态特性与静态特性的辩证关系可以与数学上的充分必要条件进行比较，就更容易理解。即，如果静态特性不好，可以说保护肯定有问题。但是，如果静态特性好，却不能保证动态特性也好，也就不能保证保护没有问题。只有静态特性与动态特性都正常时，才能判定保护是健康的。因此，当保护的静态特性正常时，必须借助其他手段来进一步检验动态特性的状况，以便得到全面的、正确的结论。

二十七、关于一次系统问题的处置规则

对于一次设备的缺陷或特性，应该本着这样的处置规则，即“一次设备的问题一次办”进行处理。对于一次设备的问题一次办的理解是：一次设备所出现的问题，一次方面能够解决的让一次办理，尽量在一次侧采取措施；如果一次侧不能解决的让二次办理，在二次侧采取措施。

例如，高阻抗变压器励磁涌流持续时间长的问题，其处理思路就是采用如此的规则。

二十八、关于知识的积累与应用

纵观十年解决的一类问题，即断路器无故障跳闸的问题，可见知识积累过程的艰难，也能充分体验到知识应用的不易。

1. 来自现场开关误动合闸的启示

1995 年在某发电厂送 500kV 断路器控制熔断器时，断路器自动合闸，其控制回路 1～3 之间的电容量高达 0.33μF，是合闸继电器的电阻与杂散电容充电的暂态过程使合闸继电器误动合闸。从此开始考虑杂散电容的问题。

2000 年某热电厂出现了三个信号同时启动一台断路器跳闸的现象。判定断路器跳闸是干扰造成的，是半路来的干扰信号导致了跳闸继电器的误动作。因为，三台机组的保护都没有动作的记录，三台机组的保护也不可能同时在几个毫秒的时间内动作，即使是误动作也不可能如此同步，从此开始考虑干扰信号的问题。

2004 年在 500kV 聊城站出现了断路器大面积无故障跳闸现象，有的断路器跳闸，有的则没有跳，其区别在于断路器操作箱跳闸出口继电器动作功率与动作时间，从此开始考虑动作功率与动作时间的问题。

2. 涉及三方面的技术

问题的解决涉及三方面的技术，与开关控制系统的暂态指标有关。一是断路器跳闸启动量的确定，二是启动量跳闸路径的确定，三是跳闸出口继电器动作功率与动作时间动态参数的确定。最早发现的是跳闸出口继电器的误动作，后来发现了跳跃闭锁继电器的误动作。

3. 成果已经得到应用

研究的成果已经在全国电网的发供电单位以及有关制造厂得到应用，解决了若干开关不明原因的无故障跳闸问题，避免了停电带来的损失。

如此，花费十年的时间解决了一类问题，是时间考验的结果，也是知识积累的结果。

知识在于积累，涓流可以成河，只要经历了就会有收获，只要耕耘了就会有收获。为了收获，为了提高个人的专业水平、为了提高设备的运行水平、为了提高电力系统的安全稳定水平，希望电力工作者积极投入到深入的研究工作中去，投入到广泛的现场工作中去。

以 2005 年为界，前十年，积累经验，提出方案；后十年，现场实施，解决问题；十年后，“余毒”依然没有肃清。

二十九、关于机组启动过程中保护工作的特点

新投产的设备在设计、安装、调试、试运行方面有许多的特点区别于运行设备，这些内容有待于人们去研究、去总结，以进一步提高基建的水平和质量。虽然大量的“规定”“条例”“办法”“制度”等文件的应用与工程技术人员工作的投入，在基建过程中发挥了应有的作用，但是总的看来，基建过程出现的问题在所难免。

1. 涉及的新设备多

从这些年基建工程中新安装的继电保护设备的状况来看，保护设备的更新换代无不首先出现于基建项目中，这就要求继电保护工作者不断学习、掌握新知识，以跟上时代发展的需要。

在配置方面，从整体上看微机型保护占领了广阔的领域，但是水平很不一致，尤其是在低压设备中，电磁型的设备依然有一定的市场，给基建管理工作带来了麻烦。

2. 出现的问题集中

基建工程涉及的新设备多，出现的问题也多。其中有设计方面、制造方面、安装方面及现场调试方面的问题等，集中的问题是。

（1）二次回路的问题。有 TA 二次的开路，TA 二次回路的多点接地；TV 的短路，TV 二次回路的多点接地，TV 一次熔断器熔断；抗干扰的屏蔽接地不规范等。

（2）保护特性不稳定的问题。在新上的保护设备中，有的存在原理上的缺陷，有的选用元器件质量不过关等。在试运行期间问题则逐步暴露出来。例如，抗干扰性能差；技术指标与设计值相差较大；元件温度特性不满足要求；严重者保护误动作等。有些产品的质量问题在调试时能够很容易被发现，有的则不能。元器件的不稳定期一般在一年左右，这期间往往容易出现元件的损坏。

（3）误操作的问题。在电气试验阶段，仅用几个小时的时间完成全部的试验项目，并将所有的电气设备投入运行，任务繁重，劳动强度大，操作频繁，需要协调的事项多，误操作的事情时有发生。

3. 技术监督不到位

继电保护的管理工作被列为电力系统的监督项目，旨在将这一责任重、专业性强、涉及面广的专业管理工作纳入正规渠道。发电厂、变电站基建项目的管理工作也被列为继电保护的重点工作，并从设备到货、开箱验收、安装调试到验收等各阶段的监督都作了规定。但是从以往的情况看，漏洞仍然存在。在基建过程中，继电保护的调试工作是最关键的环节。如果调试人员能全面负责，认真把关，对保护的每一个功能、每一种特性、每一个回路都非常清楚，调试合格，则会减少管理中的漏洞，否则只靠验收来把关难以检查出设备的一些隐患。但是，由于验收人员不可能一直介入现场的所有工作，交接验收时又不可能把已完成的调试内容再重演一遍，再加上调试者的水平、经验不尽一致，所以有的隐患直到运行中才暴露出来，给电网带来损失。

4. 保护的顺序投入难以实现

对于新投产的机组，确认保护的静态试验已完成，并保证试验的数据结果正确无误之后，将保护投入运行，投入的步序规则如下：

（1）机组启动前保护的投入。机组启动前，将未完成极性、方向检测与定值整定的保护退出；将确认不会误动的保护投入。

（2）短路试验后保护的投入。短路试验期间，完成差动保护的极性检验后，将差动保护投入。

（3）并网后保护的投入。并网后，完成方向保护的极性检验，将方向保护投入；完成三次谐波保护的定值整定，将三次谐波定子接地保护投入。机组保护的基本类型与投入步骤见表 1-5。

表 1-5　　发电机保护的基本类型与投入步骤

序号	保护的基本类型	短路试验前	空载试验前	并网前	并网后
1	出口 $3U_0$ 定子接地保护	√			
2	三次谐波定子接地保护				√
3	过电压保护	√			
4	定子匝间保护	√			
5	横差保护	√			
6	差动保护		√		
7	负序过电流保护	√			
8	电压闭锁过电流保护	√			
9	失步保护				√
10	失磁保护				√
11	逆功率保护				√
12	阻抗保护				√
13	转子一点接地保护	√			
14	转子两点接地保护	√			
15	低频保护				√
16	过频保护				√
17	断水保护	√			
18	发电机启动保护	√			
19	机跳电联锁保护	√			
20	电跳机联锁保护			√	
21	转子过负荷保护	√			
22	定子过负荷保护	√			

三十、关于值得关注的机组总启动电气试验的特性参数

在现实工作中，要注意那些有用的参数。例如，总启动电气试验过程中，有一些特性数据值得参考，举例如下：

1．发电机-变压器组的空载试验

做发电机-变压器组的空载试验时，如果电压升到 $1.1U_N$ 时，特性会出现严重饱和现

象，因此，必须考虑这种特性对过电压保护整定值的影响。

西龙池电厂 1 号机空载试验时也出现了特性饱和问题，一组数据见表 1-6。

表 1-6　　西龙池电厂 1 号机空载试验时的一组数据

目标值	发电机出口电压 U（kV）	发电机励磁电压 U_L（V）	发电机励磁电流 I_L（A）
$0.5U_N$	9.0	50	500
$1.0U_N$	18.0	110	1120
$1.1U_N$	19.8	150	1470
$1.2U_N$	21.6	200	2030

2. 发电机中性点电压的测试

用万用表可以检测的发电机中性点电压，其零序电压中有三次谐波成分。西龙池 1 号机组测到中性点电压 4V，有注入电压的成分，保护滤波后电压小于 1V。发电机中性点接线见图 1-14。

3. 发电机组的空载灭磁时间 t_0 常数测试

由于发电机灭磁时间的影响，当发电机关联设备故障时磁场断路器虽然已经跳闸，但是故障的过程还在延续。发电机组的短路状态下的灭磁时间要比空载灭磁时间要短，大约 $t_0/3$ 的关系，1/3 倍空载灭磁时间 t_0 往往也接近 1s，导致设备的损坏也就不难理解了。发电机组的空载灭磁时间 t_0 常数测试，可以通过励磁自动运行方式下的逆变灭磁试验获得。

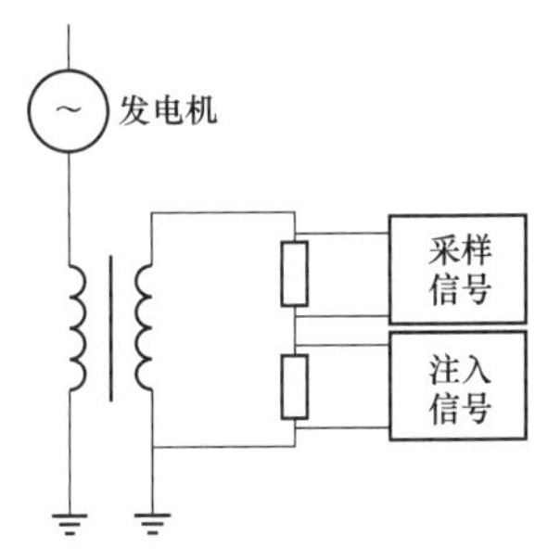

图 1-14　发电机定子保护与中性点接线

4. 机组的励磁方式与灭磁特性

（1）电压衰减过程慢。受机组灭磁特性的影响，虽然机组已解列，励磁断路器已跳闸，但是短路电流并没有被切除，这一点从发电机的灭磁曲线特性就不难理解了。

发电机的灭磁时间常数为 9s，也就是说在空载状态下灭磁断路器跳闸，发电机电压从 U_N 至发电机电压降到 36.5%U_N 时，用 9s 的时间。励磁电流方面就是在发电机的空载额定励磁电流 I_N 时进行灭磁，到励磁电流降到 36.5%I_N 时要用 9s 的时间。

（2）持续的短路电流加重了变压器的损坏程度。虽然发电机在满载情况下进行灭磁时其灭磁时间还要短，但是就按 9s×1/3 的时间计算，也足以能说明问题了。某机组的灭磁特性曲线见图 1-15。

空载灭磁时间常数为 9s，厂用变压器短路时灭磁时间 3s；变压器动稳定极限为 0.4～0.5s，足以烧坏，保护正确动作也难以避免。

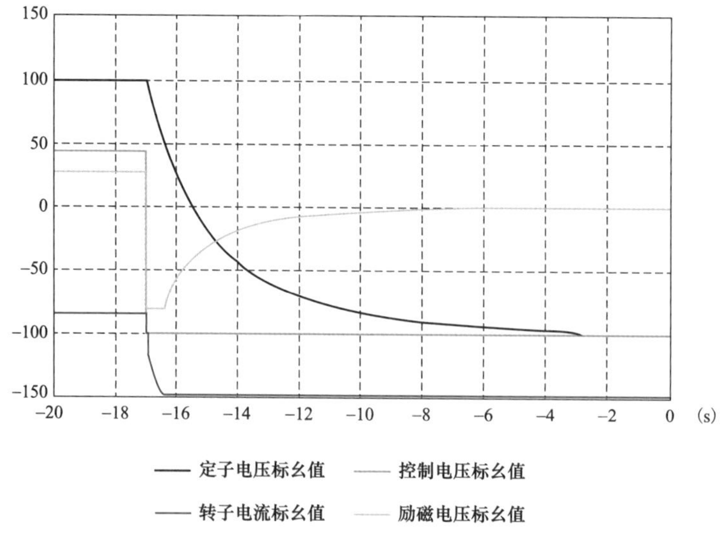

图 1-15　DAH 发电厂 600MW 机组灭磁过程中电气量变化情况

（3）发电机-变压器组的短路试验时分流系数的测试。短路试验时的分流系数是发电机并联变压器短路电压百分数的另外一种描述形式的体现，通过分流系数可以看出当出现过励磁时，哪个设备更快地进入过励磁状态，指标对于过励磁保护的整定很有参考价值。临沂 300MW 发电机-变压器组的短路试验时，将电流升到 4000A，测试分流系数，结果见图 1-16。图 1-16 中，G 为发电机，T 为主变压器，T1 为高压厂用变压器，T2 为脱硫变压器，204 为 220kV 侧断路器，601、602、603 为 6kV 侧断路器。

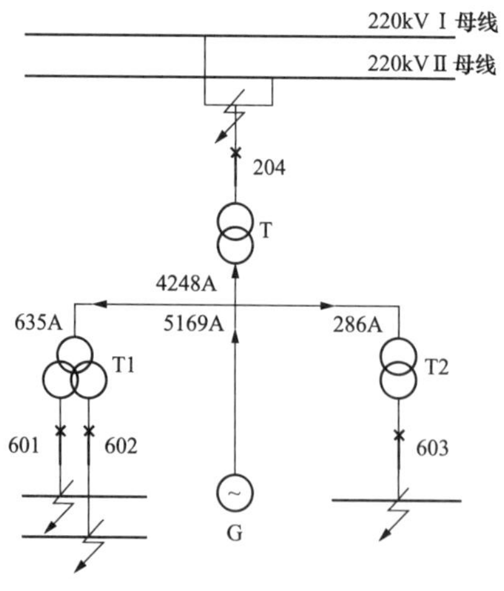

图 1-16　电流升到 5169A 时的分流情况

（4）发电机-变压器组的短路试验时发电机电压测试。当进行发电机-变压器组的短路试验时，由于发电机出口的电压存在，可以确定与电压、电流之间有相位关系的保护的极性问题，如果极性正确，可以将相关保护及时投入运行。例如莱州 1000MW 发电机-变压器组短路试验时，电流目标值 $I=I_N$=24947A 时的一组数据见表 1-7。

表 1-7　发电机-变压器组短路试验电流目标值为 $I=I_N$=24947A 时的一组数据

定子电流（A）			励磁电压（V）、电流（A）			发电机电压（kV）		主变压器高压侧电流（A）	
A 相	24994	24971	U_l	312	303	U_{AB}	4.59	A 相	1280
B 相	25001	24980	I_l	3852	3814	U_{BC}	4.59	B 相	1280
C 相	24937	29930	U_0			U_{CA}	4.58	C 相	1280

第 3 节　继电保护故障的基本类型

从继电保护事故的状况来看原因是多方面的，有设计的不合理，有原理的不成熟，有制造上的缺陷，有定值的问题，有调试的问题，也有维护不良的原因等。当继电保护或二次设备出现问题以后，有时很难判断其根源在哪里，关键是只有找出事故的根源所在，才能有针对性的加以消除，所以找到故障点是问题的第一步。在缺陷暴露无疑后，如何采取措施“消缺”乃是问题的第二方面。

继电保护的分类对现场的事故分析处理是非常必要的。但分类的尺度不易掌握，因为对于运行设备和新安装设备在管理上面的事故划分显然是有区别的，人们理解和运用标准的水平也是有差别的，因此这里的分类也只能是粗线条的。从技术的角度出发，结合一些曾经发生过的继电保护事故的实例，将现场的事故归纳为 10 种。

一、定值的问题

定值问题含两方面的内容，即整定计算的错误和设备整定的错误。

1. 整定计算的错误

整定计算出错是难免的，尤其是新投产的设备，在其特性尚未被人们掌握透彻的情况下，继电保护的定值更不容易定准。因此，对于同一套设备、运用同样的导则，不同的计算工程师就会算出不同的结果。

例如，由于电力系统的参数或元器件的参数的标称值与实际值有出入，甚至两者的差别比较大，则以标称值算出的定值也就可想而知了。

再如，电动机的启动电流达到了额定电流的 6～7 倍，此时电流互感器 TA 出现了饱和，电动机的滤过式零序保护因不平衡电流过高而启动跳闸，接线见图 1-17。在这种情况下，如果不能更换 TA 或加装零序 TA 时，只有用提高定值的办法来躲过不平衡电流，

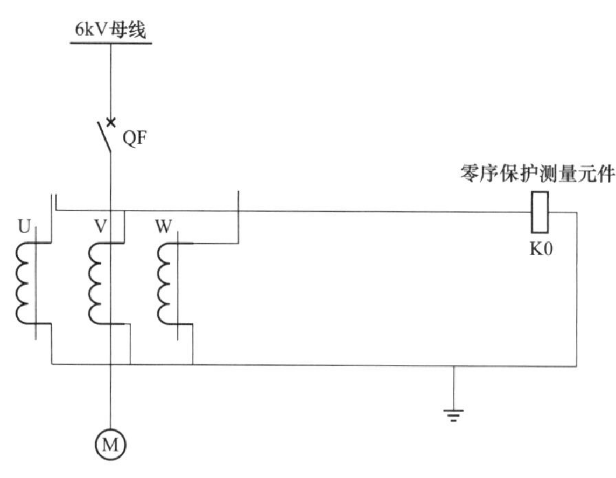

图 1-17　电动机零序保护接线图

这样电动机单相接地故障的灵敏度会受到影响，甚至会失去灵敏度，两者不好兼顾，定值也难以确定。

还有其他引起整定计算错误的因素，在实际工作中像代错数据、抄错数值等问题都曾出现过。

2. 设备整定的错误

除了计算外，还有设备整定方面的错误存在，即人为的误整定，分析如下：

至于人为的误整定问题同整定计算方面的错误类同，都有看错数值、看错位置等现象发生过。总结其原因无非是粗心大意操作，检查手段跟不上才会有此事的发生。因此，在现场的继电保护的整定必须认真操作、仔细核对，尤其是把好通电校验定值关，才能避免错误的出现。

另外，在设备送电前再次进行装置定值的校对，也是防止误整定的行之有效的措施。

3. 定值的自动漂移

引起继电保护定值自动漂移的主要原因有几方面。

（1）温度的影响。电子元器件的特性易受温度的影响是大家所熟悉的，有的影响比较明显，需要将运行环境的温度控制在允许的范围内。有的不太明显，可以不作考虑。

（2）电源的影响。电子保护设备工作电源电压的变化直接影响到给定电位的变化，所以要选择性能稳定的电源作为保护设备的电源，以保证保护的特性不受电源电压变化的影响。

（3）元器件老化的影响。元器件的老化有一个过程，但是积累的结果必然引起特性的变化，也就必然会影响到定值。

（4）元件损坏的影响。元件的损坏对继电保护定值的影响最直接，而且是不可逆转的。

如果定值的漂移不太严重，影响不到保护的性质，尤其是定值的偏差不大于 5%，则可忽略其影响，但是当定值的偏差大于 5% 时应查明原因，并处理后才能将保护投入。

二、工作电源的问题

保护及二次设备的工作电源对其工作的可靠性以及正确性有着直接影响，根据电源的不同种类作如下分析。

1. 逆变稳压电源

目前运行设备的工作电源采用逆变电源的很多，逆变电源的基本环节见图 1-18。逆变电源的工作原理是将输入的 220V 或 110V 直流电源经开关电路后变成方波交流再经逆变器变成需要的+5V、±12V、+24V，或−1.5V、±15V、+18V 电压。

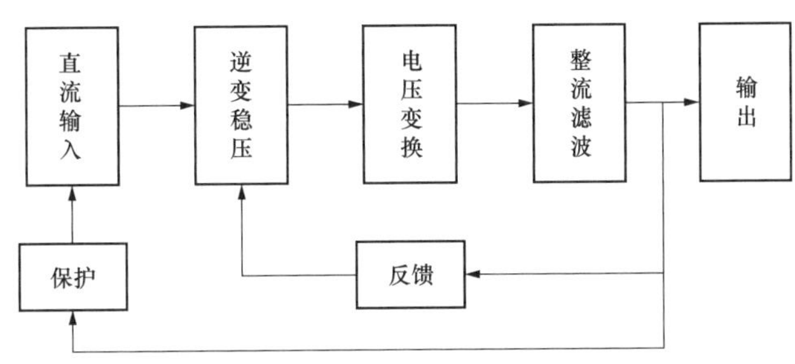

图 1-18　逆变电源的基本环节

（1）逆变稳压电源的优点。逆变稳压电源之所以得到广泛的应用是因为这种电源有着明显的优点。

输入电源稳定，逆变电源的电源输入是直流，直流电源不像交流那样受停电的影响，由蓄电池保证在电力系统事故时供电的连续性。

稳压性能好，逆变电源的输出电压一般在 24V 以下，输入电源却是 220V 或是 110V，所以可调节的范围余度大，比较容易满足稳压的要求。

功耗低，对开关电源来说，由于原理上的考虑，使得输入电流时通时断，降低了消耗。

（2）逆变电源存在的问题。在晶体管设备、集成电路设备以及微机保护中对电源的性能指标要求是特别高的。在运行中的逆变电源却经常故障。逆变电源有几个环节容易出错，这就是功率部分、调整部分、稳压部分，分析如下。

纹波系数过高，纹波系数是指输出的交流电压与直流电压值的比值，交流成分属于高频的范围，高频信号幅值过高一方面会影响设备的寿命，另一方面可能造成逻辑的错误，导致保护的误动作。调试时应按要求将波纹系数控制在规定的范围以内。

输出功率不足，电源的输出功率不够，会造成输出电压的下降，如果下降幅度过大，会导致比较电路基准值的变化，充电电路时间变短等一系列问题，影响到逻辑配合，甚至逻辑判断功能错误。尤其是在保护动作时有的出口继电器、信号继电器相继动作，必然要求电源的输出有足够的容量。

稳压性能变坏，稳压问题有两方面，一是电压过高，二是电压过低。电压过高过低都会对保护性能有影响，分析同上。

保护功能丧失，电源保护功能前曾述及，既电压降低或是电流过大时，快速退出保护并发出报警，这样可以避免将电源损坏。

逆变电源的保护动作以后会将电源退出，如此虽然能起到保护电源的作用，但是电源退出后实际上装置便失去了作用，如果供电回路中确有故障存在，则电源退出并无可非议。实际上往往是电源的保护误动作，这种误动作很令人担心的，对无人值守的变电站就更为如此了。

2. 电池浮充供电的直流电源

发电厂和变电站的直流供电系统正常供电时大都运行于“浮充”方式下，此时浮充充电器一方面提供蓄电池泄漏的能量损失，另一方面向负荷提供电能，见图 1-19。由于充电设备滤波稳压性能比较差，所以保护从此得到的电源很难保证波形的稳定性，即纹波系数严重超标。

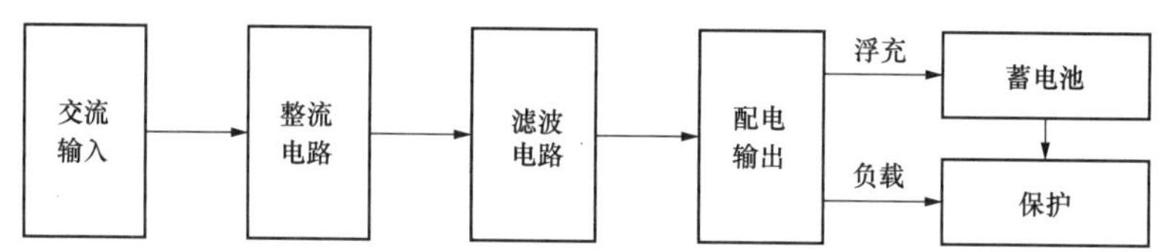

图 1-19　直流供电系统供电路径

不久前在 SDZ 变电站测得浮充充电器的输出电压的交流值与直流值的比值大于 1/10，电子保护设备在此电源下发出很大的震动噪声，其影响是不可忽视的。

3. UPS 供电的电源

UPS 供电的直流系统也有与浮充充电器一样的问题，因此在设备的选取与维护时应多加注意。在考虑其对保护的影响时也应考虑其交流成分、电压稳压能力、带负荷能力等问题。

4. 直流熔丝的配置

现场的直流系统的熔丝都是本着从负荷到电源一级比一级熔断电流大的原则设置的，以便保证直流电路上短路或过载时熔断器的选择性。但是有的地方对 5、6、10A 熔丝的底座都没有区别，致使运行人员操作时手上有什么型号的熔断器就压入什么型号的熔丝，非常混乱。后果是回路上过电流时熔丝越级熔断。对这一问题，设计者最好能加以区分，将不同容量的熔丝选择不同的型式。对已运行的现场设备也应加以重视，尤其是对重要的保护及二次设备更应仔细检查，避免此类事情的发生。

保护的工作电源是一个重要的环节，也是经常被忽视的环节。据统计在以往的设备运行中因为电源的故障而发生了许多事故，在现场的事故分析中应特别注意电源正常的工作参数。

三、元器件的损坏

在晶体管、集成电路保护中的元件损坏可能会导致逻辑错误或出口跳闸。在计算机保护中的元件损坏至少会使 CPU 自动关机，而迫使保护退出。下面是出口电路三极管损坏的实例。

1. 元件损坏

三极管击穿导致保护出口动作是比较典型的元件损坏的实例。由三极管构成的出口跳闸电路见图 1-20，在图中当系统正常时三极管的击穿导通会使出口继电器 KCO 动作跳闸。

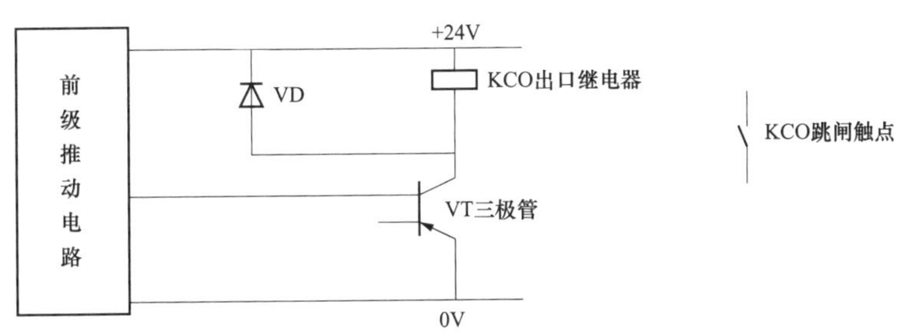

图 1-20　由三极管启动的出口电路

2. 元件特性变差

三极管漏电流过大导致误发信号则是元件特性变差的实例。由三极管构成的出口信号电路见图 1-21。在系统正常时，三极管 VT 处于截止状态，信号继电器及发光二极管中无电流流过，但是当三极管的漏电流过大时，会使发光二极管 VP 变亮，发出指示信号；若是漏电流进一步加大，则会启动信号继电器 KS 发出触点信号。大家知道，发光管的正常工作电流一般在 10mA 左右，当其电流接近 1mA 时发暗亮。信号继电器 KS 的

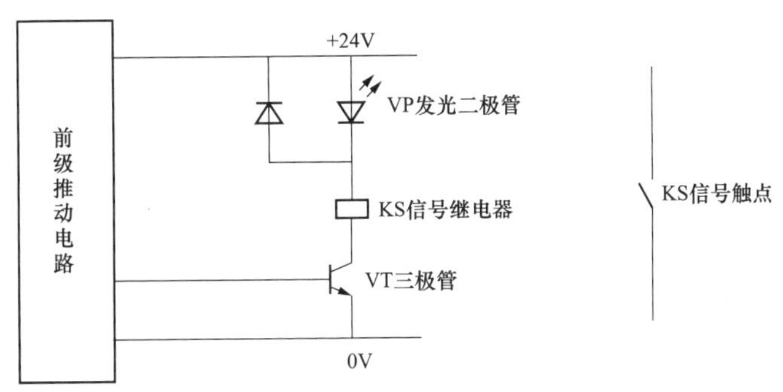

图 1-21　由三极管启动的信号电路

动作电压为十多伏，动作电流有的小于 10mA，所以三极管 VT 的漏电流过大，虽然不一定发触点信号但足以使其误发灯光信号。

四、回路绝缘的损坏

二次回路的电缆遍及发电厂、变电站的各个角落，无论是在电缆沟内的设备还是露天的设备的环境条件都相当差，再加之小动物的因素等，容易引起绝缘的损坏。据统计以往的运行中因二次回路绝缘破坏而造成的继电保护事故可谓不少，现举几例。

1. 对地绝缘损坏

作为对地绝缘损坏的实例是 33 回路接地引起的开关跳闸。33 回路接地使开关跳闸的电路见图 1-22，33 回路接地之前，绝缘检查回路上的两电容电压对称，均为 110V，但 33 接地后 C1 会继续充电，C2 会放电。在跳闸线圈 LT 的动作电压小于 110V 时，由于回路 33 的接地，则会使 LT 动作跳闸。在引进的国外设备中，LT 的动作电压都偏低，有的则不大于 60V，虽有反措要求将其提高，但因条件限制却难以办到。

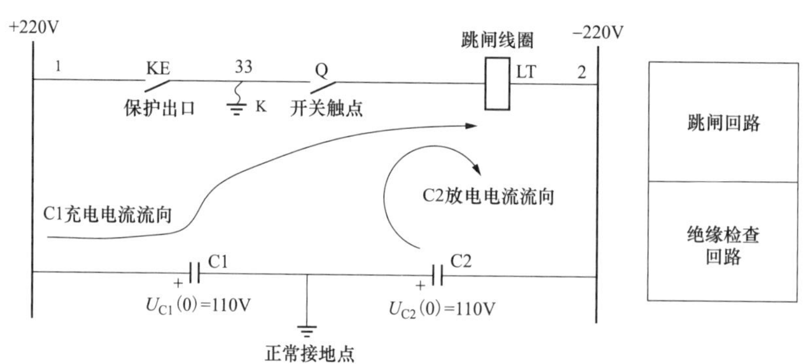

图 1-22　33 回路接地导致 LT 跳闸示意图

2. 回路绝缘击穿

作为回路绝缘击穿的实例是绝缘击穿造成的跳闸。有一套运行的发电机保护，在机箱后部跳闸插件板的背板接线相距很近，跳闸触点出线处 2mm，由于带电导体的静电作用，将灰尘吸到了接线焊点的周围，再加上潮湿的天气，两焊点之间形成了导电通道，绝缘击穿，造成了发电机跳闸停机的事故。

3. 绝缘故障处理

作为绝缘故障处理时典型的实例是不易检查的接地点的寻找。在二次回路中，光字牌的灯座接地是比较常见的，但此处的接地点却不容易被发现。其原因在于光字牌电阻 800Ω，见图 1-23。原始的接地检查装置的灵敏度不够，所以不能动作。新型的接地检查装置受原理的限制，当发电厂或变电站直流系统的对地电容大于一定值时，装置也不能正确反应。这种情况下虽然没有信号发出，信号回路的绝缘却已损坏，隐患已经存在。

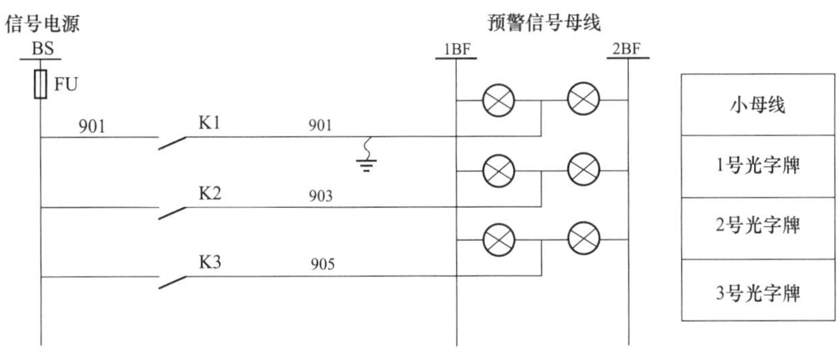

图 1-23 901 回路接地不报警

五、TV/TA 的问题

作为继电保护测量设备的起始点，电压互感器 TV、电流互感器 TA 对二次系统的正常运行非常重要。运行中，TV/TA 及其二次回路上的故障并不少见，主要问题是短路与开路，由于二次电压、电流回路上的故障而导致的严重后果是保护误动或拒动等。涉及到 TV/TA 特性的参数是比差与角差，当比差与角差不满足规定的要求时，将会影响到保护有关的指标，因此在进行继电保护的动作行为分析时，应该作全面的考虑。

（一）TV 的问题

TV 的问题概括起来有，二次熔断器短路、二次回路断线、二次电压相序错误、二次电压反送、二次电压并列、二次回路多点接地、铁磁谐振等。这里只介绍以下两例。

1. 二次熔断器短路故障

RLS 发电厂 300MW 发电机保护 TV 的 B 相熔丝熔断，运行人员几次送上后再又熔断。后来检查发现 B 相熔丝熔断是由于 TV 中性点击穿熔断器损坏，构成 B 相短路通道。接线见图 1-24。

2. TV 二次回路断线故障

NJ500kV 变电站，由于三相式空气开关运行中自行跳开，导致了 U 相电容器与负载电路的振荡。因为负载的分压值达到了保护的整定值，使其过电压保护动作将线路断路器跳开。TV 二次 A 相带电容器的接线见图 1-25。

（二）TA 的问题

保护用电流互感器 TA 的问题很多，概括起来有，二次回路开路、二次回路短路、二次电流相序错误、饱和以及 10%的误差特性不满足要求、二次回路多点接地等，在前面已作过分析，在此不再赘述。这里只介绍以下两例。

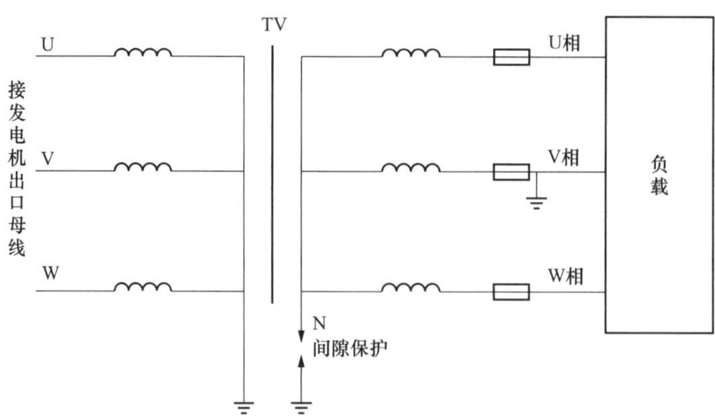

图 1-24　TV 二次侧 B 相接地方式的接线图

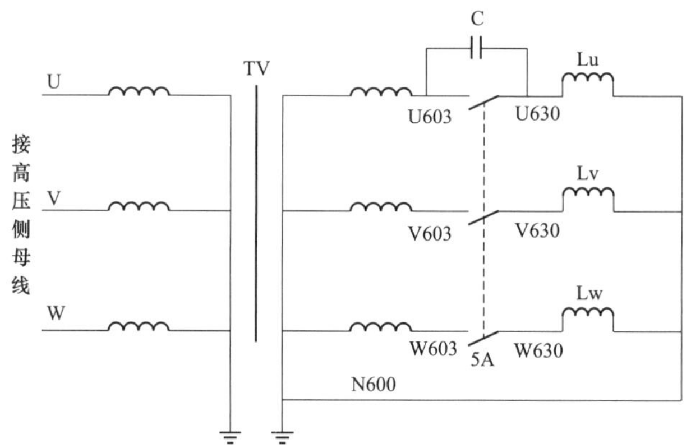

图 1-25　TV 二次 A 相带电容器的接线图

1. TA 二次的问题使母差保护不平衡电流超标

HY 热电厂采用了 PLM 型母线保护，规程要求其二次不平衡电流应小于 50mA，但在一条新线路 TA 二次线接入保护后检查其不平衡电流超过 200mA。原因是就地母线 TA 端子箱螺钉松动。

2. TA 二次开路造成的保护死机

ZH 变电站在投产以前对 TA 二次通电时，将保护屏电流回路端子排的连接片断开，TA 的二次通电结束后却忘记了恢复，结果变压器送电过程中 TA 的二次开路电压击毁了电路中最薄弱的元件——光电耦合器，同时三面保护屏的微机保护死机，故障录波器死机。设备的修复工作花费了很长时间。

六、保护性能的问题

保护的性能问题包括两方面的内容，一是性能方面的问题，即装置的功能存在缺陷；二是特性方面的问题，即装置的特性存在缺陷。

（一）保护性能的问题

保护性能问题的实例如下。

1. 变压器差动保护躲不过励磁涌流

励磁涌流是变压器送电冲击时所特有的现象，涌流的大小出现的相别与合闸角有关。励磁涌流的最高值可达到额定电流的 7 倍。作为变压器的主要保护——差动保护从性能上躲过励磁涌流的影响是最基本的要求，但是在现场进行的变压器冲击试验时的确有差动保护动作跳闸的事故发生。其中有定值的因素，在整定定值时为了提高灵敏度，使之容易误动，提高整定值又降低了灵敏度。从原理上讲在保证内部短路可靠跳闸的条件下，可以适当提高定值。

2. 转子接地保护的误动与拒动

以往的转子接地保护采用注入电流法来监视转子的绝缘，在转子回路对地绝缘下降时发出报警。发电机正常运行时只投转子一点接地保护，如果转子一点接地，则应立即投入两点接地保护。

对于转子水冷的发电机的接地保护也有灵敏度的问题，转子一点电阻定值不可取得过高，如果定值取得过高，由于水质不合格时会误发信号；阻值太低又不太容易发现运行中转子线圈对地绝缘的下降。因此只能根据装置的原理与运行经验选取合适的定值，来弥补保护性能上的不足。

转子两点接地保护的动作的确存在死区，若一点接地后再发生第二点接地，则其第二接地点距离越远动作越灵敏，距离越近动作越不灵敏，达到一定程度就失去了工作量而成为死区。

3. 保护跳闸出口继电器的触点不能开断跳闸电流

当保护动作跳闸命令发出后，断路器拒分或断路器辅助触点故障时，将烧毁跳闸继电器的触点，这种故障在多数保护中已经得到有效的解决。

另外，有的保护装置在投入直流电源时出现误动现象；高频闭锁保护当存在频拍现象时将会误动作。诸如此类的故障都是保护性能的问题。

（二）保护特性的问题

保护特性问题的实例如下。

1. 方向距离保护特性变坏

方向距离保护的特性曲线见图 1-26。

由于制造的原因或是参数的变化，或是元件特性的变化，可能出现方向偏移的问题，如图 1-26（a）中所示，整个特性曲线沿逆时针方向偏 10°，则出口短路时就会失去反应弧光电阻的能力。图 1-26（b）中，由于元件的损坏可能会出现失去记忆功能的问题。

一般要求记忆时间大于 80ms，以满足出口金属性短路故障的可靠切除。记忆功能的消失或记忆时间的变短都是不允许的，必须及时地解决。

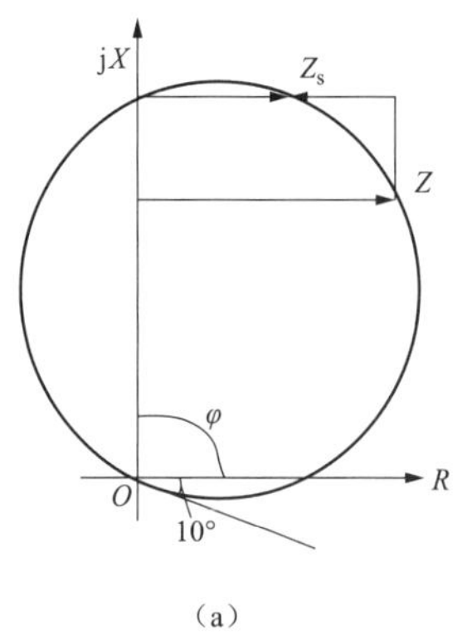

（a）

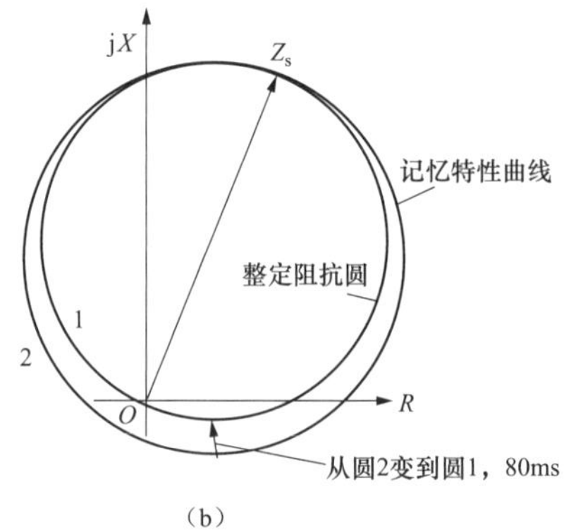

（b）

图 1-26　方向距离保护的特性曲线

（a）无记忆特性圆；（b）带记忆特性圆

2. 两种阻抗特性重负荷时动作行为的比较

桃村 110kV 列车牵引专用线路保护进行了改造，将线路 LFP-941D 型保护装置更换为 RCS-941D 型保护装置，两种型号的装置均设有相间Ⅲ段距离保护，两种阻抗特性曲线见图 1-27。但是，线路投运后 RCS- 941D 相间距离Ⅲ段保护重负荷时动作跳闸。保护更换前后两种阻抗保护采用的是同样的定值，只是其特性不一样，两种阻抗特性重负荷时表现出不同的动作行为。

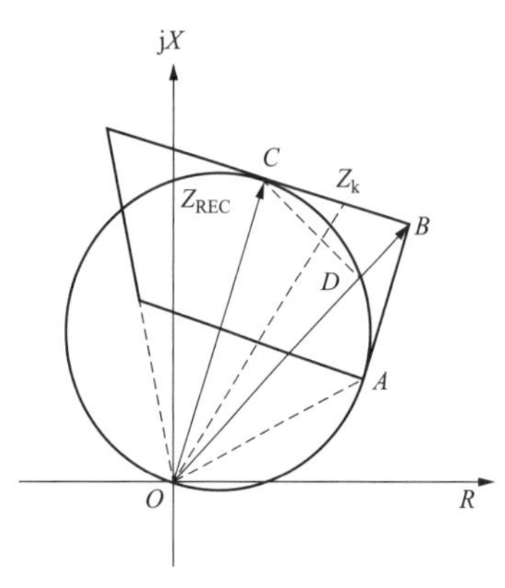

图 1-27　LFP-941D 型与 RCS-941D 型保护特性曲线

分析认为，RCS-941D 型线路保护在牵引负荷时的误动作原因是特性的差别造成的。图 1-27 中，LFP-941D 型保护 *ABC* 段是一段圆弧，RCS-941D 型保护 *ABC* 段是一段折线，正是这段折线将保护的动作区域扩大，在不该动作时误动了。

作为防范措施，首先将整定阻抗 Z_{REC} 压缩 1～1.2 倍。其次，可以用电压作为闭锁条件，在系统电压正常时闭锁距离Ⅲ段保护，只有在系统电压降低时才判断发生了故障。定值调整后问题得到解决。

有的继电保护的动态特性偏离静态特性很远，也会导致动作结果的错误。在故障分析时应充分考虑动态特性与静态特性的偏差。

七、抗干扰的问题

运行经验表明晶体管保护、集成电路保护以及微机保护的抗干扰性能与电磁型、整流型的保护相比要差得多。集成电路保护的抗干扰问题最为突出，对讲机在保护屏附近使用，就可能导致一些逻辑元件误动作，甚至使出口动作跳闸。

变压器的微机保护也有干扰误动的记录，HS 发电厂主变压器温度信号触点采入保护屏后经光耦隔离直接送到出口元件，由于外部存在的操作干扰信号，曾两次使保护误动跳闸停机。最后采取了抗干扰措施，使问题得到解决。

在现场电焊机的干扰问题也不可忽视，例如，SB 发电厂 1 号机对运行中的给水泵附近的管子进行氩弧焊焊接时，高频信号感应到保护电缆上，使其动作跳机。

结合上述问题与分析，将电力系统的干扰源与抗干扰措施概括如下。

1. 干扰信号的类型

解决现场问题过程中，所录制的有关干扰信号有以下几种类型。

（1）设备操作干扰。操作电源都在 2A 左右，从原理上讲如果电缆中的电流一来一回能成对，则对周围的影响就可以互相抵消，但在实际的接线中，往往在同一电缆之内，电流都有来无回，此时对周围的影响就不可忽略，影响最为严重的乃是电流的来去不走同一条电缆沟。

（2）电气负荷冲击干扰。厂用系统中运行的电动机均为 400V、6kV 三相式交流电动机。稳定运行中的电动机，其三相电流基本对称，所以周围的干扰可以看作为零。当电动机在启动或自启动时，三相电流也应该是对称的，只有在 TA 出现饱和时，三相二次电流不再对称，此时对临近的设备会产生影响。

（3）变压器励磁涌流干扰。变压器空载投入时产生的励磁涌流三相不会平衡，线路外围的综合磁场也不会为零，如果控制电缆与之相距不远时，电磁干扰在所难免。

（4）变压器直流系统接地干扰。直流系统中，正负极对地电容是平衡的，当一相接地时，该相的电容放电，另一相的电容充电，其脉冲宽度在 10ms 左右，脉冲对本回路设备以及相邻设备都会产生影响。

（5）电力系统一次接地短路电流干扰。石横发电厂Ⅱ母差保护动作跳闸的原因是石平Ⅰ线路 C 相接地故障电流进入升压站的地网、变压器的中性点形成回路，该地电流成为干扰信号源，干扰信号启动了母差保护的失灵逻辑而使其跳闸。

（6）交流混入直流干扰。

2. 抗干扰的措施

为解决上述干扰问题必须采取行之有效的方法，简述如下。

降低干扰信号：屏蔽措施，选用屏蔽电缆；吸收措施，增加抗干扰电容。

提高抗干扰能力：调整门槛措施，采用重动继电器、延时措施，增加逻辑延时。

八、接线的错误

在新建的发电厂、变电站或是在更新改造的项目中，接线错误的现象相当普遍，由此留下的隐患随时都可能暴露出来。

另外，线路 ABC 三相故障的顺序，保护动作三相出口的顺序，三相断路器的跳闸顺序，三相断路器位置继电器的变位顺序，以及故障录波采集的若干电气量的顺序，都会因为接线错误而变的阴差阳错，更何况上述组合太多，给故障的分析与处理带来麻烦与误导。举例如下：

1. 接线错误与功能缺失

介绍一起接线错误导致的保护拒动的实例。RS 发电厂 4 号机发电机失磁，但失磁保护拒绝动作，3s 后发电机震荡，1 分 13 秒后发电机对称过电流保护动作跳闸。经检查发现，发电机失磁保护出口闭锁回路插件内部接线错误，将负序电压继电器的动断触点接成了动合触点，发电机失磁后，负序电压继电器不能动作，动合触点不能闭合，所以失磁保护无法出口跳闸，正确接线见图 1-28。

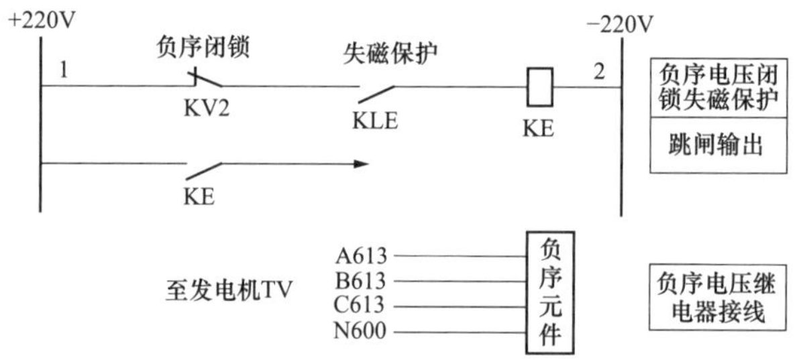

图 1-28　失磁保护出口回路接线

2. 接线错误与逻辑混乱

举一个接线错误导致的保护误动的实例。ST 发电厂 3 号机主变压器差动保护，因高压厂用变压器高压侧电流互感器极性接反，在给水泵启动时导致保护误动跳闸，机组全停。正确的接线见图 1-29，在主变压器差动回路中，应以发电机侧电流为基准，主变压器高压侧电流以及高压厂用变压器电流的极性与之相反，即相位相差 180°。

九、误碰与误操作

广大继电保护工作人员以及运行管理人员担负着生产、基建、检修、反措等一系列的工作，支撑着庞大的电力系统，任务是艰巨而繁重的。在这漫长的工作线上，尽管大家都有做好工作的愿望，但是在现场由于工作措施的不利、对设备的了解程度不够及违章行为的存在，误碰问题并没有彻底杜绝。误碰的后果是非常严重的，现举两例。

1. 误操作与逻辑问题

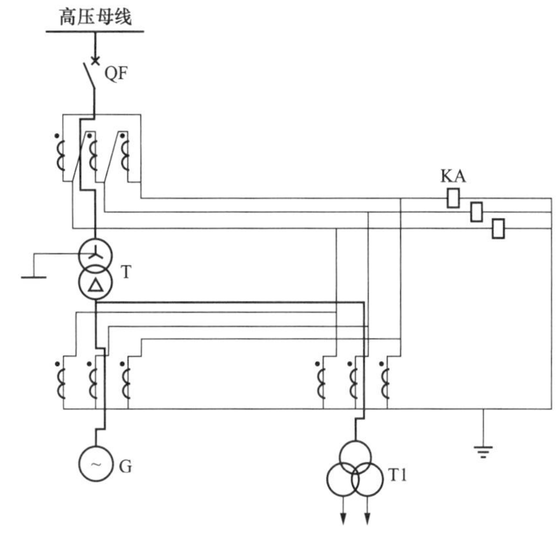

图 1-29　变压器差动保护接线

讲述的是带电拔插件导致的寄生逻辑出现，并造成的全厂停电的实例。YH 热电厂，当时有 2 机 2 变并联运行，发电机、变压器的保护均为晶体管型，其中有一台变压器保护的逻辑插件上的指示灯发出暗光。继电保护维护人员到现场后就将其拔出，结果使保护装置的逻辑混乱，造成出口动作，跳开 2 号主变压器两侧断路器、10kV 母联断路器，系统情况见图 1-30，此时出线 1 对端停电，所以 1 号机解列后带厂用电单机运行，结果其调速系统不能使机组稳定而发生震荡，被迫停机。发电机直供的 10kV 负荷全部停电，直接经济损失 1000 万元以上。

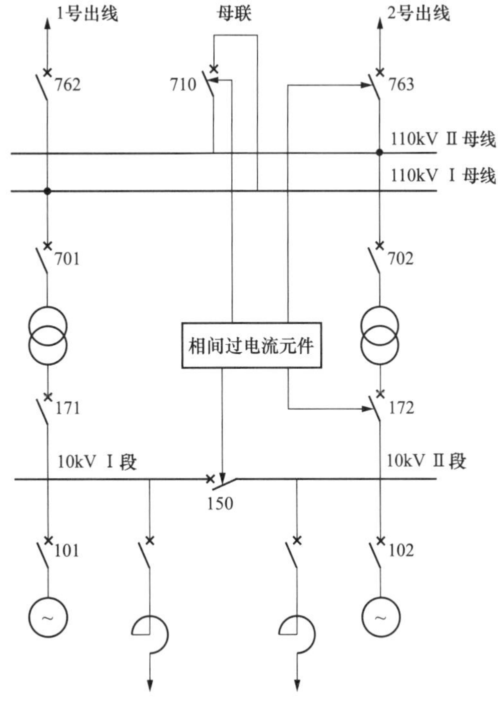

图 1-30　系统结构

从这一事件的性质上分析，操作者第一没开工作票，第二没有人监护，第三没做任何工作措施，完全属于违章性误碰。

2. 误碰与装置问题

下面是带电事故处理将电源烧坏的实例。YH 热电厂，其 4 号机厂用变压器保护有故障报警发出，工作人员在电源插件板没有停电的情况下，便拔除插件进行更换，不小心将电源的 24V 误碰短路，使电源插件烧毁。

总之，因在不停电的二次回路上工作而将运行开关捅掉，或是误碰短路将直流保险烧掉，或是将电压互感器 TV 的二次回路短路等装置性违章现象时有发生，根据运行规程的要求必须杜绝此类事故。

十、规划与设计问题

规划与设计的问题涉及两方面的内容，即电力系统或发电厂、变电站的宏观上的规划与设计问题，以及保护装置的设计与制造问题。

1. 系统规划与设计问题

电力系统或发电厂、变电站的一次系统的框架结构、运行方式以及故障类型会影响到保护的设置、定值的整定与投入退出等。如此大范围的工作难免会涉及保护的动作行为。

2. 装置设计与制造问题

从备用电源自动投入装置 AAT 的实例说明设计中存在的问题。

在发电厂中厂用系统经常出现厂用母线设备故障，厂用分支（或厂用变压器）跳开，AAT 自动启动投备用变压器的问题。大量的统计资料表明，凡是厂用母线设备出的故障，大都是永久性的故障，此时的备用电源自动投入 AAT 动作合闸，也就不可能成功。这种设计思想的弊端已经被人们所认识，有的机组已经作了改动，要提高 AAT 自动投入的成功率，必须改变 AAT 启动的判据。

原始的备用电源自动投入的启动条件比较简单，即工作电源进线跳开，在备用电源电压正常的情况下实现自动投入。在此应考虑如下的改进措施。

增加工作电源过电流闭锁 AAT 环节。只要 6kV 工作分支过电流动作，则视为母线的永久性故障，应禁止 AAT 动作，以防止备用变压器投到故障母线上，烧坏设备。

增加发电机-变压器组主保护启动 AAT 的环节。发电机-变压器组主保护动作后一方面跳开出口断路器、高压厂用分支断路器，另一方面启动 AAT，实现快速自动投入。此方案能实现快速自动投入，不存在过电流启动的问题。

同时采用以上两种方案。既能实现备用电源的快速自动投入又能解决自动投入到故障母线的缺陷，是比较理想的。

改进后的备用电源自动投入的启动条件逻辑见图 1-31。

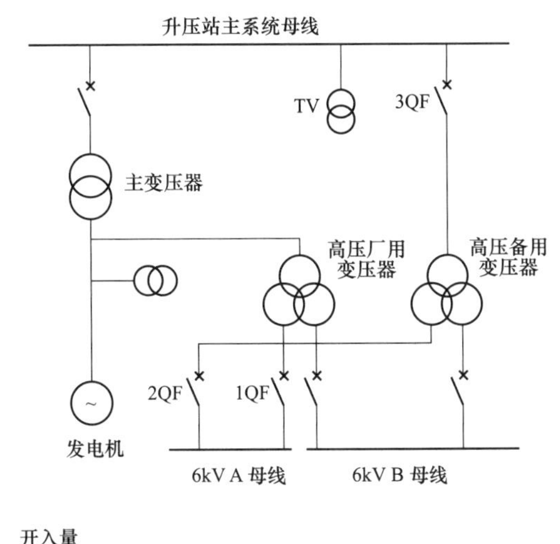

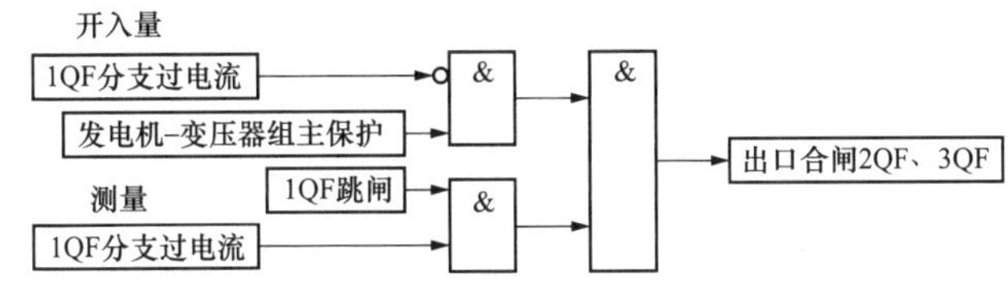

图 1-31　改进后的备用电源自动投入逻辑电路

以上列举了引起继电保护事故的 10 种原因，不讨论如此分类的是否合理，只强调有这些方面的故障存在。以后的章节中对上述所举的部分实例作详细的分析，并补充了若干其他故障内容。

第 2 章

发电机保护的故障处理

一、发电机保护的配置

发电机是电力系统中最重要的设备，为了保证电力系统的安全运行，保证发电机在出现故障以后能够快速停机，保证发电机在出现不正常状况时能够得到及时处理，根据运行中的发电机的故障类型设置了一系列的保护。大型发电机保护的基本类型有：①反应发电机出口 $3U_0$ 的定子接地保护；②反应发电机三次谐波的定子接地保护；③失步保护；④失磁保护；⑤逆功率保护；⑥转子一点接地保护；⑦转子两点接地保护；⑧转子过负荷保护；⑨电压闭锁过电流保护；⑩定子过负荷保护；⑪差动保护；⑫负序过电流保护；⑬阻抗保护；⑭低频保护；⑮过频保护；⑯断水保护；⑰发电机启动保护；⑱误上电保护；⑲过电压保护；⑳横差保护；㉑发电机定子匝间短路保护；㉒电压平衡保护；㉓汽轮机联锁跳闸保护。

二、发电机保护故障的特点

发电机是高速旋转的设备，受运行条件的影响，转子绝缘、定子绝缘下降等故障时有发生，为此装设了反映发电机绝缘降低的发电机绝缘保护。发电机绝缘保护在运行过程中经常会误动作，其不正确动作是发电机保护故障的严重问题之一。

据统计，发电机的励磁回路中也经常出现故障，但是励磁保护有时却不能正确反应故障的发生，在严重的情况下励磁保护会出现误动作。发电机励磁保护的故障是发电机保护故障的严重问题之二。

总之，由于发电机的运行条件比较差，以及干扰因素的影响，使发电机保护的正确动作率很难提高，正确动作率低的问题有待于人们去努力解决。

第 1 节　发电厂机组过电压与保护动作行为

某年 4 月 5 日，桃源发电厂正常运行方式，1 号机组经联络 3 号线路与系统并网运行。发电机、联络线各设备的保护全部处于投入状态。

一、故障现象

18 时 30 分发电机带 5000kW 负荷，18 时 50 分带 8100kW。18 时 56 分运行值班人员在调整有功负荷时，突然间有功负荷由 8100kW 降至 5000kW，有功波动 2 次后，稳定在 8100kW。接着无功功率由原来的 3000kvar 升至 13600kvar 然后又降至–3000kvar，根据值班运行人员描述这种突变过程发生了 2 次，持续时间约 15s 左右。

在功率波动的过程中直流屏上先后发 1 路交流过电压、2 路交流过电压报警，接着控制室失去照明，此时，值班人员听到磁场断路器跳闸的声音，便立即启动事故照明，但未起作用。

监控微机 UPS 电源未中断，屏幕显示联络 3 号线路纵差保护动作 19 号断路器跳闸。发电机出口 2 号断路器跳闸。事故前后汽轮机运行正常，没有听到异常运行声音。当时机组带 8000kW 左右的负荷运行，真空较低。1 号机组与上网线路系统结构见图 2-1。

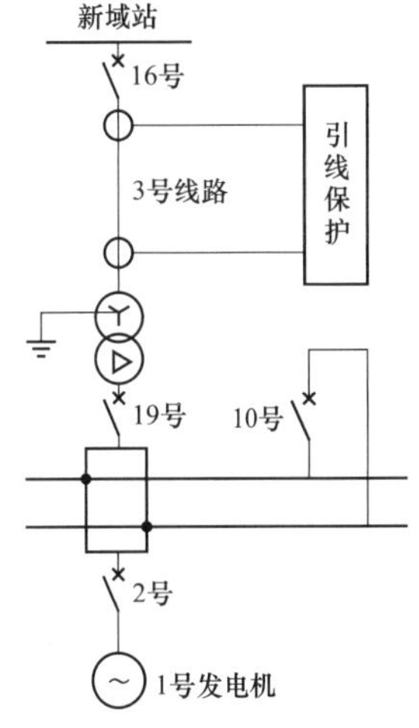

图 2-1　1 号机组与上网线路系统结构

二、检查过程

1. 测控装置检查

事故发生后各保护测控装置上的信息如下：

（1）母联保护测控装置。

18:56:18:328 过电流保护 3.81A（定值 3.8A）

18:56:20:329 断路器失灵（母联保护连接片退出）

（2）电厂侧联络 3 号线路保护测控装置。

18:56:31:616 电流越限 4.4A

18:56:31:996　I_{MD}= 9.81A（定值 5.00A）

U_A=85.23V　　I_A=5.04A

U_B=86.56V　　I_B=4.97A

U_C=84.84V　　I_C=5.25A

$3U_0$=11.62V

18:56:31:996　比率差动动作

（3）新城站侧联络 3 号线路保护测控装置。

I_{MD}= 9.75A（定值 5.00A）

U_A=68.92V　　I_A=5.08A

U_B=68.74V　　I_B=4.97A

U_C=68.64V　　I_C=5.29A

$3U_0$=1.02V

（4）发电机出口 2 号断路器保护测控装置。

DSA183

18:56:31:989 启励失败开入 7 变位　0—1

18:56:34:599 顶值限制开入 9 变位　0—1

DSA182

19:01:55:994 发电机断路器跳位变位　0—1

19:01:55:996 发电机断路器合位变位　1—0（断路器合后 1—0）

2. 联络线路的检查

事故跳闸后根据跳闸信息初步判断为联络线路故障，但通过对电缆的检查与试验结果表明，电缆不存在故障。

3. 联络线路二次接线的检查

由于信号显示联络 3 号线路 19 号纵差保护动作断路器跳闸，因此对纵差保护的接线进行了检查，结果发现差动电流回路的极性接反。

4. 励磁调节器的检查

根据发电厂的运行规程规定，发电机独立运行时励磁调整系统应在恒电压位置运行，但机组并网后在恒无功方式运行。同时应将调差系数调整到 0.02。检查结果表明，当时励磁调整系统转换开关在自动位置、方式转换开关在恒电压位置。这与运行规程的规定不相符。

三、原因分析

1. 发电机励磁调整系统不稳造成了机组过电流

当时励磁调整系统转换开关在自动位置、方式转换开关在恒电压方式，电网系统电压在 10.34～10.39kV。由于系统电压较低，励磁调整系统在恒压方式 10.5kV 运行，引起励磁调整系统增磁增无功，受到系统电压限制的影响励磁调整系统继续增磁，电流上升到联络线纵差保护动作值 1500A 以上。

2. 差动回路极性接反造成了保护误动作

电流上升到联络线纵差保护动作值 1500A，新城站电厂联络 3 号线路 16 号断路器、桃源发电厂联络 3 号线路 19 号断路器同时跳闸。

3. 发电机解列后励磁调整系统不稳造成了机组过电压

联络线纵差保护误动跳闸甩负荷引起发电机端电压升高，在此同时自动励磁达到顶值限制转为逆变励磁达到负励磁。接着发电机磁场断路器跳闸，发电机失磁运行全厂失电，磁场断路器跳闸后，又误动作投入了一次，是运行值班人员手打危急保安器，人工关闭主汽门的同时联跳发电机出口 2 号断路器。

四、防范措施

考虑到该发电厂的技术力量与管理水平较弱，需要完成如下基础工作。

1. 正确使用励磁调节器

运行人员应熟练掌握励磁系统的特性与性能，正确选择运行方式；熟练把握机组的有功功率、无功功率、机端电压、定子电流、励磁电压、励磁电流等参数的搭配，以保证机组的正常运行。

2. 正确设置励磁系统过电压限制

对于励磁系统过电压跳闸问题，从严格意义上讲是过电压保护，这与发电机的过电压保护有着严格的区别。励磁系统过电压跳闸应慎重考虑，以防误动作，比如增加一适当延时 Δt=0.1～0.3s，并动作于全停。

解决机组甩负荷之后励磁系统对于电压的控制特性问题，这是对于 AVR 最基本的要求。所谓的过电压保护，首先是过励限制，以保证电压超过设定的限制值以后，能够得到有效的控制。对应的过励限制还有低励限制。

3. 安排机组的甩负荷试验

做机组的甩负荷试验，以检验励磁调节器的调节能力。如果励磁调节器的调节能力不满足要求，则必须采取处理措施，并增加出口断路器联跳磁场断路器的接线。在机组并网发电后投入联跳磁场断路器的逻辑连接片。

4. 做机组保护的联跳试验等

做机组保护的联跳试验，以确定机组保护逻辑关系的正确性。检查备用电源的切换功能的正确性，解决事故照明电源存在的隐患。解决发电机出口断路器分合闸指示灯与实际位置不对应的问题。

第 2 节　热电机组封闭母线短路差动保护误动作

一、故障现象

某年 8 月 9 日 3 时 40 分，REL 热电厂所在的地区暴雨。5 号机组事故报警，主变压器差动保护动作，高压厂用变压器差动保护动作，发电机差动保护动作，605A1、605B1断路器跳闸，605A1、605B1断路器备用电源自动投入成功。650A、650B断路器合闸。5号机组电气一次系统的结构与故障点的位置见图2-2。

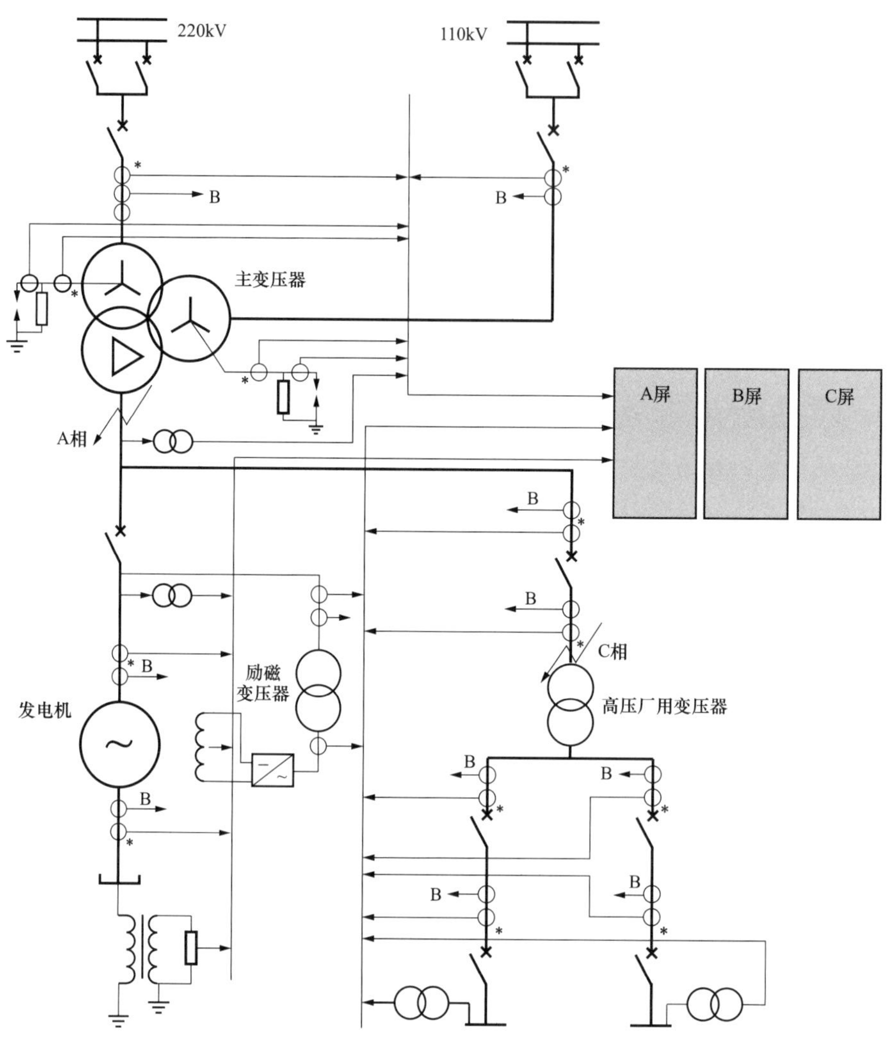

图2-2　5号机组电气一次系统的结构与故障点的位置

疑点分析：

（1）作为5号发电机来讲，故障点均在差动保护的区外，但其差动保护却能瞬时动作，原因何在？

（2）故障点位于高压厂用变压器的一次侧，作为二次侧的厂用分支测到了短路电流，该电流是电动机群提供的。即外部三相故障时电动机提供了3个周波60ms的短路电流。

二、检查过程

检查发现，是发电厂 5 号机组主变压器低压侧 A 相发生单相接地故障，10ms 之后高压厂用变压器高压侧 C 相接地，AC 相的不同地点发生接地故障，相当于 A、C 相经过渡电阻短路后发生接地故障；再过 10ms 之后 B 相发生接地故障，由此过渡到 ABC 三相短路。

5 号机组故障录波图形见图 2-3，电动机外部三相故障时电动机提供的电流波形见图 2-4。

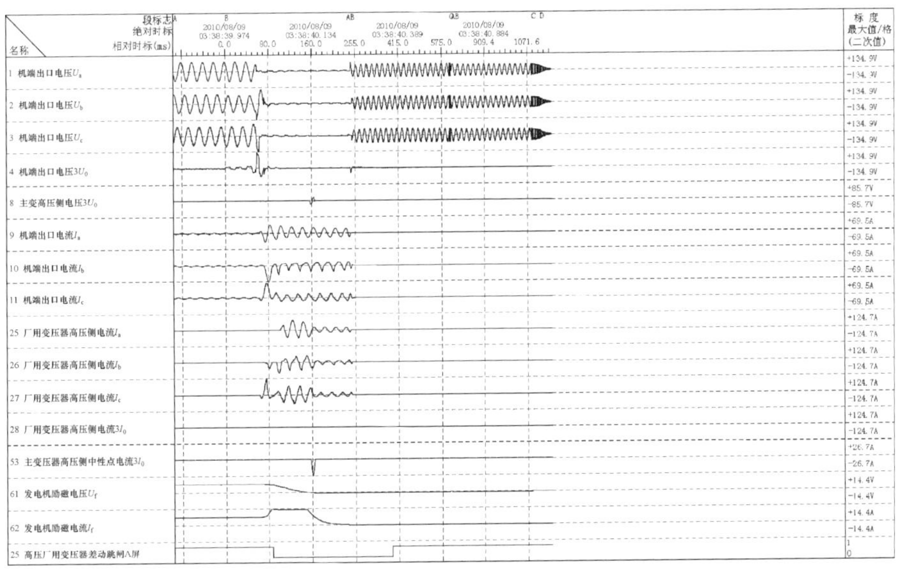

图 2-3　故障时录波器的录波图形

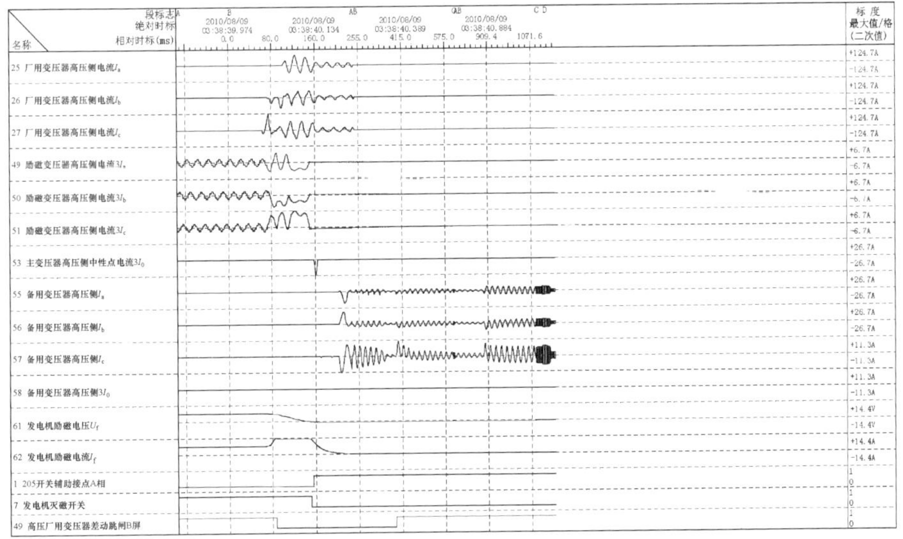

图 2-4　故障时电动机提供的电流波形

三、原因分析

1. 发电机差动保护区外故障时动作出口

作为5号发电机来讲，故障点均在差动保护的区外，但其差动保护却能瞬时动作，其行为属于误动作。

作为5号主变压器来讲，只有A相故障点在区内，而BC相故障点则在区外，单相故障时差动保护的行为值需要进一步分析。

由录波器的图形可知，发电机出口TA图形畸变严重，而且保护录制的发电机尾部TA图形与录波器的图形基本一致。说明对于小电流接地系统，由于$i_a+i_b+i_c=0$的缘故，是强迫B、C相电流发生畸变的结果。

由保护录波的图形可知，发电机出口TA暂态过程明显，而且发电机出口TA与尾部TA图形两者对应不起来。说明是大电流电磁感应的缘故，其短路电流直接感应到TA的二次回路，并非是一次传变到二次的结果。显然5号发电机差动保护误动作，是电磁干扰的结果。

2. 电动机提供了3个周波的短路电流

ABC三相故障时电动机提供了3个周波的短路电流，教材上的理论在实际的故障处理过程中得到证实，在当时作者也是第一次见到，后来又见过两处。

四、防范措施

前曾述及，5号发电机差动保护动作，是电磁干扰的结果。说明是由短路产生的大电流电磁感应的缘故，其短路电流直接感应到TA的二次回路，并非是一次电流经过铁芯传变到二次的结果。但是，机组封闭母线短路差动保护动作也是需要的，尽管动作行为属于误动的范畴，也没有必要去防范。当然同时动作的还有主变压器差动保护与高压厂用变压器差动保护。

第3节　发电厂机组断路器爆炸导致强行励磁与零序保护动作

某年5月16日，YIL发电厂正常运行时的运行方式如下。110kV双母线运行：Ⅰ母线带1号发电机101断路器、3号主变压器中压侧103断路器、电金十线106断路器、电册线107断路器、电红线109断路器、01号高压备用变压器120断路器、旁路105断路器（在热备用状态）；Ⅱ母线带2号发电机102断路器、4号主变压器中压侧104断路器、电七线111断路器、02号高压备用变压器122断路器、电临线110断路器（在热备用状态）。110kV系统经过103、104断路器并网。

2 号发电机负荷 55MW，3 号发电机负荷 125MW，5 号发电机负荷 133MW。1 号发电机调峰启动于 14:49 并网，事故前负荷 7MW，4 号机组正在大修中。

一、故障现象

5 月 16 日 15 时 11 分，110kV 母差保护动作，切掉 101、103、106、107、109、120、母联 100 断路器，1 号发电机强励动作，101 断路器 C 相下节瓷套爆炸，同时 1 号发电机-变压器组零序电流Ⅰ段保护动作，跳 101 断路器和磁场断路器，1 号机停机，1 号机组失厂用电。3 号发电机-变压器组高、低压侧 203、G3 断路器跳闸，3 号机解列停机。2 号炉因系统冲击，15:12 2 号炉炉膛压力低，锅炉 MFT，负荷由 55MW 减至 1MW。同时，3 号发电机-变压器组高、中、低压侧 203、103、G3 断路器跳闸，检查 3 号主变压器保护 B 柜，110kV 侧零序电压保护（180V，0.5s）出口时间继电器“7SX-1A”信号灯亮，3 号机解列停机，汽轮机跳闸引发 MFT，3 号机组失去厂用电源。

恢复过程，15:40 将 01 号高压备用变压器倒换至 110kVⅡ母线，恢复 1、3 号机组厂用电，2 号炉点火。15:58 3 号炉点火，16:25 2 号机组恢复正常。16:40 合上 G3 断路器 3 号发电机-变压器组带 110kV Ⅰ母线零起升压至额定值，充电 5min 无异常，拉开 G3 断路器和 103 断路器，合上 110kV 母联 100 断路器给Ⅰ母线充电正常。18:14 3 号发电机并网，19:00 3 号机组恢复正常。19:37 合上 3 号发电机-变压器组高压侧 203 断路器，拉开 103 断路器，110kV 母线恢复双母线运行方式。

发电厂一次系统结构与故障点的位置见图 2-5，主变压器高压侧单相短路后两侧电流的分布见图 2-6。

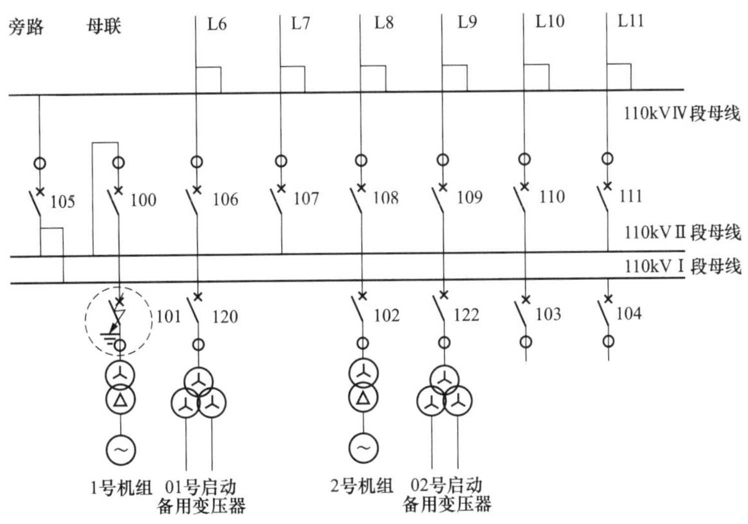

图 2-5　发电厂一次系统结构与故障点的位置

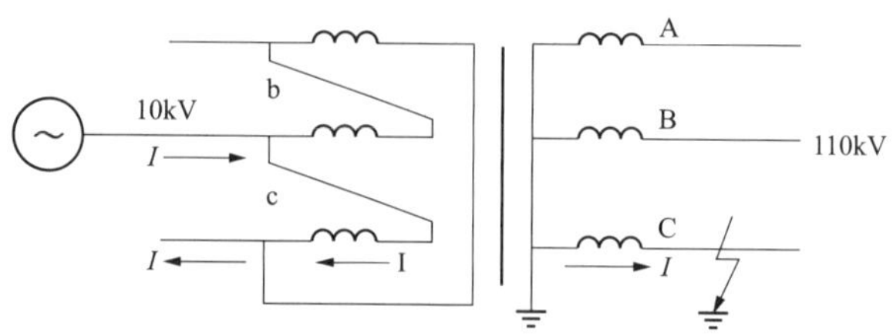

图 2-6　主变压器高压侧单相短路后两侧电流的分布

二、检查过程

1. 110kV 系统的检查

对 110kV 系统进行检查，发现 101C 相断路器发生爆炸，C 相断路器下节瓷套全部爆碎，绝缘拉杆两端有明显短路放电现象，操动机构拉杆断裂，支持平台扭曲变形。

主变压器接地方式：Ⅰ母线上 1 号主变压器中性点接地，Ⅱ母线上 4 号主变压器中性点接地。

1 号发电机 101 断路器是 SF_6 断路器，安装试验各项参数符合标准，于 2002 年 12 月 19 日投入运行，事故前运行正常。1 号机组于 5 月 7 日 00:32 调停，机组处于热备用状态（101－1 隔离开关在合闸位置），16 日 14:49 1 号发电机调峰启动并网。

1 号发电机额定电压 10.5kV，额定电流 1089A，额定励磁电压 171.5V，空载额定励磁电压 74V，空载额定励磁电流 470A。

2. AVR 强励性能的检查

当发电机机端电压降低到 80%U_N 时，强行励磁逻辑动作，原理上电压上升到 1.95U_N，维持时间 10s。根据 DCS 故障录波图形得知，发电机强行励磁电流升高到 918.88A。

3. 主变压器零序保护过电压保护动作逻辑的检查

主变压器零序保护的定值与动作逻辑如下：

1、2 号主变压器零序电流保护Ⅰ段，11A 不带方向 1.0s 跳母联断路器。

1、2 号主变压器零序电流保护Ⅱ段，4A 不带方向 4.8s 跳母联断路器，5.3s 跳变压器本体断路器。

3、4 号主变压器零序电流保护Ⅰ段，11A 带方向 1.0s 跳母联断路器，1.5s 跳变压器本体断路器。

3、4 号主变压器零序电流保护Ⅱ段，4A 带方向 4.3s 跳母联断路器，4.8s 跳分段断路器。

3、4 号主变压器零序过电压保护按放电间隙定值做，零序过电压保护电压 180V，延时 0.5s，经检查确认，保护的定值正确；跳 3 号主变压器 203 断路器和 G3 断路器，逻辑正确。

三、原因分析

1. 断路器瓷套绝缘拉杆对地放电导致母差保护动作

分析认为 101 断路器 C 相的断路器拉杆和机构室存在缺陷，造成 101 断路器 C 相下节瓷套绝缘拉杆对地放电，导致母差保护动作，跳开 103、106、107、109、120、100 断路器，101 断路器只跳开了 A、B 相，C 相与母线仍未开断。

2. 发电机电压降到强励动作值致使强励动作

发电机电压降到强励动作值，致使强励动作，励磁电流升高到 918.88A 以上（额定空载励磁电流为 470A），若按线性关系计算，此值使 I 母线电压升至额定电压的 1.95 倍，造成 101 断路器 C 相对地绝缘击穿，101 断路器 C 相爆炸。此时 1 号发电机-变压器组零序电流 I 段保护动作，跳 101 断路器和磁场断路器，1 号机停机，1 号机组失去厂用电。

3. 3 号主变压器零序过电压保护动作造成发电机解列停机

同时，产生 I 母线零序过电压，由于 3 号主变压器中压侧零序电流、电压保护电压量取自 110kV I 母线，使 3 号主变压器零序过电压保护（180V，0.5s）动作，跳开 3 号主变压器 203 断路器和 G3 断路器，3 号发动机解列停机。

4. 400V 系统电压瞬间下降造成交流接触器返回

由于 101 断路器对地放电，导致 2 号机组 400V 系统电压瞬间下降，致使 2 号炉甲、乙磨煤机润滑油泵的交流接触器返回，润滑油泵掉闸，润滑油压低引起磨煤机跳闸，三次风带粉量大，炉膛压力低，锅炉 MFT，2 号机负荷由 55MW 减至 1MW 运行。

四、防范措施

事故后已与设备厂家联系，厂家人员携带断路器、支持平台等设备于 18 日到达现场，立即安装和恢复 101 断路器。采取的其他防范措施如下：

调整运行方式，根据发电厂的具体情况，进一步优化调整运行方式，以减少设备故障时的停电范围。

进行三相 TA 试验，对 101 断路器三相 TA 进行试验，结果应满足运行的要求。

对主变压器的检查，对 1 号主变压器进行色谱分析、分接头的直流电阻测量、绕组变形测量及低压侧短路阻抗测量工作，未发现异常现象。对 1 号主变压器中心点接地开关进行检查，满足规程规定的要求。

解决设备低电压跳闸问题，对磨煤机润滑油泵交流控制部分进行检查，并对所有交流控制接触器检测，提高接触器的动作电压，防止瞬间低电压造成设备跳闸。

增加101断路器闭锁发电机的强励功能，当发电机解列以后退出强行励磁装置。

增加出口断路器联跳磁场断路器逻辑，即增加101断路器跳闸直接联跳磁场断路器的接线，在其间设置连接片进行控制。联跳磁场断路器的逻辑只有在机组并网发电后投入运行。

为了便于以后的故障分析，在110kV系统装设故障录波器。

第4节　热电机组TV断线导致强行励磁与差动保护动作

一、故障现象

5月24日，REL热电厂4号机组有功出力70MW运行，8时54分，突然发出“TV回路断线”“励磁机过负荷”“发电机过负荷”“断路器油泵电动机启动”“发电机-变压器组差动动作”“发电机失磁联切”“汽轮机主汽门关闭”等信号，检查发现4号主变压器204断路器跳闸，4号机组磁场断路器MK、1K跳闸，机组与系统解列。

二、检查过程

1. 保护的检查

检查主控保护盘发现如下保护装置动作：断线闭锁出口动作，发电机-变压器组差动C相动作出口，发电机励磁过负荷动作出口，发电机对称过负荷动作出口。对称过负荷跳开204断路器时间54分3.134秒，发电机-变压器组差动动作解列灭磁时间54分3.274秒。

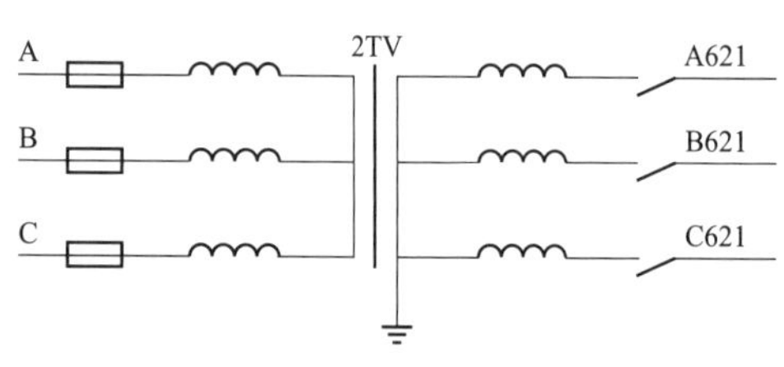

图2-7　2TV的接线图

2. 系统的检查

全面检查发电机-变压器组一、二次设备，发现2TV的C相熔断器熔断，其他设备无异常。2TV的接线见图2-7。

对损坏的高压熔断器解体检查，未发现明显的短路故障，其熔丝基本完整，仅在其端部有一点熔断烧痕。

3. 绝缘的检查

将发电机2TV退出，进行预防性试验，数据如下：

高压侧直流电阻：AB相，5.5kΩ；BC相，5.5kΩ；CA相，5.5kΩ。

高压侧绝缘电阻：一次对地5000MΩ（2500V绝缘电阻表）。

高压侧交流耐压：7.2kV，1min无异常。

主励磁机定子绝缘电阻：50MΩ（1000V 绝缘电阻表）。

主励磁机转子绝缘电阻：50MΩ（1000V 绝缘电阻表）。

发电机定子绝缘电阻：200MΩ（2500V 绝缘电阻表）。

发电机转子绝缘电阻：50MΩ（1000V 绝缘电阻表）。

4. 保护定值的检查

励磁机过负荷保护：TA 变比 2000/5，4.7A，0.1s 发信号。

发电机对称过负荷保护：TA 变比 8000/5，4.6A，9s 发信号。

变压器通风启动：2.9A。

5. 主变压器色谱的检查

对主变压器油样做色谱分析，与上次比较基本没有差别，数据见表 2-1。

表 2-1　　主变压器油样色谱检查结果　　μL/L

H_2	CO	CO_2	CH_4	C_2H_2	C_1+C_2
40	140	670	4.6	0.5	5.1

6. 装置的强励断线闭锁功能接线检查

检查发现强励断线闭锁功能接线错误。4 号机励磁操作屏与 TV 断线闭锁有关端子实际接线见表 2-2，BZY-1 正序电压继电器背面端子实际接线见表 2-3。

表 2-2　　励磁操作屏与 TV 断线闭锁有关端子实际接线

屏内号	ZD	屏外号	备注
17－14	135	C622	至 1TV、2TV
17－15	136	B622	
17－16	137	A622	
17－8	138	A613	
17－7	139	B600	
17－6	140	C613	

表 2-3　　BZY-1 正序电压继电器背面端子实际接线

1	2	3	4	5	6	7	8
正电源	与 10 短接	接 ZJ7 线圈	空端子	空端子	ZD135	ZD136	ZD137
安装单位：17							
9	10	11	12	13	14	15	16
负电源	与 2 短接	接 ZJ8 线圈	空端子	空端子	ZD－138	ZD－139	ZD－140

注　端子 2 接 BK。

经过检查，厂家实际接线与设计图纸不符，设计图纸是1TV接BZY继电器的14、15、16端子，2TV接BZY继电器的8、7、6端子，而装置实际接线是1TV接BZY继电器8、7、6端子，而2TV接BZY继电器14、15、16端子，按照设计的接线，2TV断线后，BZY的2触点闭合，启动ZJ8中间继电器，因此，2TV断线后，不能切除1K，防止强励动作。

三、原因分析

1. TV的熔断器熔断导致强励动作

正常运行中，发电机2TV的C相熔断器熔断，因无TV失压限制强励回路，引起4号发电机调节器强励动作，既而发生励磁机过负荷，保护动作，发电机对称过负荷保护动作，4号发电机解列跳开204断路器。

2. 断路器跳闸机组解列导致主变压器过励磁

发电机-变压器组在跳开204断路器后，因4号机仅带4号主变压器和高压厂用变压器运行，此时，发电机强励装置不能复归，10s限制，所以有以下两个原因可能导致发电机-变压器组差动动作：①差动保护整定值为1.6A（该保护不考虑TA二次回路断线），在突然甩开负载时，差动回路电流大于定值，使差动保护动作；②由于4号发电机204断路器跳闸之后，4号主变压器空载运行，4号机强励使4号主变压器过励磁。此励磁电流即为差动保护动作电流，使差动保护动作。

四、防范措施

根据上述情况，制定如下防范措施。

1. 利用励磁系统TV构成断线闭锁

利用励磁系统TV断线监视中间继电器KC9，KC9动作后启动强励限制中间继电器KC6，KC6动作后实现对强励功能的闭锁。

按照原图纸进行改正重新接线，将1TV接BZY继电器的14、15、16端子，2TV接BZY继电器的8、7、6端子。

将1TV相序更正，即A613改接C613，即A、C相更换。

加电压试验以及传动试验动作行为正确。

2. 励磁方式转换

用对称过负荷出口中间继电器7KBC去跳励磁回路1QF断路器，由自动调节励磁转换成手动调节励磁。

3. 对励磁系统的改造

在这之前，4 号机组励磁系统也已更换。鉴于发电厂 3 号机励磁系统与之相同，所以 3 号机组进行同样的改造，问题便得到彻底解决。

第 5 节　发电机组 AVC 调节电压越限与过励磁保护误动作

一、故障现象

某年 6 月 3 日 10 时 15 分，HEY 发电厂 5 号机组 A、B 柜两套反时限过励磁保护均动作，发电机-变压器组断路器、磁场断路器跳闸，主汽门关闭，锅炉灭火，机组全停；发电机-变压器组保护重动继电器动作；电超速保护报警。

疑点分析：机组运行正常的情况下过励磁保护为何动作？

二、检查过程

对能够导致过励磁保护动作的几个环节进行了检查，内容与结果如下。

1. 励磁输入系统检查

用 1000V 的绝缘电阻表检测励磁变压器的绝缘电阻值为 25MΩ，结果正确；对 TV 设备进行了外观检查，未发现异常现象。

额定电压时 TV 二次数据结果如下：

1TV：U_{ab}=98.7V，U_{bc}=99.7V，U_{ca}=99.0V，相序为正序；

2TV：U_{ab}=99.0V，U_{bc}=99.2V，U_{ca}=99.2V，相序为正序；

3TV：U_{ab}=99.3V，U_{bc}=99.2V，U_{ca}=99.6V，相序为正序。

检查 1TV、2TV、3TV 之间电压差及 1TV、2TV、3TV 与 220kV 侧电压差幅值正确，可见励磁输入正常。

2. 励磁整流与调节器系统检查

励磁调节器、整流器外观检查正常；发电机空载带励磁调节器的自动升压检查，特性曲线见图 2-8，曲线正确。

5 号发电机有关参数：

视在功率：367MVA；有功功率：330MW；功率因数：0.9；定子电压：20kV；定子电流：10585A；额定励磁电压：298V；额定励磁电流：2480A。

3. 发电机过励磁保护的检查

（1）整定值的检查。发电机过励磁保护的整定值见表 2-4。

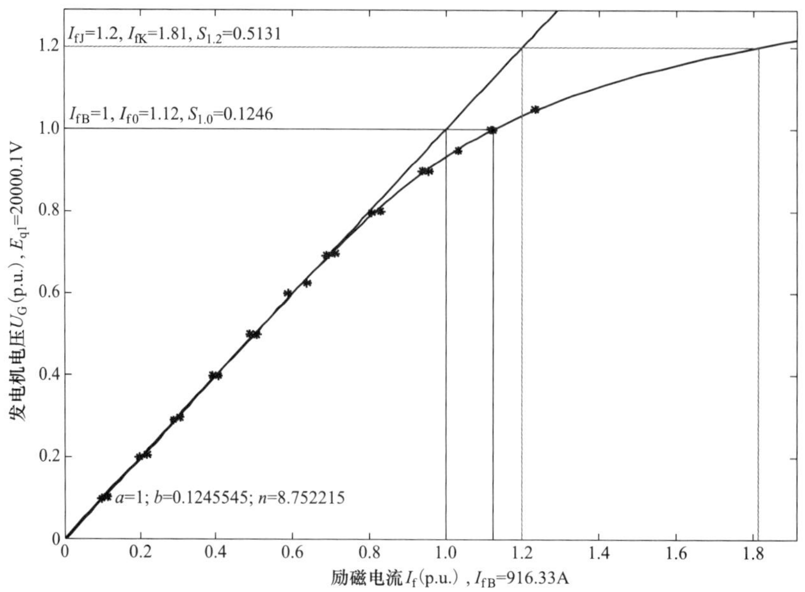

图 2-8　发电机空载特性曲线

表 2-4　　　　发电机过励磁保护的整定值

序号	定值名称	定值范围
1	定时限定值 U/f	1.2
2	定时限延时	6.00s
3	报警段定值 U/f	1.05
4	报警段延时	5.00s
5	反时限上限定值 U/f	1.25
6	反时限上限延时	1.8s
7	反时限Ⅰ定值 U/f	1.22
8	反时限Ⅰ延时	3.00s
9	反时限Ⅱ定值 U/f	1.20
10	反时限Ⅱ延时	4.00s
11	反时限Ⅲ定值 U/f	1.18
12	反时限Ⅲ延时	7.00s
13	反时限Ⅳ定值 U/f	1.16
14	反时限Ⅳ延时	10.00s
15	反时限Ⅴ定值 U/f	1.14
16	反时限Ⅴ延时	18.00s
17	反时限Ⅵ定值 U/f	1.10
18	反时限Ⅵ延时	50.00s
19	反时限下限定值 U/f	1.05
20	反时限下限延时	100.00s

（2）定时限动作值与延时时间的测试。固定频率 50.00Hz，改变电压，电压由 57.70V 上升到 60.13V（计算值 60.00V），保护动作；固定电压 60.00V，改变频率，频率由 55.00Hz 下降到 50.06Hz（计算值 50.00Hz），保护动作。

定时限延时测试。模拟保护可靠动作，测量动作时间结果为 6.011s。

（3）反时限曲线测试。固定频率，改变电压使保护可靠动作，测量动作时间见表 2-5。

表 2-5　　反时限特性测试结果

U/*f*	1.22	1.20	1.18	1.10
动作时间（s）	3.01	3.95	6.48	46.37
按曲线计算时间（s）	3.00	4.00	7.0	50.00

保护的特性曲线见图 2-9。

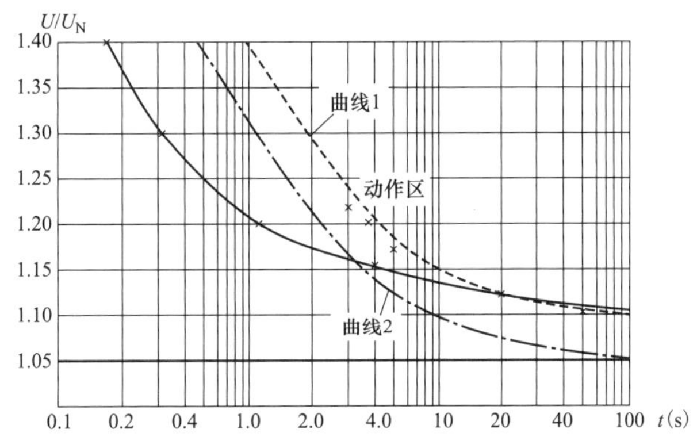

图 2-9　保护的特性曲线

保护连接片投退保护正确、出口方式正确、信号指示正确。

三、原因分析

1. 运行电压长期超过保护的启动值而动作

根据调度命令，发电厂 5 号机组 AVC 装置于 5 月 27 日 14 时投入遥调运行，由中调控制 5 号发电机的出口电压。自 6 月 1 日以来，AVC 装置调节 5 号发电机机端电压经常运行在高限 21kV，最高达到 21.03kV。由于机组的额定电压 U_N=20kV，而运行电压为 21.03kV，远大于 1.05U_N。

保护装置中反时限过励磁保护的启动定值为 1.05 倍的额定电压，即 1.05U_N=21kV，因此，运行电压达到 21kV 时，保护启动并进行热积累的计算。可见，AVC 装置机端电压定值高限与发电机-变压器组反时限过励磁保护启动定值相同，AVC 调节机端电压达到高限时，发电机-变压器组反时限过励磁保护开始启动并热积累。由于机组较长时间运行在 21kV，导致热积累数值达到保护动作定值，出口动作，发电机跳闸。保护动作区域见图 2-9。

2. 保护没能真实地反映热积累的程度而误动作

发电机-变压器组电压运行于 $1.05U_N$ 是安全的，不会对设备造成危害。也就是说，发电机-变压器组反时限过励磁保护达到启动定值时，发电机定子铁芯温度并未明显升高，而保护装置已开始启动。因此，保护装置没能正确反应定子铁芯温度的状态，保护的动作属于误动作的范畴，发电机的停机也是不应该的。

值得注意的问题是，由制造厂提供的机组整定时间倍率 K_t 与保护的启动倍率 M，保护动作时间 t，应满足过励磁反时限保护动作判据 $t = 0.8 + \dfrac{0.18K_t}{(M-1)^2}$ 的约束。也就是说，过励磁反时限保护的特性曲线，应满足机组热积累效应的需要。实际上，发电机与变压器本体有着各自的热积累效应特性，在此不做详细的区分。

3. 热积累保护的返回问题分析

反时限过励磁保护所描述的是机组热积累效应，由于发电机与变压器的铁芯散热较慢，所以保护的返回也慢，保护何时返回是值得研究的问题。实验证明，保护装置的返回时间为 10min，启动 10min 之后保护会重新计时，否则会累积计时。保护的返回时间能影响到保护的特性，使保护的特性不再满足机组热积累的效应，也是保护误动作的原因之一。5 号发电机 DCS 录波图形见图 2-10。

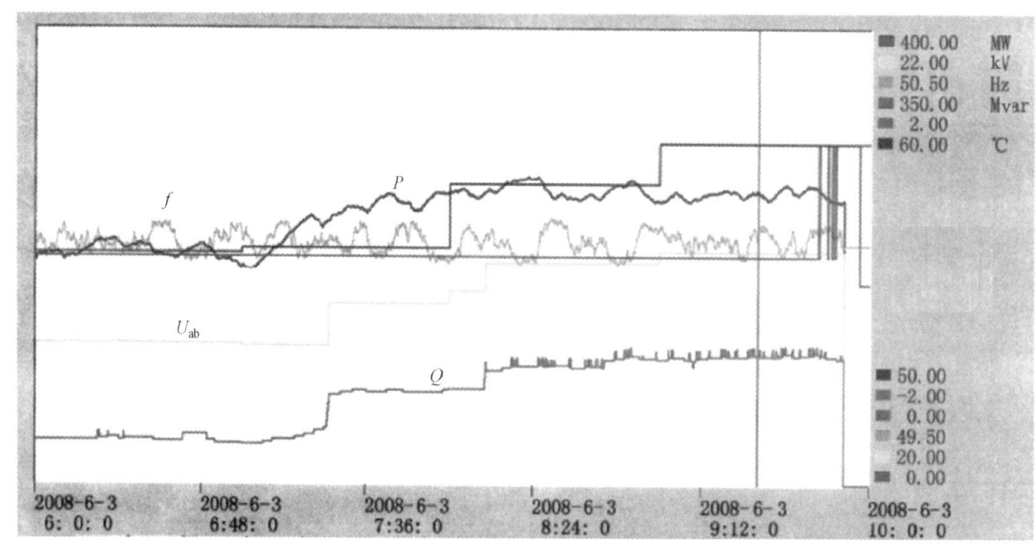

图 2-10　5 号发电机 DCS 录波图形

四、防范措施

针对上述的问题分析，制定如下防范措施。

1. 更改保护的定值

根据发电机-变压器组励磁特性制定反时限过励磁保护定值，适当提高定值到 $1.10U_N$，如此保护将不再经常启动。

2. 限制 AVC 装置电压调节的最高值

联系中调，降低 AVC 装置机端电压调节的最高限定值，使之小于等于 $1.05U_N$，如此远方的电压调节与保护整定值之间留出 $0.05U_N$ 的间隔，保护不会因为电压的过调而误动作。

另外，AVC 装置电压高限报警后，立即申请中调进行降电压的操作；或申请将装置退出运行，改为就地控制。

3. 处理反时限过励磁保护的特性

由保护装置厂家对反时限过励磁保护的特性进一步完善，使保护装置能正确反应定子铁芯温度的实际状况。具体措施是缩短保护的返回时间，将返回时间由 10min 缩短到 1min。

采取措施后，问题得到彻底解决，反时限过励磁保护再没有出现误动作的问题。

第 6 节　发电机组 TV 二次回路电压叠加与保护误动作

HAW 发电厂装有 4 台机组，某年 9 月 26 日正常时的运行方式，1、3、4 号机组正常发电，1 号机组带有功 78MW，无功 28Mvar，2 号机组检修。

一、故障现象

某年 9 月 26 日 9 时 56 分，发电厂 1 号机组事故警铃响，1 号发电机-变压器组保护 A、B 柜“过电压保护”动作信号发出，1 号发电机出口 201 断路器跳闸，发电机磁场断路器 FMK、励磁机磁场断路器 LMK 跳闸；运行、检修人员立即对 1 号发电机-变压器组一、二次系统进行检查，测量发电机出线、TV 绝缘良好，201 断路器外观检查良好；调出发电机-变压器组保护故障录波，显示 1TV B 相二次电压明显升高，超过过电压保护的动作值。联系地调核实，电网运行正常，全厂出力未低于日计划负荷曲线；13 时 07 分将 1 号发电机-变压器组恢复并网发电方式。

二、检查过程

1. 保护电压的检查

从保护录波图上看出一次电流正常，2TV 二次电压对称，表明一次系统无异常。但是对于1TV保护电压显示A相电压57.7V，B相电压119.5V，C相电压57.7V。

2. 二次回路绝缘检查

对发电机1TV、2TV进行外观检查状况良好，测量1TV、2TV的二次侧以及二次回路绝缘状况良好。

3. 二次回路接地状况检查

分别检查1号发电机-变压器组保护A、B柜1TV的接地点B600的接地状况，接线的螺钉紧固，对地的电阻值合格。但是，在保护屏端子排与1TV的端子箱之间缺少连接线。

4. 三相电压对称性检查

将发电机电压升到额定值，分别在TV就地端子箱处以及保护屏端子箱处检查各相电压的数值与相位，结果如下：

就地端子箱处1TV、2TV二次三相电压幅值相等、相位相同、波形对称；

保护屏端子箱处1TV、2TV二次三相电压幅值相等、相位相同、波形对称。

可见这种静态试验已经不能再现当时的状况。

三、原因分析

1. 1TV B相二次电压升高的原因

1TV B相二次电压明显升高，分析认为当时正处于2号机大修时期，由于外部施工或干扰而导致1TV的B相二次电压叠加，造成电压升高，超过电压保护定值动作跳机。1TV的B相叠加了电压信号，叠加的示意电路见图2-11。造成二次电压升高可能的原因是电焊机焊接。

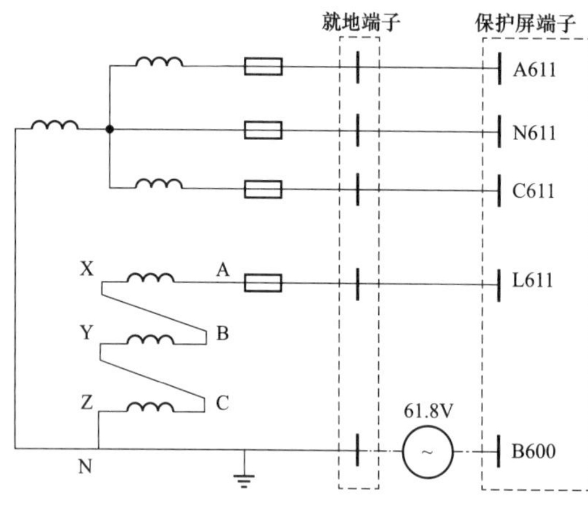

图2-11 叠加电压的电路图

2. 1TV的三次谐波的分析

一是由于电压的饱和而产生了三次谐波，二是由于三次谐波电压的叠加而导致波形畸变。因为1TV的B相二次测试点电压已经升高到119.5V，即两倍额定值的情况，如此高的数值会导致测量电压互感器的饱和，从而在饱和电压中过滤出了三次谐波电压。

3. 电压切换回路存在缺陷

RCS-985型保护装置A、B柜电压切换回路设计原理存在缺陷，但不是造成1TV的

B 相电压升高的原因。

4. 接地回路缺少连接线是保护检测到电压升高的根本原因

由于在发电厂的接地网各个地点之间，其电位不等的原因，又由于在保护屏端子排与 1TV 的端子箱之间缺少连接线，这就给地电压的叠加提供了条件。也就是说，保护检测到的电压是保护屏端子排与 1TV 的端子箱两点之间的地电压与 B 相电压的相量和，详见图 2-12。图 2-12 中 B 相电压的落点在以 B600 为圆心，以 119.5V−57.7V= 61.8V 为半径的圆周上。

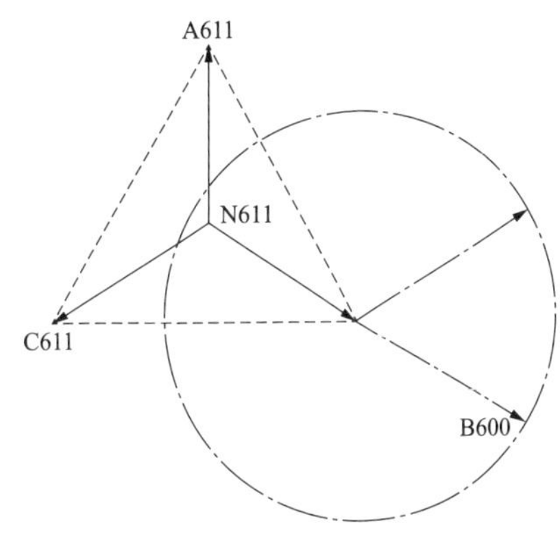

图 2-12　B 相电压轨迹图

在这前后，继电保护的若干问题都发生在接地回路缺少连接线上，看来类似的故障并没有引起相关部门的重视，尤其是设计部门的重视。

四、防范措施

1. 临时退出过电压保护

为防止过电压保护再次误动作切机，临时将过压保护由跳闸改为发信号。

2. 进行三倍频的相关试验

根据录波图形中出现的三倍频电压，对 1TV 进行相关的试验，以追寻该电压的根源，避免类似故障的再次发生。

3. 解决 1TV/2TV 电压切换问题

按照标准设计进行 1TV/2TV 电压切换回路的改造。

4. 完善保护装置的接地系统

进行接地网的检查，根据情况完善保护装置的接地网。

不可用接地网代替接地线，将备用芯电缆代替接地回路缺少的连接线。

5. 安装故障录波器

为了便于以后的故障分析，安装机组单元的故障录波器。

采取以上措施后，发电机过电压误动作的问题得到彻底的解决，至今类似的故障没有再次出现过。

第 7 节　发电机组 TV 开口三角电压短路与匝间保护误动作

一、故障现象

某年 10 月 9 日 2 时 12 分 3 秒，HAD 发电厂 3 号机组匝间保护启动，283ms 后出口跳开机组高压侧断路器、磁场断路器与6kV工作电源断路器。同时发电机组中性点出现接近额定值的零序电压。转子电压、电流下降、机端电压下降过程中热工保护启动，频率上升，定子接地保护延时1044ms启动出口。保护装置发1TV断线启动切换信号，主变压器启动风冷信号，定子接地零序电压信号。

疑点分析：①发电机匝间无故障，但匝间保护却动作；②发电机机端电压不平衡，但零序电压却无输出；③发电机机端一次发生接地故障，与2TV二次侧开口三角形短路两者之间的关系是什么？

二、检查过程

1. 故障录波图形的检查

由设备故障时的录波图形可知，计时0ms故障发生后，机组中性点电压突变并趋于额定值；匝间保护A、B柜283ms启动出口，900ms返回；定子接地保护延时1044ms启动出口。

2. 机组接地故障的检查

对发电机一次系统进行了检查，确认发电机定子内部无问题，但发电机C相外部绝缘不合格，原因是C相潮湿严重，处理后绝缘正常，其结果如下。

A相1.2GΩ，B相1.2GΩ，C相1.1GΩ；

AB相2.0GΩ，BC相3.0GΩ，CA相2.0GΩ。

直流电阻测量结果：A相0.000925Ω，B相0.000868GΩ，C相0.000918Ω。

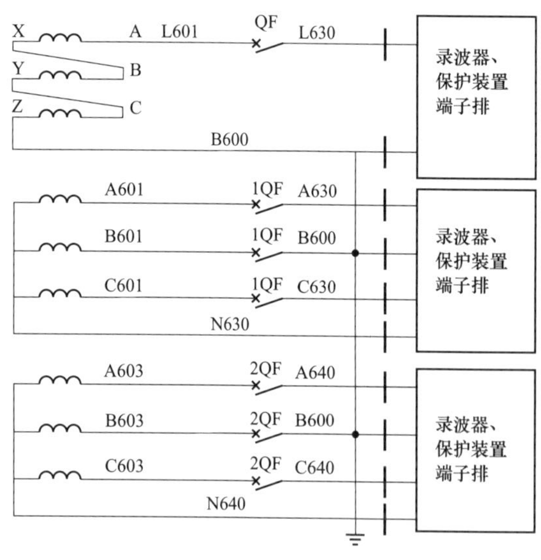

图2-13　TV二次电压电路图

3. 保护动作结果的检查

匝间保护的纵向零序低电压定值3V，高电压定值10V，延时时间0.2s；定子接地保护的横向零序电压定值10V，延时时间1.0s。其试验结果正确无误。

匝间保护动作后机组全停，之后定子接地保护的动作无意义。

4. 1TV二次回路的检查

对1TV二次回路的检查发现，$3U_0$接线已经开断，处理后正常。

5. 2TV二次回路的检查

2TV二次回路接线见图2-13。

检查二次回路发现B相开路，端子箱有烧伤痕迹，绝缘不合格。处理后正常，结果如下：

（1）绝缘情况，A、B、C 相均无穷大。

（2）变比情况，A、B、C 相 P1 均 180，P2 均 310。

（3）TV 二次 V-A 特性试验数据见表 2-6。

表 2-6　　TV 二次 V-A 特性试验数据

U（V）	15	20	25	30	33	35
A 相（mA）	390	490	580	675	740	780
B 相（mA）	340	410	490	565	630	645
C 相（mA）	280	355	425	480	525	540

（4）带电检测情况，A 相 57.9V，0°；B 相 57.9V，120°；C 相 57.9V，240°。

三、原因分析

1. 发电机外部绝缘不合格导致定子接地保护动作

发电机 C 相外部绝缘水平下降，导致横向电压不对称，定子接地保护 $3U_0>3U_{0zd}$（整定值）而动作。定子接地保护动作正确。

经检查，C 相外部绝缘水平下降的原因是封闭母线与主变压器连接处的盘式绝缘子击穿。

2. 发电机绝缘损坏时 2TV 二次侧开口三角形短路

发电机绝缘损坏的同时，2TV 二次侧开口三角形短路。根据上述检查结果可知，二次回路 B 相开路，端子箱有烧伤痕迹，绝缘不合格。由此可以判断是由 2TV 二次侧开口三角形短路导致的，因为只有出现短路现象接线端子箱才会有烧伤痕迹。

3. 2TV 二次侧开口三角形短路导致匝间保护动作

导致匝间保护动作的可能原因有：

（1）2TV 高压侧断线，比如某相一次熔断器熔断，则纵向零序有电压输出，匝间保护动作；

（2）2TV 高压侧中性点接线错误，比如中性点直接接地，则匝间保护有电压输入；

（3）2TV 中性点接地断线，电压中性点漂移，则匝间保护有电压输入；

（4）2TV 二次侧开口三角形某相短路，则匝间保护有电压输入。

结合上述的分析，2TV 二次侧开口三角形短路是导致匝间保护动作的根本原因。B 相出现短路时出现纵向 $3U_0$ 的相量分析见图 2-14。显然此时定子接地保护 $3U_0>3U_{0zd}$（整定值）而动作。

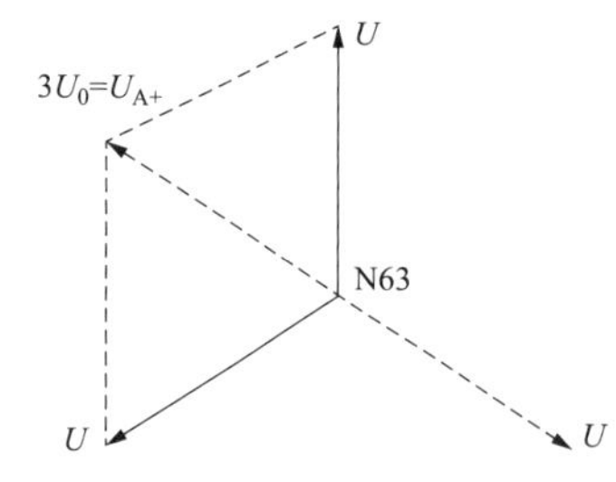

图 2-14　B 相短路时的 $3U_0$ 的相量图

4. 2TV 二次侧开口三角形短路后又断线

虽然最终看到的结果是匝间保护 2TV 二次侧 B 相断线，而 B 相首先是短路，短路电流将回路烧断导致断线。匝间保护以下的动作行为证实了这一判断。

在 B 相短路过程中，匝间保护测量到的电压为 $U_a+U_c>U_{zd}$，保护启动 283ms 后动作于跳闸；B 相断线后，启动量消除，这才有 900ms 后的保护返回。

5. 发电机机端电压不平衡但无零序电压输出 $3U_0$ 接线已经开断

1TV 录波显示发电机机端电压不平衡，但无零序电压输出的原因是故障录波器的 $3U_0$ 输入侧开路所致。

四、防范措施

1. 更换接线端子排

更换接线端子，并增加 TV 二次就地端子箱 A、B、C 相与对地端子的间距，可增加 8mm 的空端子。

2. 保证 2TV 二次侧正常的绝缘水平

加强设备巡视检测检查，保持 TV 二次就地端子箱接线端子对地正常的绝缘状态。

在定期检验时，用 500V 的绝缘电阻表进行检测，保证 TV 二次接线对地绝缘电阻不小于 1MΩ，否则更换绝缘良好的电缆。

第 8 节　发电机组转子绝缘损坏与接地保护动作行为

一、故障现象

某年 8 月 28 日，CLA 发电厂做发电机短路试验测试电流相量时，有“转子一点接地信号”发出，持续时间 18s；做发电机空载带调节器试验时有断续的接地信号发出；在发电机试验完成后“转子接地信号”仍然存在，直到励磁回路断开信号消失。

二、检查过程

根据录波图可知，“转子一点接地信号”第一脉冲出现在 13:42:30 短路试验时，过后消失；第二脉冲出现在 18:00:00 励磁调节器试验，之后又发出许多脉冲。随之停机检查。

发电机停机后进行转子绝缘检查，结果：发电机转子回路对地绝缘电阻为 0MΩ，解开滑环刷架后测得转子两极对地电阻分别为 17Ω，同时发现连接背靠轮转子导体的螺钉有烧损现象。

三、原因分析

1. 发电机试验导致转子接地故障

发电机试验过程中“转子一点接地信号”发出时以及发电机最大电流、电压参数如下：

（1）发电机小电流长时间 1h 试验。发电机短路试验测试电流相量时，定子电流 3000A，转子电流 534A，转子电压 55V。

（2）发电机小电流长时间 2h 试验。发电机空载带励磁调节器试验时：定子电压 20kV，转子电流 1030A，转子电压 106V。

（3）发电机大电流短时间 10s 试验。发电机短路试验时电流最大值达到 9900A，转子电流 2060A；发电机空载试验时电压最大值达到 21kV，转子电流 1330A。

以上数据均在发电机的允许参数范围以内，因此尽管转子的接地与试验相关，但是并非不正常的试验导致转子接地故障发生。

2. 转子接地是绝缘损坏造成的

由于转子线圈导体与励磁机输出线棒相连接的背靠轮的压接接触不够紧，接触电阻较大，当转子有电流通过时导致接触面发热，造成绝缘的损伤，致使转子一点接地。因此转子一点接地是绝缘损坏造成的。

3. 绝缘损坏与转子对地电容放电无关

由于发电机试验时转子电压最高时才达到 U=110V，转子对地电容分压 $U/2$=55V，该电压尚无击穿能力，不至于产生火花并对高速旋转的转子背靠轮处的对地绝缘的薄弱环节放电，并烧伤背靠轮的连接螺钉，造成转子一点接地，发电机转子结构见图 2-15，转子的等值电路见图 2-16。

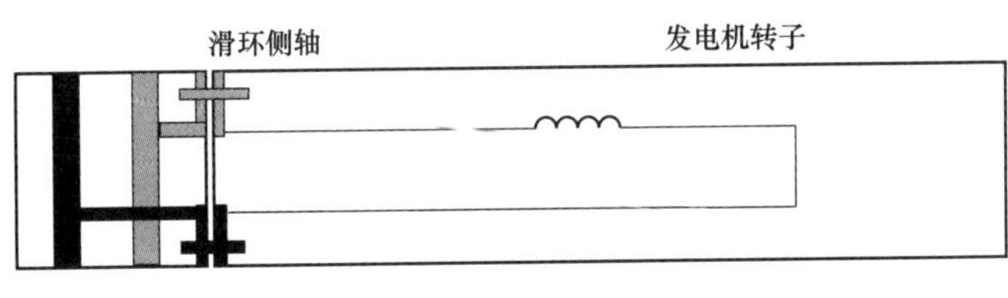

图 2-15　发电机转子结构图

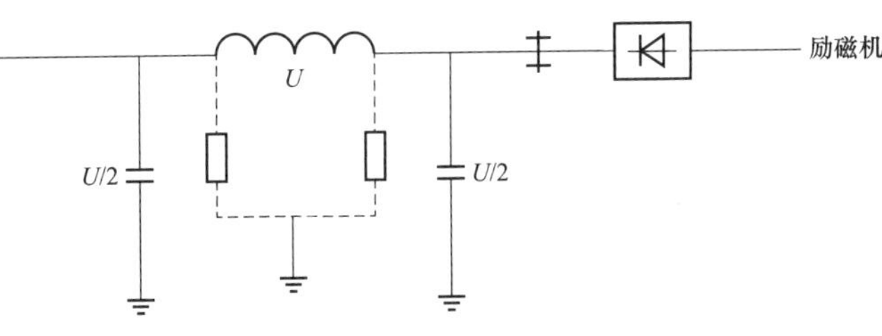

图 2-16　转子的等值电路

四、防范措施

1. 加强绝缘处理

转子的绝缘损坏后，须断开转子滑环侧与励磁线圈侧的连接进行绝缘处理，在工艺上保证励磁回路的绝缘水平，使绝缘电阻满足正常运行的要求。

2. 运行过程中注意监视转子的绝缘水平

机组无论是在进行启动的电气试验过程中，还是在正常的发电运行过程中，必须时刻关注转子的绝缘水平。如果发现有转子一点接地信号发出，应认真分析其正确性，当确认转子出现一点接地时，须停机处理。

第 9 节　热电机组转子两点接地与保护动作行为

一、故障现象

某年 8 月 25 日 5 时 10 分，SAN 热电厂 7 号机组进行短路试验，5 点 26 分 20 秒电流加到额定值 I_N=9185A 时，保护发转子一点接地报警信号发出，短路电流下降后报警信号消失。

8 时 10 分，7 号机组进行空载试验，电压升到额定 22kV 时，保护又发出转子一点接地报警信号，保护检测 R=12Ω，电压下降后报警信号消失。

11 时 58 分，机组并网升压时，转子一点接地报警信号再次发出，保护检测 R=12Ω，并网成功后，报警信号依然没有消失，随即保护将两点接地跳闸功能投入运行。大约 16 时 55 分 17 秒，两点接地保护动作跳机，保护检测二次谐波 U_2=1.25V，t =602ms。

疑点分析：①转子两点接地保护用于实战者极为少见，保护动作行为正确性是最值得关注的；②乒乓式的转子一点接地保护，是依靠转子电压作为驱动量，保护动作存在一个门槛电压，门槛电压的数值影响到保护的灵敏度。

二、检查过程

升速过程中进行了转子交流阻抗的测试；保护发出转子一点接地报警信号后，安排了转子绕组正负极对地电压测试；随后，保持汽轮机 3000r/min，提起碳刷，进行了转子绕组对地绝缘测试；机组跳闸后，提起碳刷，再次测试了转子绕组对地的绝缘；最后，完成了抽出转子的系列检查，结果如下。

1. 升速过程中转子交流阻抗的测试

升速过程中转子交流阻抗的测试结果见表 2-7。

表 2-7　　升速过程中转子交流阻抗的测试结果

转速（r/min）	电压（V）	电流（A）	功率（W）	阻抗（Ω）
0	77.88	20.17	998	3.861
500	74.48	20.58	988	3.619
1000	70.44	20.68	944	3.406
1500	65.52	20.17	851	3.248
2000	65.28	20.80	867	3.138
2500	60.88	20.08	768	3.031
3000	63.80	21.32	851	2.992
3000（超速试验后）	52.16	20.66	675	2.524

2. 机组短路试验时的检查

进行机组短路试验，当发电机电流上升时，保护发出转子一点接地报警信号，发电机电流稳定在 3000A，安排了转子绕组正负极对地电压的测试，数据见表 2-8。

表 2-8　　发电机电流稳定在 3000A 时转子绕组正负极对地电压的测试结果

相电流	线电压	励磁电压	正极电压	负极电压	励磁电流
I_A	U_{CA}	U_L	$+U_L$	$-U_L$	I_L
3092A	820V	75V	37V	34V	391A

可见，转子正、负极对地电压基本对称。

3. 机组空载试验时的检查

进行机组空载试验，当发电机电压上升时，保护再次发出转子一点接地报警信号，发电机电压稳定在 22kV，安排了转子绕组正负极对地电压的测试，数据见表 2-9。

表 2-9　　发电机电压稳定在 22kV 时转子绕组正负极对地电压的测试结果

相电流	线电压	励磁电压	正极电压	负极电压	励磁电流
I_A	U_{CA}	U_L	$+U_L$	$-U_L$	I_L
10A	22kV	105V	53V	52V	573A

可见，转子正、负极对地电压基本对称。

4. 转子绕组对地绝缘的测试

机组启动前、升速过程中、空载试验后以及故障后各个环节，分别进行了转子绕组对地绝缘的测试，结果如表 2-10。

表 2-10　　多个环节时转子绕组对地绝缘的测试结果

测试项目	机组启动前	升速过程中	空载试验后	故障跳机后
对地绝缘电阻（MΩ）	200.0	20.0	0.2	0.0

5．转子一点接地保护的检查

（1）转子一点接地保护定值的检查。保护转子一点接地保护的定值：Ⅰ段定值 15kΩ，延时 5s，发信号；Ⅱ段定值 8kΩ，延时 3s，发信号。

在现场用 1kΩ、10W 的滑线电阻模拟转子绕组，做保护转子一点接地的静态试验，结果与定值基本一致。

（2）转子一点接地保护动作门槛电压的测试。根据保护的原理，转子一点接地保护动作门槛电压为 30V；在机组进行短路试验时，励磁电压 U_L=45V 时保护发出转子一点接地报警信号，由此可以证实，保护动作门槛电压为 45V 左右。

6．转子两点接地保护的检查

转子两点接地保护的定值：二次谐波电压 U_{2zd}=1.2V，延时 T_{zd}=0.6s，跳闸。

机组并网后，转子一点接地保护依然处于动作状态，随即投入转子两点接地保护的跳闸连接片，大约 1h 左右，两点接地保护动作跳机，保护动作参数：二次谐波电压 U_2=1.25V，T=602ms。由安装、调试以及运行部门共同决定抽出转子返厂修理。

机组解体后，发现转子线棒的绝缘损伤了一串，转子并不存在严格意义上的两个接地点，发电机转子系统见图 2-17。

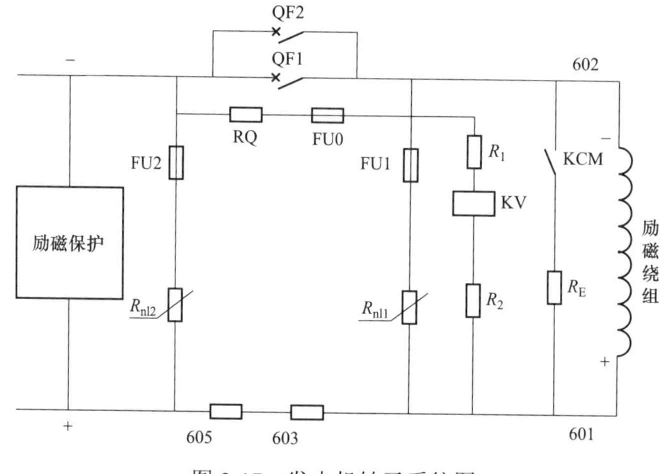

图 2-17　发电机转子系统图

三、原因分析

1．升速过程中转子交流阻抗与绝缘的测试问题

按照机组总启动电气试验的规定，在升速过程中进行转子交流阻抗与绝缘的测试事宜，目的是检测转动后转子绕组的绝缘等状况。对机组两项试验结果分析如下。

（1）转子交流阻抗正确无误。转子交流阻抗测试使用的是专用试验仪器，可以直接打印报告，无须读表，因此不存在读表造成的误差。从试验结果可知，转子交流阻抗特性曲线基本上是一条平行于横坐标的直线，与设计标准相符合。如果转子存在两点接地，则数据与特性曲线就无规律可言了，所以，升速过程中转子的状况良好。

值得注意的是，测试转子交流阻抗时，应该固定电压（～220V），读取电流值。而不是固定电流 10A，读取电压值。在故障的情况下，两者之间的差别会很大。

（2）转子绝缘的测试结果。转子绕组对地电阻的数值，能够直接反映绕组的绝缘状况，是不可省略的试验项目，但在实际工作中却省略了。如此，在没有 DCS 以及录波记录的机组第一次转子一点接地的准确时间是无从考证的。

2. 转子一点接地保护的动作门槛与盲区问题

机组保护所采用的是乒乓式原理的转子一点接地保护，该原理的保护是依靠转子电压作为驱动量，转子电压的数值对保护的动作行为有直接的影响。根据保护的原理，假设转子线圈直接接地时，只有转子电压大于等于 30V 保护才能启动，30V 电压就是所谓的门槛值。换句话说，当转子没加电压时，该保护不会动作，即使是转子绕组对地电阻的数值已经小于整定值。实际的门槛电压是 45V。

显然，在进行机组的短路试验时，励磁电压升到 45V，转子一点接地保护才动作报警，之前并非其绝缘就没有问题。只是由于门槛问题保护不能直接报警，造成了一段盲区的出现，如此看来，该保护的弊端是盲区问题，不是死区问题，盲区与死区之间有本质的差别。

3. 转子两点接地保护动作行为的正确性问题

机组并网后，转子一点接地保护的报警依然存在，根据当时轴瓦振动数值偏高的实际情况，决定在机组带转子一点接地故障的情况下继续做试验，并将两点接地保护投入跳闸。结果机组并网运行 1h 后，两点接地保护动作跳机。

从原理上讲，转子带一点接地运行不会产生坏的影响，但实际上却并非如此。

转子两点接地保护用于实战是作者遇到的第一次，也是唯一遇到的转子两点接地保护动作跳机的故障。至于保护的动作行为如何，转子抽出后已经找到了模糊的答案：转子并不存在严格意义上的两个接地点，转子线棒的绝缘损伤了一串，说不上是一点接地还是多点接地；因此转子两点接地保护的动作行为也说不上是正确动作还是误动作，原则上讲，只有两点接地时保护动作才是正确动作。但是故障真实发生了，保护动作要比不动作更好。

根据统计规律，在运行中转子两点接地保护用于实战者极为少见，其动作行为正确与否，是值得分析的。该保护长期处于退出状态，其可靠性没有得到充分的考验与验证。分析认为，是抗干扰问题没有解决好。

4. 转子正负极对地电压的对称问题分析

运行中，可以用万用表测试转子正负极对地的电压，有两组数据均显示正负极对地电压为对称，分析起来影响电压数值的因素有以下几点。

（1）转子一点接地保护测量回路的影响。转子一点接地保护的测量回路在电路的中间位置有一个接地点，会造成正负极对地电压对称的假象，转子一点接地保护测量回路原理电路见图 2-18。

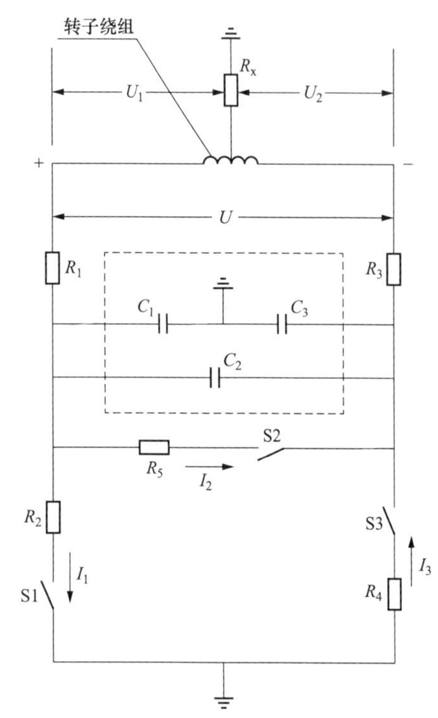

图 2-18　转子一点接地保护测量回路原理电路

（2）转子发生位于绕组中间的一点接地。当转子发生位于绕组中间的一点接地时，用万用表测试转子正负极对地的电压，会是对称的。此时转子电压两极对称，认为绝缘正常，也是被另一种假象所掩盖。

（3）转子正负极滑环附近均接地运行。当转子正负极滑环附近均发生接地，即便是经过渡电阻接地，用万用表测试转子正负极对地的电压也会是对称的。

四、防范措施

1. 解决一点接地保护的盲区问题

更换保护，采用注入式原理的保护设备，则保护的动作结果与转子电压无关，也就不存在保护的盲区问题。

2. 解决转子两点接地保护抗干扰性能差问题

在转子两点接地保护的逻辑环节，增加 20ms 的延时，即可解决转子两点接地保护抗干扰性能差问题。

3. 解决转子正负极对地电压对称的假象问题

更换保护。

第 10 节　发电机组 TV 断线导致定子匝间保护误动作

某年 1 月 18 日，ZOD 发电厂 1 号机组跳机前运行方式为：一次系统运行正常方式；二次系统因为检查发电机定子接地的需要，将发电机出口 1TV 退出运行，1TV 的负荷全部倒至 3TV 运行，3TV 中性点由不接地方式改为接地方式，调节器 A 柜退出运行，调节器 B 柜自动方式运行，手动 50 周跟踪备用。上述运行方式于 18 日 18 时 50 分改接完毕。

一、故障现象

20 时 25 分，1 号机组无功大幅摆动，50Hz 手动柜与调节器 B 柜输出电流往复摆动，

“低励限制”信号报警，立即增加手动输出调整无功负荷，结果无效，随即将调节器 B 柜退出运行。

20 时 55 分，1 号机励磁方式由“手动 50Hz”倒至调节器 B 柜运行。

20 时 56 分，1 号机组无功大幅摆动，调节器 B 柜输出电流往复摆动，“低励限制”信号报警，立即调整发电机无功负荷，结果也无效，立即合上手动 50Hz 出口磁场断路器 Q6，将调节器 B 柜退出运行。

21 时 15 分，将调节器 B 柜“方式开关”切至自动，对 B 柜进行进一步检查。

21 时 35 分，将调节器 A 柜“方式开关”切至自动，对 A 柜进行与 B 柜的对比检查。

21 时 50 分，1 号机组带有功功率 216MW，无功功率 85Mvar，事故喇叭响，201 断路器绿灯闪光，Q6 磁场断路器“分闸”灯亮，发电机跳闸，“匝间保护”“定子接地保护”“主汽门关闭”“2TV、3TV 断线”信号报警，厂用电源切换良好。检查保护出口箱Ⅱ，3XJ 匝间保护；检查出口箱Ⅲ，6XJ 主汽门关闭掉牌。

匝间保护的原理接线见图 2-19。保护按三相对中性点电压之和接线，启动的电压直接取自故障发电机定子本身，启动判据为 $3U_0$，$3U_0=\left|U_a'+U_b'+U_c'\right|>$启动值，其中 U_a'、U_b'、U_c' 是每相对中性点的电压。

如果系统发生对地故障，由于电源的三相对称性并没有变化，所以 $3U_0$ 电压值约为 0，根据这种原理构成的保护具有很高的灵敏度。实际上，中性点漂移时会产生不平衡电压。保护按躲过中性点漂移时的不平衡电压整定。

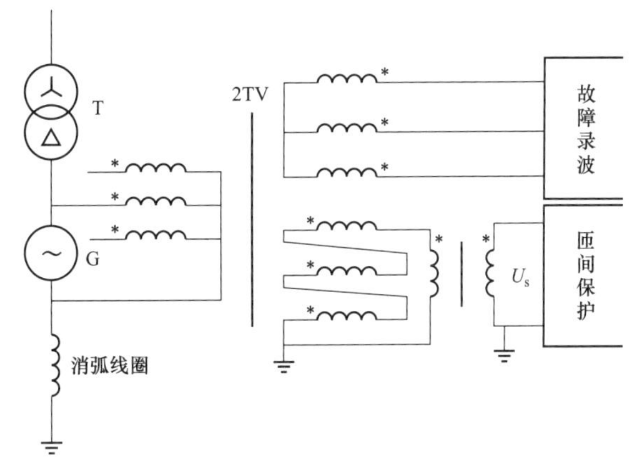

图 2-19　匝间保护的测量回路

二、检查过程

1 号发电机发生跳机故障后，对发电机相关的一、二次设备进行了检查。

1. 发电机与关联的系统检查

（1）发电机定子线圈的检查。

1）拆开发电机人孔门，进入发电机内部，对于能够引发保护动作的环节进行检查。检查发电机内端部线圈，端部线圈没有异常现象，绝缘固定支架螺钉没有松动现象。

2）做发电机直流耐压试验，打开发电机出线及中性点连接线，输入直流电压 50kV（$2.5U_N$），无击穿放电现象。由于发电机汇水管接地，不能屏蔽水回路的电流，无法测量泄漏电流。

做发电机交流耐压试验，输入电压 30kV（1.5U_N），历时 1min，结果正常。

进行发电机线圈直流电阻测量，指标合格。

（2）封闭母线的检查。

1）进入封闭母线内部检查，结果无异常现象。

2）对封闭母线绝缘电阻测量，指标合格。

（3）2TV 的检查。

1）对 2TV 进行交流耐压试验，试验电压 47kV，结果正常。

2）对 2TV 进行比差、角差试验，V-A 特性、负载特性试验，结果正常。

3）对 2TV 进行 1.5 倍感应耐压试验，结果良好。

2. 2TV 以及关联系统的检查

（1）2TV 二次回路直流电阻测量。用 DT-9203 型数字万用表在 TV 端子箱进行 2TV 回路直流电阻测量，结果如下。

A-N：0.322Ω；B-N：0.323Ω；C-N：0.323Ω。

（2）2TV 二次负载测试。用单相调压器进行 2TV 负载测试，结果见表 2-11。

表 2-11　　2TV 负载试验结果

相别	空载电压（V）	接入负载后的电压（V）	负载电流（mA）
A-N	58.05	57.77	65
B-N	58.14	57.82	64
C-N	58.19	57.89	65

（3）2TV 负载电流测试。

1）对 1 号发电机 2TV 二次侧加三相对称电压，测试负荷电流，以判断 2TV 二次回路的对称与过负荷情况。

2）将 2TV 二次开关置断开位，用 PROGRAMMA 三相试验仪施加三相正序的对称电压，数据结果见表 2-12。

表 2-12　　三相负载电流情况

相别	施加电压幅值、角度	负载电流
A	57.7V、0°	77.2mA
B	57.7V、240°	77.6mA
C	57.7V、120°	80.3mA
N		0.5mA

（4）2TV 二次回路绝缘电阻测量。甩开 1 号机组 A、B 柜调节器及发电机匝间保护。用 1000V、5000MΩ 绝缘电阻表测量：2TV A、B、C（623）回路对地绝缘电阻为 1500MΩ，将 2TV 二次回路星点断开，测量相对相之间的绝缘电阻，结果是 A-B：1500MΩ；B-C：1500MΩ；C-A：1000MΩ。

（5）2TV 二次负载直流电阻测量。

1）机组 A 柜调节器：A-B：554Ω；B-C，542Ω；C-A，555Ω。

2）机组 B 柜调节器：A-B：550Ω；B-C，550Ω；C-A，553Ω。

3）机组 LB-3A 断线闭锁回路：A-N：737Ω；B-N，734Ω；C-N，730Ω；L-N，283Ω。

（6）2TV 二次小开关跳闸电流试验。2TV 二次小开关电流额定值 5A，跳闸电流如下：

A 相：输入 2 倍额定电流 10A，小开关 156s 跳开；B 相：从 0 缓慢升电流至 30.8A，小开关约 6s 跳开；C 相：输入 3 倍额定电流 15A，小开关 19s 跳开。

经以上检查确认，1 号发电机 2TV 二次回路及 2TV 的二次小开关没发现任何异常现象。

3. *励磁调节器 B 柜的试验*

开启中频试验机组，模拟 2TV 电压 100V，假负载 15Ω、4.5A，调节器切到“自动”方式，就地增磁带假负载。

合上调节器 QE 磁场断路器，断开调节器 B 柜输出开关，就地增磁，调节器输出 50V 与当时空载升压相近，电流输出量值小读不出结果，电压稳定，将模拟 TV 电压升高或降低，调节器输出电压随之下降或升高，且输出稳定，此试验说明调节器 B 柜正常。

使调节器输出 40V，TV 三相对称 58V，2TV 加电压，保持 A、C 相电压不变，试验数据结果见表 2-13。

表 2-13　　励磁调节器 B 柜试验结果

序号	B 相输入电压的变化（V）	调节器输出电压（V）
1	54	45
2	55	43
3	56	42
4	57	41
5	58	40
6	59	39
7	60	37
8	61	35

结论：调节器 B 柜试验正常。

4. 2TV 熔断器的检查

对熔断的 2TV 熔断器拆开检查，发现熔丝有烧损的痕迹，烧伤痕迹呈间断的样子，可以认为 TV 已经断线。该熔断器熔丝在管中呈螺旋状放置在石英砂内，抽查该批产品，发现有的熔断器内石英砂填充得不实靠，用新熔断器进行熔断的比对试验，发现熔点痕迹与故障熔断器不一致。

发电机匝间保护的定值检查

$$2\text{TV 变比}\quad \frac{20}{\sqrt{3}}\Big/\frac{0.1}{\sqrt{3}}\Big/\frac{0.1}{3}\text{kV}$$

电压定值 $3U_0'$=5V，延时时间 $t=0.2$s，动作于跳闸。

三、原因分析

1. 发电机主系统设备正常

如果发电机发生匝间短路，由于短路的能量较大，将会同时发生定子接地，导致发电机损坏。同时电流量的保护也应该有所反映，根据故障录波图，匝间保护动作，发电机跳闸 295ms 后，定子接地三次谐波发信号，其他保护均未动作，通过对发电机本体等一次设备的检查试验，证明发电机等一次设备良好，可以排除发电机、封闭母线、避雷器等存在故障。

2. 2TV 一次熔断器熔断是造成匝间保护动作的直接原因

能够造成 2TV 一次熔断器熔断的原因有 3 种：

（1）TV 二次负载过大。通过对 2TV 二次回路检查试验表明，二次回路没有短路或过热现象，二次空气开关良好，没有跳开。因此可以排除 2TV 二次回路存在问题。

（2）2TV 一次存在匝间短路。由于 2TV 一次存在匝间短路，造成励磁电流过大，熔断器熔断。通过对 2TV 进行的变比、V-A 特性、交流耐压试验的检查，可以确认 2TV 没有异常。

（3）TV 熔断器存在质量问题。从故障熔断器熔断的情况，对比试验熔断器的熔断情况，故障熔断器的熔断点烧伤痕迹呈现间断状，部分部位没有变色，进行的同类熔断器的熔断试验，发现熔断后的熔丝整体变色。说明故障熔断器的熔丝不是因为电流大而熔断。

对使用中的该类熔断器进行检查，发现有的熔断器内部石英砂填充不实，运行中由于振动等原因，可能造成石英砂与熔丝产生相对运动，导致熔丝变细，其机械强度降低。

由于故障熔断器内部的石英砂颗粒较大，熔丝为空螺旋管结构，无绝缘支撑柱支撑，容易造成熔丝受损。

从 DCS 波形看，两次调节器的摆动，与 TV 熔断器的拉弧燃烧有关。

综合以上分析，可以认为本次发电机 2TV B 相熔断器熔断是产品的质量问题，由于熔断器的制造工艺较差，运行过程中在振动、弹簧的弹力等作用下熔丝发生开断现象，熔丝在石英砂内开断过程中形成间隙，而产生电弧，使 2TV 的输出电压不稳定，导致调节器输出不稳定，进而发电机无功大幅摆动，长时间的电弧作用最终导致断开，同时匝间保护动作跳机。

四、防范措施

更换 TV 熔断器，选择高质量的熔断器更换之。

减少振动的磨损，由于 2TV B 相熔断器所处的运行环境振动现象严重，导致了熔断器熔断。因此，解决运行环境严重的振动现象是问题的关键所在。

另外，注意加强定期巡检工作，检修时要注意检查，及时发现并解决系统存在的问题，也可以避免重大故障的发生。

第 11 节　热电机组逆变灭磁误动作

ZSJ 热电厂 2 号机组 2003 年 7 月投产。励磁采用 UNITROL-F 励磁调节器，由 1、2 两个通道组成，正常情况下采用一个通道运行，另一个通道备用。某年 3 月 19 日，正常时 2 号机励磁调节器为通道 1 运行。

一、故障现象

3 月 19 日 9 时 00 分，热电厂 2 号机组运行中失磁保护动作，厂用电切换成功，发电机解列灭磁，发电机-变压器组主断路器 212 断路器跳闸，2 号机组全停。关于机组跳闸，没有其他信息记录。

现场检查励磁跳闸回路绝缘正常，跳闸回路传动正常，其他检查结果也未发现异常状况。于是在 3 月 19 日 15 时 39 分，将 2 号机组励磁调节器切为通道 2 运行，再次启动 2 号机组并网发电。

3 月 19 日 20 时 02 分，2 号机组再次跳闸，现象与上一次基本相同。

在一天之内出现了两次跳机的问题，经过申请于 3 月 22 日 0 时～3 月 30 日 0 时，将 2 号机组转入 D 级检修状态，以便故障的分析与处理。

二、检查过程

首先完成了励磁系统设备的外观检查与绝缘检查，结果表明跳闸回路不存在绝缘低造成励磁逆变的可能性。为了拓展监查范围，又进行了以下工作。

1. 录波图像检查

3 月 19 日，2 号机组两次跳机时的故障录波分别见图 2-20、图 2-21。

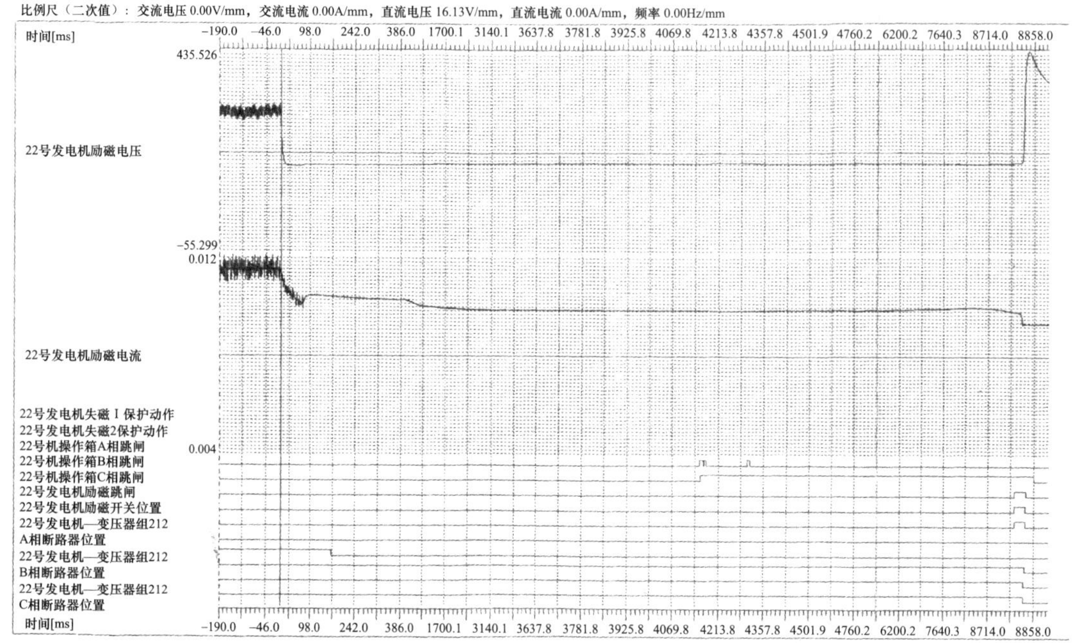

图 2-20　2 号机组第一次跳闸故障录波图

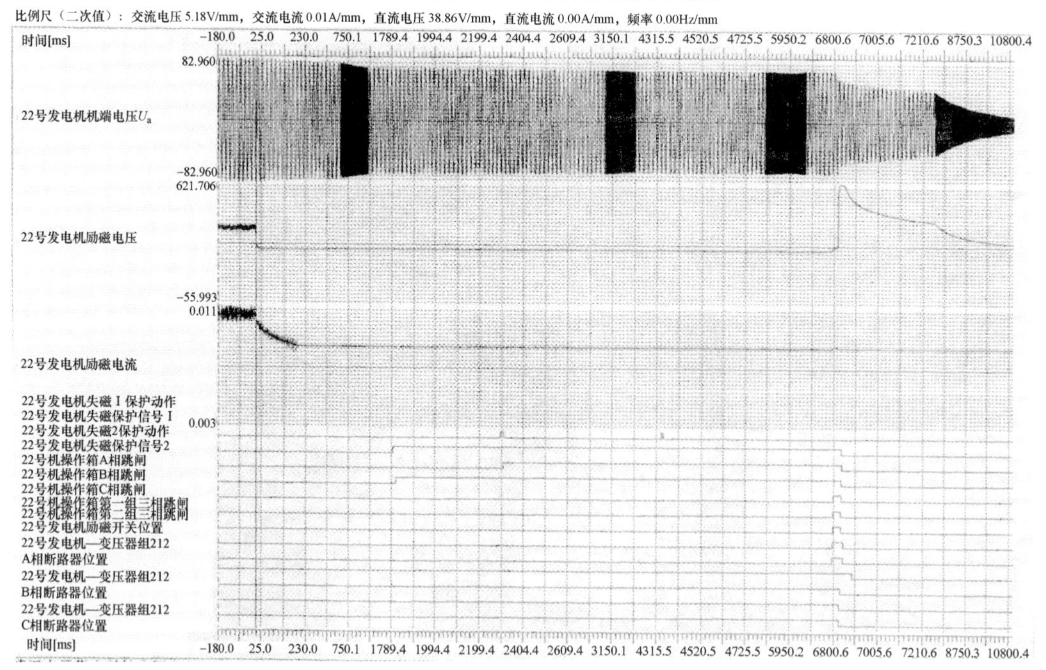

图 2-21　2 号机组第二次跳闸故障录波图

2 号机组第一次停机后，通过对机组故障录波的分析，确定了设备动作的顺序：励磁系统逆变导致励磁电压与励磁电流的下降，160ms 左右磁场断路器跳闸，0.4s 失磁保护动作，切换厂用电，0.8s 212 断路器跳开。

2. 逆变灭磁的原因检查

分析认为，这两次励磁失磁原因均为励磁逆变，由此安排了一些工作，结果如下：

（1）磁场断路器辅助触点及相关回路检查，未发现问题。

（2）机组并网信号回路检查，未发现问题。

（3）灭磁电阻投入回路检查，未发现问题。

（4）–U11 卡件及 GS010 K4 继电器检查，磁场断路器状态 GS010 K4 继电器采用两对动合触点并接入 I/O 板，未发现问题。

3. 励磁系统的整组特性检查

机组稳定运行 3000r/min，进行了一、二通道就地增磁、减磁，升压、降压，通道切换，就地远方切换等，结果正常。

模拟励磁系统逆变灭磁的试验，模拟保护跳闸、DCS 退出励磁、励磁变压器温度跳闸、励磁变压器过电流跳闸、励磁装置故障跳闸等，逆变灭磁均正常。可见，励磁系统的静态特性正常。

4. 与抗干扰相关的暂态指标检查

由于励磁系统开入量均采用光耦原理的电路元件，认为“励磁退出”开入光耦误动作的可能性较大。

（1）与电缆长度相关的杂散电容检查。

1）“DCS 退出励磁”开入接线电缆不少于 100m，杂散电容 30nF；

2）机组跳闸逆变指令开入接线电缆不少于 200m，杂散电容 50nF；

3）磁场断路器分闸状态开入接线电缆不多于 10m，杂散电容 3nF。

（2）与动作时间相关的光耦逻辑检查。光耦的电路逻辑中加入没有增加抗干扰延时，在入口处也没有设置吸收电容 C。

（3）与脉冲幅值相关的干扰信号检查。用于电气控制与保护的 220V 直流电源运行良好，励磁调节器的 24V 直流工作电源电压与纹波系数检查正常，排除了直流系统接地干扰 I/O 板光耦误动，干扰源没有找到。

三、原因分析

2 号机组一天之内出现了两次原因不明的失磁跳闸事故。基本特征是励磁装置无故障，保护动作正确。

第一次故障时励磁调节器通道 1 运行，通道 2 备用。第二次故障现象与第一次基本相同。励磁调节器通道 2 运行，通道 1 备用。励磁调节器 2 个通道均出现相同问题，说明两个通道控制板及整流器应无问题，问题出在通道公用部分的逆变回路。

UNITROLL-F 型调节器没有设计外部故障跳闸的信号，所以在外部故障跳闸的情况下，没有信号记录。另外，在干扰跳闸的状况下也不会有记录。

1. 励磁系统逆变导致了失磁

综合以上检查内容，可以断定 2 号机组两次跳闸的原因是励磁系统逆变造成失磁。导致励磁系统逆变灭磁可能的因素有：保护跳闸、DCS 退出励磁、励磁变压器温度跳闸、励磁变压器过电流跳闸、励磁装置故障跳闸。

2. 干扰造成了逆变

针对 DCS 退出回路，故障前采取了临时防范措施。在 DCS 励磁退出跳磁场断路器回路串接主磁场断路器触点，以防止其光耦继电器误动逆变跳磁场断路器。于 2007 年 DCS 退出指令用 220V 继电器增加了此隔离措施，并加装信号继电器监视。此次未动，说明 DCS 未发出指令，静态特性无问题。

除此之外，剩下的因素有三种：I/O 板元器件、逆变光耦继电器特性不稳定，瞬时误动造成逆变；磁场断路器触点接触不良或瞬时抖动造成逆变；干扰造成跳闸逆变指令开入回路动作造成逆变。元件 I/O 板 U11、U21，光耦继电器 A10、A11 未做抗干扰措施。

3. 逆变误动的因素与长电缆相关

“DCS 退出励磁”接线电缆 100m，杂散电容 30nF。机组跳闸逆变指令开入，电缆 200m，杂散电容 50nF。杂散电容吸引了干扰信号，导致了励磁调节器的逆变灭磁。

四、防范措施

励磁系统逆变灭磁回路启动是停机的根源。防范措施如下。

1. 24V 启动电路不满足要求

由于励磁系统中开入 I/O 板为 24V 光耦，不满足设计规则的要求。因此，开入量最薄弱环节为 I/O 板光耦继电器。在逆变开入前增加 220V 大功率继电器进行隔离。

更换可疑的元件 I/O 板 U11、U21，光耦继电器 A10、A11，将更换后的元件进行相关的静态试验。

2. 磁场断路器辅助触点回路增加一对备用触点

对于磁场断路器辅助触点及并接一对备用触点，提高磁场断路器状态开入的可靠性。

3. 在软件算法中采取隔离措施

在软件算法中采取隔离措施，防止机组并网励磁退出，这种方法比较稳妥，在新型 UNITROLL-5000 系列调节器中有此逻辑。

励磁系统相关图纸见图 2-22、图 2-23。

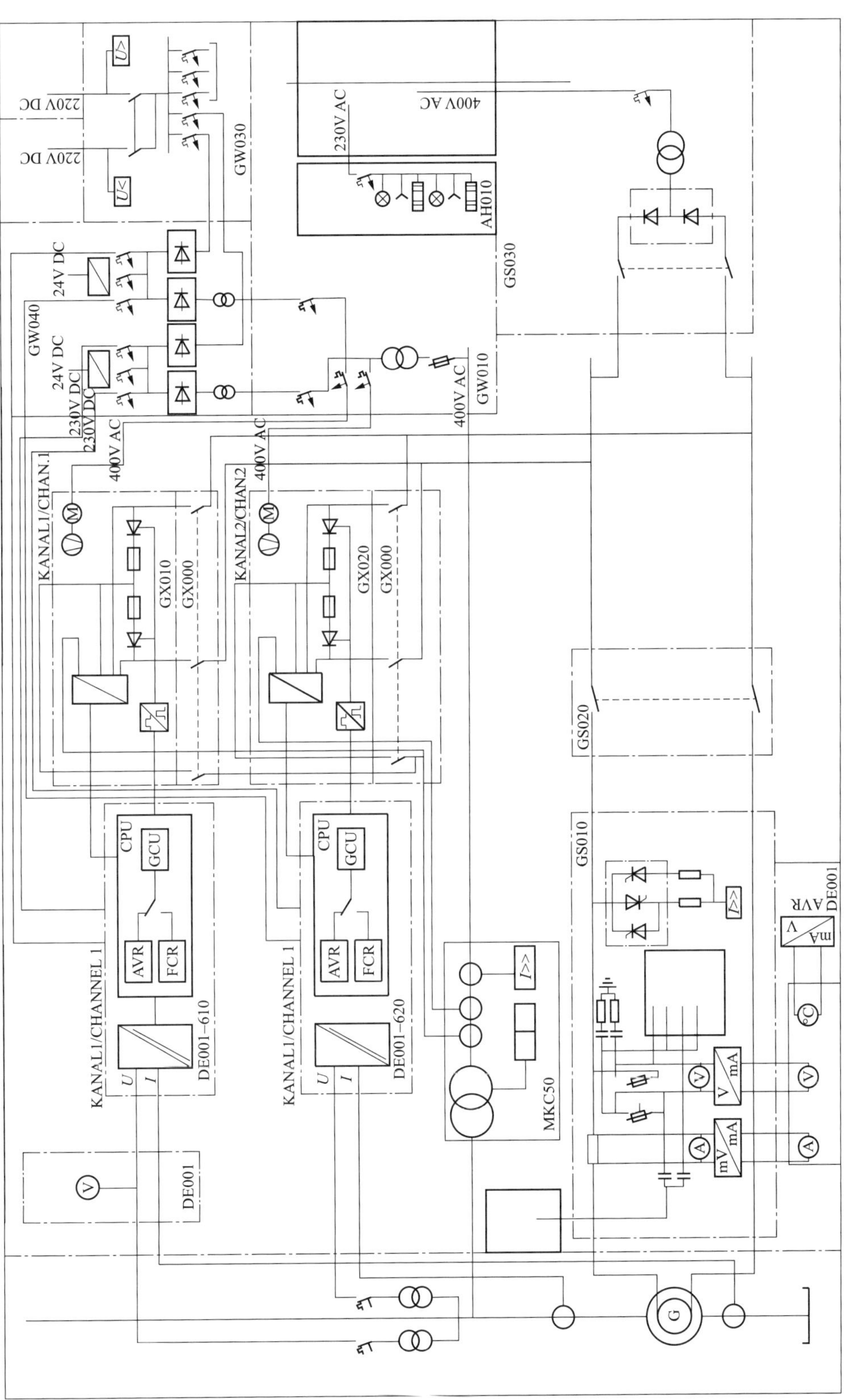
220V DC
220V DC
GW030
400V AC
230V AC
AH010
GS030
24V DC
24V DC
GW040
230V DC
230V DC
400V AC
400V AC
GW010
400V AC
KANAL1/CHAN.1
KANAL2/CHAN2
GX010
GX000
GX020
GX000
GS020
GS010
CPU
GCU
AVR
FCR
CPU
GCU
AVR
FCR
KANAL1/CHANNEL 1
DE001–610
KANAL1/CHANNEL 1
DE001–620
MKC50
AVR
DE001
DE001
G

图 2-22　励磁系统总图

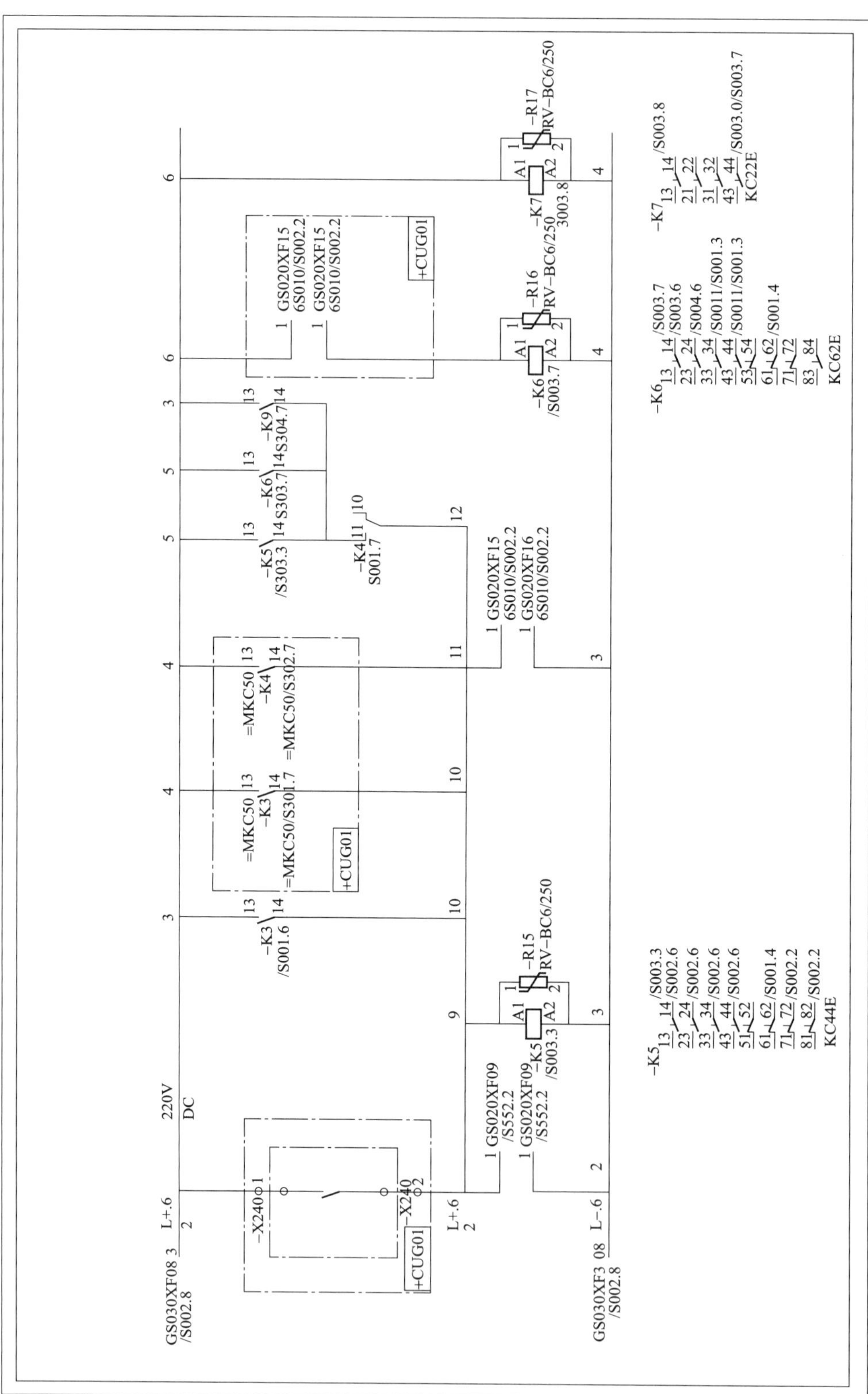

图 2-23 机组跳闸出口回路

第 12 节　发电机组外部故障导致负序电流保护误动作

一、故障现象

HES 发电厂一期工程为 2×300MW 机组，两台机组配置相同，2 号发电机曾因内部故障先后两次烧毁，定子绕组全部进行了更换。

某年 11 月 15 日，发电厂 80km 以外的端庄变电站近处 110kV 线路 A 相发生永久性故障，2 号发电机的负序电流保护动作跳闸，机组全停。次年 6 月 18 日 220kV 石姚线发生 BC 相故障，故障点距发电厂 35km，2 号发电机的负序电流保护再次动作跳机。

对于两次区外故障的保护动作行为的评价一直没有达成一致的意见，一种观点认为发电机内部没有发生故障机组就不应该跳闸，保护跳闸属于误动作。实际上 2 号机跳闸前负序电流二次值已接近 1A（保护的启动值是 0.43A），而且 1、2 号机组同型号且同在并网运行，1 号机一直运行正常。另一种观点认为负序保护乃是一种机组的后备保护，当定值达到动作值以后就应该动作于跳闸。

疑点分析：保护动作后对动作行为正确性的评价涉及两个方面的工作，一是保护行为的正确性检查，二是系统负序电流流向分配方面的检查。为此对负序保护及发电机系统进行了大量的试验与分析工作。

二、检查过程

对 2 号机组装设的负序电流保护的原理与应用情况核对如下。

1. SGC21 型负序电流保护的原理电路

发电厂 2 号机组装设的负序电流保护是由美国 GE 生产的 SGC21 型负序时限过电流保护，用于防止发电机被长时间的故障或不对称负荷引起的不平衡电流损坏。该保护不仅能够反应负序电流，同时还能够反应转子因负序电流作用的散热过程。

SGC21 型负序继电器有两种方式出口跳闸：第一种为定时限跳闸方式，当负序电流越限的时间达到整定值时出口跳闸；第二种为反时限跳闸方式，当负序电流越限且积分值 $\int_0^T i_2^2 \mathrm{d}t > K$ 时出口跳闸。当负序电流低于定值时，计时器及积分器都以发电机冷却的速度返回。原理电路见图 2-24。

2. SGC21 型负序电流保护装置的特性描述

当发电机出现不对称故障时，定子电流的负序分量产生一个反向旋转的磁场，这一磁场反过来会使转子铁芯及契槽内的交流电流加倍，从而导致局部发热，不平衡定子电流引起发电机转子发热可以用以下公式进行描述。

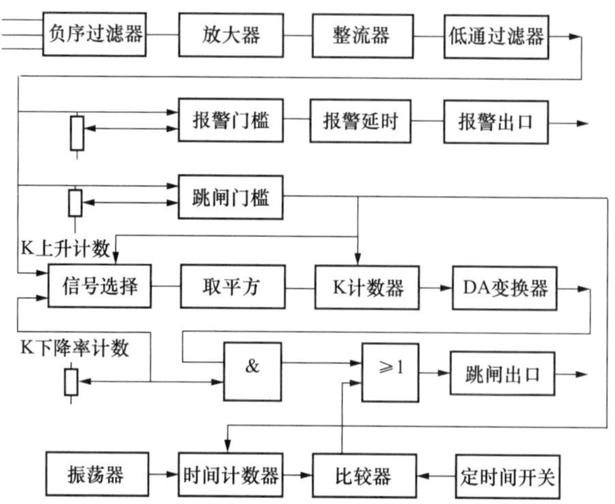

图 2-24　SGC21 型负序过电流继电器原理电路

热能计算

$$Q=\int_0^T i_2^2 \mathrm{d}t$$

如果 I_2 为常量，则热能

$$Q=I_2^2 T$$

为了保护发电机，热能必须小于 K，即

$$\int_0^T i_2^2 \mathrm{d}t < K$$

式中：I_2 为负序电流的标幺值；T 为不平衡状态的时间；K 为常量；i_2 为暂态负序电流；继电器 K 的整定范围为 5～40。

负序保护中有关的 K 值有 3 个：发电机要求的 K_1、继电器整定的 K_2、由系统决定的 K_3，要求 $K_1 < K_2 < K_3$。对 3 个不同 K 值的特性分析如下。

（1）发电机决定的特性曲线。负序电流保护的 K 与 T 的取值由发电机的参数、形式决定。发电机的过热保护只反应负序部分，并满足时间电流特性 $I_2^2 T$ 的要求，这就使保护与发电机的过热能力相匹配。

发电厂 2 号发电机为 300MW 机组，由于制造上采用了内冷却方式，允许绕组系统上有较大的电流密度，提高了发电机的利用系数，因此过热性能较差，承受不对称运行的能力低，允许过热的时间常数较小，厂家要求 K 不能大于 12。

（2）原定值下的计算特性曲线。根据负序保护的整定原则 K=4～10，电流 I=（0.15～2.0）I_N，$t=K/I_2^2$ 并考虑转子散热的问题。实际的定值是 I_{set}^2=0.125I_N=0.43A，K=8，定值下的计算结果见表 2-14。

表 2-14　　**原定值下的计算特性曲线**

I/I_N	0.125	0.25	0.5	1.0	2.0	3.0	4.0	5.0
T（s）	512.0	128.0	32.0	8.0	2.0	0.9	0.5	0.3

（3）运行系统下核定的特性曲线。负序电流时间的整定既考虑发电机免受损失，又要与主变压器高压侧的保护相配合，即考虑线路保护、母线保护、断路器失灵保护的配合，以免不必要的停机。继电器与系统配合最苛刻的条件是主变压器高压侧发生相间故障，或更特殊的故障需断开高压侧母线，此时断路器起初是正确跳闸，然后自动重合时第二次跳闸却失败，所以断路器失灵后备保护必须跳开其他断路器，在这种情况下时间“T”（在式 $I_2^2T=K$ 中）是继电器和断路器的原始时间加上自动重合后所有后备断路器的复位时间减去自动重合周期内的死区时间。继电器和断路器失灵后备保护必须同时考虑，以保证总的时间不会导致 I_2^2T 超过发电机的允许值。特别要防止误跳闸，必须保证 I_2^2T 不超过继电器的整定值，即 K 值的选取必须保证继电器的特性与发电机相匹配、与实际情况相符合，并考虑相关的因素取 K=6。

发电机要求的 K_1、原定值下的 K_2、由系统决定的 K_3 特性曲线见图 2-25。

3. 继电器热积累问题的试验

整定位置下输入电流 13A 时的动作时间为 8.8s，根据这一数据进行如下试验。

（1）分两次加入同一电流的试验。固定 13A 的输入电流 4.4s 后停顿，只要停顿时间小于 60s，则第二次输入电流至保护跳闸的时间为 4.4s，即总的动作时间 8.8s 不变；只要停顿时间大于 120s，则第二次输入电流至保护跳闸的时间为 8.8s，即保护动作重新计时。

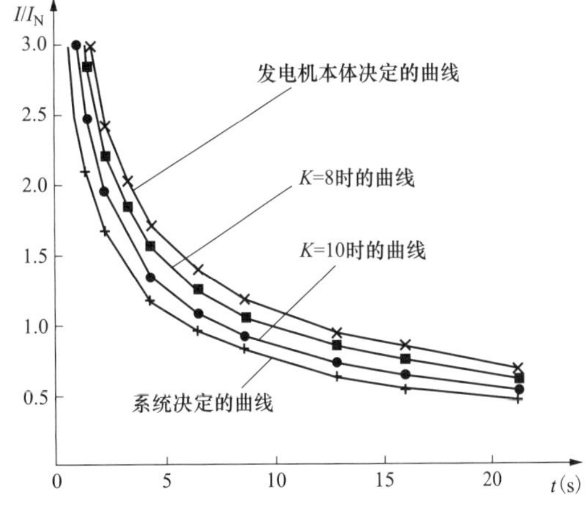

图 2-25　负序保护的各种反时限特性曲线

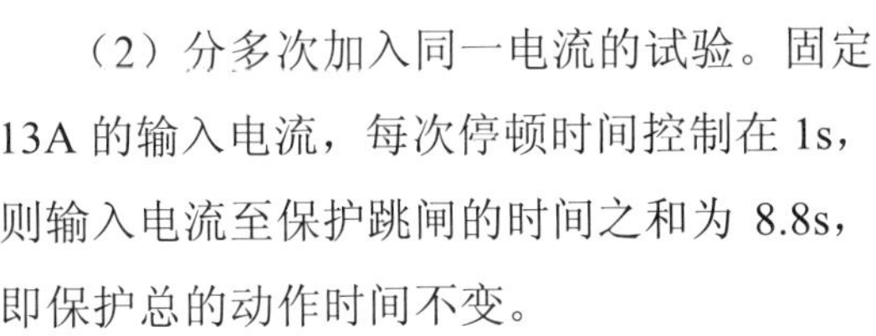

（2）分多次加入同一电流的试验。固定 13A 的输入电流，每次停顿时间控制在 1s，则输入电流至保护跳闸的时间之和为 8.8s，即保护总的动作时间不变。

（3）分两次加入不同电流的试验。加电流 1.2A 持续 10s，然后将电流调至 13A，则输入电流 13A 至保护跳闸的时间为 8.5s，即 1.2A 持续 10s 的热效应已经被计入。

4. 发电机负序电流问题的试验

关于发电机负序电流的问题进行了 3 个方面的试验，即发电机的负序电流测试，发电机负序阻抗的测试以及 HES 特钢厂负序电流对发电机的影响测试。

（1）发电机负序电流的测试。对运行中的 1、2 号发电机组同时进行测试，测试的结果列入表 2-15。

表 2-15　　1、2 号发电机组同时进行测试的结果比较

机组	定子电流（A）	有功负载 P（MW）	无功负载 Q（Mvar）	负序电流 I_2（A）	负序电流百分比（%）
1 号	5500	185	69	39.60	0.72
2 号	5100	170	51	51.00	1.00

（2）发电机负序电抗的测试。由负序电抗的定义可知，发电机定子绕组的负序电抗

$$X^{-}=\frac{发电机定子工频负序电压U}{发电机定子工频负序电流I}$$

根据上述定义，可采用相稳态短路法测定发电机的负序电抗值，接线见图 2-26，将发电机定子输出线 BC 相短路，短路点设在 TA 外侧，发电机升速到 3000r/min，为了避免转子过热，调节励磁电流使 I=0.2I_N 左右，读取表计的功率 P、电压 U 以及短路电流 I_{k2} 值。

当 BC 相短路时 $\dot{U}_{AB}=\dot{U}_{A}-\dot{U}_{B}=2\frac{\dot{E}_{A}\bullet Z^{-}}{Z^{+}+Z^{-}}+\frac{\dot{E}_{A}\bullet Z^{-}}{Z^{+}+Z^{-}}=3\frac{\dot{E}_{A}\bullet Z^{-}}{Z^{+}+Z^{-}}$

$$\dot{I}_{B}=\dot{J}\sqrt{3}\frac{\dot{E}_{A}}{Z^{+}+Z^{-}}$$

所以 $\dot{U}_{AB}=-\dot{J}\sqrt{3}\dot{I}_{B}Z^{-}=\sqrt{3}\dot{I}_{B}(X-\dot{J}R)$，而 $\dot{I}_{B}\dot{U}_{AB}^{*}=\sqrt{3}\dot{I}_{K2}(X^{-}+\dot{J}R)$

其中，$\dot{U}_{AB}^{*}$ 为 $\dot{U}_{AB}$ 的共轭复数，又因 $\dot{I}_{B}=\dot{I}_{K2}$，$P=\sqrt{3}\dot{I}_{K2}^{2}X^{-}$

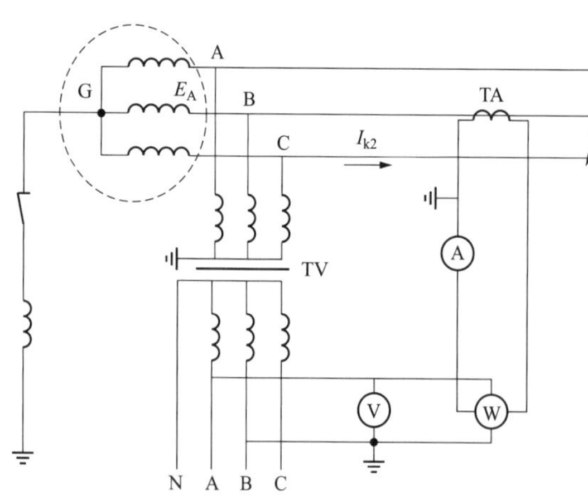

图 2-26　负序阻抗测试接线图

$$X^{-}=\frac{P}{\sqrt{3}\dot{I}_{K2}^{2}}$$

$$X^{*-}=\frac{\sqrt{3}P^{*}}{I_{K2}^{*2}}$$

AB、BC、CA 分别短路试验后取平均值，由此测得 1、2 号机的负序电抗值分别是 182%、231%。根据这一数据可以算出 1、2 号机并列运行时的负序分流系数：2 号机为 0.56，1 号机为 0.44。两机分流系数的绝对误差为 0.12，相对误差为 24%。

以上两项试验表明 2 号机的负序电流注入量比 1 号机大得多，因此在系统不平衡时增加了 2 号机负序电流保护动作的可能性。

（3）特钢厂运行时对发电机负序电流的影响检查。发电厂以外 10km 处有一特钢厂，该厂生产期间明显产生间歇性的负序电流分量，在无补偿的情况下负序电流分量占基波电流的 50%。特钢厂的生产对发电机的负序电流值有直接的影响。

三、原因分析

1. 热积累释放效应对继电器特性的影响

由于保护热积累效应的影响，保护在启动后没有返回时，具有热积累时的特性，表现在动作曲线方面，就是移向第一次启动时相对应的更低 K 值的曲线，见图 2-27。

设在恒定的启动电流 I_2 作用下走过的时间 t，若整定时间为 t，则 t_1 后在加入 I_2，所需的动作时间 $t_2=t-t_1$，所以保护热积累效应的结果是在保护未返回时再次启动的情况下，动作时间缩短。

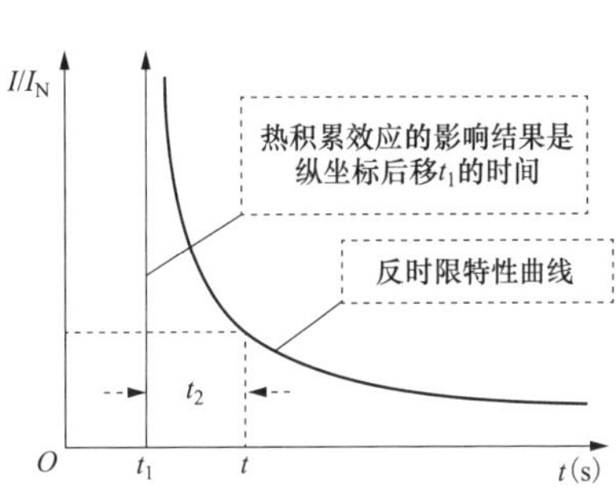

图 2-27　热积累效应的影响

根据上述试验与分析可知，在发生区外故障时负序保护的动作行为与热积累效应有关。

2. 系统负序电流对保护特性的影响

结合发电机、系统以及 SGC21 型保护装置的实际情况，对负序保护的整定问题再做进一步的分析可知，当出现区外不平衡故障时，负序保护启动跳闸的原因是由于系统的分流系数影响了发电机所要求的实际曲线，因此整定值与实际产生了偏离，在不正常的系统下必须有与之相应的整定曲线。

3. 对 2 号机负序保护动作行为的评价

通过对 SGC21 的静态试验及动态试验以及发电机负序电抗，负序电流的测试表明 2 号机保护装置性能与特性正确无误。2 号发电机组在改造后两次动作的原因：①发电机的分流系数偏大；②发电机负序保护的定值偏低；③保护的热积累。

4. 统筹考虑电网与发电机的安全问题

系统出现故障或不平衡时，发电机不该跳闸的观点是有偏见的，只要负序达到保护的定值，机组就应该停止运行。其实，保全发电机与保全电网同样重要，发电机的安全问题也是电力系统安全的一个重要组成部分。

5. 正确理解“远后备”与“近后备”概念

在发电机负序保护整定的范围内出现不对称故障，例如单相接地故障时，以及重合闸期间故障相跳开后的横向不对称故障时，作为“远后备”的发电机负序保护应该启动，但在重合闸周期内，该保护不应该出口跳闸，而是在重合闸周期结束，保护自动返回，若故障一直没有消失则负序保护到达其整定延时后出口跳闸，以实现远后备的功能。

前曾述及，导致发电机两次跳机的故障在远处，保护动作实现的功能却是“近后备”，因为体现的是保护发电机。但是“近后备”的概念在此使用也不准确，因为发电机内部并没有存在故障，仅仅是负序的分流系数偏大，系统不平衡严重时保护已提前启动，系统故障时达到了跳闸条件而已。发电机的跳闸既没有切除远方故障，也没有切除近处故障，因此既不是“远后备”，也不是“近后备”。此时的跳机只是为了保护发电机。

四、防范措施

根据 2 号机负序保护的原理，应采取如下措施：

1. 提高负序保护定值中的 K 值

由于 K 值低，启动值低，所以容易造成系统出现不平衡电流且持续的时间较长时负序保护启动跳闸的问题，若将定值放宽，使 $I=0.2I_N$、$K=10$，此时的曲线见表 2-16，曲线见图 2-25。从曲线图中可知 $K=8$ 与 $K=10$ 之间的差别，定值更改后使保护适应新的系统。

提高 K 值及启动值，从特性上分析，虽然能有一定的效果，但是从实测的情况来看，系统出现较大的不平衡时 2 号发电机依然会启动跳机。

表 2-16　　K=10 时的特性曲线

I/I_N	0.20	0.25	0.5	1.0	2.0	3.0	4.0	5.0
t（s）	250	160	40	10	2.5	1.1	0.6	0.4

2. 保留负序保护反应转子散热特性的功能

虽然负序保护的热积累效应是导致动作的原因之一，但设置反应转子散热特性的功能是非常必要的，如此保护能够将发电机耐受负序电流产生的热量作为判据，避免机组过热，符合实际的需要。

3. 从一次系统解决保护动作停机的问题

是外围及发电机本体问题导致了保护的动作。从原理上讲可以采用提高保护定值或除去热量积累特性的办法来躲过区外故障时的保护启动问题，但这种办法却脱离了实际，要解决本文提出的保护动作停机的问题，只有从一次侧着手，即解决运行中出现的负序以及结构上出现的偏差。

发电厂近处的特钢厂，后来投入了补偿系统，使之对发电机的影响有所缓解。

第 13 节　发电机组 $3U_0$ 接地断线与定子接地保护误动作

某年 1 月 2 日，TAH 发电厂正常时 4 条母线ⅠA 与ⅡA，ⅠB 与ⅡB，双母线双分段全接线方式运行，1A 与 2A 段母线对应新厂机组，1B 与 2B 段母线对应老厂机组，系统结构见图 2-28。

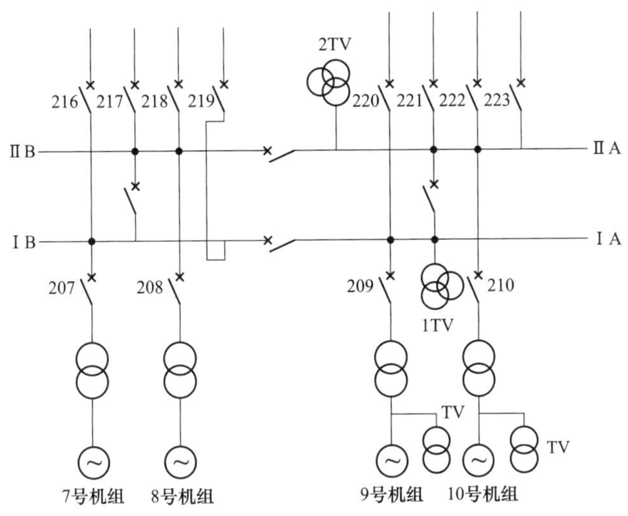

图 2-28　TAH 发电厂一次系统图

一、故障现象

1 月 2 日 13 时，TAH 发电厂 10 号机组定子接地保护误动作跳闸，运行资料显示发电机-变压器组、升压站系统出现零序电压，主变压器高压侧与发电机侧零序电压同时存在，但是数值差别很大；母线的零序电压是固定的数值，与母线电压的大小无关。

故障的发展趋势是ⅠA 与ⅠB 母线电压升高，ⅡA 与ⅡB 母线电压降低。

1. 有关 10 号机组的数据信息

10 号机组 6kV 母线电压波动与厂用电源切换有关，波动的时间约 120ms，电压下降 10%U_N。

故障时封闭母线 B 相平均温度高 10℃，B 相进主变压器套管处局部温度高 70℃。

保护启动时发电机出口 $3U_0$＞9.0V，发电机中性点零序电压 U_0=4.8V。

保护动作时 CPU1 测量电压 10.99V，CPU2 测量电压 11.20V。

主变压器高压侧录波器最高录波电压 $3U_0$=28.9V。

发电机出口三只电压互感器：1TV、2TV、3TV，其中 2TV 为匝间保护专用互感器，故障时 10 号机组跳闸伴随 2TV 熔断器熔断，此时的电压即残余电压，参数如下：

U_{ab}=6.79V，U_{bc}=7.16V，U_{ca}=0.43V，$3U_0$=3.38V，$U_{3\omega}$=7.60V，U_2=0.03。

2. 有关 9 号机组的数据信息

故障时 9 号机组 TV 二次 B 相系统电压升高；

故障时 9 号机组未跳，9 号机组与 10 号两者 TV 二次 B 相电压不一致；

主变压器高压侧录波器最高录波电压 $3U_0$=6.9V。

10 号机组 2TV 三次谐波电压比 9 号机组高许多，测试的结果见表 2-17。

表 2-17　　9、10 号机组 2TV 三次谐波电压的比较

机组号	三次谐波电压 $U_{3\omega}$		
	匝间保护专用 2TV	发电机中性点 TV	1TV/3 TV
9	3.20V	0.02V	3.40V
10	7.60V	3.30V	3.20V

疑点分析：①机组零序与主变压器高压侧零序电压同时存在，而且差别很大；②同是 220kV ⅡA 段母线 TV 电压，但母线录波与 10 号机组录波图形截然不同；③相互连接的母线ⅠA、ⅡA、ⅠB、ⅡB 以及线路 TV 的录波图形差别甚远。

二、检查过程

由于发电厂的 10 号机组是刚投产的，出现了保护 A 屏动作跳闸的问题，因此安排对机组特性、保护的整定值、接地网接线情况、零序电压的特征，以及保护的动作值等相关事项安排了检查。

1. 机组的特性检查

稳定机组转速在额定值 3000r/min，对 10 号机组短路特性及空载特性试验结果进行了检查，其特性数据正常，证明主机无问题。

2. 录波器录波检查

对 9、10 号机组的故障录波器录波、保护录波的状况进行了检查，其特征与故障现象相符。

3. 保护逻辑检查

对 10 号机组的定子接地保护逻辑进行了检查，保护中有断线闭锁逻辑，断线闭锁无延时，TV 断线发生后即时闭锁。发电机定子接地保护采用中性点 U_0 与 TV 开口三角电压 $3U_0$ 构成“与”门跳机。定子接地保护的启动值为 10V。

4. 接地检查

对 10 号机组的接地状况进行了检查，其接地网的连接、TV 一次接地，TV 二次接地均正常，并且所有的 TV 二次只有一个接地点。

5. TV 二次接线检查

对 220kV 升压站ⅠA、ⅡA 母线 TV 的二次接线进行了检查，发现其二次开口三角电压接线错误，误将接地端连同测试设备接到 N601，即升压站母线 TV 开口三角电压误接 N，没有接 B600。TV 的二次接线情况见图 2-29，二次系统接地点的布置见图 2-30。

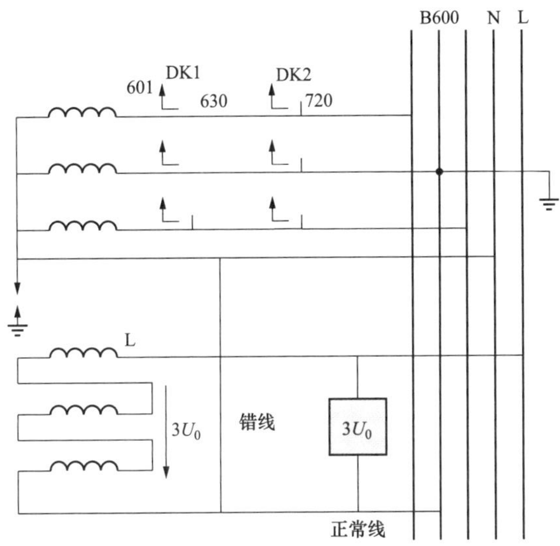

图 2-29　TV 的二次接线

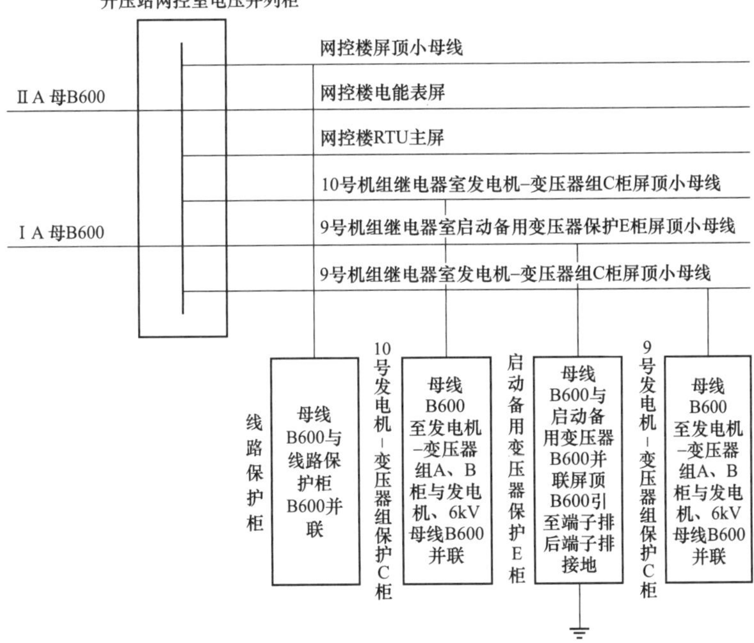

图 2-30　TV 二次系统接地点布置示意图

三、原因分析

可以根据两方面原因对零序电压的来路进行分析，一是 10 号机组是零序电压跳的机，二是录波显示各处 TV 有不同量值的零序电压出现。

谈到零序电压，离不开系统的接地方式。按照接地系统划分的原则，发电厂关联的系统划分为 4 块：第 1 个接地系统，220kV 系统；第 2 个接地系统，发电机出线系统；第 3 个接地系统，6kV 系统；第 4 个接地系统，400V 系统。

零序电压的来路不外乎两种：一是来源于一次系统的零序电压，归类为与接地系统有关的零序电压，即一次系统的故障、一次系统操作干扰与 TV 二次两点接地问题产生的零序电压。二是来源于二次系统的零序电压，主要有地悬浮电位的叠加问题、二次系统的抗干扰问题、二次接线错误的问题而产生的零序电压等。

如此将零序电压的来源归结为：是一次系统的问题还是系统二次的问题；是区分接地系统还是不区分接地系统；是与接地系统有关还是与接地系统无关。

下面结合当时的故障现象，并参照检查结果对 10 号机组可能的跳闸原因进行分析。

1. 一次系统故障问题

如果 220kV 系统发生接地故障，升压站各点的 TV 感受到的零序电压应该基本一致。该零序电压经过各主变压器的电容转变到发电机侧的零序电压也基本一致。

如果发电机出线系统发生接地故障，例如 10 号机组，其经过本身主变压器的电容转变到 220kV 系统的各点的 TV 零序电压也基本一致。此时 9、10 号机组之间无关联。

根据以上两方面的特征可知，零序电压的出现不是一次系统的故障造成的。

2. 电位的叠加问题

（1）TV 二次两点接地的电位叠加。TV 二次两点接地与零序电压，当 220kV 系统发生接地故障时，由于发电厂内 TV 二次的两个接地点之间的电位不等，电位差 ΔU 必然存在，ΔU 叠加到保护的测量回路之后，出现了所谓的两点接地形成的零序电压。

根据检查结果，TV 二次两点接地的问题不存在。因此机组的跳闸与 TV 二次的两点接地无关。

（2）对地悬浮电位的叠加。用所谓悬浮电位理论分析认为，是 TV 二次 B 相接地网络遭受了电磁感应的影响。由于相接地网络各点对地导纳的不同，当强电磁场入侵时感应的电位也不同，反应到 $3U_0$ 上的数值也不会一样；根据 TV 二次接线图可知，B600 上的电位与 $3U_0$ 的关系，即 $3U_0$ 的读数是 B600 上的电位与悬浮电位叠加的结果，因此，同一组 TV 二次不同点的录波感受到的污染也不相同，在数值上体现出一定的差别。另外，由于悬浮的原因，各点出现的悬浮电位也不会相同。

但是，根据上述 $3U_0$ 检查结果，悬浮电位远远达不到定子接地保护的启动值 10V。可见，定子接地保护的动作与悬浮电位关系不大。

3. 抗干扰的问题

对于升压站一次系统操作干扰造成的二次侧的零序电压，归结为“抗干扰问题”。由于系统杂散电容、耦合电感的存在，其电感、电容构成的耦合电路会将二次电压传递给其他测点。因此，当干扰源存在时，例如升压站系统有操作时，由此产生的干扰源就会传递到零序系统，就会导致 10 号机主变压器高压侧零序电压的出现，也会导致定子接地保护测量电压的出现。如果保护动作了，则是 220kV 系统的操作造成了机组 $3U_0$ 电压的超标而跳闸。

但是，10 号机组跳机时系统风平浪静，因此操作干扰的问题并不存在，即不存在一次操作影响二次的问题，还是应该认真考虑二次系统本身的问题。

4. 二次接线的问题

（1）关于地线断开的影响。值得注意的是，如果接地网断线，即接地线断开，会造成“中性点电位的飘移”，此时的表征为线电压对称，相电压不再对称，$3U_0$ 出现也是不可避免的。如果中性点飘移严重，则 $3U_0$ 的数值会升高，由此导致定子接地保护动作也是可能的。

但是，经检查的结果表明，接地线没有断开，如此的影响并不存在。但是，短时人为的接地线开断问题是否存在？那只有当事人清楚。

（2）关于接线错误的影响。对 220kV 升压站ⅠA、ⅡA 母线 TV 二次开口三角电压的接地端连同测试设备误接 N，没有接 B600 的问题。由于中性线 N 上带有电位 57V，只要开口三角电压的 L 端不再碰地，则保护等设备检测到的电压依然为 0。

只要 $3U_0=0$，则不会对保护、录波等造成影响。

（3）关于引线误碰的影响。从原理上讲，二次系统中如果开口三角电压的 L 端有接地存在，或是 N 对 B600 短路，则二次系统就会有电压混入。

后来得到证实，升压站ⅠA、ⅡA 母线 TV 开口三角电压 L 端引线存在破损，绝缘下降、误碰保护屏体的问题，相当于经过渡电阻接地。如此开口三角电压 N 端对地有 57V 的电压混入接地网，造成发电机、升压站二次系统 $3U_0$ 电压出现不同程度的增加，10 号机组的定子接地保护也是此电压启动的。

这样，10 号机组的跳机，保护、DCS、NCS 报警，以及升压站等系统所报出的若干不正常信息，杂乱无章的故障现象就有了合理的解释。

如此的结局导致了上述一连串无谓的分析，得到了一些不存在的结论与结果。这才是“三年之后有定论”，即引线的破损造成了 $3U_0$ 的变化、跳机问题。可见接地网乱了与直流系统混入交流的结局是一样的。值得肯定的是分析问题的思路正确无误。

5. 两台机组 $3U_0$ 不一致的问题

零序系统混乱的局面是二次系统的问题影响了正常的数据，不是一次系统故障的结果。因此，对于 9、10 号机组，除去 TV 二次公共接地外，由于二次系统在地域上的差异，两台机组不属于同一接地系统，所以，两台发电机组 $3U_0$ 不一致的现象也就不难理解了。同样，虽然四条母线与线路连接于一体，但是显示的 $3U_0$ 结果也不一样。

四、防范措施

1. 防止接地网开路

对于大型发电厂 TV 二次只允许一个接地点的要求，在具体操办时是需要技巧的，如果将所有的 TV 二次地线引到一个保护屏，应分别接到一个接地排上。

2. 统一故障录波设备的时标

在发电厂安装了多台故障录波以及继电保护等设备，应正确使用 GPS，统一故障录波的时标，以保证故障分析的准确性。

3. 防止干扰信号入侵

关于防止干扰信号入侵，可参照有关的抗干扰措施执行。

4. 防止人为因素的误接线与误碰

对于升压站地网ⅠA、ⅡA 母线 TV 开口三角电压地线误接 N 的问题，必须从管理的角度加以防范。并且从技术的角度提升工作人员的水平，以避免类似问题的重复发生。

第 14 节　发电机组转子接地保护性能差导致误动作

一、故障现象

某年 4 月 20 日 13 时 40 分，QUH 发电厂 1 号机组转子回路接地保护动作，DCS 发出“励磁系统故障”与“发电机转子接地”报警信号，1 号机组全停，5021、5022 出口断路器跳开，磁场断路器跳闸，跳闸前 1 号发电机有功功率为 460MW。1 号机励磁小室转子接地保护装置告警灯亮，励磁柜发“转子接地”保护动作信号。

二、检查过程

1. 励磁系统交直流母排检查

甩开直流母排上二次回路电缆，测量发电机转子回路正负对地绝缘电阻均大于

700MΩ。带上二次回路电缆，测量励磁正负母线对地绝缘电阻均大于 1.5MΩ。对发电机转子回路和励磁变压器进行了常规电气试验，结果无异常。

对励磁变压器低压侧交流母线和励磁直流母线进行检查，除在封闭母线内发现铝焊条数根外，没有发现其他异常情况。

2. 接地与屏蔽层检查

检查励磁柜内的电缆屏蔽层均接至接地铜排，状况良好。励磁柜内接地铜排通过两根 $50mm^2$ 的裸铜缆已连接至二次等电位接地网。测试其接地电阻值为 0.2Ω。

测试发电机外壳接地电阻为 0.2Ω。

确认保护装置输入回路以及大轴接地电缆屏蔽良好。

3. 保护装置的定值检查

对转子接地保护装置进行定值检验，接地保护动作值为 340Ω，动作特性良好，接地保护装置二次线无破损现象。对所有直流母排上二次回路电缆及电气元件（控制元件除外）用 2500V 手动绝缘电阻表进行绝缘测试，其绝缘值大于 10MΩ。

4. 保护装置的唯一性检查

由于原理上的限制，要求只允许装设一套转子接地保护，双重化的配置不适用。在现场进行了确认，投入的转子接地保护装置为唯一的一套，而且输入回路无并联分支。

三、原因分析

现将转子接地保护的动作原因与转子接地后机组能否运行的问题分析如下。

1. 接地保护的动作与转子方面的原因

作为在这之前的实例，邹县电厂 600MW 汽轮 5 号发电机组频频发生转子接地保护装置正确动作，原因是发电机转子绕组引线固定螺栓紧固不到位，螺栓在离心力的作用下，导电螺杆与绝缘套筒相互摩擦，产生铜粉，与转子本体发生接触，产生不稳定的接地故障，造成保护装置频繁动作。鉴于上述情况可见，不能够排除 1 号发电机转子绕组引线和滑环处存在不稳定接地的可能性，如此保护动作则为正确动作。

2. 接地保护的动作与装置方面的原因

（1）转子接地保护第一次动作。1 号发电机保护为 GE 的装置、哈尔滨光宇的组屏，转子接地保护是哈尔滨光宇 WFH-31A/03 产品，原理为乒乓变桥式。168h 试运期间，认为转子接地保护不可靠，而没有投入跳闸。168h 试运完成后，该保护投入运行。

12 月 5 日，14:07:00，转子接地保护动作跳闸。检查转子回路对地绝缘电阻 3MΩ，不存在转子一点接地的问题，认为转子一点接地保护的动作行为属于误动作。当时的发电机带有功 405MW，无功 153Mvar，转子励磁电压为 284V。

（2）转子接地保护第二、三、四次动作。后来，将哈尔滨光宇生产的转子接地保护 WFH-31A/03 退出，起用 ABB 励磁调节器带来的转子一点接地保护 UNS3020-V1，该保护为集成电路式装置。定值：500Ω，0.5s。并在转子回路装设了故障录波装置，录波启动电压：正负极对地电压均为 190V。实际的转子对地电压并不平衡，转子正常运行电压 183V 时：正极对地为 138V，负极对地为 146V。

第二年 2 月 9 日，16:34:00，转子一点接地保护一段动作于信号，二段动作于全停。当时的有功 437MW，无功 87Mvar，励磁电压 274V。

故障录波装置没有启动。将定值改为：300Ω，2.5s。

第二年 4 月 20 日 13:40，1 号发电机转子回路接地保护再次动作跳机。后来又动作了一次，一共是四次动作跳机。

（3）转子接地保护需更换。引起转子接地保护动作可能的因素有：①励磁回路绝缘损坏；②转子线圈接地；③断路器偷跳，即断路器先跳闸保护后动作；④人为造成保护误动作的因素；⑤定值的问题；⑥抗干扰问题。

在排除了前五项后，认为是干扰造成了保护装置误动作，这一结论与上述“正确动作”相矛盾。因此正确的结论还需要时间的检验。

由于检测到的转子回路的绝缘电阻正常，WFH-31A/03 产品为没有经过运行考验的产品，由于在现场励磁调节器配套带来转子一点接地保护 UNS3020-V1 都不好用，因此两套均为不规范的接地保护，决定更换。

（4）转子一点接地后仍然可以运行。尽管 600MW 机组转子对地的等效电容为 1.2μF，但是转子一点接地后仍然可以运行。但是，为了避免两点接地的出现，尽量在一点接地后尽快将机组退出运行，因为两点接地的结果会导致机组的损坏。

经过协商，制造厂家同意转子一点接地后运行若干分钟跳机，同意一点接地发信号，两点接地跳闸的传统方案。

四、防范措施

1. 定期进行转子检查

在大修或者必要时，利用专用光纤内窥镜，检查转子绕组通风道内部是否存在异常痕迹或者放电通道。

如果需要，可以拆开导电螺钉进行检查。必要时，进一步扒开护环进行检查。

2. 更换转子接地保护

更换南瑞公司的 RCS-985E 型转子接地保护装置。该保护具备记录功能。

新装置接地保护整定定值：投一点接地，报警值-高定值，2000Ω，延时时间 1.5s；跳闸值-低定值，500Ω，延时时间 0.5s，退出运行。

新装置经过全面调试后投入运行。

3. 拆除临时装设的故障录波器

拆除临时装设的故障录波器，将接线彻底拆除。

采取上述措施十年来，一直运行正常。转子一点接地保护一直投的是信号。

第 15 节　发电机组中性点引线接地与三次谐波保护动作行为

一、故障现象

在做 DOD 发电厂 3 号机组的空载试验时，三次谐波原理的定子接地保护动作，检查发现机端 TV 开口三角电压和中性点 TV 二次电压不正常，机端三次谐波电压为 5.38V，基波电压为 0.02V；中性点谐波电压为 0.09V，基波为 0.00V；匝间专用 TV 三次谐波电压为 3.05V。

第一次并网后，机端三次谐波电压、中性点三次谐波电压值随负荷的变化而变化，负荷 600MW 时其值分别为 10.67V 和 1.23V。可以看出，此时三次谐波电压的数值仍然不正常，三次谐波原理的定子接地保护依然动作。

疑点分析：导致三次谐波保护误动作的几种因素：①定值问题；②绝缘问题；③抗干扰问题等。

二、检查过程

1. 定子接地保护的原理与应用核对

发电机是经过消弧线圈接地，当距离发电机中性点 a 处发生定子金属单相接地时，中性点 N 与机端 S 处的三次谐波分别为 $U_{N3}=aE_3$，$U_{S3}=(1-a)E_3$。

根据上式可以作出 $U_{N3}=f(a)$，$U_{S3}=f(a)$ 的关系曲线，见图 2-31。

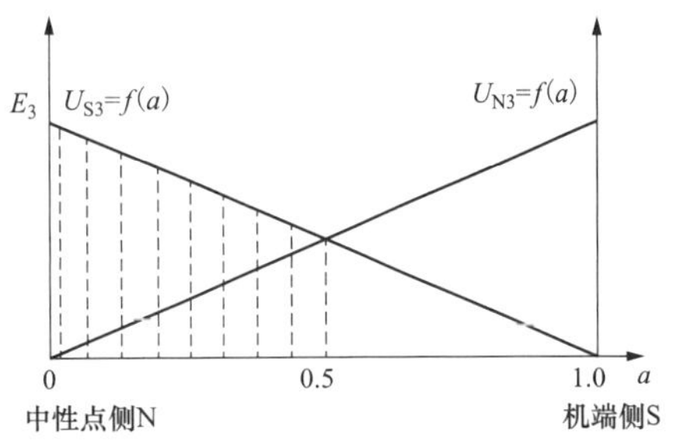

图 2-31　U_{N3}、U_{S3} 随 a 的变化曲线

从图 2-31 可以看出，$U_{N3}=f(a)$，$U_{S3}=f(a)$ 皆为线形关系，两条直线相交于 a=0.5 处；当发电机中性点接地时 a=0，$U_{N3}=0$，$U_{S3}=E_3$；当发电机机端接地时 a=1，$U_{N3}=E_3$，$U_{S3}=0$；当 $a<0.5$ 时，$U_{S3}>U_{N3}$；当 $a>0.5$ 时，$U_{N3}>U_{S3}$。

综上所述，发电机三次谐波定子接地保护的动作判据是：用发电机端电压 U_{S3} 作为动作量，用中性点电压U_{N3}作为制动量构成发电机定子接地保护，且当$U_{S3} > U_{N3}$时保护动作，如此原理的保护在发电机正常运行时是不会误动作的，而在中性点附近发生接地时有很高的灵敏度。

由三次谐波原理的定子接地保护和零序电压保护构成完整的定子接地保护，保护区为100%。

2. 并网前后中性点电压与机端电压的比较

在并网前后对三次谐波进行了检测。并网前，机端三次谐波电压、中性点三次谐波电压分别为5.32V和0.03V；并网后，机端三次谐波电压、中性点三次谐波电压值随负荷的变化而变化，负荷600MW时其值分别为10.67V和1.23V。

3. 停机后的检查

针对三次谐波原理的定子接地保护动作以及三次谐波电压不正常的问题，将机组解列，励磁电压降到0，断开磁场断路器，机组停转，拉开中性点接地开关，断开保护匝间专用TV与中性点相连接的电缆，对发电机定子、接地变压器一次侧、匝间专用TV分别进行了绝缘检测，对相关的因素进行了检查。发电机组一次系统结构见图2-32。

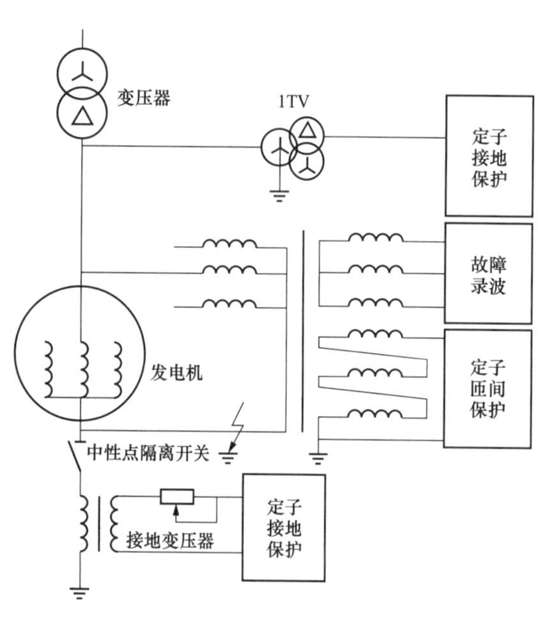

图2-32　发电机组一次系统图与故障点的位置

停机检查TV以及二次回路，测量TV的特性正常，二次回路接线正常无误。

用2500V水内冷专用绝缘电阻表测量定子绕组绝缘为2.2MΩ，结果正常。

用2500V绝缘电阻表测量匝间专用TV电缆绝缘为2GΩ，结果正常。

接地变压器高压侧绝缘不合格。断开接地变压器一次侧的接地铜排，测量接地变压器一次侧绕组的绝缘，发现对地绝缘电阻很低，绝缘不合格。检查发现匝间保护专用TV连接到发电机中性点的电缆屏蔽层的接地铜辫与接地变压器的高压侧接触，造成接地变压器高压侧对地绝缘为0。处理后，接地变压器高压侧的绝缘正常。

4. 绝缘正常开机后三次谐波的电压测量

接地变压器高压侧的绝缘正常后开机，测量机端与中性点三次谐波的电压分别为

2.78V 和 2.67V，可见此时三次谐波值正常。

三、原因分析

1. 接地变压器高压侧绝缘降低导致三次谐波保护动作

发电机的三次谐波电压与发电机结构有关，运行中发电机中性点与机端三次谐波电压的数值能够反映中性点系统对地绝缘的状况。

发电机系统的对地绝缘正常时，如果发电机中性点和机端不接任何其他元件，其机端三次谐波电压值与中性点三次谐波值只与发电机定子绕组的对地分布电容有关。一般情况下，由于电容的均匀分布，使得中性点电压值和机端的电压值基本相等。当发电机接于系统后，因机端会接有主变压器、高压厂用变压器等，机端对地的电容会有增加，同时中性点有的也经消弧线圈接地其对地电容也会有所变化，因此中性点三次谐波和机端三次谐波值不可能相等，但其差值不会很大。

当中性点附近发生接地时，中性点三次谐波电压降低，机端三次谐波电压增大。当其比值超过整定值时，保护动作。从检测到的数据看，机端和中性点零序基波电压基本为 0，而机端三次谐波电压大于 10V，中性点三次谐波电压接近于 0V，可以断定，此种迹象是定子绕组靠近中性点侧有接地故障的存在，检查结果已经证明了这一点。

根据机端三次谐波和中性点三次谐波的比值构成的 100%定子接地保护，即三次谐波保护没有方向性，无论是当发电机中性点接地，匝间保护专用 TV 中性线接地，还是接地变压器高压侧接地，保护均能满足（U_{S3}/U_{N3}）$>K_{zd}$ 的条件而动作。因此，是接地变压器高压侧绝缘降低导致三次谐波保护动作。

2. 整定值偏低加速了三次谐波保护的动作速度

三次谐波保护的整定值是一个比例系数，即 U_{S3}/U_{N3}。

在机组并网以前，三次谐波电压比率定子接地保护定值是 0.9，试验值为 0.9。也就是说，只要 $U_{S3}/U_{N3}>0.9$，则保护动作。这一整定值正确与否需要开机后进行验证，并根据开机后检测到的数据修改整定值。机组正常以后第二次并网，绝缘检测结果为 U_{S3}=2.78V，U_{N3}=2.67V。此时，U_{S3}/U_{N3}=2.78/2.67=1.04。

根据上述测量结果，将三次谐波电压比率定子接地保护定值改为 1.2，试验值为 1.18。其实就是在动作与制动比上增加 0.15 的可靠系数。确保机组正常运行时接地保护不误动作，在中性点附近发生接地时可靠动作。

在原来的定值下，即使接地变压器高压侧绝缘正常，保护动作与制动比 1.04 的数值已经处于定子接地保护的动作范围内。接地变压器高压侧绝缘到零时，U_{S3}/U_{N3}=10.67/

1.23=8.67。此时保护的动作更灵敏。因此，机组试验时由于整定值偏低，加速了三次谐波保护的动作速度。

3. 导致定子接地保护的误动作的其他问题

运行中如果中性点 TV 断线或短路，则保护的制动量也接近于零，保护动作的条件很容易满足，会导致保护误动作。

另外，保护的抗干扰问题，装置的元器件损坏等都会造成保护的误动作。

4. 三次谐波电压与工频零序电压的检测问题

三次谐波电压与工频零序电压的检测不同，需要专门的测量仪器。谐波分析仪可以检测三次谐波电压的有效值，万用表检测到的是整个电压的综合有效值，用录波仪检测到的也是综合波形。使用的表计不同，代表的意义也不一样，应注意区别对待。

四、防范措施

1. 注意对机组中性点系统的绝缘检查

三次谐波电压定子接地保护是靠首次并网及带负荷后的实测值进行定值整定的，因此首次启动前系统的绝缘检查非常重要。以往大多数情况下，都会认真地测量定子绕组的绝缘，却忽略了接地开关下面的接地变压器的高压绕组的绝缘检查，虽然这一点的绝缘好坏不影响发电机的运行，但是却影响到保护的正确动作行为。因此，在机组启动试验前的系统检查时，应注意机组整个中性点系统的绝缘问题。

事实证明，由于在调试过程中疏忽了绝缘检查的一些环节，而造成了启动过程中出现了不该出现的问题，不仅延长了总启动试验的时间，增加了试验人员的疲劳程度，还降低了经济指标。

2. 保证整定值正确后再将保护投入运行

由于三次谐波原理的定子接地保护在机组并网带初负荷之前用的是临时定值，在带初负荷测量机端以及中性点三次谐波电压后，再确定正式的定值。在临时定值下，也许保护一开始就处于动作的状态，因此，临时定值的参考意义不大。在正式定值启用之前保护的动作只能用来参考。因此，机组试验期间，将三次谐波原理的定子接地保护投入运行是非常必要的。

3. 保证保护的抗干扰性能

由于发电机建立电压暂态过程对保护的影响，且其他电磁感应过渡过程对保护的影响不可避免，所以必须充分考虑保护的抗干扰问题。必要时可采取一些有效的措施，例如，在保护的逻辑中增加 200ms 的延时，并保证有效的屏蔽接地等。

第 16 节　热电机组励磁系统故障与保护动作行为

一、故障现象

12 月 27 日，DIN 发电厂 5 号机组 ECS 发“励磁系统故障”信号，运行人员立即到 5 号机励磁室检查故障原因，发现励磁调节器柜就地控制盘发“2 号整流柜温度高”和“2 号整流柜故障”信号，2 号整流柜就地显示器电流为零，1、3 号整流柜电流均增大至约 730A。5 号机组有功 242MW，无功 103Mvar，发电机定子电压 19.9kV，定子电流 7569A，励磁电压 292V，励磁电流 1605A。

DCS 发“发电机组解列”“灭磁断路器跳闸”“主汽门关闭汽轮机跳闸”“励磁后备跳闸”“锅炉主燃料遮断”信号，机组解列，厂用电切换成功。

二、检查过程

1. 设备状况确认

5 号发电机为自并励励磁方式，使用 UNITROL5000 励磁装置，型号为 Q5S-0/U231-S4500，额定输入交流电压 960V，额定输出直流电压 487V，额定输出直流电流 2221A。

励磁变压器为树脂绝缘干式电力变压器，型号为 ZCSB9-3600/20，额定容量 3600kVA，一次侧额定电压 20kV、额定电流 104A，二次侧额定电压 960V、额定电流 2165A，联结组标号为 Yd11，短路阻抗 8.41%。

每个整流柜配置整流桥过电压吸收装置，其作用为防止整流桥过电压，其中电容 C01 为 32μF（±10%），额定电压 2800V DC，外壳为铝材质，内部充电解液。

2. 电子间设备检查

5 号发电机-变压器组保护 A、B 柜发励磁变压器过电流 I 段保护动作，20ms 出口跳闸；485ms 励磁反时限过负荷发报警信号，500ms 励磁变压器过电流 II 段保护启动。

故障录波器检查情况：励磁变压器高压侧电流由故障前 60A 突升至 1000A 左右。录波图形见图 2-33。

测量发电机定子绝缘状况，对地电阻为 2000MΩ，转子绝缘电阻 4.5MΩ，绝缘指标合格。

3. 励磁装置检查

其 1 号整流柜三相交流母线短路放电，已与绝缘固定支架烧熔断开。柜后门严重变形，与母线等高位置有烧熔孔洞。晶闸管 V2、V4、V6 分支熔断器熔断。整流桥过电压吸收装置熔断器 FU2 的三相均熔断，电容 C01 顶部及背面已炸开，电容内液体喷出，喷溅部位一直延续到3号整流柜。盘柜内部分配线已烧焦。

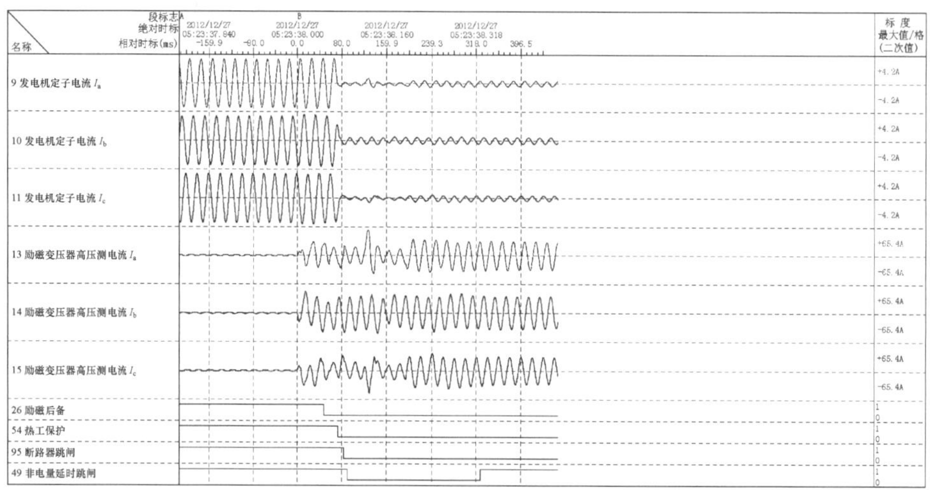

图 2-33 故障录波图形

2号整流柜除晶闸管V5外的分支熔断器熔断，晶闸管V4、V6散热片有烧灼痕迹，整流桥过电压吸收装置熔断器FU2的C相熔断。三相交流分支母排与晶闸管连接部位有烧灼痕迹，盘柜内部分配线已烧焦。设备损伤状况图见图2-34。

图 2-34 励磁设备故障图

3号整流柜、调节器柜、灭磁柜无明显异常。励磁系统设备的配置与排列状况见表2-18。

表 2-18　　励磁设备的排列

序号	名称代号	备注
1	+AVR	调节器
2	+ACI	进线柜（交流柜）

续表

序号	名称代号	备注
3	+ SCR1	整流柜 1
4	+ SCR2	整流柜 2
5	+ SCR3	整流柜 3
6	+ FBC	磁场断路器柜
7	+ PRO	灭磁电阻柜

三、原因分析

1. 1 号整流柜交流母线三相短路的原因

（1）现场检查发现，励磁小室位于汽机房 12m 层，励磁柜位于室内，顶部无漏水痕迹，盘柜下部封堵严密，无进潮气的可能，可排除因进水或受潮造成短路的可能；励磁交流母线位于盘柜的上部，可排除异物掉落造成短路的可能；母线固定绝缘支架为环氧树脂板，无明显破损，可排除因环氧板绝缘降低造成短路的可能。

（2）调阅发电机-变压器组故障录波器曲线，故障发生时励磁变压器高压侧三相电流瞬间升高，符合三相短路的特征。

根据现场情况初步判断母线三相短路的原因是 1 号整流柜过电压吸收装置电容 C01 爆炸，爆炸产生的混合物喷至交流母线上（电容器与母线间距离为 17cm 左右），1 号整流柜过电压吸收装置电容 C01 存在薄弱点。并且电容 C01 与交流母线距离较近，电容器发生爆炸时易引起短路故障，导致母线相间拉弧放电并迅速发展为三相短路。

励磁变压器过电流 I 段保护动作正确，切除故障。

2. 2 号整流柜故障原因

通过故障录波图分析，故障发生后灭磁过程持续 2.3s，短路电流持续存在。1 号整流柜母线三相短路产生的金属烟雾造成 2 号整流柜内设备短路，电弧在电动力的作用下向着负荷侧漂移，使多处发生烧灼现象。

励磁系统的交、直流母线无绝缘防护，容易发生短路故障。盘柜间无隔板，也容易扩大故障范围。

四、防范措施

1. 恢复 5 号发电机励磁装置

对 5 号发电机励磁系统交、直流母线、励磁变压器、滑环碳刷、发电机转子进行全面检查、试验。尽快恢复励磁装置，进行相关励磁系统静态及动态试验，保证励磁装置可靠运行。

2. 在盘柜间增加绝缘隔板

设备恢复后在盘柜间增加绝缘隔板，并且用缠绕绝缘带进行遮挡的方式加强盘柜内交、直流母线绝缘。

3. 选择良好的电容器

与生产厂家探讨更换该部位电容器型号的可能性，防止类似故障的重复发生。

4. 加强监督工作

加强对 1～4 号机组励磁装置的检查，一旦发现问题，应该及时解决，以提高系统运行的安全水平。

停机检修期间，全面梳理故障录波器、DCS 报警信号，将应引入的模拟量、开关量、报警信号进一步完善，便于故障分析和运行人员对故障的及时判断与处理。

设备更换后，在新励磁装置静态调试时对故障录波器中励磁电压、励磁电流波形的异常状况进行跟踪检查。

故障设备返回厂家后应妥善保存，厂家开箱前通知淄博热电公司，相关人员应全过程跟踪故障分析过程，为今后的设备维护检修工作提供参考，避免类似事故的发生。

第 17 节　发电机组定子接地与保护的延时动作行为

某年 9 月 23 日，DAH 发电厂 6 号机组发生定子接地故障，A、B 两相相电压升高，C 相电压降低，开口三角 $3U_0$ 电压与中性点零序电压接近额定值，发电机-变压器组保护 A、B 屏分别动作跳机，具体情况如下。

一、故障现象

19 时 03 分 16 秒，6 号发电机-变压器组保护 A 屏 530ms 发“定子接地保护动作”，保护 B 屏 958ms 发“定子接地保护动作”信号，同时机组 216 断路器跳闸，6 号发电机与系统解列。故障发生时，发电机端开口三角输出电压 $3U_0$ 升至 89.6V，接近额定值，中性点零序电压升至 58.3V，发电机中性点接地电流为 1.8A。

疑点分析：①两保护屏显示动作时间的差别过大，A 屏为 530ms 动作，B 屏 958ms 动作，差别接近 500ms，是一个完整的级差；②作为定子接地的主保护，三次谐波保护延时 500ms 动作，基波保护延时 1000ms 动作，实际上是将其设置成为后备保护来应用；③发电机端部 $3U_0$ 与中性点接地变压器二次电压的测量值差别较大；④三次谐波保护未动作。

二、检查过程

1. 故障信息的检查

对故障录波以及 DCS 进行记录情况检查，结果如下。

录波显示发电机 A、B 两相相电压升至 93.6V，C 相电压降至 4.1V，开口三角电压升至 89.6V，中性点零序电压升至 58.3V，发电机中性点接地电流 1.776A，故判断为发电机 C 相接地。数据记录状况良好。

以上数据均为二次值，其中发电机出口 TV 二次额定值 100V，中性点接地变压器二次额定值 120V，接地电流 TA 变比 10/5A。

2. 一次系统的检查

（1）发电机外围设备的检查。对高压厂用变压器、公用变压器、励磁变压器、主变压器、发电机出口 TV、封闭母线进行全面检查，未发现异常。

将发电机出口软连接解开，用 2500V 电动绝缘电阻表测量封闭母线、主变压器、高压厂用变压器、公用变压器一侧的绝缘，绝缘电阻为 7000MΩ。

（2）发电机本体的检查。对发电机的外观检查，未发现异常。

用水内冷发电机专用绝缘电阻表测量发电机一侧绝缘，绝缘电阻为 0MΩ。断开发电机中性点连接线，测量 A、B、C 三相的绝缘，数值见表 2-19。

表 2-19　　三相绝缘电阻值

测量时间	A 相	B 相	C 相
15s	350MΩ	660MΩ	0MΩ
60s	460MΩ	820MΩ	

由此判断为发电机 C 相线圈故障接地，与保护动作结果相一致。

（3）排氢后的发电机检查。打开氢冷器人孔门、发电机端部出线人孔门，进入发电机内部进行检查，打开端部人孔门绝缘隔板，进入励磁侧线圈端部位置进行检查，未发现故障点。

用电容放电检测法在 C 相线圈加入直流电压，在励磁侧氢冷器人孔门、端部出线人孔门处能听到明显放电声，并能看到放电火花。进入励磁侧端部位置，继续用电容放电法试验发现 11 点位置处有放电火花，最终确认故障点位于励磁侧线圈 17、18 槽口处。即故障点位于机端处。

3. 保护有关事项的检查

发电机定子接地保护检查情况如下。

（1）基波零序电压定子接地（95%定子接地）保护状况检查。定值检查，控制字“定子接地保护投入”已置 1；零序电压定子接地保护连接片在投入位置；定值整定，基波零序电压低定值 10V，高定值 20V，零序电压保护时限 1s。

保护动作结果检测，在发电机机端加入零序电压 20V 辅助电压，中性点加入可调的零序电压，测得灵敏段动作值 U_{dz}=9.98V；退出灵敏段，测得高值段动作值 U_{dz}=20.08V；测得基波零序保护动作延时 1006ms。

（2）100%定子接地保护。定值检查，控制字“定子接地保护投入”已置 1；100%定子接地保护连接片在投入位置。定值整定：并网前三次谐波电压比率 1.2，并网后三次谐波电压比率 1.2，三次谐波延时 0.5s。

保护动作结果检测，三次谐波电压比率定子接地保护测试结果：U_{3s}=2V，U_{3n}=1.772V，比率 1.993；模拟并网后断路器接点输入测得：U_{3s}=2V，U_{3n}=1.771V；测得三次谐波电压比率保护动作延时 t=0.5s。

三、原因分析

根据对发电机的检查情况，认为铁芯松动是引起故障的直接原因。铁芯松动对线棒产生摩擦导致绝缘损坏，造成对地放电，致使发电机定子接地。发电机定子接地故障后接地保护动作，而三次谐波接地保护未启动，将相关的问题逐一分析。

1. 时钟误差造成了两套保护动作时间差别较大

B 屏延时动作的原因是时钟误差造成的，故障录波收到的 B 屏与 A 屏之间动作的时间差仅有 2ms，即在发电机-变压器组保护 A 屏 530ms 动作时，相当于 B 屏的 960ms 时标。注意 530、960ms 是动作的那一时刻，并非动作延时。几乎同时动作。

2. 测量元件输入阻抗的问题导致 $3U_0$ 与中性点电压的差别较大

发电机出口发生单相接地短路时，保护装置要求发电机机端 TV 开口三角形侧输出电压 100V；机组中性点 TV 二次侧输出电压 100V。但是，实际上两者差别较大，下面根据定子接地保护中性点 TV 抽头的整定位置进行原因分析。

（1）机组中性点 TV 二次侧输出电压。TV 变比 n'=20000/230。发电机出口发生 A 相单相接地短路时，系统结构与接地点的位置见图 2-35，发电机中性点 TV 二次侧输出电压计算如下：

发电机中性点一次电压为相电压 U'_0=20000/$\sqrt{3}$ V

发电机中性点二次电压 U_1= U'_0/n=230/$\sqrt{3}$ V=132V

U_1 与 U_2 比例系数取 n'' =1.32/1

此时电压 U_2=U_1/（1.32/1）=100V

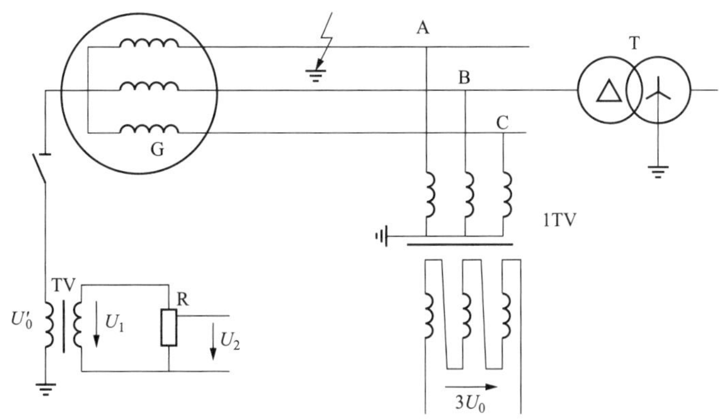

图 2-35　发电机电压测试接线图

（2）发电机机端 TV 开口三角形侧输出电压。发电机出口发生 A 相单相接地短路时，发电机出口 1TV 二次侧输出电压计算如下：

发电机出口发生 A 相单相接地短路时相量分析见图 2-36。

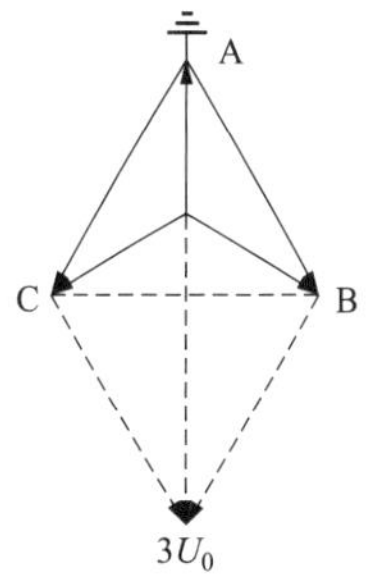

一次侧零序电压为相电压 U_0=20000/$\sqrt{3}$ V

1TV 变比 n_0=（20000/$\sqrt{3}$）V/（100/3）V

二次零序电压 $3U_{02}=3U_0/n_0$=100V

图 2-36　单相接地短路时的相量分析

（3）发电机中性点 TV 变比选择。根据发电机机端 TV 开口三角形侧输出电压 100V，机组中性点 TV 二次侧输出电压 100V 的要求

$$n'=20000/230$$

即选取 TV 二次 230 的抽头，此时 $n''=U_1/U_2$=（230/$\sqrt{3}$ V）/100V=1.32/1。

（4）$3U_0$ 实际测量值与理论值之间差别分析。实际上，即使机组中性点 TV 二次侧额定输出电压满足 100V 的要求，由于 $3U_0$ 实际测量值与理论值的差别，也不能保证发电机机端 TV 开口三角形侧输出电压 $3U_0$ 与机组中性点 TV 二次侧输出电压的绝对一致。

中性点接地变压器二次值额定值按 120V 整定的，折算到 TV 二次侧额定输出电压满足 100V 时，59V/1.2=49V，离 89V 相差接近 0.40，即（89V−49V）/100=40%。

经验告诉人们，中性点接地变压器二次值与负载的阻抗值密切相关，二次负载的输入阻抗值越高，其实际测量值与理论值之间差别越小。

3. 定子接地保护延时时间的问题分析

如果将定子接地保护视为主保护，原则上应整定为 0s 动作；如果将定子接地保护视为后备保护，则应设置一个级差的延时。

分析认为，可以将动作延时缩短，使其躲过暂态过程以及过渡过程的影响即可，即增加 200ms 延时足矣。

4. 三次谐波原理的定子接地保护未动作原因分析

从原理上分析，三次谐波原理的定子接地保护只反应发电机中性点附近 30%范围内的故障，换算到零序电压就是 $3U_0 \leqslant 30V$ 时该保护应能启动。

根据故障录波显示的数据，发电机定子接地时 A、B 相电压均为 94V，C 相电压为 4V，$3U_0$ 电压为 89V，中性点二次电压为 59V，可以判定其接地点的位置不在保护的范围之内。三次谐波原理的定子接地保护不动作属于正常。

另外，由于启动保护的是三次谐波分量，属于小动作量原理的保护，其量值低、误差大，因此，有的机组只将三次谐波保护投入信号运行。

四、防范措施

1. 缩短定子接地保护的延时时间

（1）定子接地 $3U_0$ 保护。对于定子接地 $3U_0$ 保护，缩短定子接地 $3U_0$ 保护的动作延时，由 1000ms 缩短到 200ms。将其设置成主保护来应用。

（2）三次谐波电压保护。对于三次谐波电压保护，当保护投入跳闸时，缩短三次谐波定子接地保护的动作延时时间，由 500ms 缩短到 200ms；当保护投入信号时，保持 500ms 的延时。

2. 调整中性点 TV 变比

使机组中性点 TV 二次侧额定输出电压满足 100V 的要求，尽量保证发电机机端 TV 开口三角形侧输出电压 $3U_0$ 与机组中性点 TV 二次侧输出电压的理论上的一致。

3. 提高二次负载的阻抗

选用高阻抗的三次谐波定子接地保护，以弥补原理上存在的缺陷。

4. 统一保护的时钟

为了避免时钟不同步带来的麻烦，建议装设 GPS 设备。

由于现场的条件限制，防范措施只采取了 1、2 项，到目前为止机组运行正常。

第 18 节　发电机组 TA 二次开路与差动保护动作行为

一、故障现象

某年 3 月 19 日，ZAR 发电厂 3 号机组带 450MW 负荷试运行时，发电机差动保护启动，TJ1—跳闸出口 1、TJ3—跳闸出口 3、TJ4—跳闸出口 4、J5—跳闸出口 5、TJ6—

跳闸出口 6、TJ9—跳闸出口 9、TJ10—跳闸出口 10、TJ11—跳闸出口 11、TJ12—跳闸出口 12 动作，机组出口断路器 203 跳闸，发电机磁场断路器 MK 跳闸、机组灭磁，主汽门关闭，机组全停。

另外，保护的录波正常，故障录波器的录波失败。

疑点分析：①机组 TA 二次为何开路；②TA 二次断线与差动保护动作跳闸问题的衡量。

二、检查过程

1. TA 的外观检查

检查发现，发电机尾部 A 相 TA 二次接线盒周围被烧得面目全非。A4031 回路被烧断，TA 二次开路，回路电阻为∞，并确认该 TA 报废。TA 二次接线见图 2-37。

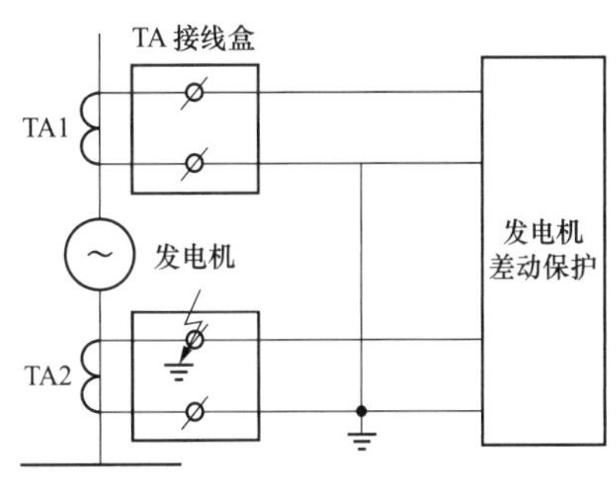

图 2-37　发电机 TA 接线与故障点的位置示意图

2. 保护的录波信息检查

保护动作的记录信息见表 2-20。可见在 3 月 19 日 15 时 13 分 56 秒 905 毫秒保护动作之前的十几分钟里，保护曾经启动过 7 次，只是没有出口跳闸。发电机比率差动动作后，TJ1—跳闸出口 1、TJ3—跳闸出口 3、TJ4—跳闸出口 4、TJ5—跳闸出口 5、TJ6—跳闸出口 6、TJ9—跳闸出口 9、TJ10—跳闸出口 10、TJ11—跳闸出口 11、TJ12—跳闸出口 12 动作。

表 2-20　　保护动作的记录信息

序号	时间	脉冲宽度	事件
1	00:24:01:905		启动
2	03:29:20:285		启动
3	05:22:58:305		启动
4	07:01:56:851		启动
5	14:41:22:335		启动
6	14:41:23:460		启动
7	14:41:29:303		启动
8	15:13:56:905	54ms	发电机比率差动

3. 保护的静态特性检查

（1）定值检查。比率差动启动定值 $0.4I_N$，起始斜率 0.05，最大斜率 0.5，速断定值 $4I_N$，定值正确无误。

整定跳闸矩阵定值“发电机差动速断投入”“发电机比率差动投入”“发电机工频变化量比率差动”“TA 断线闭锁比率差动”控制字均已投入。

定值整定正确无误。

（2）比率差动保护试验。发电机比率差动试验：额定电流 I_N =3.79A，试验数据见表 2-21。

表 2-21　比率差动保护试验数据

序号	机端电流		中性点电流		制动电流 I_N 倍数	差电流 I_N 倍数
	I（A）	I_N 倍数	I（A）	I_N 倍数		
1	1.900	0.500	2.850	0.754	0.620	0.250
2	3.790	1.000	5.060	1.335	1.167	0.335
3	7.600	2.000	9.910	2.29	2.307	0.620

（3）TA 断线闭锁试验。

1）“发电机比率差动投入”“TA 断线闭锁比率差动”均置 1。两侧三相均加上额定电流，断开任意一相电流，装置发“发电机差动 TA 断线”信号并闭锁发电机比率差动，但不闭锁差动速断。

2）“发电机比率差动投入”置 1，“TA 断线闭锁比率差动”置 0。两侧三相均加上额定电流，断开任意一相电流，发电机比率差动动作并发“发电机差动 TA 断线”信号。退掉电流，复归装置才能撤除“发电机差动 TA 断线”信号。

保护的动作行为正确无误。

4. 机组的额定指标

机组的额定指标见表 2-22。

表 2-22　机组的额定指标

型号	QFSN-670-2
额定容量	744MVA
额定功率	680MW
最大连续输出功率	708MW
最大输出功率	738MW
额定无功功率	324Mvar

续表

额定电压	20kV
额定电流	21169A
额定励磁电压	441V
额定励磁电流	4493A
空载励磁电压	139V
空载励磁电流	1480A
额定功率因数	0.9（滞后）
短路比	0.5

三、原因分析

1. TA 接线的质量问题造成了二次被烧断

故障是 TA 二次出线至接线盒之间的引线开断造成的。由于其线头的接线不良，接触电阻增加，长时间流过电流时发热严重，导致接头处的焊锡脱落，TA 二次开路，产生过电压，将故障点周围烧得一片狼藉，而且故障 TA 已经不可再用，只能报废。

2. TA 二次开路导致差动保护动作跳机

由于差动保护的整定值比较低，只有 $0.4I_N$。而 3 号机组当时带 450MW 负荷试运行，占 75%。当 TA 二次开路时尽管由于弧光电阻的存在，使得 A 相电流并没有降到 0，但是其不平衡电流已经启动了保护动作跳闸。显然差动保护的动作是 TA 二次开路导致的。

3. 对差动保护动作行为的评价

至于 TA 二次断线差动保护跳闸的问题，首先是差动保护 TA 二次断线才导致了差动保护的动作跳闸，如果断线发生在其他 TA，则差动保护就不会动作，故障将持续到其迹象被运行人员发现。其次是 TA 二次断线后，机组运行参数下的差电流达到了整定值 $0.4I_N$，否则，或许一直等到负荷增加到动作值，保护才能启动跳闸。也就是说，满足 TA 二次断线差动保护跳闸条件的范围非常狭小。因此，TA 二次开路故障严重，但无保护动作跳闸的事例并不少见。在电磁型保护的年代，差动保护的定值是按躲过最大负荷电流整定，如此则不存在 TA 断线保护动作的问题，但是如今差动保护跳闸的必要性已经得到广泛认可。

根据上述分析，在正确动作与拒绝之间，靠运气选择其一，并不存在误动作的问题。TA 断线保护如果动作了，视为正确动作；但是如果没有动作，也不能视为拒绝动作，更不能视为误动作。这就是此处正确动作与否的辩证性。

四、防范措施

1. 更换 TA

由于故障 TA 已经无法继续使用，将其拆除，并更换一只新的 TA。选型时注意统一型号，统一制造厂家，以防正常运行与区外故障时不平衡电流导致的差动保护误动作。

2. 加强设备的巡视与检测

为了避免类似的故障发生，在设备投入运行之前以及在检修时，必须测量 TA 二次回路的电阻。运行人员应加强设备的巡视，以便及时发现并消除故障。

第 19 节　发电机组甩负荷时复合电压闭锁过电流保护误动作

一、故障现象

某年 9 月 9 日 CEL 发电厂 4 号机组带负荷 600MW 的情况下，进行甩负荷试验。根据机组启动调试大纲的要求，具体步骤是利用外接线实现三种操作：跳开磁场断路器对发电机灭磁，跳开机组高压侧断路器使机组甩负荷，锅炉灭火。

机组甩负荷试验的接线见图 2-38。在试验时磁场断路器跳闸，发电机组灭磁，发电机 A、C 相有电流，B 相电流为零；机组高压侧 5004 断路器 B、C 相跳闸，A 相都没有跳开，A 相有电流，造成机组的非全相运行，1s 后断路器本体就地的三相不一致保护动作跳开 A 相，电气量的三相不一致保护没有动作；系统电流倒灌造成机组过负荷，而且负序电流超标，5s 后复合电压闭锁过电流保护动作，母联断路器跳闸。

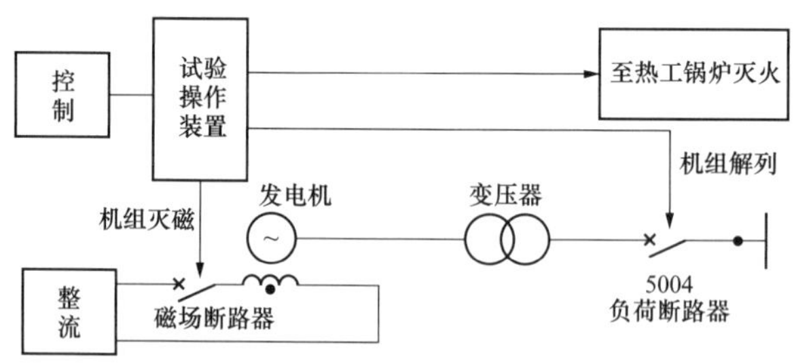

图 2-38　机组甩负荷试验的接线

如此，机组甩负荷试验时呈现出的三个特征指标是：发电机灭磁；系统电流倒灌；机组非全相运行，其过渡过程的分时段分析以及对设备的影响是研究的主要内容。

疑点分析：①机组甩负荷过渡过程的分时段分析；②过渡过程对设备的影响。

二、检查过程

对 5004 断路器本体的检查，发现就地端子排 A 相接线已脱落，经过操作实验证实该断路器不能跳闸。

对发电机的绝缘检查，由于发电机经受了超过 50000A 的过电流冲击，同时经受了 2000A 以上负序电流产生的反向力矩的作用，怀疑转子以及定子线棒会受到损伤，因此对发电机的绝缘进行了检查，结果正常。

同样，安排了变压器油样检查，结果正常，不影响机组的发电运行。

关于二次系统与保护的检查如下。

1. 发电机复压过电流保护的检验

（1）电流元件动作值校验，见表 2-23。

表 2-23　　电流元件动作值校验值

整定值倍数	0.80		
相别	A	B	C
动作电流（A）	0.81	0.82	0.81

（2）低电压元件动作值校验，见表 2-24。

表 2-24　　低电压元件动作值校验值

U_1（V）	整定值	动作值
	80.00	79.85

（3）负序电压元件动作值校验，见表 2-25。

表 2-25　　负序电压元件动作值校验值

U_2（V）	整定值	动作值
	10.00	9.94

（4）动作时间测试，见表 2-26。

表 2-26　　动作时间测试值

定值名称	整定值	动作值
t_{11}（s）	0.5	0.49

上述结果均正确。

2. 发电机负序过负荷保护的检验

（1）定时限过负荷报警定值校验，见表 2-27。

表 2-27　　定时限过负荷报警定值校验值

定值名称	整定值	动作值
I_{2gl}（A）	0.50	0.52
t_{11}（s）	1.00	1.01

（2）反时限动作特性校验，见表 2-28。

表 2-28　　反时限动作特性校验值

I_{2gl}（A）	6.00	7.00	8.00
t 理论值（s）	7.46	5.37	4.06
t 实测值（s）	7.48	5.39	4.08

（3）反时限速断时间校验，见表 2-29。

表 2-29　　反时限速断时间校验值

项目	电流（A）	时间（s）
目标值	10	0.50
实测值	10	0.52

上述结果均正确。

三、原因分析

4 号机组进行甩负荷试验时，设备的操作与动作过程：发电机磁场断路器跳闸，灭磁时间约 5s，机组失磁；锅炉灭火；汽轮机主汽门因过电流保护动作而跳闸。

根据试验大纲的要求主汽门不该关闭，要求调速汽门动作维持汽轮机转速 3000r/min。

现对上述的动作过程分析如下：

1. 发电机灭磁导致系统电流倒灌

（1）发电机理论上的几种运行方式的分析。发电机试验过程中机组的几种运行方式得到了体现，理论上的运行方式如下：

1）同步发电机方式。汽轮机转速 3000r/min，励磁电流大于空载额定值，发出有功功率 $P>0$，发出无功功率 $Q>0$（进相方式下吸收定量的无功功率）。

2）同步电动机方式。汽轮机转速 3000r/min，励磁电流为大于空载额定值，吸收有功功率 $P<0$，发出无功功率 $Q>0$。

3）异步电动机方式。汽轮机转速小于等于 3000r/min，励磁电流为 0，吸收有功功率 $P<0$，吸收无功功率 $Q<0$。

（2）发电机失磁后实际的分时段过渡过程与发电机失磁失步过程之间的差别分析。发电机磁场断路器断开后，机组由同步发电机运行方式过渡到异步电动机运行方式的过程，实际上是由额定的发电机运行方式转变到电动机运行方式的过程。

发电机甩负荷失磁后的分时段过渡过程与发电机失磁失步过程之间的差别在于，前者，机组不仅吸收有功功率 $P<0$，而且吸收无功功率 $Q<0$；后者，机组发出有功功率 $P>0$，仅仅吸收无功功率 $Q<0$。因此存在两个速度的比较问题，即发电机空载灭磁速度与降低转速的比较。

发电机空载灭磁在先，机组进入异步发电机方式，最后进入异步电动机方式；

发电机空载灭磁在后，机组进入同步电动机方式，最后进入异步电动机方式。

试验的结果是发电机空载灭磁在后，但由于时间较短过渡过程的影响不是太明显。

（3）发电机失磁后实际的分时段过渡过程分析。灭磁特性试验，发电机电压在额定值，启动录波，跳开 2QF，测量发电机灭磁特性。发电机空载灭磁特性曲线见图 2-39，从发电机空载灭磁特性很容易地进行失磁后的过渡过程分析。

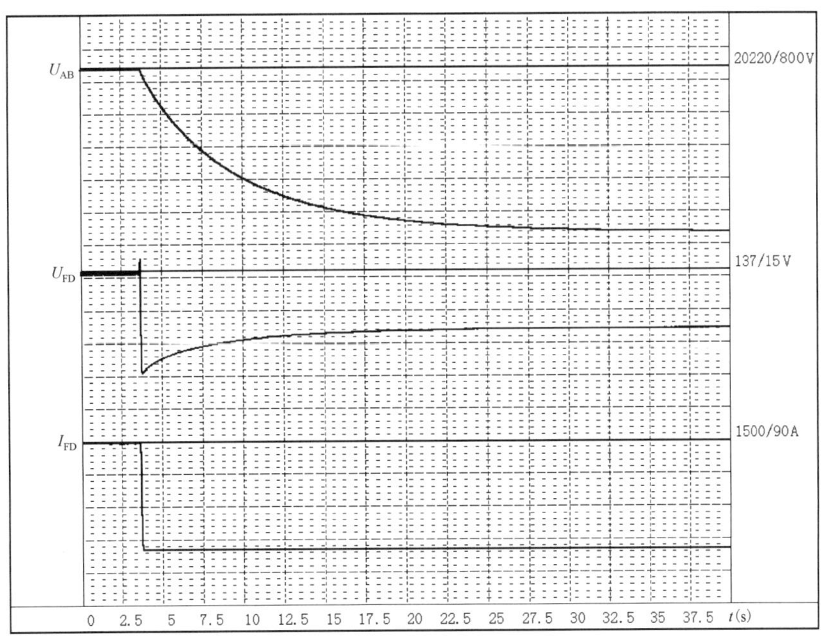

图 2-39　灭磁特性

试验开始的同步发电机运行方式。在发电机方式下的电流，在理论上根据发电机输出关系可知 $I_g=(E-U_s)/(X_t+X_g)$，可见电流变化不大，实际的电流也如此。发电机方式下的电路图见图 2-40。

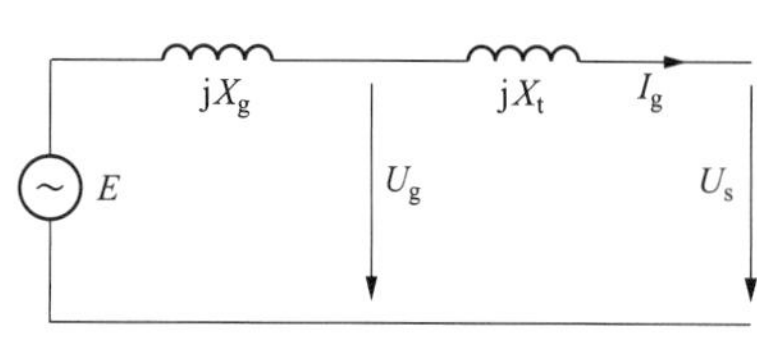

图 2-40 发电机方式下的电路图

在发电机方式下的电压，A 相明显下降，B、C 相基本维持了额定水平。发电机 A 相电压明显下降的原因是发电机剩磁产生的较低的电势 E 与系统电压 U_g' 叠加的结果，机组失步运行后才逐步表现出来。

主汽门关闭后的同步电动机运行方式。主汽门关闭后的同步电动机运行方式下的电路模型见图 2-41，由于剩磁的原因，此时机组吸收有功功率，发出无功功率。

机组失磁后的异步电动机运行方式。在异步电动机方式下的电流，在理论上 $E=0$，根据变压器、发电机阻抗的分压比例可知，$I_d=U_s/(X_t+X_g)$。

显然在电动机方式下，发电机吸收的电流远大于发电机方式发出的电流，因为 $(E-U_s)$ 远小于 U_s。实际的电流也如此，发电机电流到达 50000A。

在异步电动机方式下的电压，A 相逐步上升，B、C 相明显下降。由于剩磁的原因，最后 A、B、C 三相电压逐步消失。

2. 系统电流倒灌导致机组过电流

系统电流倒灌造成机组过负荷，而且负序电流超标，5s 后复合电压闭锁过电流保护记忆时间到达而动作，母联断路器跳闸。动作程序如下：

（1）发电机失磁后系统电流倒灌导致机组过电流；

（2）复合电压闭锁过电流保护记忆时间到达而动作，母联断路器跳闸；

（3）发电机两相运行产生的负序电流超标，负序过负荷保护启动。

3. 断路器本体问题导致机组非全相运行

机组一次接线与三相电流之间的关系见图 2-41，主变压器高、低压侧的电流关系见图 2-42，由图 2-42 可知 $I_A=I_a-I_c$，$I_B=I_b-I_a$，$I_C=I_c-I_b$。

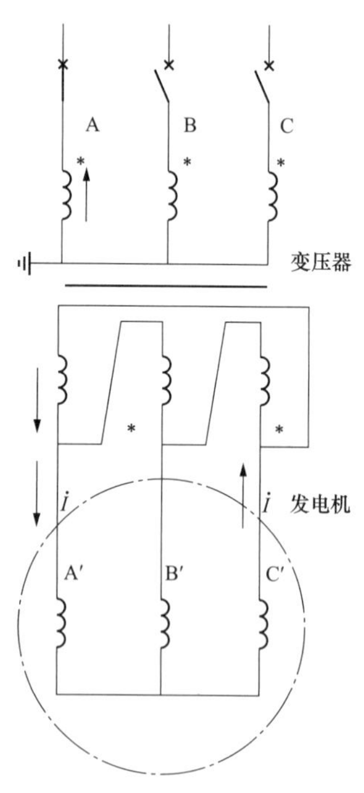

图 2-41 机组一次接线与三相电流之间的关系

由于发电机 A、C 相电流幅值相等、相位相反，因此可以断定主变压器高压侧对应的是 A 相存在有电流，B、C 相断路器跳闸电路断开。二次系统的检查结果，5004 断路器本体就地端子排 A 相接线已脱落，所以断路器跳闸时没有跳开；操作实验结果证实了推断的结论的正确性。

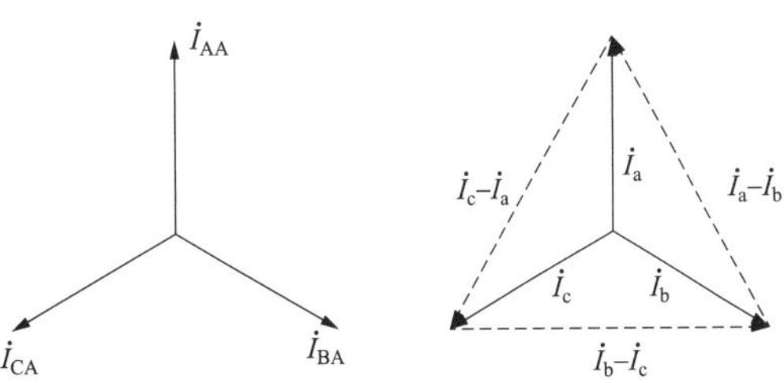

图 2-42　主变压器高、低压侧的电流关系

4. 三相不一致保护动作的正确性分析

（1）两种三相不一致保护的原理与接线。断路器设有两种三相不一致保护，即就地设置的机械三相不一致保护与保护屏设置的电气三相不一致保护。

（2）三相不一致保护动作的正确性。只要断路器出现三相不一致的状况，则保护动作于跳闸是正确的。电气量三相不一致保护接线不完整导致未动作，由机械三相不一致保护动作于跳闸。

（3）两种三相不一致保护的取舍问题。根据继电保护配置的规则，在以往上述两种保护只保留一种，一般要求保留电气量的保护。2005 年的反事故措施要求，220kV 电压等级的断路器应配置本体的三相不一致保护。原因是断路器轻负荷时，电气量的灵敏度受到影响。

甩负荷试验过程的复平面上的失磁、失步、逆功率的轨迹非常清晰。

四、防范措施

1. 试验时闭锁机组后备保护启动母联断路器跳闸功能

由于试验时手动操作机组解列，保留组后备保护启动母联断路器跳闸功能没有实际意义，因此应该取消。

2. 将断路器本体机械的三相不一致保护增加延时

根据要求，断路器本体配置的机械三相不一致保护，其动作时间不应小于电气量的延时时间。因此，建议将断路器本体机械的三相不一致保护增加延时 0.3s。

采取措施后问题得到彻底解决。

第 20 节　发电机组失步与两套保护不一致的动作行为

一、故障现象

某年 10 月 4 日 4 时 56 分，CEL 发电厂 2 号机组并网后发电机电压降低 1.9kV，无功吸收 150Mvar，失步保护装置 A 启动，但是没有出口；失步保护 B 动作出口。运行人员及时增加励磁输出、提高电压后机组转入稳定运行。

双重化配置的两套失步保护的动作行为存在差别，保护装置A只启动未出口，保护装置B则出口动作，两套失步保护检测到的信息结果也不尽相同；由于机组的失步保护没有投入跳闸，才给运行人员以调整的机会，通过调整机组逐步稳定了下来，否则机组随着保护的动作立即停机。两套失步保护动作行为的差别，以及失步保护应该投跳闸与否是值得分析的问题。

疑点分析：①两套失步保护动作的顺序与检测到的信息结果之间的差别；②如何避免机组进入不稳定区域，以免造成失步运行等。

二、检查过程

检查发现，2 号机录波器没有启动。保护的电流、电压录波图形正常，保护装置失步保护跳闸连接片没投入，有关内容如下。

1. 定值检查

（1）失磁失步保护。失磁保护的定值见表2-30。

表2-30　　失磁保护的定值

U_{hl}	U_{gl}	X_c	X_r	T_1	T_2	T_3	T_4
54.85V	70.00V	−75Ω	88Ω	0.0s	1.0s	0.5s	0.3s

注　U_{hl}为系统侧电压；U_{gl}为发电机侧电压。

失步保护的定值见表2-31。

电抗边界X_t：12.96Ω;

滑极次数：1次。

表2-31　　失步保护的定值

电阻边界	R_1	R_2	R_3	R_4
	12.33Ω	6.17Ω	−6.17Ω	−12.33Ω
延时时间	1区 T_1	2区 T_2	3区 T_3	4区 T_4
	0.01s	0.02s	0.01s	0.01s

（2）同期装置的定值。压差：±5%U_N；角差：±15°。

（3）主变压器分接头位置定值。主变压器分接头位于主变压器分接头Ⅲ分位。

2. CPUA出口跳闸报文检查

发电机-变压器组保护1CPUA报文：发动机加速失步保护动作。

保护装置 comtrade 格式录波数据内容见表 2-32。

表 2-32　　保护装置 comtrade 格式录波数据

项目	失步跳闸前	失步跳闸	失步跳闸后
发电机电流 I_a	0.168A	0.168A	0.168A
发电机电流 I_b	0.169A	0.169A	0.176A
发电机电流 I_c	0.164A	0.164A	0.164A
发动机电压 U_{ab}	96.40V	96.30V	96.39V
发动机电压 U_{bc}	96.60V	96.61V	96.63V
发动机电压 U_{ca}	96.69V	96.72V	96.66V
主变压器高压侧电压 U_a	60.57V	60.58V	60.50V
主变压器高压侧电压 U_b	60.76V	60.75V	60.74V
主变压器高压侧电压 U_c	60.50V	60.51V	60.52V

失步保护动作时，断路器在合闸位置，但由于出口连接片在开断状态，机组继续运行。

3. 保护 A 的动作顺序检查

保护屏 A 动作 84 次，其中 6 次的顺序见表 2-33。

表 2-33　　保护屏 A 动作顺序

次数	时间	动作信息
01	04:58:19:919	CPUA 发电机失步—加速失步动作
02	04:58:18:640	CPUA 发电机失步—减速失步动作
03	04:58:16:070	CPUA 发电机失步—加速失步动作
04	04:57:55:595	CPUA 发电机失步—加速失步动作
05	04:57:52:387	CPUA 发电机失步—加速失步动作
84	04:56:28:719	CPUA 发电机失步—加速失步动作

4. 保护盘 B 动作顺序

保护屏 B 动作 45 次，其中 7 次的顺序见表 2-34。

表 2-34　　保护屏 B 动作顺序

次数	时间	动作信息
01	04:56:33:179	CPUB 发电机失步—加速失步动作
02	04:56:31:577	CPUB 发电机失步—减速失步动作
03	04:56:28:767	CPUB 发电机失步—加速失步动作
04	04:56:27:037	CPUB 发电机失步—加速失步动作

续表

次数	时间	动作信息
05	04:56:26:695	CPUB 发电机失步—加速失步动作
41	04:55:18:725	CPUA 发电机失步—跳闸出口动作
45	04:55:17:809	CPUA 发电机失步—减速失步动作

5. 保护 A 的动作参数

保护 A 的动作参数见表 2-35。

表 2-35　保护 A 的动作参数

电气量	保护的动作参数一		保护的动作参数二	
	二次值	一次值	二次值	一次值
R（Ω）	−3.27		1.61	
X（Ω）	−316.81		−316.18	
P（MW）	0.00		0.00	
Q（Mvar）	−29.00		−29.00	
I（A）	0.18		0.18	
U_g（V）	96.53		96.52	
U_h（V）	60.50		60.60	

6. 保护 B 的动作参数

保护 B 的动作参数见表 2-36。

表 2-36　保护 B 的动作参数

电气量	保护的动作参数一（跳闸）		保护的动作参数二	
	二次值	一次值	二次值	一次值
R（Ω）	15.82		−3.02	
X（Ω）	−326.10		−329.99	
P（MW）	1.00		0.00	
Q（Mvar）	−28.00		−28.00	
I（A）	0.18		0.17	
U_g（V）	96.67		96.79	
U_h（V）	60.56		60.67	

三、原因分析

1. 机组失步的原因是发电机进相运行

机组并网的时刻正处于节日期间，系统电压偏高，达到 530kV。而变压器运行在III

分位，发电机额定状态下变压器高压侧电压为 525kV，两者差别较大。

根据本次并网失步保护动作时机组的运行状态：发电机电压低于系统电压值，造成机组并网时发电机进相运行，是失步保护动作的原因。

2. 两套保护动作不一致的原因是运行轨迹处于保护的边界附近

失步保护的接线，电压为发电机端 TV，电流为发电机 TA 三相电流。

失步保护测量阻抗

$$z_m = R_m + jX$$

测量阻抗的曲线见图 2-43。图 2-43 中，X_t 电抗整定值，R_1、R_2、R_3、R_4 电阻整定值，发电机暂态电抗；$X_A = -X_d$（X_d 为发电机暂态电抗）；$X_B = X_S + X_T$（X_S 为系统电抗；X_T 为主变压器电抗）。当机组测量阻抗依次穿过 5 个区域，则记录一次滑极；而当测量阻抗依次穿过几个区域之后以相反的方向返回，则不记滑极。

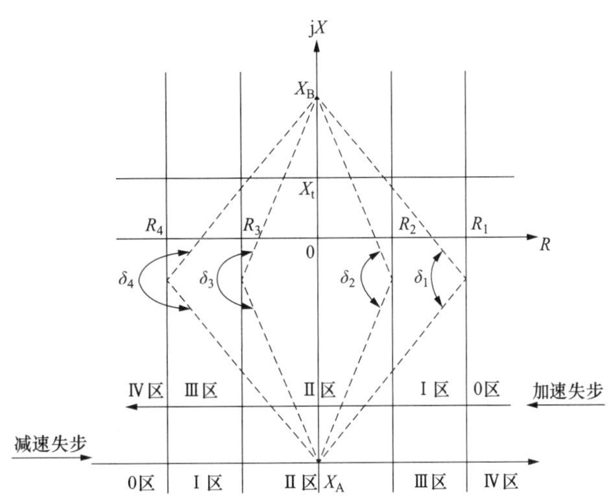

图 2-43　测量阻抗进入动作区

两套保护动作不一致，其中一套动作、另一套不动作的原因：①运行轨迹处于保护的边界附近；②采样值的差别，输入电压 100V 时显示结果相差 3%。

3. 机组的不稳定问题与网架结构有关

2 号发电机单台机组经过 500kV 线路并入变电站，联系较为薄弱，系统结构见图 2-44。

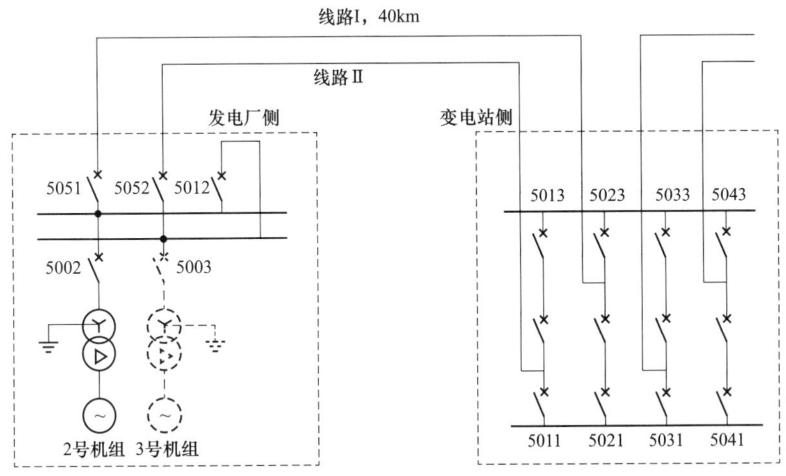

图 2-44　发电厂与系统的连接示意图

4. 失步保护与跳闸

根据测量阻抗结果可知，一台 600MW 的机组失步之后对系统影响很大，失步后能够很快拉入同步的条件是机组尚未带上重负荷，否则很难再进入同步的区域。因此失步保护应该投跳闸。

四、防范措施

基于上述分析，提出以下处理意见。

1. 解决因同期装置定值而进入机组不稳定区的问题

修改同期装置定值，将机组与系统电压差与频差的数值减小，并且只保留定值正的部分，数据如下：

机组与系统电压差由 $\Delta U \leqslant \pm 5\% U_N$ 改为 $+5\% U_N$；

机组与系统频率差由 $\Delta F \leqslant \pm 5\% F_N$ 改为 $+5\% F_N$。

2. 并网时手动操作应注意的问题

并网操作时使发电机电压高出系统电压值，使发电机频率高出系统的频率值。如此机组并网以后不仅能够发出有功功率，同时发出无功功率，机组处于稳定区域运行，不会导致失步的问题。

3. 解决两套保护动作结果不一致的问题

解决这一问题的思路是，如果两套保护的动作行为差别不大，其测量结果仅仅是数值上的不同，并没有性质上的区别，则可以不用处理；但如果两套保护的动作行为表现为性质上的差别，则必须处理。

（1）统一检测时间的差别。因为两套保护在同步工作，但时钟不一致，表现出了显示结果的不同。因此引入同步时钟，解决因此导致的显示结果的不同。

（2）解决采样值的差别。更换保护 A 的采样插板，采样值的差别消除。

第3章 变压器保护的故障处理

一、变压器保护的配置

500kV 变压器 TV/TA 与保护的配置状况见图 3-1。变压器保护的基本类型有：

（1）相间差动保护；

（2）相间过电流保护；

（3）复合电压闭锁的相间过电流保护；

（4）零序过电流保护；

（5）零序过电压保护；

（6）零序差动保护；

（7）过励磁保护；

（8）本体重瓦斯保护；

（9）本体轻瓦斯保护；

（10）有载调压重瓦斯保护；

（11）有载调压轻瓦斯保护；

（12）超温保护；

（13）压力释放保护；

（14）过负荷保护；

（15）方向保护；

（16）无载调压分接头改变跳闸保护。

二、变压器保护故障的特点

变压器是电力系统中重要的设备之一，变压器的故障将给电力系统的安全运行和供电可靠性带来严重的影响。运行中的故障及不正常状况比较常见，同时大容量的变压器造价昂贵。因此，变压器必须设置性能良好、功能完备的保护装置，以便在出现不正常状况时能够及时发出信号，快速切除故障。

对作为主保护之一的差动保护，人们在躲避外部故障、加快内部故障时的动作速度方面曾经进行过大量的研究工作。但是，变压器区外故障时，差动保护仍然有误动作的记录。导致保护误动作的原因比较多，有的是保护的原理存在缺陷，有的则是接线错误，变压器区外故障时差动保护误动作是变压器保护中比较严重的问题。本章给出了这一方面的实例。

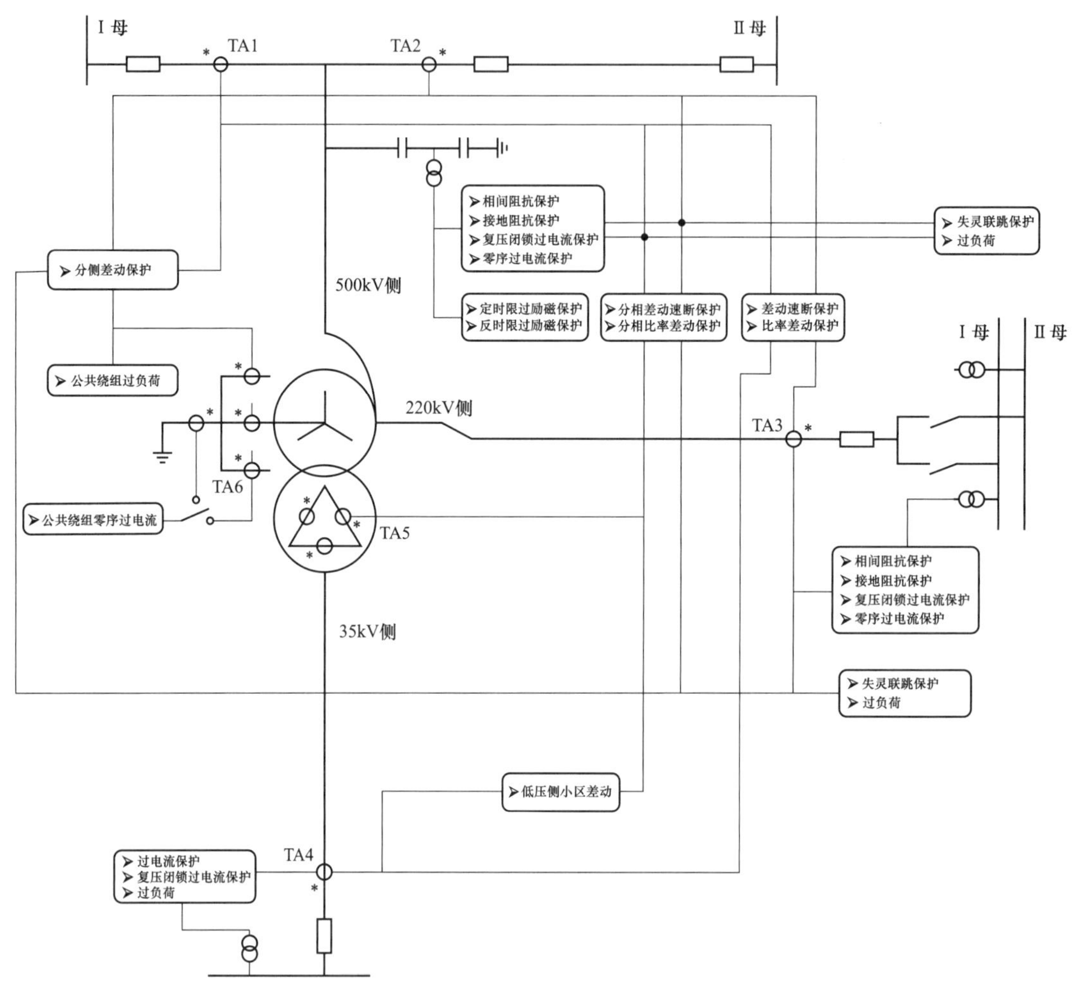

图 3-1　变压器 TV/TA 与保护配置状况

变压器保护故障的另一个特点是非电量保护的误动作。变压器装设了多种非电量保护，虽然非电量保护的原理接线非常简单，但是，干扰等问题造成了非电量保护的误动作。

第 1 节　变压器不同方式下瓦斯保护的动作行为

由于变压器非电量保护的结构简单，动作可靠，因此一直在电力系统中得到广泛应用。瓦斯保护也是如此，作为变压器的主保护，为快速切除内部故障充当着最重要角色，其动作行为直接影响到变压器乃至电力系统的安全与稳定。但是，统计结果表明，运行中的瓦斯保护曾经出现过多起误动的问题，以及瓦斯保护动作后存在信息记录不全、不完善的问题。而产生这些问题的原因有的是设计制造方面的，有的是运行管理方面的，有的是校验方面的。通过对瓦斯保护的动作行为进行进一步研究，把存在的问题进行分类，并采取相应的处理措施，以提高运行的可靠性。

关于几个地方变压器的故障处理以及瓦斯保护的动作行为分析，讨论的是变压器本体气体继电器的动态特性，并非后续的重动继电器的不正确动作等特性。至于重动继电器的问题则在其他章节中另作介绍。

一、故障现象

1. SAT 抽水电站高压厂用变压器瓦斯保护的故障

某年 1 月 15 日，在 SAT 抽水电站启动过程中，在对高压厂用变压器冲击试验时瓦斯保护动作跳闸。

2. KOL 发电厂高压厂用变压器瓦斯保护的故障

4 月 28 日，KOL 发电厂 6kV 母线负荷侧断路器合闸时高压厂用变压器瓦斯保护动作。

在当时，将 6 号机组磨煤机 621 断路器推到工作位置，操作合闸时发电机-变压器组 206 断路器跳闸，磁场断路器跳闸，厂用分支断路器 62A、62B 跳闸，备用电源自动投入后分闸，高压厂用变压器轻瓦斯保护动作，高压厂用变压器重瓦斯保护动作，备用分支过电流保护动作。另外，电泵启动时高压厂用变压器瓦斯保护也有动作的记录，而且动作的概率比较高。

3. QUW 发电厂高压备用变压器瓦斯保护的故障

5 月 22 日，QUW 发电厂在投入高压备用变压器 220V 控制电源时，有载调压瓦斯保护动作跳闸。

4. 旭日光伏电站箱式变压器瓦斯保护的故障

4 月 14 日，旭日光伏电站 13 号光伏变压器发生 B 相匝间短路，重瓦斯保护动作；8 月 23 日，19 号光伏变压器发生 A 相匝间短路，重瓦斯保护动作。变压器匝间短路时保护的动作属于正确动作行为。另外，旭日光伏电站的轻瓦斯报警频繁，例如 10 号光伏变压器每日发 5 次轻瓦斯报警信号，油色谱测试结果无问题。

5. BOZ 变电站变压器重瓦斯保护的故障

8 月 18 日，500kV BOZ 站在所谓的系统无故障，人员无操作，保护未动作的情况下 1 号变压器重瓦斯保护动作，跳开三侧断路器，变压器全停。

二、检查过程

1. SAT 抽水电站高压厂用变压器瓦斯保护的原理与应用检查

（1）轻瓦斯保护。浮筒式轻瓦斯保护，定值 300cm^3。

（2）重瓦斯保护。

1）浮筒式重瓦斯保护：结构与轻瓦斯一致，定值高于轻瓦斯保护。

2）挡板式重瓦斯保护：反应油流速度，整定与冷却方式有关、定值一般取 1m/s，双接点并联。

（3）对新投产变压器瓦斯保护的投入规定。

1）以往的规定，变压器冲击时重瓦斯保护退出跳闸，改发信号。

2）现在的观点，变压器冲击时重瓦斯保护投入跳闸。

2. KOL 发电厂高压厂用变压器瓦斯保护的检查

KOL 发电厂，6kV 母线负荷断路器合闸时高压厂用变压器瓦斯保护动作，检查结果表明，是没有将磨煤机 621 断路器推到准确的工作位置，然后断路器合闸时引起放电，造成弧光短路。621 断路器的弧光短路波及工作段母线，此时瓦斯保护动作跳闸，尽管它不该动作。

3. QUW 发电厂高压备用变压器瓦斯保护的检查

经过检查发现，现场调试时重瓦斯动作后接点没有复位，只断开了控制电源。

4. 旭日光伏电站箱式变压器瓦斯保护的检查

（1）变压器的参数检查。

型号：ZGS11-ZG-1000/38.5，容量：1000/500-500kVA。

电压：（38.5±2×2.5）/0.315–0.315kV，联结组标号：Dy11 y11。

相数：3，冷却方式：ONAN。

使用条件：户外，短路阻抗：6.5%。

空载损耗：1.685kW，负载损耗：11.477kW。

（2）其他问题检查。

1）旭日光伏电站接入系统参数的影响检查，并网系统的电压为 37kV，参数属于正常范围内。变电站谐波电压超标，但是超标不严重。

2）故障变压器的检查，对于重瓦斯动作的变压器解体后未发现高低压侧绝缘击穿问题，但是壳体内底部发现有油漆脱落现象，原因是组装时油漆未干。

3）通过对轻瓦斯报警变压器的故障检查发现，变压器普遍存在油位低的问题，严重的 10 号变压器接近最低限值。

5. BOZ 站变压器重瓦斯保护的检查

对于 500kV BOZ 站 1 号变压器气体继电器检查发现，是继电器的触点绝缘被击穿，状况见图 3-2。

图 3-2　气体继电器的触点绝缘被击穿后的图

三、原因分析

1. SAT 抽水电站高压厂用变压器瓦斯保护误动作的原因

SAT 抽水电站高压厂用变压器装设的是浮筒式重瓦斯保护，高压厂用变压器第一次冲击时该保护动作。取油样化验结果正常，取气体化验结果正常，放净气体再次送电正常。可见，保护的动作行为属于误动，主要原因是气体没有放净。再加上冲击变压器时油流的影响将内部的气体带入气体继电器的问题。

2. KOL 发电厂高压厂用变压器瓦斯保护动作的原因

KOL 发电厂，621 断路器的弧光短路波及到工作段母线，造成 6kV 母线短路。相当于高压厂用变压器低压侧短路，瓦斯保护动作。工作电源跳闸后，备用电源自动投合闸到永久性故障母线，导致备用分支过电流保护动作跳闸，也在情理之中。

高压厂用变压器低压侧短路时瓦斯保护动作跳闸，与电泵启动时厂用变压器重瓦斯保护动作原理是一致的，检查结果是电泵启动时高压厂用变压器油流的确存在，油流达到定值重瓦斯保护动作就属正常。

分析其原因认为，重瓦斯保护动作与变压器制造质量有关，根据冷却方式调整定值，或许可以解决问题。

3. QUW 电厂高压备用变压器有载调压重瓦斯保护动作的原因

QUW 电厂厂用变压器有载调压重瓦斯保护动作的原因非常明确，由于现场调试时重瓦斯动作后触点没有复位，只断开了控制电源。触点一直处于闭合状态，厂用变压器运行后投入控制电源时重瓦斯保护跳闸。

4. 旭日光伏电站箱式变压器瓦斯保护的问题

旭日光伏电站重瓦斯保护动作与轻瓦斯保护报警的问题有他的特殊性。

故障变压器的匝间短路与绕组接线方式有关，绕组的链接改进前后的排列方式见

图 3-3。

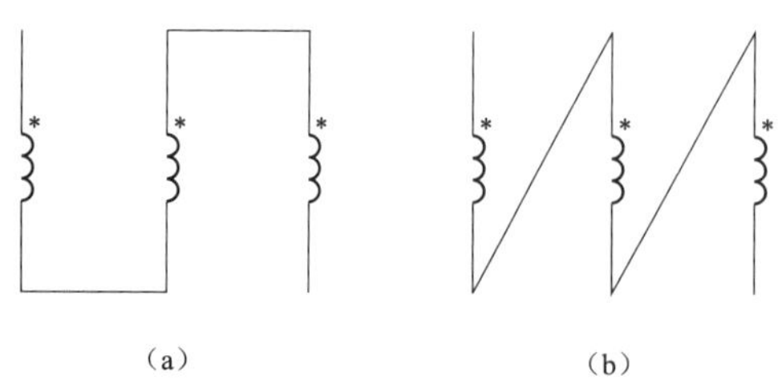

（a）　　（b）

图 3-3　变压器接线方式改进

（a）原始接线方式；（b）改进后的接线方式

轻瓦斯保护报警变压器的漏油与进气相关联，从原理上讲箱体能漏油就会进气。另外，变压器故障与天气的状况有关，气温高会使变压器油气体分解会加速，问题会更严重。

四、防范措施

针对以上 5 家瓦斯保护故障的状况，综合处理措施如下。

1. 气体继电器本身的处理

主要是定值问题，针对于不同容量的变压器采用不同的整定值，不可千篇一律地用一个定值。

2. 故障变压器的处理

变压器的铁芯材料、加工工艺、制造工艺等都会影响到变压器运行状况，进而影响到气体继电器的动作行为。制造过程中关注这些问题，以避免不良状况的出现。

3. 与系统相关的处理

加强设备的巡视工作，关注变压器的漏油问题，并注意油色谱检查，含气量测试以及含气量成分测试等。

现场需安装故障录波器，并正确调整故障录波器的定值，使之启动更灵敏，以便捕捉故障时的波形及参数。

针对现场保护不全的状况，进一步落实保护的配置问题，不仅要设重瓦斯保护，还要配全其他保护，包括一次侧熔断器，严格按照保护的配置原则办理。

4. 对于重瓦斯保护绝缘击穿而跳闸的问题处理

为了解决重瓦斯保护绝缘击穿而跳闸的问题，可以将气体继电器的两副触点串联连接。但是如此处理之后的代价是重瓦斯保护的可靠性降低。

第 2 节　高压厂用变压器匝间短路时差动保护动作行为

某年 11 月 16 日，HEY 发电厂 1 号机组带负荷 103MW 运行。12 时 59 分，运行人员启动 B 磨煤机正常，工作电流约 49A。1 号机现场无其他操作与检修工作。系统无故障，网上无操作，设备运行正常。

一、故障现象

13 时 01 分，1 号机组跳闸，FSSS 的记忆为汽轮机故障。ETS 记录为发电机及汽轮机故障。6kVⅠA 母线快切动作正常，01 号高压备用变压器 601B 断路器自动投入后跳闸，6kVⅠB 母线失压，1 号高压厂用变压器轻瓦斯保护动作、重瓦斯保护动作、6kV 备用分支过电流动作、6kVⅠB 母线 0.5s 低电压保护动作、6kVⅠB 母线 9s 低电压保护动作，同时 1 号高压厂用变压器轻瓦斯保护动作、重瓦斯保护动作信号报警。1 号机组电气一次系统与故障点的位置见图 3-4。

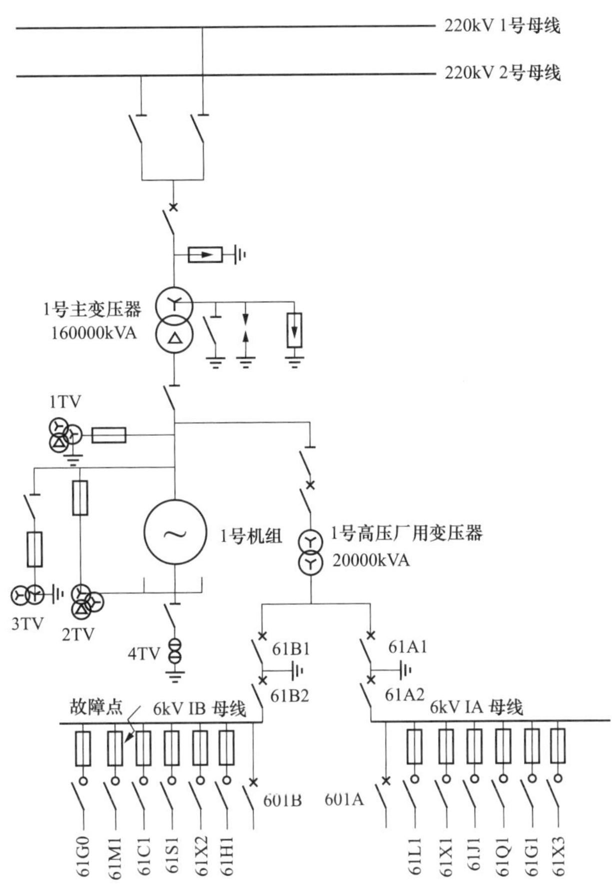

图 3-4　机组电气一次系统与故障点的位置

14 时 55 分，机组重新并网发电，厂用电由 01 号高压备用变压器提供。1 号高压厂用变压器有关参数见表 3-1。

表 3-1　　1 号高压厂用变压器有关的指标参数

型号	容量	出厂日期	投产日期	最近一次大修
SF8-20000/15	20000kVA	1999.11.1	2000.7.14	2006 年 3～4 月

疑点分析：①分支过电流保护延时 0.6s 的合理性值得考虑；②匝间故障时，差动保护是否可以动作也可以不动作，差动保护动作与否取决于故障的程度；③用相量的分析

方法，定性分析单相匝间故障时差动回路的不平横电流；④瓦斯保护动作与差动保护动作时间的差别比较；⑤发电机灭磁时间的数值决定了变压器损坏的程度。

二、检查过程

故障发生后，对相关的设备进行了检查。

1. 6kV Ⅰ段母线检查

现场检查发现，6kV Ⅰ段母线断路器室内有烟雾，1 号炉 B 磨煤机电动机 6142 断路器母线侧刀触头三相烧损，B 相刀触头绝缘套筒下部烧穿形成约 10mm×30mm 的小孔，周围断路器仓构架无损伤。6142 断路器的型号为 KYN27-10/31.5 型，是泰安开关厂 1999 年的产品，断路器的上次检修时间为 2006 年 6 月，尚在检修的周期范围之内。

2. 1 号高压厂用变压器本体检查

1 号高压厂用变压器外观检查无异常，其他项目检查与试验的结果如下。

变压器油样检查，油气相态分析结果如下：乙炔 594μL/L，$H_2$1034μL/L，总烃 1203μL/L。色谱分析结果见表 3-2。

表 3-2　　1 号高压厂用变压器油色谱分析结果

项目名称	氢 H_2（μL/L）	氧 O_2（μL/L）	一氧化碳 CO（μL/L）	二氧化碳 CO_2（μL/L）	甲烷 CH_4（μL/L）	乙烯 C_2H_4（μL/L）	乙烷 C_2H_6（μL/L）	乙炔 C_2H_2（μL/L）	总烃 C_1+C_2（μL/L）	微水 μg/g
故障前	1	—	343	1367	11	5	1	0	17	22
故障后	1034	—	1611	3680	191	393	25	594	1203	13

变压器绕组变形试验，变压器绕组变形试验发现 1 号高压厂用变压器低压侧线圈有变形情况。

变压器绕组直流电阻检查，低压侧绕组直流电阻线间差别是三相平均值的 19%（A 相高）。

变压器绕组绝缘检查，测量绝缘电阻：高压侧 500MΩ，低压侧 4000MΩ，铁芯 4MΩ。

根据上述的检查结果判断，变压器的内部发生了弧光放电故障。

3. 有关保护与系统特性检查

（1）厂用变压器低压侧分支过电流保护延时检查。变压器低压侧分支过电流保护整定延时 0.60s，实测 0.60s。

（2）差动保护与瓦斯保护动作指标检查。厂用变压器差动保护的定值 $0.5I_N$，实测 $0.5I_N$；厂用变压器差动保护的动作时间：0.06s；厂用变压器瓦斯保护的动作时间：0.10s。

（3）发电机灭磁时间的检查。进行发电机的灭磁时间特性试验，确认发电机组空载灭磁时间为 3.00s。灭磁时间常数影响到故障电流的持续时间，影响到变压器损坏的程度。

（4）故障录波器录波失败的原因。故障录波器因厂用电源在切换过程中出现失电问题，导致录波失败。

三、原因分析

1. 磨煤机刀闸相间绝缘击穿导致厂用变压器内部故障

1 号炉 B 磨煤机刀触头相间绝缘击穿，发生相间短路。由于短路电流冲击的影响，1 号高压厂用变压器的动态稳定与热态稳定性能未能经受住考验，导致变压器内部发生间歇性放电，引起变压器匝间短路。

2. 高压厂用变压器内部故障导致重瓦斯保护动作跳闸

由于故障电流的持续，导致重瓦斯保护动作出口跳闸，跳开 1 号发电机出口 201 断路器以及 1 号高压厂用变压器低压侧分支 61A2、61B2 断路器。

1 号发电机出口 201 断路器跳闸后，联跳磁场断路器 FMK，机组负荷突甩至零，汽轮机转速升高，OPC 动作，电超速动作跳机，MFT 联跳锅炉，机组全停。

受灭磁时间常数的影响，虽然磁场断路器 FMK 已经跳开，但是发电机依然在提供短路电流。

3. 短路时 151 断路器因故障电流超出定值而被闭锁

由于故障电流超出高压厂用变压器高压侧 151 断路器电流闭锁定值，151 断路器被闭锁，未跳闸。

4. 601B 断路器备用电源自动投入失败

6kVⅠB 段母线工作电源进线断路器跳闸之后，1 号机快切装置动作，01 号高压备用变压器自动投入成功，同时 6kVⅠB 段母线备用电源 601B 断路器自动投入。由于ⅠB 段母线位于 B 磨煤机断路器处，其故障点仍然存在，短路电流启动过电流保护动作跳开 601B 断路器。

5. 1 号高压厂用变压器低压侧分支时限速断保护未能动作出口

B 磨煤机断路器刀触头短路后，由于 1 号高压厂用变压器低压侧分支时限速断保护未达到时间定值 0.60s，高压厂用变压器重瓦斯保护已动作将故障切除，因此低压侧 B 分支电流时限速断保护未动作出口。

6. 高压厂用变压器内部匝间短路故障量未达到差动保护的动作值而拒绝动作

高压厂用变压器内部匝间短路时，为何瓦斯保护动作跳闸，而差动保护拒绝动作的问题分析如下。

（1）差动保护应先于瓦斯保护动作。从原理上讲，在高压厂用变压器内部发生匝间短路时，如果电流启动量充足则在瓦斯保护动作之前差动保护应该动作。尽管气体继电器属于无时限动作的快速保护，但即使在变压器发生严重短路的情况下，从故障的产生到触点的闭合至少需要 0.1s 以上。而差动保护反映的是电气量，远比瓦斯保护动作更迅速，0.06s 之内保护即可动作出口，因此人们希望动作迅速的差动保护能够在关键的时刻发挥作用。

（2）差动保护拒绝动作的原因是启动量不足。高压厂用变压器的接线形式为 Yy12，虽然从原理上差动保护能够正确反映匝间故障，但是如果在故障程度比较轻的情况下，其瓦斯保护动作，差动保护不动作也在情理之中。因为，尽管单相匝间故障产生了足量的气体使瓦斯保护动作，但是短路造成的不平横电流却没能达到差动保护的启动值。

（3）差动保护的定值问题。为了躲过高压厂用变压器区外故障时以及变压器空投时的不平横电流，差动保护的定值为 $0.5I_N$，数值偏高，否则也许会可靠动作的。

四、防范措施

根据当时机组的情况，以及发电形势的需要，采取以下防范措施。

1. 有关的定值处理

降低差动保护的定值，将高压厂用变压器差动保护的定值由 $0.6I_N$ 降低到 $0.5I_N$。

降低分支时限速断保护时间定值，将 1 号高压厂用变压器低压侧分支时限速断保护时间定值由 0.6s 降低到 0.3s。

增加低压侧故障分支过电流保护动作闭锁 BZT 功能，以保证 BZT 动作的成功率。以免事故的进一步扩大。

将故障录波器的电源改用 UPS 电源，确保厂用系统故障时能够可靠录波。

增加 6kV 厂用系统电源断路器变位量，在 SOE 记录中增加 6kV 厂用系统电源断路器变位量，以便故障的分析。

2. 临时措施

将磨煤机 6142 断路器更换为备用断路器，并更换母线侧刀触头，以恢复 6kV 母线的正常运行。

1 号机组临时由 01 号高压备用变压器提供厂用电，保证发电机不会因为高压厂用变压器故障而影响正常运行。

3. 进行灭磁改造

将灭磁时间常数由 3.00s 降低到 1.60s 以内，如此可以减轻低压侧故障时变压器损坏的程度。

第 3 节　变压器中性点运行方式对差动保护动作行为的影响

一、故障现象

8 月 26 日 11 时 30 分，NAL 热电厂 110kV 送出线路发生单相对地故障，3 号主变压器 DCD 型差动保护动作于出口断路器跳闸，将运行变压器切除。在这之前，110kV 系统区外发生单相接地故障时该保护误动跳闸的现象已经发生过 4 次，显然保护的误动跳闸不是偶然现象。3 号主变压器相关的 110kV 系统结构见图 3-5。

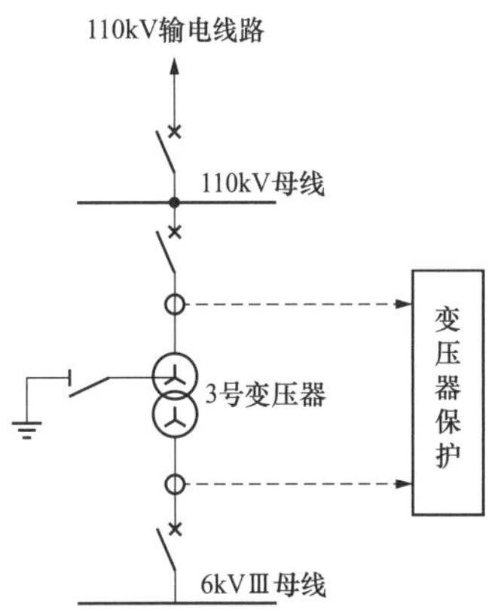

图 3-5　110kV 系统结构

二、检查过程

为了寻找导致变压器差动保护不正确动作的原因，对能够影响差动保护正确动作的几方面因素进行了检查，结果如下。

1. 继电器接线相别检查

对于 10 点接线的变压器必须采用异相差接的方式。3 号 YNy10 型变压器保护的原理与接线见图 3-6。根据原理图，与现场的实际接线进行了核实，差动继电器的接线正确无误，相别之间的对应关系为：

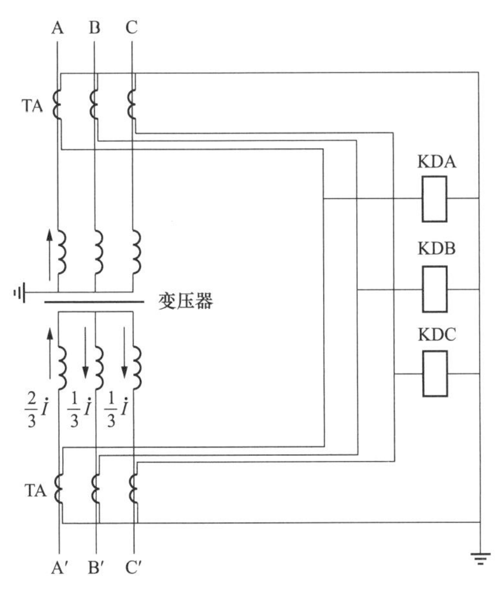

图 3-6　变压器差动保护接线图

A 相差动继电器 KDA：高压侧 A 相—低压侧 C′相；

B 相差动继电器 KDB：高压侧 B 相—低压侧 A′相；

C 相差动继电器 KDC：高压侧 C 相—低压侧 B′相。

2. 继电器接线形式与变比检查

设计要求 YNy 型变压器差动保护的两侧 TA 均为三角形接线，变比分别为：

110kV 侧 TA 变比：400/5；6kV 侧 TA 变比：4000/5。

对现场实际接线的检查结果表明，110kV 与 6kV 侧均为星形接线，与要求不符。TA 变比正确。

3. 继电器特性检查

差动继电器整定的动作电流 I_d=12A，动作安匝为 60，在此参数下对继电器加入不同的制动电流，检测相应的动作电流，得到其静态特性曲线见图 3-7。该曲线与设计特性基本一致，因此继电器特性曲线正常。

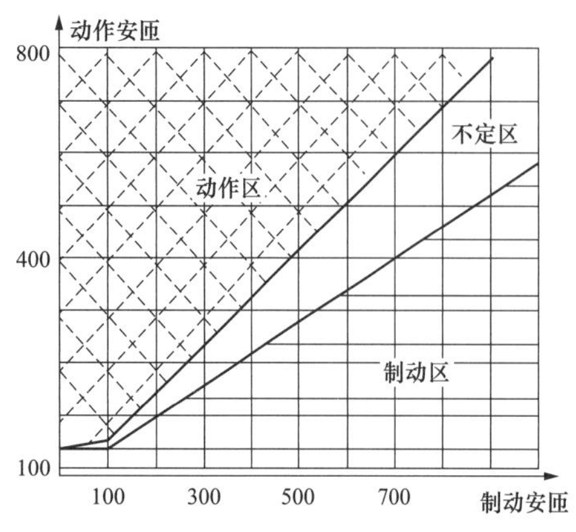

图 3-7 继电器的动作特性曲线

4. 不平横电压检查

3 号变压器带负荷运行，110kV 侧二次电流为 2.6A 时，测得差动继电器不平衡电压正常，三相的结果如下：

A 相差动继电器 KDA：6.0mV；

B 相差动继电器 KDB：6.3mV；

C 相差动继电器 KDC：6.1mV。

三、原因分析

根据上述检查与测试结果，结合 YNy 型变压器差动保护的基本原理进行分析。

1. 差动保护只反应相间故障

由于分离元件构成的差动保护，其单相继电器存在误动的问题，为此在逻辑上必须采取闭锁措施。目前常用的闭锁方式有以下两种，即循环闭锁与负序闭锁。

3 号变压器所采用的是电磁型继电器组成的差动保护，可用循环闭锁的方式。循环闭锁的跳闸出口接线见图 3-8，如果跳闸出口的触点数量不足，则需利用中间继电器进行扩展。如此差动保护只反应相间故障。

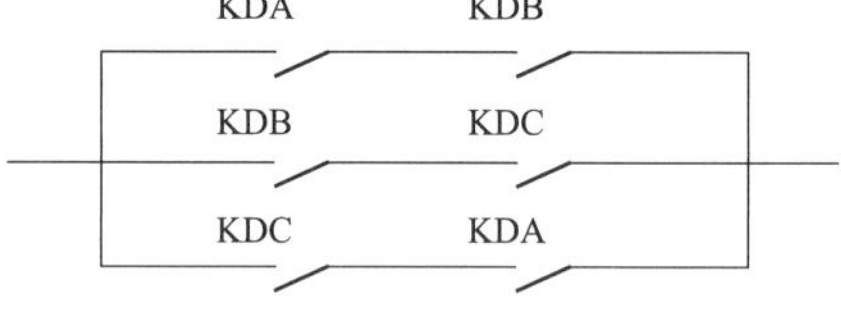

图 3-8 循环闭锁跳闸接线

2. 反应单相接地故障是区外保护误动的根本原因

由于 YNy 型变压器，低压侧为小电流接地系统，110kV 侧单相故障时 6kV 无零序电流流过，对于 TA 二次星型接线的保护而言，110kV 侧单相接地时保护的差电流达 1/3 倍的短路电流。110kV 侧单相接地时差动保护的动作行为分析如下。

（1）区内故障时。

A 相差电流：$\dot{I}_{CA}=\dot{I}_X-\dot{I}_{C'}=\dot{I}_X-(\dot{I}_{1a}+\dot{I}_{2a})=\dot{I}_X+2\dot{I}_0>(2/3)\dot{I}$；

B 相差电流：$\dot{I}_{CB}=\dot{I}_B-\dot{I}_{A'}=0-(\dot{I}_{1b}+\dot{I}_{2b})=\dot{I}_0>(1/3)\dot{I}$；

C 相差电流：$\dot{I}_{CC}=\dot{I}_C-\dot{I}_{B'}=0-(\dot{I}_{1c}+\dot{I}_{2c})=\dot{I}_0>(1/3)\dot{I}$。

可见，区内故障时三相差动保护全部动作。

（2）区外故障时。

110kV 侧区外故障时，高压侧的电流为

A 相：$\dot{I}_{A}=\dot{I}_{1a}+\dot{I}_{2a}+\dot{I}_{0a}=3\dot{I}_{0}=\dot{I}$；

B 相：$\dot{I}_{B}=\dot{I}_{1b}+\dot{I}_{2b}+\dot{I}_{0b}=\dot{I}_{0}=0$；

C 相：$\dot{I}_{C}=\dot{I}_{1c}+\dot{I}_{2c}+\dot{I}_{0c}=\dot{I}_{0}=0$。

110kV 侧区外故障时，低压侧的电流为

C′相：$\dot{I}_{C'}=\dot{I}_{1a}+\dot{I}_{2a}=2\dot{I}_{0}=(2/3)\dot{I}$；

A′相：$\dot{I}_{A'}=\dot{I}_{1b}+\dot{I}_{2b}=-\dot{I}_{0}=-(1/3)\dot{I}$；

B′相：$\dot{I}_{B'}=\dot{I}_{1c}+\dot{I}_{2c}=-\dot{I}_{0}=-(1/3)\dot{I}$。

110kV 侧区外故障的相量分析见图 3-9。由图 3-9 可知，110kV 系统区外发生单相接地故障时，进入差动继电器的电流为

A 相差流：$\dot{I}_{CA}=\dot{I}_{A}-\dot{I}_{C'}=\dot{I}_{1a}+\dot{I}_{2a}+\dot{I}_{0a}-(\dot{I}_{1a}+\dot{I}_{2a})=\dot{I}_{0}=(1/3)\dot{I}$；

B 相差动：$\dot{I}_{CB}=\dot{I}_{B}-\dot{I}_{A'}=0-(\dot{I}_{1b}+\dot{I}_{2b})=\dot{I}_{0}=(1/3)\dot{I}$；

C 相差动：$\dot{I}_{CC}=\dot{I}_{C}-\dot{I}_{B'}=0-(\dot{I}_{1c}+\dot{I}_{2c})=\dot{I}_{0}=(1/3)\dot{I}$。

因此，110kV 系统区外发生单相接地故障时，三相差动继电器均会动作。即反应单相接地故障的保护必然会误动作。

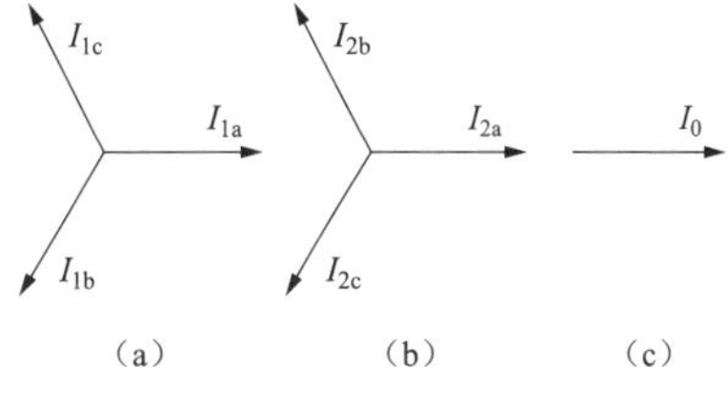

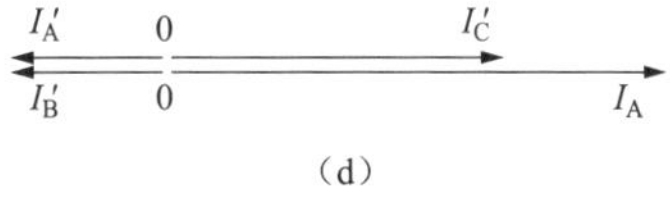

图 3-9　高压侧区外 A 相接地时电流

（a）正序分量图；（b）负序分量图；（c）零序分量图；（d）相电流图

3. TA 二次的三角形接线可以解决区外发生单相接地故障时的误动问题

TA 二次三角形接线见图 3-10，区外发生单相接地故障时的差电流分析如下。

A 相差流：$\dot{I}_{CA}=(\dot{I}_{A}-\dot{I}_{C})-(\dot{I}_{C'}-\dot{I}_{B'})=\dot{I}-(2/3+1/3)\dot{I}=0$；

B 相差动：$\dot{I}_{CB}=(\dot{I}_{B}-\dot{I}_{A})-(\dot{I}_{A'}-\dot{I}_{C'})=-\dot{I}+(2/3+1/3)\dot{I}=0$；

C 相差动：$\dot{I}_{CC}=(\dot{I}_{C}-\dot{I}_{B})-(\dot{I}_{B'}-\dot{I}_{A'})=0+(1/3-1/3)\dot{I}=0$。

所以，110kV 系统区外发生单相接地故障时，三相差动继电器均不动作。

4. 结论

（1）采用不同名相接线方式，保证了高、低压侧差动保护二次电流的统一性。

对于 10 点接线的变压器，为了保证同一铁芯的高低压绕组二次电流进入同一只差动继电器，必须采取不同名相接线方式，形式为

高压侧 A 相—低压侧 C′相；

高压侧 B 相—低压侧 A′相；

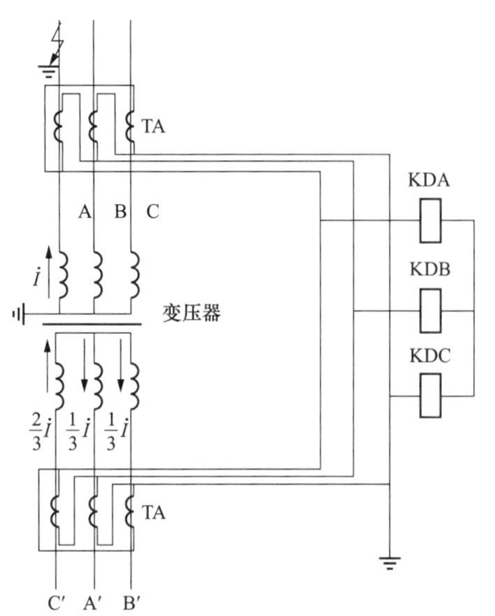

图 3-10 变压器差动保护接线图

高压侧 C 相—低压侧 B′相。

（2）采用循环闭锁措施，保证了单相差动继电器误动作时保护出口不跳闸。

DCD 型差动保护出口采用循环闭锁，只能解决单相差动继电器误动作的问题，却不能解决区外故障时保护误动作的问题。

（3）TA 二次采用星形接线方式，会出现区外故障时保护误动作的问题。

TA 二次采用星形的接线方式，对于 DCD 型差动保护从原理上会出现区外故障时保护误动作的问题。

（4）TA 二次采用三角形接线方式，可以保证区外故障时保护不误动作。

TA 二次采用三角形接线方式，从原理上可以解决区外故障时保护误动作的问题。但是 TA 二次回路的接地成问题，如果 TA 二次的接地点采用图 3-10 的方式，显然是不规范的。

四、防范措施

针对所存在的问题，可以从两方面考虑其防范措施。

1. 解决变压器中性点接地开关的运行方式问题

如果从运行方式上进行考虑，断开变压器中性点的接地开关，则变压器作为不接地运行，实际上 YNy 型变压器，就成为 Yy 型变压器，也就不存在区外故障时保护误动作的问题。

2. 更换微机型保护

虽然微机保护 TA 的二次侧也采用星形的接线方式，但微机保护可以从原理上补偿 YNy 型变压器高压侧单相接地时的不平衡电流，从而解决了区外故障时保护误动作的问题。

最后更换为微机型差动保护，实际的运行结果表明其误动现象得到彻底解决。

第 4 节　三圈变压器功率转移时差动保护误动作

DAH 发电厂在用主变压器高压侧断路器与系统进行并环操作时，出现了两台变压器差动保护动作、断路器跳闸导致设备大面积停电的重大事故，故障的发生不仅切除了设备、中断了正常的发供电工作，同时也给局部电网的安全稳定运行造成了非常严重的影响。

下面对两台主变压器差动保护在同频并网时的动作行为进行分析。

一、故障现象

某年 4 月 25～27 日，DAH 发电厂 2 号主变压器 220kV 侧 GIS 组合电器 202 断路器停电，进行定期检修工作。在此期间 2 号机组通过主变压器 110kV 侧 102 断路器向 110kV 系统送电。4 月 27 日 17 时检修完毕，断路器试验合格后，交运行人员进行系统恢复操作。20:36 用 202 断路器与系统进行并环操作，当该断路器合闸后，1、2 号变压器差动保护动作，断路器掉闸，机组全停。当时的电气主接线见图 3-11，设备参数如下。

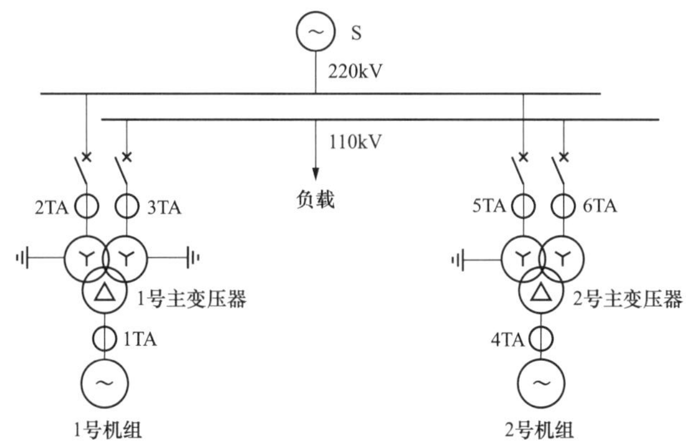

图 3-11　发电厂的电气一次系统与模拟试验系统接线图

主变压器参数：接线形式为 YNynd11；额定容量为 150/150/150MVA；额定电压为 242/121/13.8kV；短路电压百分比为高中 23.6%，高低 14.4%，中低 7.93%。

发电机参数：额定容量为 164.7MVA；额定电压为 13.8kV；发电机电抗 X_d 为 1.867；发电机暂态电抗 X_d' 为 0.257；功率因数为 0.85。

高压厂用变压器参数：额定容量为 16MVA；额定电压为 13.8kV；短路电压百分比为 10.1%。

主变压器差动保护的整定值见表 3-3。

表 3-3　主变压器差动保护的整定值

序号	名称	定值
1	最小动作电流	1.568A
2	最小制动电流	3.915A

续表

序号	名称	定值
3	比率制动系数	0.500
4	二次谐波制动系数	0.179
5	差动第 1 侧平衡系数	0.760
6	差动第 2 侧平衡系数	0.380
7	差动第 3 侧平衡系数	1.000
8	差动第 4 侧平衡系数	1.000

疑点分析：①差动保护的误动作出现在怎样的一种运行方式下？②穿越性的负荷电流为何能造成保护的误动作？

二、检查过程

故障发生后对所有相关联的一次设备进行了检查，重点对 202 断路器及其隔离开关进行了多次的操作试验，结果正常。

1. 二次系统检查

对 1～2 号机组保护装置动作行为和故障录波器录波图进行了全面检查，对 1～2 号主变压器差动保护从接线、整定值各方面进行了全面的检查，对保护装置的静态特性进行了检查，结果正常。

（1）主变压器差动保护的启动值见表 3-4。

表 3-4　　主变压器差动保护的启动值

主变压器	相别	动作电流 I_{op}（A）	制动电流 I_{res}（A）
1 号主变压器	A 相	1.938	3.534
	C 相	1.807	3.545
2 号主变压器	A 相	2.963	3.943
	C 相	2.688	3.903

（2）事故发生时保护动作过程。当时实际运行工况是，1 号主变压器的高压和中压侧都接地，2 号主变压器的中压侧接地，1 号发电机带 135MW 运行，2 号发电机带 125MW 运行，202 断路器处于分闸状态。在从合 202 断路器将 2 号主变压器的高压侧并到 220kV 母线时刻起，大约过了几个周波，2 号主变压器保护装置 A、C 两相差动动作，又过了几个周波后，1 号主变压器保护装置 A、C 两相差动也动作。保护装置没能录到事故波形，1 号机组的故障录波装置录波正常，录波图形见图 3-12。

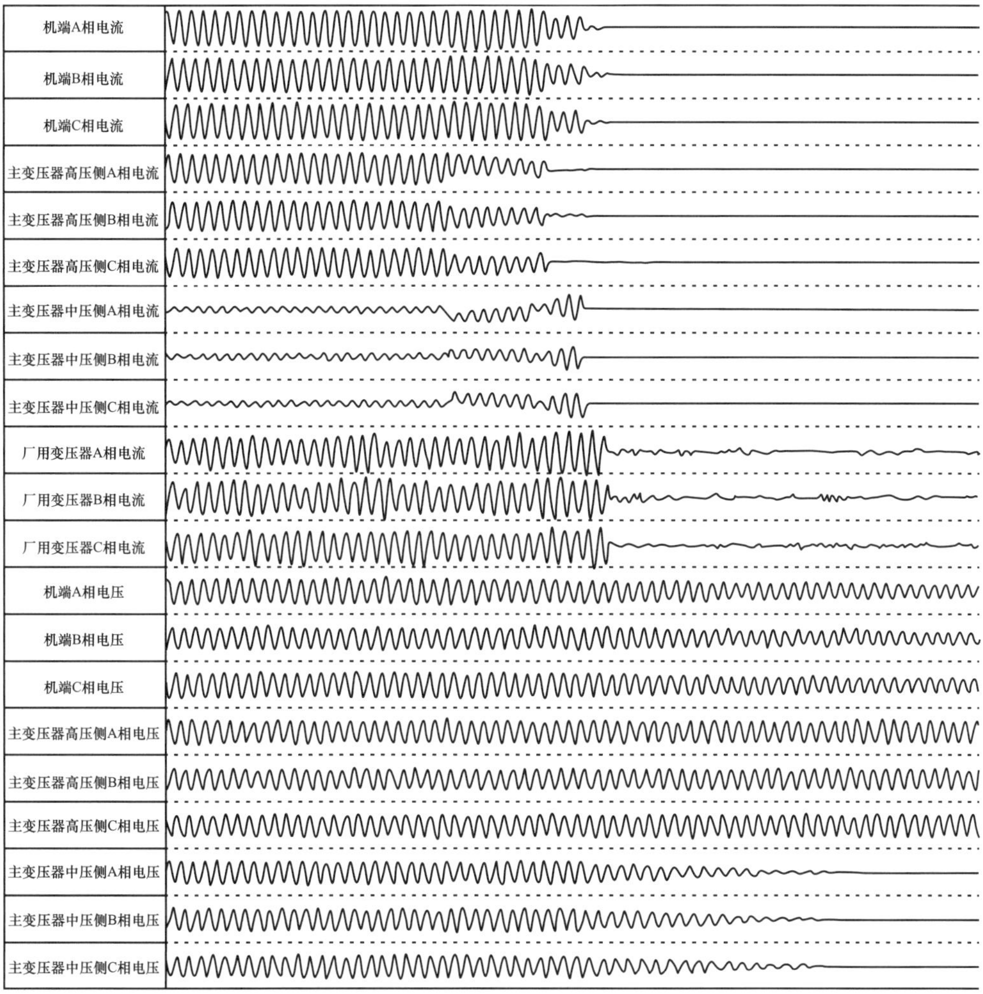

机端A相电流
机端B相电流
机端C相电流
主变压器高压侧A相电流
主变压器高压侧B相电流
主变压器高压侧C相电流
主变压器中压侧A相电流
主变压器中压侧B相电流
主变压器中压侧C相电流
厂用变压器A相电流
厂用变压器B相电流
厂用变压器C相电流
机端A相电压
机端B相电压
机端C相电压
主变压器高压侧A相电压
主变压器高压侧B相电压
主变压器高压侧C相电压
主变压器中压侧A相电压
主变压器中压侧B相电压
主变压器中压侧C相电压

图 3-12　1 号机组故障录波图

2. 保护装置叠加直流分量试验

为了验证保护装置的电流变换器的耐受直流分量性能以及暂态特性，单独对保护装置做了叠加直流分量实验。所叠加直流分量的大小等于额定交流电流的幅值，叠加方式为突加性质。交流电流额定值为 5A，在不确定的时刻突然叠加值为 5A 的直流量，经过较长的一段时间，除去装置固有的零漂外，差电流不超过 0.2A，因此保护装置用电流互感器的耐受直流分量性能以及暂态特性是能满足要求的。

3. RTDS 仿真试验

目的主要是再现变压器高压侧投断路器时的运行工况，以检验保护的动作行为。根据发电厂的运行方式建立了系统模型，将同类型的 WFB-100 型保护安装在 1 号主变压器处，试验接线见图 3-11。

设备运行方式：101、201、102 断路器投入，202 断路器断开位置；1 号主变压器 110、220kV 中性点接地，2 号主变压器 110kV 中性点接地。保护试验整定值与表 3-3 的内容一致，另外，本次试验模型无厂用变压器侧电流元件，1 号主变压器保护只接入高、中、低三侧电流元件，厂用变压器侧空出。

方式 1：101、201、102 断路器投入，202 断路器断开位置。1 号发电机带 135MW，2 号发电机带 125MW。1 号主变压器中压侧 101 断路器电流 108A，高压侧 201 断路器电流 359A，低压侧电流 5418A，中压侧和高压侧电压角差为 9.385°；2 号主变压器中压侧 102 断路器电流 574A，低压侧电流 5089A。合 202 断路器，1 号主变压器保护可靠不动作。

保护的回放波形见图 3-13，由波形图可知，202 断路器合闸前后的差流均为 0.05A 左右，变化不大。

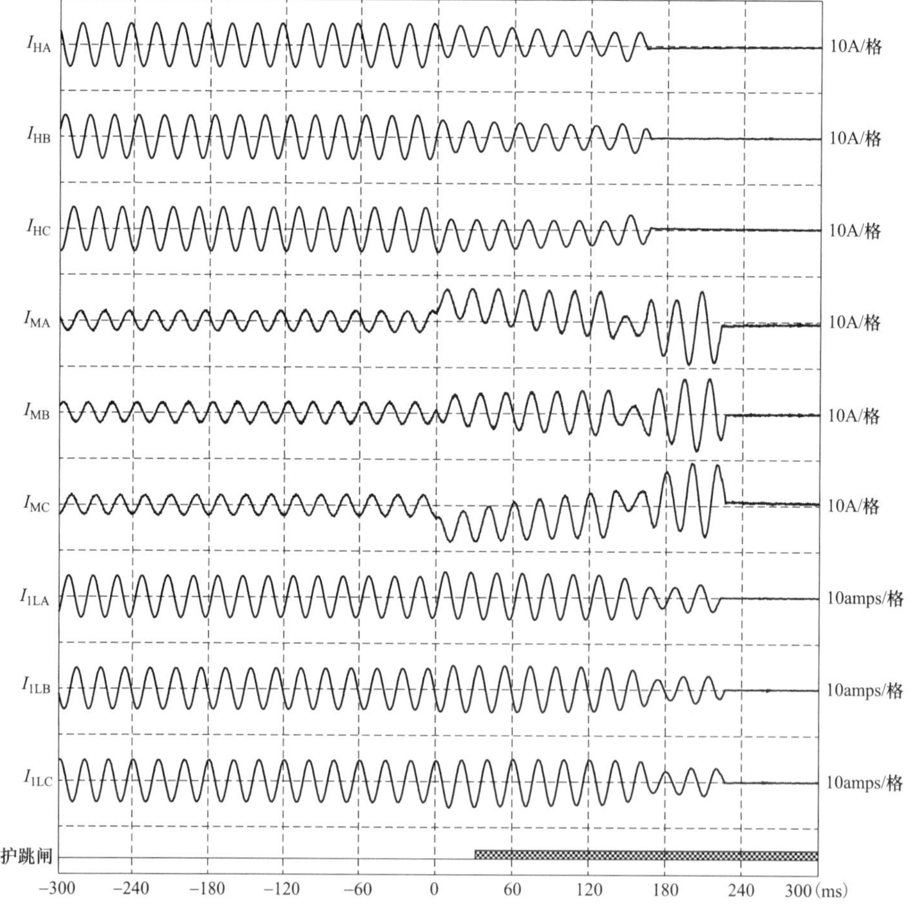

图 3-13　波形回放图

方式 2：101、201、102 断路器投入，202 断路器断开位置。1 号发电机带 160MW，2 号发电机带 150MW。1 号主变压器中压侧 101 断路器电流 238A，高压侧 201 断路器电流 468A，低压侧电流 7051A，中压和高压侧电压角差为 13°；2 号主变压器中压侧 102 断路器电流 685A，低压侧电流 6053A。合 202 断路器，并模拟 2 号主变压器保护动作跳开 202 和 101 断路器。1 号主变压器保护可靠不动作。

4. 波形数据回放试验

方式 1：现场波形数据提供的是 1 号主变压器一次电流、电压波形数据，根据需要将一次电流波形转换为主变压器保护用的二次电流波形，高压侧一次电流基于 353A，二次电流的流向是从低压侧和中压侧流入 1 号主变压器，从高压侧流出。通过 RTDS 的数据回放功能多次考核 1 号主变压器保护。1 号主变压器保护可靠不动作。

方式 2：根据需要将现场数据一次电流波形转换为主变压器保护用的二次电流波形，高压侧一次电流基于 233A，二次电流的流向是从低压侧流入 1 号主变压器，从中压侧和高压侧流出。通过 RTDS 的数据回放功能多次考核 1 号主变压器保护。1 号主变压器保护动作。

从录波图中分析，合 202 断路器时差流值达到 2.8A 左右。

三、原因分析

1. 排除一次设备故障的可能性

根据对一次系统检查的结果，以及操作 202 断路器并网时 1、2 号主变压器差动保护同时动作、断路器跳闸、机组解列的动作行为作出如此判断：断路器跳闸是由 1、2 号主变压器差动保护误动造成的，不是一次设备故障引起的差动保护正确动作的结果。反过来讲，如果是一次设备发生了故障的话，就是 1、2 号主变压器同时故障，而两台主变压器同时故障的可能性不大，况且一次设备的故障会有若干的保护信号同时发出，不会只有一种信号。

2. 确定了差动保护误动的原因是躲不过系统的暂态过程

比率制动特性的差动保护能反应变压器内部相间短路故障、高压侧单相接地短路及匝间短路故障。虽然差动保护的二次谐波制动特性躲变压器的励磁涌流有明显的优势，保护能正确区分励磁涌流、过励磁故障，但是比率制动特性、二次谐波制动特性都解决不了合闸时的暂态过程。因为 202 断路器同频并列时出现的直流分量影响了 TA 的传变特性、断路器合闸时变压器 110kV 侧功率倒向产生了电流正负半波相位的不对称，此时又没有二次谐波电流的制动，因此差流足以驱动保护动作跳闸。

实际情况表明，由于当时 1、2 号机组满负荷运行，在 202 断路器并环点两侧负荷存在较大的功角，在合闸时有冲击电流。因为磁滞影响、TA 局部饱和、TA 输入偏差、变压器功率倒向等使变压器电流出现较大的直流分量以及电流波形畸变，由于算法原因使差动保护误判为区内故障而动作，将 1、2 号机变压器切除。

3. 关于 TA 暂态饱和与差电流的产生

从保护装置的动作报文可以看出，保护的差流都比较大，尤其是 2 号主变压器的差流。制动电流都不大，1 号主变压器的差动保护动作时没有进入比率制动特性的制动区，2 号主变压器的差动保护动作时则在比率制动特性的拐点附近，因此都无制动效应。

由于保护装置没能录出波形，因此，对造成保护动作的如此大差流的产生原因很难明确判断。除了变压器发生故障以及保护的二次回路出现异常外，一般来说形成差流而造成保护动作的原因是多方面的，具体可以如下分析。

（1）变压器本身产生差流。从变压器本身来说，变压器铁芯饱和以及处于过励磁状态可以形成比较大的差流，从 1 号机组的录波图可以看出，直流分量在合 202 断路器时达到了相当大的数值，且衰减的时间比较长，一段时间内铁芯磁链的增量是不断累加的过程，有可能使得变压器铁芯饱和而形成差流，但实际上所形成的差流很小，保护不会动作。

（2）系统 TA 产生差流。从一次 TA 的角度来说，如果一次 TA 的铁芯发生饱和，也可以造成相当大的差流，主要体现在幅值和相位出现误差。TA 饱和一般可以分为稳态饱和和暂态饱和，稳态饱和所需的一次交流电流幅值要相当大，除非故障时产生了相当大的短路电流，否则一般发生稳态饱和的可能性不大。暂态饱和的产生是和一次电流中的非周期分量、铁芯中的剩磁、TA 二次回路所带负荷的大小及性质等因素密切相关。一次电流中非周期分量的存在将使电流互感器的传变特性严重恶化，原因是电流互感器的励磁特性是按工频设计的，在传变等效频率很低的非周期分量时，铁芯磁通（即励磁电流）需大大增加，再加上剩磁的影响，可以使得 TA 在很短的时间内达到饱和状态，差流随之产生，并且 TA 内的剩磁在正常运行的电流情况下是很难消除的。此次 202 断路器在重负荷下合闸，对两台主变压器的冲击还是很大的，受到影响的 1 号主变压器高中压侧电流中衰减的非周期分量的数值都非常大，而且衰减的周期还比较长，即 1 号主变压器产生了和应励磁涌流，所以此时 TA 发生饱和的可能性是存在的。

（3）保护装置内部电流变换产生差流。从保护装置内部用 TA 来说，也存在饱和的可能性，它和一次 TA 的原理相同。如此大的衰减直流分量也可能造成装置 TA 饱和，因此对装置 TA 做了有关的暂态特性实验，从重复多次实验结果来看，装置 TA 的暂态性能还是比较好的。试验过程中，保护装置产生的差流是比较小的。一般来说，保护装置厂家对装置电流变换器的性能要求是要强于电流互感器 TA 的。

分析认为，运行方式的改变会导致 TA 暂态饱和现象，TA 的暂态饱和也会影响保护的动作行为，会使差动保护误动作。

四、防范措施

为防止再次发生该类保护误动的情况，根据分析的结果采取以下措施：

1. 选择有利的并网方式

1、2 号机同期并网多次，但一般采用发电机侧断路器与系统并网，均成功并网，极少采用 202（201）断路器同频合闸并网的方式，此方式并网的出现也是 220kV GIS 检修造成的。为防止故障的发生，应避免在两台主变压器并列运行时由一台主变压器通过 110kV 母线向另一台主变压器 220kV 母线送电，且输送功率比较大时合 220kV 侧断路器，因为输送功率越大，断路器两侧电压角度差越大，冲击电流越大，对 TA 的传变特性影响越大。如果 1、2 号机组不使用变压器高中压侧断路器并列，只能使用发电机出口断路器与系统进行并列操作，就没有如此故障的发生。

2. 选择完备的保护特性

关于运行方式的措施虽然可以避免类似故障的发生，但是毕竟不能以二次设备的约束来限制一次系统的运行方式，为消除保护的缺陷必须采取有效的途径。

（1）采用自适应提高定值的判据。差动保护设置两个动作区，即高定值动作区与低定值动作区。保护采用自适应提高定值的方式，防止外部故障时由于 TA 饱和引起差动误动，当差流中的三次谐波与基波的比值大于某一定值时，自动提高比率制动差动的动作值、改变比率制动系数和最小制动电流，进一步提高保护的可靠性。差动保护特性见图 3-14。

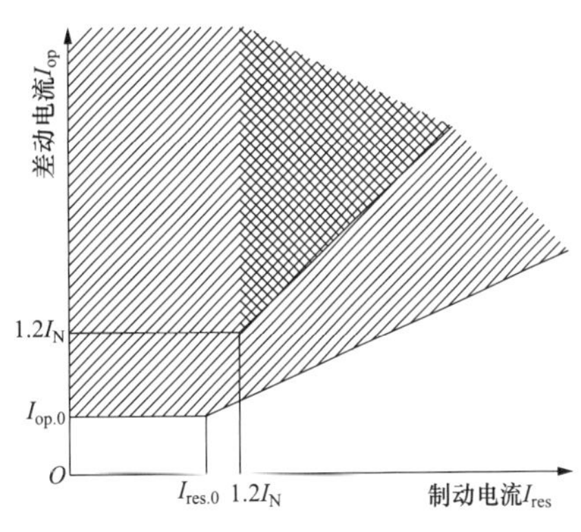

图 3-14　比率差动动作特性图

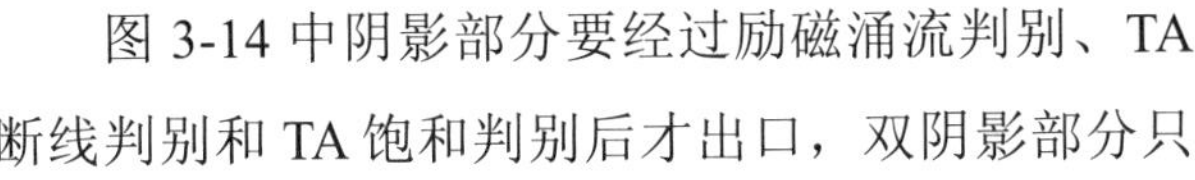

图 3-14 中阴影部分要经过励磁涌流判别、TA 断线判别和 TA 饱和判别后才出口，双阴影部分只要经过励磁涌流判别就出口。比率原理的差动保护动作方程如下

$$\left.\begin{array}{ll} I_{op}>I_{op.0} & (I_{res}\leqslant I_{res.0}) \\ I_{op}\geqslant I_{op.0}+S(I_{res}-I_{res.0}) & (I_{res}>I_{res.0}) \end{array}\right\} \quad (3\text{-}1)$$

$$I_{op}\geqslant 1.2I_N+0.8(I_{res}-1.2I_N)\quad(I_{res}>1.2I_N) \quad (3\text{-}2)$$

式中：I_{op} 为差动电流；$I_{op.0}$ 为差动最小动作电流整定值；I_{res} 为制动电流；$I_{res.0}$ 为最小制动电流整定值；S 为比率制动特性斜率；I_N 为基准侧电流互感器的额定二次电流；各侧电流的方向都以指向变压器为正方向。对于两侧差动

$$I_{op}=|\dot{I}_1+\dot{I}_2| \tag{3-3}$$

$$I_{res}=|\dot{I}_1-\dot{I}_2|/2 \tag{3-4}$$

对于三侧及以上差动

$$I_{op}=|\dot{I}_1+\dot{I}_2+\cdots+\dot{I}_n| \tag{3-5}$$

$$I_{res}=\max\{|\dot{I}_1|,\ |\dot{I}_2|,\ \cdots,\ |\dot{I}_n|\} \tag{3-6}$$

式中：$3\leqslant n\leqslant 6$，$\dot{I}_1$，$\dot{I}_2$，…，$\dot{I}_n$ 分别为变压器各侧电流互感器二次侧的电流。判据（3-1）为低定值的比率制动差动，判据（3-2）为高定值比率制动差动。

（2）增加三次谐波闭锁功能。利用每相差流中的三次谐波分量作为 TA 饱和的保护闭锁判据，以解决暂态饱和的影响，判别方程如下

$$I_3>K_3I_1 \tag{3-7}$$

式中：I_3 为每相差流中三次谐波电流；K_3 为三次谐波比例系数；I_1 为对应基波电流。任一相电流满足式（3-7），比率制动差动自动改变该相的最小动作电流、最小制动电流和比率制动斜率，保证差动保护正确、可靠动作。

（3）增加延时判据。在低电流动作区内逻辑上增加躲不平衡电流的延时。

当 $I_d\leqslant I_N$ 时，增加延时 Δt=10ms。

即：$t_d=t_g+\Delta t$=30ms+10ms=40ms。

当 $I_d>I_N$ 时，保证差动以固有时间 t_g=30ms 动作跳闸。

3. 采取措施后的动态检验

建立一个单机与无穷大系统并联的仿真系统，试验接线见图 3-15。变压器接线形式为 YNd11，高压侧经 100km 平行双回线与系统连接。TA 二次电流 5A。保护不跳断路器，动作行为只看录波图即可。

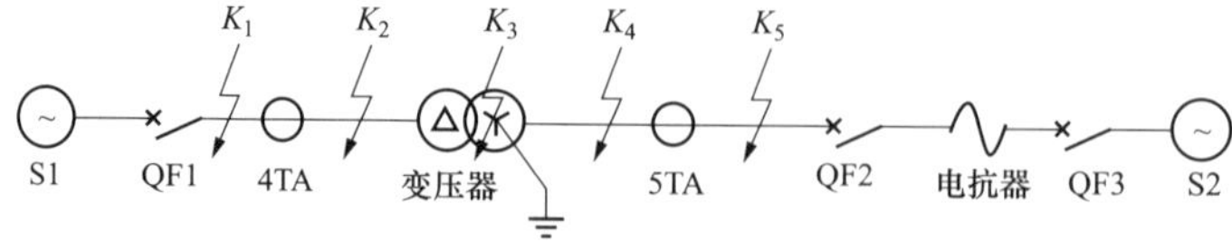

图 3-15　试验接线图

差动保护定值设定见表 3-5。

表 3-5　差动保护定值设定

定值名称	整定值	定值名称	整定值
额定电流（A）	4.3	差动高压侧平衡系数	1.00
最小动作电流（A）	1.3	差动低压侧平衡系数	1.57
最小制动电流（A）	4.3	差动速断电流（A）	16.0
比率制动系数	0.5	TA 断线额定电流（A）	4.3
二次谐波制动系数	0.2		

（1）区内外金属性短路与匝间短路故障试验。K_1～K_4 点发生各种金属性短路故障，故障类型包括单相接地、两相接地、相间及三相短路故障，K_6 点发生匝间短路，保护动作情况见表 3-6。

表 3-6　短路故障试验保护动作情况

序号	短路故障类型	差动保护动作时间	动作结果
1	K_1 点各种金属性短路故障		不动作
2	K_2 点各种金属性短路故障	32～36ms	正确动作
3	K_3 点各种金属性短路故障	30～36ms	正确动作
4	K_4 点各种金属性短路故障		不动作
5	K_6 点 A 相绕组 3.3%匝间短路	35ms	正确动作
6	K_6 点 A 相绕组 2.2%匝间短路	34～37ms	正确动作

（2）TA 饱和试验。K1～K4 点发生各种金属性短路故障，保护动作情况见表 3-7。

表 3-7　TA 饱和试验保护动作情况

序号	短路故障类型	TA 饱和状况	饱和传变区时间	动作结果
1	K_1 点 AB 短路故障	4TA－A 相饱和	大于 3.5ms	不动作
2	K_4 点 AN 短路故障	5TA－A 相饱和	大于 4.0ms	不动作
3	K_3 点 AN 短路故障	4TA－A 相饱和	35.0～48.0ms	正确动作
4	K_3 点 AN 短路故障	5TA－A 相饱和	28.0～41.5ms	正确动作

（3）其他试验。TA 断线试验，投 TA 断线闭锁差动保护。分别在 P=0.3P_N、0.5P_N 的工况下，低压侧 4TA—A 相断线，保护可靠不动作。低压侧 4TA—A 相断线后，发生 K_2 点 AB 短路故障，保护可靠不动作。

高压侧空投变压器试验，连续空投变压器 10 次，保护可靠不动作。空投故障变压器试验，高压侧空投故障变压器，保护动作时间根据涌流的大小而变化，K_7 点 A 相绕组

3.94%匝间短路，比率差动保护动作时间 87.4～193.0ms，保护正确动作。

拉合直流试验，在 $P=0.6P_N$ 的工况下，多次拉合保护直流电源，保护可靠不动作。

4. 采取措施后的静态试验

静态试验的内容与结果见表 3-8、表 3-9。试验结果表明，保护的动作行为满足要求。试验说明：$K_{p1}=1$，$K_{p2}=1$，$K_{p3}=1$，$K_{p4}=1$；二次额定电流 I_N 为 5A；Ⅰ主变压器高压侧，Ⅱ主变压器中压侧，Ⅲ发电机侧，Ⅳ高压厂用变压器侧；做比率制动系数时施加两侧电流相差 180°。

表 3-8　　静态试验的内容与结果（一）

序号	试验项目	整定值	容差	实测值 A		实测值 B		实测值 C		备注
				Ⅰ	Ⅱ	Ⅰ	Ⅱ	Ⅰ	Ⅱ	
1	最小动作电流	$0.5I_N$	$\pm0.01I_N$	2.53	2.51	2.51	2.50	2.54	2.50	
2	差流速断	$5I_N$	±5%	25.1	25.05	25.2	25.04	25.06	25.03	
3	二次谐波制动比	0.2	+0.05	0.22	0.22	0.22	0.22	0.22	0.22	可靠制动
			−0.05	0.19	0.19	0.19	0.19	0.19	0.19	可靠动作
4	TA 饱和（三次谐波）	0.2 固定	+0.05	0.22	0.22	0.22	0.22	0.22	0.22	可靠制动
			−0.05	0.19	0.19	0.19	0.19	0.19	0.19	可靠动作
5	TA 断线	单相		√	√	√	√	√	√	√表示正确动作
		两相		√	√	√	√	√	√	

表 3-9　　静态试验的内容与结果（二）

序号	检查试验项目		整定值及相别	容差（%）	实测值			备注
					电流 1	电流 2	S 值	
1	比率制动系数	比率制动斜率	0.5（A 相）	±5	6	11	0.5	$I_{op.0}=2A$ $I_{res.0}=5A$
			0.5（B 相）	±5	6	11	0.5	
			0.5（C 相）	±5	6	11	0.5	
2	高比率制动系数	高比率制动斜率 0.8 固定		±5	1.2	12	0.8	电流 2 叠加 30%三次谐波
				±5	1.2	12	0.8	
				±5	1.2	12	0.8	

注　S 为比率制动特性斜率。

运行结果证明，采取措施后差动保护原有的特性不受影响，在特殊方式下误动的问题得到彻底解决。由此避免了差动保护误动导致的机组跳闸、设备大面积停电、系统不稳定等故障，对保证电网的正常运行发挥了重要作用。

第 5 节　线路故障时负荷侧变压器差动保护误动作

110kV TAY 变电站采用由 220kV LIS 变电站经 110kV 线路单线供电的接线形式，变电站于两年前投入运行。当 110kV 供电线路上发生接地故障时，TAY 变电站的变压器比率差动保护会动作并跳闸。

一、故障现象

某年 7 月 20 日 19:35:6:447ms，110kV TAY 变电站变压器 RCS 保护启动，20ms 后比率差动保护动作，30ms 后备保护动作，40ms RLYTST 动作，变压器两侧断路器跳闸。7 月 21 日 16:55:24:740ms，上述保护再次启动。110kV TAY 变电站供电系统的电路结构见图 3-16。

疑点分析：①确认保护此时的动作属于正确动作还是误动作？②110kV TAY 变电站位于负荷的末端，能够使比率差动保护动作的电气量来自何处？③比率差动保护为何会反应区外接地故障而动作？

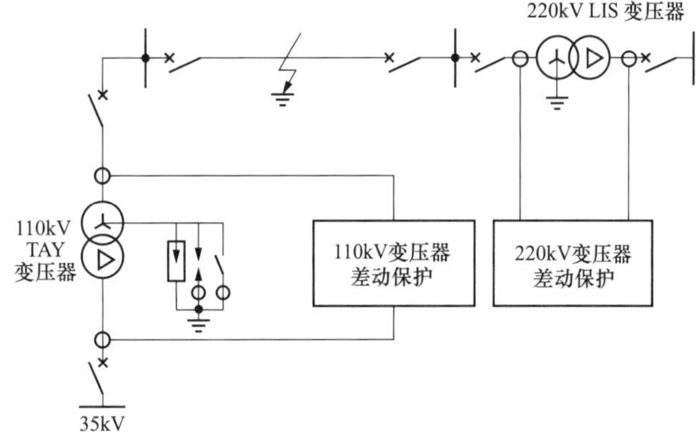

图 3-16　TAY 变电站供电系统结构与故障点的位置

二、检查过程

比率差动保护动作跳闸后，对变压器等一次系统进行了检查，未发现异常现象。因此，比率差动保护的动作行为属于误动作的范畴。结合能够使变压器比率差动保护误动作的原因，进行如下检查。

1. 35kV 侧电源状况的检查

对 35kV 侧供电线路的电源情况分别进行了检查，确认不存在暗藏的发电机组。即在变压器的低压侧不存在能提供短路电流的电源。

2. 35kV 侧电动机状况的检查

对 35kV 侧供电线路的负载情况分别进行了检查，确认负荷侧运行的电动机容量为 5×1000kVA。

3. 变压器中性点间隙放电状况的检查

当变压器比率差动保护动作时，在 110kV 线路故障上均有故障发生，同时变压器中性点间隙也有放电的记录。

4. 变压器比率差动保护定值的检查

变压器比率差动保护定值为 $0.5I_N$=2.4A，保护最大的启动电流 2.9A。保护装置的“消除零序电流”功能控制字未投入。

5. 变压器比率差动保护抗干扰状况的检查

变压器比率差动保护抗干扰状况良好，亦即差动保护的误动作不是由于其抗干扰性能差的问题引起的。

三、原因分析

根据上述检查结果可知，当银滩变压器 RCS 保护启动时，变压器本身并没有发生故障，但其 110kV 供电线路上均有接地故障发生。也就是说，变压器 RCS 保护启动与线路故障之间存在某种必然的联系。因此，问题限定的范围就在于，当 110kV 线路上发生接地故障时，能够使变电站变压器比率差动保护误动作的因素，分析如下。

1. 35kV 负荷侧有电源存在

当 110kV 供电线路发生接地故障时，负荷侧若有电源存在就能够提供短路电流，该穿越变压器的电流在差动保护中产生的不平衡电流足够大，则变压器比率差动保护会动作并跳闸。但是电源不存在，该疑点被排除。

2. 35kV 负荷侧有电动机存在

当 110kV 供电线路发生接地故障时，负荷侧若有较大容量的电动机，也会像发电机一样，能够提供小于等于 60ms 的暂态电流，电流也会产生不平衡电流，但 5×1000kVA 电动机的反送能力是远远不够的，不存在电动机反送电流导致变压器比率差动保护动作的可能。保护的录波结果也证实了这一结论。

3. 110kV 变压器中性点放电间隙放电

110kV 供电线路上发生接地故障时，变压器中性点的放电间隙被击穿，则中性点连同接地点构成短路电流回路，该电流能够进入差动保护。如果不采取措施，则该电流是足以启动差动保护的。这也能说明差动保护不应该反应零序电流。

4. 变压器比率差动保护启动定值偏低

变压器比率差动保护装置的启动电流为 $0.5I_N$=2.4A，启动定值偏低。

5. 结论

综上所述，造成变压器比率差动保护误动作的原因从三方面进行考虑：

（1）变压器中性点的放电间隙被击穿。110kV 供电线路上发生接地故障时，变压器中性点电位升高，变压器中性点的放电间隙被击穿。尽管变压器位于负荷侧，依然有电流流过。

（2）零序电流进入变压器比率差动保护。线路接地故障时流进变压器三相的零序电流便进入变压器比率差动保护，而变压器比率差动保护又没有消除零序电流影响的功能，致使变压器中性点放电间隙被击穿时比率差动保护误动作。

（3）故障点距离 TAY 变电站越近比率差动保护越容易误动作。线路上的故障点距离变电站越近，变压器中性点电位升高幅度就越大，理论上中性点电压最大时为相电压，既 $U_0=U_{ph}$。也就是说，线路上的故障点距离变电站越近，变压器中性点的放电间隙越容易被击穿，比率差动保护也就越容易误动作。

四、防范措施

1. 比率差动保护“消除零序电流”功能

将变压器比率差动保护装置“消除零序电流”功能控制字投入，也就是说差动保护不应该反应零序电流。

2. 提高比率差动保护的定值

将变压器比率差动保护装置的启动电流由 $0.5I_N$=2.4A 改为 $0.7I_N$=3.36A。

采取上述措施后，问题得到解决。

第 6 节　热电厂母线故障时主变压器零序过电压保护误动作

某年 4 月 17 日，REL 热电厂 1、2 号机满负荷运行，3 号机 66MW 负荷，35kV 三条线路负荷 3.5MW 运行正常，2 号主变压器中性点接地运行。Ⅰ母线带 1 号机组，Ⅱ母线带 2 号机组。

一、故障现象

17 时 28 分，REL 热电厂地区下起了倾盆大雨，并伴随着电闪雷鸣，有目击者发现 110kV Ⅰ母线遭受滚雷袭击，110kV 升压站南侧有火球闪亮，雷击造成 110、35kV 系统电压出现波动。同时 1 号主变压器 110kV 零序过电压保护和 2 号主变压器零序过电流保护动作，1、2 号机停机，具体情况如下。

1 号主变压器 110kV 零序过电压保护动作，101 断路器跳闸，EH 油泵跳闸，1 号机主汽门关闭，1 号机停机。2 号主变压器 110kV 零序过电流保护动作，主变压器三侧断路器同时跳闸，连关 2 号机主汽门，2 号机停机。110kV Ⅰ母线避雷器 A、C 相各动作一次。Ⅰ、Ⅱ母线运行正常。

1 号主变压器中性点不接地运行，2 号主变压器中性点接地运行，热电厂的一次系统结构见图 3-17。

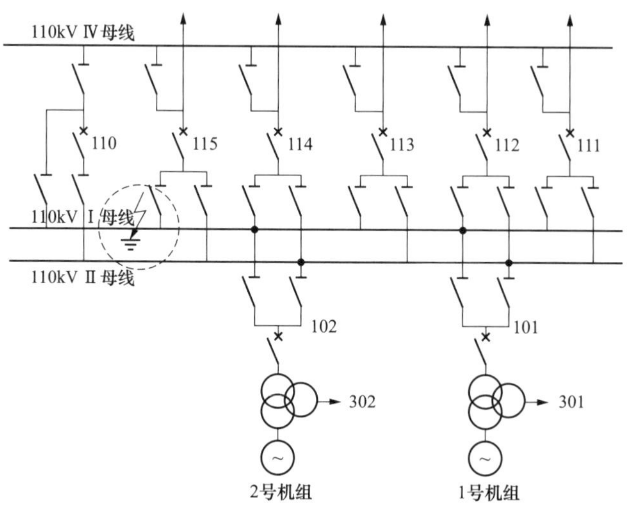

图 3-17　110kV 母联断路器在系统中的位置

故障发生后系统恢复过程如下。

17:35 合上 430、410、420 断路器 400V Ⅰ、Ⅱ母线送电。

检查 2 号主变压器系统无异常，合上 102 断路器 2 号主变压器送电，合上 302 断路器 35kV 母线送电，合上 303、610 断路器 6kV Ⅰ母线送电。

合上 312、314、315 断路器线路送电。18:15 合上 020、602 断路器 6kV Ⅱ母线送电，400V Ⅱ母线恢复正常。

18:17 准备送 1 号主变压器时发现 110kV Ⅰ母线 TV 开口三角有 100V 电压，遂将 1 号主变压器倒至 110kV Ⅱ母线，1 号主变压器送电良好，6kV Ⅰ母线、400V Ⅰ母线恢复正常。18:45 2 号机与系统并列。18:50 1 号机与系统并列。

二、检查过程

对Ⅰ母线检查后发现存在如下问题。

110kV Ⅰ母线 A、C 相避雷器动作各一次，B 相未动作。

110kV Ⅰ母线 TV B、C 相底部接线盒内的电缆被放电烧断。

Ⅰ母线 TV 开口三角输出电压 103V，且不消失，造成 101 断路器合不上闸。经检查发现 110kV Ⅰ母线 TV B 相二次线在 TV 隔离开关转接端子盒处由于过电压击穿熔断，造成 TV 开口三角输出电压 103V 不消失。

110kV 故障录波器死机，录波的内容无法调出。

母线 TV 变比：$\frac{110}{\sqrt{3}}\Big/\frac{0.1}{\sqrt{3}}\Big/\frac{0.1}{3}$kV。

三、原因分析

1. 雷电没有启动母线保护

打雷时母线差动保护动作是正常的。雷电通过Ⅰ母线对地放电是在瞬间完成的，如果雷电对地放电没有引起工频的单相接地故障的话，母线差动保护不会动作。同样避雷器动作也是在瞬间完成，避雷器动作的对地放电电流也区别于工频的单相接地故障电流，因此，母线差动保护也不会动作。

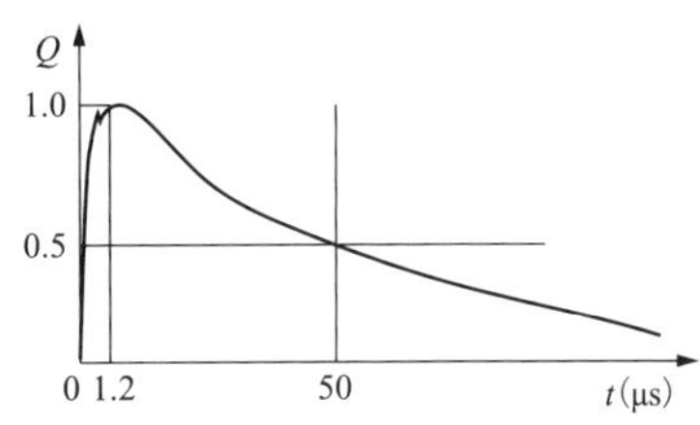

图 3-18　雷电对地放电典型波

母线差动保护反应的是工频电流，而雷电对地放电是在 1.2μs 从 0 上升到最大值，并在 50μs 之内放完 50%的电量，见图 3-18，其整个过程不过 0.1ms。母线差动保护不可能反映出来。因此，如果打雷时母线差动保护动作了，要么是雷电引起了工频的单相接地故障致使保护正确动作，要么是雷电干扰造成保护误动作。

2. 雷电反击将二次系统绝缘损坏

当雷电对地放电时，地电位升高，将Ⅰ母线 TV B、C 相的二次回路绝缘的薄弱环节击穿，放电回路见图 3-19。

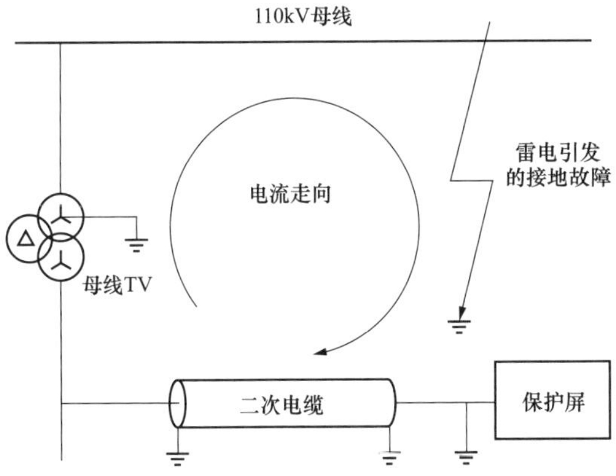

图 3-19　雷电对地放电回路

3. B 相的绝缘损坏使开口三角形的电压维持在较高的数值

Ⅰ母线 TV 开口三角形的电压中存在 B、C 相非金属性经过渡电阻短路，因此二次有电压输出。

Ⅰ母线 TV 开口三角形电压接线见图 3-20，从理论上 B、C 相金属性短路后的电压相量见图 3-21。实际电压为 103V，比理论值小。

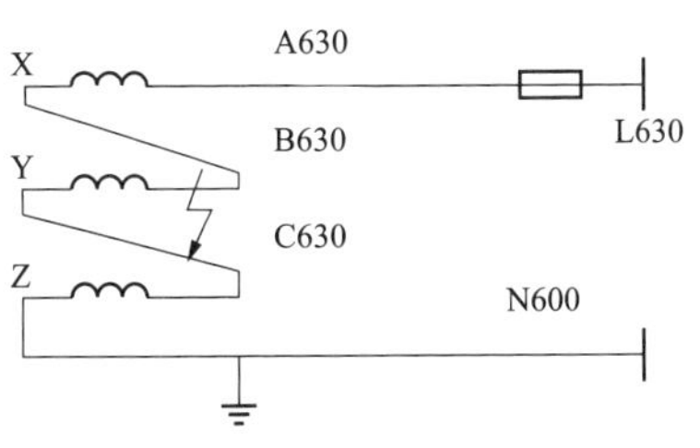

图 3-20　开口三角 B 相电压短路

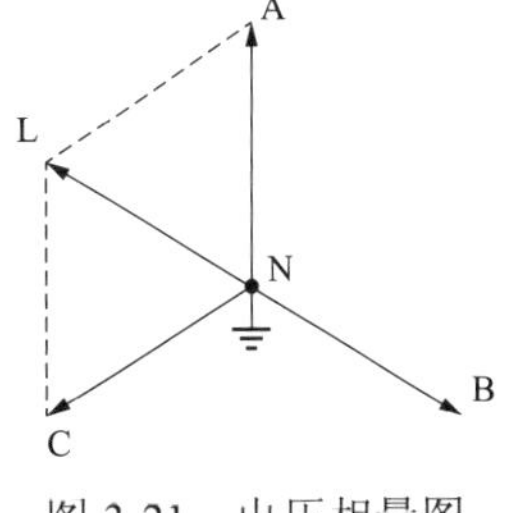

图 3-21　电压相量图

4. $3U_0$使1号机组跳闸

1号主变压器零序过电压定值U_{DZ}=10.0V，T=3.5s。

由于Ⅰ母线TV开口三角形电压的数值已经超过了定值，保护出口动作，使1号机组跳闸。

5. $3U_0$使2号机组跳闸

2号主变压器零序过电流定值I_{DZ}=1.7A，T=4.0s。

检查结果表明：2号主变压器零序TA二次被烧断，零序过电流保护输入回路与Ⅰ母线TV开口三角电压L630之间的绝缘接近于0，因此是开口三角电压启动了2号主变压器零序保护，使2号机组跳闸。类似于电流回路的两点接地，在地电位的作用下产生分流到保护。

四、防范措施

1. 1～5号主变压器零序电压保护整改技术方案

方案一：由于目前1、2、3、5号主变压器110kV中性点无棒间隙，因此根据继电保护整定和配置规定，需对各发电机-变压器组保护进行更改设计，增加1～5号发电机-变压器组保护之间的主变压器零序电流闭锁保护功能（将来还要增加6号发电机-变压器组），对1～5号主变压器零序电流电压保护重新整定。

方案二：根据《防止电力生产重大事故的二十五项重点要求》第17.9条，关于110～220kV变压器中性点过电压保护应采用棒间隙保护方式的要求。需在1、2、3、5号主变压器110kV中性点增加棒间隙，增加棒间隙后，根据DL/T 559—2018《220kV～750kV电网继电保护装置运行整定规程》规定，只需将1～5号主变压器的零序电压保护定值重新整定即可，即经中性点放电间隙接地的110kV变压器的零序电压保护，其$3U_0$定值一般整定为150～180V（额定300V），保护动作后延时0.3～0.5s跳变压器各侧断路器。

两种方案的比较：方案一需要电力设计部门对1～5号发电机-变压器组保护接线、配置图纸进行更改设计，工作难度大，时间长，需要停电解决。方案二只需停电进行增加放电间隙工作，工作难度小，保护配置及定值计算较为简单，且增加放电棒间隙属反措要求，因此建议采用方案二。

2. 制定可行的防雷措施

查找防雷接地方面的薄弱环节，制定切实可行的防雷措施。更换氧化锌避雷器，对全厂接地网进行检查。

第7节　变压器受损与系统故障及保护动作行为

一、故障现象

某年10月9日2时33分，NIB变电站主变压器高压侧C相电流突然增大，数值高

达 $3I_N$，持续时间 120ms，1 号变压器差动保护动作跳闸，变压器退出运行，4s 后主变压器本体轻瓦斯保护报警，重瓦斯保护没有动作。变电站的系统结构见图 3-22，设备情况如下。

保护的配置：比例差动保护，零序差动保护，瞬时差动保护，比例差动保护的斜率 0.5。TA 变比：高压侧套管 TA 400/1A，低侧套管 TA 800/1A。额定容量：60000/60000kVA。额定电流：262.4/1049.7A（线电流），二次电流 0.66A。额定电压：132/33kV。

疑点分析：①变压器的故障切除与广义保护的动作行为到底有多大的关系；②变压器电源侧故障对变压器寿命的影响；③保护的动作行为对变压器寿命的影响。

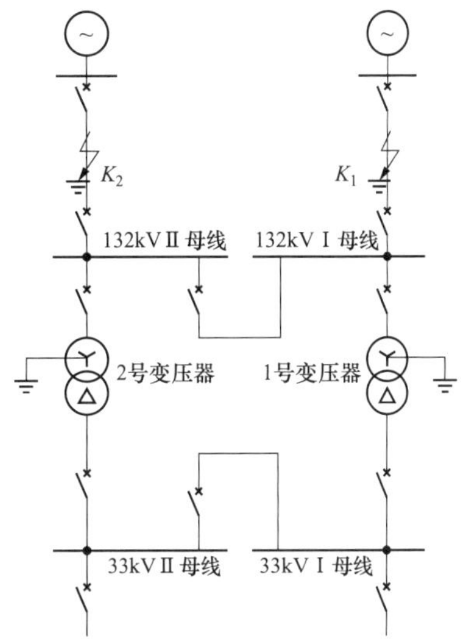

图 3-22　变电站的一次系统结构与故障点的位置

二、检查过程

1. 气体继电器的检查

对变压器本体气体继电器进行了检查，发现其中有气体，数值高达 300mL。

对重瓦斯保护的整定值进行了检查，整定值为 1m/s，其动作值与整定值基本一致。

另外，检查确认重瓦斯保护的接线正确，并对其进行了带断路器的传动试验，结果正常。

2. 线圈直流电阻测试（温度 38℃）

线圈直流电阻测试结果见表 3-10。

表 3-10　线圈直流电阻测试

绕组	分接位置	直流电阻（mΩ）			结论
		AO	BO	CO	
高压侧	1	455.2	453.2	454.9	C 相电阻异常
	2	449.8	447.4	454.9	
	3	443.0	441.2	448.6	
	4	437.5	435.6	443.1	
	5	430.6	429.0	436.4	
	6	425.2	423.1	431.6	
	7	419.2	417.0	424.6	
	8	415.2	411.9	419.3	
	9	404.7	403.2	411.0	

续表

绕组	分接位置	直流电阻（mΩ）			结论
		AO	BO	CO	
高压侧	10	411.1	412.5	424.1	C 相电阻异常
	11	418.3	418.9	418.3	
	12	423.2	424.2	424.5	
	13	429.7	430.6	430.6	
	14	435.0	436.1	436.2	
	15	441.6	442.3	442.2	
	16	447.2	448.0	447.8	
	17	453.5	455.7	454.0	
低压侧		ab	bc	ca	
		38.42	38.52	38.57	

3．绝缘电阻测试

用 2500V 绝缘电阻表测试历时 1min 的时间，结果如下。

铁芯—地：2000MΩ；高侧压—低压侧及地：2000MΩ；低压侧—高压侧及地：2000MΩ。

上述数据表明，变压器的绝缘正常。

4．低电压空载试验

通过在低压侧施加 220V 电压检测空载合闸电流的方法，分别对 ab 相端子加电压（bc 相接地）、bc 相端子加电压（ac 相接地）。送电试验过程中检测到了微弱空载电流，表明绕组之间无直接短路的现象存在，结果正常。

三、原因分析

1．导致变压器故障可能的原因

如果变压器本身存在质量问题，或者由于某种外部因素的影响造成 C 相电流突然增大，差动保护动作，轻瓦斯保护报警的几种可能的原因。

（1）变压器制造质量问题。变压器经过现场交接验收，完成了投运前的各项试验，于 2008 年 10 月初首次投运，经过 168h 连续试运行，验证了产品无制造问题。

从 10 月 9 日的试验报告来看，变压器油的试验数据离散性非常大，主变压器本体油（中间）耐压试验平均值为 52kV，而主变压器本体底层油耐压试验 33kV 时出现的击穿现象，说明变压器油的耐压值已经低于正常工作需要的绝缘强度。分析认为变压器本体下部可能存在水分、异物等杂质，是安装过程中留下的隐患。同时现场不能做简单的直流电阻测试试验，也反映了现场的技术能力比较欠缺。经过长时间的运行，上述问题渐渐暴露了出来，导致变压器故障、轻瓦斯动作是完全有可能的。

（2）变压器的绝缘问题。变压器的绝缘水平也称绝缘强度，即为耐受的电压值，决定于连接到线路上避雷器的保护水平，避雷器伏秒特性必须与变压器绝缘的伏秒特性相配合。

由于变压器内部进水等原因造成变压器油的耐压值下降，进而造成线圈绝缘受潮沿面放电，表现为引线对地放电，可能是这次事故的主要原因。

（3）变压器的过电压问题。在运行中遭受到各种雷电以及操作过电压的冲击。由于耐压水平的限制，导致变压器绝缘的击穿。避雷器的绝缘配合标准电流下的残压必须低于变压器绝缘的放电电压，避雷器的残压与雷电压的大小有关，而被保护绝缘的电压与残压有关。由于电力设备的绝缘强度和避雷器的保护特性具有一定的离散性，因此这些特性的配合是建立在统计规律的基础上，既考虑到避雷器放电电压和残压，以及在过电压作用下流经避雷器电流的统计分布，也考虑到设备强度的统计分布，之间的配合应能保证最优的技术方案。尼日利亚国家属于多雷暴地区，本次事故也可能是由于线路遭受到雷击，避雷器伏秒特性与变压器绝缘的伏秒特性配合不合适，进而波及变压器内部绝缘造成线圈故障。

（4）变压器的过电流问题。变压器在运行中可能受到短路电流的冲击。若正常运行的变压器发生单相、两相或三相短路事故时，尽管该过程持续时间很短，但却是对变压器动稳定性和热稳定性的最严重的考验。另外，对于末端变压器，当电源侧发生不对称接地故障时，由于中性点接地原因，导致零序电流进入高压侧，虽然零序电流的数值为三相短路的 $\sqrt{3}/2$ 倍，但是高压绕组也会由于多次受到零序电流的冲击而损坏。

（5）绕组的振动问题。变压器绕组及其结构件不是静止不动的，而是围绕其起始位置不停振动着，除了在轴向电动力的作用下振动外，还由于辐向短路电流机械力的作用使内线圈受压缩力，外线圈受拉伸力，有可能造成绕组的损伤，随着变压器长期运行，这些冲击损伤严重时会导致绕组损坏，包括绕组变形导致匝绝缘破裂引起匝间短路、绕组变形导致主绝缘强度降低引起绝缘击穿以及绕组的轴向及辐向失稳等。该变压器也可能在外部出现短路故障的状态下发生了线圈匝间轻微短路，通常表现为低压线圈故障。

2. 保护动作行为与变压器故障的关系

结合上述内容，根据 1 号主变压器保护的录波图形等资料，对有关的问题分析如下：

（1）相间短路对变压器的影响。5 月 14 日，1 号主变压器低压侧、差动保护区外发生 B、C 相间短路，变压器提供的短路电流达 $6I_N$，持续时间为 120ms。此电流的冲击对变压器的绝缘、寿命等有很大影响。

如果负荷供电线路的保护动作不够快速，切除故障的时间不够迅速，这些都能影响到变压器的健康水平。

（2）励磁涌流对变压器的影响。1 号主变压器空载冲击若干次，其励磁涌流最大峰值接近 2000A，这种励磁涌流对变压器的绝缘、寿命等指标有影响是值得考虑的。

结合这一问题，对以往保护的动作行为进行了核查，信息表明，当空载冲击变压器时，差动保护有启动跳闸的记录，由此增加了不安全的因素。

（3）单相接地故障对变压器的影响。8 月 10 日，主变压器高压侧电源线路发生 C 相接地短路，故障部位不明，应该在差动保护 TA 以内、变压器以外的线路上，短路电流接近 $3I_N$，持续时间为三个半周波。10 月 9 日，主变压器高压侧电源线路再次发生 C 相接地短路，短路电流超过 $3I_N$，持续时间为三个半周波，此次故障直接造成了轻瓦斯保护的动作。

故障线路保护虽然动作迅速，但是不能减轻对变压器冲击的影响。

（4）防雷与防止过电压问题对变压器的影响。变电站应设置合格的接地网与避雷器，以防止过电压的问题发生。但所见资料与数据尚无有关信息。

（5）变压器保护的动作行为分析。运行结果表明，2008 年 10 月变压器保护投运以来动作行为正确。差动保护存在冲击空载变压器时误动作的行为，也就是躲不过励磁涌流的影响，由此增加了对变压器冲击的次数，也会对变压器的寿命产生影响。

四、防范措施

1. 解决冲击空载变压器时保护的启动问题

要解决差动保护在冲击空载变压器时的启动问题，应根据运行数据调整启动量与整定值，例如在启动量的环节中除去突变量的启动。

2. 提高差动保护可靠性的措施

将比例差动保护定值由 $0.4I_N$ 改为 $0.6I_N$，二次谐波制动比例系数由 0.2 改为 0.15，差动保护不应反映零序分量，否则不能区分内外故障，会造成保护无选择性跳闸。但零序电流差动保护例外，可以装设变压器零序电流差动保护解决如此问题，接线见图 3-23。

3. 调整一次系统的运行方式避免空载送电次数

调整一次系统的运行方式，例如变压器的电源供电线路至少有双回运行，以减少变压器空载送电的次数，避免与冲击电流相关因素的影响。

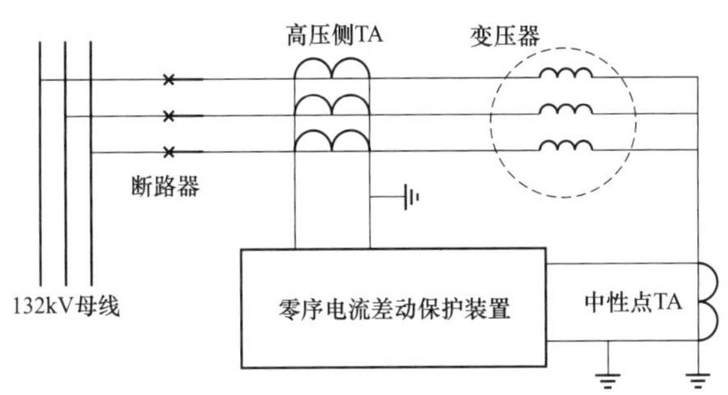

图 3-23　零序电流差动保护接线图

“系统故障”与“保护动作行为”对“变压器寿命”的影响三角关系链（见图 3-24）：系统故障的切除时间影响到变压器的寿命，保护动作行为影响到系统故障的切除时间，保护动作行为影响到变压器的寿命。

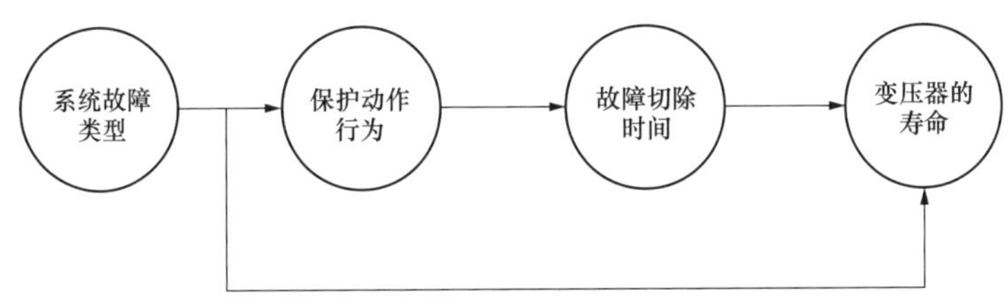

图 3-24　系统故障与变压器的寿命三角关系链

第 8 节　发电厂启动备用变压器送电时差动保护误动作

一、故障现象

某年 4 月 18 日，ZAR 发电厂启动备用变压器送电过程中发生差动保护动作、低压侧 A 分支接地保护动作跳闸的问题。ZAR 发电厂启动备用变压器于 1999 年投入运行，多年来启动备用变压器送电若干次，其差动保护、低压侧分支接地保护从未出现过动作现象。正确分辨一次设备故障保护正确动作和一次设备正常保护误动作是问题的关键所在。

变压器参数如下：

型号：TLSN7854+HSAK5639；

序列号：N422223+271；

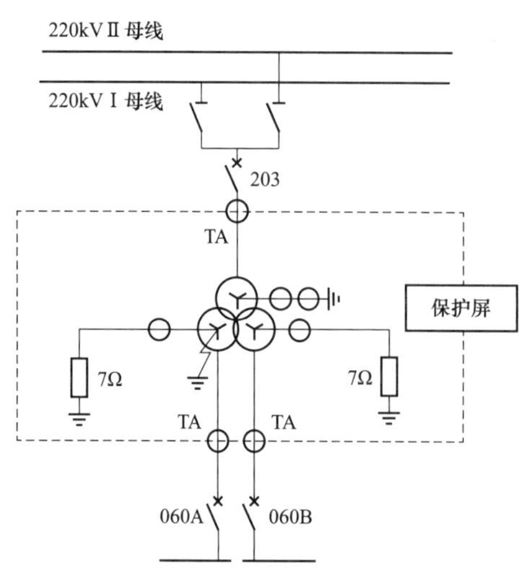

图 3-25 启动备用变压器一次系统接线与差动保护

联结组别：YNyn0（d11）；

额定功率：60/30/30MVA；

电压：220/6/6kV；

低压侧接地电阻：7.2Ω。

启动备用变压器的一次接线见图 3-25，变压器冲击时断路器 60A、60B 在断开位置。

二、检查过程

对启动备用变压器相关的保护应用情况介绍如下。

1. *启动备用变压器差动保护*（7UT513-F11）

该保护基本原理与国内差动保护相同，该保护运行特性见图 3-26。

差动电流 $I_{diff}=|I_1+I_2+I_3|$ （三绕组）

制动电流 $I_{stab}=|I_1|+|I_2|+|I_3|$ （三绕组）

式中：I_1、I_2、I_3 分别表示变压器一次绕组、二次绕组电流。

并且上述电流已经过变比、相量组等匹配处理，内部故障的特性斜率为 1 的直线。

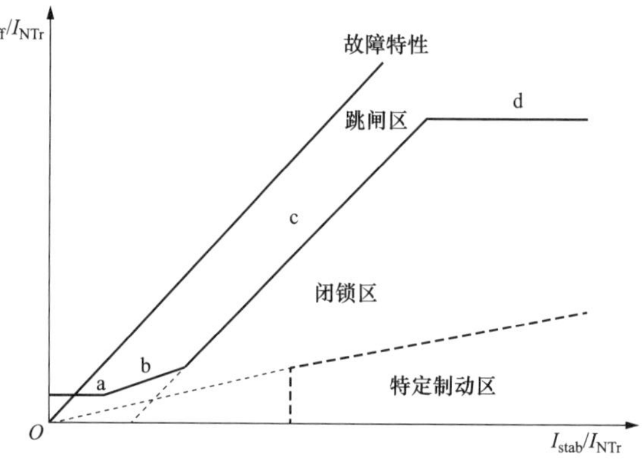

图 3-26 变压器差动保护的特性

（1）a 区段—灵敏区。分支 a 表示了该差动保护的灵敏度门槛值，主要考虑的是差动保护的不平衡电流。

（2）b 区段—比例制动区。分支 b 则考虑了电流比例误差；比例误差可能由变压器 TA 和保护电流变换器的变换误差引起的，或者是由电压调节器分接头的位置引起的。该区段的基点在原点，斜率可整定。

（3）c 区段—强制区。在可能引起 TA 饱和的大电流范围内，分支 c 则具有更强的制动作用，以防止由于 TA 饱和而导致的差电流保护误动作。

在 TA 严重饱和的情况下，特定制动区将起作用，继电器利用一个高初始稳定电流能够检测发生外部故障时的 TA 饱和，然后简单地将运行点移动到特定制动区；相反地，在发生内部故障时，运行点直接沿故障特性移动，因为在此情况下制动电流并不比差动电流大。此特性线的斜率等于分支 b 的 2 倍，起始制动电流可从继电器上整定，在故障发生后初始的半周波内作出判定，在检测到外部故障后，保护将在一可整定的时间段内保持闭锁，一旦运行点在故障特性曲线上稳定地移动（即超过两个周波），则该闭锁立即被撤消。

（4）d 区段—差动速断区。分支 d 对于变压器中的大电流故障，不管制动电流幅值有多大，只要差动电流的幅值表明不是外部故障就可以迅速地启动。通常是指短路电流大于 $1/U_K$ 倍的变压器标称电流的状况。

2. 启动备用变压器分支接地保护

分支接地保护原理接线见图 3-27，启动备用变压器中性点 TA 和三相 TA 的安装位置确定了保护区的范围。正常运行时，中性线中无电流通过，三相电流之和 $\dot{I}_{L1}+\dot{I}_{L2}+\dot{I}_{L3}$ 也为零。当区内故障时，将产生 I_{sp}。由于 6kV 变压器高压侧不接地，故障相 TA 的零序电流回路上无接地电流。当区外故障时，同样会出现 I_{sp}。并且，相 TA 的零序电流回路上亦产生接地电流，但相 TA 的零序电流与 I_{sp} 数值相等相位相反。

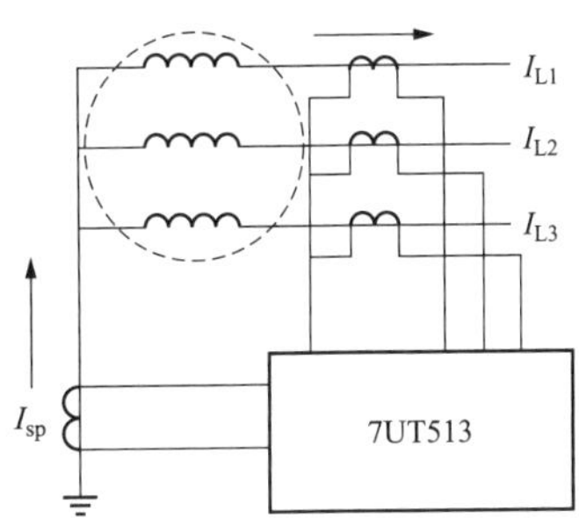

图 3-27　保护原理接线图

其中：$I_0'=I_{sp}$，$I_0''=\dot{I}_{L1}+\dot{I}_{L2}+\dot{I}_{L3}$。

跳闸电流：$I_{REF}=|I_0|$，制动电流：$I_{stab}=k(|\dot{I}_0-\dot{I}_0|-|\dot{I}_0+\dot{I}_0|)$。

k 与限定角（I_0' 与 I_0'' 间的相位移量）的关系见表 3-11。

表 3-11　　k 与限定角的关系

限定角	130°	120°	110°	100°	90°
k	1	1.4	2	4	∞

3. 差动保护的定值检查

启动备用变压器高压侧套管 TA：T2，200/1A，30VA，5P20。

6kV 工作段分支 TA：T1，第二组，3000/1A，20VA，10P20。

启动备用变压器高压侧平均电压 U_{prim}

$$U_{min}=U_N\times(1-11.25\%)=195.25\text{kV}$$

$$U_{max}=U_N\times(1-16.25\%)=255.25\text{kV}$$

$$U_{prim}=2/(1/U_{min}+1/U_{max})=221.4\text{kV}$$

（1）灵敏段门槛值的整定。本保护具有谐波及比率制动功能，按躲过最大负荷时差动回路的不平衡电流 $I_{bp.fh}$，即 $I_{dz.jmin}>I_{bp.fh}$。

（2）b 区段的斜率整定。

$$K_{zh}=K_1\times(K_{tx}\times f_i+D_U+D_{fph})/2$$
$$=1.3\times[1\times0.1+(0.1628+0.1125)/2+0.5]/2=0.19$$

式中：K_1 为可靠系数；K_{tx} 为互感器同型系数；f_i 为互感器幅值误差；D_U 为分接头引起的误差；D_{fph} 为变比误差；K_{zh} 参考继电器说明书，取 0.25。

（3）c 区段的整定。

1）分支 c 基点的整定，由于在 TA 电流增大时将导致其饱和，从而使特性向上弯曲，为保证保护正确的动作，需使动作区向上倾斜，选取该点为 $2.5I/I_{ntr}$。

2）分支 c 斜率的整定，参考国内制动系数的选择，取 0.5。

（4）d 区段的整定。参考 SIEMENS 公司 7UT51 V3.0 说明书

$$\text{启动值 } I_{pick\text{-}up}>1/U_k\times I_N=1/0.138\times I_N=7.2I_N$$

取 $I_{pick\text{-}up}=7.8I/I_{ntr}$。

（5）差动速断电流的整定。参考 SIEMENS 公司 7UT51 V3.0 说明书，取 $7.0I/I_{NTr}$。

（6）灵敏系数校验。仅启动备用变压器运行，最小运行方式下，6kV 母线两相短路电流为

$$13.3\text{kA}/2.75\text{kA}=4.85$$
$$I_{dz}=(4.85-2.5)\times0.5=1.175$$

$K_{lm}=4.85/1.175=4.13>2$，满足要求。

（7）保护出口。跳 220kV 203 断路器，跳 6kV 分支断路器，启动厂用电切换。

4. 启动备用变压器分支接地保护定值检查

启动备用变压器中性点 TA：T4，T6，500/1A，30VA，5P10。

6kV 工作段分支 TA：T1，第二组，3000/1A，20VA，10P20。

（1）动作门槛值的确定。按最小运行方式，6kV 母线单相接地进行计算。

$I=505/500=1.01I/I_N$，故 $I_{pick\text{-}up}=0.25I/I_N$，$K_{tm}=1.01/0.25=4.04>2$ 可满足要求。

（2）限制角整定。为保证区外接地可以可靠制动，取限定角 110°，即 $k=2$。

（3）保护出口。跳 220kV 侧 203 断路器，跳 6.3kV 分支断路器，启动厂用电切换。

三、原因分析

1. 启动备用变压器差动保护躲不过冲击时的励磁涌流而误动作

前曾述及，ZAR 发电厂启动备用变压器于 1999 年投入运行，多年来从未发生过空投时保护误动作而跳闸的问题。现将这次保护动作原因分析如下：

（1）差动保护启动值太低。差动保护启动值太低，为 $0.34I_N$，根据录波数据表明，本次启动备用变压器空投时相电流的数值已经超过了差动保护启动值。

（2）二次谐波制动偏高。变压器励磁涌流的谐波成分主要是二次谐波，保护的制动

特性中也考虑了谐波制动的成分。二次谐波制动的整定范围 0.1～0.2 之间。结合比例制动 b 线取 0.25 显然偏低。

（3）变压器低压侧电流不能抵消高压侧的电流。尽管变压器采用 YNyn 接线形式，但在 60A、60B 断开的情况下，空投变压器其低压侧的电流主要是电容电流，数值偏低，尚不能抵消高压侧电流。更何况涌流的直流成分影响其传变效应差，在变压器保护中还是高压侧电流起作用。

2. 涌流中的零序分量传到低压侧启动了分支接地保护

过去多数的启动备用变压器采用的是 YNd 接线组别，而该电厂采用的 YNyn 接线组别。对 YNd 接线组别的变压器在冲击时，励磁涌流零序分量也能传变到低压侧，但是，只能在△内部形成环流，是流不到分支线路上的。对于 YNyn 接线组别的变压器在冲击时，励磁涌流零序分量却能通过线路的电容提供的通道形成回路，见图 3-28。如此达到保护的定值时保护动作。另外，定值 $0.25I_N$ 其值也偏低。

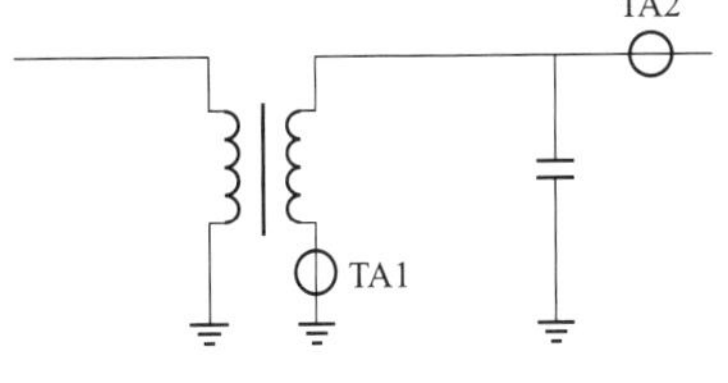

图 3-28　电容提供的通道回路图

四、防范措施

根据上述分析可知，调整保护的定值是解决问题的有效途径，做法如下。

1. 调整启动备用变压器差动保护的动作门槛

提高差动保护的动作门槛，将差动保护的动作电流提高到 $0.7I_N$。

2. 调整启动备用变压器差动保护动作特性的比例系数

提高差动保护动作比例系数，将提高差动保护动作比例系数提高到 b=0.3。

3. 调整启动备用变压器制动特性的系数

调整二次谐波制动系数，虽然已经考虑了保护的谐波制动系数，但是数值不合适，将二次谐波制动系数整定到 0.15。

4. 调整分支接地保护动作门槛

提高分支接地保护动作电流倍数，将分支接地保护的动作电流提高到 $0.4I_N$。

采取措施后类似的故障未再出现。

第 9 节　变压器差动保护在线路重合闸时误动作

一、故障现象

110kV DUL 变电站采用内桥接线方式，系统结构见图 3-29。

某年 10 月 21 日，L2 线 1121 断路器通过内桥 1145 断路器带 1、2 号变压器运行。

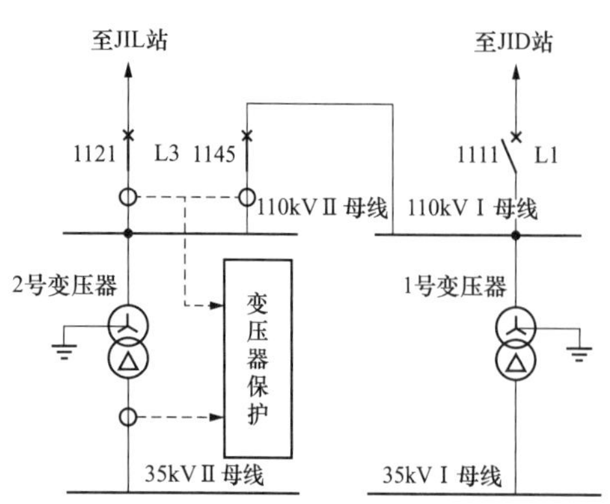

图 3-29　110kV DUL 变电站的系统结构

变电站 110kV 系统分裂方式为 110kV 进线自动投入，35kV 系统分裂方式为分段断路器备用电源自动投入。

10:59:25，110kV L2 线线路 B 相故障，JIL 110kV L2 线零序保护Ⅰ段动作，重合闸不成功。3ms 后 DUL 站 110kV 备用电源自动投入动作，跳开 1121、合上 1111 断路器，此时的系统方式见图 3-30。

11:46:00，L2 线 1121 断路器自动合上，由于 L2 线线路 B 相故障仍然存在，导致 JID 站海芦线距离保护Ⅰ段动作跳闸。与此同时，110kV DUL 站 2 号变压器差动速断保护动作，跳开 L2 线 1121 断路器与桥 1145 断路器。

L2 线 1121 断路器跳开后故障点隔离，JID 站 L1 重合成功。此时的系统接线方式见图 3-31。

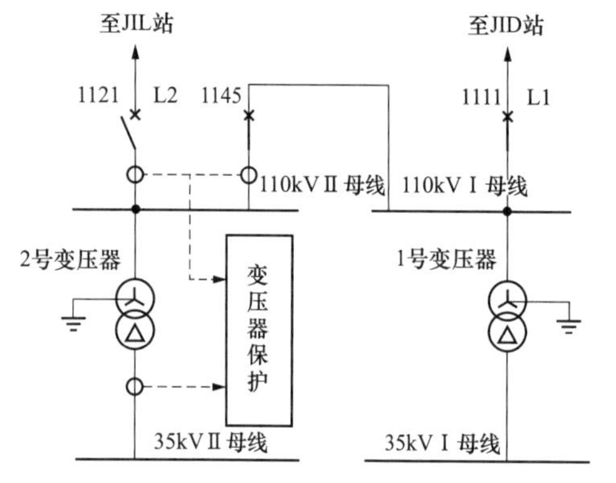

图 3-30　1111 开关供电的系统结构

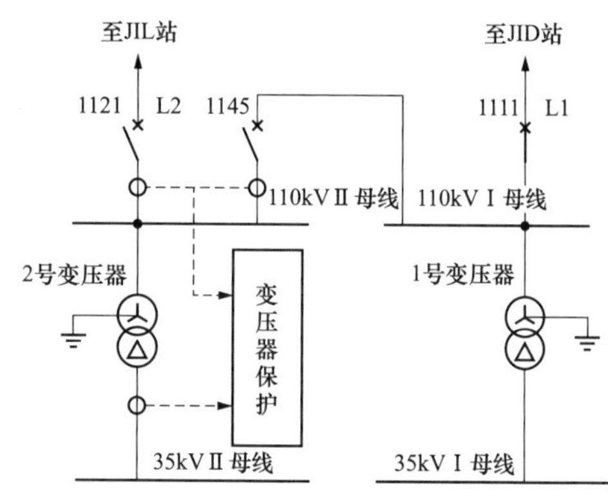

图 3-31　差动保护跳闸后变电站的系统结构

11:54:00，L2 线 1121 断路器再次自动合上。

12:10:00 运行人员到达现场手动断开 L2 线 1121 断路器。

L2 线 1121 断路器自动合闸，以及 DUL 站 2 号变压器差动速断保护动作都是误动行为。

2 号变压器差动速断保护的定值整定 $6I_N$，保护的实际动作电流为 $5I_N$，换算到一次侧为 909A，出现了显示的动作电流与整定值不一致的问题。

二、检查过程

1. 关于 1121 断路器误动合闸的检查

断开 L2 线 1121 断路器直流电源，检查其合闸回路绝缘正常。投入 L2 线 1121 断路器直流电源，1121 断路器再次误动合闸。

2. 关于差动速断保护误动作的检查

差动保护装置输入 0～70A 的电流检验其相位、幅值、差流等指标正常，动作逻辑正常，因此差动保护的静态特性正常。

2 号主变压器差动速断保护的定值整定 $6I_N$，但保护实际的显示与动作电流无关。

3. 关于 TA 电流波形与二次绝缘的检查

录波图形的检查：从保护录波图形可以看出，1121 断路器 TA 的电流波形有明显的畸变，而 1145 断路器 TA 的电流波形是标准的正弦波。

接线检查：1121、1145 断路器 TA 的二次回路接线正常。

绝缘检查：1121、1145 断路器 TA 的二次回路绝缘正常。

TA 的二次伏安特性检查：通入 0～20A 的电流，检查 1121、1145 断路器 TA 的二次伏安特性正常。

4. 关于剩磁影响 TA 特性的试验

为了验证剩磁对 TA 特性影响，对两只 TA 中的一只，二次线圈 120 匝通入 5A 的电流，折合励磁 600 安匝，然后两只 TA 同时通入电流 $20I_N$，则两者的差流达 $6I_N$ 以上，此值足以导致保护的动作。试验时的录波图形见图 3-32。

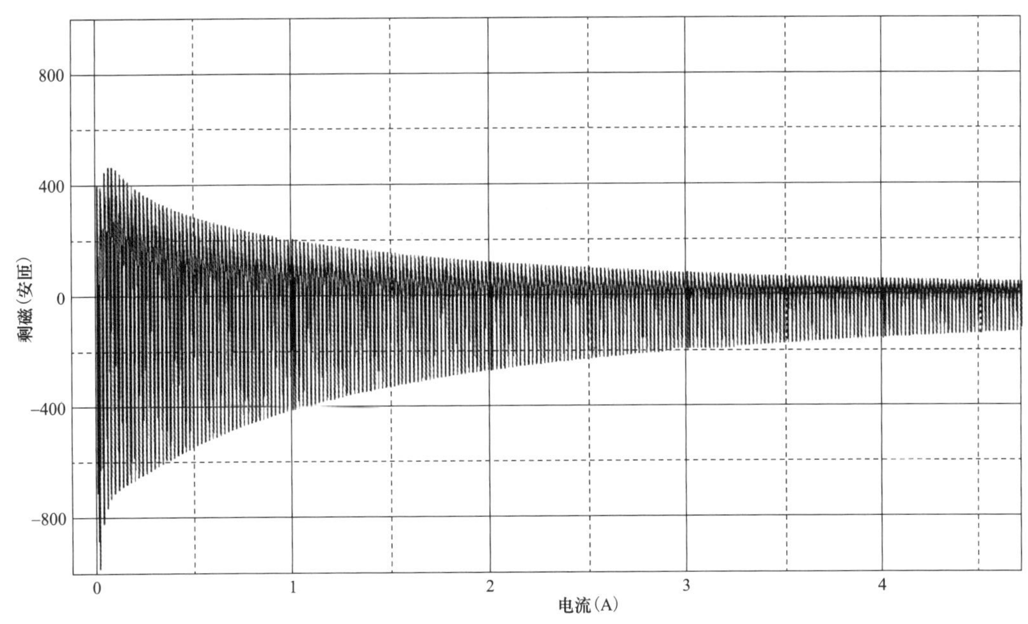

图 3-32　剩磁对 TA 特性影响的波形图

三、原因分析

对于 110kV DUL 变电站的故障原因分析如下。

1. 1121 断路器误动合闸是合闸继电器的触点击穿造成的

检查 1121 断路器合闸回路的电位发现，操作板内合闸继电器的触点已经导通，由此造成了 1121 断路器的误动合闸。

在 1121 断路器第一次跳开后，没有立即合闸的原因是断路器的压力闭锁在起作用，当打压完成后，由于操作板内合闸继电器的触点已经导通，合闸回路立即导通合闸。

2. 2 号主变压器差动速断保护误动作是 TA 二次输出的偏差造成的

1121 断路器合闸到故障线路上，由于 1121 断路器 TA 与 1145 断路器 TA 的极性相反。如果电流波形一致，则正好抵消，主变压器差动速断保护不会误动作。

但实际上因为 1121 断路器 TA 的电流波形有明显的畸变，而 1145 断路器 TA 的电流波形是标准的正弦波，二者不能抵消，从而造成了主变压器差动速断保护的不正确动作。

3. TA 电流波形的畸变与剩磁有关

运行中，在空投变压器、事故跳闸以及电容器投切等操作时，通过电流互感器的电流中存在直流分量的机会很多，电流的直流分量必然在电流互感器的在铁芯中产生剩磁，剩磁在运行条件下难以消除。由于剩磁的影响会使电流互感器的传变特性变坏，传变特性变坏导致电流互感器出现暂态饱和现象，暂态饱和以及电流存在的直流分量共同导致 TA 电流波形的畸变。

如果两只 TA 剩磁的初始条件不一致则暂态饱和的状况也出现差别，当差流达到一定的程度则会使差动保护误动作。

4. 动作电流与整定值不一致的问题与设计版本有关

主变压器差动只有速断保护动作时，显示与打印的数值同动作值不统一，由此出现了显示的动作电流与整定值不一致的问题。

5. TA 剩磁影响的试验不能完全模拟当时的故障电流

线路故障时保护的录波电流波形与图 3-32 差别较大，图 3-32 的电流类似于变压器空投时的励磁涌流，励磁涌流是保护能够躲过的，但是实际保护没能躲过。原因是试验不能完全模拟当时的故障电流，试验只能说明剩磁的影响会使电流互感器出现暂态饱和现象，导致 TA 电流波形的畸变。

四、防范措施

针对出现的问题，采取相应措施如下。

1. 解决合闸继电器的触点击穿问题

更换触点容量较大、触点距离较远的继电器。

2. 解决 TA 电流波形的畸变问题

关于 TA 电流波形的畸变，相关标准没有对此作出规定，但其指标在规定范围之内。

该变电站的 TA 电流波形的畸变与 1121 断路器误动合闸有关，如果 1121 断路器不误动合闸，也就不存在 1121TA 电流波形的畸变，差动保护就不会误动作。

其他差动保护误动问题，应在逻辑中采取抗饱和的措施解决。

3. 解决保护设计版本问题

只有速断保护动作时，显示与打印的数值同动作值不统一，更换新版本的软件即可。

第 10 节　变压器和应励磁涌流导致差动保护误动作

35kV TAJ 变电站的一次系统高压侧为单母分段接线，两台 10MVA 变压器分别接一段，10kV 侧也是单母分段接线方式。某年 11 月 29 日运行方式，35kV 1 号进线带全站负荷运行，1、2 号变压器在运行状态，1 号变压器带 5MVA 负荷。在 9:30 2 号变压器退出运行转为检修。变电站系统结构见图 3-33。

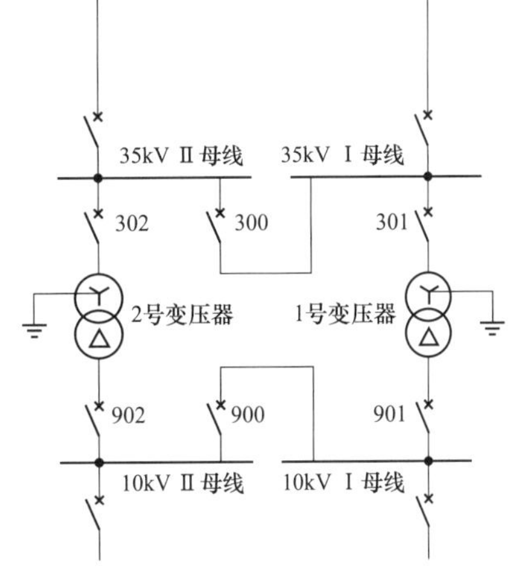

图 3-33　变电站的一次系统结构

一、故障现象

11 月 29 日 12 时 11 分，变电站 2 号变压器检修结束后，对其实施冲击送电，送电过程中 1 号变压器差动保护动作，跳开 301、901 断路器。冲击一台变压器时另一台运行变压器的差动保护动作的现象比较罕见。

疑点分析：①冲击变压器时并联的相邻变压器产生和应励磁涌流，该电流导致差动保护误动作；②差动保护的定值问题，二次谐波制动系数 0.2 偏高，比率差动启动值 $0.3I_N$ 偏低，定值不合适是启动差动保护的另一因素。

二、检查过程

1. 1 号变压器差动保护装置定值检查

35kV 变电站 1 号变压器差动保护装置的主要定值：变压器接线类型为 YNd11；TA 变比为 250/5A，1200/5A；TA 接法为 Yy；差动门槛值为 $0.3I_N$；比例制动系数为第一段 0.2，第二段 0.6；二次谐波制动系数 0.2。

2. 1～2 号变压器差动保护动作记录检查

在操作过程中，1～2 号变压器差动保护装置内记录了完整的事件记录。

（1）2 号变压器差动保护告警记录检查。11 月 29 日 12 时 2 号变压器差动保护告警记录：

11:47:373，二次谐波闭锁差动发生；

11:48:610，二次谐波闭锁差动解除。

（2）1 号变压器差动保护动作记录检查。11 月 29 日 12 时 1 号变压器差动保护动作记录：

11:48:558，B 相比率差动动作发生；

11:48:757，B 相比率差动动作解除。

（3）1 号变压器差动保护告警记录检查。11 月 29 日 12 时 1 号变压器差动保护告警记录见表 3-12。

表 3-12　　1 号变压器差动保护告警记录

序号	时间	事件内容	结果
1	11:47:688	二次谐波闭锁差动	动作
2	11:48:558	二次谐波闭锁差动	返回
3	11:48:568	二次谐波闭锁差动	动作
4	11:48:578	二次谐波闭锁差动	返回
5	11:48:588	二次谐波闭锁差动	动作
6	11:48:620	TA 饱和	动作
7	11:48:637	TA 饱和	返回
8	11:48:637	二次谐波闭锁差动	返回

三、原因分析

分析认为，导致 1 号变压器差动保护动作原因有两方面：第一，冲击 2 号变压器时在 1 号变压器中产生应和涌流，是启动差动保护的重要条件；第二，定值不合适是启动差动保护的另一因素，分析如下。

1. *励磁涌流的产生启动了差动保护*

从变电站运行情况，以及 1、2 号变压器差动保护记录情况来看，1、2 号变压器中都有二次谐波，而且 1 号变压器差动保护出现电流互感器 TA 饱和，是明显的励磁涌流的特征。在中低压电压等级的系统中，小系统电阻较大，更容易产生和应涌流。由此认为，冲击 2 号变压器时在 1 号变压器中形成的和应涌流是造成 1 号变压器比率差动保护跳闸的根本原因。

（1）和应涌流的主要特点：运行变压器中的和应涌流在空载合闸变压器的励磁涌流

持续一段时间后才产生。

出现和应涌流后，两台变压器的相互作用使得涌流的衰减过程持续的时间要比单台变压器空载合闸时间要长很多。

（2）和应励磁涌流产生的本质原因：空载合闸变压器产生的励磁涌流流过系统电阻时使得其他变压器工作母线电压偏移，导致变压器（电流互感器）的铁芯饱和造成的。

另外，变压器剩磁的大小直接影响到励磁涌流的大小。

变电站 1、2 号变压器差动保护的记录结果与和应涌流的条件相吻合，可以确定和应涌流是 1 号变压器差动保护动作的原因。

2. 保护定值的偏差导致了保护的误动作

检查发现，变压器现场运行定值单与调度运行定值单存在有不一致的地方。如：变压器差动保护二次谐波制动系数，变电站定值为 0.2，调度运行定值为 0.15；比率差动斜率也不一样，变电站定值为 0.3，调度运行定值为 0.5。

因此，实际运行的变压器差动保护定值中，二次谐波制动系数偏高，比率差动启动值偏低。定值不合适是启动差动保护的另一因素。

四、防范措施

针对变压器和应励磁涌流的实际情况，采取如下防范措施。

1. 冲击变压器时暂时改变运行方式

断开 35kV 分段断路器，用备用的 35kV 线路冲击 3 次备用变压器，再断开 35kV 备用线路，合上 35kV 分段断路器，将备用变压器转入运行。这样做的目的是减小励磁涌流，也就减小了和应励磁涌流。

2. 更改变压器差动保护的定值

提高比率差动启动值，由 $0.3I_N$ 改为 $0.5I_N$；提高比率差动斜率，由 0.5 改为 0.7；降低二次谐波制动系数，由 0.2 改为 0.15，以躲开和应涌流的影响。

更改差动保护的定值后重新进行冲击试验，保护装置运行正常。

3. 更换变压器两侧电流互感器的等级

更换变压器两侧电流互感器（TA）为 TP 级，以防止电流互感器的暂态饱和现象发生。

采取了用线路直接冲击 2 号变压器的方式以及更改保护定值的措施后，模拟试验装置运行正常，2 号变压器冲击正常，1 号变压器运行正常。

通过这次事故让人们认识到，随着变电站所带负荷性质以及运行方式的变化，会导致电网某些特殊问题的出现。以往对正常供电的认识水平，已落后于时代发展的步伐。因此，不仅要充分考虑客户的用电性质，加强用户侧管理；还要科学安排运行方式，以避免用电设备对电网的冲击影响。

第 11 节　发电机-变压器组差动保护性能问题导致的误动作

一、故障现象

某年 6 月 26 日 FAW 发电厂 1 号发电机-变压器组差动保护跳闸，当时机组关联的系统无故障、厂内无操作、人员没有检修，主设备也没有其他异常报警。从宏观上看，故障的现象类似于断路器的偷跳或无故障跳闸，但是也有区别，就是一次设备与二次设备的操控方面存在的差别。

保护采用的是南京自动化设备厂生产的 JFC 型集成电路保护。

疑点分析：①二次回路与接线问题；②保护的抗干扰问题；③保护的静态特性与动态特性问题。

二、检查过程

故障发生后，根据发电机-变压器组保护动作跳闸这一线索，首先对保护范围内的一次设备，即发电机、主变压器、高压厂用变压器以及接线进行了检查，结果未发现异常。然后对保护动作行为的相关事宜，就是可能的引发保护误动的原因进行了检查，内容与结果状况如下。

1. 保护的录波检查

从保护的专用录波图形看，只有 1 号发电机-变压器组差动保护主变压器侧 TA A 相电流发生变化，降低到大约正常值的 1/5，同时还有相位的偏移。

2. 二次回路与接线检查

发电机差动保护的原理接线见图 3-34。

（1）故障发生后当天的检查状况。6 月份故障发生后，对 1 号发电机-变压器组差动保护升压站侧 TA 端子箱到保护屏 A、B、C 三相电缆的绝缘状况进行了检查，结果其绝缘电阻均大于 10MΩ，结果正常。

另外，回路的接线状况良好，未发现导致保护误动的迹象，随后开机并网发电。

（2）一个月后的检查状况。7 月份机组再次停用保护，对其电缆进行了检查。前曾述及主变压器侧 TA 的 A 相电流减少到原幅值的 1/5，若电缆外部短路，短路电流约为 4A，应该有短路放电的痕迹等。但是打开了两侧电缆头，确认电缆头完好，没有损伤或短路的迹象。并且电缆无接头，电缆外皮无损伤，绝缘测试良好。因此，再次确认此电缆是完好的，完全排除了电缆故障的可能性。

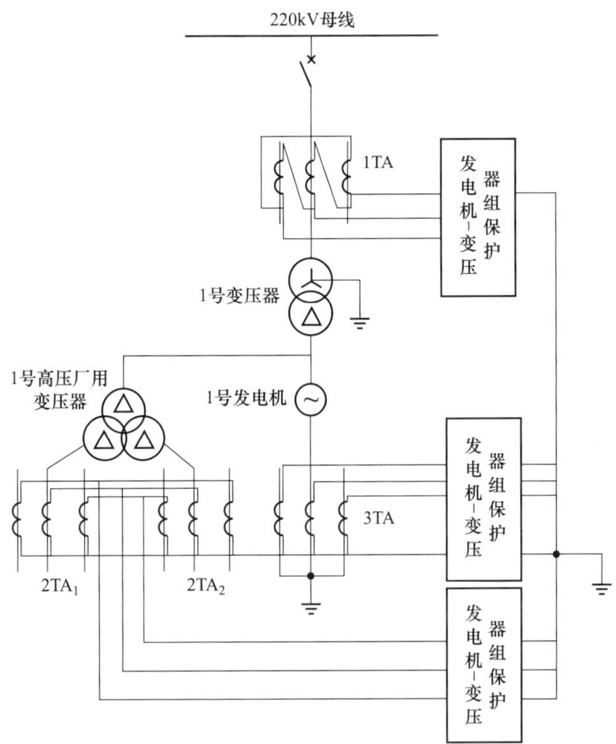

图 3-34　发电机-变压器组差动保护接线图

3. 差动保护定值的检查

差动保护范围内的设备主要参数如下。

发电机额定参数：额定功率 3000MW，额定电压 20kV，额定电流 10.19kA，cosφ=0.85。

主变压器的额定参数：额定容量 370MVA，变比 242/20kV，高压侧额定电流 883A。

高压厂用变压器的额定参数：额定容量 40/25～25MVA，变比 20/6.3kV，低压侧额定电流 2291A。

（1）保护的采样值检查。对保护的采样值进行了检查，将各侧的通道分别通入 5A 的电流，其显示结果与之一样，可见保护的采样通道无问题。

（2）保护的启动值检查。对保护的最小动作值进行了检查，结果见表 3-13。

表 3-13　　　　发电机-变压器组差动保护定值

TA 位置	TA 变比	电流额定值	电流启动倍数
主变压器高压侧	1200/5A	6.2A	
高压厂用变压器低压侧	3000/5A	5.4A	
发电机尾部	12000/5A	4.3A	
差动保护			0.45I_N

4. 保护的传动试验

从二次电流输入到保护模块整个回路进行多次试验，均没有重复出现类似的故障参数。同样，在各种试验的过程中，录波数据均没有出现相位偏移的情况。

经过反复的试验表明，保护静态试验的结果正确无误。因此，认为保护的插件与装置无问题。

三、原因分析

根据检查结果，对保护动作的状况分析如下。

1. 保护动作不是TA以及回路问题导致的

1 号发电机-变压器组差动保护升压站侧 TA 接线是从 TA 端子箱接成三角形，无论一次系统、TA 本体或 A、B、C 三相电缆发生故障，反应到 1 号发电机-变压器组差动保护 TA 二次侧的电流至少两相会发生变化，而从 6 月 26 日保护专用录波来看，只有 1 号发电机-变压器组差动保护升压站侧 TA 的 A 相电流减少发生变化，因此可排除一次系统、TA 本体以及 A、B、C 三相电缆的故障。

另外，保护动作没有发生在区外故障时，不存在大电流下 TA 饱和或传变特性变坏的问题。

2. 电流额定值偏高不是误动的原因

根据表 3-13 可知，主变压器高压侧额定值为 6.2A，高压厂用变压器低压侧的额定值为 5.4A，数值偏高。但是电流额定值偏高不是误动的原因，误动的真正原因是录波显示的电流出现的 1/5 降幅问题，以及相位的移动问题。

3. 性能的问题导致了保护的误动作

集成电路保护作为一代产品，纵观其综合性能的状况，可以说在以下几方面都有影响：一是抗干扰问题；二是设计与布线问题；三是加工与制造问题；四是元器件的温度特性与寿命问题等。

根据以上判断，确认 1 号发电机-变压器组差动保护误动的原因是保护主变压器高压侧通道的动态特性不稳定。是发电机-变压器组保护的性能有问题。

集成电路保护可以归类为保护的第三代产品，也是过渡时期的一代保护，目前基本上已经退出了历史舞台，只有少数企业还有使用的记录。但是在当时，存在的问题却是不那么容易理清的。

四、防范措施

作为临时措施，对保护接线的屏蔽接地等抗干扰的相关措施进行了检查与处理。

2005 年更换了该设备，到目前为止运行状况良好。

第 12 节　高阻抗变压器励磁涌流特性与保护的定值问题

一、故障现象

某年 6 月 14 日，在 ZOW 变电站对 3 号主变压器进行了 5 次冲击送电，其中 3 次出现了保护由励磁涌流启动跳闸的问题。如此，3 号主变压器能否正常投入运行是必须分析清楚的。也正是由于问题分析，将变压器的投入时间推迟了半年。

变电站一次系统结构见图 3-35。3 号主变压器主要铭牌参数如下。

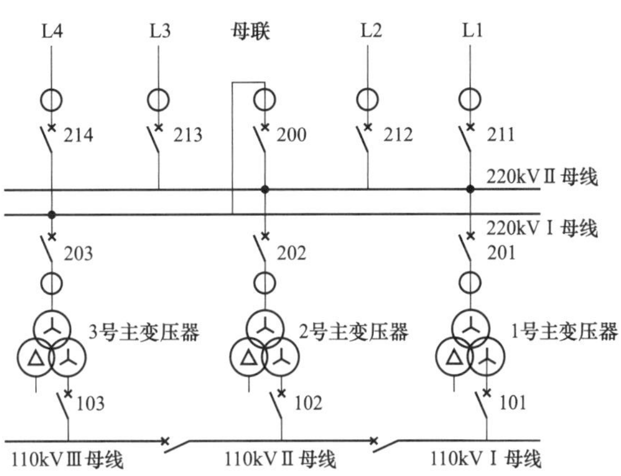

图 3-35　变电站一次系统结构图

型号：SSZ10-180000/220；额定容量：180/180/90MVA；额定电压：220±8×1.25%/121/10.5kV；额定电流：472.4/858.9/4949A；联结组标号：YNyn0d11；短路阻抗：高-中 13.37%，高-低 48.27%，中-低 35.23%。显然，3 号主变压器属于高阻抗变压器。

二、检查过程

1. 保护配置与定值的检查

主变压器与 220kV 母联断路器保护的配置与定值情况如下。

主变压器及 220kV 母联 TA 变比 1600/5A，高压侧额定二次电流 1.5A。主变压器高压侧过电流一段一时限保护定值：过电流定值 2.3A（$1.5I_N$），延时时间 0.3s；

母联 200 断路器充电过电流定值：过电流定值 3A（$2I_N$），延时时间 0.3s。

2. 第一阶段冲击送电过程与保护跳闸情况

第 1 次冲击时跳闸。用母联 200 断路器对 3 号主变压器冲击时，12 时 17 分，母联 200 断路器、3 号主变压器，主变压器高压侧过电流一段一时限保护动作跳三侧（T11 保护动作，故障相别：B、C 相故障），313ms 保护出口动作，353ms 主变压器高压侧 203 断路器及母联 200 断路器跳闸，切除变压器。跳闸时电流最大有效电流二次值：C 相启动值 5.51A（折合一次电流为 1763.2A，额定电流的 3.73 倍），跳闸切除时数值 3.87A（额定电流的 2.62 倍），故障持续时间 353ms。故障波形呈现较为明显的励磁涌流特性，并且励磁涌流衰减较为缓慢。

第 2 次冲击时跳闸。12 时 57 分，主变压器第二次冲击时主变压器高压侧过电流一段一时限保护动作跳三侧断路器（T11 保护动作，故障相别：A 相故障），320ms 保护出口动作，350ms 主变压器高压侧 203 断路器及母联 200 断路器跳闸，切除变压器。跳闸时电流最大有效电流二次值：A 相启动值 3.8A（为额定电流的 2.57 倍），故障跳闸切除时的电流值 2.78A（为额定电流的 1.88 倍），故障持续时间 350ms。故障波形呈现较为明显的励磁涌流特性，同样励磁涌流衰减较为缓慢。

第 3 次冲击时断路器未跳闸。14 时 07 分，第三次主变压器冲击时主变压器高压侧保护装置启动但未跳闸，启动时电流最大有效电流二次值：A 相 2.32A、C 相 2.74A，160ms 后衰减为 A 相 1.89A、C 相 2.23A，励磁涌流持续时间达 7s 左右。

第 4 次冲击时未跳闸。14 时 37 分，第四次主变压器冲击时主变压器高压侧保护装置启动但未跳闸，启动时电流最大有效电流二次值为 2.85A，200ms 后时间内衰减为 2.3A 定值以下，涌流持续时间也达 4.5s 左右。

第 5 次冲击时跳闸。15 时 17 分，第五次主变压器冲击时主变压器高压侧过电流一段一时限保护动作 320ms 左右保护出口动作，350ms 左右主变压器高压侧及 200 断路器跳闸，切除变压器。跳闸时电流最大有效电流二次值：C 相启动值 3.45A，故障跳闸时数值 2.4A，故障持续时间 350ms 左右。故障波形也呈现较为明显的励磁涌流特性，励磁涌流衰减较为缓慢。

17 时 44 分，220kV 系统恢复正常运行方式，试验结束。

3. 第二阶段冲击试验情况

按照规程规定，以上 5 次送电的试验任务已经完成，尽管有 3 次保护跳闸，却不影响完成冲击任务结果。但是为了积累经验，收集数据，后来又进行了 6 次冲击试验。

试验条件，1 号主变压器转热备用，2 号主变压器 203 断路器热备用。母联 200 断路器过电流定值：3.5 倍变压器高压侧额定电流，延时时间 0.3s。200 断路器零序过电流保护定值：1.5A（二次），延时时间 0.3s。203 断路器过电流定值：1.3 倍变压器高压侧额定电流，延时时间 1.8s。从 3 号主变压器高压侧进行空载电压冲击合闸。

（1）1 号主变压器运行、3 号主变压器冲击送电试验。1 号主变压器运行，用 203 断路器对 3 号主变压器 220kV 侧冲击 2 次，并测量记录 3 号主变压器励磁涌流的状况。

第 6 次合闸时，母联 200 断路器零序过电流保护 364ms 动作跳闸。第 6 次励磁涌流录波图如图 3-36 所示。

第 7 次合闸时，退出 200 断路器零序过电流保护，母联 200 断路器零序过电流保护

未动作。C 相励磁涌流最大，峰值为 3.427kA。

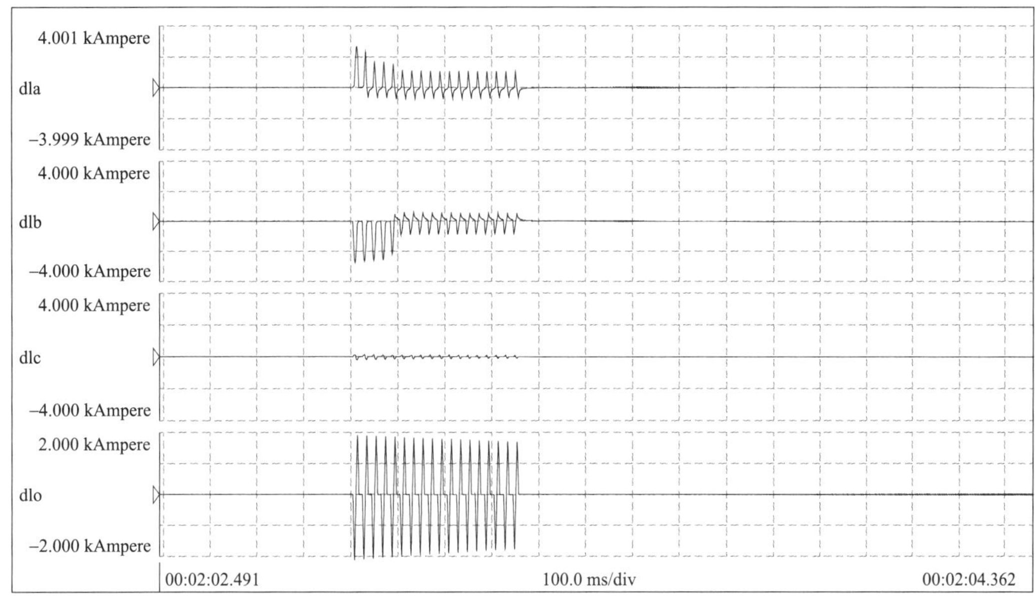

图 3-36　第 6 次合闸励磁涌流录波图

（2）2 号主变压器运行 3 号主变压器冲击送电试验。202 断路器合环，用 203 断路器对 3 号主变压器 220kV 侧冲击两次并测量 3 号主变压器励磁涌流及 2 号主变压器高压侧电流。

第 8 次合闸时，C 相励磁涌流最大，峰值为 3.666kA，励磁涌流录波见图 3-37。

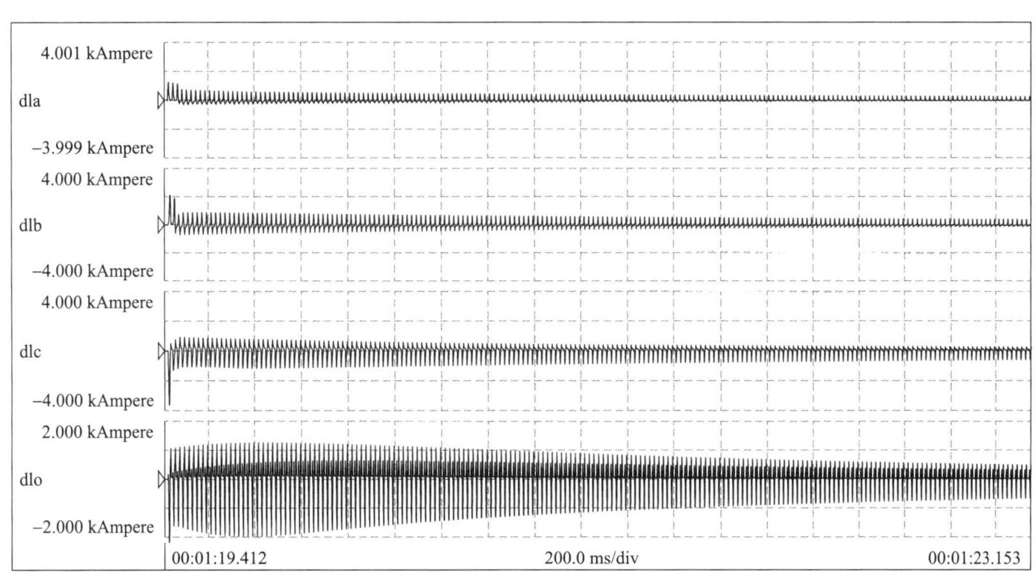

图 3-37　第 8 次合闸励磁涌流录波图

第 9 次合闸时，A 相励磁涌流最大，峰值为–2.524kA。

第 8、9 次冲击过程中，2 号主变未检测到和应涌流。

（3）1、2 号主变压器运行、3 号主变压器冲击送电试验。1 号主变压器恢复运行，用 203 断路器对 3 号主变压器 220kV 侧冲击两次并测量 3 号主变压器励磁涌流及 1、2 号主变压器高压侧电流。

第 10 次合闸时，C 相励磁涌流最大，峰值为 554A。

第 11 次合闸时，A 相励磁涌流最大，峰值为 3.482kA。

第 10、11 次冲击过程中，1、2 号主变压器均未检测到和应涌流。

三、原因分析

根据上述检查与试验状况，进行如下分析。

1. 变压器冲击试验的参数特征明显

（1）励磁涌流峰值倍数高。根据 6 次试验数据可知，除第 5 次合闸三相励磁涌流电流均很小外，其余 5 次最大励磁涌流峰值倍数在 3.78（第 4 次）～5.49（第 3 次）之间。

3 号主变压器 6 次冲击合闸试验励磁涌流最大者属于第 8 次，数据情况见表 3-14。

表 3-14　　3 号主变压器励磁涌流

次数	相别	最大励磁涌流（峰值，A）	最大励磁涌流峰值倍数	励磁涌流（峰值，A）				
				0.1s	0.2s	0.3s	1.8s	1.9s
8	A	1265	1.89	764	685	636		
	B	2120	3.17	912	889	868		
	C	–3666	5.49	–1095	–1101	–1162	–899	–865
	O	–2184	3.27	–1739	–1902	–1981		

注　最大励磁涌流峰值倍数=最大励磁涌流（I_f）/（$\sqrt{2}\times I_N$）A，I_N3 号主变压器高压侧额定电流，即 472.4A。

保护定值换算为一次电流：200 断路器过电流，2338A（峰值），延时时间 0.3s；200 断路器零序过电流，679A（峰值），延时时间 0.3s；203 断路器过电流，868A（峰值），延时时间 1.8s。

（2）零序电流大。第 6 次冲击时，200 断路器零序过电流保护动作跳闸。从第 7 次开始，退出 200 断路器零序过电流保护。后 5 次的零序电流数值均超过 200 断路器零序过电流保护定值。如果不退出零序过电流保护，后 5 次也仍然会发生跳闸现象。

（3）励磁涌流衰减慢。变压器励磁涌流衰减时间与峰值有关，3 号主变压器 11 次冲击合闸试验励磁涌流衰减时间最长者属于第 8 次，数据情况见表 3-15。

表 3-15 3 号主变压器励磁涌流衰减时间分析

次数	相别	最大励磁涌流峰值倍数	最大励磁涌流峰值倍数	衰减时间常数（ms）	衰减到 $1.0I_N$ 时间（ms）
3	A	1.89	0.69（461A，峰值）	不做分析	240
	B	3.17	1.17（781A，峰值）	＜680	1300
	C	5.49	2.02（1349A，峰值）	＜40	3360

励磁涌流的衰减时间常数，通常认为是涌流衰减到最大值的 1/e 时的时间，表 3-15 列出了最大励磁涌流倍数＞1 的衰减时间常数。从中可以看出衰减时间常数与最大励磁涌流倍数在一定范围内成减函数关系：最大励磁涌流倍数越大，衰减时间常数越小，反之越大。

表 3-15 同时列出了励磁涌流衰减到 $1.0I_N$（峰值）的时间，这个时间参数与最大励磁涌流倍数成增函数的关系：最大励磁涌流倍数越大，衰减时间越长。采用这个时间参数更能反映变压器的励磁涌流衰减特性。根据试验结果可知，励磁涌流衰减到 $1.0I_N$（峰值）时间均超过 200ms，普遍超过 1000ms，最长的超过 3000ms。

（4）未见和应涌流。有一种理论认为：一台变压器空投充电时，在另外一台相邻正在运行的变压器或发电机-变压器组之间产生和应作用，运行变压器中将产生和应涌流，同时合应涌流反过来作用空投变压器，使励磁涌流衰减时间变慢。

本次试验过程中，在第 3～6 次合闸过程中，未在 1、2 号主变压器中检测到合应涌流。

6 月 14 日至 12 月 15 日，变电站 3 号主变压器共冲击合闸 11 次，冲击后变压器油中溶解气体色谱分析无异常，变压器也未发现其他异常现象。变电站 3 号主变压器具备运行条件。

2. 变压器的构造决定了励磁涌流特性

（1）剩磁的影响。产生剩磁的因素很多，普遍的情况是现场进行直流电阻测量会产生较大的剩磁，造成励磁涌流过大。

目前还没有直接测量剩磁的有效方法和手段，降低剩磁的主要方法是采用感应交流电压法，多次升、降电压以降低剩磁。

（2）合闸相位角的影响。励磁涌流的大小与合闸相位角直接相关，合闸时刻为电源电压过零点时励磁涌流最大，合闸时刻为电源电压峰值时励磁涌流最小，但实际的试验随机性很大，因此合闸角度很难控制。

（3）铁芯磁通密度的影响。从变压器本身来讲，其涌流水平与变压器采用的铁芯材料有关。根据公式：

$$E=4.44\times f\times N\times B_{\mathrm{m}}\times S$$

式中：E 为感应电动势；f 为频率；N 为匝数；B_{m} 为磁通密度；S 为铁芯净截面。

在铁芯导磁率允许的范围内，采用较大的磁通密度，铁芯体积可以减少，或线圈匝数可以减少，变压器重量下降，材料消耗减少。如果变压器在额定电压和额定频率下，磁通密度设计越高，当出现过电压时，B_{m} 越大，铁芯饱和程度越深，励磁涌流衰减常数越大，励磁涌流衰减越慢。目前掌握的信息，3 号主变压器额定电压和额定频率下铁芯磁通密度为 1.71T，在目前该地区的 220kV 变压器中，采用国产硅钢片的变压器中是最高的。

（4）线圈排列方式的影响。3 号主变压器为高阻抗变压器。高阻抗的实现方式主要有两种：一是采用内置电抗器，这种方式已被国网公司物资采购中限制使用。二是按常规设计实现，简单地说，阻抗的大小与线圈的等效半径成正比、与电抗高度成反比。提高阻抗的方法需要增加线圈的等效半径，降低线圈的电抗高度，还有增大绕组间的主漏磁通道，增加绕组的辐向尺寸。

通常的变压器线圈排列方式为：从里到外排序，低压、中压、高压和调压。这种结构，当从高压侧冲击合闸时，高压绕组为励磁绕组，离铁芯柱较远，励磁涌流的衰减时间常数小，衰减快。

如果采用从里到外，高压、中压、低压的线圈排列方式，如果从高压侧冲击合闸，激励绕组离铁芯柱近，衰减时间常数大，衰减慢。

因此，如果采用所选型号的铁芯材料，采取从里到外由高压、中压、低压的线圈排列方式，励磁涌流衰减慢是必然的，属于正常现象。另外，保护跳闸不代表变压器冲击试验不成功。

3. 传统的定值不能满足冲击时保护不跳闸的要求

3 号主变压器从高压侧进行空载电压冲击合闸。

第一阶段冲击时保护整定为：①主变压器高压侧过电流一时限保护定值：过电流定值 1.5 倍额定二次电流，延时时间 0.3s；②母联 200 断路器充电过电流定值：过电流定值 2 倍额定二次电流，时间 0.3s。结果冲击 5 次送电，保护跳闸 3 次。

第二阶段冲击时对保护定值作了调整：①203 断路器过电流定值：1.3 倍变压器高压侧额定电流，延时时间 1.8s；②母联 200 断路器过电流定值：3.5 倍变压器高压侧额定电流，延时时间 0.3s；③母联 200 断路器零序过电流定值：1.5A（二次），延时时间 0.3s。结果第 1 次合闸时，母联 200 断路器零序过电流保护依然动作跳闸；第 2 次合闸时，退出 200 断路器零序过电流保护，母联 200 断路器零序过电流保护未动作。

由此可见，传统的定值不能满足冲击时保护不跳闸的要求。

四、防范措施

由于励磁涌流中零序电流幅值较大，衰减极其缓慢。按照现有的保护定值，今后投运过程中发生跳闸的概率仍然非常大，建议如下。

1. 调整运行的零序电流保护定值

提高母联 200 断路器零序过电流定值，使其躲过合闸时出现的零序电流。

2. 主变压器合闸前将零序电流保护退出

在主变压器合闸前暂时将零序电流保护退出，合闸成功后再恢复正常的方式。

3. 解决问题的基本思路

为了提高短路阻抗，采用了由里向外分高、中、低的排序方式。新的变压器提高了短路阻抗，却带来了励磁涌流的巨大变化。问题是，看这种排序方式的变压器能不能用，如果能用，则由保护的人员来解决此方式下的励磁涌流的问题。

第 13 节　励磁变压器故障导致发电机首尾短路时差动保护误动作

一、故障现象

REL 热电厂 8 号机组采用的是机端励磁的励磁方式，发电机中性点经隔离开关控制接地变压器接地。某年 11 月 30 日，励磁变压器 A 相发生接地故障，进而，发电机中性点电位升高，接着中性点对地放电，造成了发电机的首尾短路，发电机差动保护动作跳闸，1 年之后，同样的问题又上演一遍，仅仅是故障位置换为 B 相。发电机励磁变压器中性点系统接线简图与故障点的位置见图 3-38。

疑点分析：①运行中的励磁变压器是如何发生了接地故障？②发电机中性点对地放电的原因是什么？③故障点位于发电机差动保护范围以外，保护如何动作？

二、检查过程

故障的发展过程如下，励磁变压器 A 相接地→发电机中性点电压升高到相电压 U_n→发电机中性点隔离开关经过电容电流→隔离开关因为接触问题产生放电现象→弧光产生过电压→发电机中性点对地绝缘击穿→发电机 A 相首尾短路→A 相短路电流在励磁变压

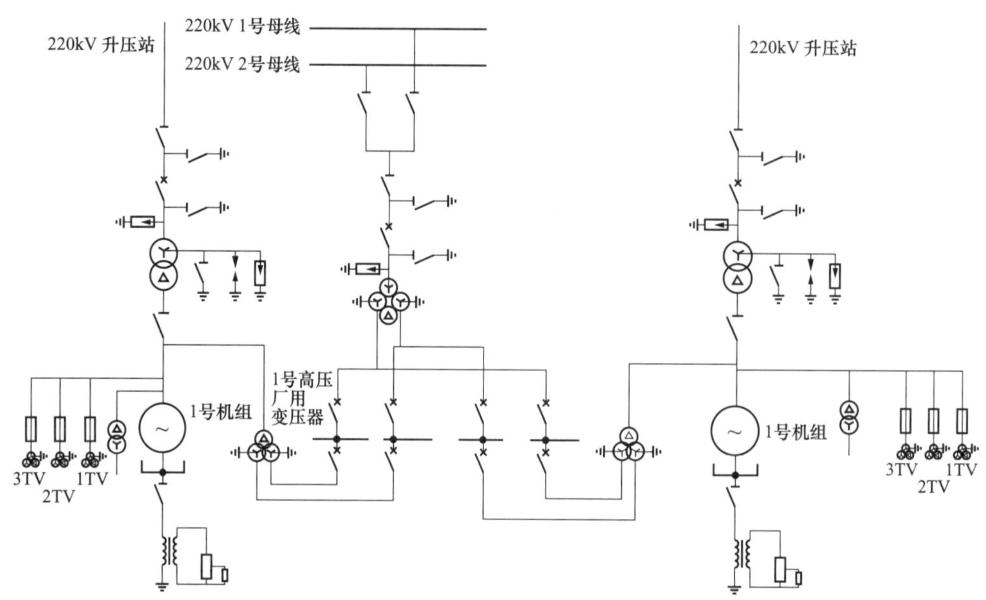

图 3-38　励磁变压器-发电机中性点系统接线简图与故障点的位置

器产生的电弧导致励磁变压器三相短路—即发电机出口三相短路→励磁变压器差动保护动作、发电机-变压器组差动保护没有动作、主变压器保护动作，机组全停，发电机损伤严重。定子接地保护未见动作。

根据励磁变压器故障时的录波图可以识别出故障后设备的动作时序，主要的设备动作时标数据如表 3-16 所示。

表 3-16　　设备动作时序

序号	时间（ms）	事件内容	结果
1	0	时序坐标参考点	计时
2	18	A 相首尾短路	发生
3	22	励磁变压器差动保护	动作
4	23	发电机电压	消失
5	34	机组断路器动作	跳闸
6	40	发电机-变压器组差动保护	动作
7	1500	发电机电流	消失

三、原因分析

1. 励磁变压器接地的起因

励磁变压器 A 相接地的起因，是封母经 TA 致励磁变压器使用硬质扁铁导线，运行中由于发热等因素而变形，外力的作用将励磁变压器的连接线柱带外绝缘一体扒掉，约扒掉 20cm 宽的外绝缘，励磁变压器高压线圈因失去绝缘，再加上运行环境的问题，而对外壳放电。外壳放电痕迹明显，位于上 20cm 处。反应励磁变压器故障状况的图见图 3-39。

2. 发电机中性点过电压

隔离开关因为接触问题产生放电现象，由间歇性放电会产生过电压，中性点的相电压 U_n 不能击穿对封闭箱体的绝缘。但是，放电产生的过电压能够击穿绝缘，造成了发电机的首尾短路。

3. 故障开始时发电机差动保护未见动作

A 相首尾短路开始瞬间以致励磁变压器三相短路，故障点位于发电机差动保护以外，此时发电机差动保护未见动作。到发电机定子损坏后，故障点转移到发电机内部，发电机差动保护的动作属于正确动作。系统故障发生了，希望差动保护能够动作，快速切除故障，至于正确动作还是误动作已经不重要了。另外，差动保护反应的是相间故障，不反应发电机的单相首尾短路。

图 3-39　故障后的励磁变压器图

四、防范措施

将封母经 TA 致励磁变压器的接线更换为软连接。并拆除发电机中性点隔离开关，用固定的接线代替隔离开关后，问题得到解决。

采取上述措施后近 10 年的运行状况表明，当时的原因分析正确，防范措施得当。

第 14 节　发电厂变压器差动保护区外故障时误动作

某年 3 月 4 日 WUL 发电厂 3 号机组正常运行时有功功率 125MW、无功功率 4.2Mvar。相关系统的结构见图 3-40。

一、故障现象

3 月 4 日 14 时 48 分，发电厂 3 号机组控制台发出“3 号主变压器差动保护”动作信号。3 号主变压器 220kV 侧、110kV 侧断路器跳闸，3 号发电机有功功率、无功功率为 0。110kV 线路 L4 距离保护 I 段动作，断路器跳闸，重合闸动作，断路器重合成功。故障录波显示，是线路 B 相发生接地故障，后来发展成为相间故障，故障点距离发电厂 1km。

故障点的位置见图 3-40。

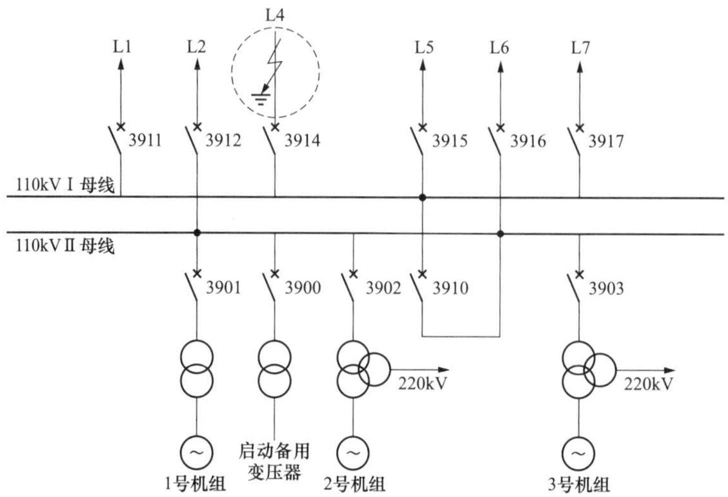

图 3-40　3 号机组与故障线路一次接线示意图

二、检查过程

故障发生后，鲁能发展公司、省调度中心、电力研究院、发电厂的人员对 3 号发电机、3 号主变压器的一次设备及系统，对 3 号发电机、3 号主变压器、3 号发电机-变压器组的差动保护以及二次回路进行了全面检查，结果如下。

1. 一次设备及系统的检查

3 号发电机外观检查无异常，绝缘检查结果正常。3 号主变压器绝缘测试、直流电阻测试、介质损耗测试、油色谱分析等全部合格。由此可以断定，一次设备没有故障。

2. 主变压器差动保护的检查

主变压器差动保护采用的是 BCH-4 型继电器。

（1）差动保护的制动特性检查。对差动保护的制动特性进行了全面检查，其制动电流与差动电流不同角度下的测试结果见表 3-17，制动特性曲线见图 3-41。

表 3-17　　差动保护的制动特性检查结果

参量	0°			30°			90°		
制动量（A）	5	10	15	5	10	15	5	10	15
动作量（A）	2.3	3.1	3.9	2.1	2.7	3.5	3.0	4.0	4.9

（2）差动保护的定值检查。对差动保护的定值进行了检查，在变压器的三侧以及三相动作时的测试结果见表 3-18。

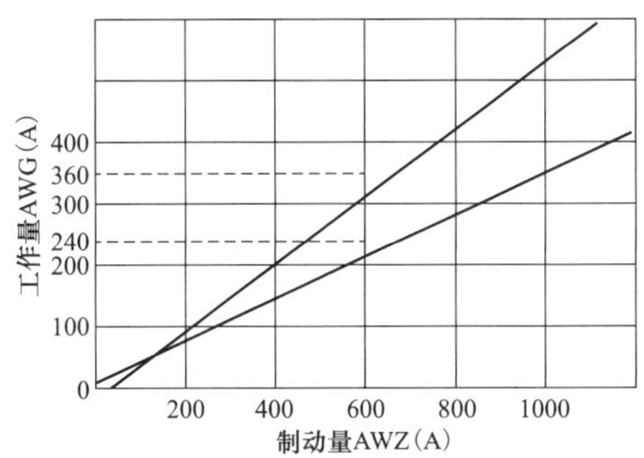

图 3-41　差动保护的制动特性曲线

表 3-18　差动保护的定值检查结果

端侧	A 相		B 相		C 相	
	回路号	电流（A）	回路号	电流（A）	回路号	电流（A）
发电机侧	A451	7.5	B451	5.9	C451	6.6
110kV 侧	A491	9.5	B491	7.8	C491	9.0
220kV 侧	A441	9.5	B441	7.8	C441	8.9

（3）差动保护的大电流冲击试验。对差动保护进行了大电流冲击试验，其结果正常。

3. 二次回路的检查

用绝缘电阻表测试 110kV 侧 TA 二次 B591 回路的绝缘电阻，结果为 0。同时发现 B591 接线盒内 K1 端子接线的绝缘老化，还有受潮严重。

4. TA 二次伏安特性检查

对 TA 的二次伏安特性进行了检查，其试验结果见表 3-19。

表 3-19　TA 二次伏安特性试验结果

I（A）		0.1	0.3	0.6	0.8	1.0	2	3	4	5	8	15
U（V）	A 相	155	180	187	192	194	208	214	220	223	225	226
	B 相	160	175	184	191	197	207	215	222	223	226	227
	C 相	145	179	182	184	186	193	208	212	214	216	217

三、原因分析

1. 3 号机组跳闸的原因是保护误动作造成的

根据对一次系统的检查结果可知，主变压器等一次设备没有故障；根据对二次系统的检查结果可知，TA 特性正常、差动继电器特性正常，不会造成主变压器差动保护动作的误动作；根据 3 号机组控制台发出的“3 号主变压器差动保护”动作信号可知，3 号机组跳闸的原因是 3 号主变压器差动保护动作的结果，不是其他原因。

2. 差动保护误动作的原因是二次回路绝缘的损坏造成的

差动保护回路绝缘的损坏导致了线路故障时进入差动保护二次电流异常，从而造成变压器有大电流穿越时，流入继电器的电流中既有一次变二次的成分，又有地电流分流的份额，还有 TA 二次阻抗的变化造成制动回路的电流幅度减少的影响的考虑，即制动电流 I_Z 的减少。综合以上几种因素，可能出现的状况如下：

（1）差动回路的电流失去平衡；

（2）制动回路的电流失去平衡；

（3）在差动电流增加的同时制动电流减少，加速了继电器动作的进程。

最严重的是第三者。根据 BCH-4 的特性可知，如果 $I_d = \dfrac{600 + kW_z I_z}{W_z} > I_{dz}$ 成立，则 3 号主变压器差动保护动作。式中，I_d 为差动继电器动作电流；I_z 为差动继电器制动电流；k 为差动继电器特性曲线的斜率；I_{dz} 差动继电器整定值。

可见，不是一次设备的故障导致了差动保护的误动作，实际上是二次线连接问题影响了继电器的动作特性，才出现了区外故障时的误动作。

3. 回路绝缘损坏的原因是老化与受潮造成的

由于 B591 接线盒内 K1 端子的接线工艺问题，受潮严重，导致了对地绝缘的损坏。值得一提的是，由于 TA 二次 B591 回路的故障点在接线盒内，因此很具有隐蔽性，在正常运行过程中不容易被发现。

四、防范措施

1. 处理 TA 二次接线端子

对 B591 接线盒 K1 端子处理后，TA 二次直流电阻测试结果合格，回路通电测试正常。送电后的六角相量测试结果见表 3-20。

表 3-20　　送电后的六角相量测试结果（以 220kV 侧 A 相电压为基准）

端侧	A 相			B 相			C 相		
	回路号	幅值	相位	回路号	幅值	相位	回路号	幅值	相位
发电机侧	A451	3.34A	160°	B451	3.43A	280°	C451	3.40A	40°
110kV 侧	A491	1.58A	336°	B491	1.61A	96°	C491	1.59A	216°
220kV 侧	A441	2.4A	338°	B441	2.47A	100°	C441	2.45A	219°
高厂变侧	A461	0.28A	1°	B461	0.29A	122°	C461	0.28A	240°

2. 更换微机型的保护

将 BCH-4 型保护更换为微机型的保护装置。

3. 加装故障录波器

为了便于故障分析与处理，对于发电机-变压器组系统装设专门的故障录波器。在这之后新建的发电厂，其二次系统的配置水平都上了一个新的台阶，发电机-变压器组的故障录波器是必备的。

作为 BCH-4 型的保护在现场运行的数量可以说是微乎其微了，但是，问题分析的思路，故障处理的方法依然具有代表性，因此将其保留下来了。

第 15 节　变压器低压侧短路与保护动作行为

一、故障现象

某年 7 月 21 日 01 时 12 分，220kV 变电站 35kV 分段断路器分闸、1～2 号主变压器三侧断路器分闸。变电站汇报 35kV 高压断路器室内有轻烟，检查发现 35kV 分段断路器 2 隔离开关穿墙套管三相爆裂，35kV A、B 相分段断路器爆裂。当地天气状况是多云。

变电站一次系统接线状况见图 3-42。其中 220kV 为双母线、110kV 为双母线、35kV 为单母线分段，以上母线均并列运行。

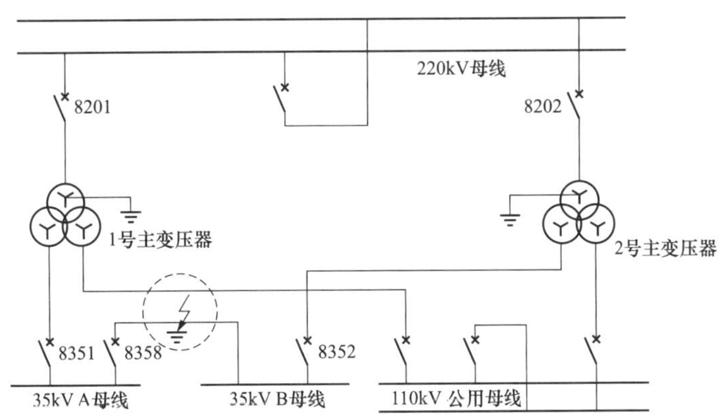

图 3-42　变电站一次系统接线与故障点的位置

保护动作情况，1～2 号主变压器高压侧复压过电流保护动作，1～2 号主变压器低压侧复压过电流保护动作，主保护没有动作。

二、检查过程

1. 保护配置情况检查

1、2 号主变压器保护，配置单套早期国电南自的保护：主后分离的 WBZ-500 型装置。2002年投运。高后备保护：复压过电流保护一段二时限跳三侧断路器。低后备保护：复压过电流保护一段一时限跳35kV分段断路器，复压过电流保护一段二时限跳35kV母线电源断路器。

35kV线路保护，配置早期南瑞继保的LFP-966型保护（三段式过电流保护），2002年投运。

35kV母差保护，配置深圳南瑞的BP-2B型保护，2005年投运。

故障录波器，为山大电力V型录波器，2007年投运，电流电压回路仅接入220kV侧各间隔，电流电压回路仍为1989年投运。

2. 保护定值检查

变电站用的是2002年的保护，1989年的35kV TA，2001年的35kV断路器。因此，保护配合按照变电站供电区域实际情况进行整定，保护采用的时间级差是0.5s。系统参数与保护定值见表3-21。

表3-21　　系统参数与保护定值

主变压器与容量	保护类型	TA变比	保护定值与出口时间
1号主变压器 150MVA 150/150/90	220kV复压过电流	600/5A	4.7A（215MVA）、70V、7V； 4.5s总出口
	110kV复压过电流	600/5A	7A（170MVA）、70V、7V； 3.5s 跳110kV母联，4s 跳110kV断路器
	35kV复压过电流	1000/5A	6.8A（87MVA）、70V、7V； 2.5s跳35kV分段，3s 跳35kV断路器
2号主变压器 120MVA 120/120/120	220kV复压过电流	600/5A	3.5A（160MVA）、70V、7V； 4.5s总出口
	110kV复压过电流	600/5A	5.9A（140MVA）、70V、7V； 3.5s 跳110kV母联，4s跳110kV断路器
	35kV复压过电流	2000/5A	3.4A（87MVA）、70V、7V； 2.5s 跳35kV分段，3s跳35kV断路器

3. 保护动作行为检查

（1）1号主变压器高—低压侧后备保护。高压侧复压过电流保护动作，跳1号主变压器三侧断路器。对1、2号主变压器高后备和低后备进行了详细检查，动作正确。低压侧复压过电流一段一时限动作，跳35kV分段断路器。

（2）2号主变压器高—低压侧后备保护。高压侧复压过电流保护动作，跳2号主变压器三侧断路器。低压侧复压过电流一段一时限动作，跳35kV分段断路器。低压侧复压过电流一段二时限动作，跳本侧35kV断路器。

三、原因分析

1. 故障的起因与扩大

由于 35kV 582 隔离开关与分段 8358 断路器之间的穿墙套管三相绝缘子完全爆裂，造成 1、2 号主变压器低后备保护低压侧复压过电流一段一时限动作，跳 35kV 分段。

在主变电压保护跳分段过程中，由于 35kV 分段 8358 断路器在分闸的过程中爆裂，是导致故障扩大的原因。

故障发生时为两相短路，故障电流较小，约 3000A，此时 1 号主变压器低后备保护复压过电流一段一时限正确动作，35kV 分段断路器跳闸过程中爆炸导致三相短路，故障电流 7000A。故障电流的增大，以及持续时间较长，导致了 TA 的饱和（TA 为 1989 年投运的 LCZ-35 型），TA 二次电流幅值降低，低后备保护复压过电流一段二时限没有启动，最后主变压器高压侧后备动作复压过电流跳开三侧断路器。表现为低后备复压过电流一段二时限保护拒绝动作。

2. 故障时段的划分

从故障发生到全站停电划分为三个时段：

（1）故障发生到低后备保护动作阶段。35kV 分段 8358 断路器与 582 隔离开关之间的穿墙套管三相绝缘子完全爆裂，造成 1、2 号主变压器低后备保护复压过电流一段一时限动作，跳 35kV 分段断路器。

（2）35kV 分段 8358 断路器在分闸的过程中爆裂。由于 35kV 分段 8358 断路器在分闸过程中爆裂，2 号主变压器保护低压侧后备复压过电流一段二时限动作，跳开 2 号主变压器 35kV 侧断路器，但 1 号主变压器低后备复压过电流一段二时限保护由于 TA 饱和的原因，二次电流达不到启动值而未动作，1 号主变压器 35kV 断路器未能跳开。

（3）主变压器高压侧后备保护误动作。此时故障并未切除，1 号主变压器继续向故障点提供故障电流，1 号主变压器高压侧后备保护经过延时后动作跳开 1 号主变压器三侧断路器。与此同时，由于 110kV 并列运行，2 号主变压器通过 220kV 侧→110kV 侧→并经过 1 号主变压器 110kV 侧也继续向故障点提供故障电流，2 号主变压器高后备复压过电流保护经过延时后动作跳开 2 号主变压器三侧断路器，将故障隔离。故障时段的划分见图 3-43。

3. 35kV 母差保护未投跳闸的问题

按照规程要求的母差保护必须在实际负荷电流情况下，测量方向正确后再投跳闸。此站 35kV 母差保护由于 35kV 线路负荷较轻，无法进行相量测量，因此未投入。

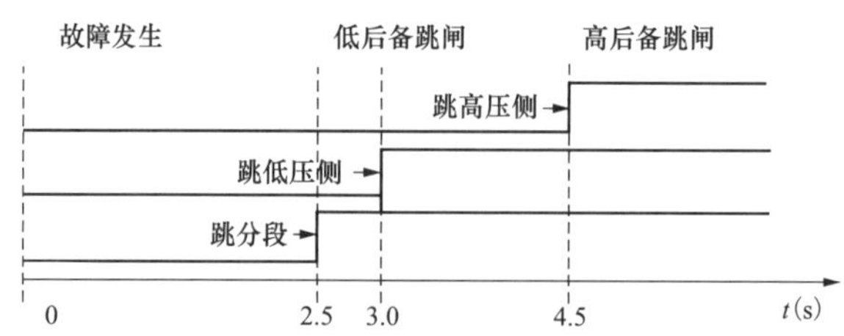

图 3-43 故障时段的划分示意图

4. 主变压器后备保护时间较长的问题

因变电站配置单套早期国电南自的保护，主保护与后备保护分离的 WBZ-500 型装置，不具备限时速断保护，复压过电流保护是按照规程要求逐级配合的，因为用的是 2002 年的保护，1989 年的 35kV TA，2001 年的 35kV 断路器，采用的是 0.5s 时间级差，导致主变压器低压侧后备复压过电流保护延时达到 2.5s 跳分段、3.0s 跳主变电压器高压侧断路器。

5. 远动后台信息时序不准确的问题

变电站远动后台设备为中国电科院早期产品 EPIA 型，2001 年投运，容量小，缓存区也小，由于所发生的故障为复杂性多重故障，故障发生时大量信息上送拥堵，造成系统繁忙，导致远动信息时序不准确。

6. 故障录波不全的问题

变电站为山大电力 V 型录波器，2007 年投入运行，电流、电压回路仅接入 220kV 侧各个间隔的任务，电流、电压回路仍为 1989 年投入运行的。主变压器无独立的故障录波器，因此主变压器 110kV 和 35kV 没有录波报告。

四、防范措施

1. 将 35kV 母差保护投入跳闸

要求管理部门立即采取措施，将相关的线路带上足够的负荷，检验 35kV 母差保护接线的正确性，确认极性无误后投入跳闸。

2. 调整主变压器后备保护的延时

将主变压器保护更换为新型的主后备一体双配置微机型保护，增加限时速断保护，并将时间级差调整为 0.3s，主变压器低后备限时速断保护 1.5s 跳 35kV 分段、1.8s 跳 35kV 低压侧断路器，将主变压器承受短路的时间控制在 2.0s 以内。

3. 解决远动后台信息时序不准确的问题

更换新型远动后台机，提高软硬件配置，使其适应复杂性多重故障发生大量信息上送的环境，避免造成系统繁忙，避免远动信息时序不准确的现象发生。

4. 更换故障录波设备

按照最新设计规范，增加独立的主变压器故障录波装置，接入主变压器 220、110kV 和 35kV 全部电流回路。

第 16 节　高压厂用变压器低压侧零序过电流保护越级跳闸

一、故障现象

某年 4 月 11 日 13 时 35 分，HUY 发电厂 2 号化学水变压器高压侧发生接地故障，其零序保护动作，断路器跳闸。与此同时，10kV ⅡA 段工作电源进线分支零序保护动作，断路器跳闸。

2 号化学水变压器综合保护装置报文为“高压侧零序保护动作”。2 号发电机-变压器组Ⅰ、Ⅱ柜保护动作信号报警。2 号发电机-变压器组故障录波启动。2 号发电机-变压器组Ⅰ、Ⅱ柜“跳闸”指示灯亮，动作报文为“ⅡA 分支零序过电流Ⅰ段”保护动作。2 号 A 高压厂用变压器以及化学水变压器系统结构及故障点的位置见图 3-44。

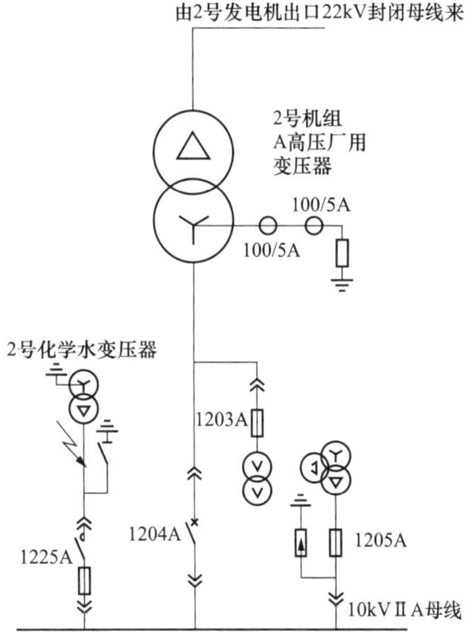

图 3-44　系统结构及故障点的位置

二、检查过程

1. 2 号化学水变压器故障检查

2 号化学水变压器高压侧电缆头分叉处 A 相绝缘与电缆屏蔽层击穿造成直接接地，电缆头分叉处有放电现象。

10kV 2 号化学水变压器断路器为 FC 接触器。

10kV 2 号化学水变压器综合保护装置高侧零序保护动作。其高侧零序保护电流整定值为 2A，整定时间为 0.3s，TA 变比 50/5A。

录波波形显示 10kV ⅡA 母线工作段分支电流状况，I_b 最大电流为 0.730A，I_c 最大电流为 0.546A，而 A 相最大电流为 1.087A，TA 变比 2500/5A。零序电流 7.8A，TA 变比 100/5。

2. 工作电源进线分支零序过电流保护检查

对工作电源进线分支零序过电流保护进行了检查。确认 2 号发电机-变压器组保护“ⅡA 段分支零序过电流保护Ⅰ段”动作，并启动 10kV ⅡA 母线工作电源进线断路器跳闸。2 号发电机-变压器组 ⅡA 段分支零序过电流保护Ⅰ段动作电流整定值为 1A，动作时间为 0.6s，TA 变比 100/5A。

3．化学水变压器的相关参数

为了故障分析与处理的方便，列出相关设备的参数如下。

变压器型号：SCB10-1000/10；变比：10.5 / 0.4kV；容量：1000kVA。

高压侧额定电流：54.99A；高压侧 TA 型号：LZZBJ9-12/150b/4；TA 变比：75/5A。

高压侧二次额定电流：3.67A；高压侧零序 TA 型号：ER-LH80G；TA 变比 50/5A。

低压侧额定电流：1443.38A；低压二次额定电流：4.51A；TA 变比：1500/5A。

低压侧零序 TA 型号：100P2；TA 变比：1500/5A。

高压侧断路器型式：FC 回路断路器。

电缆规格：ZRC-YJV22-8.7/10kV，3×50。

装置名称：WDZ-440EX。

三、原因分析

能够造成有关化学水变压器断路器跳闸的有几个环节。即保护的定值问题、保护装置的整定问题、出口连接片的投退问题、跳闸回路的问题、断路器机构的问题等。其中，保护的定值问题与保护装置的整定问题是最值得怀疑的。因此，首先对保护的定值进行核算，然后对保护的动作行为进行了全面的分析。

1．化学水变压器高压侧零序保护的定值核算

零序保护的安装位置，化学水变压器的高压侧。装置型号，WDZ-440EX。

（1）高压侧零序过电流整定。直接由式 U_N/（1.732×60.6×5）求得

$$一次值\ I_{0Hzd}=20A$$

$$二次值\ I_{0Hzd}=20A/（50/5）=2A$$

其中，60.6Ω 为高压厂用变压器接地电阻，5 为灵敏度系数。

（2）零序电流保护灵敏度校验。根据保护装置技术说明书，厂用低压变压器零序额定电流选取 0.2A，则零序动作电流倍数：$I_{0Hdz}=I_{0Hzd}/0.2A=2A/0.2A=10$，满足要求。

（3）高压侧零序保护延时时间。按快速动作整定，取 $t_{0H}=0.3s$。

2．2 号 A 高压厂用变压器低压侧零序保护定值的核算

零序保护的安装位置，高压厂用变压器 2 号 A 低压侧。装置型号 RCS-985B。TA 变比 100/5，低压侧中性点接地电阻 60.6Ω。

（1）零序 I 段定值

$$I_{01}=U_N/（1.732×60.6）=10500/（1.732×60.6）=100.05（A）$$

式中：U_N 为本侧额定电压。

零序动作电流保证有 5 倍灵敏度

$$I_{dzo1}=I_o/K_{sen}=100.05/5=20.01\text{（A）}$$
$$I_{dzo1}\text{二次值}=20.01/\text{（}100/5\text{）}=1\text{（A）}$$

式中：K_{sen}=5，灵敏度取值范围 5～10 倍；取 I_{dzo1}=1A。

（2）零序 I 段时间。零序 I 段整定原则，与 10kV ⅡA 段厂用馈线零序过电流保护动作时间配合，比 10kV ⅡA 段馈线零序过电流保护动作时间多一个级差，级差为 0.3s，故取 t_1=0.6s。

保护出口动作于跳 2 号 A 高压厂用变压器 10kV ⅡA 段进线断路器，并闭锁快切装置。

（3）零序过电流Ⅱ段定值

$$I_{02}=U_N/\text{（}1.732\times60.6\text{）}=10500/\text{（}1.73\times60.6\text{）}=100.05\text{V}$$

式中：U_N 为本侧额定电压。

按照零序动作电流 5 倍的灵敏度考虑，则

$$\text{一次值 } I_{dzo1}=I_0/K_{sen}=100.05/5=20.01\text{A}$$
$$\text{二次值 } I_{dzo1}=20.01/\text{（}100/5\text{）}=1\text{A}$$

式中：K_{sen}=5 灵敏度取值范围 5～10 倍；取 I_{dzo1}=1A。

（4）零序过流Ⅱ段时间。零序Ⅱ段整定原则，与本侧零序过电流一段时间配合，比本侧零序过电流一段时间多一个级差，级差为 0.3s。故取 t_2=0.9s。

保护出口：动作于全停Ⅰ。

注：根据设计院保护配置图，分支零序设计两个时限 t_1、t_2 来完成跳闸出口，所以Ⅰ段、Ⅱ段只能整定同一电流，用延时来完成两个时限跳闸出口。

3. 两个断路器同时跳闸的原因

根据上述结果可以断定，化学水变压器高压侧故障时工作分支 1204A 断路器，与化学水变压器高压侧 1225A 断路器均跳闸的可能有两种。

第一种可能是化学水变压器断路器没有切除故障。即化学水变压器高压侧故障时零序保护没有启动，或者零序保护启动了没有跳闸，或者 1225A 断路器跳闸，但没有切除故障。根据检查结果可知，只能是 1225A 断路器跳闸，但没有切除故障，造成了作为后备的高压厂用变压器低压侧零序电流保护越级动作，工作分支 1204A 断路器跳闸切除故障。

第二种可能是断路器两个同时跳闸。即化学水变压器 1225A 断路器与工作分支 1204A 断路器同时跳闸。

4. 故障电流满足两套保护同时启动的条件

将高压厂用变压器低压侧零序电流二次值折算到一次侧，故障时高压厂用变压器低

压侧零序电流二次值为 7.8A，TA 变比 100/5，折算到一次侧，电流 I=7.8A×100/5=156A。

将一次侧故障电流折算到化学水变压器 TA 二次值侧，化学水变压器 TA 变比 50/5A，故障电流折算到化学水变压器 TA 二次值侧，电流 I=156A/（50/5）=15.6A。

因为工作分支 TA 变比 100/5A，零序保护电流定值 2A，延时时间 0.6s；化学水变压器 TA 变比 50/5A，零序保护电流定值 2A，延时时间 0.3s。

可见，故障电流满足化学水变压器零序电流保护与高压厂用变压器低压侧零序电流保护同时启动的条件。但是，故障录波显示工作电源进线 1204A 断路器跳闸，0.7s 故障消失。这说明化学水变压器没有切除故障。最终确认是装置的定值整定问题导致了越级跳闸。

四、防范措施

机组检修时必须注意以下事项：

1. 保护的整组试验

完成全面的整组试验，包括整组动作时间的测试等，可以保证不会出现此类的整定问题。

2. 保护带断路器的传动试验

正确的传动试验，可以保证存在跳闸回路的问题以及断路器机构的问题等，而检查不到位的可能。

第 17 节　变压器区外故障时地电流入侵与差动保护误动作

一、故障现象

某年 6 月 10 日 12 时 56 分，220kV 线路发生 C 相单相接地故障，同时 500kV ZOB 变电站 3 号主变压器保护 B 屏差动保护动作；3 号主变压器 5012、5013、203 断路器跳闸；3 号所用变压器低压侧 401 断路器跳闸；3 号主变压器停电。故障时的系统结构与故障点的位置见图 3-45。变电站的系统情况见图 3-46。

故障时变电站地区天气晴好，站内无任何操作。3 号主变压器带有功负荷 126.9MW、无功负荷 53.9Mvar。高压侧电流 150A、中压侧电流 350A、低压侧只带 3 号所用变压器运行，所用变压器电流接近 0A。

二、检查过程

主变压器差动保护为比例制动原理的微机保护，其原理接线见图 3-47，展开接线见

图 3-48。

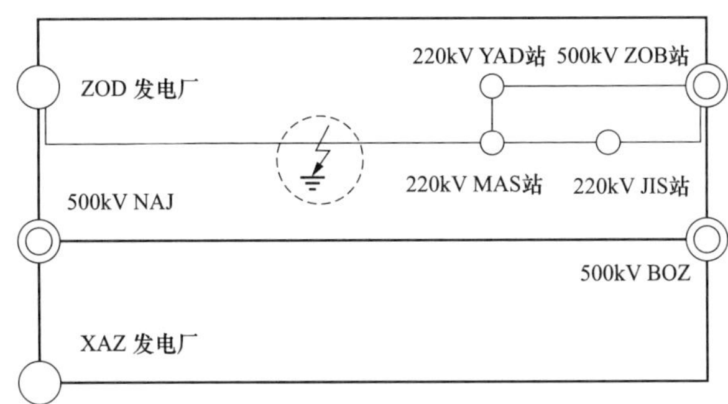

图 3-45　220kV 线路故障时的系统结构示意图

注：图中粗线为 500kV 线路，细线为 220kV 线路。

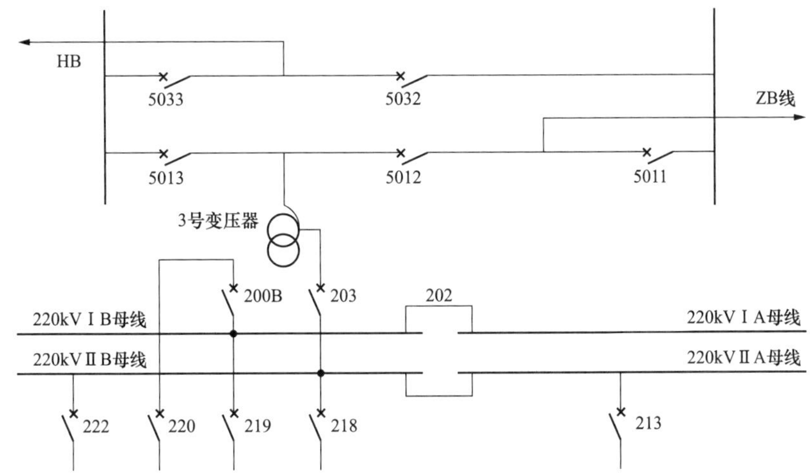

图 3-46　500kV ZOB 变电站一次系统图

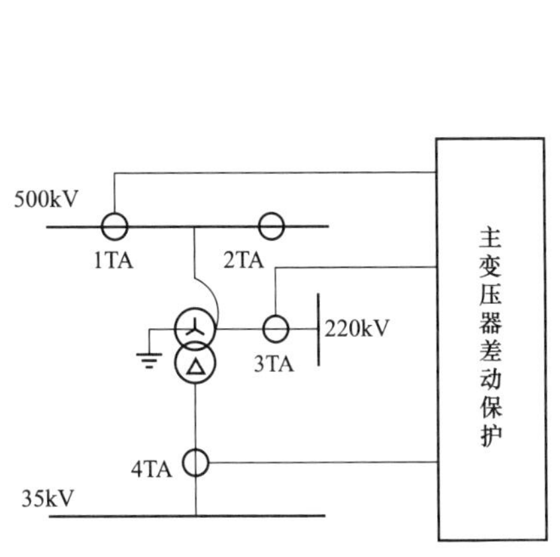

图 3-47　主变压器差动保护原理接线图

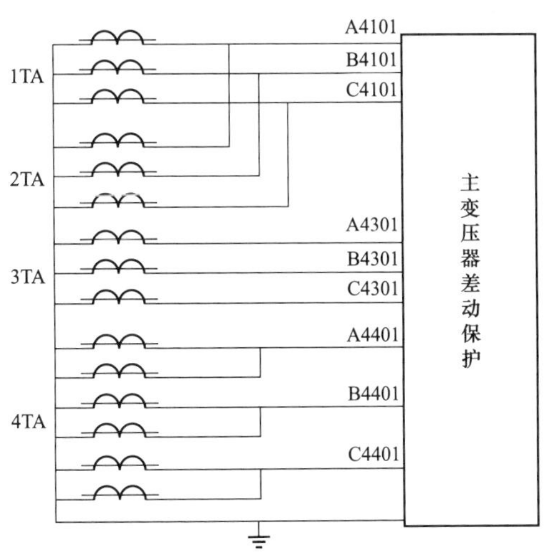

图 3-48　主变压器差动保护展开接线图

1．正常及区外接地故障时保护的动作行为确认

系统正常及区外接地故障时，变压器三侧零序电流处于平衡状态：

500kV 侧：三相差电流$-3i_{01}=0$；

220kV 侧：三相差电流$-3i_{02}=0$；

35kV 侧：靠接线滤掉了零序电流。

因此，系统正常及区外接地故障时保护不会动作。

2．区内接地故障时保护的动作行为确认

当变压器发生差动保护的区内接地故障时，三相差电流≠0，数值达到定值时保护动作跳闸，其动作特性见图 3-49。

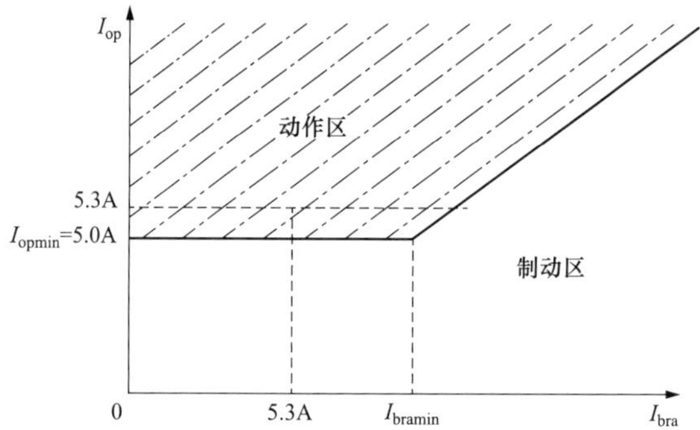

图 3-49　TA 二次电流已进入保护的动作区

3．系统状况检查

在 220kV HS 线发生单相接地故障，变电站 3 号主变压器差动保护动作、断路器跳闸的情况下，在尚未判明变电站内部是主变压器故障还是保护误动时，对有关的一次系统以及二次设备进行了全面的检查与分析，情况如下：

站内一次设备状况良好，3 号主变压器油样的色谱化验结果正常。

保护室内 3 号主变压器保护 B 屏上“Ⅱ跳闸动作”“保护 2 动作”“跳闸位置”“保护动作”指示灯亮，液晶显示屏显示“差动动作”，保护打印报告为 C 相故障。

保护打印报告所提供的故障瞬间 B 屏差动保护低压侧电流与 A 屏比较，差别较大，A 屏为 0.01A，B 屏为 5.3A，所以重点对 3 号主变压器室外的二次回路绝缘以及 B 屏差动保护装置的采样回路进行了检查，结果如下。

3 号主变压器保护 B 屏差动保护装置采样试验结果正确。

3 号主变压器 C 相本体低压侧套管 TA 二次接线端子至主变压器本体端子箱的电缆中 T1c-2S1 线芯对地绝缘为零，电流互感器二次线圈绝缘均异常。

3 号主变压器 C 相本体低压侧套管 TA 二次回路通电情况。在甩开上述接地线芯的

条件下，对 TA 二次回路通电时 B 屏差动保护装置显示采样值与所加电流一致；TA 二次回路带上述接地线芯后，在 TA 二次侧通入 14.0A 电流时，保护装置显示采样值为 5.4A，说明接地线芯有明显分流。更换备用芯后绝缘正常，在 TA 二次侧通入 10.0A 电流时，保护装置所显示的采样值为 10.0A。

检查结果表明：3 号主变压器 B 屏差动保护存在误动现象。

三、原因分析

1. 主变压器 35kV 侧输入 B 屏的电流进入了保护的动作区

主变压器 35kV 侧 TA 二次输入 B 屏的 5.3A 电流已进入保护的动作区，因此保护装置动作是毫无疑问的，关键在于弄清楚 5.3A 的电流是怎样产生的。从原理上讲 35kV 侧为负荷侧，当 220kV 系统发生故障时，该侧不可能提供短路电流；再者 35kV 侧 TA 二次不反应零序电流，因为 220kV 单相接地故障时 35kV 侧三角形中形成的环流正好使两者在二次线中抵消，零序电流被抵消的电路见图 3-50。

2. 35kV 侧的二次电流是 TA 两点接地造成的

35kV 侧 TA 二次的电流是 TA 两点接地引起的，并非是由一次电流感应到二次的结果。假如是一次电流感应到二次的话，两个保护屏得到的数据基本是一致的，但现在只有 B 屏有电流而 A 屏没有。

当 220kV 系统发生单相接地故障时，两点接地的保护输入 TA 回路从地电流中得到分流，此分得的电流值正是启动保护并使之动作的电流。单相接地故障时的电流分布电路见图 3-51。

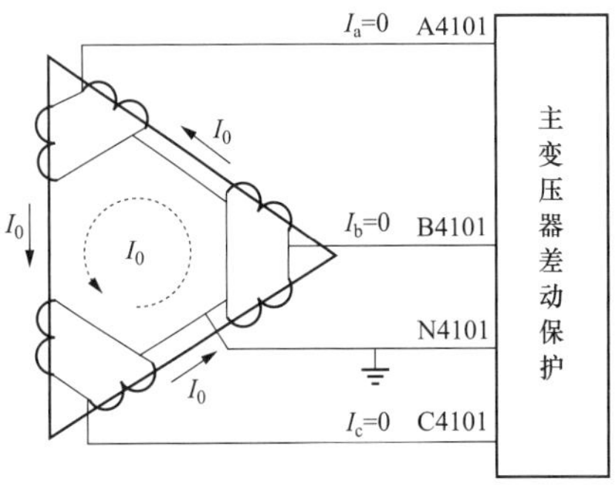

图 3-50　零序电流在二次回路中被抵消

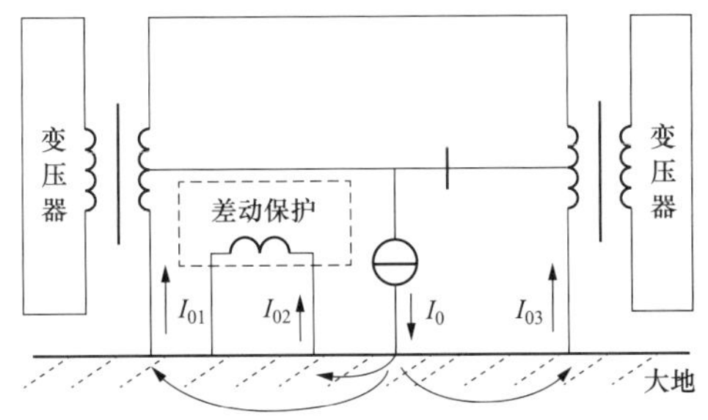

图 3-51　当系统单相接地故障时地电流进入保护

3. 二次回路的第二接地点是二次绝缘击穿所致

当雷电对地放电或 220kV 系统发生单相接地故障时，变电站地网中有电流流过，见图 3-52。此时变压器侧二次电缆外层对 TA 固有接地点（位于保护室）的电位不再是零，变压器中性点处电位升高最大，在绝缘薄弱的环节被击穿，造成了 TA 二次回路的第二个接地点，这是导致保护误动作的根源所在。

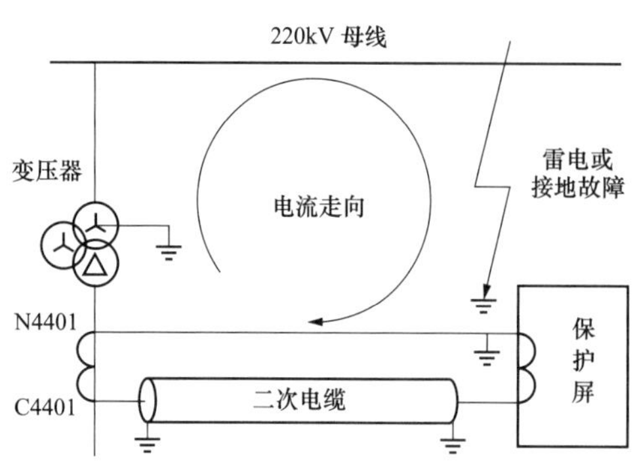

图 3-52　雷电对地放电回路

4. 结论

综上所述，可以得到如下结论：

（1）一次系统接地故障使地电位提高导致了 C4401 的电缆线绝缘的损坏；

（2）一次系统接地的短路电流直接输入差动保护并使其动作，造成了 3 号主变压器跳闸。

四、防范措施

1. 相关的措施

为了防止类似事件的发生，可采取以下措施：

（1）更换绝缘良好的电缆，将出现故障接地的 C4401 导线换为绝缘良好的电缆。

（2）加强设备巡视，注意保持二次接线端子排的对地绝缘的良好状态。

（3）两点接地改为一点接地，从原理上讲，将 TA 二次的屏蔽电缆的外层由两点接地改为一点接地，可有效地降低系统发生接地时地电流产生的相对电位的升高。但这与反措的规定相矛盾，而没有实施。

采取措施以后效果良好，再未出现类似的问题。

2. 注意事项

（1）TA 二次回路两点接地的认识不足。线路上发生接地故障时，造成了变电站或发电厂的升压站 TA 二次回路的两点接地，继而地电流分流进入保护装置，导致保护误动作的问题已经发生过若干起，只是资料不足，尚未认识到。

（2）电流回路的薄弱环节出现在 TA 二次根部。TA 二次系统绝缘的薄弱环节的绝缘击穿起因于二次回路的一点接地，薄弱环节出现在 TA 二次根部至端子箱之间，多次的故障已经证明了这一点。

（3）屏蔽层采取的接地方式。屏蔽层的两点接地将雷电或接地故障的地电流引入，如果屏蔽层采取一点接地的方式，出现的问题肯定不会如此严重。实际上屏蔽层的一点接地其屏蔽效果也很好，因此屏蔽层应该采用两点接地还是一点接地是值得进一步研究的课题。

第 18 节　热电厂直流电源接地时瓦斯保护误动作

某年 6 月 2 日 15 时，HUS 地区突遇雷暴天气，热电厂在运行的锅炉全部灭火，机组全停。造成供电负荷中断，氯碱厂、橡胶厂全停，塑料厂苯乙烯、烯烃厂芳烃、BQG 二空分装置停车。炼油厂北区降负荷运行。为了吸取教训，杜绝热电厂机炉全停事故的再次发生，现将故障的原因及防范措施作全面的分析。

一、故障现象

6 月 2 日 15 时 50 分左右，HUS 热电厂地区突遇雷暴天气。

15 时 51 分 58 秒至 52 分 38 秒，HUS 热电厂 6、5、2、1 号低压厂用变压器瓦斯保护动作，相关的断路器跳闸，备用自动投入装置低电压启动，负荷由厂用电源分支切换至备用段运行；之后 5、1、4 号高压厂用变压器瓦斯保护相继动作，厂用电源快切装置动作，负荷由厂用电源分支切至备用段运行，即 1 号高压备用变压器带 6kV Ⅰ 母线、Ⅱ 母线（2 号机组与变压器检修）、Ⅳ 母线和Ⅴ母线运行。热电厂的厂用电源系统接线情况见图 3-53。

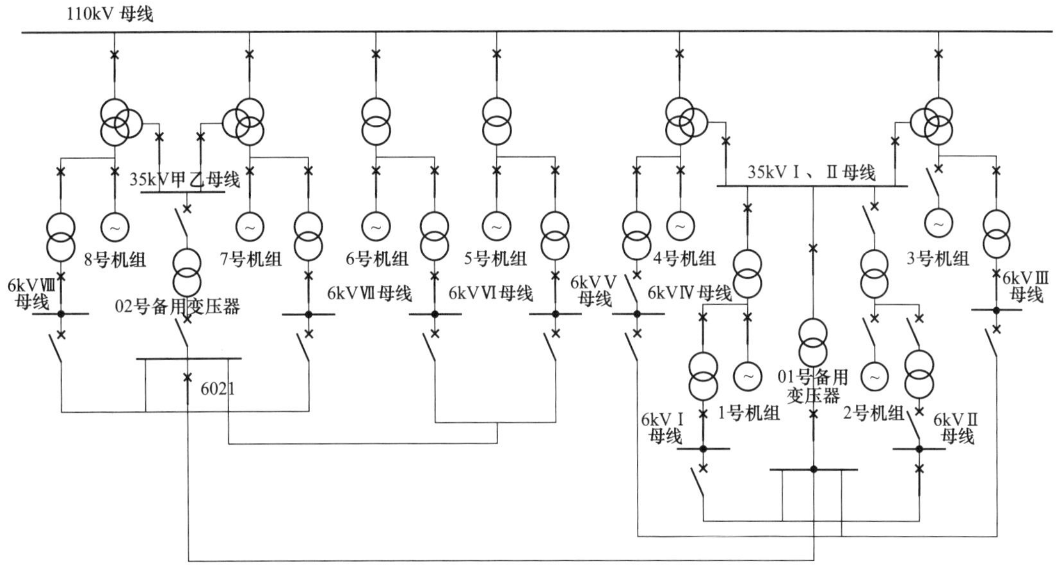

图 3-53　热电厂厂用电系统运行图

二、检查过程

1. ECS 报警检查

6 月 2 日 15 时 47 分 39 秒至 16 时 56 分 50 秒期间，ECS 显示 4 号主变压器低压侧开口三角电压断续地报警，持续时间共 1 小时 68 秒，$3U_0$ 最大值 34V。同时 4 号主变压器低电压侧发“过电压”报警信号。

2. 直流系统检查

直流系统绝缘检查装置位于保护室，15 时 50 分之后，DCS 显示“直流系统接地”报警信号多次。

直流系统绝缘检查的记录结果是，正极对地 23kΩ，负极对地 139kΩ。显然，直流系统的对地绝缘不合格。

3. 变压器瓦斯保护检查

变压器的非电量保护，即开入量保护，包括重瓦斯、轻瓦斯、压力释放、温度检测、压力检测等，其执行单元的型号为 PST690。属于光耦启动原理的非电量保护。

4. 厂用电源切换检查

低电压厂用电源切换与备用电源自动投入情况见表 3-22。高电压厂用电源快切动作情况见表 3-23。

表 3-22　　低电压厂用电源切换与备用电源自动投入情况

时间	机组号	低电压厂用电源跳闸	备用电源自动投入动作
15:51:58	6	√	√
15:52:00	5	√	√
15:52:00	2	√	√
15:52:00	1	√	√

表 3-23　　高电压厂用电源快切动作情况

时间	机组号	工作电源跳闸断路器	快切动作备用电源合闸断路器
15:52:03	5	6501、6502	6503、6504
15:52:07	1	6101、6102	6103、6104
15:52:38	4	6401、6402	6403、6404

至此，1 号高压备用变压器带 6kVⅠ、Ⅱ、Ⅳ、Ⅴ母线的厂用电负荷。

15:52:40：1 号高压备用变压器因为负荷过重，过电流保护动作，断路器跳闸，导致 6kVⅠ、Ⅱ、Ⅳ、Ⅴ母线厂用电源失电。Ⅰ、Ⅱ、Ⅳ、Ⅴ母线厂用电失电造成 1、2、5 号炉停止运行，2、6、7 号炉 3 台给水泵停止运行，同时热备用的 1 号给水泵不能启动，给水压力低，导致 6、7、8 号锅炉低水位保护动作停止运行。6 台锅炉全部停止运行，造成在运行的 7 台汽轮机组被迫停机，对外供汽全部中断。

15:54:36：02 号高压备用变压器送电，02 号高压备用变压器高压侧断路器合闸。

15:55:11：02 号高压备用变压器低压侧断路器合闸，02 号高压备用变压器带Ⅰ、Ⅱ、

Ⅳ、Ⅴ母线负荷。低压侧断路器合闸后，6kV 备用Ⅰ、Ⅱ母线联络断路器 6021 过电流跳闸，6kVⅠ、Ⅱ、Ⅳ母线失电。02 号高压备用变压器只带 6kVⅤ母线的负荷。

5. 电动机的低电压保护动作情况检查

6kV 电动机低电压保护动作情况见表 3-24。

表 3-24　　6kV 电动机低电压保护动作情况

厂用电源	低电压保护跳闸	断路器跳闸	设备停运
6kVⅠ母线	1 号炉甲送风机 9s	√	√
	1 号炉乙送风机 9s	√	√
	1 号给水泵 9s	√	√
6kVⅡ母线	低电压保护动作		
6kVⅣ母线	低电压保护动作		
6kVⅤ母线	5 号炉甲磨煤机 0.5s	√	√
	5 号炉甲送风机 9s	√	√
	5 号炉乙送风机 9s	√	√
	6 号给水泵 9s	√	√
	7 号给水泵 9s	√	√
	6 号循环水泵 9s	√	√
	7 号循环水泵 9s	√	√
	9 号空压机 9s	√	√
6kVⅥ母线	6 号炉甲引风机启动超时	√	√

三、原因分析

1. 故障的起因是直流电源接地

在开关的控制系统中，存在着所谓的正极对地杂散电容，负极对地杂散电容，以及保护启动节点的杂散电容。杂散电容在直流电源接地时会产生充电过程与放电过程，这些过渡过程的原理在电工理论中有详尽的描述，本书中的有关章节也有介绍，在此不再多述。

2. 故障的根源是开入量保护干扰误动作

关于发电厂的变压器的非电量保护，即开入量保护，包括重瓦斯、轻瓦斯、压力释放、温度检测、压力检测等，还有发电机组的电气与热工的联锁保护，即电跳机与机跳电保护，采用的是光耦启动原理的非电量保护。由于这些保护抗干扰措施不到位，在直流电源接地时杂散电容的充放电过程中误动作。

值得一提的是，光耦启动原理的非电量保护不能用动作功率的大小来衡量，而应该用逻辑延时以及能量的暂态吸收来分析并处理。

3. 4号主变压器低压侧过电压与 $3U_0$ 报警

主变压器低压侧 $3U_0$ 报警与系统接地有关。

主变压器低压侧过电压与机组甩负荷后励磁调节器的特性有关。

4. 电动机低电压保护的应用值得研究

当发电厂厂用电源的电压降低到 $60\%U_N$ 时，对于一般性的电动机负荷，低电压保护延时 0.5s 动作。对于重要的电动机负荷，低电压保护延时 9s 动作。

还有的电厂从重要的电动机负荷中又分出来了一类，例如引风机，将其低电压保护退出运行。

显然，该厂执行的是两类负荷的划分原则。但是，厂用电源失电后有的低电压保护没有起作用。低电压保护的应用问题也是值得认真研究的课题。

5. 发电厂的薄弱环节分析

在单元式机组投入之前，发电厂的电气系统采用的是集中控制方式，这种模式在一些方面显示出了优越性。但是，公用的直流电源等设计存在薄弱环节，本次故障就暴露得非常明显。

另外，厂用电源系统和给水系统运行方式也存在薄弱环节，在突发性大面积停电的严峻形势下，缺少必要的安全裕度是造成本次事故扩大的原因。

根据上述检查与分析结果可见，所谓的“信号误发、保护误动、断路器误跳、设备误停”的问题到处可见。这也是该发电厂近几年来发生的第二次全厂停电停汽事故。

四、防范措施

1. 对非电量回路加装大功率继电器

将 1～6 号高压厂用变压器、1～6 号低压厂用变压器以及 01～03 号低压备用变压器的非电量保护暂时退出运行，并将非电量回路加装大功率继电器，以提高抗干扰能力。

2. 落实微机保护的抗干扰措施

对发电厂的所有微机保护装置、二次回路进行检查，全面分析相关的抗干扰措施，并制定和采取有效防范措施。做好接地网的维护工作，让接地网充分发挥应有的作用。

3. 合理安排厂用电运行方式

作为热电厂进一步分析厂用电源系统，合理安排厂用电运行方式，提高厂用电供电可靠性。

根据机炉的运行情况，合理安排给水泵等重要辅机运行方式，减少因故障跳闸造成的风险，增强运行的可靠性。

4. 核算厂用系统负荷

热电厂 01、02 号厂用备用变压器带负载能力受到限制，核算厂用系统负荷，并增加过电流保护 I 时限跳 6021 联络线的功能。

5. 做好保护装置 GPS 对时工作

做好保护装置 GPS 对时工作，给事故处理及分析提供准确的数据支持。

6. 直流系统分段设计

将发电厂的直流系统作分段设计，以降低直流电源故障带来的风险。

另外，加强岗位职工的培训工作，针对夏季高温雷雨季节开展大面积事故演练，提高职工事故处理能力，也是保证电网安全的重要环节。

第 19 节　热电机组非同期并列时变压器差动保护误动作

某年 11 月 15 日 NIJ 热电厂的方式，1 号发电机-变压器组在 110kV Ⅰ母线运行，2 号发电机-变压器组在 110kV Ⅱ母线运行，Ⅰ、Ⅱ母线经母联 5010 断路器并列运行，0 号高压备用变压器挂在 110kV Ⅰ母线处于热备用状态，热电厂通过 110kV Ⅱ母向接凯线供电，1 号机组电负荷 16.52MW。

一、故障现象

1. 11 月 15 日 1 号发电机跳闸

9 时 56 分 58 秒，NIJ 热电厂 1 号发电机 J1 断路器跳闸，保护装置发“1 号发电机三次谐波零序定子接地保护动作”“1 号发电机定时限过负荷保护动作”“1 号发电机反时限过负荷保护动作”“1 号发电机定子过电压保护动作” 4 个保护信号。

检查 1 号发电机保护的故障与采样，发现三相电流同时升高到 4.95A，超过定时限、反时限启动电流。

对发电机一次回路进行了检查，对断路器等进行了检测，结果均正常。对保护装置电流、电压采样值进行了测试，保护装置采样精度符合要求。对反时限过负荷保护进行了校验，装置出口动作正确。

对现场 TA 及其二次回路接线进行检查，没有发现异常情况。

完成了对发电机定子绕组试验：定子绕组绝缘电阻、交流耐压试验等结果正常，定子绕组直流电阻，泄漏电流试验合格。

通过对一次设备、二次回路及保护装置的全面检查与试验确认，系统无异常。17 时 12 分 1 号机组冲转，17 时 59 分 1 号发电机经 J1 断路器与系统并列。第一时段的工作结束。

2. 11月16日全厂失电

11月16日，热电厂运行方式见15日，1、2号机组电负荷分别为21.3、22.2MW。

11时8分59秒，5016-2隔离开关C相出线铜铝过渡线夹断裂，故障时母差保护动作但未投跳闸，两台机组甩负荷至10MW，地调命令拉开接凯线5016断路器，两台机组脱网运行。根据故障现象，判断短时内系统无法恢复，决定立即启动孤网运行预案，12时06分停运1号发电机组，2号发电机组带厂用电及凯赛生物用电，同时做好启动全厂失电应急预案准备。电厂脱网之后竟然能稳定运行，的确是很稀罕的状况。

12时57分23秒，5011-2隔离开关C相进线铜铝过渡线夹断裂，110kV Ⅰ母接地，1号主变压器“零序过电流Ⅰ段”保护动作，母联5010断路器、5011断路器、1101断路器、1102断路器、1103断路器、1104断路器跳闸。机组负序反时限保护未投，2号机组甩负荷时，控制系统跟踪不及时，汽轮机超速保护动作，汽轮机跳闸，全厂失电，迅速启动全厂失电应急预案，确保锅炉、汽轮机设备的安全，同时联系凯赛生物厂倒送厂用电。

14时15分，从生物Ⅰ线倒送厂用电成功，启动循环水泵、给水泵、锅炉补水。

17时30时，经地调批准，对升压站线路及设备做隔离措施，更换110kV铜铝过渡线夹，更换线夹128个，钢芯铝绞线3段，并利用更换线夹时间，对1号发电机功率变送器，TA、TV、J1断路器、1号主变压器等进行了检查试验，未发现异常情况。

11月17日0:47线夹更换结束，恢复安全措施。4时27分，接凯线复役，1、2号机组分别进行启动，10:01 2号发电机并网，14:06 1号发电机并网。第二时段的工作结束。

3. 11月17日1号发电机差动保护跳闸

11月17日14时45分5秒，1号发电机负荷在3s内由9.51MW突升至19.25MW，主汽压力下降，主汽流量增大，一级、二级、三级抽压力升高，“工业抽汽压力至1.4MPa高”保护动作，ETS停机，发电机J1断路器跳闸，电气系统无异常信号。

经过检查可知，无其他异常情况，分析认为是高调门晃动造成的跳机。23时05分，1号机组冲转，23时50分并网。并网时发电机出口J1断路器瞬时跳开，保护装置发“AB相比例差动保护动作”信号，并网未成功。经对保护TA极性进行再次试验，极性正确，排除了接线极性错误的可能性。第三时段的工作结束。

4. 11月20日机组再次并列

（1）发电机并网前对二次设备的处理。11月20日并网前对二次设备进行了全面检查，未发现问题。对二次设备进行了如下处理：

励磁系统：将调节器过励限制设定在$Q \leqslant 40\text{Mvar}$。

同期系统：电压差 $\Delta U \leqslant 3V$，频率差 $\Delta f \leqslant 0.5Hz$，相位差 $\Delta\varphi \leqslant 15°$。

继电保护：将发电机差动保护动作门槛由 $0.2I_N$ 提高到 $0.4I_N$。

（2）发电机并网。11 月 20 日 13 时 36 分，操作机组并网，断路器合闸的同时，同步表由 12 点指向 2 点，发电机并网时发出沉闷的响声，之后机组运行正常，将无功由 0 升到 Q= 6Mvar。

二、检查过程

根据上述情况可以判定，发电机组并网时存在非同期并列的迹象。因此，发电机并网后安排了有针对性的检查。尤其是对同期回路的电压进行了全面检查。发电机组核相系统图见图 3-54，发电机组核相系统图见图 3-55。

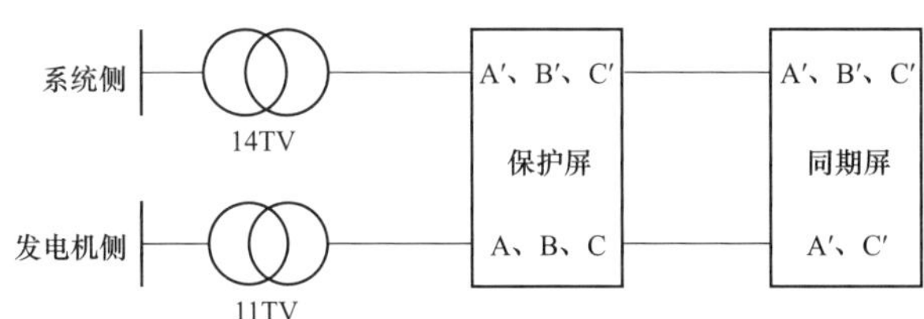

图 3-54　发电机组核相系统图

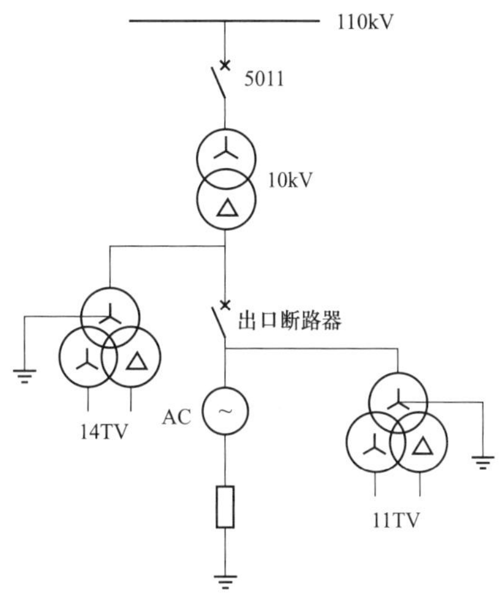

图 3-55　发电机组核相系统图

1. 确认 TV 接线与核相位置

发电机组核相表统图见图 3-54。

2. 11TV（取同期屏）对 14TV（取保护屏）核相

发电机组核相系统图见图 3-55，核相内容与结果见表 3-25。

表 3-25　核相内容与结果

U_A–U'_A 相电压 0V	U_B–U'_A 相电压 100V	U_C–U'_A 相电压 100V
U_A–U'_B 相电压 100V	U_B–U'_B 相电压 0V	U_C–U'_B 相电压 100V
U_A–U'_C 相电压 100V	U_B–U'_C 相电压 100V	U_C–U'_C 相电压 0V

3. 11TV（取同期屏）对 14TV（取同期屏）核相

核相内容与结果：

U_A–U'_A 相电压 0V；

U_C–U'_C 相电压 100V。

检查发现，同期屏 C′相电压在保护屏转接处接到了 B′相上。将其改到 C′相后，再次检查，电压结果：

$U_A-U'_A$ 相电压 0V；

$U_C-U'_C$ 相电压 0V。

同期表指针指示到 12 时。

结论：11 月 20 日之前，由于同期回路存在接线的错误，机组并网时发电机组与系统相位存在差 60°非同期并列问题，冲击电流达 $3I_N$ 导致 17 日机组非同期并列时发电机差动保护误动作；20 日并网，非同期并列问题依然存在，冲击电流达 $2.5I_N$，但并列前将差动门槛由 $0.2I_N$ 提高到 $0.4I_N$，并网时差动保护未动作。20 日并网时录波图形见图 3-56。

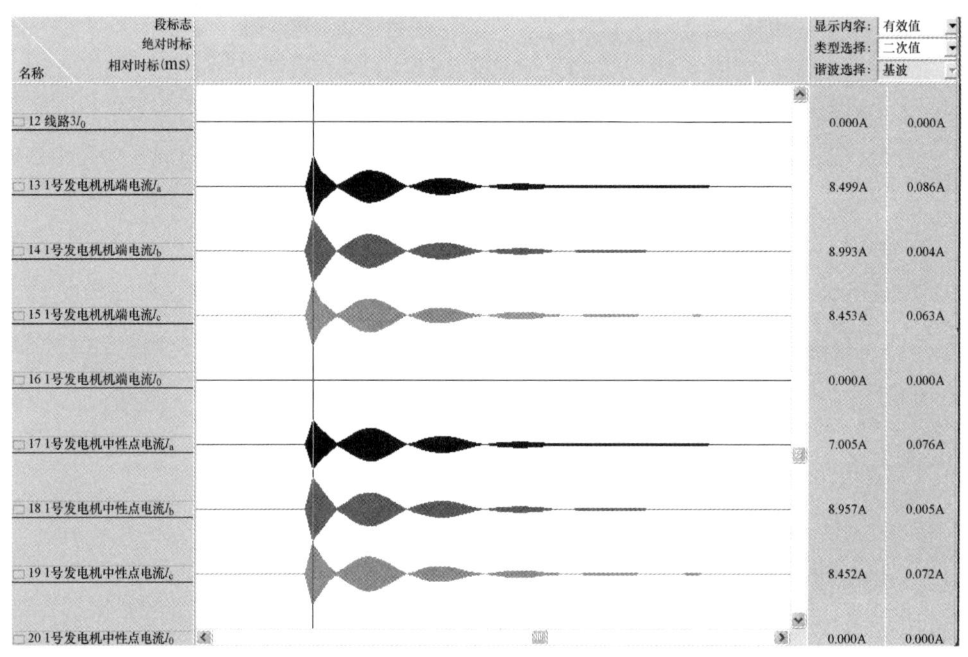

图 3-56　并网时录波图

三、原因分析

1. *励磁调节器的问题*

15 日定子过电压保护动作，应是跳机后没有灭磁导致的。15 日的无功由 13Mvar 上升到 50Mvar 应是励磁失控的象征。反过来说，是励磁失控导致无功由 13Mvar 上升到 50Mvar，此时断路器跳闸前，由于系统电压限制机组不会过电压而导致过负荷保护动作，J1 断路器跳闸，J1 断路器跳闸后没有灭磁，造成机组过电压。

应检查过励限制功能，应查 J1 断路器辅助触点接触情况。

2. 同期系统的问题

由于同期电压 $U_A U'_C$ 误接成 $U_A U'_B$，导致发电机组与系统相位存在着60°的非同期并列问题。

3. 发电机差动保护的定值问题

发电机差动保护的动作门槛偏低，数值为 $0.2I_N$，导致 17 日机组非同期并列时发电机差动保护误动作。

4. 电跳机与机跳电功能抗干扰的问题

发电厂曾出现过 DCS 方面电跳机的动作信息，改大功率动作继电器后正常，要求提供继电器厂家的具体参数。

发电厂地网接地电阻正常，但屏蔽接地接于电缆桥架上了，桥架与地网未见连接。屏蔽效果一般。

四、防范措施

发电机组并网前，用机组带 11、14 TV 零起升压后核相，以避免非同期的问题。

电气保护与热工保护的屏蔽接地问题，给予妥善处理，达到屏蔽的良好效果。

第 20 节　发电机组励磁变压器故障与保护的定值问题

某年 7 月 20 日，YIL 发电厂的运行方式与参数，6 号机组带负荷 97MW，无功 55Mvar，主蒸汽压力 11.7MPa，主蒸汽温度 540.6℃，励磁电流 1288A，励磁电压 165V。6 号机组相关的一次系统如图 3-57 所示，图中 TA 接线情况：T8–1 励磁变压器保护 1，T8–1 励磁变压器保护 2；T9–1 励磁变压器保护 1，T9–1 励磁变压器保护 2。

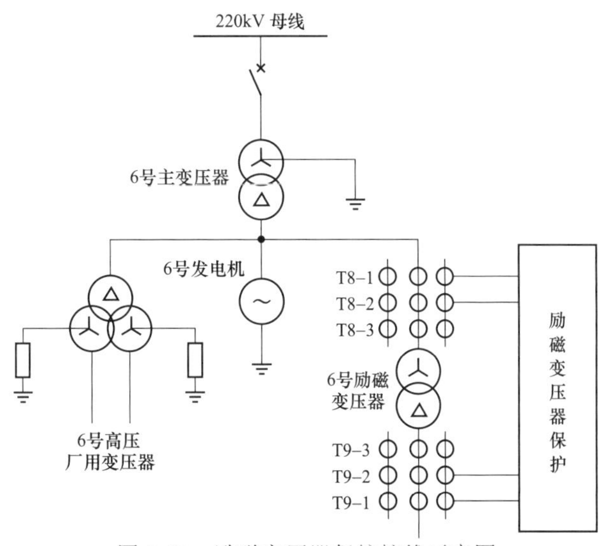

图 3-57　励磁变压器保护接线示意图

一、故障现象

7 月 20 日 8 时 54 分，6 号发电机附近有“哄哄”异声，6 号发电机 DCS 画面瞬间黑屏，黑屏恢复后检查发现 6 号发电机 206 断路器跳闸，6 号炉 MFT，6 号汽轮机跳闸，厂用电自动切至高压备用变压器运行。DCS 光字牌发出“发电机失磁保护动作”“发电机欠励”“206 断路器跳闸”“励磁开关跳闸”报警信号。

7 月 20 日 8 时 55 分，220kV 母联断路器 200 跳闸。并发现主厂房 6.3m 层励磁室内有浓烟，磁场断路器柜、励磁功率柜起火，立即组织人员灭火。

7 月 20 日 10 时 03 分，汇报调度，合上 220kV 母联 200 断路器，做好安全措施，安排电气专业人员组织抢修。

7 月 24 日 2 时 15 分，6 号机组冲转，转速升到 3000r/min 后做发电机的电气试验，发电机空载、短路试验特性合格。

7 月 24 日 5 时 05 分，6 号机组并网发电。

二、检查过程

根据故障现象确定了检查范围，对现场的检查内容与结果如下。

1. 励磁系统检查

2 号励磁功率柜 1、3、5 号晶闸管散热器上端部分被烧熔，中间 3 号散热器烧熔状况比两边严重；1、3、5 号晶闸管快速熔断器已熔断。

磁场断路器柜和右侧的 1 号励磁功率柜内部分二次元件与二次电缆被烧损。

1、2 号励磁功率柜的冷却风机均能够正常运转。

2. 故障录波检查

录波图形显示 8 时 54 分励磁变压器低压侧发生瞬间三相短路。短路前励磁电流、电压及发电机电流、电压无异常。

3. 发电机-变压器组保护动作行为检查

根据发电机-变压器组保护装置跳闸过程记录报告可知，8 时 54 分“失磁保护Ⅰ段”发动作信号；“失磁保护Ⅲ段”出口动作跳闸，机组全停。

DCS 历史趋势图显示，机组逻辑联锁跳磁场断路器指令尚未发出。

针对母联 200 断路器拒绝分闸的问题，检查 6 号发电机-变压器组各保护动作逻辑，做发电机失磁保护带断路器的传动试验，模拟失磁故障保护动作等结果正确，但是 200 母联断路器未跳闸，其他断路器跳闸正常。测量 6 号发电机-变压器组保护跳母联 200 断路器控制电缆绝缘电阻，对地绝缘在 100MΩ 以上，绝缘状况良好。

机组故障 1h 之后，根据运行方式的要求，将母联断路器 200 投入运行，传动试验不正常跳闸的问题未能进一步深入检查。保护启动时的记录数据见表 3-26。

表 3-26　　保护启动时的记录数据

各路波形幅值（启动后 1～2 之间的一个周波内有效值）			
励磁 A 相差流（DILA）	0	励磁二侧 C 相校正电流（ILC21）	0
励磁 B 相差流（DILB）	0	励磁一侧 A 相电流（ILA1）	24.26A
励磁 C 相差流（DILC）	0	励磁一侧 B 相电流（ILB1）	35.47A
励磁一侧 A 相校正电流（ILA11）	12.62I_N	励磁一侧 C 相电流（ILC1）	26.09A
励磁一侧 B 相校正电流（ILB11）	11.92I_N	励磁二侧 A 相电流（ILA2）	0.04A
励磁一侧 C 相校正电流（ILC11）	8.69I_N	励磁二侧 B 相电流（ILB2）	0
励磁二侧 A 相校正电流（ILA21）	0	励磁二侧 C 相电流（ILC2）	0.01A
励磁二侧 B 相校正电流（ILB21）	0		

注　I_N 为励磁变压器额定电流。

三、原因分析

根据以上检查结果，对故障的起因作如下分析。

1. *励磁功率柜短路的原因*

晶闸管散热器之间瞬间短路是励磁柜起火原因。

励磁功率柜中三只晶闸管散热器之间安装电气间隙较小，积灰多、运行时温度过高，这都会导致晶闸管散热器爬电距离减小，并引发相间短路故障。

2. *母联断路器误动跳闸的原因*

母联 200 断路器控制电源引自 6 号机直流系统，在 6 号机整流柜着火时未能及时断开整流柜交直流的电源，并且使交直流电源混到一起。当直流系统发生接地时，导致跳闸出口继电器误动跳闸。

3. *运行环境等客观原因*

在持续高温、高负荷工况下，生产技术人员对运行时间较长、健康状况较差的设备未引起足够重视。

发电厂 5～6 号机组是同一时期的产品，容量为 140MW，机组励磁功率柜和灭磁柜均已运行 10 年左右，部分元器件老化，工作特性不稳定。

励磁整流柜空间狭小，现场运行环境差。在发电机底部振动大，灰尘毛絮多。设备运行时为了通风散热的需要将柜门开启，而且不经过通风滤网，励磁柜内部积灰严重。再是励磁柜距离励磁变压器较近，两者均为发热设备，近距离的安装加剧了短路条件的形成。

4. 保护的定值问题

励磁变压器过电流Ⅰ段，即速断保护整定值偏高，低压侧发生三相短路时保护未启动，使短路持续时间延长，分析如下。

励磁变压器高压侧 TA 变比：200/5A。

励磁变压器速断保护的定值，是按照躲过变压器低压侧三相短路为原则整定的

$$I_{set1}=59.40\text{A}，T_{set1}=0\text{s}$$

励磁变压器过电流保护的整定值，是按照躲过机组强行励磁电流为原则整定的

$$I_{set2}=2.84\text{A}，T_{set2}=10\text{s}$$

励磁变压器低压侧故障时，A 相电流 I_a=24.00A，B 相电流 I_b=35.00A，C 相电流 I_c=26.00A。

显然，故障电流既没有达到速断保护的电流整定值，又没有达到过电流保护的时间整定值 10s，是发电机失磁保护带 4.3s 延时跳机。况且从发电机失磁到保护启动的时间也不确定。如此，导致了励磁变压器的严重烧毁。

四、防范措施

1. 调整励磁变压器过电流保护的整定值

对照发电机组整定导则和指导范本，对全厂的继电保护定值进行整定计算复核，修改相应的不合适的定值。

（1）励磁变压器电流速断保护。动作电流：按变压器低压侧两相短路有足够灵敏度整定。

发电机与系统解列，励磁变压器低压侧两相短路时参数与计算

$$X_d=17.64，S_N=158.82\text{MVA}，X_1=17.64/100\times1000/158.82=1.1107$$

$$X_t=6.06，S_N=1.23\text{MVA}，X_2=6.06/100\times1000/1.23=49.2682$$

$$I_k=1000/1.732\times13.8\text{A}/（1.1107+49.2682）\times1.732/2=719.19\text{A}$$

$$I_2=719.19\text{A}/20=35.96\text{A}$$

$$I_{set}=35.96\text{A}/2=17.98\text{A}$$

动作时限：$t = 0$s。

跳闸出口：动作于机组全停。

（2）励磁变压器过电流保护。按躲过发电机强励时的最大电流整定

$$I_{set}=K_{rel}K_{ql}\times I_{fdn}\times\beta_l\times U_l/U_h/N_a=1.5\times2\times1641\times0.816\times0.46/13.8/20=6.7\text{A}$$

灵敏度计算：K_{sen}=35.96/6.7=5.366＞1.5，满足灵敏度要求。

动作时限：t=0.3s。

出口：动作于机组全停。

2. 直流电源的反措问题

220kV 升压站直流电源取自 5～6 号机组直流系统，不符合《防止电力生产事故的二十五项重点要求》的要求，在监督检查中均已提出整改，已申报当年的技术改造项目进行整改。

3. 更换陈旧的设备

利用这次机组停机的机会，更换与励磁调节器配套的功率柜。

制定方案计划，对同一批的 5 号机组励磁功率柜与灭磁柜进行同样的改造。

4. 加强对设备的巡视与维护

完善发电厂的运行、检修规程。运行人员加强对运行机组励磁系统检查测温和定期维护。生产管理人员加强对设备维护状况的深入监督管理，不仅仅是流于形式。在机组停机检修时对发电机励磁系统进行详细检查清扫。

安排母联断路器 200 传动试验不正常跳闸问题的检查与分析。

安排跳闸出口继电器动作功率测试。

第4章

母线及母线设备保护的故障处理

一、母线保护的配置

220kV 变电站一般采用的是双母线接线方式，而 500kV 变电站采用 3/2 断路器的接线方式具有一定的代表性。此处介绍的是 3/2 断路器接线的 500kV 变电站及双母线的 500kV 发电厂升压站的保护配置情况。其 TV/TA 以及母线保护的配置见图 4-1。母线及母线设备保护的基本类型有：

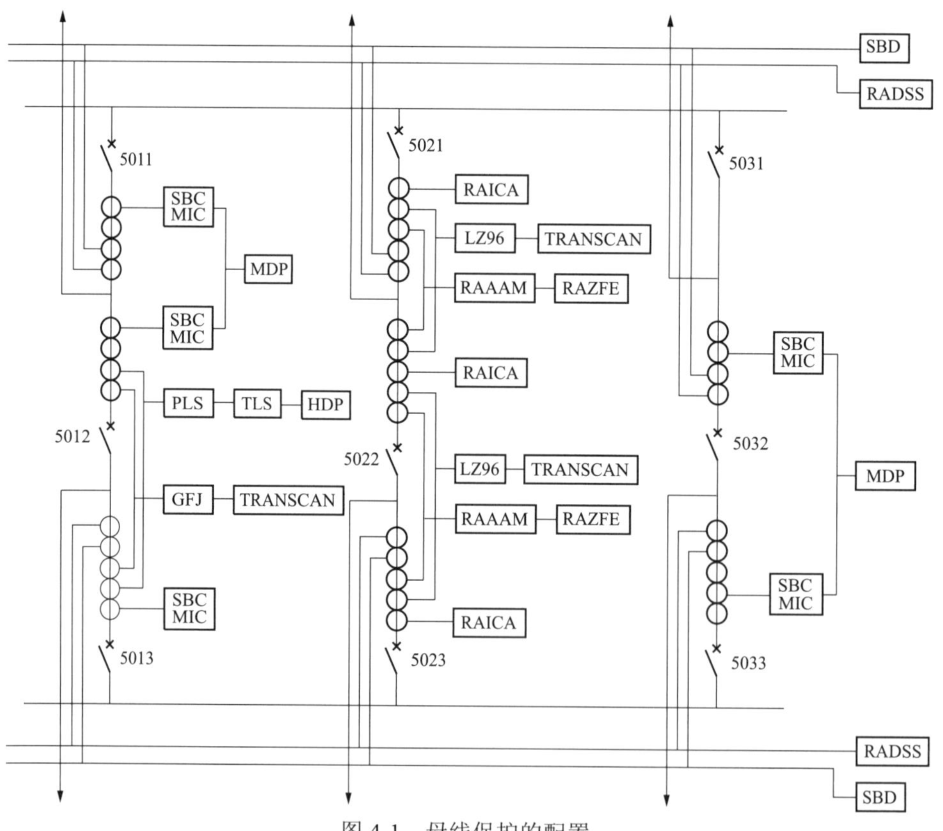

图 4-1　母线保护的配置

SBC—断路器失灵保护；MIC—三相不一致保护；MDP、RAAAM—短线保护；PLS—方向保护；TLS、LZ96—距离保护；RAICA—开关失灵三相不一致

（1）支线固定连接的母线完全差动保护；

（2）母线完全差动保护；

（3）电流相位比较式差动保护；

（4）低电压保护；

（5）母线后备保护——母线供电元件的保护；

（6）母联断路器的充电保护。

二、母线保护故障的特点

在发电厂和变电站中的母线设备与其他设备相比，虽然故障的概率比较低，但是，母线是电能集中分配的重要环节，母线设备的安全运行对于不间断发、供电具有更重要的意义。

母线故障是发电厂和变电站中电气设备最为严重的故障之一。母线故障时，可能破坏整个电力系统的正常工作。同样，母线设备保护的事故也会影响到系统的正常运行。保证母线保护的可靠性是非常关键的指标。

母线保护接线的特点有三个方面：①输入的电流回路多；②输出的跳闸回路多；③与其他保护的接口回路多。因此，保证其接线的正确性乃是减少继电保护故障的重要环节。据统计，母线保护的若干故障是由于 TA 接线的错误，或者是由于辅助变流器的非线性的特性，或者是 TA 剩磁的影响，或者是由于 TA 的 10%的误差曲线不满足要求等原因而引起的。

在小电流接地系统中，母线 TV 的谐振与消谐问题依然存在，本章中也收集了具有代表性的实例，并做一分析，希望这些对于读者能够有所启示。

第 1 节　发电厂母线保护 TA 的比差超标与区外故障时误动作

一、故障现象

某年 3 月 10 日 23 时 1 分 28 秒，YIL 发电厂 110kV 电红线发生短路，线路保护动作，间隔 109 断路器跳闸切除故障线路，60ms 后母线 WMZ-41 型保护动作出口跳闸，将Ⅰ母线上连接的所有断路器跳开。发电厂系统结构与故障点的位置见图 4-2。

Ⅰ母线连接的设备：101、103、106、107、109、120、100；

Ⅱ母线连接的设备：102、104、108、110、111、122、100。

二、检查过程

1. 微机母线保护故障报告检查

微机母线保护下层 C 相从机故障报告如下：

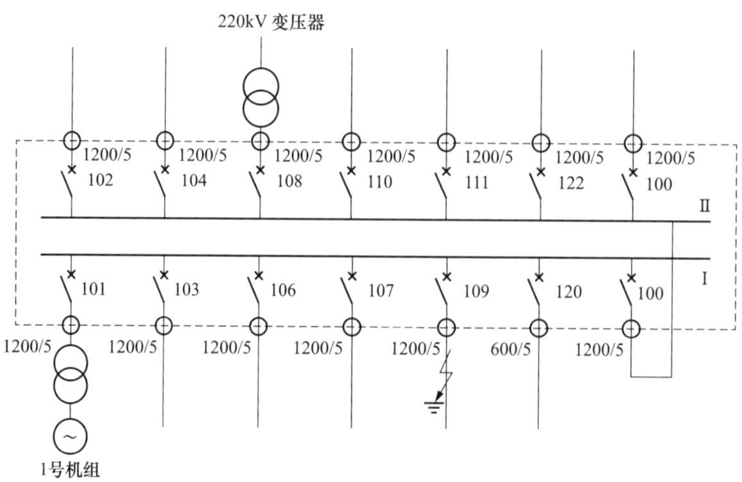

图 4-2　发电厂的系统结构与故障点的位置

报告时间：某年 3 月 10 日 23 时 1 分 28 秒；

Ⅰ母线运行方式字：1297；

Ⅱ母线运行方式字：2969；

动作保护：Ⅰ母线电流差动启动；

动作时间：1 分 28 秒 463 毫秒。

故障前一周及故障后一周电流、差动电流、制动电流采样值见表 4-1。

表 4-1　　故障前一周及故障后一周电流、差动电流、制动电流采样值

断路器	100	106	107	109	111	101	102	104				
母线	Ⅰ、Ⅱ	Ⅰ	Ⅰ	Ⅰ	Ⅱ	Ⅰ	Ⅱ	Ⅱ				
端子	I_1	I_2	I_3	I_5	I_7	I_8	I_9	I_{12}	I_d	I_f	I_{d1}	I_{d2}
−12	11.84	0.00	−0.08	−14.78	1.51	2.86	2.30	8.34	0.40	30.11	−0.16	0.47
−11	10.73	0.00	0.72	−12.95	1.19	1.35	2.46	7.23	0.16	26.54	−0.15	0.23
−10	3.50	−0.08	1.03	−3.18	0.40	−1.19	1.35	2.07	0.16	10.49	0.16	0.00
−9	−8.58	−0.56	0.95	12.63	−0.95	−4.45	−0.64	−6.44	−0.08	28.20	−0.01	−0.16
−8	−22.56	−1.11	0.40	28.44	−2.46	−7.55	−3.10	−16.37	−2.70	61.02	−2.38	−0.32
−7	−35.04	−1.67	−0.16	35.12	−3.73	−10.09	−5.01	−25.34	−12.00	83.02	−11.84	−0.24
−6	−42.63	−2.22	−0.87	30.43	−2.46	−7.55	−3.10	−30.59	−26.30	87.47	−26.05	−0.25
−5	−41.63	−2.38	−1.35	19.54	−4.29	−10.25	−5.24	−30.59	−36.23	75.64	−36.07	−0.24
−4	−33.53	−2.15	−1.59	10.81	−3.34	−7.55	−3.65	−25.03	−34.08	55.85	−34.04	−0.12
−3	−21.85	−1.83	−1.59	5.01	−1.99	−4.21	−1.75	−16.68	−24.39	34.56	−24.55	−0.12
−2	−13.03	−1.59	−1.67	2.22	−1.11	−1.99	−0.48	−10.41	−16.05	20.66	−16.14	0.01
−1	−7.47	−1.35	−1.51	0.79	−0.40	−0.87	0.08	−6.20	−10.33	12.24	−10.49	0.08

续表

断路器	100	106	107	109	111	101	102	104				
母线	Ⅰ、Ⅱ	Ⅰ	Ⅰ	Ⅰ	Ⅱ	Ⅰ	Ⅱ	Ⅱ				
端子	I_1	I_2	I_3	I_5	I_7	I_8	I_9	I_{12}	I_d	I_f	I_{d1}	I_{d2}
0	−3.97	−0.95	−1.03	0.08	0.00	−0.48	0.16	−3.58	−6.28	6.91	−6.35	−0.01
1	−2.15	−0.40	−0.32	−0.32	0.24	−0.48	0.00	−2.22	−3.65	4.13	−3.67	0.02
2	−1.43	0.16	0.48	−0.48	0.40	−0.79	−0.48	−1.67	−2.22	4.77	−2.06	−0.16
3	−1.27	0.72	1.35	−0.64	0.48	−1.03	−0.79	−1.59	−0.79	7.31	−0.79	−0.07
4	−1.19	1.11	1.91	−0.64	0.40	−1.11	−1.03	−1.75	−0.08	8.98	0.16	−0.32
5	−1.19	1.27	2.07	−0.64	0.32	−0.95	−0.95	−1.83	0.32	9.06	0.64	−0.32
6	−0.87	1.11	1.75	−0.64	0.32	−0.56	−0.64	−1.67	0.64	7.63	0.87	−0.31
7	−0.32	0.79	1.11	−0.64	0.32	0.00	−0.08	−1.27	0.95	4.93	1.02	−0.15
8	0.56	0.16	0.32	−0.64	0.32	0.72	0.48	−0.64	0.95	3.50	1.12	−0.25
9	1.59	−0.24	−0.48	−0.56	0.24	1.19	1.03	0.00	1.11	3.81	1.50	−0.39
10	2.30	−0.56	−1.03	−0.56	0.40	1.43	1.35	0.72	1.51	6.44	1.58	−0.15
11	2.62	−0.72	−1.19	−0.56	0.40	1.43	1.35	1.11	1.35	7.39	1.50	−0.23

注　I_d为大差电流（除母联单元外所有间隔电流的相量和）；I_f为制动电流（除母联单元外所有间隔电流的绝对值的和）；I_{d1} 为Ⅰ母线小差电流（连接在Ⅰ母线上所有单元电流的相量和）；I_{d2} 为Ⅱ母线小差电流（连接在Ⅱ母线上所有单元电流的相量和）。

差动保护整定值：I_d=2.5A，启动电流 I= 0.65A。

2. 故障线路故障录波检查

第 5 路 109 断路器电红线是故障线路，故障线路的记录报告见表 4-2。

表 4-2　　故障线路的记录报告

序号	通道名称	相别	故障前	故障后	重合后
1	Ⅰ母线电压（V）	A	61.65	54.90	65.14
		B	60.70	18.87	65.00
		C	61.35	55.50	64.99
		$3U_0$	0.02	42.58	0.11
2	Ⅱ母线电压（V）	A	61.63	54.97	65.19
		B	60.74	19.17	65.02
		C	61.39	55.40	65.06
		$3U_0$	0.03	40.26	0.13
3	间隔 106 电流（A）	I_a	0.10	0.20	0.14
		I_b	0.10	0.31	0.14
		I_c	0.10	0.08	0.14
		I_0	0.00	0.00	0.00

续表

序号	通道名称	相别	故障前	故障后	重合后
4	间隔 107 电流（A）	I_a	0.07	0.02	0.12
		I_b	0.07	0.12	0.12
		I_c	0.08	0.14	0.13
		I_0	0.00	0.00	0.00
5	间隔 108 电流（A）	I_a	0.07	0.03	0.09
		I_b	0.07	0.09	0.10
		I_c	0.07	0.12	0.10
		I_0	0.00	0.00	0.00
6	间隔 109 电流（A）	I_a	1.44	1.60	0.00
		I_b	1.71	9.14	0.00
		I_c	1.34	1.47	0.00
		I_0	0.00	0.00	0.00
7	间隔 111 电流（A）	I_a	0.08	0.08	0.03
		I_b	0.09	0.59	0.03
		I_c	0.07	0.08	0.02
		I_0	0.00	0.00	0.00

3. TA 变比对应关系检查

110kV 开关站间隔编号、设备编号以及 TA 变比的对应关系见表 4-3。

表 4-3　　间隔与设备编号 TA 变比对应关系

1 号—100 号间隔 母联 1200/5A	2 号—106 号间隔 线路 600/5A	3 号—107 号间隔 线路 600/5A	4 号—108 号间隔 线路 600/5A	5 号—109 号间隔 线路 300/5A
6 号—110 号间隔 线路 600/5A	7 号—111 号间隔 线路 600/5A	8 号—101 号间隔 1 号机组 600/5A	9 号—102 号间隔 2 号机组 600/5A	10 号—120 号间隔 1 号高压备用变压器 300/5A
11 号—103 号间隔 3 号机组 1200/5A	12 号—104 号间隔 4 号机组 1200/5A	13 号—105 号间隔 旁路 600/5A	14 号—122 号间隔 2 号高压备用变压器 300/5A	

三、原因分析

1. 故障电流的直流分量导致母线保护动作

从母线保护的故障录波数据上看，母线保护动作时，母联、第 12 个间隔（4 号发电机-变压器组）上均有较大的直流分量，但是电红线 109 间隔上的直流分量已近乎衰减完毕。由此可见，当电红线 109 间隔发生故障，线路保护动作跳开断路器后，电红线 109 间隔本身的 TA 上直流分量衰减很快，而其他间隔各主 TA 上直流分量衰减较慢。这直接导致母线出现较大的差流，进而母线保护在满足差流越限及区外故障电压闭锁开放的情况下出口跳闸。

2. 暂态直流分量造成了电流过零点的偏移

通过对母线保护的故障录波数据中的母联电流、小差 I 母线电流（I_{d1}）、大差动作电流（I_d）的分析可见，上述电流均叠加了一暂态直流分量，造成了各路电流之间过零点的偏移。

3. 结论

通过上述分析，得出以下结论：

（1）线路故障时，109 断路器 TA 电流出现严重饱和现象。

（2）母线保护的程序中少电流过零点判别，躲饱和及暂态特性差。

（3）TA 变比差别不宜大于 4 倍及以上。

四、防范措施

根据母线保护误动的特点，采取如下处理措施：

1. 更换间隔 109 断路器 TA

更换 TA，使间隔 109 断路器 TA 与其他元件变比一致。严格地讲，应是同厂家、同型号、同批次的产品，但要求同厂家、同批次的产品是难以做到的，可以根据情况选择。

2. 增加对差流过零的判断环节

在软件中增加对差流的过零判断环节，从而避免由于母线区外故障时，母线上连接的“各主 TA 对暂态直流分量的衰减周期特性不一致”时产生差流，而导致母线差动保护误动作。

3. 差动保护设置高低定值动作区

差动保护设置低定值动作区带延时动作，高定值动作区不带延时动作。

第 2 节　发电厂母线保护 TA 的两点接地与区外故障时误动作

一、故障现象

某年 7 月 24 日 13 时 42 分，WUL 发电厂 110kV 3911 线 0.95km 处 A 相遭雷击，3911 线路保护零序 I 段与过电流 I 段出口动作，断路器跳闸。同时，110kV Ⅱ母线母差保护动作，连接于 110kV Ⅱ母线的设备包括 1 号主变压器 3901 断路器、3 号主变压器 110kV 侧 3903 断路器、高压备用变压器 3900 断路器、线路 3912 断路器、线路 3916 断路器、线路 3917 断路器全部跳闸。发电厂 110kV 系统结构与故障点的位置见图 4-3。

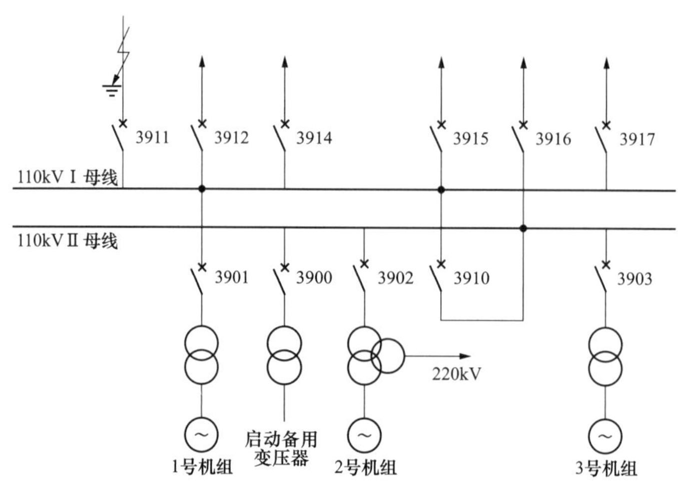

图 4-3　发电厂 110kV 系统结构与故障点的位置

二、检查过程

故障发生后，检查运行于Ⅱ母线连接的所有断路器、母线、电流互感器等一次设备未发现异常，既无落雷痕迹，避雷器也无动作记录，断路器手动分合试验状况良好。

1. *母差保护定值检查*

打印核对母差保护定值单如下：

复式比率系数：2.0；

比率差动启动门槛电流：6.09A；

电流突变量定值：4.97A；

TA 断线启动门槛电流：1.01A；

母联失灵定值：15.27A；

充电过电流定值：15.27A；

失灵出口延时 1：0.24s；

失灵出口延时 2：0.48s；

电压突变定值：15.0V；

差动保护低电压定值：39.9V；

差动保护负序电压定值：5.9V；

差动保护零序电压定值：5.9V；

失灵保护低电压定值：39.9V；

失灵保护负序电压定值：5.9V；

失灵保护零序电压定值：5.9V。

通电试验确认母差保护定值无误，各种运行工况下的动作逻辑及信号正常。保护装置动作状况报表见表 4-4。

表 4-4　保护装置动作状况报表

P3L621 数字式保护装置				
故障报告				
某年 07 月 24 日　13 时 53 分 15 秒 722 毫秒				
000010ms	距离保护启动		（距离保护）	[CPU1]
000010ms	零序保护启动		（零序保护及重合闸）	[CPU2]
000020ms	零序Ⅰ段出口	电流=35.365A	（零序保护及重合闸）	[CPU2]
000029ms	故障类型和测距	A 相接地 0.96km	（距离保护）	[CPU1]
000030ms	测距	0.161+j0.041Ω	（距离保护）	[CPU1]
000053ms	过电流保护Ⅰ段出口	电流=92.412A	（距离保护）	[CPU1]
000152ms	重合闸启动		（零序保护及重合闸）	[CPU2]
001654ms	重合闸出口		（零序保护及重合闸）	[CPU2]
011654ms	重合闸整组复归		（零序保护及重合闸）	[CPU2]
016535ms	距离保护整组复归		（距离保护）	[CPU1]
016836ms	零序保护整组复归		（零序保护及重合闸）	[CPU2]

2. 二次回路 B 相对地绝缘检查

根据母线保护故障报告显示的类型为Ⅱ母线 B 相。

检查母差保护装置及二次回路，当测量 1 号主变压器 3901 断路器电流互感器母差保护用二次电流电缆 B 相对地绝缘时，其值为零。断开保护屏内各电流端子，测量保护屏至升压站 3901 断路器电流互感器之间的二次电缆各芯线对地绝缘电阻均为 30MΩ，电缆芯线之间的绝缘为 100MΩ，说明问题出现在保护屏内部。进一步测量保护装置内 A、C 相电流变流器对地绝缘为 10MΩ、B 相变流器对地绝缘为 0MΩ，用万用表测量 B 相对地电阻为 4kΩ。将保护装置 3901 断路器变流器所在插件抽出，发现其 B 相电流变换器抗干扰电容 C 烧焦、爆裂损坏。母差保护其余二次回路直流电阻、绝缘电阻等良好。

3. 接地网接地电阻状况检查

测量升压站接地网接地电阻为 0.3Ω，与 3 月 19 日的测量记录相同。

4. 保护装置的报表与录波图形检查

线路故障时的保护装置 PSL621 报表见表 4-4。

三、原因分析

根据故障录波等信息对110kV Ⅱ母线保护的动作行为分析如下：

1. 110kVⅡ母线母差保护跳闸是误动作

从110kV母差保护动作记录来看，110kV Ⅱ母线母差保护动作跳闸的原因为B相差动保护动作。故障发生时110kV Ⅱ母线A、B相大差保护均有所反应，其A相大差保护为畸变的单极电流，第一周波55kA，第二周波7kA，是故障时TA饱和的原因，以后逐渐衰减，不足以启动母差保护。B相电流为55kA，持续5个周波。分析认为110kV Ⅱ母线B相差动电流启动了母差保护，造成110kV Ⅱ母线母差保护动作跳闸。

2. 保护的B相电流是系统故障时地电流所为

从各种故障录波分析来看，故障时只有A相接地，没有发生B相故障，原因如下：

录波图上只有A相母线电压下降到16kV，B、C相电压没有变化。1号主变压器3901 B相电流与大差B相电流基本相同，其他机组并没有B相短路电流，相别有问题。

故障时的110kVⅡ母线B相电流很大，约13.2kA，3901电流也为13.2kA。实际上由1号主变压器提供的最大三相短路电流只有3.4kA，即实际值不符合理论计算值。因此110kV母差保护的B相电流是错误的，或者说是虚拟的，实际上并不存在，即B相不存在从一次感应到二次的电流。

110kV Ⅱ母线差动电流与1号主变压器提供的电流一致，即B相电流造成了保护动作。

3. 造成110kVⅡ母线B相电流可能的原因分析

保护用TA二次回路抗干扰能力差，故障时故障点至110kV Ⅱ母线感应电流的影响造成保护动作，并出口跳闸。

TA二次回路存在两个接地点，或系统故障时出现绝缘击穿造成两个接地点，这样一次接地电流经接地点直接进入保护屏的电流变换单元，从而使110kV Ⅱ母线部分显现出较大的故障电流，造成保护动作，并出口跳闸。

经检查110kV的差动TA二次回路，发现3901 B相TA二次侧存在两个接地点，第二个接地点是在TA二次根部至端子箱之间。

处理好之后，110kV母差保护装置所有电流正常，大差及小差电流均为零。

4. 造成第二个接地点的原因分析

二次回路的第二接地点是二次绝缘击穿所致。当雷电对地放电或110kV系统发生单相接地故障时，变电站地网中有电流流过，见图4-4。整个接地网各点存在电位差，TA二次电缆两端的电位不再相等，此时变压器侧二次电缆外层对TA固有接地点（位于保护室）的电位不再是零，变压器中性点处电位升高最大，在绝缘薄弱的环节被击穿，造成了 TA 二次回路的第二个接地点，这是导致保护误动作的根源所在。

5. B 相电流变换器抗干扰电容损坏的原因

也是由于线路发生单相接地故障时，升压站地网中有电流流过，导致抗干扰电容承受着很高的电压（上千伏或几千伏），超出了元件的耐压值，造成了绝缘击穿。

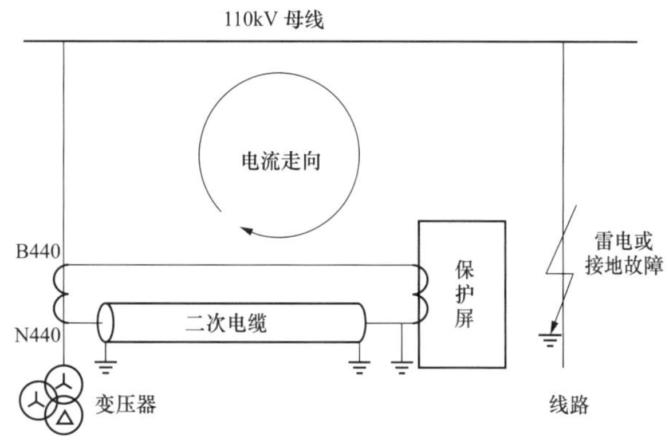

图 4-4　雷电对地放电回路

四、防范措施

1. 防止 TA 二次回路对地绝缘击穿

全面检查 110kV 的差动 TA 二次回路，防止绝缘击穿或两点接地现象的发生。

2. 确认 TA 抗饱和的特性正常

故障时 110kV Ⅱ母线母差保护 A 相有暂态电流，分析认为是 TA 饱和的原因，应结合设备停电对 TA 回路全面检查，确认 TA 抗饱和的特性是否良好。

3. 确认母差保护抗干扰措施正常

全面检查母差保护用 TA 回路的抗干扰措施。

第 3 节　变电站母线保护受 TA 剩磁影响在线路重合闸时误动作

一、故障现象

某年 8 月 3 日，18 时 57 分 25 秒，110kV CED 变电站 106 线 8.4km 处发生接地故障，线路保护动作跳闸。经过整定的延时后重合闸动作重合到永久性故障上，线路保护再次动作跳闸，与此同时，Ⅱ母线保护 B 相动作，跳开该母线连接的所有设备，系统结构与故障点的位置见图 4-5。

疑点分析：①大差保护的不平衡电流与Ⅱ母线保护一致，但大差保护为何没有动作；②线路发生接地故障时，是Ⅱ母线保护误动，还是Ⅱ母线也存在故障而保护正确动作；③Ⅱ母线保护 A 相差电流远大于 B、C 相，但是 A 相保护没有动作，B 相动作；④线路第一次发生接地故障时，Ⅱ母线保护没有动作，重合后却动作；⑤线路发生接地故障时，故障电流饱和严重的原因。

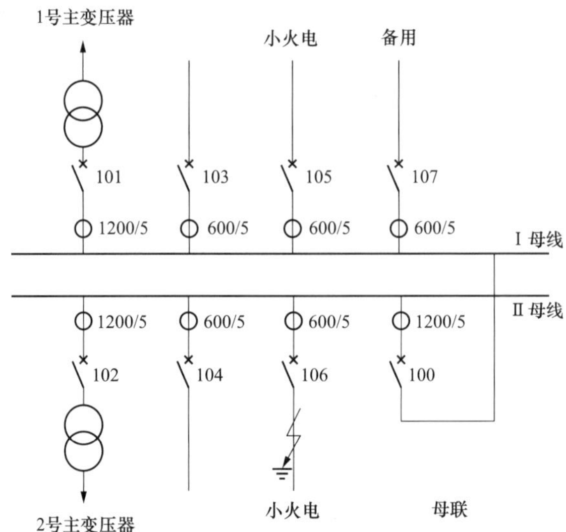

图 4-5　CED 变电站系统结构与故障点的位置

二、检查过程

围绕故障现象中的疑点，对 TA 等二次回路进行了全面检查。母线保护 TA 二次回路接线简图见图 4-6。

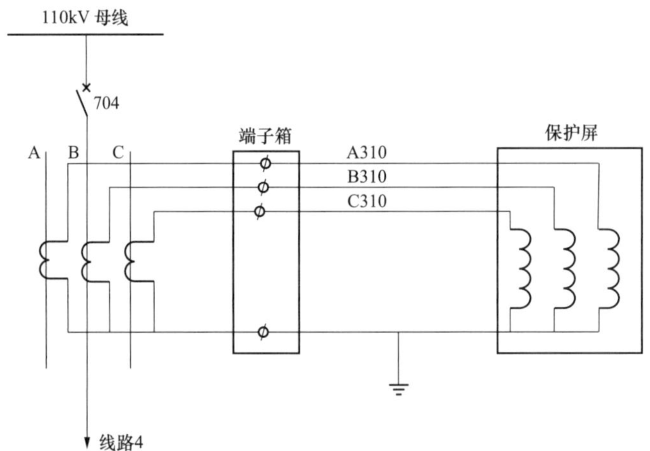

图 4-6　TA 二次系统原理接线图

1. 绝缘电阻测试

绝缘电阻测量值见表 4-5。

表 4-5　　绝缘电阻测量值

回路	测量值（MΩ）	回路	测量值（MΩ）
线路保护 421	80	母差保护 310	30

续表

回路	测量值（MΩ）	回路	测量值（MΩ）
421AB 之间	300	310AB 之间	400
421BC 之间	500	310BC 之间	500
421CA 之间	400	310CA 之间	200
421AN 之间	2000	310AN 之间	1500
421BN 之间	1500	310BN 之间	2000
421CN 之间	1000	310CN 之间	2000

所检测的绝缘电阻合格，可以确定 TA 二次不存在两点接地的现象，也就是说母线差动保护的误动作与 TA 二次接地方面的问题无关。

2. TA 变比试验

TA 变比试验数据见表 4-6。

表 4-6　　TA 变比试验数据

相别	回路	二次侧电流（A）	一次测电流（A）
A 相	310	3.0	360.4
	421	3.0	361.9
B 相	310	3.0	362.0
	421	3.0	363.0
C 相	310	3.0	360.0
	421	3.0	361.0

由图 4-5 可知，故障线路 TA 的变比为 600/5，因此变比结果正确。

3. TA 极性试验

TA 极性试验数据见表 4-7。

表 4-7　　TA 极性试验数据

相别	电流回路	极性
A 相	310	正极性
	421	正极性
B 相	310	正极性
	421	正极性
C 相	310	正极性
	421	正极性

试验结果表明，TA 的输出端均为正极性，因此极性正确。

4. 直流电阻测试

直流电阻测试值见表4-8。

表 4-8　　直流电阻测试值

相别 回路	端子箱TA侧电阻（Ω）						保护侧电阻（Ω）		
	A0	B0	C0	AB	BC	CA	A0	B0	C0
421	3.5	3.5	3.4	3.5	3.5	3.5	0.7	0.6	0.7
310	3.4	3.4	3.4	3.4	3.4	3.4	0.7	0.7	0.7

所测试的直流电阻结果正确无误。

5. TA二次负载交流阻抗测试

TA二次负载交流阻抗测试值见表4-9。

表 4-9　　TA二次负载交流阻抗测试值

相　别	A0	B0	C0
421阻抗（Ω）	4.2	4.1	4.1
310阻抗（Ω）	4.1	4.1	4.1

6. 伏安特性试验

（1）421电流回路（端子箱TA侧），伏安特性试验数据见表4-10。

表 4-10　　421电流回路伏安特性试验数据

I（A）		0.1	0.2	0.5	1.0	2.0	3.0	4.0	5.0	10.0	20.0
U（V）	A 421	131	156	166	173	180	188	191	197	218	229
	B 421	127	162	170	176	185	191	196	200	222	233
	C 421	125	157	169	176	183	190	195	199	223	234

（2）310电流回路（端子箱TA侧），伏安特性试验数据见表4-11。

表 4-11　　310电流回路伏安特性试验数据

I（A）		0.1	0.2	0.5	1.0	2.0	3.0	4.0	5.0	10.0	20.0
U（V）	A 310	158	166	175	182	194	206	216	226	236	246
	B 310	163	171	178	185	198	207	223	229	239	247
	C 310	157	168	175	183	195	206	218	226	236	246

所测量的数据结果正确。

7. 变电站 110kV 母线保护电流相量测试

变电站 110kV 母线保护电流相量测试值见表 4-12。

表 4-12　　变电站 110kV 母线保护电流相量测试值

名　称	电气量	A	B	C
2 号变压器母差 TA	U（V）	60.13	60.40	60.40
	I（A）	1.237	1.220	1.229
	φ（°）	9.615	9.342	9.654
母联母差 TA	U（V）	60.24	60.33	60.33
	I（A）	0.100	0.112	0.115
	φ（°）	83.56	77.46	81.72
1 号线路母差 TA	U（V）	60.25	60.29	60.35
	I（A）	0.555	0.818	0.485
	φ（°）	201.2	214.2	201.4
2 号线路母差 TA	U（V）	60.14	60.28	60.30
	I（A）	1.201	1.197	1.213
	φ（°）	190.6	188.7	190.0
3 号线路母差 TA	U（V）	60.29	60.44	60.38
	I（A）	0.254	0.261	0.250
	φ（°）	198.6	200.4	200.6
4 号线路母差 TA	U（V）	60.22	60.18	60.31
	I（A）	0.723	0.772	0.710
	φ（°）	198.11	200.05	199.21

所测量的母线保护电流相量结果正确。

8. 关于剩磁影响 TA 特性的试验

为了验证剩磁对 TA 特性影响，对两只 TA 中的一只，二次线圈 120 匝通入 5A 的电流，折合励磁 600 安匝，然后两只 TA 同时通入电流 $20I_N$，则两者的差流达 $6I_N$ 以上，此值足以导致保护的动作。

9. 确定 TA10%误差曲线

采用 TA 的励磁特性曲线法可得到 10%的误差曲线，做法如下：

（1）TA 的励磁阻抗特性曲线。TA 的等值电路见图 4-7。图 4-7 中，Z_1 为一次绕组阻抗，Z_2' 为二次绕组阻抗，Z_e 为励磁阻抗，I_e 为励磁电流。将 TA 的一次侧开路，二次电流、电压之间的关系为

$$\dot{U}_2 = \dot{I}_e(Z_e + Z_2)$$

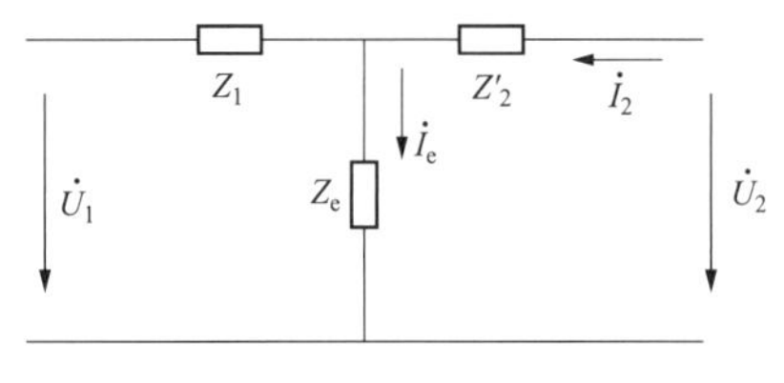

图 4-7　TA 等值电路

上式可以写成

$$Z_e + Z_2' = \dot{U}_2 / \dot{I}_e$$

相对 Z_e 来说，Z_2' 可以忽略不计，所以 TA 二次的伏安特性近似为励磁阻抗特性，即 $Z_e = f_{(1)} \approx U_2 / I_e$，而伏安特性又极易从试验中获得。

（2）做 10%误差曲线。用励磁特性曲线的纵坐标乘以 0.1 作为 10%误差曲线的横坐标，即二次允许阻抗

$$Z_r = 0.1Z_e \approx 0.1U_2 / I_e$$

用励磁特性曲线的横坐标乘以 2 作为 10%误差曲线的纵坐标，即一次电流倍数

$$m_{10} = 2I_e$$

（3）实测的 10%误差曲线。对 TA 的二次伏安特性进行了实测，相关数据见表 4-13。因三相数据基本一致，故只列一相。实测的 10%的误差曲线见图 4-8。

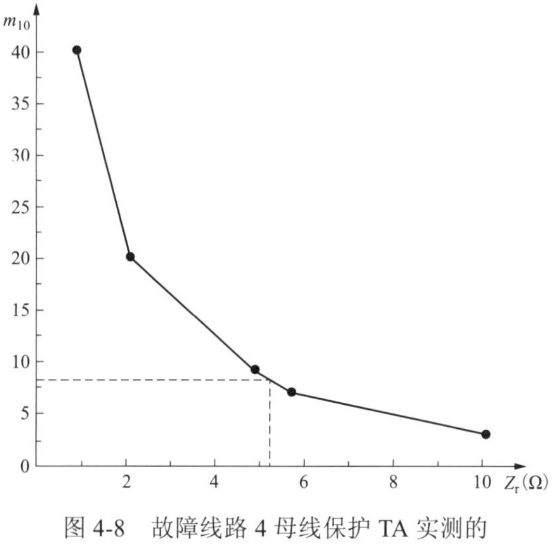

图 4-8　故障线路 4 母线保护 TA 实测的 10%误差曲线

表 4-13　　母线保护 B 相 TA 特性数据

I（A）	0.1	0.2	0.5	1.0	2.0	3.0	4.0	5.0	10.0	20.0
U（V）	163	171	178	185	198	207	223	229	239	247
Z_r（Ω）	163	85	36	18	10	6.9	5.6	4.5	2.3	1.2
m_{10}	0.2	0.4	1.0	2.0	4.0	6.0	8.0	10.0	20.0	40.0

三、原因分析

针对故障现象中的疑点分析如下：

1. Ⅱ母线保护动作大差保护没有动作是逻辑配合的结果

大差的不平衡电流与Ⅱ母线保护一致，但大差保护没有动作。Ⅱ母线保护动作的原因在于，故障线路重合后，大差保护的不平衡电流与Ⅱ母线保护一致，但是根据逻辑配合，达到定值后Ⅱ母线保护启动在先，大差保护启动在后，故障消失后大差保护返回。

2. Ⅱ母线保护的动作属于误动作

线路发生接地故障时，是Ⅱ母线保护误动，还是Ⅱ母线存在故障正确动作？由故障录波图可知，故障线路第一次切除后母线电压正常，该线路重合到故障后母线电压下降。

说明只有线路存在故障，母线运行正常。由此可见Ⅱ母线保护的动作属于误动作。

3. 母线保护的误动作与电流波形的畸变有关

线路第一次发生接地故障时，为何Ⅱ母线保护没有动作，重合后却动作了？线路第一次发生接地故障时，B、C 相对故障相的潜供电流也存在，但是差电流较轻，保护没有动作。线路重合于永久故障后，故障电流的直流分量提高，不平衡电流明显增加，差电流达到定值的持续时间长，因此重合后 B 相Ⅱ母差动作跳闸。

4. TA 二次电流波形的畸变与剩磁有关

运行中，在空投变压器、事故跳闸以及电容器投切等操作时，流过电流互感器的电流中存在直流分量的机会很多，电流的直流分量必然在电流互感器的铁芯中产生剩磁，剩磁在运行条件下难以消除。剩磁的影响会使电流互感器的传变特性变坏；传变特性变坏导致电流互感器出现暂态饱和；由于暂态饱和与直流分量的影响，TA 二次电流波形发生畸变。

对于母线保护，如果 TA 剩磁的初始条件不一致则电流的暂态状况也出现差别。进而导致差流的出现，当差流达到一定的程度则会使保护误动作。

5. 试验证明了剩磁对 TA 二次电流的波形影响

在线路故障的起始阶段 714 断路器 TA 二次电流基本上是标准的正弦量，而线路断路器重合到永久性故障时，TA 二次电流的波形严重畸变，出现了同一型号的 TA 在不同的时段表现出不同特性的问题，其区别在于剩磁的影响。

为了深入理解剩磁对 TA 电流的影响，完成了“关于剩磁影响 TA 特性的试验”。结果表明，TA 存在剩磁的情况下，二次电流偏离横坐标可达 1/2 以上。但是，线路故障时保护的电流录波与试验波形差别较大，原因在于试验不能完全模拟当时的故障电流，试验只能说明剩磁的影响会使电流互感器出现暂态饱和现象，导致 TA 电流波形畸变。

6. 对 A 相与 B 相保护之间动作行为差别的理解

Ⅱ母线 A 相差流远大于 B、C 相，但是为什么 A 相保护没有动作，B 相却动作？

（1）B 相保护动作的原因是故障电流的暂态分量所致。根据故障录波图可知，A 相接地故障时 B、C 相对地则存在电流，A 相接地故障电流 40A，B、C 相对地电流 10A 左右。B、C 相电流是对故障相提供的潜供电流，不是二次干扰等其他因素造成的。

A 相差电流虽然较大，但是每个周波有 1/3 以上的间断时间，此时保护返回，因此保护没有动作出口。A 相差电流主要是饱和的影响造成的。

B 相保护动作的原因，在于其故障电流的波形暂态分量明显，差电流达到定值的持续时间长，实际上 $I_{cd}>I_{cdzd}=0.4I_N$ 持续时间 10ms，从而启动保护并导致出口跳闸。

C 相相对 B 相较轻，而且不平衡电流较小，保护不动也在情理之中。

（2）线路发生接地故障时 A 相电流饱和与 10%误差无关。线路发生接地故障时 A

相TA二次电流达40A，相当于8倍的额定电流值，此时TA严重饱和是不应该的，可能存在以下问题：

1）设备选型不合适或制造质量存在问题；

2）二次回路阻抗超出标准，导致10%误差不满足要求；

3）存在剩磁的影响，造成所谓的暂态饱和。

根据对试验结果分析得出的结论是，故障开始时短路电流的饱和与剩磁无关，结合TA实测的10%误差曲线可知，8倍的额定电流值TA接近10%误差的边缘，但是10%误差尚未超标，因此A相电流饱和与10%误差无关，是TA特性问题所致。重合闸期间A相电流的严重饱和不仅与TA特性问题有关，还与剩磁有关，与10%误差无关。

值得注意的是，B相保护误动作与A相电流饱和之间差别很大，前曾述及B相保护误动作与剩磁的影响密切相关。

四、防范措施

根据上述分析，结合现场的情况采取如下措施：

1. 提升TA的规格—优化二次系统指标

选择5P20的电流互感器。

降低二次负载，确保8倍的额定电流值TA远离10%误差曲线的边缘。

2. 差动保护设置高低定值动作区

差动保护设置低定值动作区，按$I_{cdzd}=0.4I_N$整定，I_N是二次额定电流，带100ms延时动作出口。高定值动作区按$I_{cdzd}=1.5I_N$整定，不带延时0s动作出口。

3. 增加谐波制动判据

在逻辑中采取抗饱和的措施，增加谐波制动环节，谐波制动系数取值小于0.1。由谐波制动原理构成的TA饱和检测元件。其原理是TA饱和时差流波形畸变和每周波存在线性传变区等特点，根据差流中谐波分量的波形特征检测TA是否发生饱和。该原理实现的TA饱和检测元件具有很强抗TA饱和能力。母差保护的工作框图见图4-9。

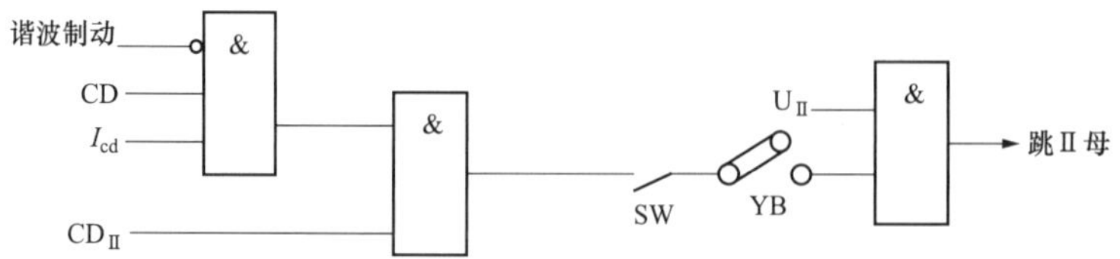

图4-9　II母差保护的逻辑框图

I_{cd}—差动启动电流；CD—大差比率差动元件；CD_{II}—II母线比率差动元件；SW—母差保护控制字；YB—母差保护投退连接片；U_{II}—II母线电压闭锁

4. 增加工频变化量综合判据

母线发生区外故障时，由于故障开始 TA 尚未饱和，工频变化量差动元件、工频变化量阻抗滞后工频变化量电压元件，利用三者的时序关系得到自适应阻抗加权判据，此判据利用区外故障时 TA 饱和时序差流不同于区内故障的特点，有很强的抗饱和能力。

采取了上述措施后，问题得到彻底解决。

第 4 节　发电厂母线保护三相电流不平衡时误发信号

一、故障现象

某年 2 月 10 日，WUL 发电厂换型的 110kV 母线保护投入运行以后，“TA 断线”信号时常误发。4 月 9 日 11:50，110kV 母线保护屏“TA 断线”信号再次发出，约 5s 后复归，随之母线保护恢复了正常状态。检查结果表明，母线大差保护、小差保护的差电流均为 0；“TA 断线”信号发出时，3912 线路电流的有效值在 100～300A 之间摆动，三相的相电流也存在非常不平衡的现象。

二、检查过程

1. 钢厂负荷线电流摆动情况检查

发电厂的钢厂线是给钢厂供电的专用线路，钢厂 50T 电弧炉生产过程中线路电流波动很大，摆动范围在 100～300A 之内，而且三相电流的数值也不尽相同，有时三相之间的不平衡电流高达 60%以上。

2. 母线保护 TA 断线的逻辑检查

母线保护“TA 断线”信号的逻辑有两个：大差电流越限，即 $I_d > I_{dset}$；断路器三相不平衡电流大于整定值。

三、原因分析

1. 三相不平衡电流时常不断地导致信号误发

对 110kV 母线保护发“TA 断线”信号的原因分析如下：

（1）3912 线正常运行时存在三相不平衡电流。110kV 3912 线的用户——莱钢 50T 电弧炉，其工作原理是利用三相电源极对极短路放电产生的热量将原料熔化，生产过程中不仅三相极间放电不同时，而且电流的变化以及最大值、最小值持续的时间也有较大的随机性，因此形成了 3912 线数值不等、时间不定的三相不平衡电流。

（2）三相电流不平衡时发TA断线信号。110kV母线保护TA断线的判据为任一支线出现的三相不平衡电流大于整定值，且持续时间 T_{set}≥9s，当满足此条件时发出TA断线信号，三相电流平衡后信号自动复归。

虽然3912线负荷正常时就存在三相电流不平衡的现象，由于持续时间的不确定，有长有短，因此，确定了TA断线信号出现的随机性。只有在特殊情况下，其三相不平衡电流大于整定值的时间超过9s时，“TA断线”信号才发出。可见110kV母线保护“TA断线”信号实际上反映的是3912线负荷的特殊情况，此时反应出炼钢厂50T电炉的各极间放电出现了较长时间的不平衡。

上述情况表明，110kV母线保护发“TA断线”信号是不可避免的，但三相不平衡电流的数值与时间两者缺一，是不能发TA断线信号的。

2. 三相电流不平衡不会导致母线保护误动作

母线保护在发TA断线信号时，110kV母线保护的支线虽然出现了三相电流不平衡，但由于不平衡电流不启动母线保护的跳闸逻辑，因此母线保护不会误动作。

（1）“差动断线”时闭锁母线保护。110kV母线保护的差流门槛为6.1A，电流突变启动值为5.0A，而判断TA断线的差电流为1.0A，线路TA的变比为600/5。

为了可靠起见，在正常负荷范围内出现TA断线信号时，母线保护在发“差动断线”信号的同时闭锁保护的出口。问题是如果此时的母线发生故障，则母线保护会拒绝动作。可见在母线保护发TA断线信号时，却存在着误动与拒动之间的矛盾。

（2）三相电流不平衡不会导致母线保护误动作。根据“差动断线”的逻辑关系可知，即使三相电流不平衡伴随TV失压或电压不平衡同时出现时，也不能启动母线保护。但是如果差电流越线并伴随TV失压或电压不平衡同时出现时，保护必定会跳闸。

四、防范措施

针对母线保护时常出现的“TA断线”信号，采取如下措施：

1. 将有关电流等接入故障录波器

将110、220kV系统各支线的三相电流都分别接入110、220kV故障录波器，并将110、220kV母线保护“TA断线”信号接入故障录波器。当电流波动或母线保护发“TA断线”信号时启动录波，以便进行设备的异常及故障分析。

2. 提高TA断线的差电流定值

判断TA断线的差电流由1A，提高到2A。

运行结果表明，采取措施后效果良好，TA断线信号误发的概率大大降低。

第 5 节　热电厂 35kV 母线系统 TV 烧毁与谐振过电压问题

根据 HUH 热电厂现场的设备与运行状况，综合热电厂、断路器柜制造厂的有关资料以及谐波测试结果，对 TV 损坏问题做出简要分析。并结合实际需要提出防范措施。

一、故障现象

HUH 热电厂于上半年进行了 35kV 断路器柜的改造，出线断路器柜加装了 *X* 只 TV，投入运行以后母线发生了严重的谐振过电压问题。截止到第二年初，热电厂近期内已有 5 只 TV 损坏，影响了正常的安全生产秩序。一次系统结构与 TV 的配置示意见图 4-10。

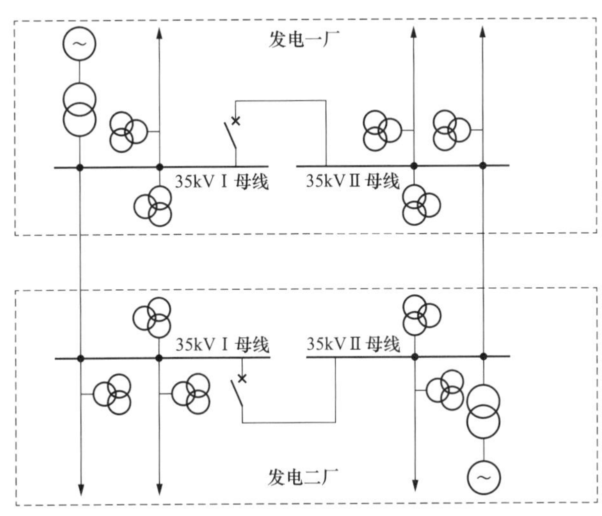

图 4-10　一次系统结构与 TV 配置示意图

二、谐波测试

针对上述问题安排了若干检查工作，包括录波检查、消谐措施检查、设备检查以及系统接地检查。其中，外观检查显示运行指标正常，但是其性能指标有待于进一步检查。

对 35kV 系统的母线电压、进出线电流谐波进行了测试，结果见表 4-14，表中数据表明，谐波含量均满足规定的要求。

表 4-14　　35kV 母线谐波电压含有率和总畸变率　　%

谐波次数		2	3	4	5	7	11	13	总畸变率
两台变频器运行	A	0.22	0.39	0.47	0.79	0.21	0.49	0.20	1.20
	B	0.13	0.58	0.37	0.62	0.19	0.44	0.27	1.10
	C	0.14	0.62	0.55	0.83	0.25	0.43	0.17	1.31

三、原因分析

1. 故障的过程描述

（1）TV 损坏是由过电压造成的：

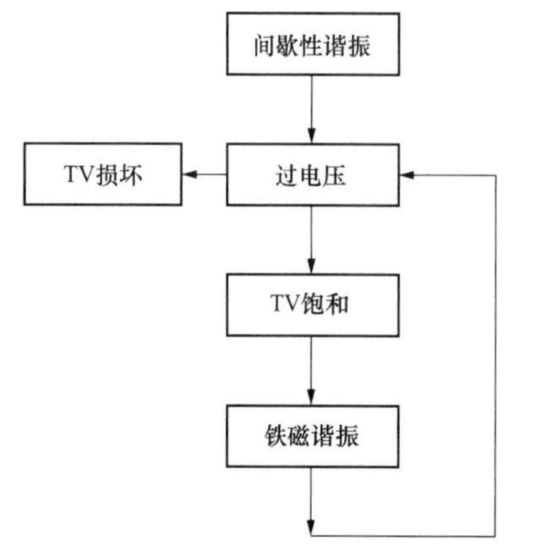

图 4-11 谐振与过电压的循环逻辑图

1）过电压导致了 TV 的损坏，过热烧损或绝缘击穿；

2）间歇性放电导致了弧光接地过电压；

3）间歇性放电过电压导致了 TV 的饱和；

4）TV 的饱和导致了铁磁谐振过电压。

谐振与过电压的循环见图 4-11。

（2）系统间歇性放电接地故障的几种可能性原因：

1）TV 本身的损坏，设备的故障；

2）绝缘子表面的污闪，绝缘击穿；

3）操作引发的谐振；

4）谐波引起。

2. 关于 TV 的损坏

（1）TV 的尺寸小、磁通密度大、容易出现饱和现象；

（2）断路器柜空间狭窄，容易出现污闪或绝缘故障。

3. 消谐不起作用

（1）设备的性能不好，不满足消谐的要求；

（2）局部接地网不合格，没有达到放电要求。

四、防范措施

1. 改善地网状况

（1）加强地网的连接改善地网状况。对于老化问题严重，线径截面不满足要求的地网接线进行改造处理。

（2）增加七星桩接地极。在 35kV 断路器站处增加 1～2 组“七星桩接地极”，以降低接地电阻，提高接地效果，起到快速放电的作用。

（3）检查二次设备的抗干扰接地状况。检查电容电流补偿测控装置的接地与电缆的屏蔽接地状况，应满足要求；检查二次消谐装置的接地与电缆的屏蔽接地状况，应满足要求。

2. 进行 TV 处理

（1）拆除多余的 TV。35kV 系统改造过程中将线路断路器间隔按照变压器断路器的布局统一加装了 TV。如此，多装的 TV 有 8 只，明显降低了系统的电抗值，增加了电感电容之间产生谐振的可能性。

（2）降低 TV 磁通的密度。更换磁通密度低的 TV，或订做高导磁材料的 TV；根据 TV 的空载特性试验数据，选择不易饱和者。

（3）解决 TV 狭窄空间的问题。改造断路器柜，增加其间距，为更换 TV 留足空间；另外，增加其间距，可以增加绝缘距离，以减少故障。

3. 确认电容电流补偿系统的功能

（1）实测系统电容电流，检查补偿装置测控系统显示数据的正确性；

（2）实测补偿电抗，计算补偿电抗挡位的正确性，以确认装置运行的可靠性。

4. 发挥消谐系统的作用

（1）做消谐装置的静态试验。改善一次消谐电阻的接线，通过试验确认一次消谐电阻的功能；分析二次消谐的原理与动作判据，通过试验确定不起作用的原因。

（2）关于消谐装置的投入。一次消谐只要好用，投入一次消谐电阻；如果一次消谐不好用，投入二次消谐；一次与二次双重配置的观点值得研究。

5. 降低运行电压

根据负荷侧的电压，在满足 35kV 水平的前提下，降低热电厂母线的运行电压。

6. 电缆沟积水处理

对于电缆沟的防雨必须引起高度重视，并及时组织电缆沟的有效封堵，以解决下雨时的积水问题。

采取上述措施以后 4 年来，没有再次出现类似的故障，可见损坏的问题得到了圆满地解决。

第 6 节　变电站母线保护误判母联断开与区外故障时误动作

一、故障现象

某年 6 月 29 日，12 时 13 分 6 秒，220kV CEY 变电站Ⅱ母线 A 相对地发生金属性短路故障，变电站Ⅰ、Ⅱ段母线保护同时动作跳闸。Ⅱ母线故障时Ⅰ母线保护同时动作属于误动的行为。

当时变电站Ⅰ、Ⅱ段母线并列运行。Ⅰ母线带 203、212 断路器，Ⅱ段母线带 213 断路器，202 断路器已断开。3 号主变压器运行，203 断路器处于合闸状态，3 号主变压器的 110kV 侧有小电厂并网运行。系统结构与故障点的位置见图 4-12。

二、检查过程

1. 提供的短路电流情况检查

213 断路器所在的线路：0.9A。203 断路器所在的线路：2.05A。212 断路器所在的线路：2.05A。

2. 故障录波情况检查

Ⅱ母线 A 相对地发生金属性故障后，Ⅰ、Ⅱ段母线差动保护、大差保护的差流录波图形基本相同，只是前 10ms Ⅰ段母线的差流为 0。保护差流图形见图 4-13。

3. 保护动作逻辑检查

大差保护跳母联断路器命令发出 10ms 后，判母联分裂运行信号发出。

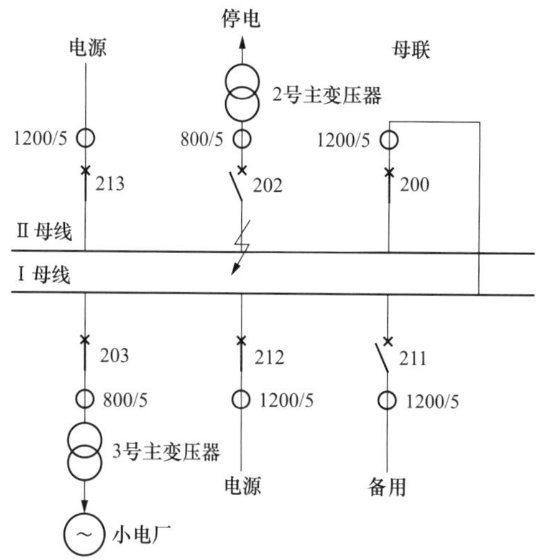

图 4-12 变电站系统结构与故障点的位置

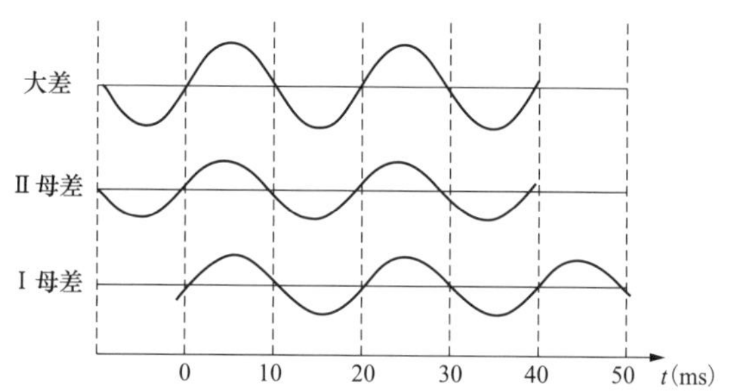

图 4-13 差动电流的录波图形

母联断路器跳闸 10ms 后，Ⅰ段母线断路器跳闸。

4. 回路的检查

对相关线路的 TA 二次回路进行了检查，结果正常。

三、原因分析

1. Ⅰ母线差流的提前出现是造成差动保护误动作的关键所在

根据母差保护的原理，Ⅱ母线故障对于Ⅰ母线保护来说是区外故障，Ⅰ母线差动保护差流为 0，直到母联断路器跳闸为止。故障发生 10ms 后Ⅰ母线保护的差电流就出现了，足额的差流的出现必定导致保护的动作跳闸。因此Ⅰ母线保护的动作是差流的提前出现造成的。

2. 判母联分裂运行信号导致了Ⅰ母线差流的提前出现

大差保护跳母联断路器命令发出 10ms 时，立即出现判母联分裂运行信号。母联电流判失灵命令发出后，Ⅰ母线差动保护的母联电流被扣除，则进入Ⅰ母线的电流之和为差流，该电流启动了保护的出口。所以故障出现 10ms 后Ⅰ母线的差流与Ⅱ母线的差流、与大差差流基本一致。

因此也就出现了母联断路器跳闸 10ms 后，Ⅰ段母线断路器跳闸的逻辑顺序。

3. 定值的问题导致了判母联分裂运行信号的误发

母联电流判失灵的延时在 0.2～0.3s，实际定值给出的为 10ms。这就是Ⅰ母线保护的差流在故障发生后 10ms 出现的原因，也是Ⅱ母线故障时Ⅰ母线保护同时动作的原因。

四、防范措施

1. 更改母联电流判别失灵的延时定值

在母线保护中，将母联断路器电流判别失灵的延时定值进行更改，整定在 0.3s，问题即可得到解决。

2. 进行变电站保护定值的全面检查

鉴于母线保护定值存在的问题，从管理的角度，对于变电站保护的整定计算书进行全面的校对。对于保护设备的定值，打印其定值单，进行全面检查。

第 7 节　变电站母线保护 TA 二次短路与区内故障时拒绝动作

某年 6 月 2 日，YIP 变电站正常时的运行方式：L2 线、L3 线在Ⅰ母线运行，1 号主变压器和 L1 线在Ⅱ母线运行，220kV 母联运行于合位。

一、故障现象

6 月 2 日 7 时 20 分，YIP 变电站进行 220kV Ⅱ母线停电操作过程中，在合上 L1 线 201-1 隔离开关时，母线 C 相支持绝缘子断裂，母差保护拒绝动作，L1 线、L2 线、L3 线对侧后备保护正确动作跳闸，变电站全站停电。变电站的系统结构与故障点的位置见图 4-14。

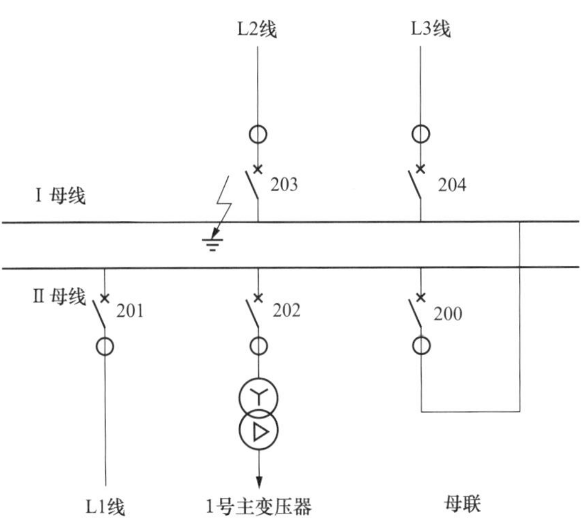

图 4-14　变电站系统结构与故障点位置

二、检查过程

1. 母差保护的动作回路检查

由于母线故障时，母差保护没有任何动作信号，就重点检查了母差保护动作有关的回路，即电流切换回路的可靠性。

检查时变电站系统的运行方式为L2线、L3线在Ⅱ母线运行，L1线、1号变压器及Ⅰ母线停电，分别模拟L1线在Ⅰ、Ⅱ母线时，在L1线A、B、C各相通入2.5A电流，Ⅰ母差动和Ⅱ母差动均正确动作，信号也正确。模拟L1线隔离开关互联及手动互联状态，装置的互联信号正确，从L1线通入电流2.5A，Ⅰ母线差动保护正确动作。

2. 直流对保护影响的检查

当直流电源的电压降低时，对保护装置动作行为影响的检查，试验结果表明只要电压高于140V，母差保护就能可靠动作。母差保护只要动作后，其信号灯就能够保持，可见，保护装置的动作行为不受直流电源的影响。由于在故障时，监控中心没有接收到任何直流装置异常信号，因此母差保护不会因为直流电源的原因拒动。

3. 交流输入回路的检查

当Ⅱ母线停电后，模拟故障发生时的运行方式，L2、L3在Ⅰ母线，1号主变压器在Ⅱ母线，模拟L3线隔离开关互联及手动互联状态，从L3线通入电流，母差装置没有任何信号，与故障当时的现象一致。

将L3线切换到Ⅱ母线，再模拟故障，母差保护动作。由此判断造成母差保护拒动的原因就是L3线Ⅰ母线切换继电器损坏。于是进一步将切换插件拔出检查试验，该插件的型号为JQJ-21，共有4只DZ-6/220型继电器。进行通电试验，发现其中1K不动作，拔下1K进行测量，发现其线圈不通，判断1K继电器线圈断线。

三、原因分析

分析认为引起母差保护拒动的原因是差动电流被短路，电流没有进入差动继电器。

由于L3线Ⅰ母线的电流切换继电器（JQJ-21）1K线圈断线，当L3线在Ⅰ母线运行时，1K切换继电器不动，动断触点打不开，致使母差保护L3线辅助变流器二次侧短接，电流不能进入装置。同时，因1K与2K动合触点是并联使用，2K工作正常，触点闭合，因此其他回路电流通过制动回路的电阻再经2K继电器动合触点回到中性点，不再经过差回路，故障时母差保护处于互联状态，Ⅰ、Ⅱ母线公用Ⅰ母线的差动回路，造成母差保护拒动。母差保护接线情况见图4-15。

四、防范措施

1. 加强电流切换回路的检查

对于装设了HMZ型中阻抗母差保护的变电站，安排一次特别检查，重点是装置电流切换回路中继电器线圈及触点的检查。

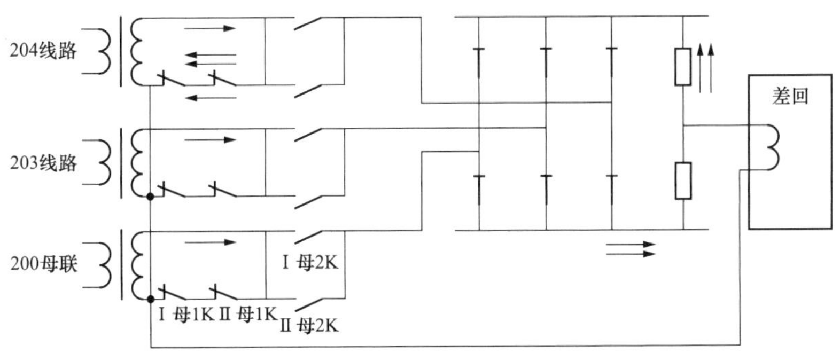

图 4-15　母差保护单相接线情况示意图

2. 建议厂家组织人员到现场进行反措

对于装设了与拒动母差保护同型号 JQJ-21 电流切换插件的变电站，应立即组织厂家人员到现场进行反措工作。

第 8 节　变电站母联保护连接片功能混乱与系统操作时误动作

某年 3 月 8 日，CEL 变电站 220kV 侧关联系统正常时的运行方式如下：

CEL 变电站：220kV 212 线、213 线、214 线、215 线、217 线、218 线运行于ⅠA 母线；222 线、223 线、219 线、225 线运行于ⅠB 母线。ⅠA、ⅠB 母线经分段 21F 断路器并列运行，变电站的系统结构见图 4-16。

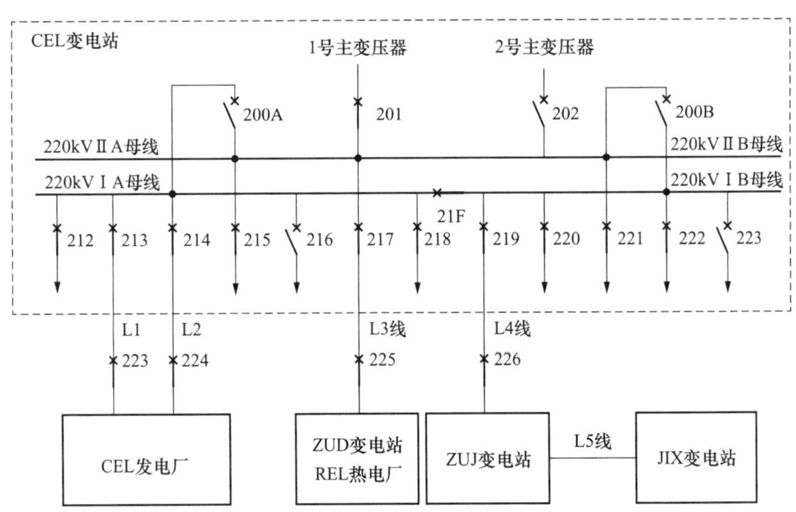

图 4-16　CEL 变电站的关联系统图

220kV 224 线冷备用，ⅡA 母线、ⅡB 母线停电基建施工。

CEL 发电厂：1 号机组带 500MW 负荷、2 号机组带 500MW 负荷，经 220kV 213 线、214 线并入 CEL 变电站。

REL 热电厂：1～6 号机组运行，总负荷 520MW，经 ZUD 变电站并入 CEL 变电站。

一、故障现象

3 月 8 日进行的系统操作与保护的动作状况描述如下：

CEL 变电站 220kV ⅡA、ⅡB 母线停电，进行 1 号主变压器 201-2 隔离开关、2 号主变压器 202-2 隔离开关、225 线路-2 隔离开关安装调试工作。

15:30，向调度汇报全部工作结束，安全措施全部拆除，ⅡA、ⅡB 母线可以送电。

15:40，中调下令ⅡA、ⅡB 母线送电，恢复固定连接方式。

16:05，操作到投入母差保护 220kV 母联 200A 断路器充电保护、过电流保护后，当合 200A 断路器时故障报警，警铃与事故喇叭同时响起，分段 21F 断路器掉闸。运行中的变电站，很少听到事故喇叭的叫声，这让在场的人员惊恐万分。

16:26，值班人员合上分段 21F 断路器。

CEL 变电站分段断路器 21F 跳闸后，CEL 电厂 93 万 kW 负荷通过 L3 线路与电网联络，此时，L4 线路电流由 400A 上升到 1920A，L3 线路电流由 100A 上升到 950A，L4 线路电流由 500A 上升到 900A，L1 线路电流由 300A 上升到 1200A，该系统发生局部轻微同步振荡，约 12s 后消失。

16:25　L4 线路两侧均为高频距离Ⅰ段、零序Ⅰ段保护动作，断路器三相掉闸，重合闸投单重，因此未启动。

16:26 CEL 发电厂，L4 线路掉闸后 CEL 发电厂与系统发生振荡，汽轮机转速最高升至 3104r/s，对应的频率 53.73Hz，1 号机组主蒸汽压力上升至 19.1MPa，2 号机组主蒸汽压力上升至 19.8MPa，汽包安全阀动作，运行人员手动 MFT。

变电站之间的连接状况见图 4-16。

16:25，REL 热电厂，1、3、4、5、6 号炉所有给粉机变频器因低电压而停止运行，引发 MFT 动作。5、6 号机组跳闸。

二、检查过程

1. 定值检查

用继电保护校验仪对 CEL 变电站 220kV 分段 21F 断路器过电流保护的动作值、动作逻辑进行检验。定值为 0.7A，其动作值 0.7A，动作逻辑准确无误。

2. 保护的逻辑功能检查

发现 220kV 母差保护中，母联断路器 200A 过电流保护与分段断路器 21F 过电流保护的投入连接片为同一个。

三、原因分析

1. CEL 变电站分段 21F 断路器跳闸原因

BP-2B 母差保护中母联 200A 断路器的过电流保护与分段 21F 断路器的过电流保护连接片为同一连接片。当操作投入母差保护母联 200A 断路器过电流保护时，实际上分段 21F 断路器过电流保护也同时投入。

220kV 分段 21F 断路器过电流保护定值为 0.7A，换算到一次电流为 2100A，当时分段断路器电流为 2294A，达到了保护启动值。220kV 分段 21F 断路器过电流保护动作，断路器掉闸。

2. L5 线路掉闸的原因

分析认为是由于导线最大允许电流为 845A，1920A 运行约 20min，造成弧垂增大，C 相对地放电。经过全线巡线检查，未发现明显故障点，于 20:28 安排送电成功。

3. REL 热电厂发电机掉闸原因

L5 线路跳闸瞬间引起厂用电 400V 电压降低至 325V，引起 1、3、4、5、6 号炉给粉机变频器欠电压停运，变频器在电压降至 90%以下即无功率输出，燃料供给中断，MFT 动作，机组全停。

四、防范措施

将 CEL 变电站 220kV Ⅱ母差保护中，母联断路器 200A 过电流保护与分段断路器 21F 过电流保护的投入连接片分开即可。在设计上，用同一副连接片投切两套不同设备的保护是不允许的。一个连接片投入两套保护的逻辑电路见图 4-17，图中 LP 为充电保护连接片，TA1、TA2 为电流互感器，I1、I2 为电流测量元件。

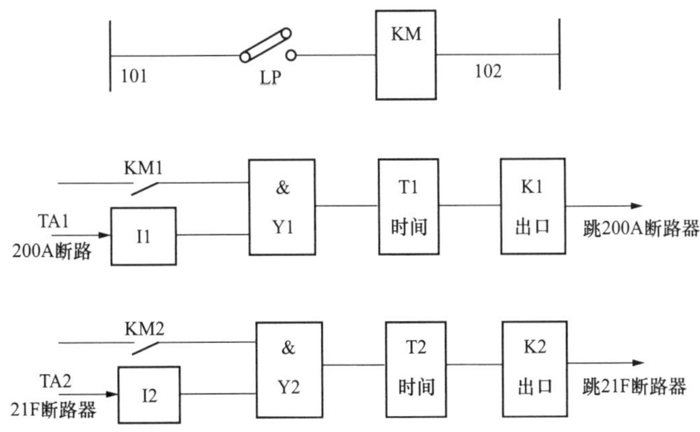

图 4-17　充电保护连接片控制两个断路器过电流保护的逻辑

第 9 节　发电厂母线保护在特殊运行方式下的应用问题

WUL 发电厂 220kV 母线原为 JMC-2 晶体管型差动保护，投运已达 20 余年。由于元件严重老化，运行中曾多次发生比相元件误动作，由于出口回路中有复合电压闭锁元件，才没有引起跳闸。经管理部门批准，将 220kV 母差保护更换为 BP-2A 微机型母线差动保护，该保护从原理、设计、安装、调试、维护等方面都具有显著的优点，如灵敏度及可靠性高、自适应能力强、抗 TA 饱和能力强、抗干扰能力强、实时自检等，但经过实际运行表明，新保护不仅出现过故障，同时还有存在一些潜在的问题。

正确地认识微机母差保护用于系统所存在的问题，对于全面地掌握其性能，确保设备安全运行，具有重要意义。

一、故障现象

发电厂 220kV 母线为非标准的单母线分段带旁路接线方式，与标准的双母线接线相比形式较为特殊，系统接线见图 4-18。母差保护运行中出现的问题如下：

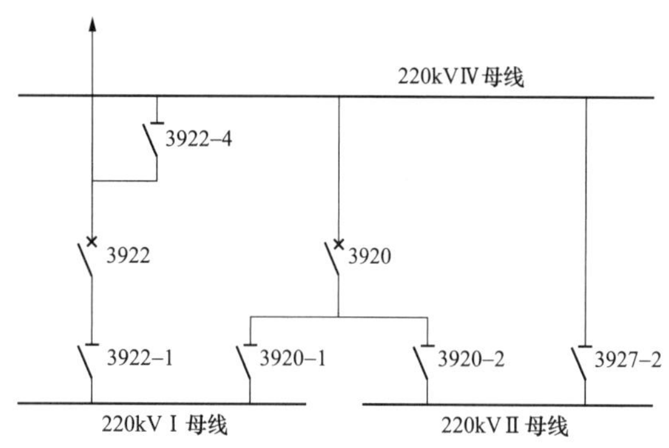

图 4-18　220kV 母线接线示意图

1. 用旁路断路器代线路操作过程中差动保护报 TA 断线并闭锁保护

某年 7 月 16 日，用旁路断路器 3920 代线路断路器 3922 运行，在合上旁路 3920-1、2 隔离开关，拉开 3927-2 隔离开关，合上3922-4隔离开关后，此时旁路3920 断路器尚未拉开，即 3920 与 3922 断路器并列运行时，发现母线保护经延时发出“TA 断线”信号，并将差动保护闭锁。

2. 用线路断路器充电于母线时两个串联断路器同时跳闸

当年 7 月 18 日，220kV Ⅰ母线检修，3920 断路器代 3922 断路器运行，此时 3920 断路器、3920-2 隔离开关、3922-4 隔离开关在合位，3922 断路器、3920-1 隔离开关在分位。当Ⅰ母线检修完毕，用 3922 断路器向Ⅰ母线充电时，旁路 3920 断路器先于 3922 断路器跳闸。

二、检查过程

1. 一次系统的检查

经检查确认，当Ⅰ母线检修完毕，用 3922 断路器向Ⅰ母线充电时，尚未拆除Ⅰ母线的安全接地措施，导致向故障母线充电。

2. 保护动作判据的确认

BP-2A 母差保护所采用的复式比率差动原理，现将其动作判据如下

$$I_d \geqslant I_{dest} \tag{4-1}$$

$$\frac{I_d}{I_r - I_d} \geqslant K_r \tag{4-2}$$

其中

$$I_d = \left|\sum_{i=1}^{n} \dot{I}_i\right|，表示差电流（相量）$$

$$I_r = \sum_{i=1}^{n} |\dot{I}_i|，表示和电流（标量）$$

式中：$\dot{I}_i$（$i=1$，2，…，n）为各支路二次电流相量；I_{dest} 为差电流定值；K_r 为比率制动系数。母线保护的动作特性见图 4-19。

（1）根据内部故障时的差电流确定比例制动系数。内部故障时，设故障电流为 1，且全部流向大地，若考虑区内故障时有 20%的总故障电流流出母线，则由图 4-20 可见

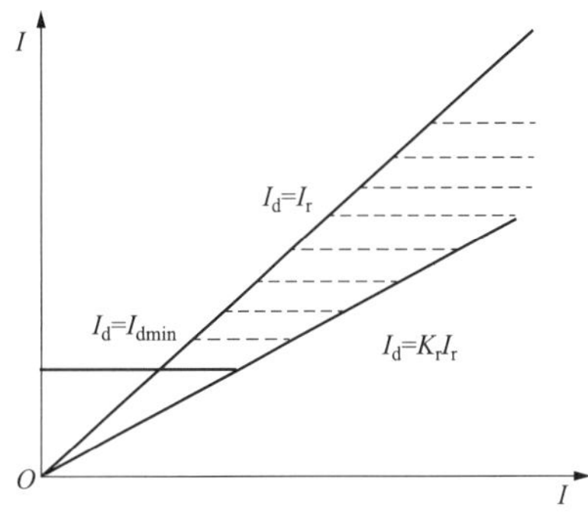

图 4-19　母线保护的动作特性

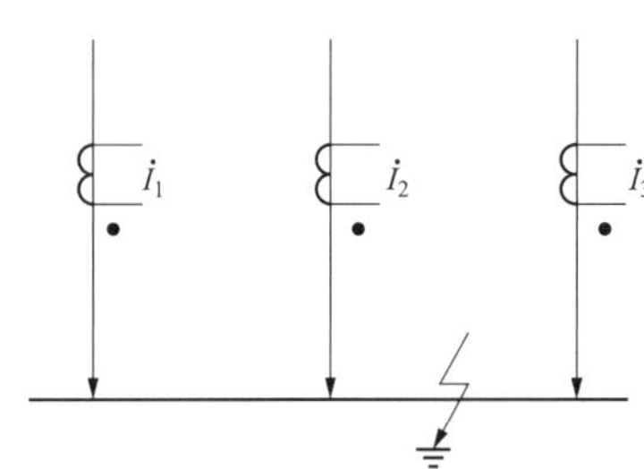

图 4-20　母线内部故障示意图

$$I_d = \dot{I}_1 + \dot{I}_2 - \dot{I}_3 = 1$$

设

$$\dot{I}_1 + \dot{I}_2 = 1.2$$

则 $\dot{I}_3=0.2$（$\dot{I}_3$ 表示 20%的总故障电流流出母线）

因此

$$I_r = \dot{I}_1 + \dot{I}_2 - \dot{I}_3 = 1.4$$

$$\frac{I_d}{I_r - I_d} = \frac{1}{1.4-1} = \frac{1}{0.4} = 2.5$$

要保证如此情况下差动继电器能够正确动作，须满足式（4-2)，即 $K_r \leqslant 2.5$。

取 $K_r=2$，即可满足公式的要求。

这就是比率制动系数 K_r 的整定计算方法。

（2）根据外部故障时的和电流确定误差系数。外部故障时，设故障电流为 1，若考

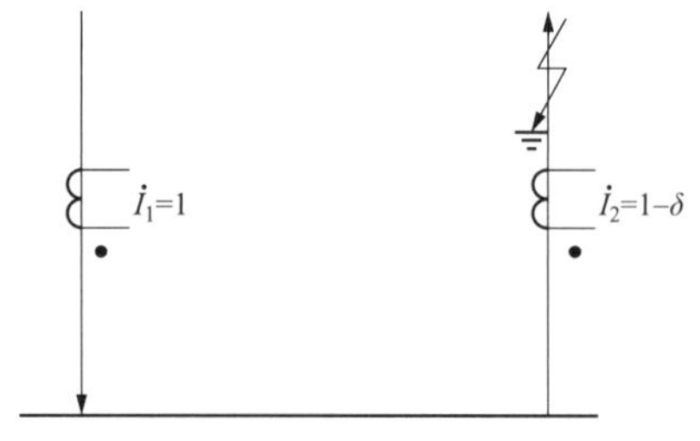

图 4-21　保护区外部故障的位置

虑故障支路的 TA 误差达到 δ，而其余支路的 TA 误差忽略不计，则由图 4-21 可见

$$I_d=1-(1-\delta)=\delta$$

$$I_r=1+(1-\delta)=2-\delta$$

$$\frac{I_d}{I_r-I_d}=\delta/(2-2\delta)$$

要保证如此情况下差动继电器不误动作，须满足式 $\frac{I_d}{I_r-I_d}<K_r$，即须满足式

$$\delta/(2-2\delta)<K_r$$

将 $K_r=2$ 代入得 $\delta/(2-2\delta)<2$，从而得 $\delta<80\%$。

由此得知，当 $K_r=2$ 时，在区内故障时允许 20%以下的总故障电流流出母线，母差保护不会拒动；在区外故障时，允许故障支路的 TA 误差在 80%以下，母差保护不会误动。在现场整定可按以上方法，根据实际情况决定 K_r 的取值。

三、原因分析

1. “TA 断线”信号是三相电流不平衡引起的

运行中发现，旁路断路器代线路操作过程中对差动保护的正常运行产生影响。具体地说，就是在用 3920 代 3922 运行，合上旁路 3920-1、2 隔离开关，拉开 3927-2 隔离开关，合上 3922-4 隔离开关后，在应拉开旁路 3922 断路器而尚未拉开，即 3920 与 3922 断路器并列运行时，“TA 断线”信号经延时发出，同时闭锁差动保护，原因分析如下：

母线保护 TA 断线的判据是 $I_d>I_{set}$。母线保护“TA 断线”逻辑框图如图 4-22 所示。TA 断线”闭锁逻辑有两个：一是大差电流 $I_d\neq0$，并越限；二是任何一个断路器三相不平衡电流越限。

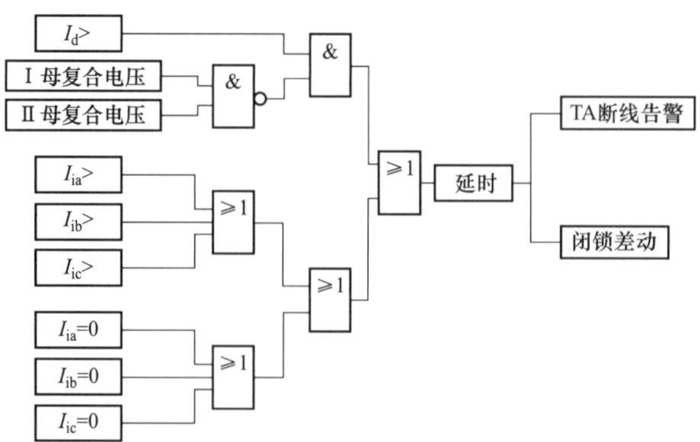

图 4-22　TA 断线闭锁逻辑

对于大差动保护来说，此时应累加Ⅰ、Ⅱ母线所有分支及 3920 断路器电流，显然此时 I_d= 0，即 TA 断线不是第一个逻辑引起的。

在此期间内 3920 与 3922 断路器并列运行，由于各断路器触头间的接触电阻不平衡，钢厂三相负荷的不平衡，以及导线排列布局的不平衡导致阻抗的差异，导致了两个断路器之间各相分流不平衡，从而造成各断路器三相电流不平衡，因此 TA 断线是第二个逻辑引起的。

2. 保护的跳闸逻辑导致充电于故障母线时两串联断路器跳闸

当 220kVⅠ母线检修，3920 断路器代 3922 断路器运行，此时 3920 断路器、3920-2 隔离开关、3922-4 隔离开关在合，3922 断路器、3920-1 隔离开关在分。当Ⅰ母线检修完毕，用 3922 断路器向Ⅰ母线充电时，如果充电于故障母线，可能会出现的情况：

（1）充电保护与旁路保护同时动作的情况。投入 3922 断路器充电保护，当充电于故障母线时，充电保护应经延时跳闸，但此时旁路断路器 3920 代 3922 断路器运行，故障母线对旁路 3920 来说，相当于出口短路，因此，一定会引起旁路 3920 断路器先于 3922 断路器跳闸，从而扩大事故范围。

（2）母线差动保护、旁路保护同时动作的情况。投入Ⅰ段母线差动保护，因差动保护与 3920 快速保护动作时间相差无几，因此也极可能引起 3920 断路器跳闸。

分析认为，很难做到这样的整定方案，能够保证当旁路 3920 代线路 3922 运行，用 3922 断路器向Ⅰ母充电于故障母线时，3922 断路器动作跳闸，而 3920 断路器不误动作。

另外，对母差保护潜在的问题分析如下。

3. 旁路 3920 断路器倒闸操作过程中母差保护存在拒绝动作的隐患

当旁路断路器 3920 由母联运行方式倒为旁路运行方式时（比如旁路代 3922 断路器），操作如下：合上 3920-2 隔离开关，拉开 3927-2 隔离开关，合上 3922-4 隔离开关，拉开 3922 断路器。

在应拉开而尚未拉开 3927-2 隔离开关期间（即 3920-1、2，3927-2 都在合），3920 断路器还不是旁路运行方式，大差电流不能累加 3920 断路器电流。若累加 3920 断路器电流，则差电流 I_d 不为 0，差动断线信号经延时 6～7s 发出，同时闭锁差动保护，如果此时发生故障，保护将拒绝动作。

4. 双母线运行母联断路器在分时对母差保护动作行为的影响

对于双母线方式，正常母联断路器在合位，当任一母线上发生故障时，故障电流流入母线，I_d 计算总故障电流，大差保护启动，Ⅰ、Ⅱ段母线小差保护选择故障母线，保证装置能正确动作。

当母联断路器在分，即Ⅰ、Ⅱ段母线分开运行，如图 4-23 所示。此时若Ⅰ母线发生故障，大差动保护累加Ⅰ、Ⅱ段母线的所有分支电流计算差电流。因为非故障母线上有电流流出（有可能超过20%），从而使差电流减小，大差动保护灵敏度降低。

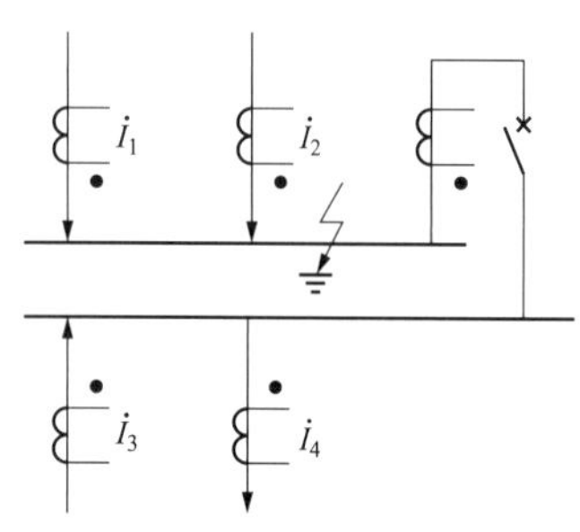

图 4-23　双母线接线

四、防范措施

在电力系统中 BP-2A 微机母差保护已经广泛使用。而现场母线接线方式、运行方式存在很大的差异，如何使 BP-2A 母差保护装置与现场实际有机地结合起来取得最佳效果，是在设备投入前应充分考虑的事情。

1. 修改逻辑解决 TA 断线闭锁保护的问题

继电保护人员对于"断路器三相电流不平衡即判为 TA 断线"逻辑，一直存有较大的争议。已要求厂家修改程序，退出该功能。

2. 修改逻辑解决串联断路器同时跳闸的问题

在旁路 3920 断路器与线路 3922 断路器串联的短暂时间内，只能允许 3920 断路器跳闸，如果不允许 3922 断路器跳闸，可以避免保护配置过分复杂化。对于其他断路器代路的问题，防范措施也一样。

3. 修改逻辑解决旁路断路器倒闸操作过程中对母差保护的影响

此类问题是母差保护程序设计中应解决的问题。发电厂、变电站应考虑母线全部运行方式，特别是操作方式，因为母线故障往往发生在倒闸操作期间。

结合电厂 220kV 母线接线方式的特点，确定了这样的程序设计方案：

优先判别 3927-2 与 3920-1 隔离开关的位置，若两者均在合位，则认为是双母线运行方式，母联断路器运行，大差动电流不累加 3920 断路器电流。

其次，若 3920-1 与 3920-2 隔离开关均在合位，即认为是单母线运行方式，大差保护动作跳全部母线。此时如果 3927-2 隔离开关在分，则大差电流中累加 3920 断路器电流；如果 3927-2 隔离开关在合，则大差电流中不累加 3920 断路器电流。

以上措施可以保证在任何正常运行工况下的差电流为 0，而在区内、区外故障时差电流能正确反映故障电流。

4. 正确整定差动保护解决母联断路器在分时对母差保护的影响

对于母差保护动作灵敏度的影响，其灵敏度降低的程度须通过计算确定。因为 BP-2A 母差保护原理上允许一定比例的故障电流流出母线，在一定范围内，只要正确整定差动保护比例特性的斜率，就能保证保护的正确动作。

第 10 节　发电厂母线保护抗干扰问题与线路故障时误动作

某年 5 月 17 日，发电厂所在的整个地区雷雨交加，恶劣的天气为电力生产的安全运行制造了挑战。HES 发电厂的接线见图 4-24。正常时发电厂的运行方式如下：

220kV Ⅰ、Ⅱ母线运行；

1、2 号机组检修，3、4 号机组运行，5、6 号机组备用状态；

第 3 串 2 号机组 231、232 断路器停电检修；

第 5 串 252、253 断路器停电；

第 7 串及 L7 线路 272、273 断路器停电检修；

第 8 串 5 号机组 281、282 断路器停电，其他断路器运行。

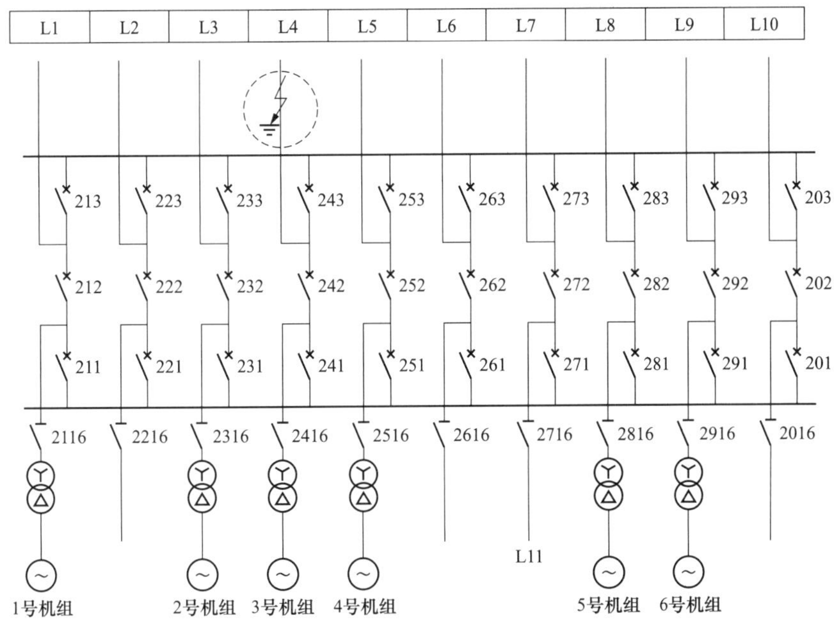

图 4-24　发电厂的一次系统接线与故障点的位置

一、故障现象

1. 发电厂侧

5 月 17 日 19 时 22 分，发电厂升压站 213、221、222、223、233、242、243、283、293、203 断路器掉闸，220kV Ⅱ母线停电。L4 线掉闸，L3 线、L2 线、L8 线由对侧充电。

L4 线路方向高频、距离高频保护动作，C 相掉闸，重合不成后加速跳开 242 断路器，L4 线路故障测距 4.7km；母线差动保护的报文显示：243 断路器失灵保护动作，启动Ⅱ

母线保护跳开所有断路器。故障点的位置见图 4-24。

启动备用变压器保护发比率差动动作信号；221、222 断路器短引线保护动作；12A、12B 号启动备用变压器瓦斯保护动作，221、222 断路器掉闸，启动备用变压器失电，一期厂用电失去，启动保安电源运行。

2. 变电站侧

19:22：L4 线路 208 断路器方向高频保护、距离高频保护动作，C 相掉闸，重合不成掉三相，故障测距为 7.4km，安排对 L4 线路带电巡线检查。

3. 系统的操作与处理

20 时 40 分 HES 发电厂：合上 L8 线路 283 断路器对 220kV Ⅱ母线充电良好。

21 时 01 分 HES 发电厂：合上 L3 线路 233 断路器、合上 L2 线路 223 断路器并环运行。

21 时 07 分 YIP 变电站：检查 L4 线路 208 断路器及保护无问题，合上 L4 线路 208 断路器对线路强送成功。

21 时 14 分 HES 发电厂：合上 220kV 203、213、293 断路器并串运行。

21 时 37 分 HES 发电厂：合上 220kV L4 线路 242 断路器并环运行。

23 时 07 分 HES 发电厂：用 221 断路器对 12A、12B 启动备用变压器充电正常，合 222 断路器并串运行。

疑点分析：①为何 220kV 线路接地短路时母差保护误动作；②为何 220kV 线路接地短路时，启动备用变压器保护发比率差动动作信号、启动备用变压器的短线保护误动作；③为何 12 A、12B 号启动备用变压器瓦斯保护动作，导致 221、222 断路器掉闸。

二、检查过程

1. 母差保护的检查

外观检查 220kV Ⅱ母线设备正常；

对 220kV Ⅱ母线所有失灵保护启动母差的回路进行绝缘测试，结果在 200MΩ 以上；

对 220kV Ⅱ母线所有断路器控制回路进行绝缘测试，结果在 200MΩ 以上。

检查保护的静态特性结果正常，模拟失灵保护启动母线保护的动作行为正常。

2. 启动备用变压器保护的检查

由于启动备用变压器保护发比率差动动作信号，因此对故障录波图形进行了检查，发现有一组 TA 的二次极性接反。根据故障分析的理论可知，当 220kV 发生单相接地故障时，流入启动备用变压器高压侧的短路电流为三相大小相等、方向相同的零序电流。故障时的录波图形见图 4-25。

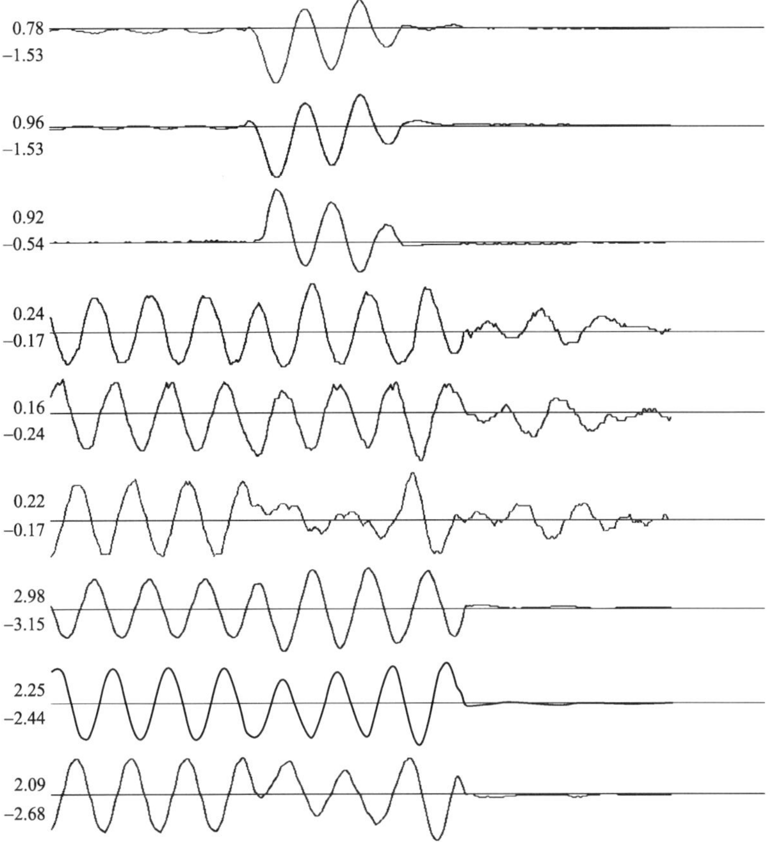

图 4-25　故障时的录波图形

3. 短线保护的检查

短线保护误动作的原因也是有一组 TA 的二次极性接反，导致了原理上区外故障时的差电流，变成了实际上的和电流，电流超过了保护的定值而误动作。

4. 启动备用变压器瓦斯保护的检查

确认 220kV 第 2 串 221、222 断路器掉闸原因是 12A、12B 启动备用变压器 TA 端子箱有积水，导致瓦斯跳闸回路绝缘击穿，造成保护误动作。

三、原因分析

值得分析的几个疑点中，关于启动备用变压器的比率差动保护发动作信号、启动备用变压器的短线保护误动作及启动备用变压器瓦斯保护误动作的原因，在上面已经作出了简要的说明。下面只对母线差动保护误动作的问题进行全面的分析。

母线差动保护的报文显示：243 断路器失灵保护动作跳闸，但 243 断路器失灵保护尚未动作，况且 243 断路器失灵保护输出也没有接线。

另外全部 10 路失灵保护方式启动字均为 0，即不可能有正常的失灵启动母差保护的信号输入。Ⅱ母差保护 A 柜复位后“失灵启动母差保护”的信号消失。失灵启动母差保护的逻辑电路见图 4-26。

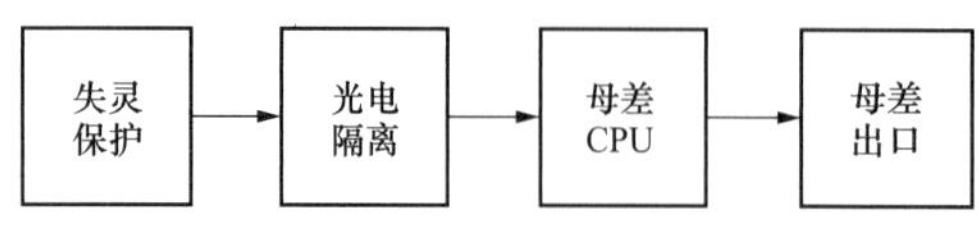

图 4-26 失灵启动母差保护的逻辑电路

根据上述分析可知，Ⅱ母差保护动作跳闸的原因是 L4 线路 C 相接地故障电流产生的干扰信号启动了母差保护的失灵逻辑而使其跳闸，因此导致母差保护误动作的过程如下：

1. 流进升压站的地电流成为干扰信号源

SPI 线路 C 相接地故障电流进入升压站的地网、变压器的中性点形成回路，该地电流成为干扰信号源，见图 4-27。

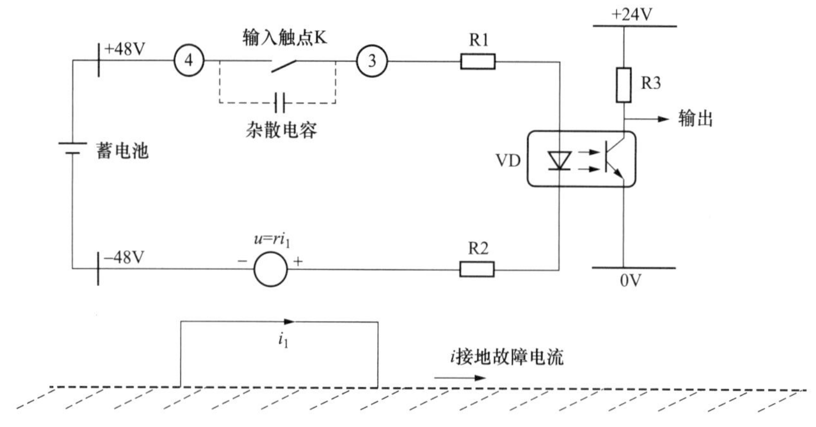

图 4-27 干扰信号入侵母差启动回路原理结构图

2. 电磁感应将地电流信号耦合到二次回路

电磁感应形成的“流控电压源”将电源信号耦合到失灵启动母差保护的逻辑电路，在保护回路形成干扰信号，信号表示为 $u=ri_1$，见图 4-27。

3. 杂散电容为干扰信号的入侵提供了通道

干扰信号的入侵离不开杂散电容，干扰信号入侵母差与失灵保护连接通道后，是杂散电容为干扰信号入侵提供了路径，使干扰信号跨过了失灵保护的触点进入母差保护直接启动了跳闸逻辑，并通过出口导致其误动作，见图 4-27。

4. 母差保护出口的原因是母差保护的逻辑动作速度太快

母差保护逻辑输入通道采用的是光耦电路，光耦电路能够启动跳闸的原因是动作速度太快。试验表明，信号脉冲幅度 40V、宽度 5ms 的干扰电压即可启动保护，失灵保护的启动母差动作的速度太快。试验启动母差保护的录波见图 4-28。

干扰信号入侵母差保护输入通道后，直接进入逻辑判断环节，没有其他的闭锁条件，容易误动出口跳闸。

四、防范措施

根据上述分析可知，导致母差保护误动作的因素是：冲击形电流信号源的出现，电磁感应形成的“流控电压源”容量充足，杂散电容存在，母差动作的速度太快。

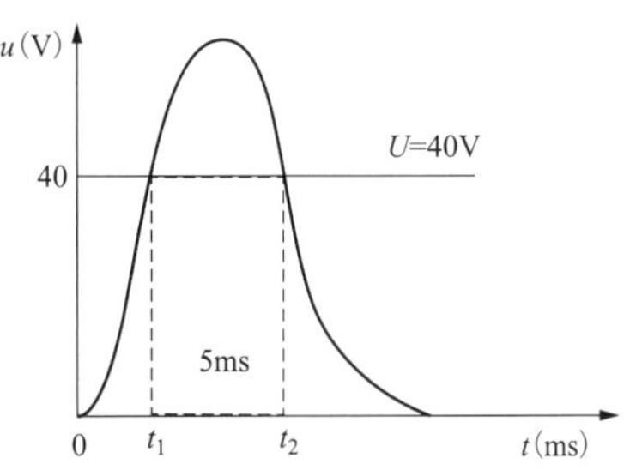

图 4-28　试验启动母差保护的录波图

上述四种因素只要其中的任何一项不存在，则母差保护不会误动作，因此确定了防范干扰信号入侵母差保护逻辑通道导致其误动作的措施如下：

（1）采取屏蔽措施，拟制干扰信号的传播或降低干扰信号的强度。

（2）增加逻辑延时，使母差保护逻辑判断躲过干扰信号脉冲的影响。

（3）增加重动继电器，将入侵母差保护逻辑通道的干扰信号脉冲吸收掉。

（4）在母差保护开入量通道的入口处增加抗干扰电容电路。

以上措施的实施，解决了杂散电容为干扰信号提供通道，使干扰信号跨过触点直接启动了跳闸逻辑的问题，从此关于母差保护启动量是触点信号的误动问题得到了解决。同时，也解决了系统一系列的设备无故障而停电的问题。

发电厂 220kV 母线电压曲线见图 4-29。

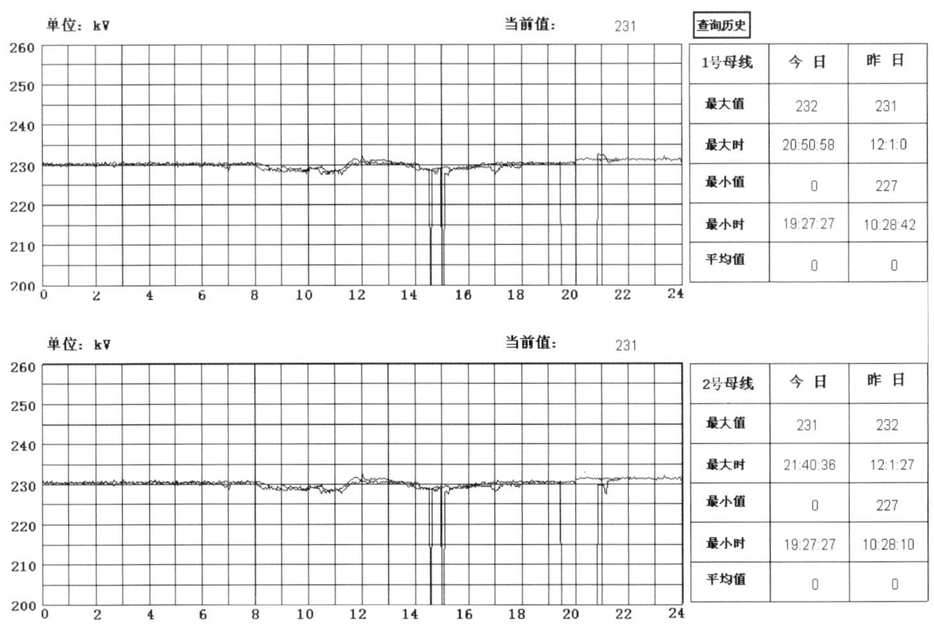

1号母线	今 日	昨 日
最大值	232	231
最大时	20:50:58	12:1:0
最小值	0	227
最小时	19:27:27	10:28:42
平均值	0	0

2号母线	今 日	昨 日
最大值	231	232
最大时	21:40:36	12:1:27
最小值	0	227
最小时	19:27:27	10:28:10
平均值	0	0

图 4-29　发电厂 220kV 母线电压曲线图

第 11 节 发电厂母线故障时保护不正确动作

某年 12 月 18 日，NIJ 发电厂正常时的运行方式，IA 母线带 2 号主变压器 202、L1 线 211 运行；IB 母线带线路 217、线路 215、5 号主变压器 205 运行；Ⅱ母线带 1 号主变压器 201、6 号主变压器 206、线路 212、线路 216、线路 218、01 号启动备用变压器 225 运行。升压站主接线见图 4-30。

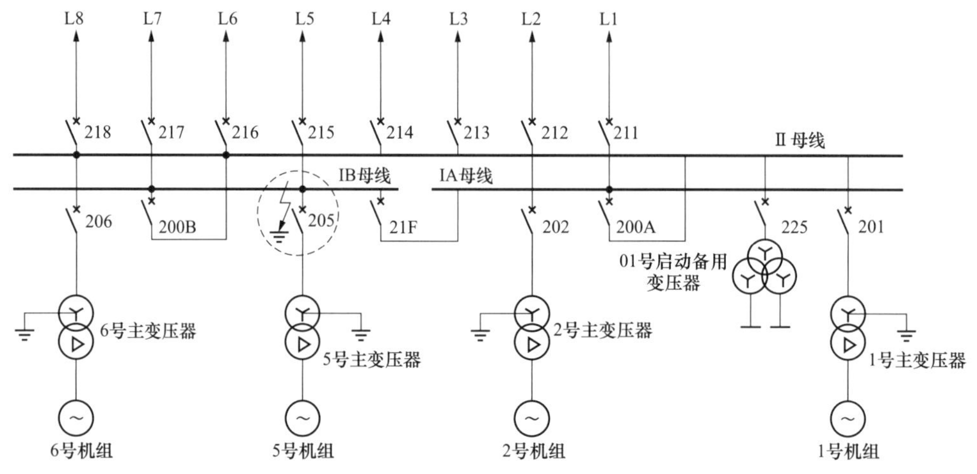

图 4-30 发电厂故障前运行方式与故障的位置

一、故障现象

12 月 18 日 23 时 13 分，发电厂 220kV GIS 系统 IB 母线差动保护动作，600ms 后Ⅱ母线差动保护动作，跳开两母线的相关元件，造成 1、2、5、6 号四台机组停止运行。全厂只有 IA 母线通过 L1 线与系统相连，从保护动作情况看，两次故障均发生在 B 相。由于 2 号机组处于试运行阶段，只带 20MW 负荷，其厂用电来自备用变压器，备用变压器电源接在Ⅱ母线，而且 BZT 没有投入运行，厂用电源尚未切换，机组因厂用电源失电而停机。

发电厂故障后柴油发电机启动，提供了部分厂用电源。

35kV 母线送电，保证了 5、6 号机组厂用电。

疑点分析：①Ⅱ母线差动保护动作后，母线电压 500ms 后才消失，电压维持时间过长；②Ⅱ母线差动保护动作的文字信息与录波图形显示不一致，文字信息表明Ⅱ母线故障，录波图形显示为Ⅰ母线故障，两者不统一；③1 号主变压器中性点接地开关在断开位置，Ⅱ母线发生故障差动保护动作跳开相关的其他元件后，主变压器中性点电位升高，中性点间隙被击穿，间隙过电流保护没有启动。

二、检查过程

1. 220kV 系统故障录波的检查

根据录波图显示，220kV GIS 系统 B 相故障分为两个阶段。

第一阶段，IB 母线故障，差动保护动作跳开相关的元件，B 相电压大约恢复到 50%U_N，0.6s 后进入故障的第二阶段，即 II 母线故障；II 差动保护动作跳闸后，母线电压 U_b=0、U_a、U_c、U_0 却没有消失，也就是说，II 母线的故障并没有切除。

2. 1 号机组故障录波的检查

（1）II 差动保护动作后 1 号机组断路器没有跳闸。故障的第二阶段 II 差动保护动作跳闸时，1 号机组没有跳开。1 号机组反时限过电流保护动作切除故障，设备的动作顺序如下：

1）1 号机定子反时限过电流保护动作；

2）6kV B 段工作电源进线 1B1 断路器跳闸；

3）6kV A 段工作电源进线 1A1 断路器跳闸；

4）1 号机组高压侧 201 断路器跳闸；

5）6kV A 段备用电源进线 1A2 断路器跳闸；

6）6kV B 段备用电源进线 1B2 断路器跳闸；

7）1 号机组磁场断路器跳闸；

8）1 号机组电跳机保护动作。

（2）1 号主变压器高压侧有持续的零序电压。故障发生前，1 号主变压器高压侧零序电压二次值持续不变，其幅值与相电压一致，相位与 B 相电压一致，显然该零序电压就是 B 相电压。

故障发生后，3 个周波内幅值增加 1 倍，相位与 U_a+U_b 电压一致。

（3）1 号主变压器中性点间隙被击穿。故障发生的第二阶段，II 差动保护动作后，间隙过流 30A，延时 430ms，但是中性点间隙保护没有启动。

（4）1 号发电机三相电压为 0。故障发生前后，发电机三相电压均为 0，显然存在接线错误的问题。

（5）1 号发电机中性点以及 3U_0 存在持续的电压。故障发生前后，发电机中性点存在持续的电压，相位与幅值与主变压器高压侧零序电压二次值一致。

故障发生前后，1 号发电机 3U_0 存在持续的电压，相位与幅值与主变压器高压侧零序电压二次值一致。

3. 母线保护的检查

母线保护跳 1 号机组 201 断路器的连接片未投入。母线保护其他连接片全部正常投入，故障时保护正确动作，保证了电厂主设备的安全。

Ⅱ母线差动保护动作的文字信息与录波图形显示不一致，文字信息表明Ⅱ母线故障，录波图形显示为Ⅰ母线故障。

4. 1号机组保护的检查

（1）1号机组反时限保护检查。1号机组反时限保护动作，跳开201断路器，当时的电流A相7.4A，B相7.6A，C相0.4A。

（2）1号主变压器间隙保护检查。间隙零序保护没有动作，故障的第二阶段曾经出现过400ms的30A的电流，但是间隙保护确没有动作。间隙零序保护定值如下：电流动作值1A，电压动作值180V，延时时间值0.5s。

1号主变压器间隙的一次设备正常。

5. GIS设备的检查

设备故障后，为了确定故障点进行了如下检查工作：

（1）设备外观检查。设备外观检查未发现有放电点及其他异常现象，各气室压力表正常。但通过观察孔可隐约观察到205-2隔离开关B相气室内部筒壁有白色粉末附着。

（2）隔离开关气体组分测试。技术人员使用SF_6气体综合测试仪对所有220kV -1、-2隔离开关进行气体组分测试，发现205-2隔离开关气室结果异常，见表4-15，其他气室无异常。

表4-15　　气室气体组分测试结果

气室	SO_2（mL/m^3）	H_2S（mL/m^3）
205-2隔离开关	127	264

由此确认205-2隔离开关气室存在故障。

（3）故障母线绝缘电阻测试。用绝缘电阻表测试IA母线绝缘电阻，三相均无异常。

（4）故障母线零起升压试验。6号发电机启动正常后，用6号发电机带Ⅱ母线零起升压，电压升到226kV时，差动动作，206断路器跳闸；

用6号发电机带ⅠB段母线零起升压，电压升到230kV，维持1min，无击穿等异常现象发生。最后，合上21F分段断路器，ⅠA、ⅠB段母线并列运行，无异常。6号发电机运行正常。

（5）NL线送电试验。217断路器断开，NL线对侧断路器合闸送电正常。217-1隔离开关合后，合217断路器时对侧保护动作跳闸。由此确认217断路器与217-1隔离开关处存在故障点。

三、原因分析

1. 母线保护跳 1 号机组的连接片未投

母线保护跳 1 号机组 201 断路器的连接片未投，是Ⅱ母线差动保护动作后 201 断路器没有及时跳闸的原因。致使该母线的电压持续 600ms 后才消失。

2. 母线保护定义存在问题

是母线保护文字与图形的命名存在交叉的问题，导致了Ⅱ母线差动保护动作的文字信息与录波图形显示不一致，显示出文字信息表明Ⅱ母线故障，录波图形则为Ⅰ母线故障。

3. 1 号主变压器中性点间隙保护延时过长

故障的第二阶段，Ⅱ差动保护动作后，Ⅱ母线的故障并没有切除，但是带接地点的变压器已经被切除，由于只有 1 号主变压器带Ⅱ母线，1 号主变压器中性点接地开关处于断开位置，于是主变压器中性点电位升高，中性点间隙被击穿，间隙零序过电流 30A，延时 430ms，由于间隙过电流保护延时时间为 500ms，因此未能启动出口。是 1 号机组反时限过电流保护动作切除了故障。

4. 二次电压的接线错误

故障录波器以及保护的电压正确的接线见图 4-31，发电机组故障录波器以及保护的电压接线出现如下错误：

（1）发电机 TV 二次 N630 接地，B600 悬空；

（2）发电机中性点电压接于 B600；

（3）发电机三相电压断线，三相电压为 0。

因此，导致故障发生前后，发电机中性点电压以及发电机 $3U_0$ 存在持续的电压，相位与幅值与主变压器高压侧零序电压二次值一致的问题。

5. 发电机 $3U_0$ 定子接地与系统保护的配合问题

2 号发电机故障器的电压接线正确，根据其录波图形可知，在母线出现接地故障时发电机的定子接地保护 $3U_0$ 电压为 0，其暂态分量也几乎为 0。也就是说发电机的定子接地保护无须与系统的保护配合。但是发电机组的 $3U_0$ 定子接地保护整定时间为 5.5s，是为了与系统接地保护的配合，该时间必须缩短。

6. GIS 有关问题的分析

首先，结合保护动作和解体情况看，可推断出故障过程为故障气室中与ⅠB 段母线连接的某个部位先发生短路接地故障，导致ⅠB 段母线故障，接着因为故障气室中气体被严重污染，绝缘强度降低，导致处于分位的 205-2 隔离开关断口被击穿，致使Ⅱ母线

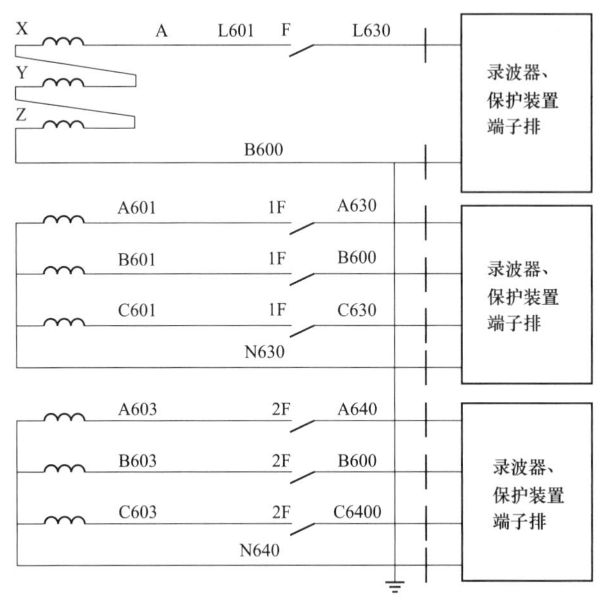

图 4-31　1 号机组 TV 二次电压正确接线

也先出现接地故障，这与解体前的分析相吻合。

四、防范措施

1. 正确使用母线保护跳闸连接片

在机组启动之前，按照规定应将母线保护相关设备的跳闸连接片投入运行。而且在日常的设备巡视时进行母线保护设备运行与投入状况的检查与确认，确保保护的正常投入、正确使用。

2. 正确定义母线保护的指示与输出信息

在完成母线保护的指示与输出信息的定义后，必须从保护的端子排各路电流、电压通道加入合适的量值，使其动作，检查母线保护的指示与输出信息结果，以保证母线保护的指示与输出信息定义的正确性。

3. 缩短 1 号主变压器中性点间隙保护延时

根据发电机组保护的整定导则，主变压器中性点间隙保护的延时应设定在 0.3～0.5s 之间。中性点间隙保护增设延时的目的是为了躲开系统暂态干扰的影响，为此目的，根据运行经验延时设定 0.2s 即可。

实际的定值是 0.5s，本次故障主变压器中性点间隙电流持续时间为 4.3s，所以间隙保护不会动作。

4. 解决二次电压的接线错误

诸如 1 号主变压器高压侧有持续的零序电压等，都属于二次电压接线的错误。应认真检查二次接线，保证接地线的完整性，保证其他各相电压接线的正确性。

5. 消除发电机 $3U_0$ 定子接地与系统保护的配合问题

将发电机组的 $3U_0$ 定子接地保护时间整定为 0.5s，取消发电机 $3U_0$ 定子接地与系统保护的配合问题。

6. GIS 有关问题的处理

加强对目前运行设备的监测，如微水测试、气体成分测试，以后有条件时进行超声和超高频测试，对正运行的 GIS 设备进行全面气体成分检查，以后三个月跟踪试验一次。

第 12 节　发电厂升压站 TA 故障与母线保护动作行为

某年 12 月 21 日，发电厂 217 断路器连接于ⅡB 母线，运行中 217 断路器 TA 爆炸，线路保护正确动作；ⅡB 母线的 BP-2B 保护动作出口，但双套配置的 RCS-915AS 保护没有动作。根据保护的录波图形可知，TA 击穿时保护感受到的是一次暂态电流信号，未能检测到根据正常逻辑将一次电流传变到二次的电流，也根本谈不上对区内、区外的正确描述，因此保护动作的正确性与否都在情理之中，是很矛盾的。从主观的愿望出发，TA 故障时希望其线路保护、母线保护能够同时动作，以便快速切除短路点，但却不一定能实现，可能至少一半的故障后保护的动作行为事与愿违。在这种情况下，开放谐波制动对 RCS-915AS 母差保护装置比率差动速断的闭锁是十分有效的。正常时的运行方式与故障点的位置见图 4-32。

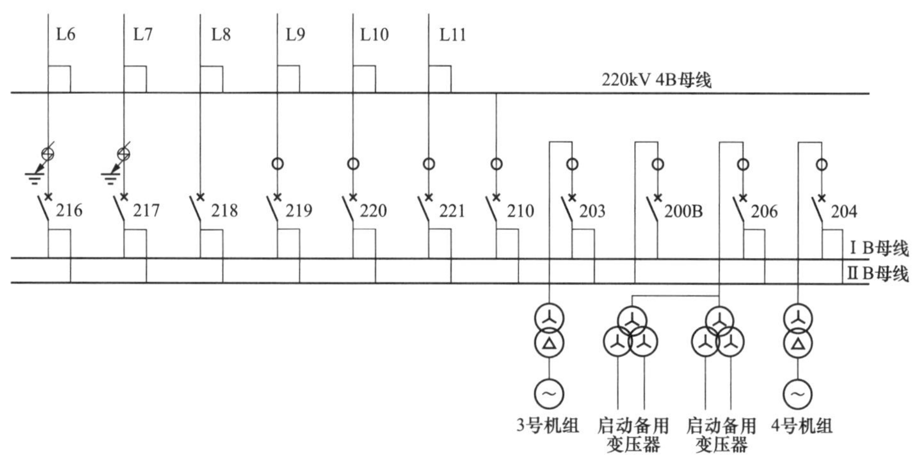

图 4-32　升压站的系统结构与故障点的位置

一、故障现象

1. 发生在 217 间隔电流互感器 A 相的故障

12 月 21 日 21 时 32 分，220kV 系统ⅡB 母线跳闸，L7 线 217、4 号机组 204、02、03 号启动备用变压器 206、L9 线 219、L11 线 221 断路器跳闸，就地检查发现 L7 线 A 相 TA 爆炸；L8 线纵联差动、距离保护动作，C 相跳闸，重合成功；ⅡB 母线 BP-ⅡB 母差保护动作。

现场的情况，L7 线 A 相 TA 破裂，瓷套全部破碎，TA 两侧一次接线端子以及与断路器连接的管母接线端子断裂；相邻 B 相 TA 瓷裙个别受损，L7 线 TA 端子箱有烧伤痕迹；C 相 TA 外观检查无异常。L7 线 217 断路器 A 相底部第一、二节瓷套连接处开裂，断路器本体向东侧倾斜。与 L7 线相邻的 L8 线 C 相 TA 油污严重，A、B 相 TA 无异常。

22 时 13 分，将 02、03 号启动备用变压器 206 断路器切至ⅠB 母线运行。

2. 发生在 216 电流互感器 C 相的故障

22 时 55 分，220kV 系统ⅠB 母线跳闸，L6 线 216、3 号机组 203、02～03 启动备用变压器 206、L8 线路 218、L10 线路 220 断路器跳闸，就地检查发现 L6 线路 B 相 TA 爆炸，ⅠB 母线 BP-ⅡB 母差保护动作。

现场的情况，L6 线路 B 相 TA 破裂，瓷套全部破碎，TA 两侧一次接线端子以及与断路器连接的管母接线端子断裂，相邻的 A、C 相 TA 瓷裙个别地方受损。

二、检查过程

1. 设备预试情况

上述两只故障 TA 为 2005 年产品，2005 年 4 月底投入运行，型号为 LVB-220W，外绝缘爬电距离为 6875mm，额定短时热电流为 50kA，动稳定电流为 125kA，变比为 2400/5。

L7 线路 TA 于 2008 年 3 月 2 日进行了预试，油样做了化验，结果正常。

L6 线路 216TA 于 2008 年 6 月 26 日进行了预试，油样进行了化验，结果正常。

2. 217 断路器 A 相 TA 故障保护动作情况

L7 线路 217 断路器 LFP901B 、LFP902B 突变量距离保护、突变量距离方向保护、零序方向保护、距离Ⅰ段保护、距离方向保护均正确动作。

L7 线路 217 断路器爆炸，引发 L8 线路 218 断路器 C 相 TA 瞬间短路，L8 线路 218 断路器 RCS-931 C 相电流差动保护动作；RCS-902 C 相纵联差动保护，纵联零序方向保护动作，C 相重合闸成功。

3. 216 断路器 B 相 TA 故障保护动作情况

L6 线路 216 断路器 RCS-931 B 相电流差动保护、ABC 相电流差动保护、距离Ⅰ段保护正确动作。RCS-902 B 相纵联距离保护、B 相纵联零序方向保护、B 相距离Ⅰ段保护动作，ABC 相纵联距离保护动作。

以上两次故障，BP-2B 母差保护动作，RCS-915AS 母差保护未动作。

4. 故障录波情况

对保护的录波情况进行了检查，图形见图 4-33～图 4-37，图中横坐标为采样点，每周波 24 点，保护录波为启动前 2 周波，启动后 6 周波，即第 49 点为保护启动点。

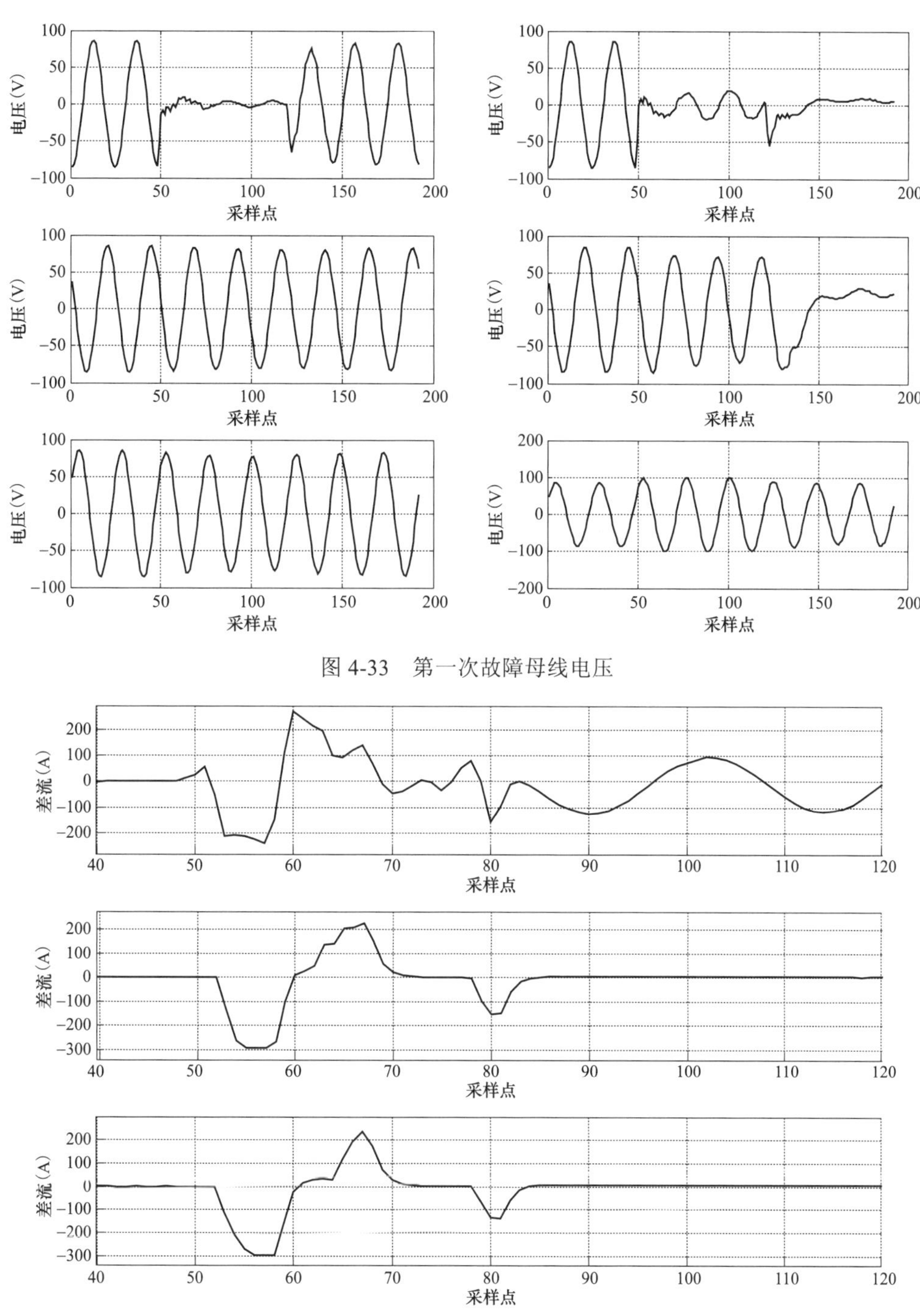

图 4-33　第一次故障母线电压

图 4-34　第一次故障差流波形

三、原因分析

1. TA 故障的原因

根据检查结果以及有关故障录波资料对 TA 故障的原因进行了分析。认为两只故障

TA 以往的试验符合要求，防污闪措施完善，而且故障发生时系统无任何操作，所以排除了由过电压引起绝缘闪络。同时确定本次故障是由内绝缘闪络造成的，造成内绝缘闪络的主要原因：

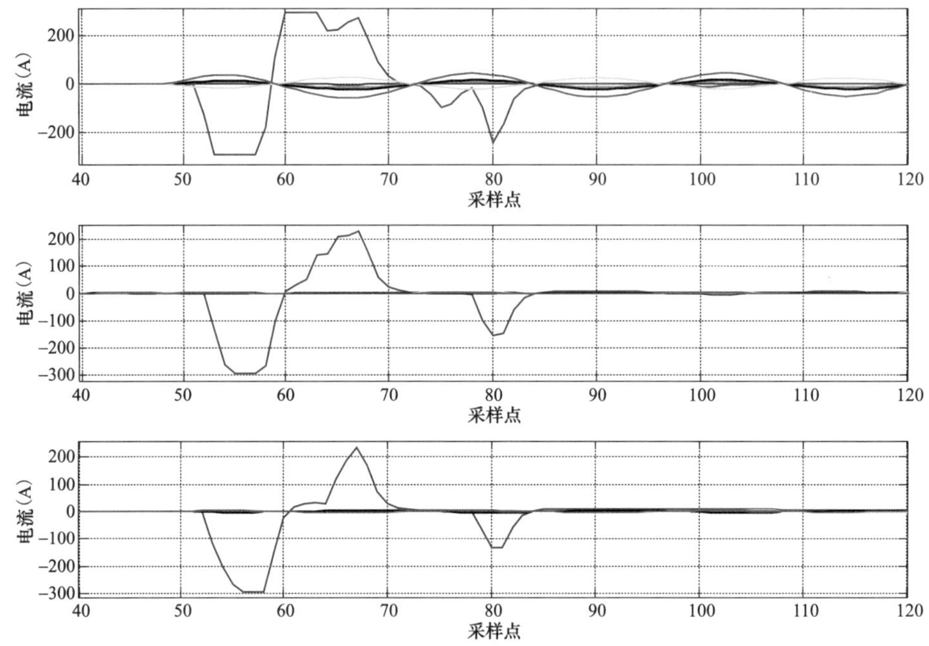

图 4-35　第一次故障支路电流波形（红色为故障支路）

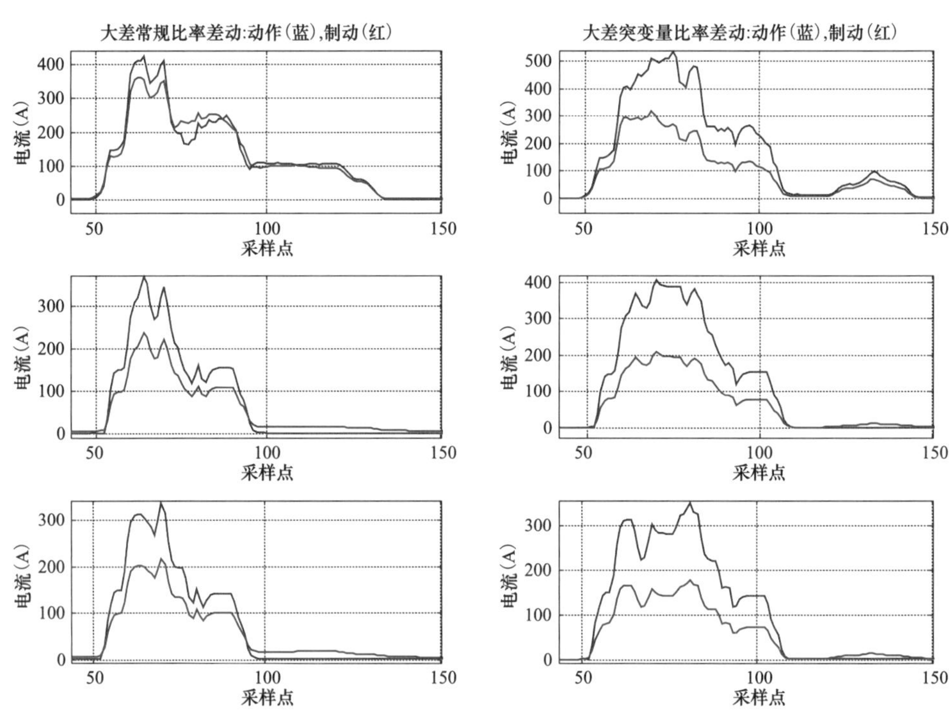

图 4-36　第一次故障比率差动特性

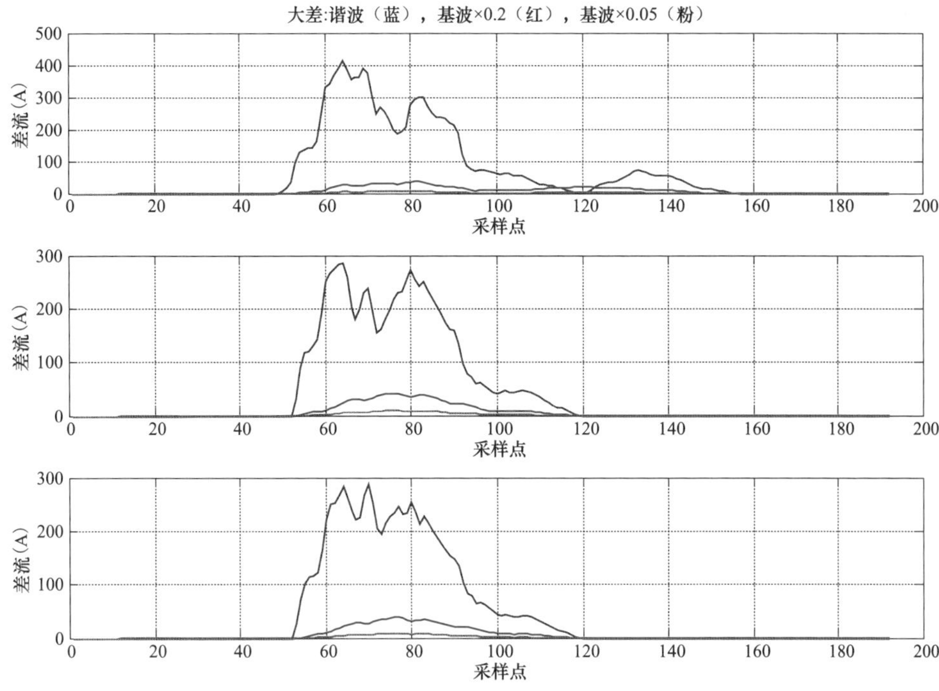

图 4-37　第一次故障差流谐波特性

电流互感器出厂时内部实际油位偏低，若厂家在装配注油时没有将金属膨胀器内的空气排尽，电流互感器内部实际油位低于指示油位，即虚假油位。而故障当天大风大雪，环境温度急降，最低气温−12℃，电流互感器内部油位由于热胀冷缩而偏低，致使电流互感器上部缺油，主绝缘裸露，造成绝缘击穿，瓷套炸裂。

2. 母线差动保护拒动的原因

以 L7 线路 217 断路器 A 相 TA 爆炸母差未动作为例，对 RCS-915AS 母差保护未动作的原因分析如下：

（1）从方向上看为区外故障。根据故障起始 1.5 周波内的母线电压和支路电流的波形可以看出 A 相除故障支路和分段 1 的电流外，其余各支路的电流均为从线路流向母线，如图 4-35 所示，红色为故障支路 L7 线路电流，黄色为分段断路器 I 的电流，由于双母双分段主接线在分段断路器和另半边母线的母联断路器均为合位时，本侧母线发生区内或区外故障时分段电流为流出本母线是正常现象。因此，可以判断在故障起始的 1.5 周波内，故障发生在母线上或 L7 线路上，但从图 4-35 中可以看出 L7 线路的电流与其他出线的电流反向，即为流出母线，不论该电流的大小和产生原因，单从方向上看可以视为区外故障。

（2）故障初期比率差动与变化量差动保护被闭锁。从图 4-36 比率差动特性可以看到，L7 线路的巨大的电流值导致比率差动动作，但由于 RCS-915 系列母差为防止区外故障 TA 饱和时误动，在稳态比率差动元件中加入了谐波制动元件，从图 4-37 谐波特性可以看出谐波分量远远大于设定的门槛值，因此稳态比率差动不动作。

从图 4-36 中的变化量比率差动特性可以看出，故障起始变化量比率差动动作，而 RCS-915 系列母差中为防止共模电磁干扰等因素导致装置误动，加入了软件抗干扰措施，在三相差流同相时会暂时闭锁保护，如图 4-34 所示，三相差流在故障起始 3ms 后基本同相，因此基于变化量差动的加权算法也不会动作出口。

（3）故障发生 30ms 后稳态比率差动启动未来得及出口。在故障发生 30ms 后，L7 线路电流基本消失，43ms 左右重新又出现 8ms 左右电流，随后再次基本消失，此时差流表现为正常的正弦波，从其余各支路电流的电流方向看故障表现为区内故障，比率差动元件也启动，从图 4-37 谐波特性上看，在 55ms 后，谐波含量已降至制动门槛之下，但由于稳态比率差动出口还需 10ms 左右的延时，而此时另一套母差保护动作，断路器跳开，导致谐波含量上升，随后故障切除，RCS-915AS 返回，没有机会动作出口。

（4）保护无法辩识一次高压直击二次产生的电流而拒动。进一步分析两次故障，TA 爆炸后的 TA 电流，根据现场提供资料，电厂母线短路最大方式时的短路电流为 46.6kA，故障时方式的短路电流为 44.2kA，TA 变比为 2400/5，即短路电流小于 $20I_N$，而从图 4-34 可以看到，短路电流峰值大于 295A（有效值 $41I_N$），已超过装置的最大采样范围，波形被削顶，可见这一电流已非正常传变的二次电流。线路保护采到的 TA 电流波形不论从大小还是形状都与母差的录波波形不同，即使故障发生在母差 TA 和线路 TA 中间，线路 TA 的电流应该大于母差 TA 的电流，但实际都非如此，因此也再次证明 TA 的二次采样值已不能正确反映一次的故障电流。

三相的差流基本一致，而两次故障另两相均无故障，因此怀疑是 TA 爆炸后高压一次电流串入 TA 二次侧，导致 A、B、C 三相同时闪络，产生相同的差电流，这一电流已经不能反映一次的故障特性，保护无法辨识一次高压直击二次产生的电流，所以 RCS-915AS 母差均不能正确动作。

TA 的故障也再一次证明，识别保护区内与区外的分界点不存在。如此的问题有若干，录波器或保护检测到的电流有多少份额是一次电流混入的，没有人能计算清楚。

四、防范措施

关于保护，在线路与母线的分界点发生了故障，从主观愿望来讲，希望线路保护与母线保护均能正确动作。确实，除了一套母线保护没有快速动作外，其余保护都动作正常。针对 TA 故障以及母差保护没能正确动作的问题，采取如下措施：

1. 关于 TA

将与故障 TA 相邻的设备做全面检查，确保不出现城门失火殃及池鱼的状况发生，做到万无一失；加强设备巡检，保证 TA 油位在合格范围之内。

2. 关于保护

在 RCS-915AS 母差保护装置的比率差动保护中，增加差动速断的环节，并开放谐波制动对的差动速断的闭锁。

第 13 节　变电站母线故障断路器失灵误启动与母差保护误动作

某年 10 月 13 日，220kV LIF 站正常时的运行方式是，Ⅰ、Ⅱ母线并列运行。Ⅰ母线，L1 线 211，L3 线 213，L4 线 214，1 号主变压器 201；Ⅱ母线，L2 线 212，L5 线 215，2 号主变压器 202。LIF 变电站的系统结构见图 4-38。

一、故障现象

17 时 37 分，220kV LIF 变电站 220kV 母差保护动作，Ⅰ、Ⅱ母线断路器全部跳闸，LIF 变电站全站停电，损失负荷 125MW。与此同时，安全稳定装置动作，跳开对侧的 JIQ 站母联 200 断路器。故障点的位置见图 4-38。

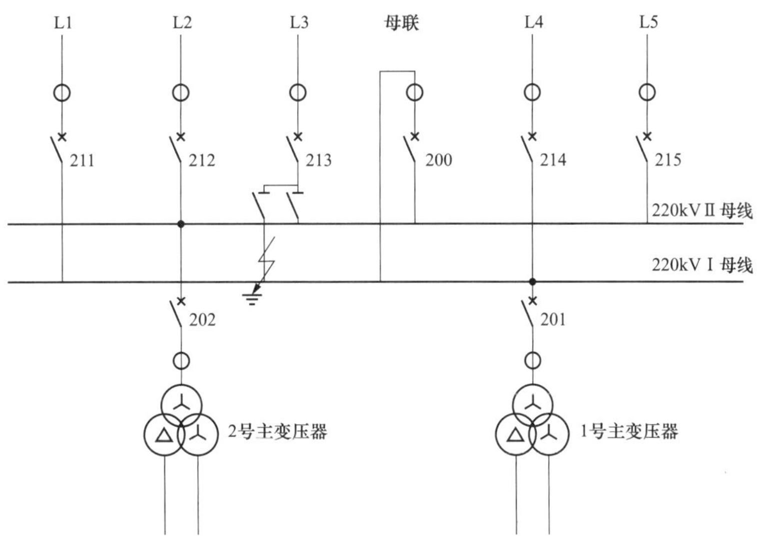

图 4-38　变电站一次系统结构与故障点的位置

18 时 01 分，220kV JIQ 站、TAL 站全站停电，分别损失负荷 50、85MW，由此造成地方大面积停电。电网波及的停电区域见图 4-39。

18 时 15 分，用 220kV L2 线对 LIF 变电站 220kVⅡ母线送电成功。

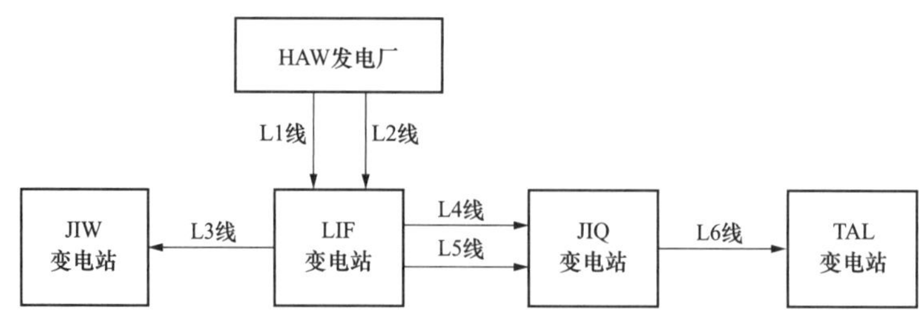

图 4-39　停电区域示意图

疑点分析：①Ⅰ母线故障为何Ⅱ母线停电；②解决Ⅰ母线与Ⅱ母线 TV 二次并列的问题；③重视直流电源的可靠性问题；④避免 TV 二次开关并列导致Ⅱ母线向Ⅰ母线电反送电的问题。

二、检查过程

1. 母线保护动作情况检查

变电站第 1 套 BP-2B 母线保护显示，母线差动保护动作Ⅰ、失灵保护开放Ⅱ、失灵保护动作Ⅱ、母线差动保护动作Ⅱ信号灯亮。

变电站第 2 套 WMZ-41A 母线保护显示，Ⅰ母线电压动作、Ⅰ母线差动信号灯亮。

2. 线保护动作情况检查

（1）220kV L4 线，RCS-902 装置发令 1、2、3 灯亮，收令 3 灯亮，操作继电器箱两套 TA、TB、TC 灯亮，RCS-923 装置 C 相过电流灯亮；

（2）220kV L5 线，RCS-902 装置发令 1、2、3 灯亮，收令 1、2、3 灯亮，操作继电器箱两套 TA、TB、TC 灯亮，RCS-923 装置 A、B、C 相过电流灯亮；

（3）220kV L5 线 RCS-902 装置距离保护Ⅰ段动作，选相 ABC 三相；

（4）220kV L5 线 RCS-931 装置距离保护Ⅰ段动作，选相 A 相，L5 线 A 相断路器跳闸；

（5）220kV L3 线 RCS-923 装置 C 相过电流灯亮，操作继电器箱两套 TA、TB、TC 灯亮；

（6）220kV L1 线 RCS-902 装置发令 1、2、3 灯亮，收令 1、2、3 灯亮，操作继电器箱两套 TA、TB、TC 灯亮；

（7）220kV L2 线 RCS-902 装置发令 1、2、3 灯亮，收令 1、2、3 灯亮，操作继电器箱两套 TA、TB、TC 灯亮。

3. 母线 TV 二次电压检查

Ⅰ母线 TV、Ⅱ母线 TV 二次空气开关跳闸，二次电压消失。

4. 故障录波检查

录波显示故障发生在 C 相。

5. 一次设备状况检查

L3 线 C 相–1 隔离开关影像模糊不清，打开视频探头后发现，在该隔离开关气室观察玻璃内壁上有明显的白色絮状物。解体后发现 C 相–1 隔离开关处气室间隙击穿，屏蔽罩对接地外壳直接放电。

三、原因分析

1. Ⅰ母线 C 相故障导致保护动作跳闸

Ⅰ母线 C 相故障导致母线保护动作，跳开Ⅰ母线所连接的 L1、L3、L4、1 号主变压器与母联断路器，母线保护属于正确动作。

2. L5 线失灵保护动作启动Ⅱ母线保护跳闸

L5 线失灵保护动作，启动Ⅱ母线保护，跳开Ⅱ母线所连接的 L2、L5 及 2 号主变压器断路器。

3. Ⅱ母线 TV 二次失压导致凤戚Ⅱ线 RCS-902C 保护动作

母差动作切除Ⅰ母线后，L5 线保护整组尚未复归，仍处于开放状态。此时由于母线电压消失，保护测得电压为 0，测量阻抗进入距离Ⅰ段区内，L5 线 RCS-902 距离Ⅰ段动作，选相 ABC 三相，L5 线 RCS-931 距离Ⅰ段动作，选相 A 相，L5 线出口跳闸。由于母线电压消失，距离失去方向性，因此两套保护选相不一致。

4. 跳闸回路断线导致失灵保护动作

RCS-902C 启动三跳后并没有跳开断路器。根据检查结果得知 L5 线 902 保护装置 2D19 端子排至保护装置 2NA04 的线头松动，即控制正电源回路断线，如此断路器不可能跳闸；L5 线 931 保护动作跳开 A 相后，RCS-902 判 BC 相故障电流仍然存在，此时启动失灵的三个条件全部满足，即保护有跳闸出口命令、保护判有故障电流、断路器在合闸位置，导致失灵保护动作。

5. Ⅰ母线与Ⅱ母线 TV 二次并列导致空气开关跳闸

Ⅰ母线 TV、Ⅱ母线 TV 二次空气开关处于并列状态，当Ⅰ母线故障 200 断路器跳闸停以后，Ⅱ母线 TV 二次电压经过Ⅰ母线 TV 向Ⅰ母线故障点送电。二次空气开关由于过负荷而跳闸。因此Ⅱ母线 TV 二次电压消失。

6. 如果失灵保护不动作Ⅱ母线的停电也只是迟早的问题

由于Ⅱ母线 TV 二次空气开关跳闸失电，导致 L5 线的距离保护动作跳闸。同样的道理，Ⅱ母线 TV 二次空气开关跳闸失电，L2 线的距离保护也会动作跳闸，只是时间上早晚的差别。

因此，如果L5线跳闸不存在失灵问题，也就是说Ⅱ母线保护没有启动跳闸，Ⅱ母线TV二次空气开关跳闸失电后，L2线的距离保护也动作跳闸，导致Ⅱ母线停电。

7. Ⅱ母线失压解除了母差保护的电压闭锁

母差设有电压闭锁回路，因为故障时恰好母线失压，因此解除了电压闭锁回路，导致母差保护出口畅通无阻。

8. Ⅱ母线停电分析得到的思路

Ⅰ母线故障→保护动作跳开Ⅰ母线→TV 二次开关并列导致Ⅱ母线向Ⅰ母线反送过电流→Ⅱ母线TV跳开→L5线失压→L5线保护出口→L5线902保护跳闸正电源接触不良→导致断路器跳不开→失灵启动→母差出口。

四、防范措施

1. 避免一次设备DTC组合电器绝缘击穿的问题

加强3年内设备的技术监督，加强安装、验收环节的管理，加强绝缘件的组装检测，避免一次设备DTC组合电器绝缘击穿的问题。

2. 解决Ⅰ母线与Ⅱ母线TV二次并列的问题

在正常运行方式下，不允许Ⅰ母线与Ⅱ母线TV二次并列运行。在设备操作送电以及运行巡检时，应该密切关注TV二次并列开关的位置。

3. 解决跳闸正电源接触不良的问题

是L5线跳闸正电源接触不良导致断路器跳不开，造成事故扩大，其中既有技术因素，也有管理问题。在保护检修时，只要认真检查，隐患是能够避免的。

第14节　发电厂升压站母线保护的无故障跳闸

一、故障现象

某年8月30日1:14，ZOD发电厂事故音响发出。500kV断路器5012、5021、5031、5041绿灯闪光，断路器跳闸，电流为0。光字牌显示500kVⅠ母线差动保护Ⅰ动作，Ⅰ母线TV断线，故障录波器动作。5012、5021、5031、5041断路器CZX-22操作箱Ⅰ组TA、TB、TC红灯亮。母线差动保护无动作显示。跳闸断路器在系统中的位置见发电厂的一次系统接线与母线保护的配置图（见图4-40）。

5012、5021、5031、5041断路器保护的配置情况：CZX-22A操作箱，LFP-921B断路器保护，LFP-922短引线保护，JDX-03D辅助继电器箱。

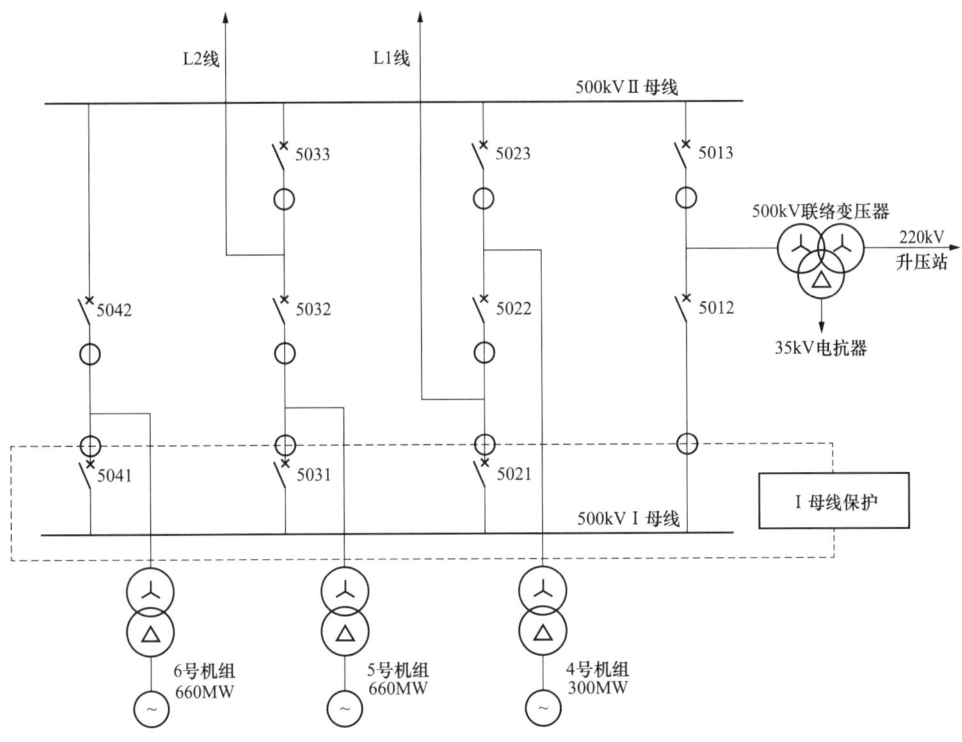

图 4-40　500kV 一次系统结构与母线保护

疑点分析：①在母线运行正常、电厂没有操作、保护没有启动的情况下出口误动作，是谁启动的？②ABB 母线差动保护的动作逻辑为三级出口：保护装置设内部一级出口、保护装置外部二级出口、三级跳闸总出口，跳闸发生在哪一级？

二、检查过程

根据造成母线保护误动可能的原因，进行了如下检查工作：

1. 故障录波的动作时序检查

保护动作时序见表 4-16。

表 4-16　　**保护动作时序**

序号	通道号	时间（ms）	事件	备注
1	34	0	I 母线 I 跳 5031	
2	35	0	I 母线 I 跳 5021	
3	36	0	I 母线 I 跳 5012	
4	09	12	5031 断路器保护跳 A	
5	10	13	5031 断路器保护跳 B	
6	11	13	5031 断路器保护跳 C	

续表

序号	通道号	时间（ms）	事件	备注
7	01	15	5041 断路器保护跳 A	
8	02	15	5041 断路器保护跳 B	
9	03	15	5041 断路器保护跳 C	
10	43	38～39	位置继电器动作与返回	输出 1ms 的脉冲

2. 启动故障录波器试验

5012 断路器失灵启动母线保护的同时，启动故障录波器，但故障录波器中却不曾见失灵启动的信息。启动故障录波器试验正常。

3. 母线差动保护的动作逻辑检查

ABB 母线差动保护的动作逻辑为三级出口：保护装置设内部一级出口、保护装置外部二级出口、三级跳闸总出口，母线差动保护装置与 5012、5021、5031、5041 断路器失灵保护并行启动跳闸总出口 KCO1、KCO2、KCO3、KCO4、KCO5 继电器。逻辑接线见图 4-41，母差保护出口继电器启动回路见图 4-42。但是，失灵启动母线差动保护的接线存在绝缘击穿问题，误将启动第三级出口 KCO 的接线连到了第二级出口 KC 上。

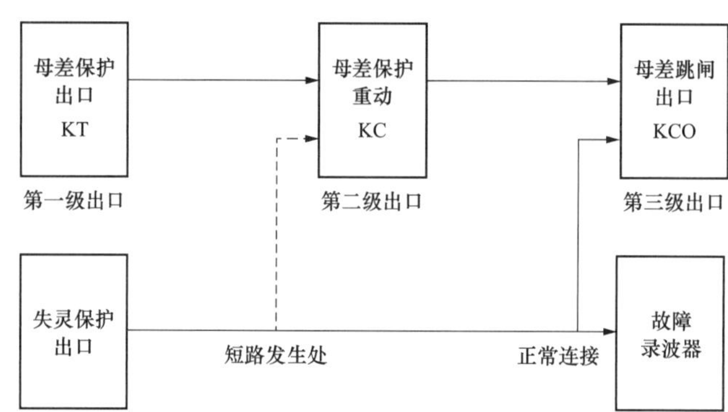

图 4-41　母线保护的三级出口逻辑接线

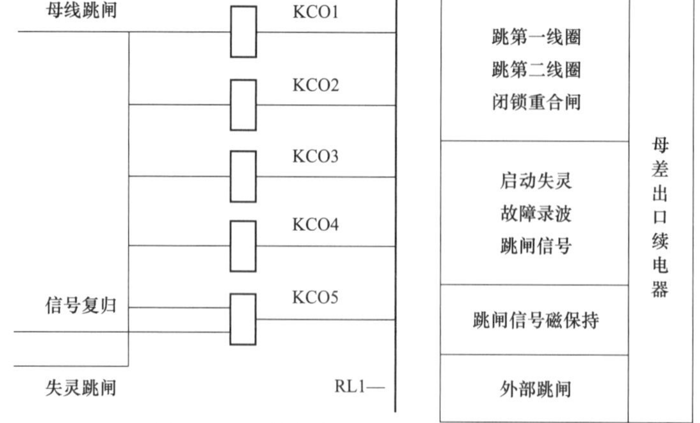

图 4-42　母差保护出口继电器启动回路

4. 保护指示灯保持情况检查

ABB 母线差动保护为集成电路的数字保护，装置动作本身指示灯保持；断路器操作箱的跳闸灯能够保持。信号保持功能良好，试验正常。

5. 回路的绝缘检查结果正常

TA 回路的绝缘电阻大于 50MΩ，失灵保护出口回路绝缘电阻大于 3MΩ，保护跳闸出口回路绝缘电阻大于 1MΩ。

6. 出口继电器的动态指标检查

KT：动作功率 0.7W，动作时间 5ms；KC：动作功率 0.7W，动作时间 6ms；KCO：动作功率 13.7W，动作时间 20ms；失灵启动通道回路杂散的电容：48nF。

三、原因分析

故障录波的信息表明，是Ⅰ母线差动保护动作，导致相关断路器跳闸。Ⅰ母线差动保护动作属于误动作，因为Ⅰ母线的设备并没有故障存在。

1. 母线差动保护的误动作是抗干扰问题

在母线差动保护装置以及失灵保护均未动作的情况下，跳闸总出口动作的因素无非三种：其一，母线差动保护装置启动通道启动；其二，失灵保护装置启动通道启动；其三，人为因素。

（1）人为因素被排除。在这种前提下，由于母线差动保护装置以及失灵保护均未动作，也就只剩回路绝缘问题或抗干扰问题了。

（2）绝缘测试的数据表明，回路绝缘正常，也就是不存在启动回炉短路或接地造成的继电器误动作。

（3）故障录波的动作时序中，位置继电器动作与返回输出了 1ms 的脉冲，属于抖动范畴，继电器的抖动说明是干扰信号导致了差动保护的动作。

2. 系统故障为母线差动保护误动作提供了干扰源

检查结果表明，在发电厂的 220kV 线路上 10km 处发生单相接地故障，短路电流高达 38kA，该电流经过变压器的中性点—大地构成回路，在发电厂升压站的地电流形成了强大的干扰信号，影响到保护的正确动作。

3. 干扰信号入侵失灵启动通道导致 KC 误动作

分析表明，失灵启动的接线错误是母线差动保护重要条件，只有失灵保护装置启动通道错接入二级出口，才会使 ABB 差动保护误动作。因为保护装置二级出口继电器 KC 的动作功率为 0.7W；三级跳闸总出口的单只继电器动作功率为 2.7W，动作总功率为 13.0W。所以，容易误动作的继电器是二级出口 KC，恰好失灵启动的长电缆又存在绝缘击穿的问题，使其连接到了二级出口继电器 KC 上。因此是长电缆的杂散电容为干扰源提供了通道，干扰信号直接启动了二级出口继电器 KC，KC 推动三级跳闸总出口 KCO 动作跳闸。

四、防范措施

1. 改正失灵保护启动出口继电器的错误接线

按照设计的要求，将失灵保护启动二级出口继电器 KC 的短路点处理好，使失灵保护只能启动三级跳闸总出口 KCO。

2. 采取抗干扰的措施

（1）采取屏蔽措施。按照反措要求，将控制电缆的屏蔽层的两端进行有效的接地。

（2）提高 KC 的动作功率。将 KC 的动作功率由 0.7W 提高到 5W 以上。

第 15 节　智能变电站母线保护等调试过程中所暴露的问题

220kV MIY 变电站是一座新建的智能变电站，220kV 及 110kV 电流互感器采用全光纤电流互感器；35kV 电流互感器采用模拟小信号输出的电子式互感器；电压互感器采用有源式电子电压互感器；二次保护控制设备出自多个厂家，接口复杂。在变电站的调试与送电过程中暴露出了一些问题，值得研究。

一、故障现象

在进行变电站继电保护、测控等装置的静态试验时发现一些设备的频率采样值不准确的问题，输入为标准的工频交流信号，设备显示的频率却偏离 50Hz；在变电站送电过程中发现 220kV 线路 TV 和母线 TV 之间存在 4°左右的角差；在变压器冲击试验过程中发现 TV 二次采样波形出现间断现象；对 35kV 电容器送电过程中发现，电流互感器送电后输出的前几个波形基本上是方波；在进行隔离开关、断路器操作过程中，智能终端 B 套的隔离开关、断路器位置报文向监控系统传输时产生中断，时间约 1min。

二、检查过程

1. 对于频率采样值的检查

（1）静态调试中发现频率采样不准确。静态调试中发现，当设备输入信号的频率偏离 50Hz 时，各厂家设备普遍存在频率采样不准确的问题。经过反复的检查与调试，大部分设备的问题得到解决。因此得出如此的结论，智能变电站是调试出来的。

（2）送电过程中依然发现频率采样不准确。送电过程中发现，110kV 线路频率采样值在 49.7Hz 左右，偏离额定值 0.3Hz。频率采样依然不准确。经过试验人员反复的沟通与修正，大部分系统的问题得到解决。由此得出另外的结论，智能变电站是商量出来的。

2. 对于线路和母线 TV 角差的检查

利用送电的机会，对 220kV 线路和母线 TV 进行同电源核相时，在故障录波图中发现存在 4°左右的角度差，相量图如图 4-43 所示。

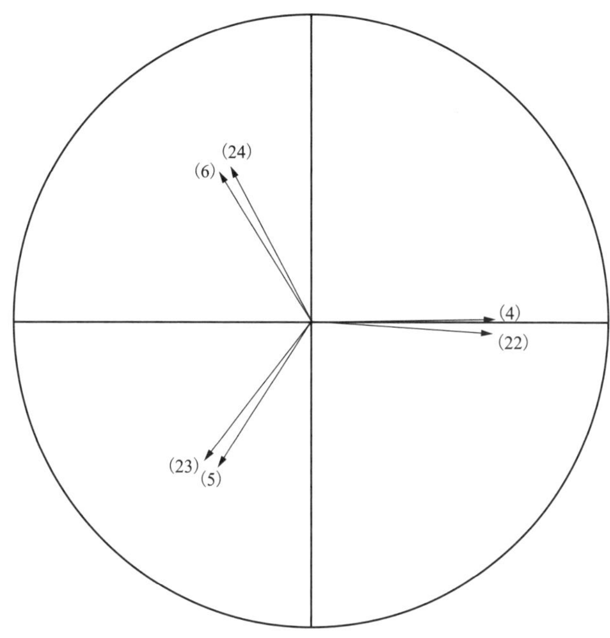

图 4-43　同电源核相电压存在角度差

对 1 号主变压器高压侧 TV 与 220kV Ⅱ 母线 TV 进行核相时测量到一组典型的参数，数据结果见表 4-17。

表 4-17　核相时测量到一组典型的参数

	测量参量	相位	幅值（kV）	相角（°）
故障录波屏	1 号主变压器高压侧电压	A 相	131.52	0.0
		B 相	131.00	240.1
		C 相	131.42	120.2
	220kV Ⅱ 母线电压	A 相	131.63	–4.6
		B 相	130.78	236.7
		C 相	131.40	115.9

3. 对于母线 TV 以及变压器高压侧 TV 二次电压波形的检查

在主变压器冲击过程中，对于母线 TV 以及变压器高压侧 TV 二次电压波形进行了检查，结果表明，母线 TV、变压器高压侧 TV 二次电压均产生间断，典型的录波图如图 4-44、图 4-45 所示。各次冲击间断时间见表 4-18。

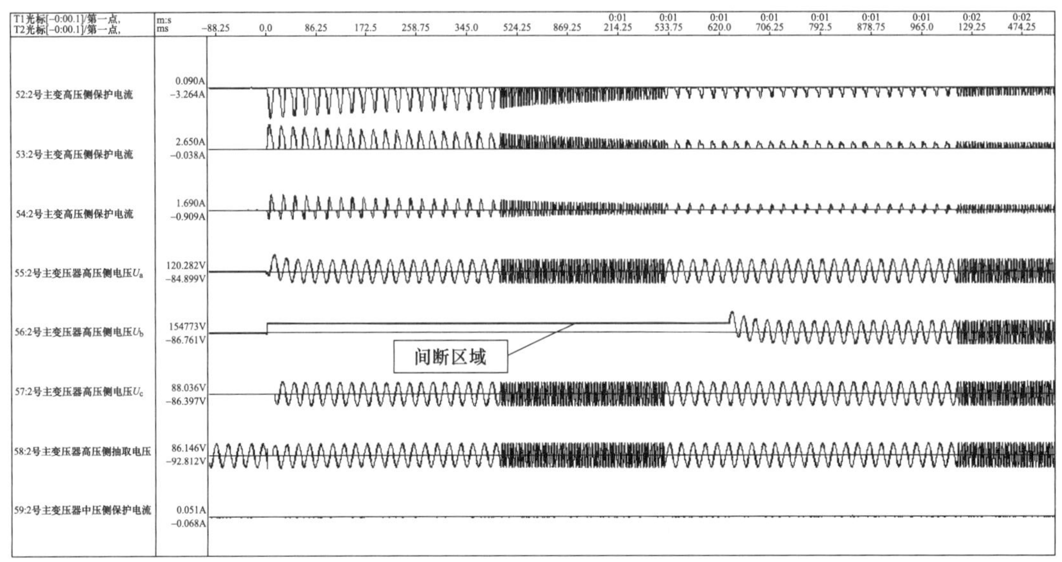

图 4-44　主变压器冲击过程最大间断区域

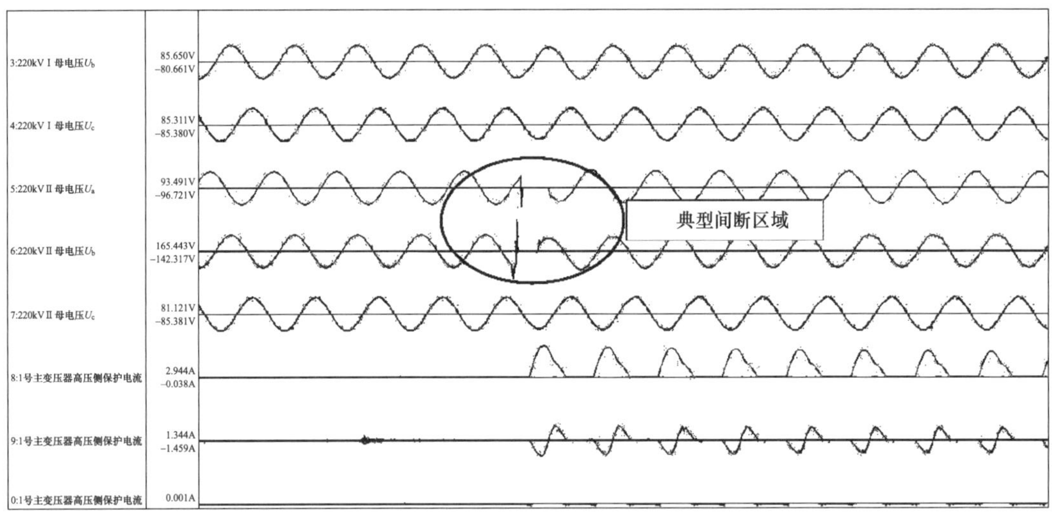

图 4-45　主变压器压器冲击过程典型间断区域

表 4-18　　主变压器冲击过程中的电压间断时间

变压器	冲击次数	Ⅰ 母电压	Ⅱ 母电压	主变压器高压侧电压
1 号	1	A：8.25ms	A：8.25ms	C：5.50ms
	2	A：7.00ms	A：7.00ms；B：7.00ms	C：5.00ms
	3	A：13.5ms	B：10.25ms；C：6.25ms	C：13.75ms
	4	A：6.25ms	A：6.75ms；B：9.75ms	A：7.25ms

续表

变压器	冲击次数	Ⅰ母电压	Ⅱ母电压	主变压器高压侧电压
2 号	1	B：7.25ms	B：8.25ms	B：7.25ms
	2	C：6.25ms	—	B：5.75ms；C：6.25ms
	3	—	—	A：5.50ms；C：7.50ms
	4	A：12.25ms；B：6.25ms	B：8.00ms	B：1625ms

4. 对于 35kV 电流互感器抗干扰问题的检查

变电站 35kV 系统电流互感器采用模拟小信号的电子式互感器，二次额定输出仅为 0.2V，在静态调试过程中就发现抗干扰能力比较差。冲击电容器组过程中发现暂态过程比较长，而且电流互感器送电后输出的前几个波形基本上是方波。

5. 对于向测控系统传输报文时出现中断的检查

变电站送电时，在进行 220kV 线路Ⅱ隔离开关、断路器操作过程中，智能终端 B 套的隔离开关、断路器位置报文向监控系统传输时产生中断，时间约 1min。

具体情况是，母差保护 B 套与 220kV 线路Ⅱ智能终端 B 套都报 goose 通信中断，中断 1min 之后母线保护报 goose 通信恢复，现场人员到安装智能终端的智能柜，发现智能终端 goose 告警灯和装置告警灯同时点亮，复归装置后消失。

三、原因分析

谈到智能变电站，由于信息数字化的要求，在 TV、TA 与保护、计量、故障录波器等设备之间增加了一个由电子产品构成的环节，即合并单元，正是因为合并单元的存在，无论整体系统的精度与误差，还是设备的寿命都受到非常大的影响；智能变电站的另一个特征是通信网络化，网络化的通信系统也表现的与常规站不同。下面针对出现的关键问题逐一分析。

1. 频率偏离额定值是程序缺陷造成的

静态试验时，用高压设备分别从 TV、TA 的一次侧输入电压、电流量，在 TV、TA 二次侧采集到的频率偏离额定值，例如加入 50Hz 的工频交流时，装置显示为 52Hz，是程序缺陷造成的。在变电站调试期间，工程前期的软件中，频率计算程序存在显示不准的问题，在显示界面会出现频率跳变或波动较大的现象；在工程后期，频率计算程序的缺陷已经得到解决。

变电站送电时，110kV 线路采集的频率出现偏差。发现有两套线路测控保护频率在 49.7Hz 左右，其余保护测控装置在 49.99Hz。分析认为，由于现场每个间隔均配置了一个单独的电压合并单元，每套线路保护测控装置所采集的电压量均从不同的电压合并单元获取，因此，频率的偏差起源于合并单元。值得一提的是，在出厂前拷机测试中未发现这种现象，可见，合并单元存在抗干扰性能差的问题。

2. 线路与母线TV之间角差是合并单元的问题

220kV变电站TV选用的是有源式电子电压互感器，220kV线路与母线TV之间存在4°左右的角差问题，经分析确认是合并单元的问题。

3. TV二次电压波形间断是采集卡重起造成的

（1）一次系统操作时采集卡重起造成短时数据丢失。从故障录波图上看，当一次系统操作时波形才出现异常；而且输出的数据有清零现象，众所周知，合并单元只会在采集卡断电或光纤断链时将数据清零。由此可以断定，当一次系统操作时，采集卡受到了强大的外部干扰导致重起，造成短时的数据丢失。

（2）隔离开关拉弧干扰造成波形畸变。因为隔离开关的分合速度相对较慢，所以在分合闸操作过程中会出现明显的拉弧过程，尤其在分闸操作过程中，拉弧现象更为严重。电弧产生的电磁干扰导致CVT的输出电压出现阶梯波形。

4. 35kV电流互感器过渡过程是抗干扰性能差的表现

冲击电容器组过程中发现暂态过程比较长，而且前几个波形基本上是方波。

可以确认，由于二次额定输出仅为0.2V，因此抗干扰能力比较差，导致送电时的暂态过程非常明显，是问题的一方面；也不可否认，由于互感器的传变特性差也会造成二次相应的暂态过程，是问题的另一方面。

5. 测控系统传输时出现中断是交换机丢包造成的

在隔离开关、断路器操作过程中，智能终端报文向监控系统传输时产生中断现象，时间为1min。检查结果表明，是线路智能终端数据上传的问题。

220kV 线路Ⅱ智能终端盒线路保护安装在就地柜，goose口接到同一台过程层交换机上，母差保护安装在主控室，goose 口接到主控室交换机，两套交换机间通过光纤级联。故障时，220kV线路Ⅱ保护A没报goose中断，母差和智能终端报通信中断。通过网络分析仪查看当时的goose报文，在中断的1min里，母差和jfz600的goose报文都没有检查到。

分析认为，智能终端有goose报文输出，并且发送到了交换机上，线路保护也接收到了，但是就地的线路间隔交换机与主控室之间的交换机通信出了问题，有丢包现象，导致母差和智能终端都报通信中断。

6. 以上问题对于保护性能的影响

综上所述，可以归纳为两类故障，即通信问题与抗干扰问题。保护涉及网络跳闸，因此，通信问题对于保护的影响不能忽视；至于抗干扰问题，则TV的波形丢失与TA

的小信号是非常关键的。

关于 TV 的波形丢失，认为是在一次系统操作时，采集卡受到了较大的外部干扰导致重启动，造成了短时的数据丢失，此时合并单元会带上错误标志，保护则根据此错误的标志对相应的功能进行闭锁；小信号 TA 的抗干扰问题，则会导致保护的误动作。

四、防范措施

1. 解决通信与抗干扰问题

针对智能变电站存在的通信与抗干扰问题采取如下措施：

（1）建议厂家针对故障现象进行专项测试；有关部门加大监督力度，做好互感器型式试验，帮助生产厂家寻找解决问题好的办法。

（2）建议将设备挂网运行，以便积累经验，寻找解决问题的有效途径。

（3）如果问题不能得到彻底解决，则更换为常规产品，以彻底避免这些问题。

2. 将模拟量接入故障录波器

将智能变电站所有电压等级的模拟量均接入故障录波器，作为检验互感器性能的监测以及事故分析的手段。

第 16 节　智能站送电过程中母线保护的若干问题

某年 12 月 7 日，220kV NAC 智能变电站静态调试的工作业已完成，与之配套建设的发电厂 1 号机组进入总启动的阶段。按照工作计划，变电站 220kV 各出线及母联相关一、二次设备经验收合格后启动送电。

一、故障现象

7 日 18 时 49 分，QUS 变电站自 220kVⅠ号母线对 220kV L1 线路、NAC 变电站 220kV 母线、220kV L3 线路及 YIL 发电厂 220kVⅡ母线整体送电，核相正确后由 YIL 发电厂 220kV 母联 200 断路器同期合环带负荷。合环时发生了 L1 线路 NAC 变电站侧 B 套合并单元 B、C 相电流输出异常的现象。

7 日 19 时 49 分，当进行到 NAC 变电站 220kV L4 线、220kV 母联带负荷实验时，再次发生了 A、B 套合并单元输出异常，保护装置显示数据异常告警信号。

7 日 20 时 49 分，用 220kV 母联断路器给发电厂、变压器送电时保护动作。

上述 220kV L1 线路、L4 线路相关的 TA 二次电流均进母线保护。

17 日 17 时 57 分，1 号主变压器间隙保护动作跳三侧断路器。

智能变电站与发电厂关联的一次系统结构见图 4-46。

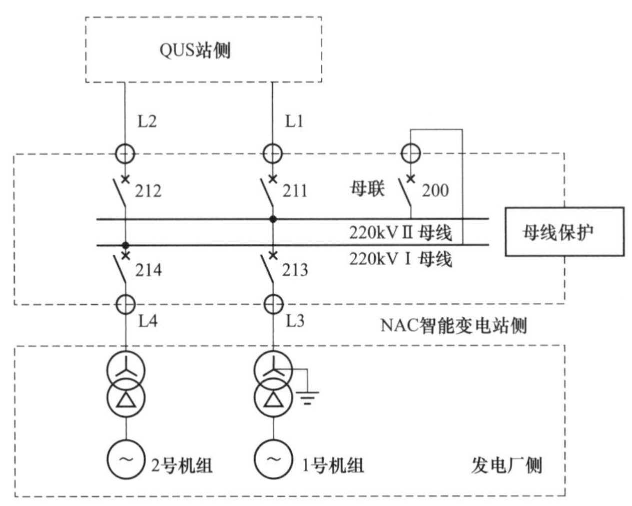

图 4-46　智能变电站与发电厂关联的一次系统结构图

二、检查过程

自网络分析仪导出的录波见图 4-47、图 4-48。

1. 有关 L1 线合并单元的检查

根据变电站 220kV L1 线 A、B 套保护装置波形图可知，A 套保护装置三相电压、电流均显示正常；B 套保护装置电压正常，A 相电流波形显示异常，B、C 相电流无波形；对侧 A、B 套电流及电压均正常。

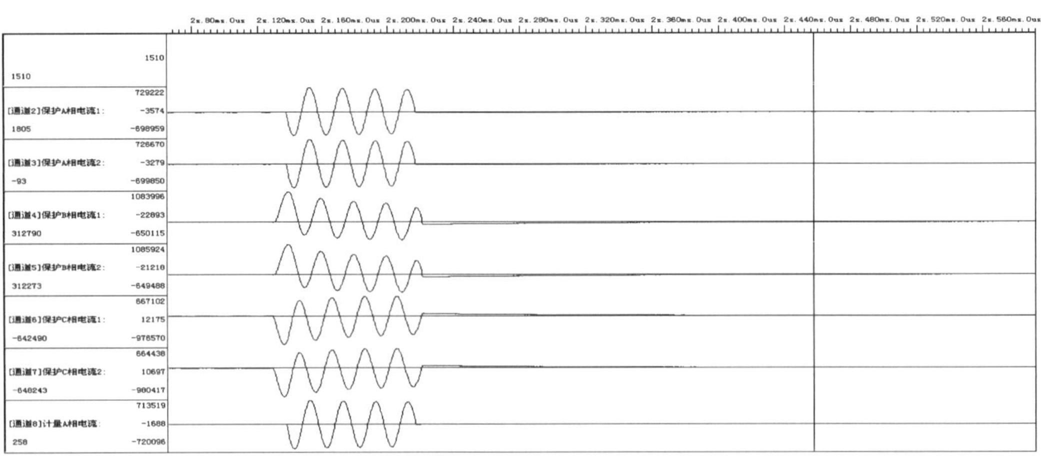

图 4-47　A 套保护合并单元录波图

根据故障录波及网络分析仪波形图可知，A 套保护合并单元装置三相电压、电流均显示正常波形，B 套保护合并单元装置电压显示正常，电流显示双通道采集波形不一致，主采样通道显示三相电流正常，复合采样通道仅有 A 相电流，无 B、C 相电流。

用钳形电流表检测 TA 二次电流结果正常。设备停电后重新检查该间隔 TA 二次回路的接线无错误。

判断为 220kV L1 线 B 套合并单元装置异常，随即更换该合并单元后，线路送电后带负荷显示正常。

2. 对于 L4 线以及母联合并单元的检查

对于变电站 220kV L4 线、220kV 母联带负荷试验时，发生 A、B 套合并单元输出异常的情况，采取了断电再送电的策略，经过处理后合并单元电源的，显示正常。

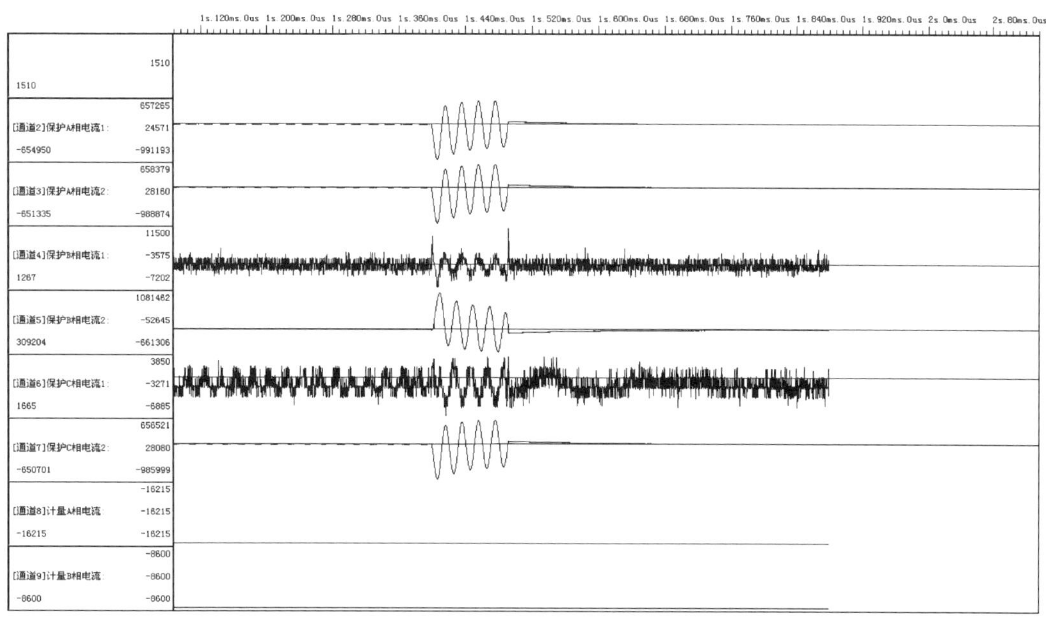

图 4-48　B 套保护合并单元录波图

自合并单元输入侧的电流测试结果均正常。

三、原因分析

该智能变电站的电压、电流合并单元由于设计或制造的缺陷，当进行送电或断电操作时，电压、电流发生突变，同时采样异常出现的概率也很高，本次送电过程中 5 个间隔中有 3 个间隔出现过异常。如果采样异常的问题不能得到彻底解决，投入运行后，当出现故障时，母线保护、线路保护、变压器保护的误动或拒动的发生是必然的。因为系统故障时，电压、电流也会发生突变，这与系统操作的状况是一致的。

检查结果表明，用 220kV 母联断路器给发电厂、变压器送电时电流保护动作，故障的原因也不是定值等问题，是上述同样的故障所致。后来的 1 号主变压器间隙保护动作跳三侧断路器，同样是误动作，是相邻的发电厂有操作。

显然，保护的误动或拒动，会给电网运行带来很大隐患，必须彻底解决。

分析故障的原因，是AD转换性能的问题，是算法的问题，是网络的问题，还是通信的问题？回答：一切皆有可能。但方向性的结论是非常明确的，就是抗干扰问题没有解决，而且小信号的TV、TA抗干扰能力更差。

四、防范措施

1. 更换元器件

变电站合并单元装置型号为PRS7393-1，经厂家确认是合并单元CPU板的AD芯片的批次有问题，与这同批次的装置存在同样的隐患。将AD芯片更换后一切正常。

2. 加强巡视与监督检查

每天安排专人对该站已投入运行4条220kV线路进行2次巡视检查，以便出现问题及时解决，确保变电站安全、稳定、可靠地运行。

第17节　变电站TA故障与母线保护动作行为

一、故障现象

某年8月24日22时56分，DUY变电站500kV Ⅰ母线RCS-915E、BP-2B保护动作，5001、5022、5031、5041断路器跳闸；Ⅰ母线B相一次故障电流27.7kA（TA变比3000/1A），故障前1号主变压器所带负荷250MW，故障后负荷未受影响。

图4-49　500kV Ⅰ母线放电状况

二、检查过程

1. 视频监控状况检查

通过检查站内监控视频可知，故障发生时的天气状况为闪电雷雨天气，500kV Ⅰ母线区域、220kV组合电器区域等有弧光放电现象。500kV Ⅰ母线放电状况如图4-49所示。

2. 现场设备检查

检查母线保护，两套保护装置均动作。

检查设备接地极发现500kV Ⅰ母线南爬梯处有疑似放电点；南侧第三串母线V形绝

缘串 B 相均压环、顶端花篮螺栓处有疑似放电痕迹，经检查确认上述问题不影响正常运行。其他停电设备的外观检查，结果无异常。

对全站接地网接地电阻进行了测试，阻值为 0.24Ω，数据合格。

对全站各个接地点进行了接地导通试验，接地电阻均在 0～50mΩ 范围内，满足要求。

确认故障的设备为 5022 间隔 TA，型号：LVQBT-550W2，2014 年 10 月 27 日投入运行。对 5022 间隔 TA 进行了气体组分试验，B 相 TA 检测到典型硫化氢（74.4μL/L）、二氧化硫（147.8μL/L）放电气体，一次绝缘电阻为零；其他两相 TA 试验数据合格。有关数据见表 4-19。

表 4-19　　变电站 5022 间隔 TA 气体与绝缘电阻试验数据

相别	A	B	C
绝缘电阻（MΩ）	3250	0	2360
硫化氢（μL/L）	—	74.4	—
二氧化硫（μL/L）	—	147.8	—

3. 系统恢复状况

8 月 26 日 17 时，500kV Ⅰ母线 5022 断路器停电，其余设备恢复送电，隔离故障设备，整体更换 5022TA，至 8 月 28 日 12 时全部结束，恢复送电。

4. TA 解体状况

8 月 30 日，将故障 TA 返厂做解体检查。

对 TA 解体前后进行绝缘电阻、直流电阻试验。解体前区域 5s～6s 的二次绕组绝缘电阻偏低，7s 的二次绕组直流电阻不合格，解体后从二次绕组本体进行试验，数据合格，原因为故障放电造成绕组二次引线电缆绝缘受损，二次绕组本体正常。

TA 解体后检查发现，一次壳体内部屏蔽罩顶部支撑绝缘子碎裂，绝缘子下端均压环烧蚀严重，其碎块内部被烧成焦炭色，重新拼装后绝缘子伞裙表面未发现放电通道。屏蔽罩底部盆式绝缘子下表面有明显的放电通道。屏蔽罩接地线固定螺栓处有放电痕迹，接地线烧成多段，并散落在壳体及二次线屏蔽管内。二次绕组线圈表面熏黑，沿屏蔽罩接地线方向 1s～5s 的二次线圈表面薄膜烧损熏黑。壳体内部及一次导体上均附着大量黑色或灰色粉尘，见图 4-50。

检查发现 TA 内部二次线圈实际排序与产品铭牌不符，TA 铭牌标注从 P2 到 P1 依次为 8s～1s，TA 内部实际布置为 P2 到 P1 依次为 1s～8s。二次线圈实际排序见图 4-51。

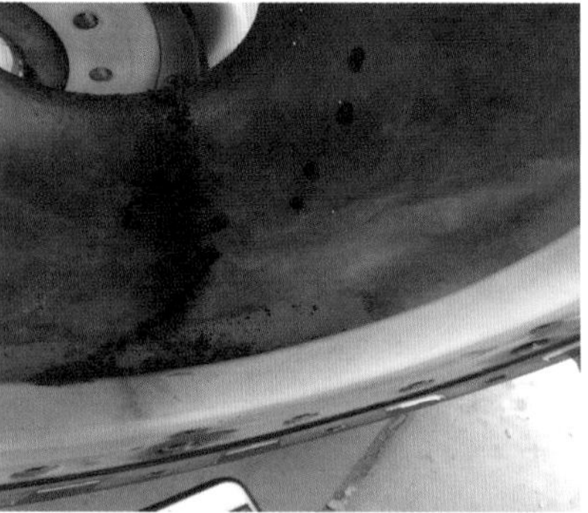

图 4-50　TA 的损伤情况

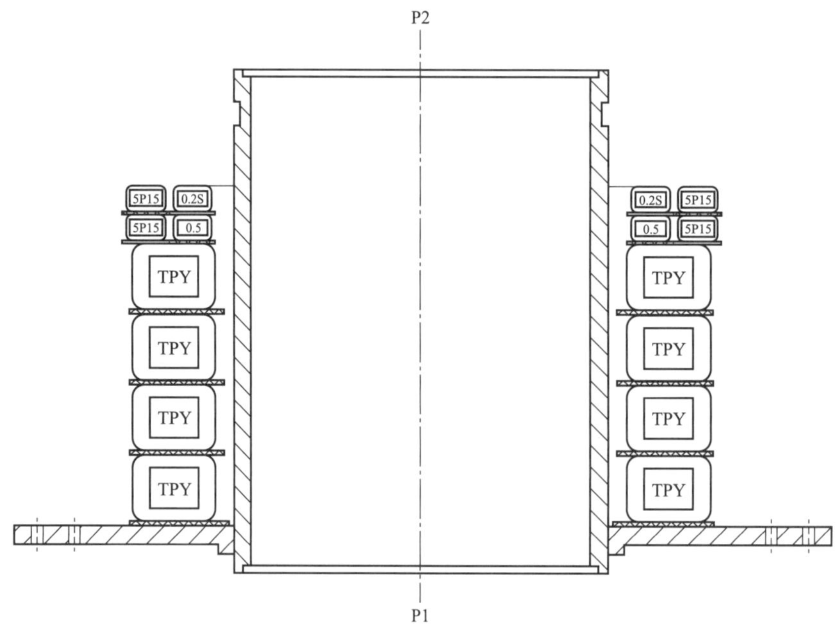

图 4-51　二次线圈实际排序

三、原因分析

1. TA 故障的起因是绝缘击穿

5022 断路器 TA 内部的屏蔽罩顶部支撑绝缘子内部存在裂纹或气泡等工艺缺陷。投入运行后，支撑绝缘子持续承受着运行电压，内部缺陷劣化发展产生电晕放电，绝缘性能逐渐下降，导致 TA 外壳对二次线圈屏蔽罩放电，绝缘子贯穿性击穿炸裂。此时壳体内气体污染，短路电流瞬间将屏蔽罩接地线烧断，屏蔽罩下端盆式绝缘子也发生沿面对二次引线管放电。

故障当天变电站为雷电天气，雷电天气加速了导致设备故障的进程，但根本原因是内部存在缺陷的绝缘子，首先是发生贯穿性击穿。

2. TA 内部二次线圈排序倒置影响保护接线的正确性

5022 断路器 TA 内部二次线圈实际排序与产品铭牌不符，影响保护接线的正确性。理论上会影响到保护的范围的。

3. 母线保护动作行为的正确与否需要确切判据的支撑

5022 断路器 TA 作为母线保护的分界处，此地发生故障，希望保护能够动作并切除故障。但是，对于同一组 TA 理论上的故障点不存在。

对于如此结构的实际的 TA 发生故障后，保护动作与否均视为正确动作。因为，进入保护的电流，既有一次电流经过 TA 变换为二次的成分，也有一次击穿后直接混入二次的份额，极性不能保证。

4. 关联的 3 号主变压器保护也该动作

与母线保护一样，5022 断路器 TA 作为 3 号变压器保护的分界处，保护动作与否也均视为正确动作。所不同的是，母线保护动作时间约 10ms，变压器保护 60ms 左右。变压器保护是启动了，在母线保护启动 5022 断路器跳闸后又返回了，还是根本就没启动，宁愿是后者，比较能理解。

ZAR 变电站 TA 当年出的同样故障，两边的保护全跳了。FAW 发电厂升压站也出现过类似的问题，关联的母线保护一套动作，另一套不动作。在此时此地保护的动作行为都属于正常的范畴，因为特性是人分析出来的，理论上的那个特定的故障点不存在，更何况还有一次电流成分的直接混入。

理论上假设的那个虚拟的故障点位置见图 4-52。

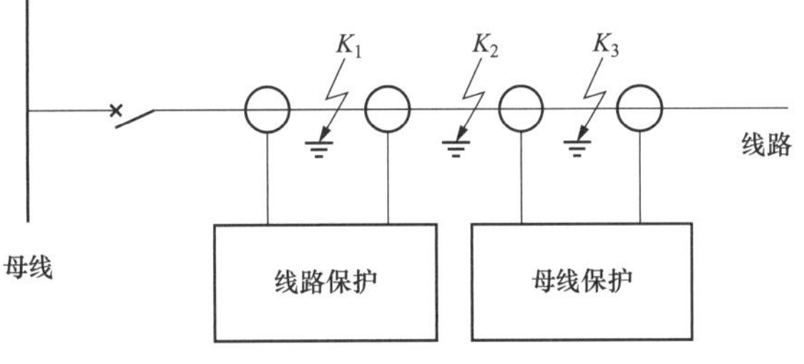

图 4-52　TA 理论上故障点的位置

四、防范措施

1. 安排对同类产品的检查

利用变电站秋季检修 3 号主变压器的机会，对 5022、5023 西电产品 TA 安排停电，抽出 1～2 台返厂解体检查，对支撑绝缘子进行探伤检测，验证绝缘子运行工况。

2. 加强 TA 红外精确测温工作

应用气体组分监测、紫外放电检测等新技术，密切监视设备的运行状态。

3. 对生产厂家的质量控制

督促 TA 的生产厂家密切关注质量控制，确保支撑绝缘子组装前例行探伤、局部放电等试验，以避免将带有隐患的产品运往运行工地。

4. 核实二次绕组配置的正确性

对于在运行的同类型的 TA 逐一核实二次绕组配置的正确性。对那些与设计图纸不符的 TA 安排停电计划进行二次回路改线工作。

第 18 节　变电站线路故障时母线保护误动作

一、故障现象

某年 7 月 1 日，220kV SAW 变电站 201 线路 C 相接地，双套配置的母线保护其第一套动作出口跳闸，另一套没有动作。变电站的系统结构与故障点的位置见图 4-53。根据录波图可知，201 线路 A 相电流采样异常，导致母线保护误动作。

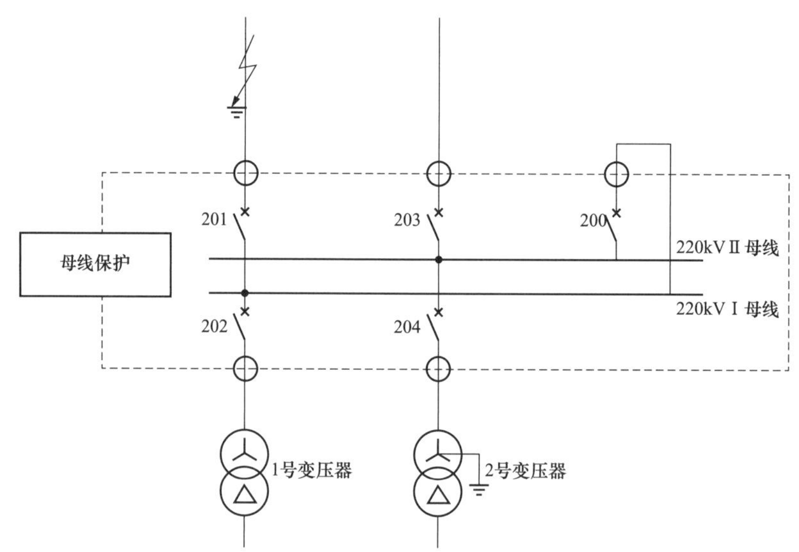

图 4-53　变电站的一次系统结构与故障点的位置

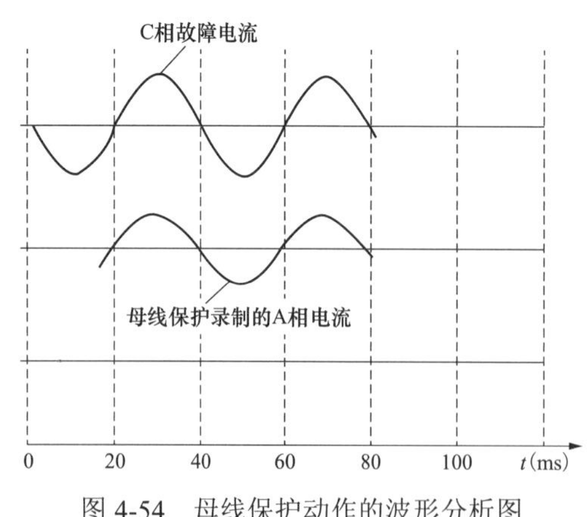

图 4-54　母线保护动作的波形分析图

二、检查过程

1. 二次回路的检查

甩开相关 TA 二次侧的接地线，检测回路的绝缘电阻，201 线路 A 相对地电阻的结果为 0。在 201 线路 TA 的端子箱处发现 A 相二次侧存在第二个接地点。

2. 故障录波的检查

对保护装置的故障录波图形进行了检查，母线保护动作的波形分析见图 4-54。

三、原因分析

根据上述检查结果以及录波器与母线保护的录波图形，确定了母线保护误动的原因。分析如下：

1. TA 二次两个接地点的形成

母线保护区外发生 C 相接地故障，母线保护 A 相电流采样异常，是典型的两点接地导致的。根据故障录波检查结果，由于兴微线发生单相接地故障，故障电流经过大地，变压器中性点构成回路，因此，在变电站各点的电位差别较大。在 TA 的端子箱处地电位将 A421 的绝缘击穿，形成了第二个接地点，这是短路后 10ms 内发生的。

2. 保护的电流线圈得到分流

TA 二次形成了第二个接地点，只用了 10ms，此时故障并没有切除。短路的地电流经过两个接地点在保护的电流线圈形成分流，分流电流启动了保护的逻辑，并完成出口跳闸。母线保护的动作速度与线路的快速保护基本一致。

3. 地电流启动了保护的逻辑

母线保护的启动电流不是短路电流经过 TA，由一次变换到二次产生的，而是地电流进入保护，并启动了保护的逻辑。

如果两点接地发生在计量 TA 的回路，则造成的影响就不是逻辑跳闸方面的问题，而是计量的准确性。可见，对于不同功能的 TA 回路，就会有不同的影响。

四、防范措施

更换损坏的 TA 二次回路，并进行了增加绝缘强度的处理，以避免类似故障的再次发生。

第 19 节　热电厂的电缆故障与母线过电压 TV 损坏

一、故障现象

某年 12 月 16 日 17:29，ZOT 热电厂斗轮机运行中向东行走时跳闸，位置接近限止挡位，斗轮机 6370 断路器综合保护装置“过电流Ⅰ段”保护动作。

20 时 10 分，分别测量自主厂房 6kV 工作Ⅲ母线斗轮机断路器至设备本体配电室各电气设备绝缘正常后，恢复斗轮机送电，启动运行正常。

22 时 42 分，斗轮机 6370 断路器综合保护装置“过电流Ⅰ段”保护再次动作，斗轮机跳闸。CRT 显示“6kV Ⅲ A 母线 TV 断线”报警。主厂房 6kV 工作Ⅲ A 母线 TV 一次熔断器两相熔断，斗轮机 6kV 电源扁电缆一相（A 相）绝缘击穿。6kV Ⅲ A 母线与斗轮机的接线与故障点的位置见图 4-55。故障时的一组参数，U_{ab}=76V，U_{bc}=54V，I_a=3.16A，I_b=0.43A。

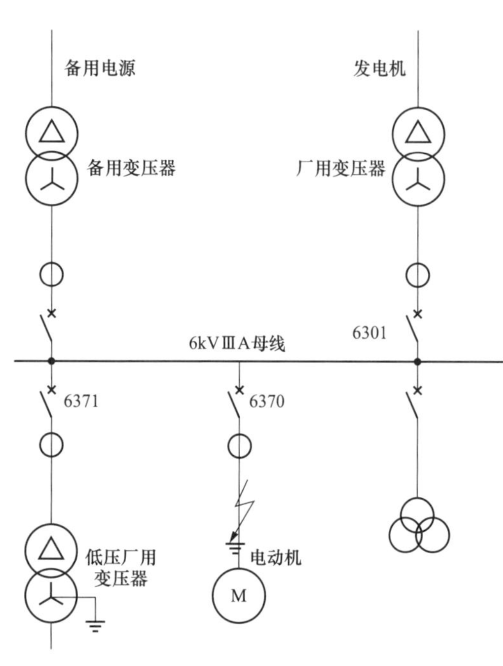

图 4-55 6kV Ⅲ A 母线斗轮机的接线与故障点的位置

二、检查过程

1. 17 时的故障检查

12 月 16 日 17 时 29 分，斗轮机运行中跳闸后，有关人员赶到现场，对斗轮机一、二次系统进行了全面检查。

（1）本体检查，检查斗轮机 6kV 断路器 9 只一次熔断器正常，检查斗轮机本体正常。

（2）绝缘检查，取下 TV 及至控制变压器的熔断器，拆开动力变压器（315kVA）高压侧接线，测量 6kV 进线电缆相间及对地绝缘值均在 1000MΩ 以上；测量动力变压器绝缘在 10000MΩ 以上；拆开动力及控制变压器（30kVA）低压侧中性线，测量 400V 进线隔离开关上口动力及控制电缆绝缘均在 1000MΩ 以上。

（3）控制功能检查，检查斗轮机 6370 断路器控制回路正常，控制部分符合运行条件。

经全面检查无异常后，20 时 30 分恢复斗轮机断路器送电，斗轮机运行正常。

2. 22 时的故障检查

12 月 16 日 22 时 42 分，斗轮机 6370 断路器综合保护装置“过电流 I 段保护”动作，斗轮机再次跳闸。经全面检查发现，在斗轮机向东行走接近限位止挡时，电缆卷筒位置斗轮机 6kV 电源扁电缆 A 相绝缘击穿，造成斗轮机跳闸，同时主厂房 6kV 工作 Ⅲ A 母线 TV 一次侧三相熔断器熔断。

3. 现场的故障处理

（1）故障电缆的处理。故障点确定后，对斗轮机 6kV 扁电缆故障进行了处理。将斗轮机 6kV 扁电缆自故障点至电缆卷筒终端滑环段切除，长度约 24m。对整段斗轮机电源电缆，自主厂房电源断路器处至斗轮机本体段进行交流耐压试验，结果正常。

重新制作电缆头后，进行了交流耐压试验，以及三相电缆核相工作，数据合格。

（2）止挡限位的重新设置。重新设置斗轮机东西两侧的临时限位止挡，均向中间移动约 10m。电缆卷筒尚余电缆两圈半，以防止运行中电缆夹板及滑环受力。经过多次双向行走斗轮机，试验斗轮机东西两侧的临时限位动作情况，均能正常停车。

更换电缆并重新调整斗轮机东西两侧临时限位止挡后，于 12 月 17 日 19 时 10 分，恢复斗轮机正常运行。

三、原因分析

经现场调阅斗轮机断路器综合保护、3 号发电机-变压器组故障录波器、主厂房 6kV 工作ⅢA 母线 TV 测控装置，发现故障录波器记录 6kV 工作ⅢA 母线电压及 6kV A 分支电流共发生 3 次故障、斗轮机 6kV 电源 6370 断路器动作跳闸两次。分析如下：

1. 波形分析

12 月 16 日 17 时 29 分，斗轮机运行中向东行走时，A 相电缆绝缘击穿接地跳闸。断路器综合保护“过电流一段”动作。图 4-56 是 6kV 工作ⅢA 分支电压波形，显然三相电压发生畸变，图 4-57 是ⅢA 分支中性点出现的零序电流。

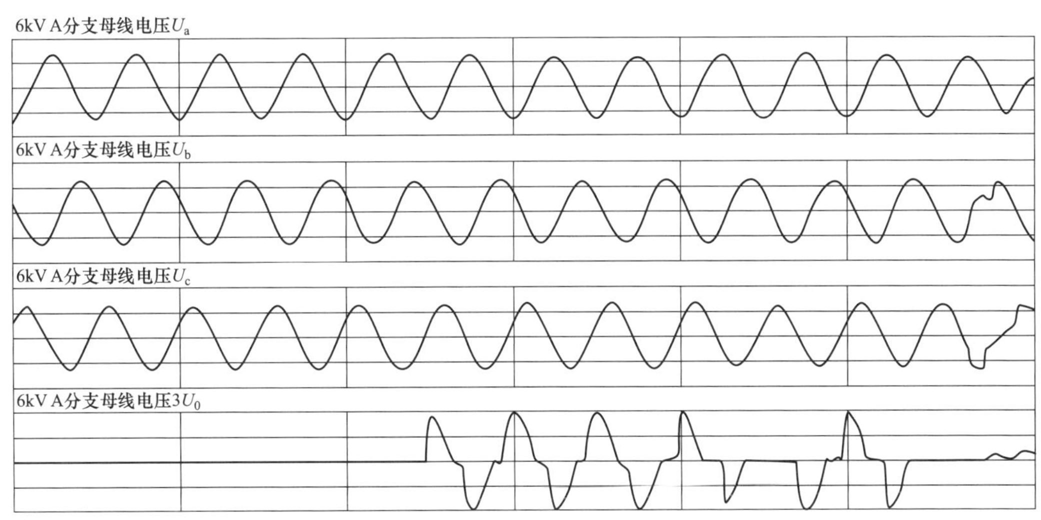

图 4-56　畸变的ⅢA 分支三相电压波形

12 月 16 日 22 时 22 分，发电机-变压器组故障录波器记录显示，此时 6kV ⅢA 分支 A 相电流波形发生畸变，同时 A 相电流波形也发生了突变，B、C 两相电流则正常。斗轮机 6370 断路器综合保护未达动作值，无动作信号，断路器未跳闸。发电机-变压器组故障录波器录制得到 6kV ⅢA 分支 A 相电流波形见图 4-58。

12 月 16 日 22 时 36 分，斗轮机 6370 断路器综合保护“过电流Ⅰ段”动作，断路器跳闸。6kV ⅢA 分支 A 相电流波形发生畸变，A 分支中性点出现零序电流。22 时 36 分

6kV ⅢA 分支电压波形见图 4-59。

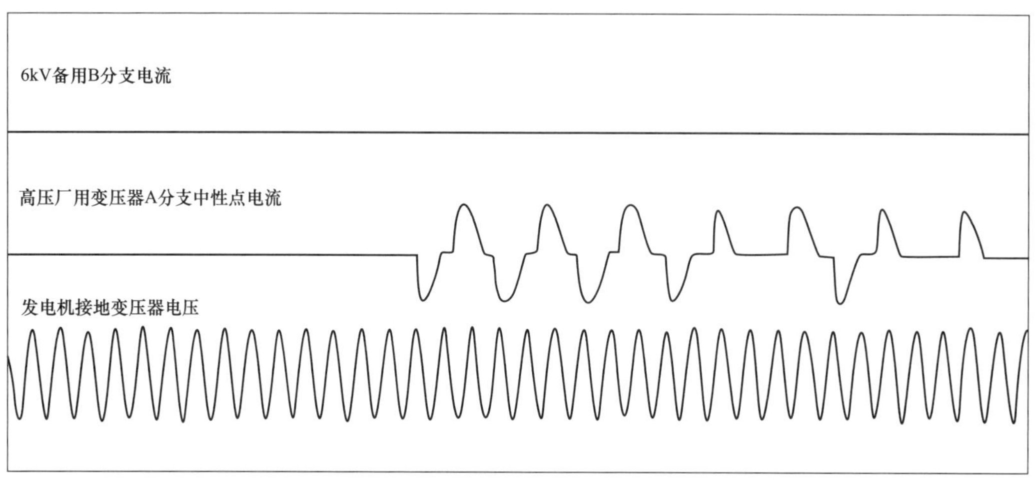

图 4-57 6kV ⅢA 分支中性点出现的零序电流

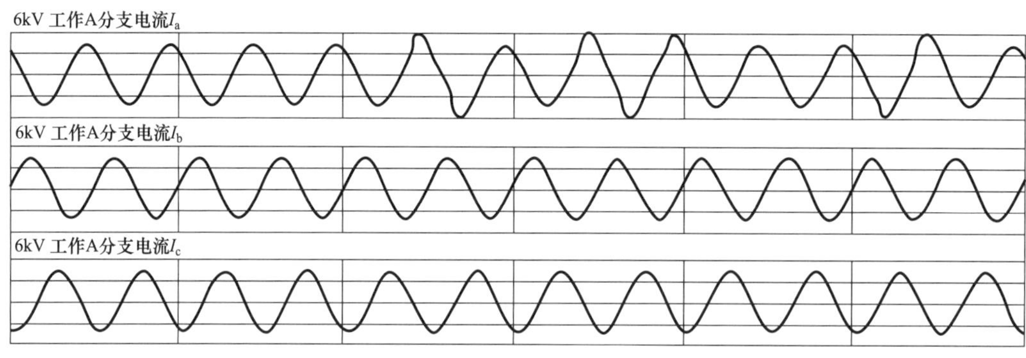

图 4-58 发电机-变压器组故障录波器录制得到 6kV ⅢA 分支 A 相电流波形

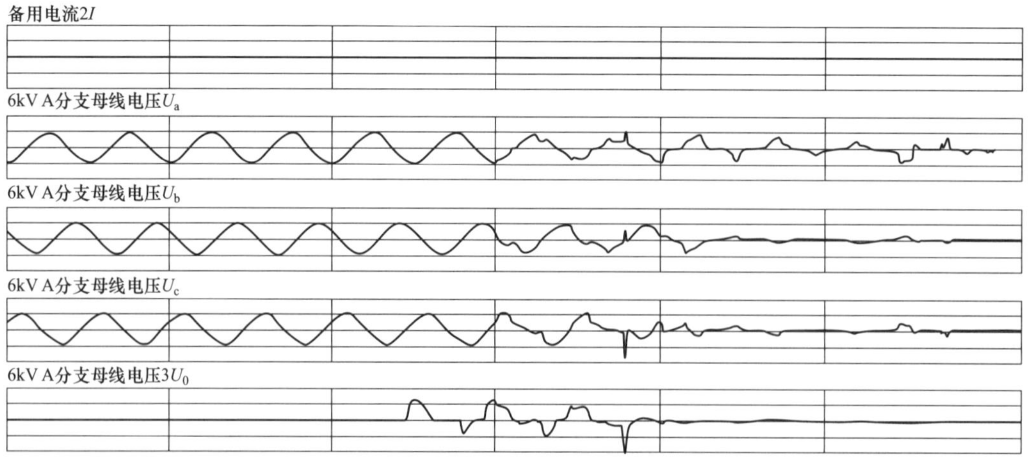

图 4-59 22 时 36 分 6kV ⅢA 分支电压波形

2. 斗轮机跳闸的原因

由于长时间以来斗轮机 6kV 电源扁电缆存在多处受伤，在 12 月 16 日晚，斗轮机运行中向东行走接近限位止挡时，电缆绝缘受伤点处于受力位置，即超出电缆卷筒位置，导致绝缘进一步劣化而击穿接地，断路器综合保护“过电流 I 段”保护动作（未达到斗轮机 6kV 电源 FC 断路器零序保护动作时限），斗轮机跳闸。

3. TV 一次熔断器熔断的原因

由于斗轮机 6kV 电源电缆较长，在第二次跳闸即 22 时 42 分斗轮机 6kV 电源扁电缆 A 相绝缘击穿导致其 6kV 断路器跳闸时，造成了因主厂房 6kV 工作ⅢA 母线 TV 非线性电感与电缆对地电容匹配而产生了铁磁谐振过电压，从而导致了 6kV 工作ⅢA 母线 TV 一次熔断器两相熔断。6kV 母线电压出现了振荡过程，波形如图 4-60 所示。

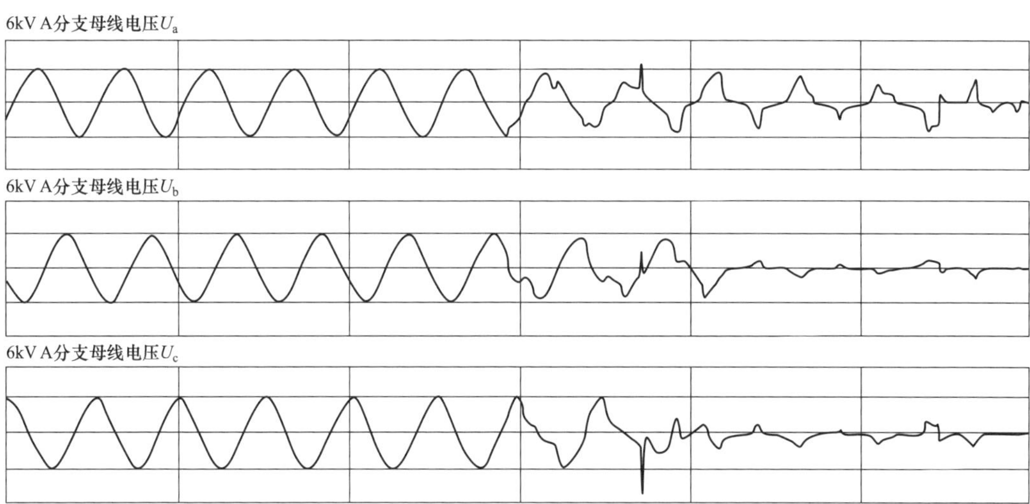

图 4-60　22 时 42 分 6kV 工作ⅢA 母线铁磁谐振过程录波

四、防范措施

1. 加强运行中的巡检

临时恢复斗轮机运行期间，运行人员每次启动斗轮机运行前，应检查东西两侧新增加的临时限位止挡装置完好。同时，在行走斗轮机时，应采取慢速行走方式。

爱护斗轮机区域尤其是地面上斗轮机电源 6kV 高压扁电缆、控制扁电缆，做好巡视、检查工作。增加警示标识。

杜绝电焊火花溅落到电缆上，并防止铁锹及钎子等金属物件碰伤电缆等损害电缆现象的再次发生。

2. 增加限位止挡装置

每天检查新增加的临时限位止挡装置是否完好。在恢复斗轮机正常运行时，拆除临时限位止挡，调整原限位断路器动作正常。

3. 更换电缆

斗轮机 6kV 电源扁电缆的外绝缘受伤情况共 5 处，均已初步完成了包扎处理。

紧急订购斗轮机 6kV 高压电源扁电缆，到货后及时更换，恢复斗轮机的正常运行。于 12 月 17 日已提报扁电缆 100m 的急需计划。由于对该特种扁电缆的要求较高，已要求供货商必须具有硅橡胶电缆生产资质。

4. TV 中性点增加非线性电阻

利用检修机会，在母线 TV 中性点增加一个非线性电阻限流，消除谐振过电压，以避免 TV 熔断器熔断。

第 20 节　变电站母线 TV 二次电压异常与保护告警

一、故障现象

某年 1 月 6 日 15 时 50～53 分，220kV QIY 变电站 110kV Ⅰ母上所带线路间隔发测控装置异常，保护装置异常信号，2 号主变压器 A 套保护装置中压侧电压异常信号，而且装置出现频繁动作与返回现象。

1 月 17 日至 18 日，又出现两次如上异常情况。其中 17 日 U_a 波形畸变持续时间 20ms，18 日 U_a 波形畸变持续时间较长，大约有 9s。

1 月 24 日 12 时 40 分，110kV Ⅰ段母线所带间隔再次出现 TV 断线异常报警信号，持续时间约为 1.5s。

二、检查过程

在现场进行了 110kV Ⅰ母线 TV 本体装置的外观检查与红外测温检查，结果均正常。

为了确认运行方式是否对装置故障报警有影响，于 24 日 11 时 22 分进行了倒闸操作，操作合上母联断路器 100，拉开 2 号主变压器中压侧断路器 102。操作过程与报警信息如下：

1. 倒闸操作前运行方式与报警

110kV Ⅰ母线所带元件：线路 110、线路 120、线路 121、线路 119、线路 117、线路 118、线路 114、线路 111、2 号主变压器中压侧 102。其余设备挂在Ⅱ母，110kV 母联断路器 100 在分列状态。系统结构见图 4-61。

110kV Ⅰ母线上所带元件状况：间隔 110 所带线路对侧为造纸厂，负荷较大，谐波较大；间隔 111 所带线路对侧为电厂，谐波较大；间隔 118、119 所带线路对侧为电气化铁路，处在热备用；其余线路对侧为负荷站，谐波很小。

2. 倒闸操作后运行方式与报警

倒闸操作后运行方式：110kV Ⅰ母线所带元件有线路 110、线路 120、线路 121、线路 119，线路 117、线路 118、线路 114、线路 111。其余挂在Ⅱ母，110kV 母联在并列状态。1 月 24 日，倒闸操作后又出现过 TV 断线异常报警，可见，运行方式的变化没有改变故障报警现象的发生。

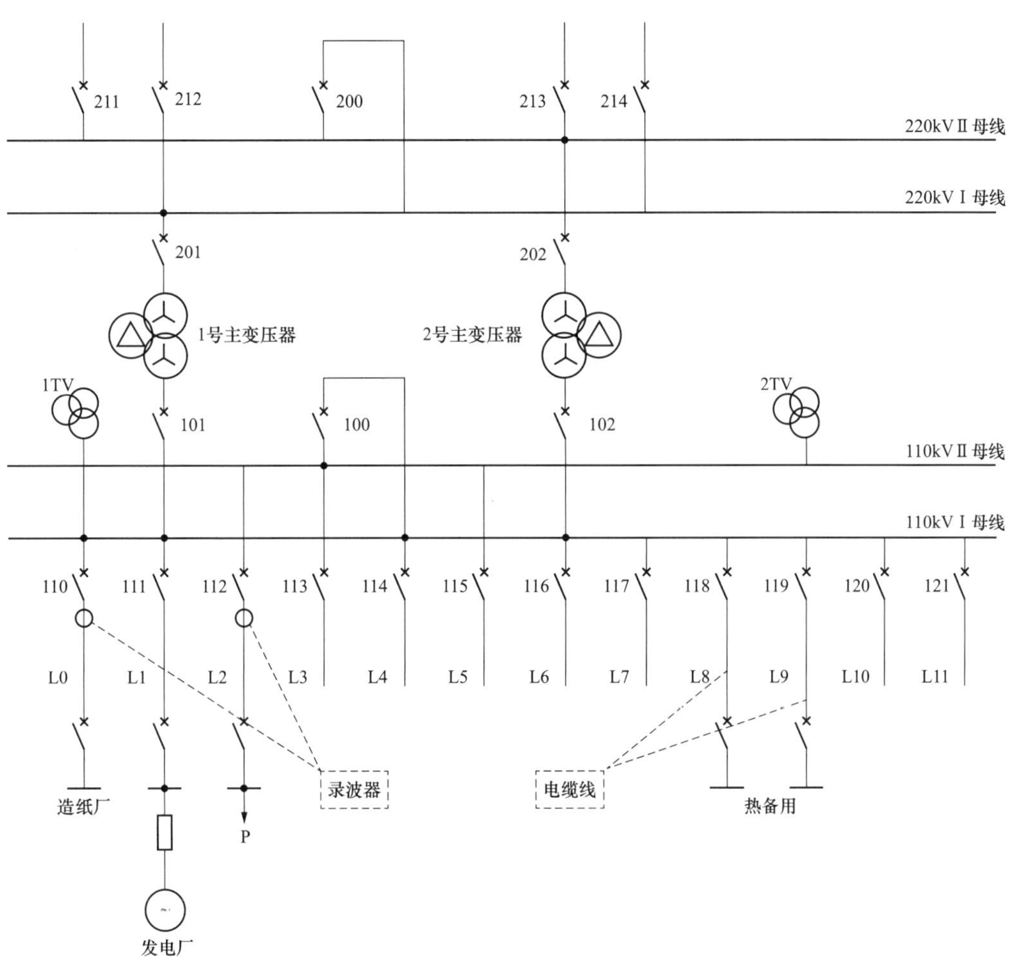

图 4-61　变电站系统接线图

3. 故障录波检查

在变电站主站调取故障录波器文件，进行了故障录波状况的检查，录波图形如下。

（1）1 月 6 日 15 时 50 分时的录波图形见图 4-62。

（2）1 月 6 日 15 时 53 分故障时的录波图形见图 4-63。

（3）1 月 17 日 10 时 40 分故障时的录波图形见图 4-64。

（4）1 月 18 日之后的故障。1 月 18 日 16 时 05 分以及 1 月 24 日 12 时 40 分，分别再次出现故障，其录波图形类似于图 4-63。

1 月 27 日 10 时 34 分又出现故障，其录波图形类似于图 4-62。

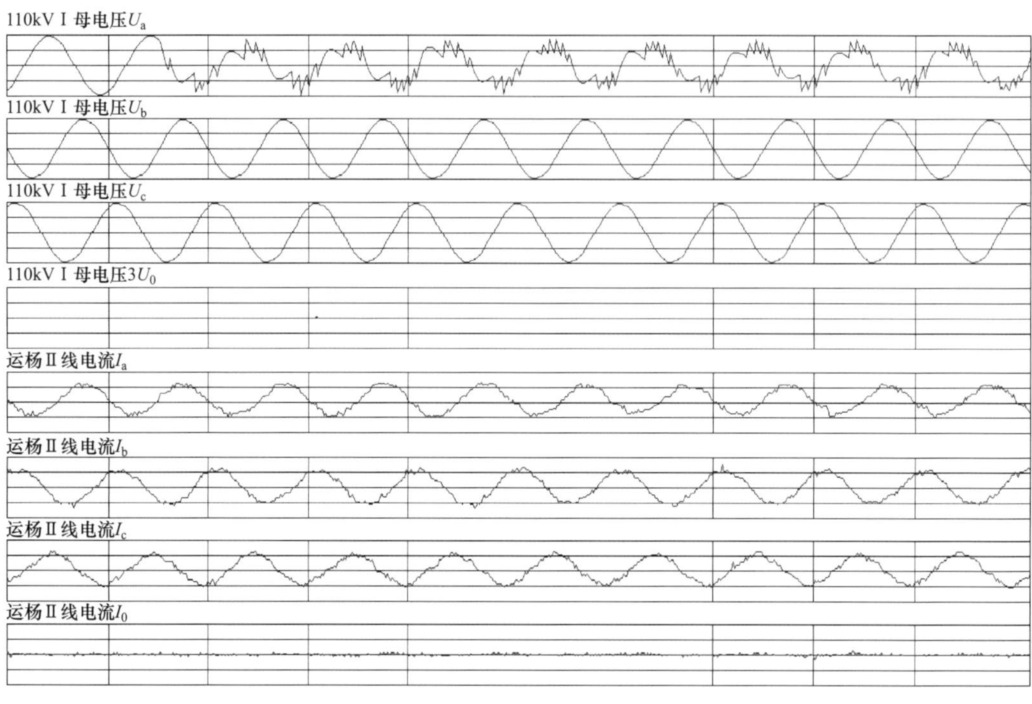

图 4-62　1 月 6 日 15 时 50 分故障时的录波图形

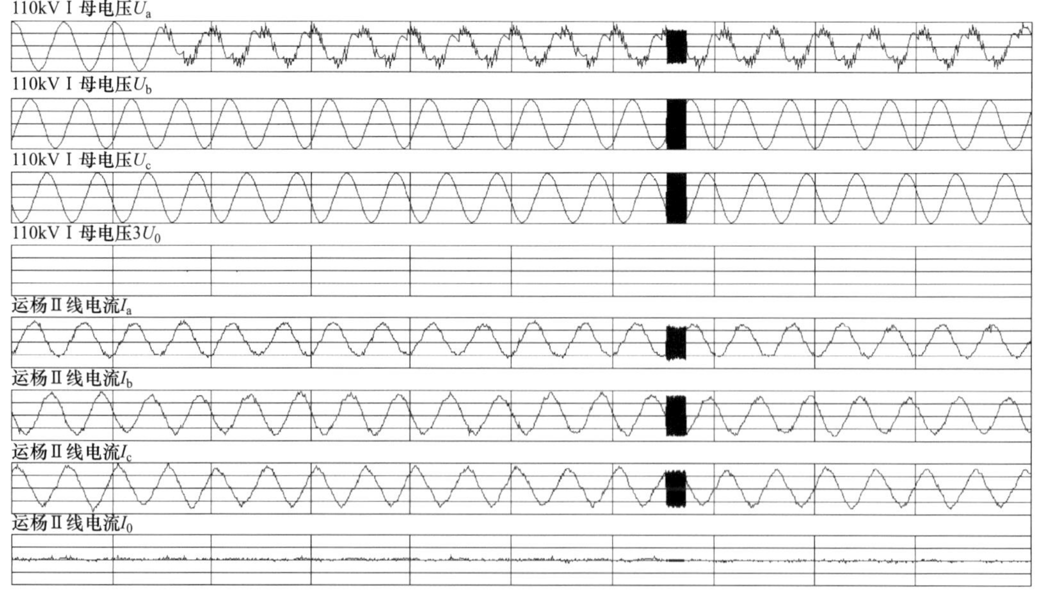

图 4-63　1 月 6 日 15 时 53 分故障时的录波图形

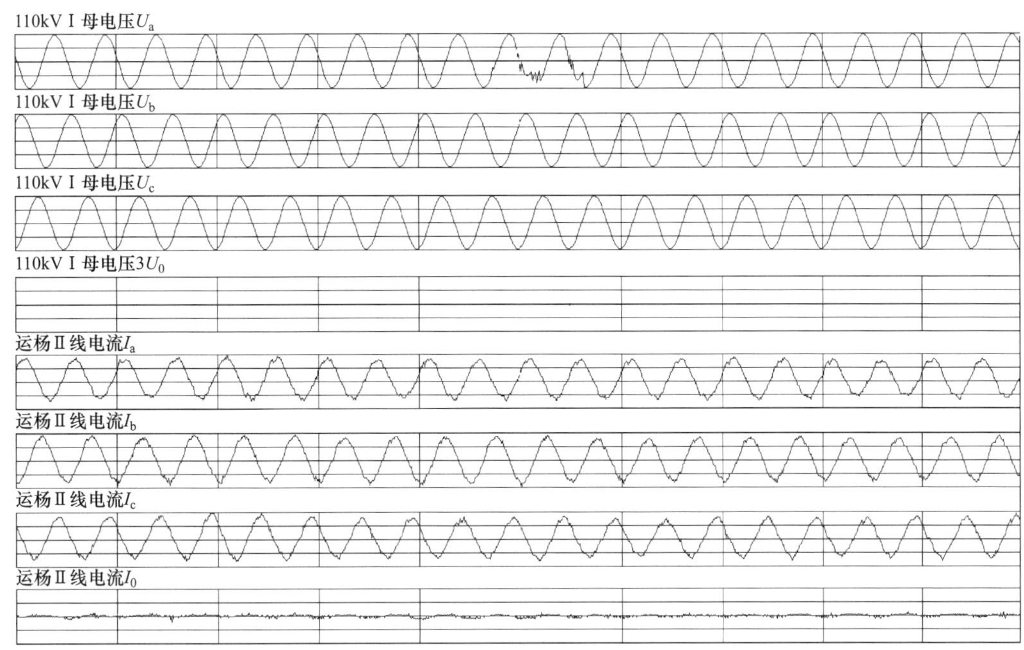

图 4-64　1 月 17 日 10 时 40 分故障时的录波图形

三、原因分析

根据故障录波器文件信息可以断定，110kV A 相电压波形异常是引起多个 110kV 间隔 TV 报警的直接原因。根据运行人员巡视检查情况，对引起电压波形异常报警的初步原因分析如下：

1. 电压波动不是谐波引起的

对于 110kV 系统在 1 月 24 日倒闸操作之后又出现了Ⅰ母线 TV 报警的问题，Ⅱ母线 TV 则没有报警。此时Ⅰ母线与Ⅱ母线并列运行，如果是谐波引起的则Ⅱ母线 TV 也必定报警。

对于线路低负荷时的电流波形毛刺较多而且幅值有限的状况，可以确定是干扰问题引起的，属于抗干扰的范畴。

因为负荷站谐波较小，可以判断电压波动由负荷站引起的可能性可以排除。

间隔 111 断路器所带线路对侧为发电厂，谐波较大，但是电流录波图形的整体都是有规律的毛刺正弦波，引起电压在波峰时出现畸变的概率不大。

还有备用间隔的问题。虽然电气化铁路在机车经过时引起的谐波问题是不可避免的，但是，间隔 119 断路器所带线路在热备用状态，所以电压波动的起因与电气化铁路的供电线路——119 线路无关。同样，间隔 118 断路器所带线路也在热备用状态，因此，电压的波动也与 118 所带的线路 A 相 TV 是否存在故障无关。

2. 电压波动不是 110kV Ⅰ母线 A 相 TV 高压系统以及内部绕组故障引起的

也是 110kV 系统在 1 月 24 日倒闸操作之后，此时Ⅰ母线与Ⅱ母线并列运行，如果是 A 相 TV 高压系统以及内部绕组的原因引起的，则同样Ⅱ母线 TV 也必定报警。

再拿Ⅰ母线 TV 二次零序电压 $3U_0$ 来说，根据录波图形可知，在故障报警时Ⅰ母线 TV 二次零序电压 $3U_0$ 基本上是 0，如果是一次系统关联的设备的故障，则二次零序电压 $3U_0$ 的波形不可能是一条直线。

因此可以断定，Ⅰ母线 TV 报警的问题不可能是 110kV Ⅰ母线 A 相 TV 高压系统以及内部绕组故障的原因。

3. 是 A 相 TV 低压绕组以及二次回路公共部分的问题

Ⅰ母线 TV 的二次侧，涵盖保护装置、控制装置、故障录波装置的公共部分，由于接线的接触不良或对地绝缘的损坏等问题，使得出现间歇性的拉弧现象，导致了电压波形的畸变。

四、防范措施

1. 加强巡检

再次出现该异常情况时，迅速派人进行现场检查。重点检查 110kV Ⅰ母线 TV 设备和 TV 二次回路。

（1）一次设备检查，确认外观有无异常，如有无放电、异声、油位高低，如有必要进行跟踪红外测温。

（2）二次设备检查，确认 TV 端子箱至电压并列装置间的二次接线回路的完好性，重点检查有无接线松动；在 TV 端子箱内二次接线进行红外测温。

2. 进行停电处理

当 110kV Ⅰ母 TV 一次设备再次出现故障时，建议合上 100 母联断路器，同时由Ⅱ母 TV 为 110kV 间隔向Ⅰ母 TV 提供二次电压，退出Ⅰ母 TV 设备。

3. 对 1TV 进行全面检查与试验

停电后对一次设备进行试验检查，例如绝缘与耐压试验、变比试验、角差比差试验等。当确认 TV 已经损坏时，更换之。

4. 屏蔽接地与抗干扰问题

从故障录波图中不难看出，电流通道的数值在毫安级的范围以内时，其波形的锯齿与毛刺非常明显，这是干扰信号作用的结果。如果这些信号对于计量、保护等没有造成不良的影响，则干扰的作用可以忽略不计。但是，为了减小其影响，可以采取所谓的屏蔽措施。事实证明，良好的接地与屏蔽对于抗干扰问题具有良好的效果。

5. 接地网与屏蔽接地

为了提高屏蔽接地的效果，必须保证接地网的健康水平。因此定期地进行开挖检查与接地电阻的测试是非常重要的。

后来，将 110kV Ⅰ母 TV 一、二次设备停电处理后，问题得到彻底解决。

第 5 章

线路保护的故障处理

一、输电线路保护的配置

输电线路保护的基本配置有：

（1）瞬时电流速断保护；

（2）带时限的电流速断保护；

（3）定时限过电流保护；

（4）反时限过电流保护；

（5）过电压保护；

（6）电流闭锁电压速断保护；

（7）相间方向过电流保护；

（8）零序过电流保护；

（9）零序电流速断保护；

（10）零序方向过电流保护；

（11）距离保护；

（12）闭锁式纵联方向保护（高频闭锁方向保护）；

（13）闭锁式纵联距离保护（高频闭锁距离保护）；

（14）光纤纵联电流差动保护；

（15）高频相差保护；

（16）超范围与欠范围的纵联保护

（17）双回线的横向电流差动保护；

（18）远方跳闸保护；

（19）低压线路的三相一次重合闸；

（20）高压线路的综合重合闸。

二、线路保护故障的特点

电网中的输电线路连接了众多的发电厂与变电站，由于经过的地域广阔，覆盖的范围广大，所以输电线路最容易受到外部自然环境（例如狂风、雷电）以及人为因素的影响而发生故障。因为线路上频繁的故障才使线路保护得到了迅速的发展，才使线路保护比其他保护设计得更完善、管理得更规范，最近比较成熟的微机型线路保护的系列化产品已经进入了市场。但是，线路保护所出现的故障概率仍然偏高，保护的误动、拒动以及误操作等事故依然比较突出，应该引起专业人员以及管理工作者的高度重视。

统计资料表明，当线路出现的故障越多，保护动作的越频繁时，保护故障的概率也越高，重合闸起到了一些弥补作用，同样故障录波器的应用对帮助故障的分析及采取措施带来了极大的方便条件，事故处理时应该充分利用故障录波信息。

高频通道作为线路保护的组成部分，有若干的问题值得分析与研究。

第 1 节　线路保护采样值飘移导致的误动作

一、故障现象

YIX 变电站 10kV 线路装设的保护，是配合远方监控跳闸以及监控合闸功能形成测控一体化的微机继电保护装置。该保护在试验及投入试运行期间曾经出现过以下问题：

1. 线路跳闸无信号

断路器于某年 6 月 3 日 10 时 30 分跳闸，跳闸后检查没有发现任何启动指示信息，作为保护的出口跳闸指示环节，指示灯没有亮。

2. 采样值出现偏差

保护装置运行一段时间后，其采样的数值与输入的电流、电压值差别较大，将装置复位后则显示数值恢复正常，但是再过一段时间又存在较大的偏差，明显地表现为一种积累的误差。

3. 线路保护送直流时误动作

10kV 线路保护在送直流电源时曾出现过误动作的问题。

4. 冲击试验时出现死机的问题

在进行保护的冲击试验时输入 10 倍的额定电流值。保护曾经出现死机现象，死机的概率为 5%。

针对以上能够引起跳闸的问题，进行了严格的检查，并从硬件、软件上采取了不同的措施后，使保护的运行转入了正常。

二、检查过程

1. 保护的原理与应用

（1）保护的基本构成。保护的逻辑电路见图 5-1，保护的功能与技术参数如下。

线路保护由速断、方向过电流、重合闸三部分组成，装置的跳、合闸输出经过屏上的面板来控制投切。10kV 线路的重合闸是按三相一次重合的方式设计的，启动的条件有两个：一是保护动作输出，二是断路器跳开，断路器辅助触点闭合。

重合闸具有以下功能：当线路故障断路器跳开后进行一次重合，如是瞬时性故障则重合成功，若是永久性故障则加速跳闸，不再重合；手动合闸于故障线路时能加速跳开，不进行重合；手动跳闸时不进行重合。

速断整定范围：0.5～50A；级差 0.5，误差＜±5%。

过电流整定范围：0.2～20A；级差 0.1，误差＜±5%。

过流延时整定范围：0.1～2s；　级差 0.1s，误差＜±5%。

速断动作时间：1.2 倍定值时，小于 30ms。

返回系数：0.9～0.95。

重合闸延时：0.1～2.0s；级差 0.1s，误差＜±5%。

一次重合闸脉冲宽度：200ms，±5%。

后加速记忆时间：1.0s，±5%。

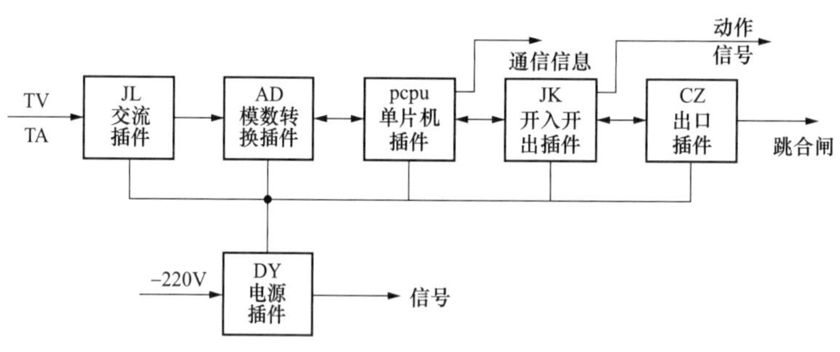

图 5-1　保护的逻辑电路图

（2）保护电路的抗干扰措施。为了防止保护误动，提高抗干扰能力，微机保护采取了一系列的措施：

保护的交流、电流电压输入回路，直流控制电压输入回路，保护电流输入回路都设置有抗干扰端子，对外部操作及短路瞬间的干扰具有强有力的抵制作用。

交流电流、电压变换器一、二次之间设有屏蔽层并接地，对干扰信号的传变起了很好的隔离作用。在交流电流、电压变换器的二次侧设有一级低通滤波电路，以阻止高次谐波的通过。

（3）保护的软件流程。保护的软件流程见图 5-2，同样是为了保护的可靠性，程序中也采取了抗干扰的措施。

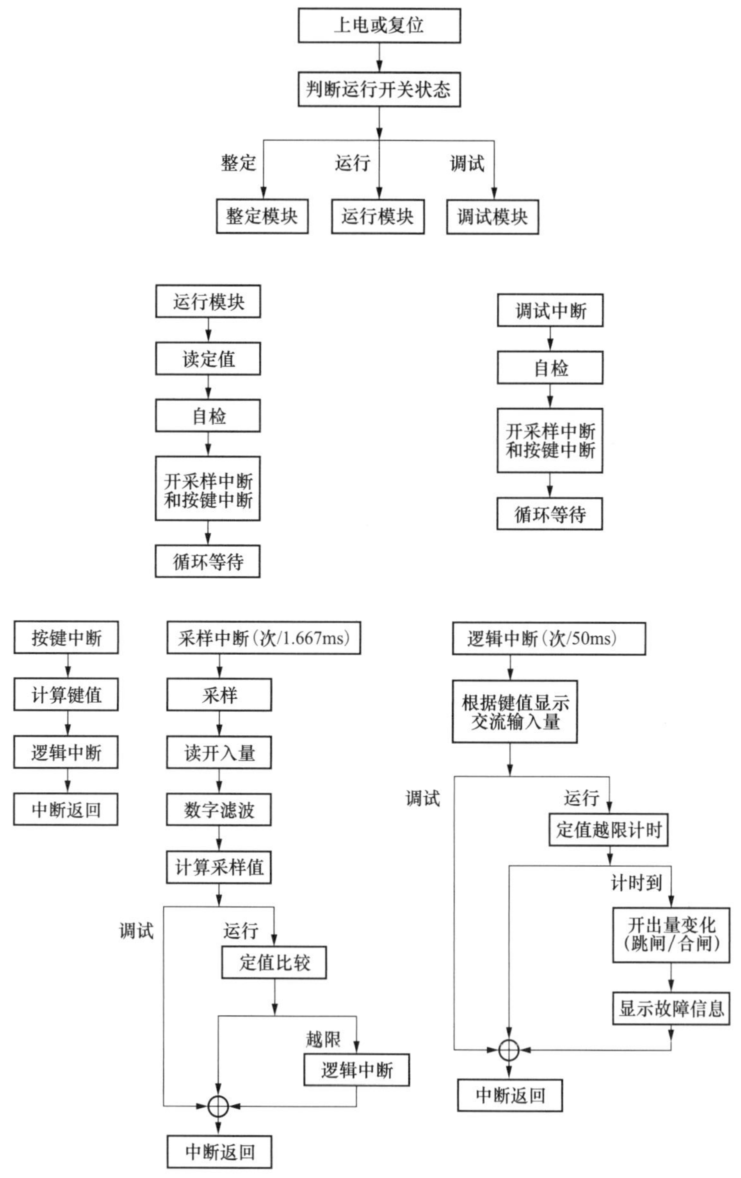

图 5-2 保护的软件流程图

（4）CPU 插件的构成。CPU 插件的构成见图 5-3。保护的数模转换计算和逻辑运算全部由它来完成，其中 U1 为单片机，内部包含随机存储器 RAM，一个串行口，三个软件定时器，一个 4 通道 A/D 转换器。U3 为一片 EPROM，用于存储保护的程序。U4 为 EEPROM，用来存放整定值。U5 为键盘和显示器的管理芯片。U1 的高速输出口与并行口 U7 连接，译码后推动出口段的出口继电器，还通过并行口将开入量的信息引入。通信工作靠 U1 直接完成或经串行口 U1 完成。

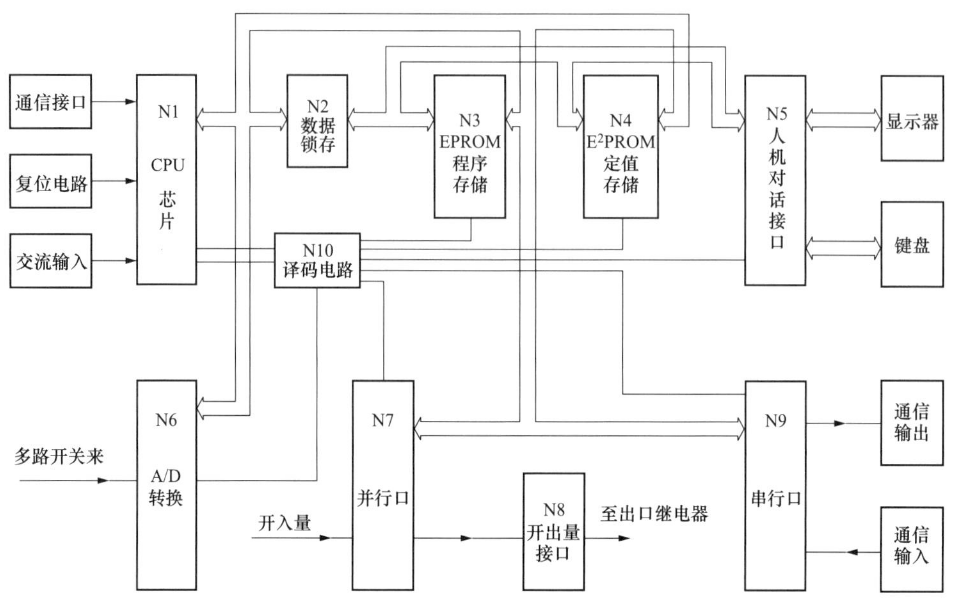

图 5-3 保护的 CPU 插件的构成图

2. 现场的检查

线路断路器启动跳闸的条件：断路器的偷跳、保护的动作、人为因素的操作、寄生逻辑的存在导致的设备输出短脉冲、断路器虽跳闸但是无信号输出。

为了分析断路器误动的原因，在 YIX 变电站将 10kV 线路断路器停电后进行了检查。

（1）变电站直流电源的测试。直流电压 220V，交流成分满足要求，波形良好。

（2）保护的整组试验。对保护进行了整组试验，按 1.05I_N 分别作电流速断与过电流的静态试验，其动作逻辑正常。

速断保护的动作时间为 29ms。

（3）跳闸回路的绝缘检查。用 500V 绝缘电阻表分别对远动跳闸触点及保护的跳闸触点进行了测试，均大于 500MΩ。结果正常。

（4）远动分闸继电器 KF 动作时间测试。KF 动作跳闸的延时范围比较宽，在 10～30ms 之间。

（5）断路器跳闸电流测试。断路器跳闸线圈 R=88Ω，断路器跳闸电流 I=U/R=220V/88Ω=2.5A。

（6）关于抗干扰措施的检查。对保护的交流、直流输入及开关量输入检查结果表明，设备已经采取了抗干扰措施，满足“反措”的要求。

远动设备须向生产厂家了解情况，由制造厂家其性能指标与现场的问题处理措施。

三、原因分析

根据上述检查测试的结果可知，保护与远动的静态特性正常无误，断路器运行中的误动跳闸可能的原因是设备的动态特性差或其他原因。

针对保护所暴露的问题，做如下分析：

1. 采样值出现偏差的问题

保护装置采样值的偏差表现为一种积累的误差。由于保护装置的电流回路中采用了变流器，电压回路中采用了变压器，如此将电流、电压信号进行二次变换后才送到微机的采样环节中。经变换的电流、电压中存在的三次谐波与基波一样参与了采样计算，充当了正常的参数，并没在电路上得到有效的抑制，为此在软件上加了三次谐波的滤波程序，再投入运行，其积累的误差全部消失。

2. 线路保护误动的问题

也是由于上述三次谐波的原因，使保护的测量值表现为正误差，误差积累的时间长了，则表现为保护的误动作。当时线路保护整定在 6A，保护输入 5A 达到 26h 左右，就会误动作。

软件中加入三次谐波滤波程序以后，积累误差消失，保护误动的问题也不再存在了。

3. 线路保护送直流电源时误动作的问题

由于保护送电时，装置中电容的影响，使得送电后，电压的建立表现为电容充电的过程，充电时间约 1.2s，在 0～1.2s 以内，尤其是电压才开始建立的时刻，各芯片间电压的不正常，表现的数字状态也不正常，如此混乱的结果导致了保护的误动作。

将上电复位的电容由 1μF 改为 4mF，使保护在上电时投入的时间推迟，则误动的问题便解决了。

保护上电时充电的等值电路见图 5-4。保护上电时的充电特性曲线见图 5-5。

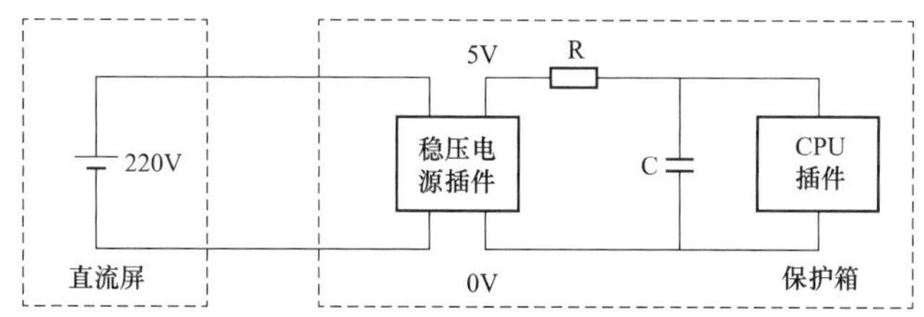

图 5-4　保护上电时的充电的等值电路

R—等值电阻；C—等值电容

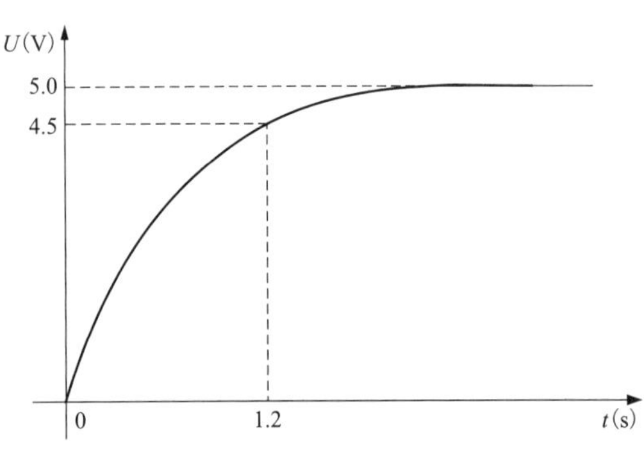

图 5-5　保护上电时的充电特性曲线

4. 保护冲击试验时的“死机”的问题

冲击试验时的“死机”问题，是由于冲击电流产生的电磁干扰信号作用于保护的执行电路而导致的。将其保护插件排列顺序改变后，问题得到解决。

四、防范措施

1. 增加信号继电器

为了能够分清断路器再次误动跳闸的问题，建议在保护的跳闸回路及远动的分闸回路中分别串接电流型的信号继电器，当断路器跳闸后启动记录其动作信息，见图 5-6。

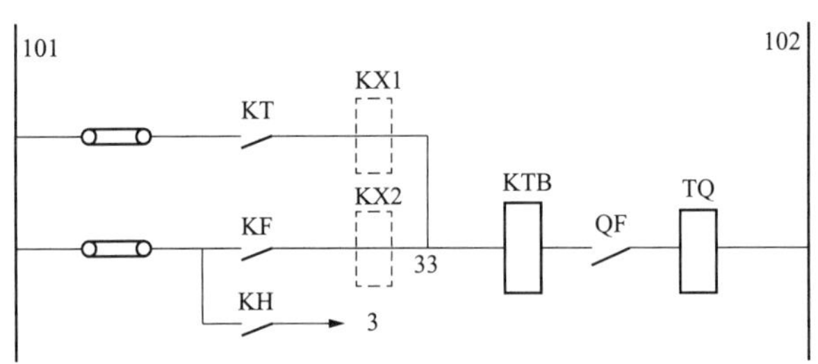

图 5-6　外加信号继电器的位置

KT—保护跳闸继电器；KF—监控跳闸继电器；KH—监控合闸继电器；KX1、KX2—外加信号继电器

外加的 KX 信号继电器应考虑其复归问题：若能实现远方复归，则人为的因素是否可以记录？若可以记录，则此方案是较为理想的。并且要求 KT 的动作功率不小于 2W，KX 的动作时间小于等于 4ms。

若远方不能复归，则每次操作后须到现场复归信号，否则 KX 等于没加，比较麻烦。

最后一次动作证实是 KT 发出的，保护的温度特性变坏，其采样值随着时间的增加而缓慢上升，当此值超过保护的整定时保护动作于断路器跳闸。

2. 更换元器件

更换采样保持元件。将跳闸出口继电器的动作功率提高到 5W。

第 2 节　110kV 线路故障时负荷侧保护的动作行为

一、故障现象

某年 2 月 15 日，110kV 线路发生 B 相单相接地故障时，作为线路负荷接受端的

LFP941 保护显示距离Ⅰ段动作，断路器跳闸。

根据录波显示可知，线路流过的为三相数值相等（幅值 1A）、相位相同的电流，可以判定为零序电流；故障距离 3km。问题是负荷端所连接的唯一的 110kV 启动备用变压器中性点的接地开关在断开位置，零序电流从何处来；距离Ⅰ段保护为何动作。有两方面问题是值得分析的。

1. 负荷侧短路电流的来源问题

在启动备用变压器中性点不接地的情况下，线路接地故障时负荷侧不存在零序电流。因此，负荷侧短路电流的来源问题是值得分析的。

2. 距离保护的动作正确性问题

即便是启动备用变压器中性点接地运行的情况下，线路故障时，负荷侧出现的电流是零序电流，此时零序方向保护动作是正确的；但是，线路负荷侧距离保护动作的正确性，需要作出定性的分析与评价。

二、检查过程

根据 110kV 启动备用变压器中性点接地的情况下，线路故障负荷端零序方向保护动作正确的思路，进行了如下检查工作：

1. 启动备用变压器中性点的对地绝缘情况检查

启动备用变压器中性点的对地绝缘状况良好，但放电间隙的放电痕迹明显，放电杆被烧毁。

2. 保护报文的正确性检查

保护报文的结果是零序Ⅰ段保护没有动作，负荷侧距离保护Ⅰ段动作。

3. 线路 TA 极性的正确性检查

检查线路保护 TA 的极性标示见图 5-7，结果正确。

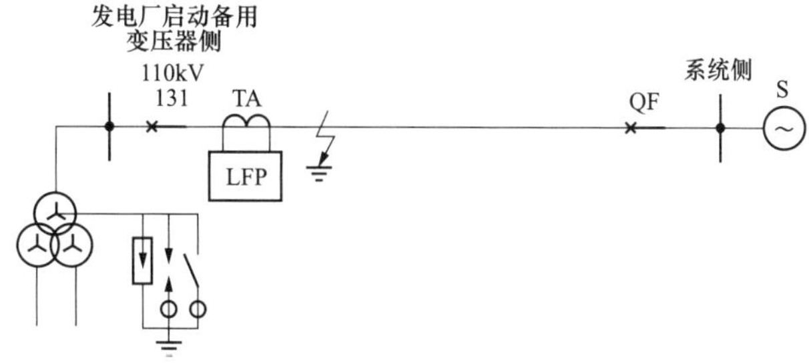

图 5-7　发电厂启动备用变压器侧供电系统结构图

三、原因分析

根据上述的检查结果，进行如下分析：

1. 启动备用变压器中性点放电间隙被击穿为线路保护提供了启动电流

虽然启动备用变压器的中性点没有接地运行，但是，当线路上发生单相接地故障时，启动备用变压器中性点的电位升高，故障越靠近启动备用变压器的中性点，则电位升的越高，中性点放电间隙越容易被击穿。

当中性点的放电间隙被击穿后，线路会有零序电流流过。正如故障现象中所描述的，线路接地故障时负荷侧的每一相电流为 1A，三相的相位相同，这就是理论上的零序电流。正是这个电流为线路保护的动作提供了启动的电气量。负荷侧短路电流的来源就在于此。

2. 线路电源侧保护Ⅰ段没有动作

作为线路电源侧零序与距离保护Ⅰ段没有动作，故障点属于Ⅱ段范围内，给负荷侧保护动作并且出口预留了充足的时间。

3. 负荷侧零序保护Ⅰ段没有动作

负荷侧的每一相电流为 1A，则零序电流 $3I_0$=3A，不足以启动保护。如果零序保护动作，其出口时间会更快，用不了 36ms。

4. 负荷侧距离保护的动作行为

零序电流启动距离保护属于比较典型的问题，在教材上都有详细的分析与描述，或许传统意义上单相接地故障的距离保护就属于零序电流启动的，但此地乃线路发生单相接地故障时负荷侧距离保护的动作行为问题，是比较少见的。

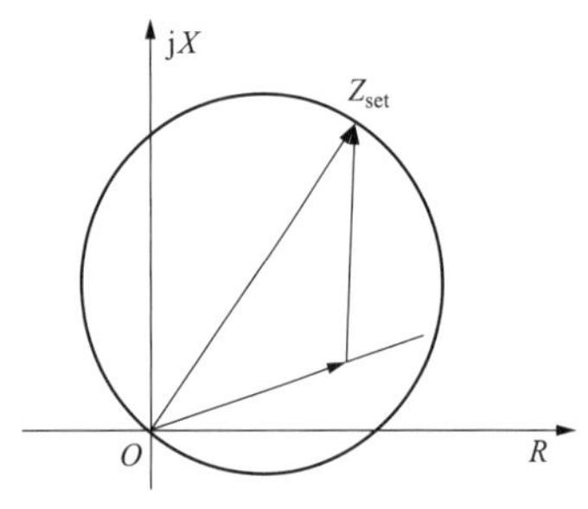

图 5-8　距离保护动作区特性图

距离保护的动作方程：$ax+by=cz$。

距离保护动作区见图 5-8。

由距离保护的原理可知，在线路零序电流的驱动下，负荷侧距离保护的测量结果也已经进入了动作区，因此负荷侧距离保护的动作行为属于正确动作。

四、防范措施

1. 解决放电间隙被击穿放电杆被烧毁的问题

“放电间隙”被击穿应在情理之中，但是放电杆被烧毁是不正常的，必须按照要求安装“放电间隙”，以避免类似问题的再次发生。

2. 改变启动备用变压器中性点的接地开关运行方式

从原理上讲，改变运行方式，将 110kV 启动备用变压器中性点的接地开关合上，也可以避免类似问题。

3. 解决零序电流Ⅰ段保护没有动作的问题

零序电流Ⅰ段保护的定值高于故障时的电流不会动作。

作为负荷侧保护，动作与否对设备的影响不大，但要快速切除故障作为零序方向高频保护动作的灵敏度应该高于距离保护，因此可以考虑纵联零序保护，问题即可得到解决。

第 3 节　线路故障横差保护拒动引发的电气复故障

东城变电站 110kV L1、2 号线路是同塔双回架设的，某年 3 月 12 日由线路接地短路未及时切除而引发的电气复故障。论述了故障线路、220kV 变压器相关保护的动作逻辑，以及断路器跳闸的原因。从而对微机保护、常规保护的动作过程有更深刻的了解。

一、故障现象

220kV 东城变电站，110kV 侧 L1、L2 线路是同塔双回架设的，3 月 12 日 9 时 24 分，L1 线路距离三段 3.5s 出口跳闸；1 号主变压器 110kV 侧后备过电流动作 4.3s 跳 110kV 母联 100 断路器，4.7s 跳 1 号主变压器 110kV 侧 101 断路器。变电站 110kV Ⅰ 母线全停。L1 线路零序保护未动作出口，110kV 双回线横差保护未动作。系统结构见图 5-9。

保护配置情况：L1 线路配 PJH-11D 型距离保护；L2 线路配 WXB-11C 型微机保护；L1、L2 线路配接地横差保护，相间横差保护。

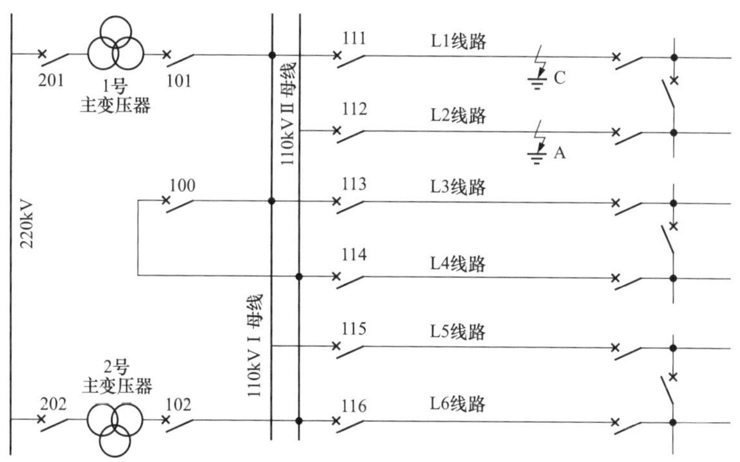

图 5-9　系统结构与故障点的位置

二、检查过程

110kV L2 线路：计时 0s 发生 C 相单相接地故障，250ms 后故障转换为 AC 相间接地故障，1280ms 后转换为 ABC 三相接地故障；3300ms 故障切除。

110kV L1 线路：在 L2 线路 C 相发生故障后 1300ms L1 线路 A 相接地故障；1600ms

转换为 AB 相间故障；2370ms 转换为 ABC 三相故障；4890ms 故障切除。

1 号主变压器 110kV 侧：检测到先发生 C 相单相接地故障，250ms 后故障转换为 AC 相间故障，1280ms 后转换为 ABC 三相接地故障，4890ms 故障切除。

保护动作过程为，L2 线路 C 相接地后没有跳闸，故障没有切除，L1 线路发生了 A 相接地故障；L1 线路 3.5s 跳闸后主变压器保护没有返回；L1 线路切除后，又表现为 L2 线路故障继续，故主变压器保护越级动作。故障发生与发展以及保护动作变位的时序见图 5-10。

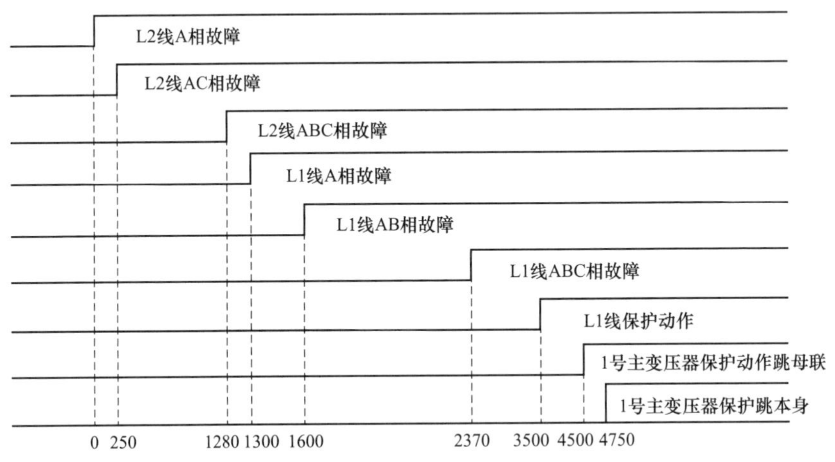

图 5-10 故障的发生与保护动作变位的时序示意图

三、原因分析

110kV L2 线路发生 C 相单相接地故障，其双回线横差保护拒绝动作，导致了事故的扩大，发展为几处的三相接地故障，分析如下：

1. 110kV L1～L2 线路双回线常规横差保护因接线错误而拒绝动作

110kV L1、L2 双回线常规横差保护原理接线见图 5-11，图中 KA0 为零序电流继电器，KV0 为零序电压继电器，KD0 为零序方向继电器。故障发生后保护不动作的原因：

（1）由于接线错误接地故障横差保护没有动作。启动回路受 KV0 继电器动合触点和 KA0 继电器动合触点串联控制，检查发现 KV0 继电器动合触点与动断触点使用反了，将 KV0 继电器的动断触点错误的接入了零序横差回路中，当接地故障时 KA0 动作，KV0 继电器动断触点打开，断开了零序横差的启动回路，因此接地故障时横差不动作。

（2）由于触点接触不良相间短路时横差保护没有动作。由于 KV0 继电器动断与动合触点用反，相间故障时 KV0 继电器不动作，启动相间横差只有依靠并接在 KV0 继电器动合触点上的 KA0 继电器动断触点来启动，KA0 继电器是 1979 年的产品，由于 KA0

继电器老化动断触点氧化膜过大，触点压力不足，接触不良，相间故障时相间横差保护无法启动，相间横差未能出口。

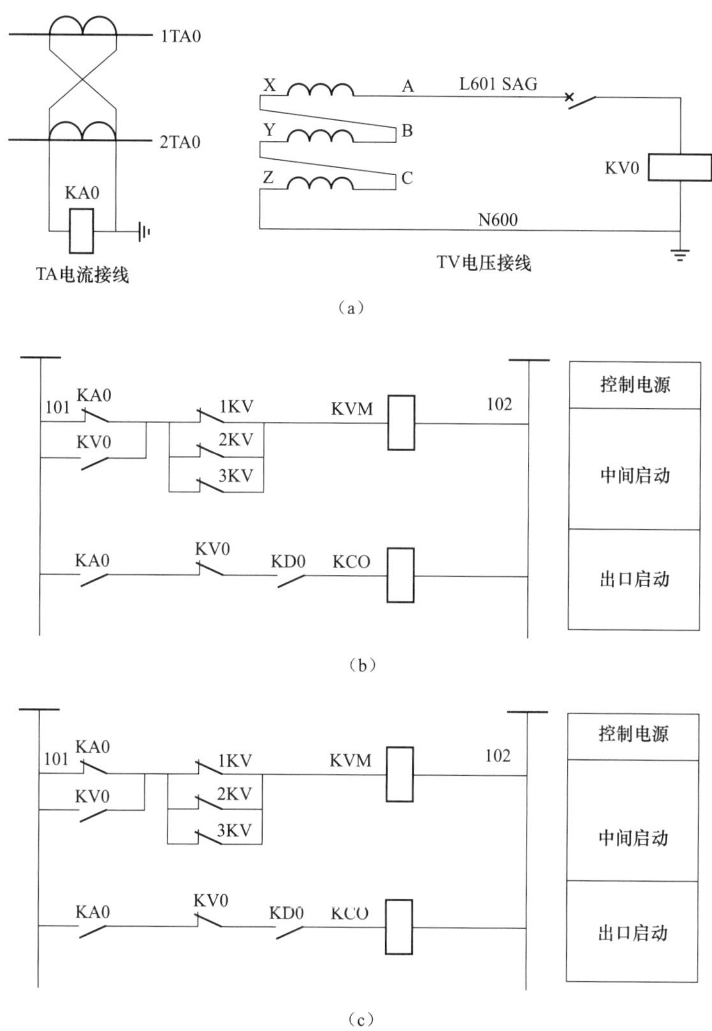

图 5-11　横差保护原理接线图

（a）零序电流电压接线回路；（b）出口继电器逻辑错误接线；（c）出口继电器逻辑正确接线

2. L2 线路 WXB-11C 型微机保护动作正常

故障发生后，L2 线路 WXB-11C 型微机保护不动作属于正常，原因如下：

故障电流未达到零序一段定值 68A，零序一段不动作。

零序电流达到了二段定值，但时间未到零序二段时间 0.8s，零序电流持续时间只有 0.25s，故零序二段不动作，零序三、四段时间 1.5s，故零序各段均不动作。

WXB-11C 型保护，当发生转换性故障后，距离保护受振荡闭锁控制，进入振荡闭锁程序中，振荡距离一段可以开放，距离二段不开放。故障阻抗不在一段范围内，因此距离一段不动作。二段开放 3500ms 动作。

故障时间未达到距离三段动作时间 3500ms，距离三段不动作。（相间故障持续时间 3050ms）

3. L1 线路 PJH-11D 型距离保护动作正常

故障发生后，L1 线路 PJH-11D 型距离保护动作正常。

故障电流未达到零序一段定值，零序一段不动作。接地时间未到零序二段时间 0.8s，三、四段时间 1.5s，故零序各段均不动作。

距离一、二段受振荡闭锁，转换型故障进入振荡闭锁逻辑中，距离二段未出口。

故障阻抗及时间达到距离三段动作定值，距离三段动作。

4. 1 号主变压器 110kV 后备过电流越级动作

当 110kV L2 线路发生单相故障时，1 号主变压器 110kV 侧后备过电流保护同时启动。由于 110kV L1～L2 双回线路横差保护未动作。L1 线路距离保护一、二段未动作；L2 线路距离保护一、二段未动作，故障越级，故 1 号主变压器 110kV 侧后备过电流动作 4.3s 切 110kV 母联，4.7s 切 1 号主变压器 110kV 侧主断路器。

四、防范措施

从以上的分析可以看出，由于误接线和继电器触点氧化，导致双回线横差保护拒动；由于 110kV L2 线路发生转换性故障，导致 WXB-11C 型微机保护在故障时间内拒动。从而使主变压器 110kV 侧越级跳闸。

1. 加强保护触点的清理工作

在进行保护的检修时，按照规程的规定，应用柳木条进行触点的清理，保证触点接触的可靠性。

2. 提高老线路的绝缘水平

该线路运行已经有 30 年，应重视其改造工作，提高线路的绝缘水平，以减少接地故障的发生，并减少单相接地引发的相间复故障的概率。

其指导思想是，能够用一次手段解决的问题，就不要用二次来完成。况且，二次采取的措施并不能包罗万象。

3. 压缩保护配合时间的级差

将各段保护配合时间的级差压缩，由 0.5s 改为 0.3s，如此的逻辑配合会更合理。

第 4 节　谐波与负序电流对线路保护动作行为的影响

WUL 炼钢厂生产过程中产生的谐波，导致发电厂 3912 线保护零序电流元件、失去静稳破坏检测元件频繁启动，怀疑是由谐波和负序电流引起的。

一、故障现象

1. 线路保护装置启动元件经常处于启动状态

WUL 发电厂 110kV 3912 线为向炼钢厂供电的直配线路，用户负荷为 50T 电冶炼炉，其工作原理是靠极间放电产生的电弧融化原料，正常运行时负荷电流瞬间摆动很大、三相电流不平衡，且含大量谐波，因此导致了 3912 线保护装置启动元件经常处于启动状态，此时 TV 断线闭锁功能自动退出，保护开放。保护每次启动后开放时间为 5s。

2. 谐波电流含量超标

测试结果表明炼钢过程中产生的谐波，导致线路的谐波含量明显超出国家标准的允许值。

3. 负序电流含量超标

负序电流含量也很高，最大时可超过正序电流的 20%。

二、检查过程

1. 完成了谐波以及负序电流的测量

于 7 月 20 日至 21 日对 3912 线进行了谐波测试，结果表明，3912 线谐波电流含量较高，严重时谐波的电流含量大于等于 50%。

在测量谐波的同时，对 110kV 3912 线进行了负序电流的测量，最大时可超过正序电流的 20%。

2. 跟踪检查了保护的启动状况

3912 线保护装置启动元件经常处于启动状态，启动时保护开放 5s 的时间，此时 TV 断线闭锁功能自动退出，在此期间如果伴随母线 TV 失压，则会造成 3912 线相间距离保护动作出口跳闸。

三、原因分析

3912 线负荷非常特殊而且很重要，对供电的可靠性要求较高，然而 3912 线继电保护只是普通的配置，为国电南自生产的 PSL620 型微机保护，保护启动元件包括相电流突变量启动元件、零序电流辅助启动元件和静稳破坏检测元件，其中任何一个启动元件动作则保护启动。

运行的结果证明，3912 线 50T 炼钢炉投入运行期间，由于各极间放电过程的随机性，造成 3912 线电流摆动很大并且各相电流不平衡，波动严重时电流在 100～400A 之间摆动，使 3912 线保护几乎始终处于启动状态，启动方式为零序电流辅助启动和静稳破坏检测启动，也就是说，炼钢厂 50T 钢炉运行期间 3912 线保护几乎始终处于开放状态，为 TV 失压造成距离保护误动作提供了必要条件。由于 3912 线保护配置为三段式相间距离保护和三段式零序保护，因此保护启动过程中，一旦伴随着母线 TV 失压，则必定会造成 3912 线相间距离保护动作出口跳闸的问题。

经过进一步的分析可知，上述距离保护，包括电磁型、微机型的都不能从原理上解决“保护启动后伴随 TV 失压”造成的误动作的问题，属于原理性的缺陷，因此从保护装置本身不能解决这一问题。

四、防范措施

根据以上分析，针对 3912 线路的供电可靠性问题，特别是继电保护可靠性问题，作出相应的防范措施。

1. 提高炼钢厂局部电网的可靠性

炼钢厂的特点是大容量电力用户，且对供电可靠性要求很高。分析认为炼钢厂应当从自身角度考虑如何提高供电可靠性问题，比如完善备用电源自动投入系统，合理调配电源等，而不应将可靠供电问题过分依赖于发电厂的一条 3912 线。由于电网的任何输配电环节都不能保证不出问题，包括继电保护装置也是如此。炼钢厂用户可靠供电的理念应当是炼钢厂局部电网整体的可靠性，而不是一条线路的可靠性。

2. 减少线路的不平衡电流

炼钢厂用户应优化自身电气设备及局部电网的配置，采取切实可行的动态补偿措施，减轻炼钢炉运行期间的不平衡电流，滤掉超标的谐波成分。由此可以避免 3912 线保护频繁启动问题，而不是采取提高启动元件动作值、降低启动灵敏度的方法，解决保护频繁启动问题；同时确保本线路的谐波分量控制在国标允许的范围之内，可以减轻对发电厂设备的影响。

3. 取消距离保护

应全面考虑线路保护的可靠性，从根本上解决“保护启动时伴随母线 TV 失压”造成距离保护误动，以及谐波电流和负序电流对保护影响的问题。建议更换 3912 线保护为全线纵差保护，取消距离保护。

4. 严防 TV 二次失压

加强 110kV 母线 TV 二次回路的监视与维护，严防 TV 二次回路短路、空气开关跳闸造成的失压；杜绝人为因素造成的 TV 失压。

第 5 节　零序保护连接片退出线路故障时给电网带来的混乱局面

某年 10 月 2 日，YAB 发电厂的运行方式如下：

（1）YAB 发电厂甲站：

110kV 母联 640 断路器在合位，Ⅰ、Ⅱ母线并列运行；

110kVⅠ母线：1 号发电机-变压器组、L1 线、L3 线；

110kVⅡ母线：L2 线、L4 线、L5 线；

1 号机出力 40MW，L5 线为负荷线路，对侧变电站侧断开。

（2）YAB 发电厂乙站：

110kVⅠ、Ⅱ母线并列运行；

110kVⅠ母线：L3 线、L7 线、L8 线；

110kVⅡ母线：L3 线、L6 线、4 号发电机-变压器组；

4 号发电机出力 81MW，L3 线带 110kV 变电站，负荷 29.5MW。

发电厂甲、乙站的系统结构见图 5-12。

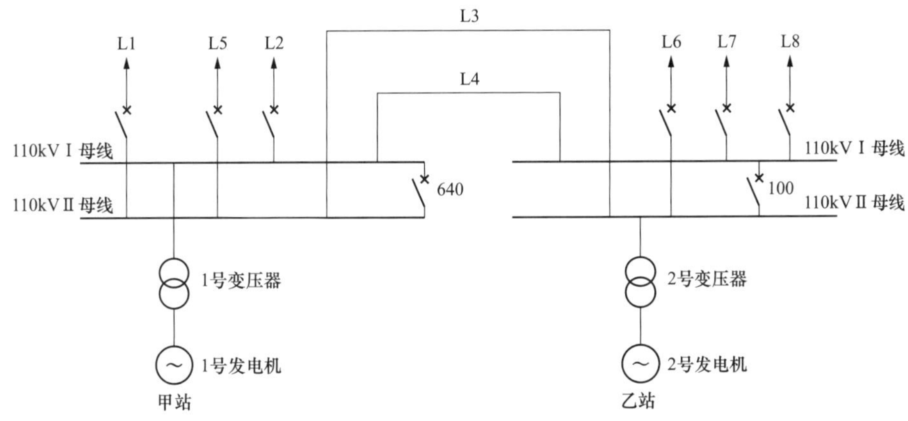

图 5-12　发电厂甲、乙站的系统结构

一、故障现象

10 月 2 日 04 时 14 分，发电厂关联的系统 L1 线 B 相发生接地故障，由此引发了一系列的问题，故障的发生与保护动作的过程如下：

发电厂乙站：110kV L3、L4 线方向零序过电流Ⅲ段 0.7s 动作掉闸，显示 B 相故障，L3 线重合成功，L4 线 7min 后重合成功，4 号机甩负荷。

220kV SAB 变电站：110kV L1、L2 线方向零序Ⅳ 1.4s 段动作跳闸，110kV 故障录

波器动作，显示 B 相故障，L2 线重合成功，7min 后 L1 线重合成功。

发电厂甲站：1 号主变压器 110kV 零序保护动作，4.5s 启动母联 640 断路器掉闸，1 号机运行不稳，手动解列，7min 后母联 640 断路器手动同期合闸成功。

外围变电站：发电厂乙站 L6、L7、L8 所带 110kV 变电站和 35kV 变电站分别有 12 条线路低周跳闸，其中 4 条为低周第二轮，其余为第一轮。

二、检查过程

针对上述问题，即出现的 110kV L1、L2 线方向零序Ⅳ段动作跳闸，110kV L3、L4 线方向零序过电流Ⅲ段动作掉闸，1 号主变压器 110kV 零序保护动作的行为，显然都是后备保护的问题，也只有主保护拒绝动作时才会出现如此的局面。因此对保护的定值及重合闸方式进行了如下的检查：

发电厂甲站，L5 线：TA 变比 600/5，零序Ⅰ段定值 25A，0s，零序Ⅱ段定值 13A，0.4s，零序Ⅲ段定值 2.5A，1s。

发电厂乙站，L3、L4 线：TA 变比 600/5A，零序Ⅲ段定值 3.5A，0.7s，检同期。

SAB 变电站，L1、L2 线：TA 变比 600/5A，零序Ⅲ段定值 2A，1.4s，检无压重合闸。

发电厂，1 号主变压器 110kV 零序电流定值：TA 变比 600/5，4.5A，4.5s 跳母联 640 断路器，5s 跳 110kV 断路器。

三、原因分析

根据故障录波和保护动作记录打印结果可知保护动作过程如图 5-13 所示。计时 0s 110kV L5 线发生 B 相接地故障，由于发电厂甲站 L5 线保护零序保护连接片未投入，线路故障时保护未动作，断路器没有跳开，造成发电厂乙站 L3、L4 线零序Ⅲ段 0.7s 首先动作跳闸，乙站与系统解列；SAB 变电站 L2、L3 线零序Ⅳ段 1.4s 动作跳闸，甲站与系统解列；发电厂甲站 1 号主变压器 110kV 零序保护 4.5s 跳开母联 640 断路器，将Ⅰ、Ⅱ母线分断，最终切除故障。

SAB 变电站 L2 线 7.5s 检无压重合成功，恢复发电厂甲站Ⅱ母线供电；发电厂乙站 L3 线 35s 检同期重合成功，使发电厂乙站 4 号机组与甲站 1 号机组并列。

负荷情况如下：L8 线 12MW、L6 线 13MW，导致周波升高，4 号机减出力，最小减到 7MW。由于发电厂甲站 1 号机运行不稳，手动解列，造成低周波，导致 L8 线所带变电站 7 条线路、L6 线所带变电站 5 条线路低周掉闸，负荷 13MW 左右。

7min 后值班人员手动将母联 640 断路器同期并网，变电站 L1 线检同期重合成功，发电厂乙站 L4 线检同期重合成功。保护为 RCS-943 型保护，保护说明书说明重合闸展宽时间为 10min，即在 10min 内满足同期条件就可重合。

结论：由于发电厂甲站 L5 线保护零序保护连接片未投入，造成保护拒动，扩大事故，其他保护及自动装置均正确动作。

四、防范措施

针对零序保护连接片未投入的问题，应从以下两方面来考虑：

1. 定值整定问题

如果在保护的定值单上没有标示出零序保护的连接片应该投入，按责任划分，是属于计算问题，包括计算的审核，也没有把好审核关。

2. 设备巡检问题

如果在保护的定值单上已经注明零序保护的连接片应该投入，则属于运行管理问题，每天的巡检过程形同虚设，熟视无睹。是工作态度不认真，麻痹大意的作风造成的。

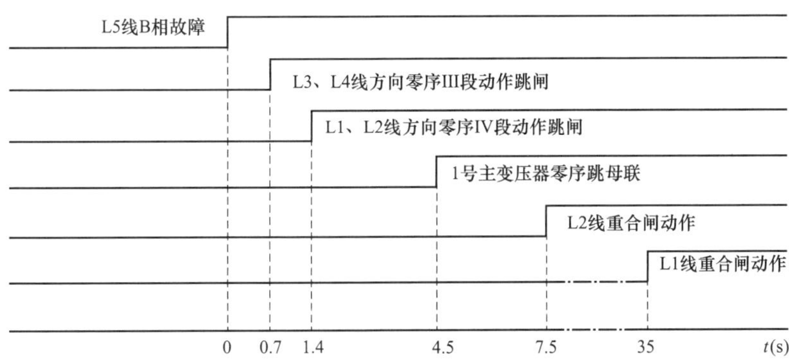

图 5-13　故障的发生与保护动作变位的时序示意图

第 6 节　220kV 系统 TV 二次多点接地对保护动作行为的影响

KOL 发电厂 220kV 216、217 线路分别于 2003、2010 年投入运行。220kV 系统接线参见图 5-14。某年 4 月 10 日 220kV 系统正常时的运行方式如下：

20kV Ⅰ母线：母线停电，2 号主变压器 202-1、线夹更换。

220kVⅡ母线：211、212、213、214、218 线路，1 号主变压器 201，3 号主变压器 203，4 号主变压器 204。

220kV Ⅴ母线：216、217 线路，6 号主变压器 206，03 号高压备用变压器 215。

1 号母联 220、2 号母联 250 分位，分段断路器 200 合位。

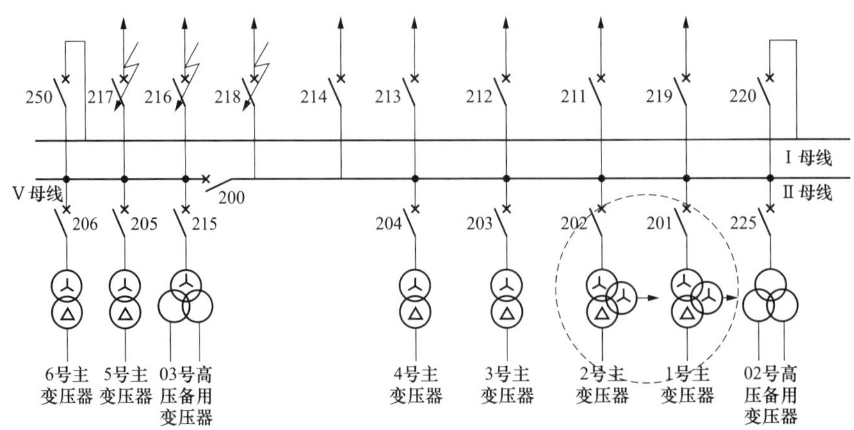

图 5-14　发电厂系统结构与故障点的位置

一、故障现象

4 月 10 日 10 时 06 分 18 秒，发电厂控制室内警铃响、喇叭叫。220kV 线路 218 断路器跳闸，216 线断路器、217 线断路器跳闸重合成功。控制屏 211、212 线路发出“RCS923A 失灵保护动作”光字牌，213、214 线路发出“高频方向柜保护动作”“高频距离柜保护动作”光字牌，216 线路发出“高频方向柜保护动作”“高频距离柜保护动作”“重合闸保护动作”光字牌；217 线路发出“重合闸保护动作”“RCS902CFM 失灵保护动作”光字牌。

二、检查过程

1．故障录波情况检查

故障录波器录波情况见图 5-15。

220kV Ⅱ 母线A相电压U_a

220kV Ⅱ 母线B相电压U_b

220kV Ⅱ 母线C相电压U_c

220kV Ⅱ 母线零序电压$3U_0$

（a）

图 5-15　218 线路接地故障时录波器录波图（一）

（a）220kV Ⅱ母线电压录波图

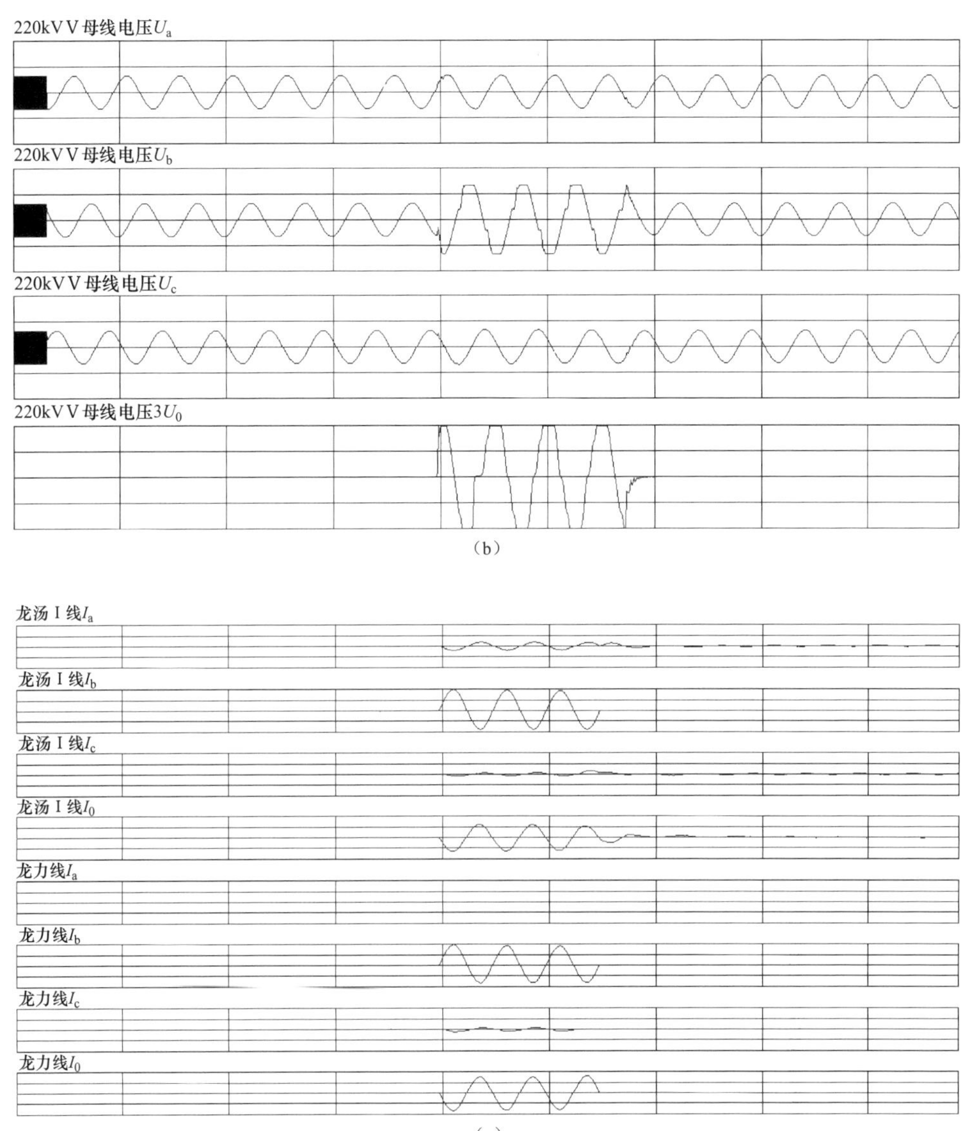

图 5-15　218 线路接地故障时录波器录波图（二）

（b）Ⅴ母线电压录波图；（c）216 线与 217 线电流录波图

通过录波图形可以看出，218 线接地故障后 220kV 6 条线路 B 相电流都出现了突变现象，但Ⅱ母线、Ⅴ母线电压变化趋势是不同的：

220kVⅡ母线：正常时三相电压平衡，均为 60.1V；故障时 A、C 两相电压基本不变，约 60V，B 相电压最低降至 49.8V，开口三角零序电压升至 164.6V。

220kV　Ⅴ母线：正常时三相电压基本平衡，A、C 两相 60.1V，B 相位 60.4V；故障时 A、C 两相电压基本不变，约 60V；B 相电压升至 131.1V，开口三角零序电压升至

203.9V。

当时 218 线运行在Ⅱ母线 B 相接地故障时，Ⅱ母线 B 相电压下降，但下降幅度不大；Ⅴ母线 B 相异常升高，而且幅度较大，属于不正常状况。

2. 保护动作情况检查

调出保护装置动作记录，保护动作情况如下：

（1）220kV 217 线路。

1）电厂侧 RCS-902CFM 型保护：

10 时 6 分 18 秒 222 毫秒　　022ms：纵联零序方向 ABC；
　　4155ms：重合闸动作；
　　故障测距结果：0.00km（B）。

电厂侧 RCS-931A 型保护未动作。

09 时 56 分 53 秒 680ms　　4155ms：重合闸动作。

电厂侧 RCS-902CFM 型保护录波见图 5-16。

2）217 线路对侧变电站侧 RCS-902CFM 型保护：

10 时 05 分 28 秒 125 毫秒　　024ms：纵联距离动作 ABC；
　　024ms：纵联零序方向 ABC；
　　3076ms：重合闸动作；
　　故障测距结果：20.1km（B）。

217 线路对侧变电站侧 RCS-931A 型保护未动作。

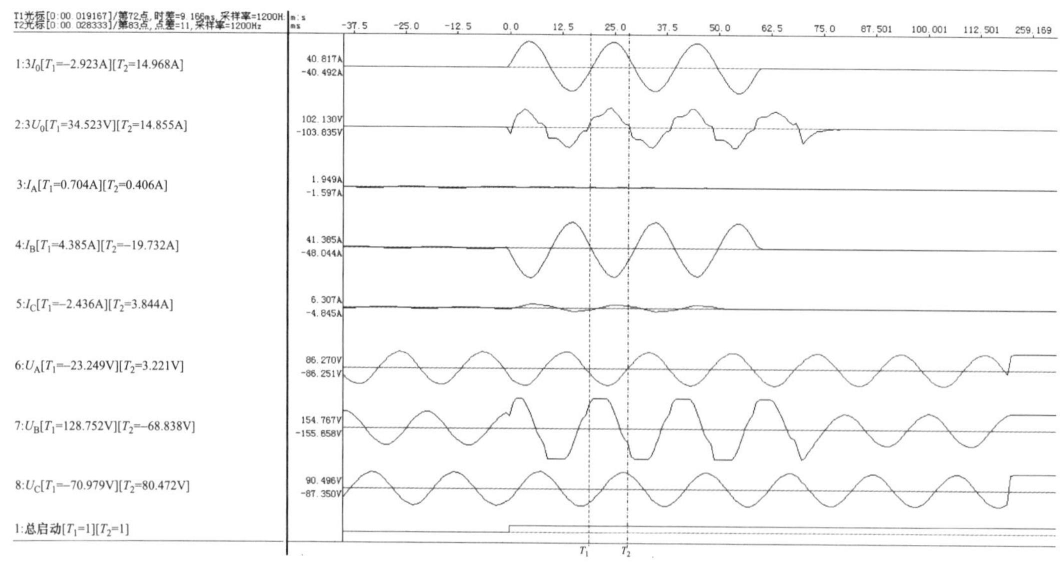

图 5-16　电厂侧 RCS-902 CFM 型保护录波

这次故障为电厂侧反向出口处 B 相接地故障，从保护录波中可以看出电流故障特征比较明显，为 B 相接地故障（保护外接零序电流为反极性接入，与故障相电流反向），但 B 相电压在故障时段内异常升高，远超过额定电压值，最后形成的零序电压滞后零序电流约 11 个采样点，即$\angle 3U_0-3I_0=-165°$，零序功率方向落入正向动作区（正向动作区为$-192° \leqslant \angle 3U_0-3I_0 \leqslant -12°$），同时 217 对侧站侧纵联正常判别为正向区内故障，两侧保护均判为正方向停信，217 对侧站侧纵联距离和纵联零序均动作，电厂侧纵联距离元件未落入区内，仅纵联零序方向保护动作，当时重合闸方式投入为三重，两侧保护均三相跳闸后重合成功。RCS-931A 型主保护为电流差动，不受此次电厂侧电压异常情况影响，保护未跳闸，仅在断路器跳开后重合闸动作。基于该电压异常情况，217 线保护本身动作正确。

（2）220kV 216 线路。

1）电厂侧 LFP-902A 型保护：

10 时 06 分 18s　　1088ms：重合闸动作。

2）电厂侧 LFP-901A 型保护：

10 时 02 分 28s　　027ms：高频变化量方向 B；

027ms：高频零序方向 B。

3）216 线路对侧变电站站侧 LFP-902A 型保护：

09 时 57 分 56s　　027ms：高频距离动作 B；

027ms：高频零序方向 B；

1076ms：重合闸动作。

4）216 线路对侧变电站站侧 LFP-901A 型保护：

10 时 06 分 18s　　028ms：高频变化量方向 B；

028ms：高频零序方向 B；

1075ms：重合闸动作。

故障时 216 与 217 线路在同一段母线上，使用同一个母线 TV 回路，其故障录波及保护动作情况与 217 线也基本一致，唯一的区别是 216 线路电厂侧 LFP-902A 型保护在故障时高频保护未动作。从录波图可以看出故障时两侧 LFP-902A 型保护均已判为正方向停信，216 对侧站侧保护高频保护也出口动作，但由于 LFP-902A 型保护采用以工作电压变化量判别为主的故障选相原理，电厂侧 B 相电压的异常导致 LFP-902A 型保护选相失败。按照保护逻辑在选相失败时保护经 150ms 延时直接选择三跳出口，但在 80ms 左右时故障电流已经由 LFP-901A 型保护动作切除，LFP-902A 型保护未能来得及动作出口。LFP-901A 型保护采用以电流变化量判别为主的故障选相原理，在本次故障中未受电压异常干扰。基于该电压异常情况，216 线保护本身动作正确。

（3）其他线路。211、212、213、214 线 4 条当时位于Ⅱ母的线路，当时位于Ⅱ母的 4 条线路均未动作，其保护录波情况见图 5-17，可以看出其 B 相电压故障时仅有不到 10V 左右的下降，同时相位有少许变化，同样不符合反向出口短路的特征，可认为故障时 B 相电压异常，但该异常并未导致最终形成的零序电压反向，零序电压滞后零序电流 18 个采样点，$\angle 3U_0-3I_0=-270°$，零序功率为反方向，纵联（高频）保护不动作。

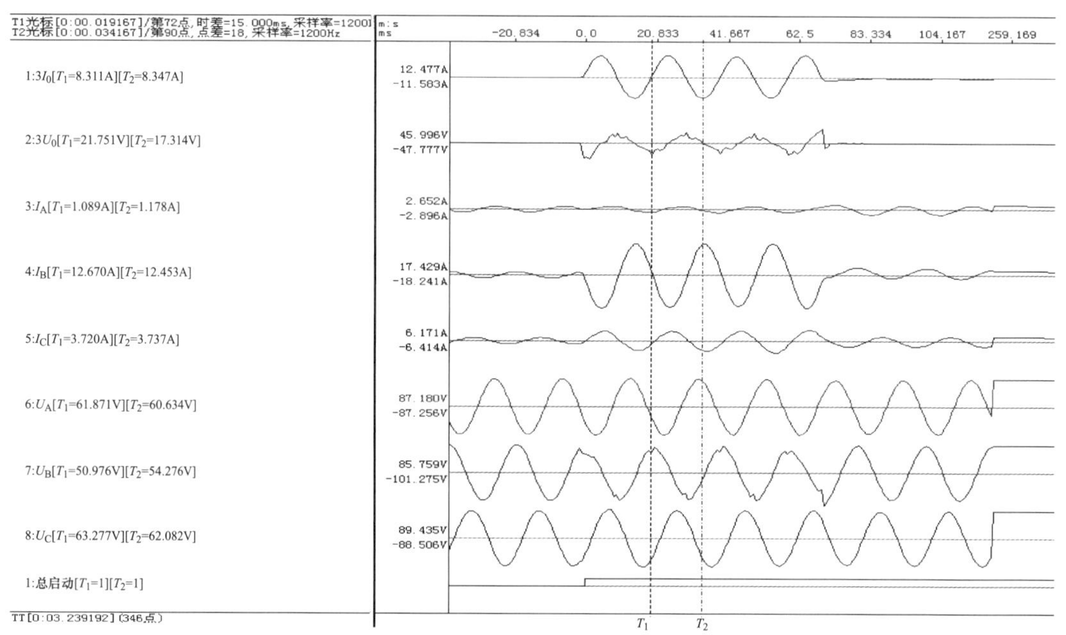

图 5-17　其他保护录波情况

3. TV 二次 B600 接地线处电流的测试

用钳形电流表现场测量 220kV Ⅴ母线 TV 二次 B600 接地线处电流为 1.15A。

三、原因分析

根据上述检查结果可知，217 线路 RCS902CFM“纵联零序方向”、216 线路 LFP901A“高频变化量方向”、“高频零序方向”保护本身来讲动作正确。出现 218 线路接地故障 217、216 线路保护动作的根本原因为接地故障时 220kV Ⅴ母线 B 相二次电压异常升高（最高至 131V）。220kV Ⅱ母线 B 相二次电压降低至 49.8V，故障时通过相量图得知故障时 220kV Ⅴ母线上的 217、216 线路零序电压方向正好落入零序保护的正方向动作区，零序方向保护动作出口。而 220kV Ⅱ母线上的 213、214、211、212 线路零序电压方向为零序保护的反方向，零序方向保护不动作，故 220kV Ⅴ母线 B 相二次电压异常升高是本次两条线路跳闸的根本原因。

分析认为，造成 220kV Ⅴ母线 B 相二次电压异常升高的主要原因应为设计遗留问题，致使 220kV 3 段母线 TV 二次接地点设置不合理，且存在多点接地情况。当发生接地故障时，一次故障电流通过 TV 二次接地回路分流，产生较大压降，与 B 相电压矢量叠加，引起 B 相电压异常升高。

用钳形电流表现场测量 220kV Ⅴ母线 TV 二次 B600 接地线处电流为 1.15A，表明Ⅴ母线 TV 存在多点接地问题。

暴露的主要问题，TV 二次回路接地点设置不合理，存在多点接地情况，与 TV 二次系统 B 相接地无直接关系。

四、防范措施

1. 预防 TV 多点接地

TV 多点接地是历史遗留下来的问题，是日积月累的结果，只要下决心认真处理问题一定能得到彻底地解决。

2. TV 由 B 相接地改为中性点接地

220kVⅠ、Ⅱ、Ⅴ母线 TV 二次由 B 相接地改为 N 相接地，3 组 TV N 相并接后在网控室一点接地。

110kVⅠ、Ⅱ母线 TV 二次由 B 相接地改为 N 相接地，2 组 TV N 相并接后在网控室一点接地。

注：对改造接地点的评价，发电厂的问题与 B 相二次多点接地有关，与 B 相接地还是 N 相接地无关，整改的方案改错了地方，而且错改的地方很难改，结论是扛着石头上山，使了力气不中看。

第 7 节　220kV 带自备发电厂的线路保护跳闸策略

某年 10 月 31 日 13 时 59 分，发生一起因吊车施工导致 220kV 线路跳闸的事故。故障发生后，地区调度及时将事故情况汇报省调，并积极采取措施，恢复对停电用户的送电，同时组织有关技术人员对事故进行了认真的分析，并形成了完整的报告。

10 月 31 日 MUW 变电站正常运行时的方式：220kV L1 线通过 MUW 变电站 2 号主变压器带 110kV Ⅱ母线及 35kV Ⅰ、Ⅱ母线运行，盛和热电、环能热电、香驰热电在 35kV 母线并网运行，2 号主变压器负荷 71MW；220kV L2、L3 线路通过 MUW 变电站 1 号主变压器带 110kV Ⅰ母线运行，1 号主变压器负荷 49.8MW。电网的系统结构见图 5-18。

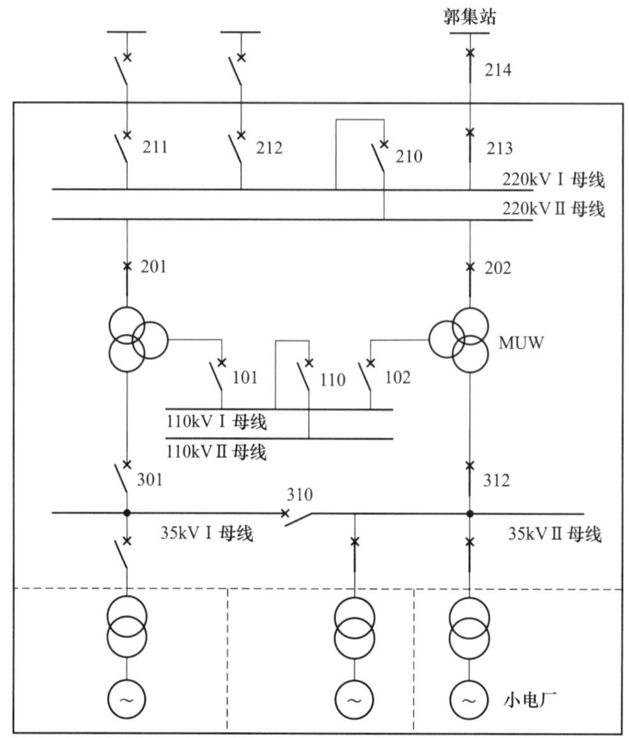

图 5-18　相关电网的系统结构图

一、故障现象

13:59:35:845，JIG 变电站 220kV L1 线路 PSL-602 纵联距离、PSL-603GM 纵联差动保护、接地距离Ⅰ段、零序Ⅰ段保护动作，220kV L1 线路 214 断路器跳闸。

13:59:35:848 MUW 变电站 220kV L1 线路 211 断路器保护动作。

13:59:37:610　MUW 变电站 2 号主变压器后备保护动作，2 号主变压器 302 断路器跳闸，MUW 变电站 35kV Ⅰ、Ⅱ母线（34.6MW）停电，香驰热电、恒丰热电、盛和热电机组解列。

13:59:40:736 MUW 变电站 220kV 母联备投保护动作，220kV L1 线路 211 断路器跳闸。

13:59:40:936 220kV 母联 210 断路器合闸，2 号主变压器恢复送电。

13:59:40:976 JIG 变电站 220kV L1 线路综合重合闸动作，214 断路器合闸，成功。

14:13:00:000 地区调度指挥将 MUW 变电站 2 号主变压器 302 断路器送电，MUW 变电站 35kV 母线恢复送电，解列的发电机组逐步恢复并网。

跳闸后，地区调度第一时间汇报省调及相关部门，调阅故障录波，及时通知变电运维工区人员到站检查设备、输电工区人员巡视线路、检修工区人员到变电站站检查保护的动作行为的正确性。

二、检查情况

经现场检查及分析，故障原因为 220kV L1 线 78—79 号杆之间线下吊车施工导致 220kV L1 线跳闸。线路两侧保护检查情况如下：

1. 相关保护投停方式

10 月 31 日，JIG 变电站 220kV L1 线路纵差及后备保护投入，重合闸为三相重合闸方式；MUW 变电站 220kV L1 线路纵差保护投信号，后备保护及重合闸停用；MUW 变电站 220kV 母联断路器备用电源自动投入装置投入。

2. JIG 变电站侧

220kV L1 线路纵差、后备保护及重合闸均在投入状态，发生接地故障后，纵差保护、距离Ⅰ段、零序Ⅰ段保护动作并出口跳闸，之后重合成功，与实际保护动作情况相吻合，JIG 变电站侧保护正确动作。

3. MUW 变电站侧

220kV L1 线路纵差保护投信号，后备保护及重合闸均在停用状态，发生接地故障后，纵差及后备保护均正确启动且未出口。

三、原因分析

220kV L1 线路故障后，虽然 JIG 变电站侧 214 断路器跳闸，但是 MUW 变电站侧线路保护没有跳闸，因低压侧并网地方电厂的存在，对于线路故障点提供的短路电流一直在持续着，导致主变压器低压侧过电流保护动作，延时 1.7s 跳开主变压器 302 断路器。

主变压器 302 断路器断开后，MUW 变电站所有 35kV 并网电厂与系统解列，220kV Ⅱ母线电压降低至 30V 以下，同时 L1 线路无电流，MUW 变电站 220 母联备用自动投入装置满足了动作条件，延时 2.3s 跳开了 L1 线路 211 断路器，合上了母旁 210 断路器，保证了对 MUW 变电站 110kV 侧出线的送电。与 MUW 变电站故障录波及实际保护动作情况相吻合，MUW 变电站侧保护属正确动作。

四、防范措施

1. 解决老线路隐患多的问题

地区电网黄河以南片区 220kV 网架较薄弱，因 500kV 淄博站主变压器负荷较重，MUW 变电站一半以上的负荷需通过 220kV L1 线带至黄河以北电网，MUW 变电站两台主变压器三侧分列运行，供电可靠性降低，220kV L1 线投运年限较长（已运行 34 年），线路老化比较严重，对电网的安全运行造成隐患，应及时安排解决。

2. 对于地方电厂应考虑的问题

MUW 片区并网地方电厂较多，导致 L1 线故障后孤网运行时间较长，在 MUW 变电站 2 号主变压器低压后备保护动作后，MUW 变电站 220kV 母联备用自动投入装置才启动，影响了对停电用户的恢复送电。

对于变压器低压侧有小电厂连接的变电站。一方面，线路保护的整定原则要充分考虑其故障状况下短路电流的反送问题，投跳闸。第二方面，要考虑小电厂解列后势必造成的孤网运行问题，小机组在经历了解列的冲击后能够稳下来运行的算是幸运了，大多数是晃来晃去就被迫停机了，在关键时刻需要电网给予支持，不要一有风吹草动就把小电厂甩掉。另外，小电厂能够支撑下来不仅对社会不间断供电有利，而且对电网的安全稳定运行也必定是有益的。

3. 加强输电线路的巡视

加强输电线路的巡视维护工作，发现有不利于线路正常运行的苗头应及时制止，将隐患消灭在萌芽状态。以避免造成因吊车施工掉闸之类的故障发生。

第 8 节　热电厂脱硫电缆线路差动保护区外故障时误动作

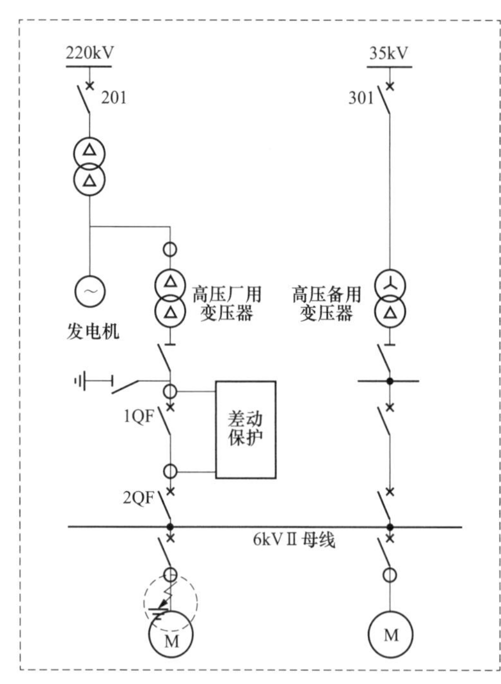

图 5-19　关联系统一次结构与故障点的位置

一、故障现象

某年 1 月 25 日 18 时 41 分，ZOT 热电厂启动 B 浆液循环泵电动机运行。18 时 45 分，2 号脱硫 CRT 上发出 2 号高压脱硫变压器低压电缆差动保护报警，2 号脱硫备用电源 60T3 断路器保护装置动作报警。脱硫 6kV Ⅱ母线失压，脱硫Ⅱ段失压，低压备用Ⅲ段失压。故障点发生在接线盒处。脱硫 6kV Ⅱ母线供电系统与故障点的位置见图 5-19。

二、检查过程

1. 脱硫工作电源状况检查

就地检查 2 号脱硫变压器正常，2 号脱硫工作电源 62T1 断路器跳开，2 号脱硫工作电源 62T2 断路器跳开，2 号脱硫备用电源 60T3 断路器跳开，2 号脱硫备用电源 60T4 断路器断开，2 号脱硫 6kV 快切装置闭锁信号发出，2 号脱硫 6kV 母线上的动力断路器均已跳开，属于低电压保护动作的结果。

2. 循环浆液泵电动机接线盒损坏状况检查

就地检查 2 号脱硫 B 循环浆液泵电动机接线盒，发现 C 相电缆压接鼻子烧断，绝缘子有放电痕迹。B、C 两相除电缆头因弧光短路外绝缘损坏外，没有大的损伤，接线压接牢固。

拆除 2 号脱硫 B 循环浆液泵电动机接线盒，发现电动机引出线 C 相约 30cm 长的电缆已完全烧融，电动机铜接线柱后半段烧融，绝缘子轻微触碰即断裂。电动机引出线 B 相约 30cm 绝缘损坏，电动机引出线 A 相绝缘损坏程度较轻。电动机接线盒的损伤情况见图 5-20、图 5-21。

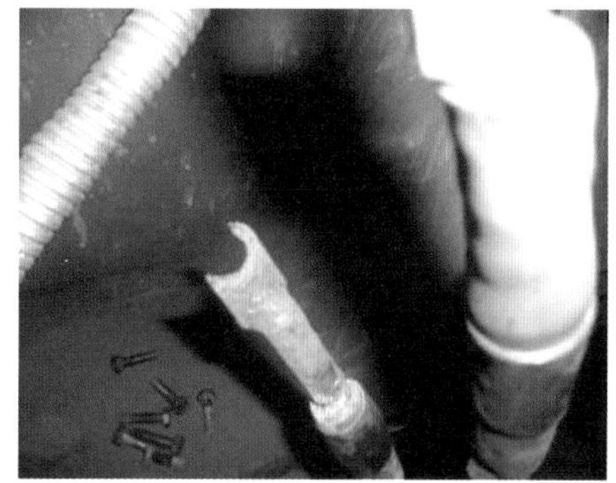

图 5-20　电动机引出线故障状况

图 5-21　电动机损伤状况图片

3. 保护动作状况检查

现场检查 B 浆液循环泵断路器速断保护动作，2 号脱硫变压器分支电缆差动保护动作。复核保护定值正确，重新校验 B 浆液循环泵保护装置动作正确。检查 2 号脱硫变压器分支电缆差动两侧 TA 为不同厂家、不同型号的两种 TA，这与同型号、厂家、同批次的要求相违背。有关保护动作与断路器跳闸等时序见图 5-22。

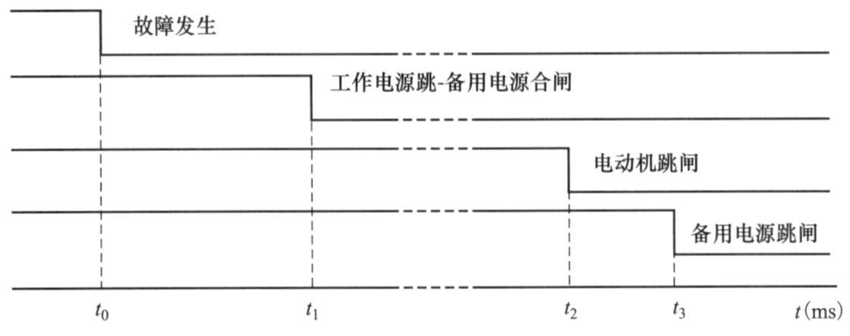

图 5-22　保护动作与断路器跳闸时序图

备用电源合闸的条件，母线电压低启动。电动机额定电流 I_N=3.05A；速断保护定值 32.3A，0s；TA 变比 100/5，接线 AC 相；短路时的一次电流 1800A，二次电流 91A。工作电源进线差动保护启动定值 0.9I_N。

三、原因分析

1. 焊接接线部位发热脱落

2 号脱硫 B 循环浆液泵电动机引出线与铜接线柱采用焊接工艺，工艺水平差，运行过程中电流达 115A，焊接部位因发热严重出现损伤或松脱，是引起本次电动机三相接地短路跳闸的主要原因。

2. 脱硫变压器分支电缆差动保护动作切除故障

2 号脱硫 B 浆液循环泵电动机引线三相接地短路引起 2 号脱硫变压器分支电缆差动保护与 B 浆液循环泵速断保护同时动作，因为分支差动保护动作时间快于速断保护，故脱硫 6kV 电源断路器跳闸，母线失电。

2 号脱硫变压器分支差动动作属于区外故障保护误动。误动的原因为差动保护两侧采用不同厂家、不同型号的 TA，在外部回路发生短路时，不平衡电流过大，引起保护误动。

而且 TA 也不是用于保护级别的产品，保护录制的 2 号脱硫变压器低压侧三相不规则电流波形见图 5-23。图 5-23 中录波的时间段在 18:38:49.025～18:38:49.075 之间。

有一个疑点值得分析，就是保护动作与断路器跳闸动作时序不是很明确。就是从故障发生至工作电源差动保护动作，从故障发生至电动机保护动作时间，以及故障发生至备用电源启动断路器跳闸时间，只能从图 5-22 中保护动作与断路器跳闸动作时序中作出估算如下：

t_1=50ms，故障发生至工作电源差动保护动作时间；

t_2=300ms，故障发生至电动机保护动作时间；

t_3=340ms，故障发生至备用电源启动断路器跳闸时间。

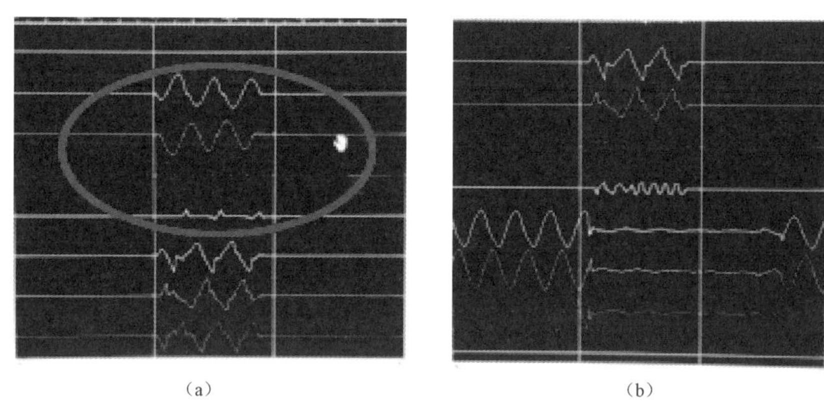

（a）　　　　　　（b）

图 5-23　故障时脱硫变压器低压侧电流波形

（a）畸变的电流波形；（b）畸变的电压电流波形

四、防范措施

1. 安排电动机大修

重新制作电缆头，试验合格后，利用同型号备用电动机更换目前 2 号脱硫 B 浆液循环泵电动机，恢复备用。

对引线烧损的 2 号脱硫 B 浆液循环泵电动机进行外委大修，着重清理定子膛内外金属碎屑，重新更换引线，引线焊接部位检查及电动机试验合格后，作为备用。

2. 更换保护 TA

提报物资计划，采购同一型号、同一厂家的保护专用的 TA，利用机组停运或检修的机会进行更换。

3. 加强巡视检查

运行人员加强电动机运行的日常检查巡视，特别是电动机启动前后。维护人员加强电动机接线盒的红外测温及电动机试验数据的分析对比工作。

第 9 节　500kV 线路过电压保护动作跳闸故障分析

某年 5 月 24 日，500kV CEY 变电站正常时的运行方式：L4 线停电检修，5051、5052 断路器断开，其他设备正常运行，500kV 系统接线见图 5-24。

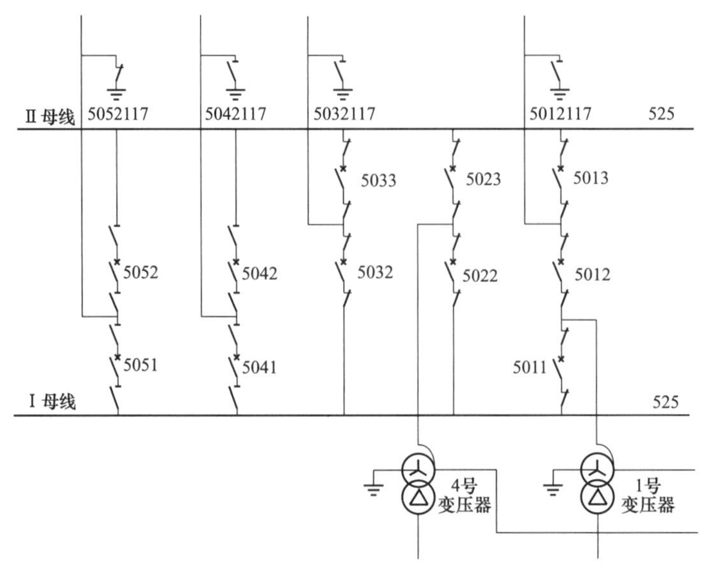

图 5-24　500kV CEY 站故障前运行方式

一、故障现象

02 时 26 分，500kV L3 线路 CEY 站侧 RCS-925A 型过电压保护动作，5041、5042 断路器 ABC 三相跳闸，GUS 站侧保护未动作。

02 时 41 分，L3 线 5041 断路器强送成功。

02 时 48 分，5042 断路器强送成功，变电站恢复了正常运行。

疑点分析：①一条 500kV 线路，一端过电压保护动作，另一端安然无恙，问题出在何处？②过电压保护装置的动作，是电压启动装置正确动作，还是装置故障造成的误动作？

二、检查过程

事件发生后，相关人员赶赴现场进行检查处理。

1. 一次设备检查

在现场检查只发现 500kV L3 线间隔和 5041、5042 断路器跳闸。但是未发现一次设备的异常状况，全站设备未发现放电的痕迹。

2. 二次设备检查

500kV L3 线保护屏Ⅰ RCS-925A 型保护装置跳闸灯亮，装置显示过电压保护动作，保护启动时间为 2 时 26 分 11 秒 470 毫秒，保护动作时间为 500ms。过电压保护跳闸时间整定为 0.5s，与动作跳闸出口时间一致。

5041 和 5042 断路器保护屏的操作箱 CZX-22R 第一组三相跳闸信号灯 TA、TB、TC 均亮，500kV L3 线其他保护装置无动作和告警信号。

开关量启动 500kV 故障录波器录波。

三、原因分析

1. 过电压保护动作原理分析

过电压保护装置与其他保护装置保护原理的主要区别：

启动元件不同。过电压保护装置为过电压与收信启动，其他保护装置为电流变化量和零序过电流启动，从而导致过电压保护即使电流无变化，电压突变就会导致保护启动并动作跳闸。

采样值滤波算法不同。过电压保护为了更可靠地防止过电压破坏设备绝缘，并不采用其他保护装置通常采用的高频滤波算法（即滤掉采样数据中的高次谐波，仅保留基波量进行故障计算）处理采样数据，因此即使基波电压值小于过电压定值，因高次谐波引起电压幅值变大也会导致保护动作。

2. 故障录波数据分析

来自同一组 TV 的两种不同的录波结果。

500kV L3 线故障录波器录波图形见图 5-25，500kV L3 线保护屏Ⅰ RCS-925A 型保护装置的故障录波数据见图 5-26。

根据图 5-25、图 5-26 可知，故障录波器的三相电压波形和幅值正常。而保护装置的三相电压均发生了较大的畸变，三次谐波含量较大，畸变最大值约 102V，有效值约为 72.12V 大于保护定值（过电压定值为 69.28V），持续时间为 530ms 左右（过电压保护跳闸时间整定为 0.5s），电压波形见图 5-26。由于过电压值和故障持续时间均满足过电压保护动作逻辑，故过电压保护动作跳闸，保护动作报告见图 5-27。

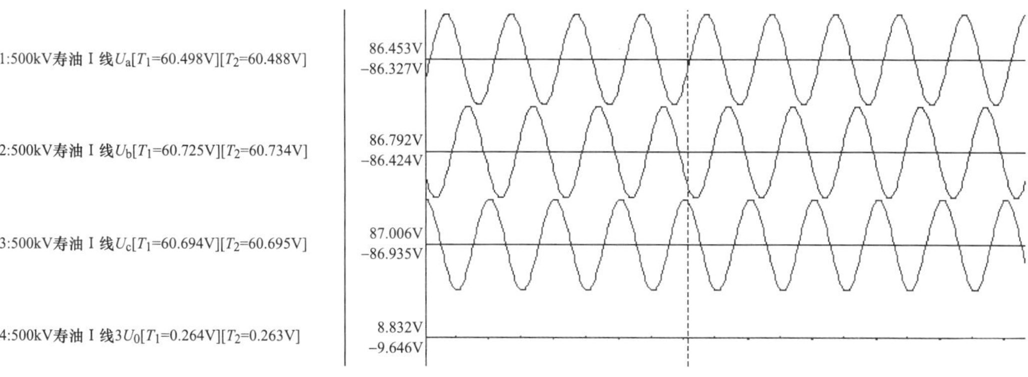

图 5-25　500kV L3 线电压波形（故障录波器）

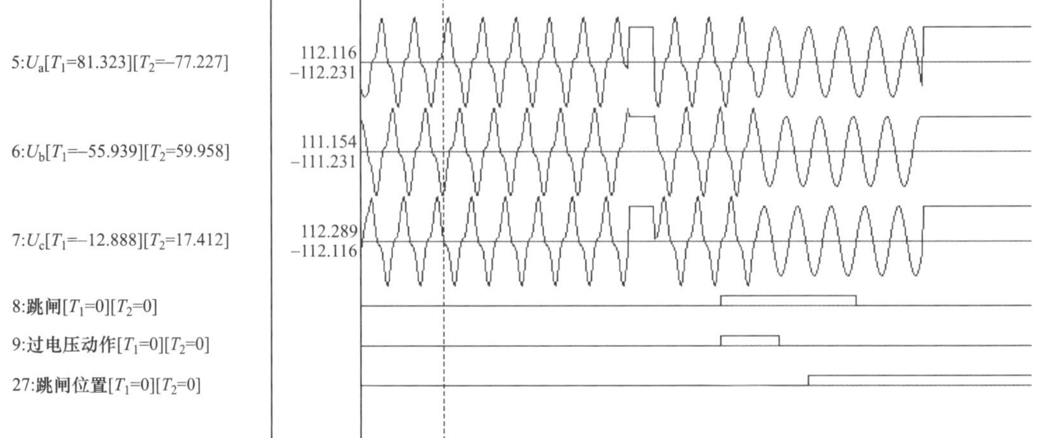

图 5-26　500kV L3 线电压波形（RCS-925A 型保护装置）

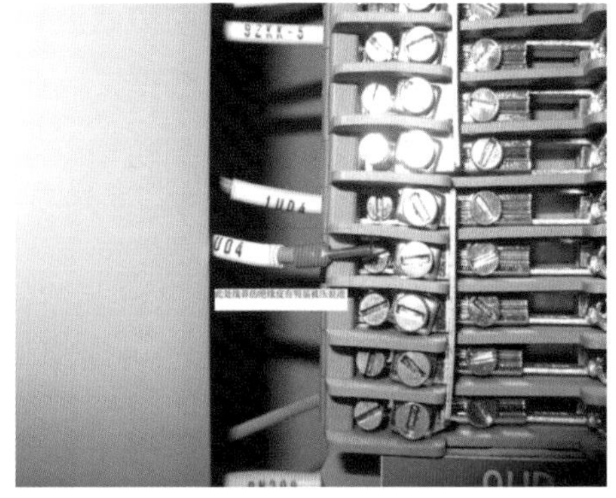

图 5-27　RCS-925A 型过电压保护装置电压回路端子排

3．保护过电压动作与波形畸变有关

保护装置过电压保护动作的根本原因是采样电压的升高与畸变，引起保护电压采样异常的原因主要有两种：①二次电压接地的问题；②保护采样错误的问题。

（1）二次电压回路 N600 线虚接。停用 500kV L3 线保护屏Ⅰ RCS-925A 型保护后进行检查，发现 RCS-925A 型保护电压回路压接不牢固，保护厂家内部配线 9UD4 端子（二次电压回路的 N600 线）螺钉松动，且线头压线到了绝缘层，详见图 5-27，导致电压回路接触不良，造成保护电压 N600 悬空。

但是 N600 悬空，会导致三相电压的中性点漂移，并不至于造成三相电压同时升高。

（2）保护装置采样回路异常。三相电压的波形均发生了较大畸变，是因为三相电压通过同一个 A/D 模数转换回路，所以三相电压同时出现异常就有了明确的解释。

由以上分析可知，RCS-925A 型过电压保护误动的原因不是二次电压回路 N600 线虚接的问题，而是采样通道故障的原因。

四、防范措施

将二次电压回路 N600 重新可靠压接后，中性点悬空的问题得以解决。更换保护装置采样板，波形异常的问题得以解决。

本次事故暴露继电保护专业管理、设备投运验收流程管理、定检规范化执行、专项治理排查工作等一系列问题。注意研究制定有针对性整改措施，强化整改落实，防止同类事故再次发生。

第 10 节　220kV 双回线路故障与跳闸相别不对应的问题

220kV SAL 变电站采用双母线接线，一次系统详见图 5-28。正常方式下Ⅰ母线固定连接 L1 线 211、L3 线 213、3 号主变压器 203 运行，Ⅱ母线固定连接 L2 线 212、L4 线 214、2 号主变压器 202 运行；Ⅰ、Ⅱ母线经母联 200 断路器并列运行。

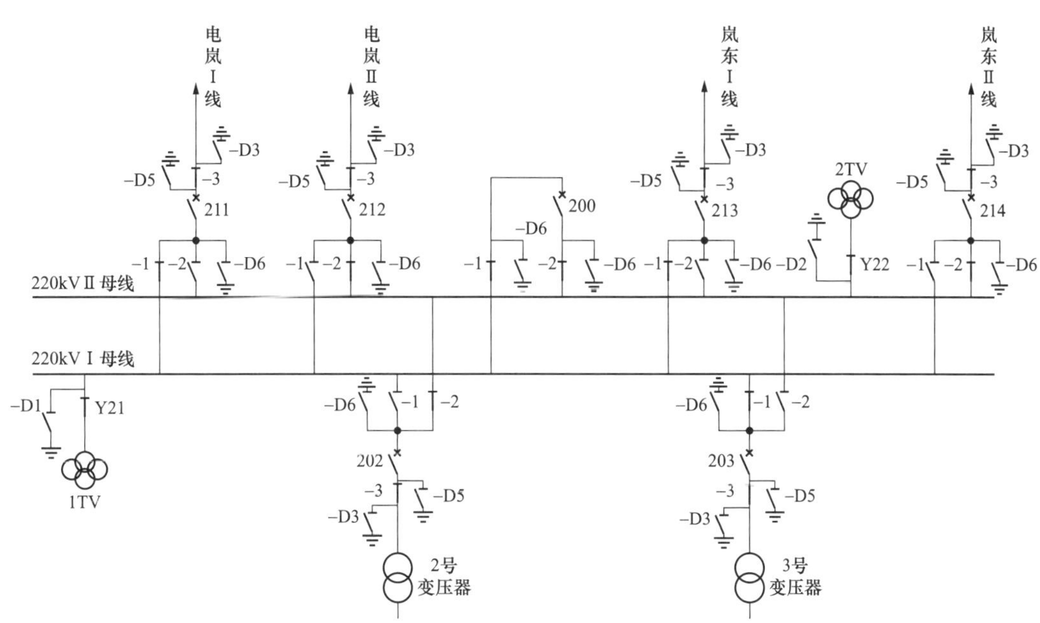

图 5-28　220kV SAL 站正常接线方式

一、故障现象

某年 3 月 9 日，ZAR 地区大风天气，阵风 11 级。19 时 10 分 10 秒 519 毫秒，220kV

L1、L2 线断路器保护相继动作，重合闸不成功，断路器三相跳闸，L1、L2 线失电，19 时 14 分，L1、L2 线相继强送成功。线路故障、保护动作以及断路器跳闸位置继电器变位等事件出现了几个问题值得关注。疑点分析：

（1）211、212 断路器变位报告的问题，保护开入量即跳闸位置继电器 KCT 的变位顺序与故障发生以及三相跳闸的顺序不符；

（2）线路故障相与跳闸相的不对应的问题，A 相故障时 B 相断路器跳闸；

（3）断路器单相运行时三跳不一致保护被闭锁。

二、检查过程

线路跳闸后，对 220kV L1、L2 线进行了检查，发现 104 号至 105 号杆塔间导线下方养殖房铁皮屋顶变形，铁皮上有明显放电痕迹，导线间隔棒上也有放电现象发生，分析认为是大风天气将铁皮屋顶掀起碰触导线，造成了 220kV L1、L2 线故障跳闸。

继电保护方面，220kV L1 线 211、L2 线 212 保护 RCS-931A、RCS-902C 均显示断路器三相跳闸，现场核实两线路三相断路器均在分位，操作箱跳闸动作指示灯亮。

1. 保护定值的检查

L1 线 211、L2 线 212 断路器保护配置及相关保护定值见表 5-1、表 5-2。

表 5-1　L1 线 211 断路器保护配置及保护定值

序号	保护配置	保护出口
1	RCS-931 型电流差动保护（主保护） （高定值 1.15A，低定值 0.9A，0s）	跳 L1 线 211 断路器
2	RCS-931 型距离保护（后备保护）（Ⅰ段 1.1Ω，0s）	跳 L1 线 211 断路器
3	RCS-931 型零序保护（后备保护）（Ⅱ段 1 A，2.5s）	跳 L1 线 211 断路器
4	RCS-902 型纵联距离保护（主保护）（6Ω，0s）	跳 L1 线 211 断路器
5	RCS-902 型距离保护（后备保护）（Ⅰ段 1.1Ω，0s）	跳 L1 线 211 断路器
6	RCS-902 型零序保护（后备保护）（Ⅱ段 1 A，2.5s）	跳 L1 线 211 断路器

表 5-2　L2 线 212 断路器保护配置及保护定值

序号	保护配置	保护出口
1	RCS-931 型电流差动保护（主保护） （高定值 1.15A，低定值 0.9A，0s）	跳 L2 线 212 断路器
2	RCS-931 型距离保护（后备保护）（Ⅰ段 1.1Ω，0s）	跳 L2 线 212 断路器
3	RCS-931 型零序保护（后备保护）（Ⅱ段 1A，2.5s）	跳 L2 线 212 断路器
4	RCS-902 型纵联距离保护（主保护）（6Ω，0s）	跳 L2 线 212 断路器
5	RCS-902 型距离保护（后备保护）（Ⅰ段 1.1Ω，0s）	跳 L2 线 212 断路器
6	RCS-902 型零序保护（后备保护）（Ⅱ段 1A，2.5s）	跳 L2 线 212 断路器

断路器所有绕组 TA 变比均为 1600/5。

2. 211 线路保护动作信息检查

RCS-931A 型保护，19 时 10 分 10 秒 736 毫秒 A 相电流差动、距离Ⅰ段保护动作，873ms 后 ABC 相电流差动、距离Ⅰ段保护再次动作，ABC 三相跳闸。

RCS-902C 型保护，19 时 10 分 10 秒 540 毫秒 A 相纵联距离、纵联零序、距离Ⅰ段动作，897ms 后 ABC 相纵联距离、距离Ⅰ段再次动作，ABC 三相跳闸，重合闸未动作。

出现的问题是断路器变位报告的问题，RCS-902C 型保护开入量显示 66ms 后 B 相跳闸位置变位，940ms 后 C 相跳闸位置变位，978ms 后 A 相跳闸位置变位，即跳闸位置继电器 KCT 的变位顺序为 BCA，与故障发生以及三相跳闸的顺序不符。

3. 212 线路保护动作信息检查

RCS-931A 型保护，19 时 10 分 10 秒 188 毫秒 A 相电流差动、距离Ⅰ段保护动作，839ms 后 ABC 相电流差动、距离Ⅰ段保护再次动作，ABC 三相跳闸。

RCS-902C 型保护，19 时 10 分 10 秒 866 毫秒 A 相纵联距离、纵联零序、距离Ⅰ段动作，864ms 后 ABC 相纵联距离、距离Ⅰ段再次动作，ABC 三相跳闸，重合闸未动作。出现的问题如下：

（1）故障相与跳闸相不对应的问题，当 RCS-931 型 A 相出口时 B 相断路器跳闸。

（2）断路器变位报告的问题，RCS-931 型保护开入量显示 227ms 后 C 相跳闸位置变位；255ms 后 A 相跳闸变位，1100ms 后 B 相跳闸变位，即跳闸位置继电器 KCT 的变位顺序为 CAB，与故障发生以及三相跳闸的顺序不符。

（3）三相不一致保护的问题，212 线路单相运行时三跳不一致保护被闭锁。

4. 220kV SAL 站侧 L1、L2 线路故障录波检查

L1、L2 线路故障录波数据见表 5-3。

表 5-3　　故障录波信息

变电站	SAL 变电站	录波器	WDGL-IV/X 线路录波器
故障线路	电岚Ⅰ线 211	测距结果	3.63km
故障类型	A	跳闸相别	
录波起始时刻	2013-03-09 19:13:34.880	故障发生时刻	2013-03-09 19:13:34.993
保护动作时刻（ms）	34	保护再次动作时间（ms）	
断路器分时刻（ms）	22	断路器再次分时刻（ms）	893
重合闸时刻（ms）		重合是否成功	FALSE
最低故障电压		故障最大电流	
一次值	27.476kV	一次值	11.984kA
二次值	12.489V	二次值	37.451A

续表

故障前后电流、电压变化列表（二次有效值）								
数据点位置	I_a	I_b	I_c	I_0	U_a	U_b	U_c	U_0
故障前 2 周波	1.326	1.355	1.348	0.075	60.553	60.300	60.540	0.244
故障前 1 周波	1.319	1.348	1.348	0.076	60.479	60.262	60.674	0.240
故障后 1 周波	36.884	1.136	2.149	38.936	20.358	65.970	64.240	111.313
故障后 2 周波	37.451	1.095	2.166	39.320	12.489	65.439	65.283	124.808
故障后 3 周波	20.494	1.216	1.753	21.644	38.617	62.446	62.764	91.262
故障后 4 周波	0.013	1.376	1.302	1.071	59.348	59.403	59.827	1.050
故障后 5 周波	0.018	1.382	1.315	1.072	59.545	59.631	60.073	0.888
故障后 6 周波	0.016	1.392	1.323	1.076	59.687	59.804	60.039	0.892
故障后 7 周波	0.007	1.386	1.322	1.071	59.705	59.813	60.277	0.888
故障后 8 周波	0.016	1.391	1.328	1.083	59.837	59.902	60.155	0.885

L1、L2 线路故障录波图形见图 5-29，根据故障录波图形可知：

19 时 13 分 34 秒 880 毫秒，220kV L1 线 A 相故障跳闸，853ms 后 C 相故障，三相断路器跳闸，故障最大电流 37.451A（一次值为 11.987kA），故障测距 3.63km。

19 时 13 分 34 秒 993 毫秒，220kV L2 线 A 相故障跳闸，872ms 后 C 相故障，三相断路器跳闸，故障最大电流 33.624A（一次值为 10.760kA）。

注：由于 L1、L2 线路同时发生故障，L1、L2 线路故障录波在同一文件内。

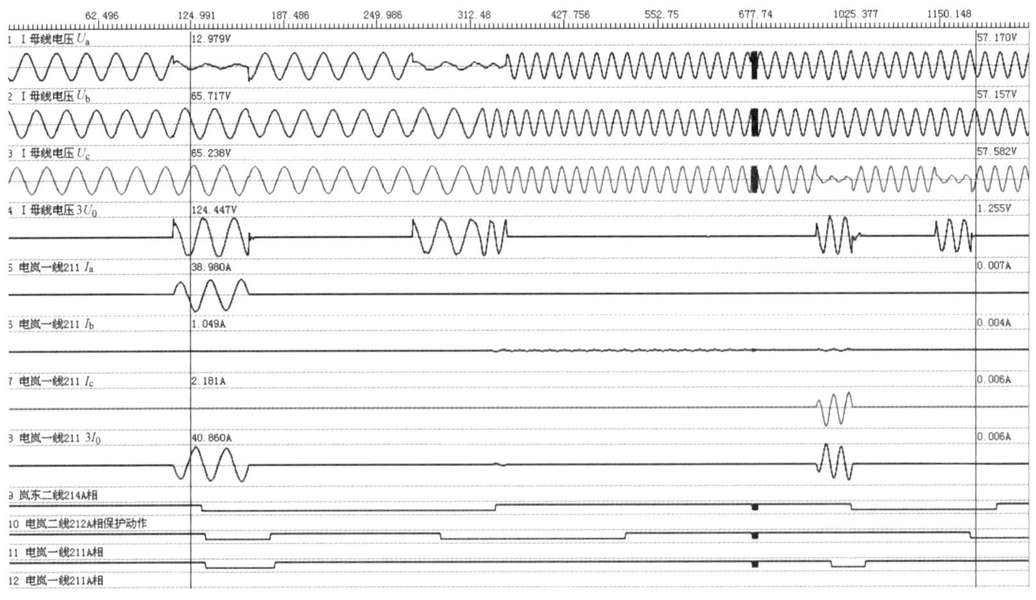

图 5-29　L12 线故障录波情况

另外，对保护的改造情况进行了检查。L1、L2 线 211、212 保护装置为 RCS-931A 型和 RCS-902C 型双重化配置设备。装置首次投运时间是 2003 年 12 月 26 日，在 2007 年 9 月进行了一次间隔调整，L1、L2 线由原来的 213、214 间隔调整至 211、212 间隔，保护装置移位安装、调试验收后于 2007 年 10 月 12 日验收投运。

三、原因分析

线路 ABC 三相故障的顺序，保护动作三相出口的顺序，三相断路器的跳闸顺序，三相断路器位置继电器的变位顺序，以及故障录波采集的若干量的顺序，都会因为接线错误而变的阴差阳错，更何况上述组合太多，给故障的分析与处理带来麻烦与误导。

1. 211 断路器变位与 RCS-902 型保护开入的异常问题

9 日 19 时 10 分 10 秒 540 毫秒，220kV L1 线 A 相故障，A 相纵联距离、纵联零序、距离Ⅰ段动作跳开 A 相；897ms C 相故障，ABC 相纵联距离、距离Ⅰ段再次动作，ABC 三相跳闸。由于相继故障时间小于 1s，A 相保护重合闸不动作，属于正常现象。

对于保护开入量出现的断路器变位报告与故障发生以及三相跳闸的顺序不符问题。通过对 RCS-902 型保护装置动作报告分析可知，保护启动后 KCTA、B 相变位报告与断路器跳闸相别顺序不对应，可能的原因是存在 A、B 两相跳闸位置开入接反的问题。

经现场核实，L1 线 211 断路器保护装置Ⅰ屏电缆 1E-146（操作箱所在屏）到 211 断路器保护装置Ⅱ屏（RCS-902 装置屏）的 KCT 开入 A、B 相 9 号线芯与 10 号线芯号头标示套反，导致 RCS-902 屏的 KCT 开入 A、B 相两侧颠倒。造成了 RCS-902 型保护 KCT 开入与断路器跳闸相别不对应。

2. 212 断路器变位与 RCS-931 型保护开入的异常问题

9 日 19 时 10 分 10 秒 188 毫秒，220kV L2 线 A 相故障，A 相电流差动、纵联距离、纵联零序、距离Ⅰ段保护动作，通过对保护装置动作报告和故障录波电流波形分析，发现 L2 线 B 相断路器先于 A 相断路器 28ms 动作。分析认为是 RCS-931 型保护对应的第一套分闸回路的问题，可能的原因是第一套分闸回路 A、B 相别对应错误；或者是 A、B 相跳闸回路短路。

经检查保护 B、C 相开入异常的问题，是第一次检查时误判为操作箱内部配线错误，改线后造成了保护 KCT 开入与断路器跳闸相别顺序不对应的问题。当时忽略了 B、C 相合闸回路线颠倒对 KCT 的影响。因此确认保护的配线没问题，前期调整 B、C 相合闸回路线后，开入已经恢复正常，无须对保护配线做调整。

3. 故障相与跳闸相的不对应的问题

根据保护启动后变位报告，RCS-931 和 RCS-902 显示 B、C 相开入与断路器 B、C

相跳闸动作顺序不对应可能的原因是 B、C 两相跳闸位置开入接反的问题；或者是 B、C 两相合闸回路互相颠倒的问题。

经现场核查确认是 L2 线 GIS 汇控柜第一套分闸回路 A、B 相颠倒，造成了线路 A 相故障时 RCS-902C 型保护动作跳开 A 相，RCS-931A 型保护动作将线路 B 相跳开，导致了 B 相断路器无故障跳闸。

同时，在核查合闸回路时，发现 B、C 相合闸回路配线颠倒。

4. 212 断路器单相运行三跳不一致保护被闭锁的问题

220kV L2 线路 A、B 相跳开后，因保护装置 B 相跳闸位置开入 KCT 为 C 相跳闸位置，但 C 相有流，同时与操作箱跳闸位置不对应，不满足单相运行三跳切除故障的保护判据，延时 839ms 后，C 相故障，由于相继故障时间小于 1s，A 相保护重合闸不动作，ABC 相电流差动、纵联距离、距离 I 段保护再次动作，断路器三相跳开，L2 线失电。

三跳不一致保护的动作逻辑，即单相运行时切除运行相功能判据：有两相 KCT 动作且对应相无流（$<0.06I_N$），而零序电流大于 $0.15I_N$，则延时 200ms 发单相运行三跳命令。

四、防范措施

1. 加强专业管理

严肃以分管领导为组长的保护专业管理体系的管理职能，并在每年至少组织两次继电保护专业人员的继电保护专业会；建立严格的专业会协调、沟通机制，每季度开展至少两次继电保护专业分析会，每周一次继电保护缺陷和保护动作情况分析，保证专业工作的连续性。

2. 保证验收质量

针对故障暴露的问题，协调组织做好和其他专业间的配合工作，杜绝随意拆接设备配线的行为；建立明确的调试和验收标准，逐步建立保护设备投运前现场关键点调试图像档案资料；建全所有保护校验情况统计的电子登记卡，严格执行继电保护定期校验制度。

3. 强化专业素质

开展事故再讨论、再分析，各级专业人员要戒骄戒躁，认真吸取教训，杜绝“在一块石头前绊倒多次”的情况。加大专业技术培训力度，尽快提高专业人员技术水平，及时、全面、正确的分析保护动作报告和录波信息，提高故障处理的质量和速度。强化继电保护实训室的实训作用，特别是针对保护专业人员流动较快，新进职工较多的现状，逐步完善实训题库，提高从业人员的整体水平。加大暴露问题的考核力度，保证每一名专业工作人员对各项生产工作尽心尽力、尽职尽责，避免此类问题的再次发生。

第 11 节　220kV 线路断线与保护拒绝动作的行为

一、故障现象

某年 11 月 20 日 9 时 11 分，220kV 线路区内发生 A 相断线不接地故障。YAD 站侧线路保护未动作，XIY 站侧 RCS-931B/RCS-902BFM 型零序过电流Ⅳ段保护动作。故障线路与故障点的位置见图 5-30。

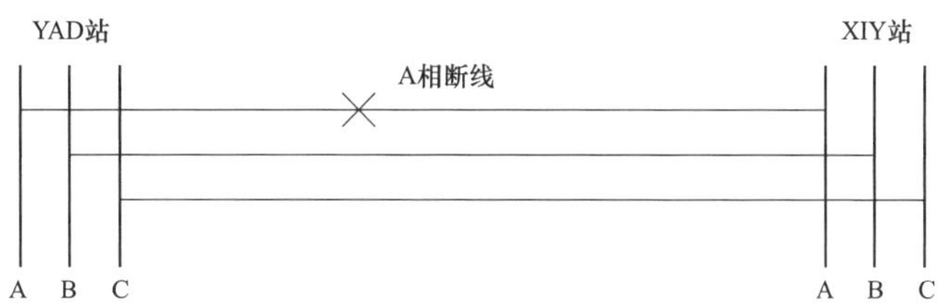

图 5-30　A 相断线故障位置示意图

二、检查过程

本次故障为断线不接地故障，两侧 RCS-931B 型和 RCS-902BFM 型主保护均无法满足动作条件，重点检查零序过电流Ⅳ段保护动作情况。

1. 保护定值检查

DX 线两侧零序Ⅳ段保护及相关定值如下：

YAD 站 TA 变比 1200/5，零序Ⅳ段定值 1.3A，时间定值 4s，方向投入；

XIY 站 TA 变比 1600/5，零序Ⅳ段定值 0.8A，时间定值 4s，方向投入。

2. 保护录波检查

YAD 站侧断线后零序电压、电流录波示意图如图 5-31 所示。XIY 站侧断线后零序电压、电流录波示意图如图 5-32 所示。

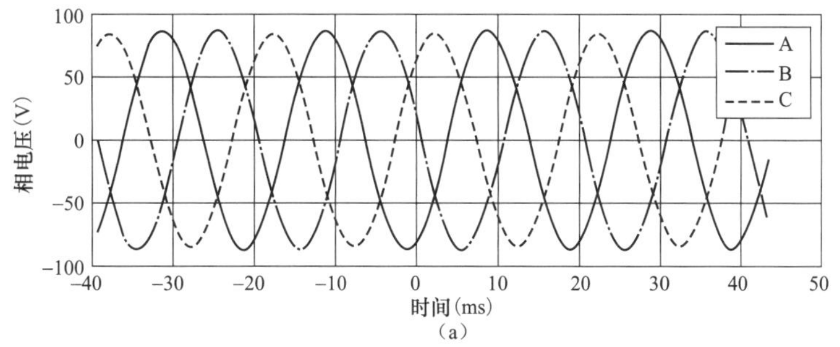

图 5-31　YAD 站侧零序电压、电流录波示意图（一）

（a）相电压录波

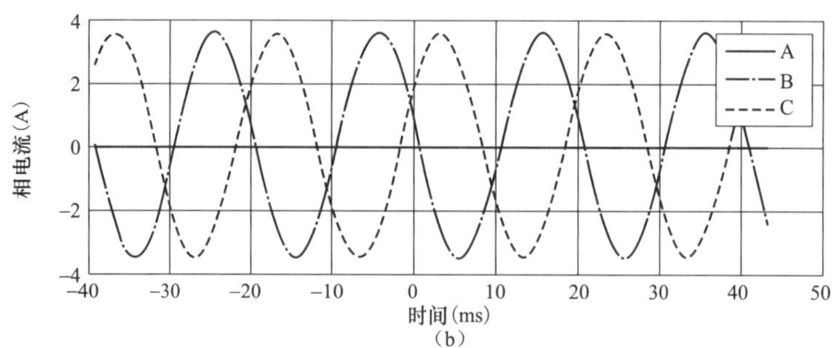

(b)

图 5-31　YAD 站侧零序电压、电流录波示意图（二）

（b）相电流录波

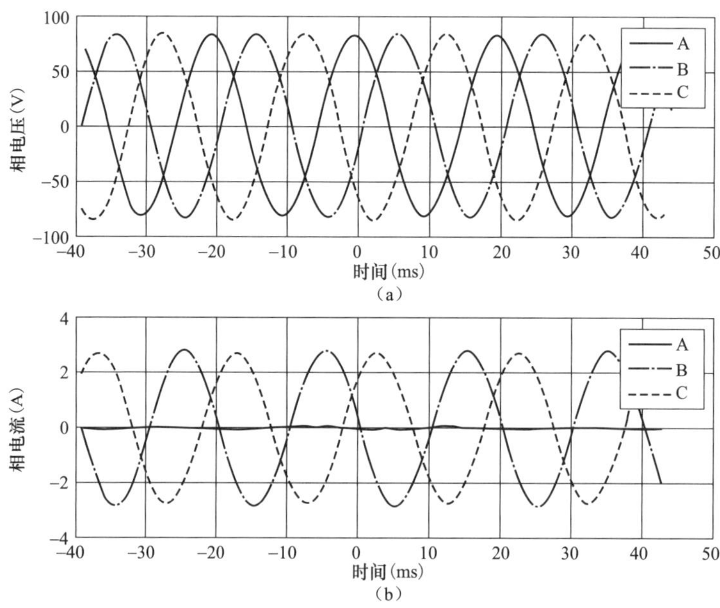

图 5-32　XIY 站侧零序电压、电流录波示意图

（a）相电压录波；（b）相电流录波

YAD 站侧零序电压、电流、功率如图 5-33 所示，完全断线后，零序电流值约为 2.05A，零序功率为正方向（P_0＜−1VA 零序功率为正方向，P_0＞0 零序功率为反方向）。

XIY 站侧零序电压、电流、功率如图 5-34 所示，完全断线后，零序电流值约为 1.55A，零序功率为正方向（P_0＜−1VA 零序功率为正方向，P_0＞0 零序功率为反方向）。

三、原因分析

现就断线故障情况下零序过电流保护动作情况做如下分析：

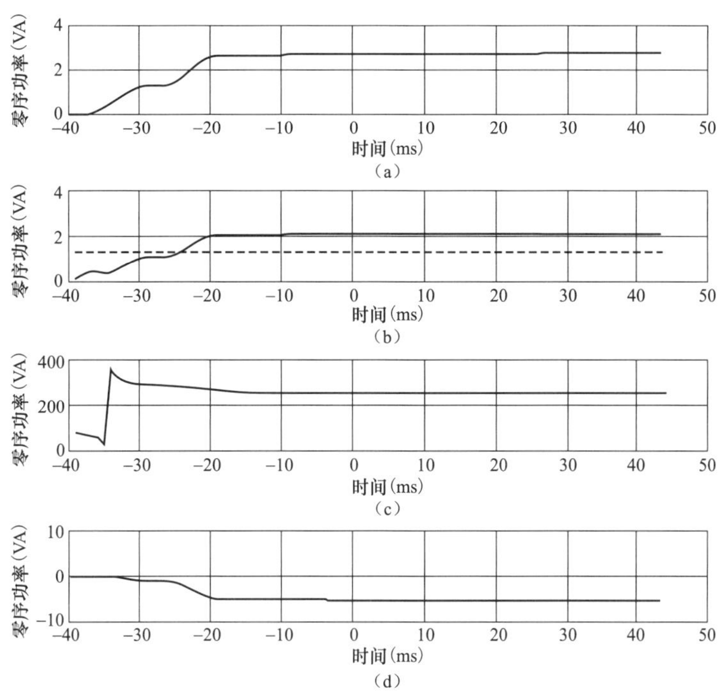

图 5-33　YAD 站侧零序电压、电流、功率示意图

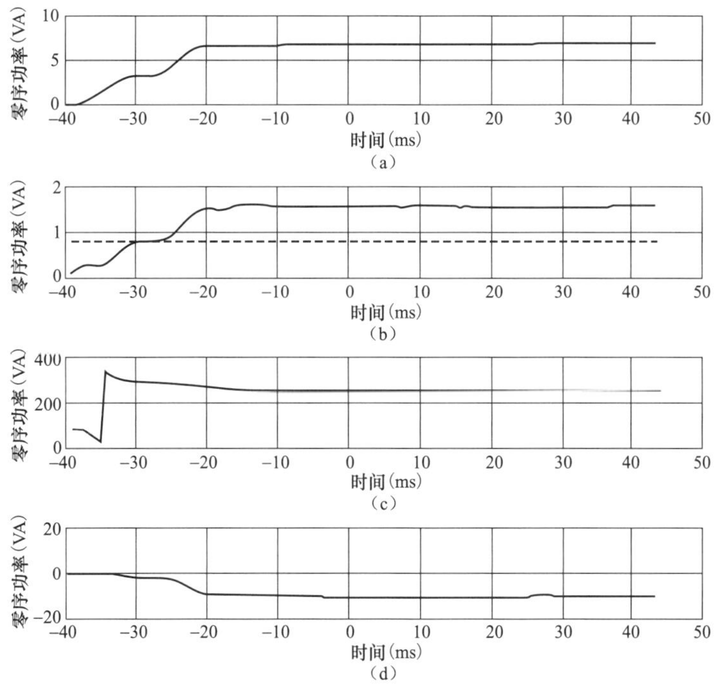

图 5-34　XIY 站侧零序电压、电流、功率示意图

1. 保护定值低的一侧动作跳闸

从上述录波数据计算可知，区内A相断线后，两侧零序功率方向均判别为正方向。同时从录波器的数据可以看出，由于本次断线故障的过程是缓慢发展的，零序电流呈现逐渐增大的过程。同时，YAD站二次定值1.3，换算成一次值为312A；XIY站二次定值0.8，换算成一次值为256A。显然，YAD站零序Ⅳ段定值大于XIY站。因此XIY站侧的零序Ⅳ段先满足动作条件动作出口。随着XIY站侧三相断路器跳开，YAD侧零序Ⅳ段条件不满足，因此未动作。

2. 断线故障电流与负荷电流密切相关

断线不接地故障属于纵向单一故障类型，其零序电流值能否达到动作电流值取决于负荷电流大小，负荷电流越大，断线后的零序电流也越大；而零序功率反映了保护安装处背后阻抗特性，其方向则取决于断口相对于保护安装处的位置，若断口位于保护正方向，则零序功率方向为正；断口位于保护反方向，则零序功率方向为负。

本次故障，两侧保护动作行为符合设计原理。

四、防范措施

投入断路器跳闸启动远跳功能，以避免一侧跳闸另一侧不跳的问题出现。

第12节　220kV线路接地故障导致相邻的高频电缆绝缘击穿

一、故障现象

某年9月16日15时50分，DAH发电厂220kVⅡ线发生B相接地故障，设备动作情况如下：

1. 220kVⅡ线901A保护

220kV Ⅱ线 LFP901A保护纵联方向、纵联零序、距离Ⅰ段先后动作，1s后重合成功，故障测距2.3km。

2. 220kV Ⅱ线902A保护

LFP902A保护距离Ⅰ段、纵联距离、纵联零序先后动作，1s后重合成功，故障测距2.2km。

3. 故障录波器

1、3、5、6号发电机-变压器组录波器启动，启动量为主变压器高压侧零序电流；3号高压备用变压器录波器启动，启动量为高压备用变压器零序电流。根据显示，1号主变压器零序电流2154A；3号主变压器零序电流4090A；5号主变压器零序电流348A；6

号主变压器零序电流 228A；3 号高压备用变压器零序电流 3449A；01、02 号高压备用变压器因无录波器零序电流无记录，推算结果在 1500～2000A 之间。

4. 高频通道

运行人员定期检查 220kV Ⅰ、Ⅱ线高频通道发现 220kV Ⅰ、Ⅱ线高频收发信机均不到收信号，高频通道中断。

发电厂的系统概况。发电厂是从母线经过电缆到连接站送出的，网控室保护安装处至连接站距离约 1.5km，共有 5 条 220kV 输电线路，其中 3 条线均为全光纤保护，220kV Ⅰ、Ⅱ线为由一套光纤纵联方向保护、一套高频距离保护组成。

高频电缆情况，共有 6 根高频电缆联络网控室至连接站之间，其中有 4 条改光纤后退出运行；2 条在役，即 220kV Ⅰ、Ⅱ线。退出运行的高频电缆地线的连接依然完整。

根据反措的要求，已用 $100mm^2$ 铜排将其高频电缆两端连接，正常主变压器接地方式为 1、3、5、6 号主变压器接地，01、02、03 号高压备用变压器接地。发电厂的系统结构见图 5-35。

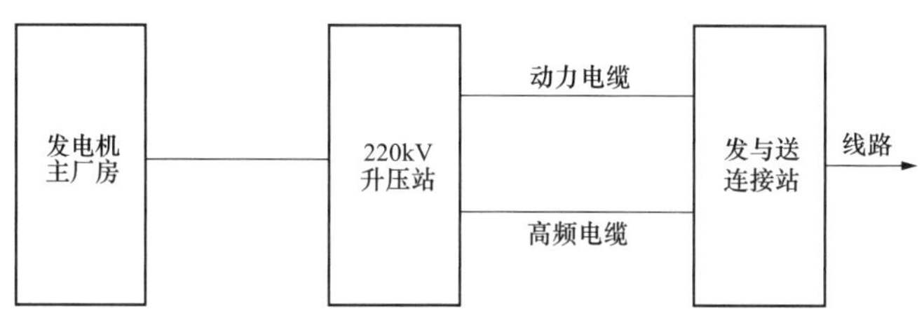

图 5-35　发电厂的电气系统布置与关联示意图

二、检查过程

1. 结合滤波器处的高频信号测试确定了高频电缆的故障

联系地调停用 220kV Ⅰ、Ⅱ线高频保护进行检查。让线路对侧停信，发电厂侧发信，其结合滤波器处高压侧收信电平为 16dB，数值太低；让线路对侧发信，发电厂侧收信，结合滤波器处高压侧为 32dB，属于正常。由此判断为发电厂侧高频传输的衰耗过大，高频通道存在故障。针对这一问题，安排了以下工作：

（1）对运行高频电缆的检查。对 2 根运行的高频电缆进行检查，发现 220kV Ⅰ、Ⅱ线高频通道直阻正常，但高频芯与屏蔽层绝缘为零，绝缘已经被损坏。

（2）对备用高频电缆的检查。检查其余 4 根备用高频电缆，在高频电缆中间处全部被烧断。自断开处分别向保护安装侧及结合滤波器侧检查高频芯线与屏蔽层绝缘结果见

表 5-4。

表 5-4　高频芯线与屏蔽层绝缘结果　MΩ

序号	A 段（升压站—中间断开处）	B 段（中间断开处—连接站）
1	10	0
2	100	0
3	0	1
4	0	10

为了解决运行高频电缆的备用问题，将 A 段的 1 号与 B 段的 3 号高频电缆对接为一根；将 A 段的 2 号与 B 段的 4 号高频电缆对接为一根，代替 220kVⅠ、220kVⅡ线损坏的高频电缆，以解燃眉之急。

2. 收发信机处的测试确定了背版接线的故障

将电缆修复后进行了起信与发信的检查，结果 220kVⅠ、Ⅱ线发信机的起信电平增加 10dB，发信电平减少 14dB，因此判断发电厂侧的高频通道故障依然存在故障。将备用的收发信机所有插件更换至 220kVⅠ、Ⅱ线收发信机机箱后进行测试，结果同上。由此，判断收发信机机箱背板击穿。更换收发信机机箱后，收发信电平恢复正常，经检查是发信机的背板接线被击穿，处理后通道正常。

三、原因分析

造成高频电缆损坏的主要原因有以下几点：

1. 线路出口短路，接地故障电流很大

由于 9 月 16 日 220kVⅡ线的接地故障位于距离发电厂连接站仅不足 0.5km 的地方，如此短的距离，形同于理论上的母线出口短路，其线路阻抗对于短路故障电流的限制作用是微不足道的，故障电流高达 14000A。

2. 高频电缆长，两端的电位差很高

发电厂主厂房接地网与连接站接地网因距离太远，接近于 2km，当 220kVⅡ线发生单相接地故障时，高达 14000A 的电流进入该地网，如此大的电流造成地电位升高严重，同时造成两端之间出现较大的电位差。

3. 主厂房与升压站之间接地网连接不够紧密，加剧了电位差的程度

发电厂主厂房接地网与连接站接地网因距离太远，而且尚未直接相连。直接金属连接主厂房接地网和连接站接地网的是 6 根高频电缆的屏蔽层及根据反措要求敷设的链接高频电缆两端的 100mm^2 铜排。而且发电厂高频电缆沟距地表较近，经过厂外区域地段

占一半以上，电缆沟内铜排屡有被盗现象，虽然有明显开挖盗窃铜排的均已修复，但不排除有人打开盖板盗割铜排后又恢复盖板，就造成无法及时发现铜排中断的问题。可以说该铜排无法实现在线检测，其完整性是难以保证的。

由于以上原因，220kVⅡ故障时在高频电缆的屏蔽层与芯线之间感应出很高的电压，击穿了高频通道绝缘的薄弱环节，导致高频电缆断线、绝缘损坏，以及收发信机背板的绝缘损坏。

四、防范措施

1. 保证地网的完整性

发电厂连接站与线路保护安装处距离如此之远，接近于 2km，但是两个地网之间必须加强其连接，保证整体接地电阻的合格。

2. 保证高频电缆附设 $100m^2$ 铜线的完整性

解决铜排的盗窃问题，保证高频电缆附设 $100m^2$ 铜线的完整性，以减少系统短路时的电位差。

3. 改高频通道为光纤通道

光线通道不存在绝缘击穿的问题，如此可以确保万无一失。

以上措施，1 与 2 投资巨大，工程量大，竣工期长，竣工后难以防范铜排的盗窃问题，建议更换为光纤通道。

第 13 节　500kV 变电站 TA 对地绝缘击穿与保护动作行为

500kV ZAR 变电站、NAJ 变电站、HEY 变电站 TA 曾经先后发生对地绝缘击穿事故，可以说 TA 绝缘击穿故障时有发生，结果是相关保护表现出不同动作行为。现将 500kV ZAR 站的故障分析如下：

一、故障现象

7 月 9 日 500kV ZAR 站线路高频方向、距离保护动作；母线保护动作。5032、5033、5012 断路器跳闸。ZAR 站的一次系统结构见图 5-36。

二、检查过程

是线路保护的动作信息给人们了一个提示，即线路发生故障了。因此，巡线检查工作全面展开。沿着线路满山遍野地寻找故障，但是没有找到任何蛛丝马迹。在未发现系统故障的条件下对线路送电，结果再次跳闸。隔离 5033TA 后，进行了绝缘测试，绝缘电阻结果如下：A 相∞MΩ；B 相∞MΩ；C 相 0MΩ。

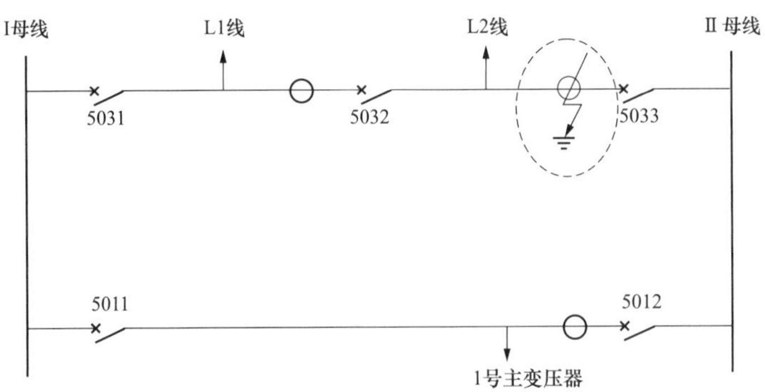

图 5-36　变电站的系统结构

由此确认 5033TA 的 C 相一次侧被击穿。5033 断路器 TA 发生接地故障的位置分析见图 5-37。

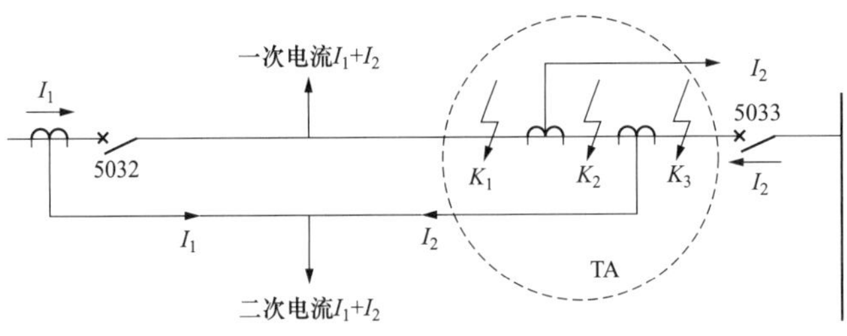

图 5-37　正常电流的流向图

三、原因分析

1. TA 发生接地故障时线路保护的死区不可避免

根据 TA 故障的特性，结合现场的具体情况，对线路保护以及母线保护的动作区域进行划分，结果如下：

对于 5033 断路器 TA 发生的接地故障，若故障在 K_1 时，只有线路保护动作；若故障在 K_3 时，只有母线保护动作；电气上只有 K_2 一点故障时，才能发生线路与母线保护同时跳闸的问题，但实际上的 K_2 点并不存在。如此只有用电磁理论分析可找到答案。

从主观愿望出发 TA 内部对地故障时，希望线路与母线保护都动作，否则后患无穷。如果只有一方面保护动作则只能靠失灵保护切除短路故障，时间太长。

2. TA 故障的特性对保护动作边界的影响不可忽视

对于本段的内容如果换一种说法，则是 TA 故障与保护动作行为的模糊理论以及边界区域问题分析。

前曾述及，TA 的特性与保护的特性都是人分析出来的，保护自身并不知道。但是 TA 故障时保护的特性如何，恐怕不清楚的不仅仅是 TA 与保护本身，而且人也在其中，也在并不清楚保护的特性如何的范围内。因此，提出一种模糊理论与临界区域，一便对 TA 故障时的特性与保护动作行为的再认识。

（1）TA 二次侧的电流没有正确反应一次侧的状况。保护的正确动作是人们所希望的，TA 自身的绝缘击穿或 TA 自身的故障，也同样如此，同样希望保护能够正确动作。不过，这仅仅是表达了一种愿望而已，在本书中就有几个故障处理的实例，分析的是故障期间 TA 二次侧的电流并不只是一次变二次的结果，不只是由一次传变到二次所变换得到的结果。而是一次侧电流直击到二次回路的结果，或者说是一次侧电流贴到二次回路的，还有一种是一次侧电流分流到二次回路的。如果保护采集到的是如此的一个电流，你还有什么指望呢，还有什么理由要求保护装置作出什么准确的判断。

（2）区域划分与责任划分难以界定。谈到故障处理摆脱不了责任划分，责任划分的标准是难以确定的。

也许是由于考核的原因。也许是由于三不放过的缘故，即事故原因不清楚的不放过，事故责任者和应该受教育而没有受到教育的不放过，没有采取防范错失的不放过。专业人员养成了一种习惯，就是关于事故处理的结局一定要做到水落石出，一定要做到泾渭分明，一定要分清责任。正是如此，由于责任划分的界定问题，使得故障处理不容易处理了，使得很容易了解到的信息却不容易得到了。出现的一种不正常的现象是，能藏得藏，能掖得掖，将光明正大的工作逼向了专业工作的死胡同。

（3）临界区域是一种客观存在。鉴于上述状况，为了责任划分变得更轻松，为了甩掉包袱去处理故障，为了严格意义上的正确动作与不正确动作的划分，本着不为失误找原因，只为成功找方法的思路，开辟一个关于 TA 的特性而影响保护动作行为的区域，即临界动作区。提出一种所谓的模糊理论，在 TA 的模糊地段的绝缘击穿或接地故障，无需界定保护的动作行为的正确性。也就是模糊地段无需识别正确动作与不正确动作。如果在模糊的地段保护正确动作了，你就赚了；如果不正确动作了，你就认了，因为结果本该就是如此。这就是模糊区域与模糊理论的基本理念。

实际上，TA 故障的现实中，理论上的那个故障点本来就不存在。还拿寻找故障点的行为来寻觅 TA 的那个不存在点，也是一种误区。在工作中如何避免误区，建立起一种故障处理的新秩序，是继电保护工作者的神圣使命，也是一种不可推卸的责任。

四、防范措施

要求制造厂，在提高电流互感器 TA 的一次带电部分的绝缘水平方面多下功夫。比如提高绝缘材料的材质，提高加工过程的工艺水平等。

要求运行部门，加强定期的绝缘检查，发现问题后及时处理，以避免同类故障的再次发生。

第 14 节　变电站倒闸操作导致线路 TV 故障与过电压保护误动作

一、故障现象

某年 3 月 8 日在 ZOD 发电厂 500kV 升压站进行倒闸操作，17 时 40 分左右操作 L1 线 50221 隔离开关时 L1 线 5021 断路器跳闸，L1 线保护“LFP-925 过电压跳闸”、“5021 断路器出口跳闸”、L1 线 LFP-925 保护装置“VT”红灯亮，CZX-22A 继电器箱 TA、TB、TC 红灯亮。L1 线跳闸前有功负荷 240MW。

二、检查过程

1. 保护装置定值检查

对 LFP-925 型保护装置定值的检查结果：过电压保护启动电压为 66.39V，保护跳闸电压为 69.28V，保护跳闸时间为 0.2s。可见保护的定值正确。

2. 保护装置动作记录检查

对 LFP-925 型保护装置动作记录进行了检查，结果表明装置保护有 5 次启动记录。

3. 故障录波器录波检查

L1 线 TV 二次电压与联变电压录波数据记录情况见表 5-5。

表 5-5　　L1 线与联变电压的数据对比

时间 17 时	L1 线各相电压（V）				联变各相电压（V）				启动量
	U_A	U_B	U_C	$3U_0$	U_A	U_B	U_C	$3U_0$	
30:19	62.06	61.80	62.32	4.51	61.88	61.36	62.36	0.20	通道 1、2 故障
31:42	63.35	61.80	61.97	9.45	62.13	61.33	62.01	0.20	通道 1、2 故障
32:50	63.61	62.33	61.97	14.52	61.46	61.97	62.15	0.20	通道 1、2 故障
40:52	70.40	62.79	61.47	31.84	61.59	62.03	61.82	0.18	通道 1、2 故障
42:01	67.52	62.14	62.34	38.72	62.24	61.51	61.95	0.18	通道 1、2 故障
42:40	70.44	62.04	62.47	41.82	61.90	61.39	62.37	0.17	通道 1 故障
43:44	71.71	62.02	62.64	48.62	61.69	61.60	62.42	0.17	通道 1 故障，断路器跳闸

4. 电压测量情况

L1 线合环送电后对线路 TV 二次电压的测量结果：

绕组 1：U_{an}=57.14V，U_{bn}=61.04V，U_{cn}=60.88V；

绕组 2：U_{an}=57.2V，U_{bn}=61.08V，U_{cn}=60.83V。

而且 TV 二次开关前后数值一致。对比 L2 线 TV 二次电压的测量结果：

U_{an}=60.95V，U_{bn}=61.02V，U_{cn}=60.94V。

三、原因分析

根据故障录波器记录和对保护装置检查情况，可以得出：L1 线 LFP-925 型保护动作时，L1 线 TV A 相二次电压已达保护定值，保护正确动作。其他问题分析如下：

1. TV 电压输出有问题

将 L1 线 TV 二次电压波形与同时采集的联变 TV 二次电压波形对比，可以看出：断路器跳闸前 L1 线路 TV A 相二次电压波形畸变严重，幅值大幅升高。因此，确认 TV 一、二次传变有问题。

2. 操作线路隔离开关造成 L1 线 A 相过电压

由操作 50221 隔离开关时的录波波形图可知，断路器跳闸前 L1 线路 TV A 相二次电压波形畸变严重，呈三角形。而且电压明显升高，录波图显示换算到一次侧最大峰值 732.33kV。TV B、C 两相二次电压波形正常，幅值正常。零序电压有不规则的交流波形。

由于 CVT 不存在铁磁谐振问题，因此是操作 50221 隔离开关造成 L1 线 A 相过电压，或局部谐振过电压。

操作过电压造成 L1 线线路 TV A 相二次波形畸变，且幅值大幅波动，引起 L1 线 LFP-925 型保护动作、出口跳闸及高频通道故障。

3. 过电压导致 TV 损坏

根据电压测量情况可知，系统恢复后 L1 线 TV 二次电压与 L2 线 TV 二次电压比较，L2 线路 TV 二次电压三相平衡，L1 线路 TV 二次电压三相不平衡，A 相电压偏低 3.8V 左右，而且两绕组数据一致。所以，L1 线路 TV A 相二次绕组正常，一次绕组或分压电容存在缺陷。

由此可以断定，操作 50221 隔离开关导致 L1 线过电压，造成了 A 相 TV 损坏。50221 隔离开关在系统中的位置见图 5-38。

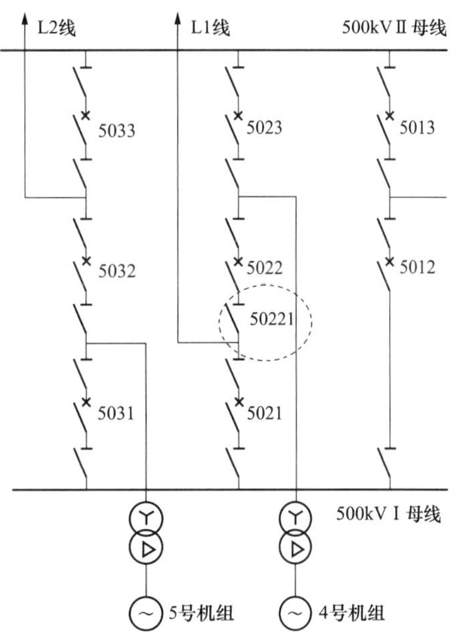

图 5-38　50221 隔离开关在系统中的位置

四、防范措施

1. 注意事项

在 L1 线 A 相 TV 缺陷处理之前，要求运行人员巡检时注意保持足够的安全距离。

为了防止操作过电压造成对 L1 线 A 相 TV 的再次遭受冲击，L1 线停电时要求首先停掉线路对侧断路器，然后断开本侧断路器。

2. 更换 TV

退出 L1 线 LFP-925 过电压保护，准备好 TV 备品。申请 L1 线停电，并且做好安全措施，更换 L1 线 A 相 TV。

L1 线 A 相 TV 更换后，对相关电压进行了全面测试，结果均正常。

第 15 节　线路 TV 二次中性点漂移导致过电压保护误动作

一、故障现象

1. 500kV NAJ 站 JZⅡ线路保护发“TV 断线”信号

某年 8 月 30 日，500kV NAJ 站 JT 线发生接地故障的同时，JZⅡ线路保护报“TV 断线”信号。从原理上讲 JT 线（原 ZOJ 线）任何一相发生接地故障时，不应该导致另一线路的 TV 断线报警，因此，CVT 的二次回路与线路保护的静态特性是检查主要目标。

2. 500kV NAJ 站 JT 线路过电压保护误动作

8 月 31 日，安排对 JT 线 CVT 的二次回路接线进行检查，在检查过程中过电压保护误动作，断路器跳闸。当时系统运行正常，站内也没有设备操作等事宜，因此过电压保护的行为属于误动作，分析清楚误动作的原因是问题的关键所在。

疑点分析：①确认过保护动作的正确性，即理清保护是正确动作还是误动作；②确认线路保护启动“TV 断线”信号的电气量；③确认启动过电压保护的电气量。

二、检查过程

首先检查了 JT 线 CVT 二次电缆各相的绝缘，结果正常。然后对接线进行了检查，对 CVT 的二次回路的 N 相接地、C 相接地、无接地三种状况进行了试验。

1. 接线检查

（1）JZⅡ二次线 N600 接地情况检查。8 月 30 日，500kV NAJ 站 JZⅡ线路保护报“TV 断线”信号，检查发现其 CVT 二次对地电压不平衡，初步判断为 JZⅡ线中性线 N600 接地有问题。

对 JZⅡ线的 N600 相关回路逐步进行了检查，确认引发其 JZⅡ线 N600 异常的原因在于 500kV JT 线 CVT 二次回路接地异常，即 JZⅡ线的接地问题是 JT 线的接线过渡屏接地不正常造成的，接线见图 5-39。

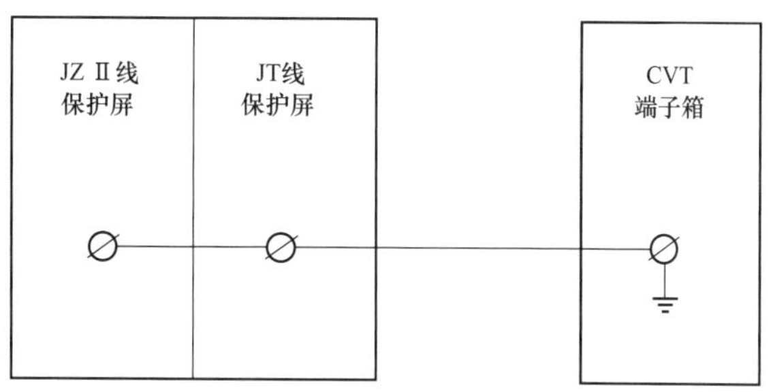

图 5-39 ZIJⅡ线经过渡屏接地

对 JT 线的 CVT 二次回路进行检查。经测量发现 JT 线 CVT 二次侧 A 相、B 相对地电压为 105V，C 相对地电压为 2V，N600 对地电压为 60V；A、B、C 相对 N600 的电压正常。上述数据表明 JT 线 CVT 二次电压回路 C 相存在经过渡电阻接地现象，N600 没有接地；也就是说该接地的没有接地，不该接地的却接地了。

（2）JT 线 CVT 二次 C 相接地情况检查。对 JT 线 CVT 二次回路进行了检查。随后对室外 CVT 端子箱的二次接线进行了核对，发现 JT 线 CVT 第二绕组的 C 相输出端子与其他相比多出一根芯线，将多出线芯解除后，JT 线 CVT 二次电压回路恢复正常。由此断定 JT 线 CVT 二次电压回路 C 相接地是由多出的芯线造成的。

经进一步核查发现多出的线芯是用于原 ZOJ 线“线路电压互感器断线信号”监视回路，接线见图 5-40 所示。

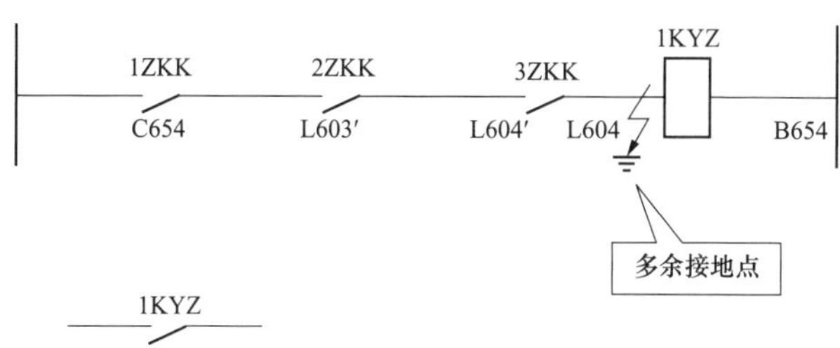

图 5-40 原线路电压互感器断线信号监视回路

2004 年 ZOJ 线开断，保护更换时将该回路取消，之后在 NAJ 站 ZOJ 线命名为 JT 线。但基建施工时该回路没有彻底拆除，只是将保护室内的电压监视继电器 1KYZ 等随保护屏拆除，而室外 CVT 端子箱内部的多余接线并没有去除，造成到控制保护室的 L604 线芯接地运行，同时也留下了 CVT 二次 C 相电压（C654）接地的不正常状态。

（3）其他 CVT 二次线 N600 接地情况检查。并对 NAJ 站其他 500kV 出线间隔进行了排查，发现济韶线（原华济线）、JZⅠ线等所有的线路接地都不正常，而且所有间隔均存在同样问题。

2. CVT 二次运行电压的测量

（1）C 相不接地，中性点 N600 未接地时的测试数据见表 5-6。

在二次系统不接地的情况下，能够测出对地电压的条件是回路与地之间杂散电容的存在，原理类同于中性点不接地的发电机一样。

表 5-6　　　　测试数据（一）

测量回路	A—地	B—地	C—地	N—地	AN 相	BN 相	CN 相	AB 相	BC 相	CA 相
第一组 651				2.5V	63.8V	60.3V	59.9V	106V	106V	106V
第二组 654				2.5V	64.0V	60.3V	59.8V	106V	106V	106V

（2）C 相接地，中性点 N600 未接地时的测试数据见表 5-7。

表 5-7　　　　测试数据（二）

测量回路	A—地	B—地	C—地	N—地	AN 相	BN 相	CN 相	AB 相	BC 相	CA 相
第一组 651	105V	105V	0V	60V	60V	60V	60V	106V	106V	106V
第二组 654	104V	105V	0V	60V	60V	60V	60V	106V	106V	106V

第一组 651；相位关系：AN、BN 相之间 120°，AN、CN 相之间 240°。

第二组 654；相位关系：AN、BN 相之间 120°，AN、CN 相之间 240°。

（3）C 相不接地，将中性点 N600 接地后的测试数据见表 5-8。

表 5-8　　　　测试数据（三）

测量回路	A—地	B—地	C—地	N—地	AN 相	BN 相	CN 相	AB 相	BC 相	CA 相
第一组 651				0V	61V	61V	61V	106V	106V	106V
第二组 654				0V	61V	61V	61V	106V	106V	106V

（4）结论：

1）C 相接地时，各相电压平衡，各线电压平衡，各相对地电压不平衡；

2）N 相接地时，各相电压平衡，各线电压平衡，各相对地电压均平衡；

3）无接地点时，中性点电压而且数值不确定，各线电压平衡，各相电压不平衡、各相对地电压不平衡。

经过渡电阻接地时的数据介于接地与不接地之间。上述 JT 线的 CVT 二次回路 C 相接地表征为经过渡电阻接地。

3. 保护装置的动作电压检查

JT 线路的过电压整定值为 $1.3U_N$，保护装置各相的动作电压如下：

A 相：74.1V；B 相：74.0V；C 相：74.2V。结果正确。

三、原因分析

1. JZⅡ线“TV 断线”信号是 CVT 二次接地不正常以及系统接地故障造成的

根据上述的测试结论可知，CVT 二次回路如果存在正常的接地点，即无论是 N 相接地或是 C 相接地，只要接地可靠，则各相电压平衡，各线电压平衡，线路电压报警功能不会误动作。尽管 C 相接地时各相对地电压不平衡，但是如果系统运行正常，则不影响各相电压的平衡。

一年的运行状况已经证实，电网正常运行时没有信号发出。线路上存在故障时，地电流在变电站产生的电位差 $\Delta\dot{U}$，叠加到保护屏的 N600 端子与地，造成相电压不平衡，达到定值而报警。接地时叠加的电压见图 5-41。

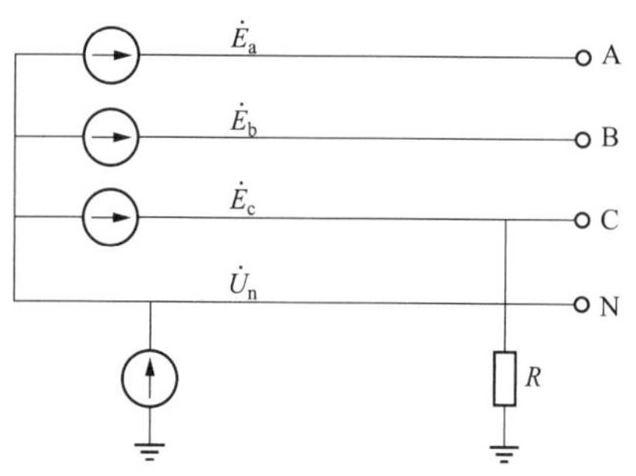

图 5-41　接地时叠加的电压 $\Delta\dot{U}$

因此，JZⅡ线保护发“TV 断线”信号是 CVT 二次接地不正常以及系统接地故障造成的。

“TV 断线”信号的判据为：

$|3\dot{U}_0| = |\dot{U}_a + \dot{U}_b + \dot{U}_c| < 8V$，保护的启动元件不启动，延时 1.25s 后发告警信号。

2. JT 线过电压保护误动作是接地点消失造成的

8 月 31 日 11 时 15 分，在对 JT 线 CVT 二次回路检查过程中，NAJ 侧 500kV JT 线 RCS-925A 型保护装置过电压保护动作出口，断路器跳闸。

分析认为，是 JT 线 CVT 二次回路 N600 电压偏移，进而造成 RCS-925A 型保护装置电压采样异常，达到过电压保护定值，导致保护动作。而引起 N600 电压偏移的原因在于 CVT 二次回路中性点没有接地，因为室外 CVT 端子箱内多出的 C 相输出线的接地，在回路检查时断开了，如此 CVT 二次回路的接地线已经消失。

500kV NAJ 站的系统结构见图 5-42。

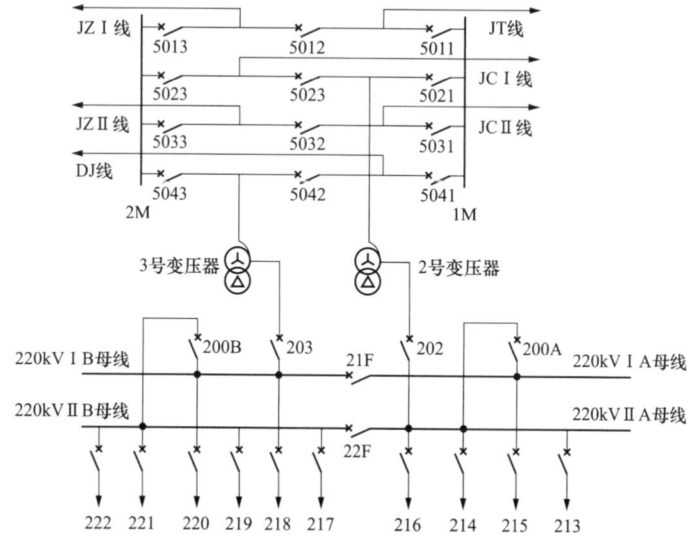

图 5-42　500kV NAJ 站系统结构与故障线路

四、防范措施

1. 解除多余的寄生回路

加强基建改扩建二次回路的验收把关，杜绝寄生回路的存在。将 JT 线 CVT 端子箱内“互感器断线报警”多余的电缆解除，鉴于济韶线（原华济线）、JZ Ⅰ 线两个间隔均存在同样情况，于是一并进行了处理。

2. 保证二次接地的可靠性

由于 JZ 线的 N600 是经过渡屏 JT 线、中继屏后才接地的，而中继屏在变电站改造时已经拆除，同时过渡用的接地线也已经断开，所以造成了 N600 的不接地运行。由此得出的结论是，在进行运行设备的检查与测试时，应始终保证接地的存在。

因此，变电站改造时既要解决多余的寄生回路，又要保证二次接地中性线的可靠接地，很有必要。

第 16 节　线路 TV 二次电压波形畸变与过电压保护误动作

一、故障现象

某年 11 月 16 日 8 时 58 分，500kV FAW 站 5051 断路器瞬间红灯熄灭，绿灯闪光，警笛与警铃一并响起；ZW 线控制屏“过电压保护”跳闸光字牌亮；ZW 线高压电抗器“TV 断线”、装置告警光字牌亮。

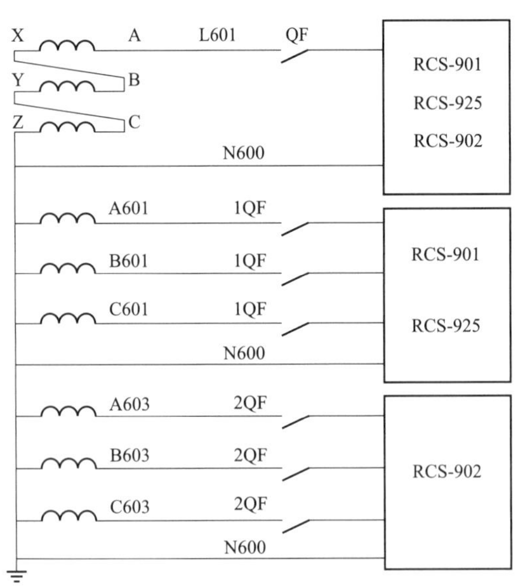

图 5-43　CVT 二次电压电路图

500kV FAW 站 ZW 线保护屏 LFP-925 型过电压保护动作，“VT”灯亮；5051 断路器三相掉闸，重合闸未动。RCS-925 型保护过电压保护动作后启动远方跳闸跳对侧断路器。

5051 断路器掉闸前，RCS-901 型保护、RCS-902 型保护记录电压异常；故障录波器启动录波，电压也有异常。500kV ZW 线线路 CVT 三相二次电压分别为：A 相 69.11V、B 相 37.03V、C 相 59.16V，CVT 的二次电压接线见图 5-43。

疑点分析：①线路 CVT 三相电压出现了严重不对称的现象，是一次系统的原因还是二次设备的问题？②二次 A 相电压出现了谐振过程，其相电压升高达到保护的整定值而动作出口断路器掉闸，原因何在。

二、检查情况

1. 故障录波检查

保护装置电压故障录波波形畸变现象严重，存在有谐波成分。断路器跳闸前 A 相电压振荡过程明显，振荡时间 200ms。

2. 保护动作情况检查

RCS-901、RCS-902、RCS-925 型保护都显示 A 相电压升高，超过过电压保护动作值。三组保护电压取自同一个 CVT，其中 RCS-901、RCS-925 电压取自同一个电压二次绕组，RCS-902 电压取自同一个 CVT 另一个电压二次绕组，其他 CVT 未见异常。

RCS-925 型过电压保护动作判据：当线路本侧过电压，保护经过电压延时跳本侧断路器。过电压保护可反应任一相过电压动作（三取一方式），也可以反应任三相均过电压动作（三取三方式），由控制字整定。本线路采用的是前者。

过电压保护的返回系数为 0.98，过电压保护的跳闸命令发出 80ms 后，若三相均无电流时收回跳闸命令。

过电压保护启动远跳，当线路本侧过电压元件动作，而且“过电压保护启动远跳”控制字为 1，如果满足下列条件，则启动远方跳闸：

“远跳经跳位闭锁” 控制字为 1，本侧断路器 KCT 动作，且三相均无电流；

“远跳经跳位闭锁” 控制字为 0，当对侧远方跳闸保护收到本侧的远跳信号时，再根据其就地判据判断是否跳开断路器。

3. 相关设备的检查与操作

（1）FAW 站。

1）检查 500kV ZW 线一、二次设备无异常。

2）高抗一次设备故障，对高抗油样进行采样分析，未见异常。

3）对 CVT 红外测温，结果正常。

4）FAW 站停用 500kV ZW 线 LFP-925 型保护，并将 ZW 线高抗停电。

5）合上 500kV ZW 线 5051 断路器对线路充电。

（2）BOZ 站。合上 500kV ZW 线 5023、5022 断路器并环。

三、原因分析

1. 二次接地断线导致电压中性点漂移

CVT 二次 N600 接地断线导致电压中性点漂移，出现了 A 相 69.11V、B 相 37.03V、

C 相 59.16V 严重不对称的状况。

2. 消谐系统暂态特性变坏导致电压波形畸变

问题出在 CVT 的谐振，当时因为高抗故障引发了 CVT 谐振的过程，导致电压暂态特性变坏，致使电压波形畸变。

另外，CVT 暂态特性变坏也会导致电压波形畸变。

四、防范措施

在运行维护过程中以及检修时注意以下两点：

（1）注意检测二次电压中性点漂移情况，当二次电压出现零序超标时，要认真分析并查明原因。

（2）注意消谐系统的特性检查，防止已经损坏的设备还在系统中运行，预防消谐系统暂态特性变坏导致电压波形畸变。

第 17 节　发电机-变压器-线路组重合闸设置问题

本文所考虑的问题是，对于发电机-变压器-线路组接线的方式下，在线路上是否考虑装设重合闸的问题。如果需要装设，则重合闸的重合方式应该如何设置？

一、系统概况

HEY 发电厂一次系统的结构见图 5-44，相关设备参数如下：

发电机参数：额定有功功率 P_N=130MW，额定电压 U_N=15.75kV，额定电流 I_N=5606A，额定功率因数 $\cos\varphi$=0.8，暂态电抗 X'_d=20.6%，次暂态电抗 X''_d=14.96%。

线路参数：额定电压 220kV，线路长度 $L \approx$ 9km。

变压器参数：额定容量 S_N=160MVA，额定电压 U_N=15.75kV，电压变比 242/15.75kV，电流变比 382/8565A，短路电抗 X_d=13%。

发电厂电气一次系统接线的特点：一是发电厂采用发电机-变压器-线路组式接线；二是线路较短，不足 10km。

图 5-44　发电厂系统结构图

二、短路计算

首先计算线路出口两相短路时发电机所提供的负序电流，然后计算线路出口单相短路时发电机所提供的负序电流。此时考虑的问题主要是重合到故障线路对机组的冲击影响，因为这要比单相故障跳闸后非全相状况下更为严重。

1. 两相短路计算

取 S_B=1000MVA

则发电机 $X''_{d*}=\dfrac{14.96}{100}\times\dfrac{1000}{130/0.8}=\dfrac{0.1496\times1000\times0.8}{130}=0.92$

变压器 $X_{d*}=\dfrac{13}{100}=0.13$

线路出口三相短路电流 $I_3=\dfrac{1000\text{MVA}}{\sqrt{3}\times15.75\text{kV}\times(0.92+0.13)}=35\text{kA}$

对应的两相短路电流 $I_2=\dfrac{\sqrt{3}}{2}\times I_3=0.866\times35\text{kA}=30\text{kA}$

发电机的负序电流 $I_{a2}=\dfrac{1}{\sqrt{3}}\times I_2=\dfrac{1}{\sqrt{3}}\times30\text{kA}=17.32\text{kA}$

2. 单相短路计算

线路单相短路时的序网计算电路以及计算过程的简化电路见图 5-45。

$$I_*=\frac{I}{I_B}$$

$$I_B=\frac{S_B}{\sqrt{3}U_B}=\frac{1000\text{MVA}}{\sqrt{3}\times115\text{kV}}=5.02\text{kA}$$

根据序网电路图可以算出 $I_{a1*}=0.34$

$$I_{a2*}\approx\frac{1}{2}\times0.34=0.17$$

$$I_{a2}=0.17I_B=0.17\times5.02\text{kA}=850\text{A}$$

可见，线路单相短路时发电机提供的负序电流为 850A。

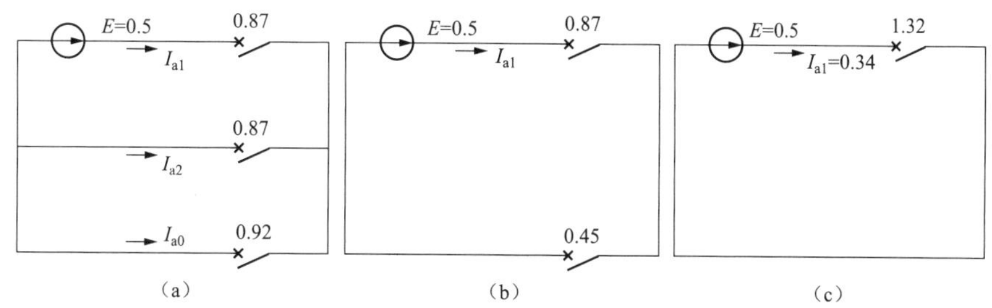

图 5-45　单相短路时序网计算电路

(a) 复合序网电路；(b) 序网简化电路 1；(c) 序网简化电网 2

三、问题分析

线路装设重合闸有两方面的问题值得去分析，即单相重合闸与三相重合闸状况下对机组的影响，机组对负序电流冲击的耐受能力以及散热问题。

1. 装设单相重合闸的可能性

（1）考虑散热的影响。发电机允许过热的时间常数 A=10，单相重合闸延时时间 t=1s，根据规定

$$(I_{2*})^2t\leqslant A$$

式中：I_{2*}为负序电流标幺值，代入数据后即可得到发电机耐负序电流的倍数

$$I_{2*}\leqslant 3.2$$

但是，单相重合闸过程中，一相断开时产生的负序电流不大于 1，所以从发电机方面来说装设单相重合闸是允许的。

（2）考虑负序振动动力的影响。生产厂认为，发电机轴系能够耐受单相重合闸期间负序电流产生的振动力冲击的影响。

2. 装设三相重合闸的可能性

根据设计原则（I_{2*}）$^2t\leqslant$8s 时，可以装设三相重合闸。

按线路出口发生相间故障、速断保护动作，根据短路计算，此时 I_{2*}=3，取 t = 0.3s，所以（I_{2*}）^2t = 2.7。

因此，从理论上讲装设三相重合闸是允许的。但是，实际上发电机带负荷三相跳闸后，汽轮机有可能因超速而停机，锅炉灭火，此时则不能重合。所以实际上不能装设三相重合闸。

四、综合评价

根据以上分析，在线路上装设单相重合闸是允许的。

1. 装设重合闸的优点

（1）在线路上发生瞬时故障时，系统能够恢复供电。

（2）避免了瞬时性故障造成的停机损失。

2. 装设重合闸的缺点

（1）线路上发生永久性故障时，由于线路短，相当于主变压器高压侧出口短路，增加了对设备的大电流冲击。

（2）发电厂的开关为液压联动的，只能三相跳闸，不可单重，否则须换机构。

3. 结论

鉴于上述情况认为：从理论上可以装设单相重合闸，但是由于线路太短，线路上故障的概率较小（据统计线路上故障的概率为：年/100km=1.3 次），因此装设单相重合闸的意义不大，再加上装设单相重合闸使二次接线复杂了许多，增加了设备故障的概率，建议不装设重合闸。

第 18 节　220kV 相邻线路重合到永久性故障时保护误动作

一、故障现象

某年 1 月 12 日 14 时 40 分左右，L3 线发生 C 相故障，两侧保护装置动作断路器跳开后，重合闸动作，重合于故障线路，保护再次动作跳开。问题是 L2 线 RCS-931A 在 L3 线合于故障线路时 A 相差动保护动作断路器跳闸，随后重合成功。DAQ 电厂、SAL 变电站、JIN 变电站三个站间均有线路连接，系统接线示意图见图 5-46。

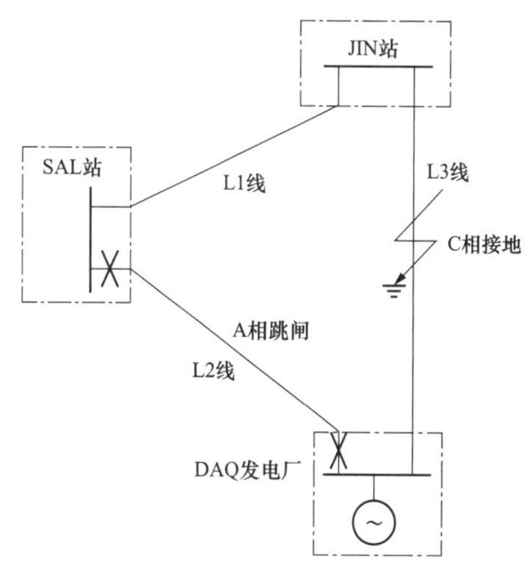

图 5-46　故障线路与跳闸线路示意图

二、检查过程

根据以往的故障分析状况可知，当相邻线路 L3 线 C 相故障时，L2 线 A 相保护动作跳闸，可能的原因：①A 相 TA 二次回路中存在两点接地，导致一次接地电流直接进入保护并启动；②TA 特性存在差异；③保护采样的问题。根据上述问题，安排了相关的检查工作。

1. TA 二次回路绝缘检查

将线路停电以后，对 TA 二次回路的绝缘进行了检查，每组 TA 的三相对地绝缘电阻均大于 6MΩ，结果满足要求。

2. 故障录波器录波图形的检查

故障时发电厂侧的故障录波见图 5-47。

3. 保护录波图形的检查与处理

保护录波图形的处理：为了方便线路两侧波形的分析，将重合于故障时刻采样电流波形截取，DAQ 发电厂侧保护装置波形反向，并按变比折算至 SAL 侧，L2 线两侧保护装置录波波形如图 5-47 所示，可以看出在区外重合于故障时在图 5-47 中标注的时刻两侧 A 相电流存在较大差异，乃是产生差流造成差动保护动作的原因。

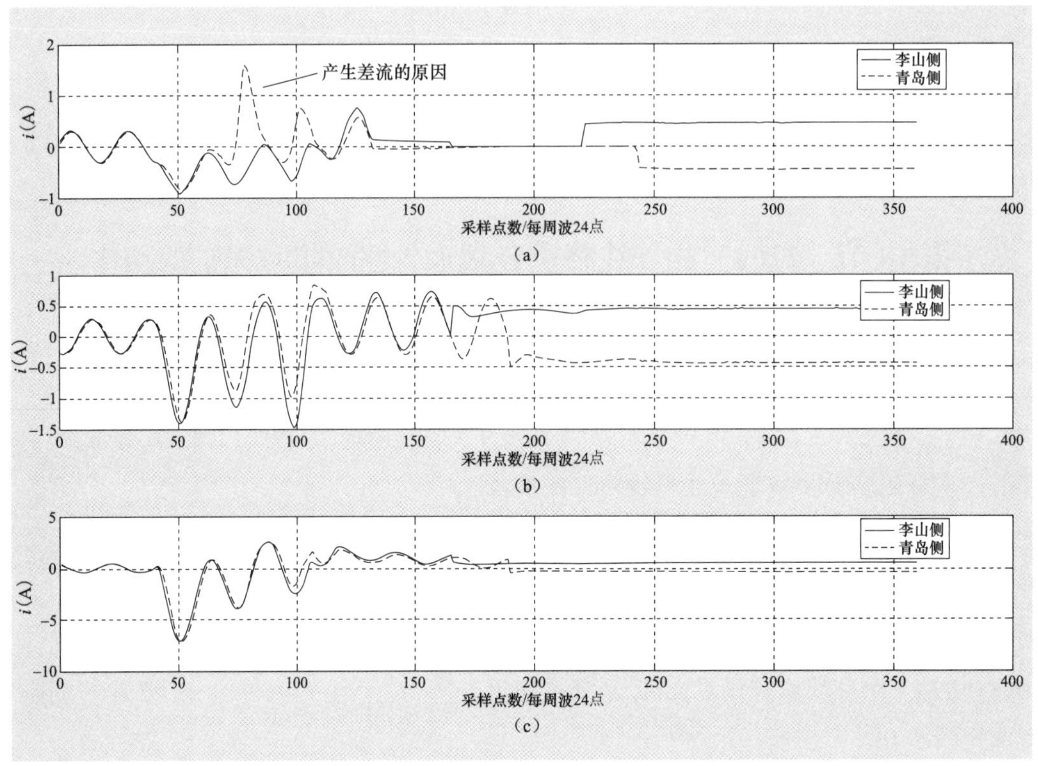

图 5-47 保护装置波形折算至 SAL 侧波形的比较

（a）A 相电流；（b）B 相电流；（c）C 相电流

保护装置感受到的 A 相差动电流如图 5-48 所示。

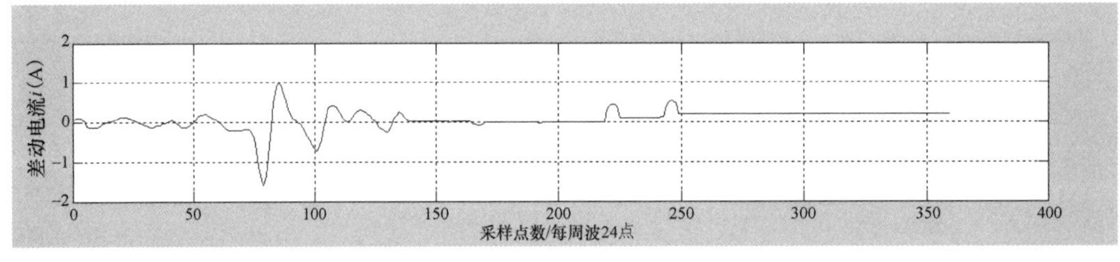

图 5-48 保护装置感受到的 A 相差流

可以看出在 L3 线重合于故障时，L2 线 RCS-931A 型差动保护装置感受到较大差流，且满足差动保护动作条件，故差动保护动作。

三、原因分析

1. 保护采样自产零序和外接零序电流的比较

为分析 DAQ 电厂侧 A 相电流出现差异的原因，对 DAQ 电厂侧 RCS-931A 型保护装置采集到的自产零序和外接零序电流进行分析，如图 5-49 所示，RCS-931A 型保护装置采集到的自产零序和外接零序电流一致，可以认为 RCS-931A 型保护装置采集到的电流能够正确反映 TA 绕组的电流。

图 5-49　保护装置自产零序和外接零序电流的对比

2. 同一组 TA 不同绕组的波形比较

DAQ 电厂侧 L2 线录波器与本线另一套保护装置 RCS-902C 共用同一绕组，与 RCS-931A 并非为同一绕组。经过波形对比，录波器采集到的 A 相电流与 RCS-902C 采集到的 A 相电流基本一致，可以认为录波器和 RCS-902C 型保护装置感受到的电流能够正确反映 TA 绕组中的电流。但是 RCS-931A 采集到的 A 相电流与录波器采集到的 A 相电流存在一定差异，如图 5-50 所示。

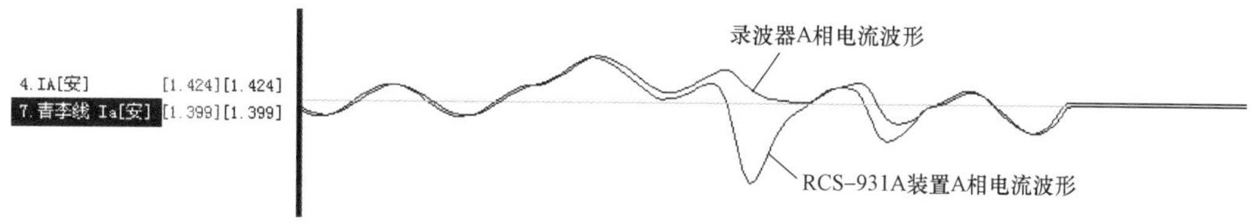

图 5-50　DAQ 电厂侧保护录波和录波器录波电流对比

对于本次故障，在 L3 线重合于故障时，由于 DAQ 电厂侧 RCS-931A 型保护装置采集到的 A 相电流与 SAL 站的 A 相电流存在差异，从而 L2 线 RCS-931A 型装置感受到差流，满足差动动作条件，导致了 RCS-931A 型差动保护动作。

3. 保护误动的问题与 TA 剩磁有关

由于 L2 线保护的误动作是发生在重合于永久性故障时，显然一开始的故障发生后由于电流比较大，故障切除到再次重合于故障线路，剩磁的衰减比较缓慢，是剩磁的影响导致了不同 TA 的波形差别。

4. 区外故障时线路保护的误动作并非必然

在 1 月 13 日发电厂 L2 线路保护区外故障时没有再次出现误动现象，可见区外故障时线路保护的误动作并非必然，当时的录波图形见图 5-51。

四、防范措施

鉴于 DAQ 电厂侧采用不同绕组的 RCS-931A 与录波器采集到的 A 相电流存在一定

差异，建议对 DAQ 电厂侧 TA 绕组的特性进行检查。

参照 HD 变压器功率转移时保护误动的问题进行分析与处理。

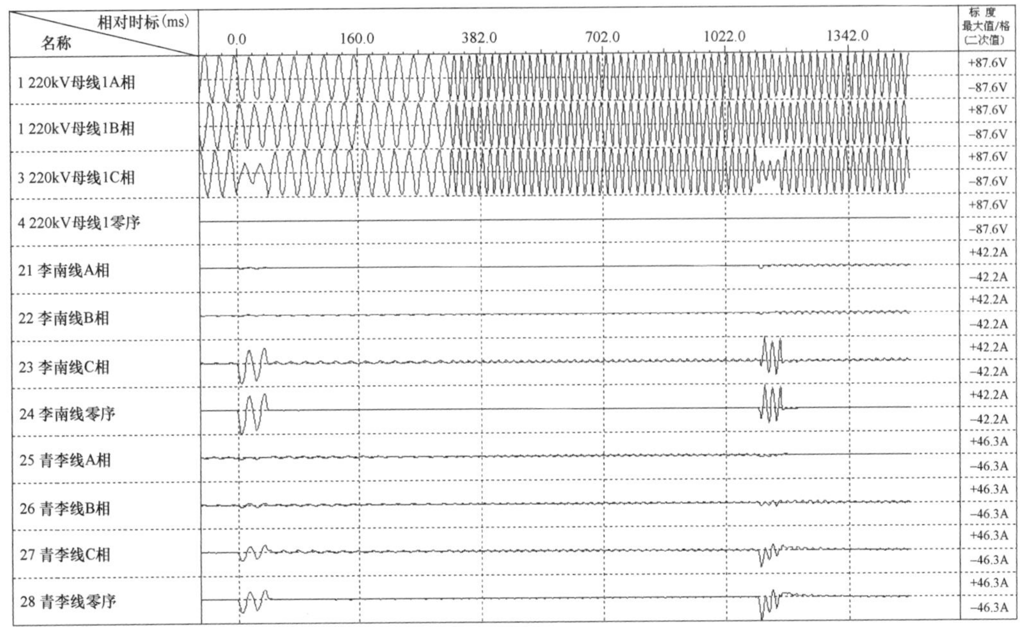

图 5-51　DAQ 厂线路故障时录波图

第 19 节　220kV 线路保护光纤通道的故障分析

一、故障现象

某年 3 月 13 日，ANT 侧 220kV Ⅱ线路 902 光纤通道 FOX41 装置 “通道异常” 信号报警。SAT 变电站侧无告警信息，通道运行正常。

二、检查过程

1. 光纤通道的结构与参数

（1）光纤通道的构成。光纤通道的信息传输就是利用光波作为载波在光纤中传输，其终端设备与其他类型的通道都是一样的。光纤通道的基本构成见图 5-52。

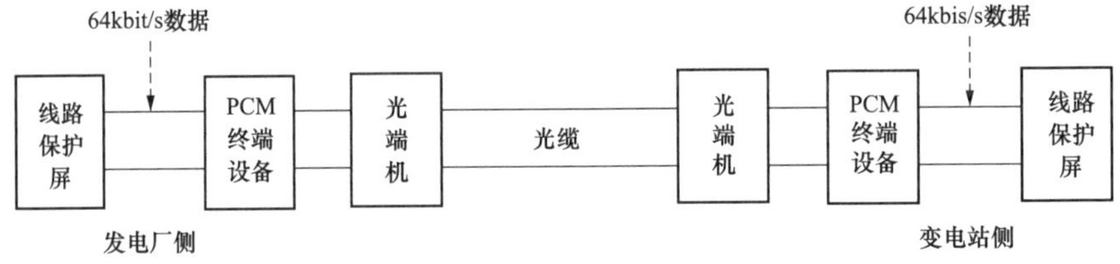

图 5-52　光纤通道的基本构成

光纤通道除了图 5-52 中的设备以外，还配置有监控设备、切换设备、勤务电话设备以及工作电源等。

配线架的类别与应用，在光纤通信系统中配线架是重要组成部分，利用配线架来实现光纤通信系统设备接线的分配，从而完成信道的互联、调配、转换与在线监测。现实中的配线架有 3 类，即光纤配线架、数字配线架与音频配线架。

另外，光缆的类型有：架空地线复用光缆 OPGW、地线缠绕光缆 GWWOP、在架空线上的自乘式光缆 ADSS。

（2）光纤通道的技术参数。

传输损耗：对于波长 1.3μm 的光纤，损耗为 0.4dB/km；对于波长 1.55μm 的光纤，损耗为 0.2dB/km。

传输带宽：光纤传输带宽反应的是光纤通信容量的大小，多模梯度光纤带宽为 500～1000MHz・km。

模延迟展宽：光纤模延迟展宽是限制多模光纤传输带宽的主要因素，对于 LED 光源来说，单模阶跃型大于 100GHz・km。

2. 现场的检查与试验

（1）ANT 发电厂 FOX41 装置检查。检查 FOX41 装置发现，装置接收误码帧数不断累加，见表 5-9。初步判断为 FOX41 装置接收通道问题。

表 5-9　　FOX41 装置通道运行状态状况

序号	通道状态	代码—误码桢数
1	接受中断数	00007
2	发送中断数	00001
3	接受出错数	33257

（2）通道自环测试。在 MAX2M 电口处将保护通道自环，FOX41 装置收信问题仍然存在。因此，初步判断通道问题是由于抽水蓄能电站侧通道或设备问题导致。

（3）ANT 发电厂 MAX2M 装置检查。在对 MAX2M 设备检查中发现，发送光口内塑料件损坏，导致光纤与光口无法正确对接。光口内破损后脱落的塑料碎片见图 5-53。

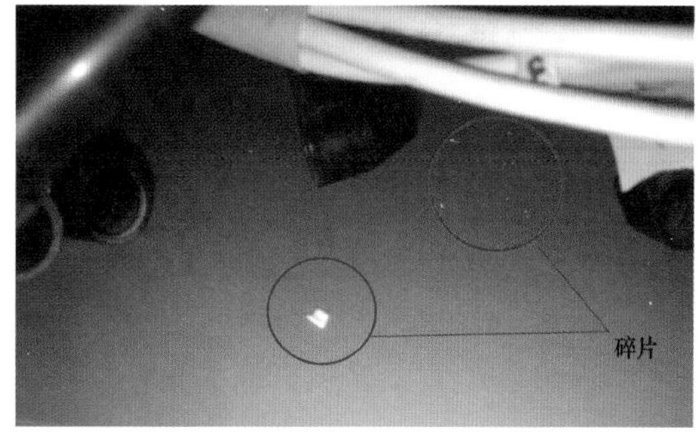

图 5-53　MAX2M 光口内破损塑料碎片

（4）光纤衰耗测试。对 MAX2M 到

FOX41 装置间的光缆线芯进行测试（光缆长度约 3km），光纤衰耗为–17dB，远远超出正常衰耗值。

三、原因分析

1. 光纤通道的故障类型

光纤通道中的故障分两类，传输损耗与误码率。

（1）光纤传输中的损耗与测试。光纤中的损耗：①光的散射；②在玻璃中杂质对光功率的吸收。利用试验仪器可以检测其传输光波的光功率，计算出传输损耗。

（2）光纤传输的误码率与测试。运行中的光连接片与尾纤 FC 或 SAM 插头插接不正，运行中的晃动会造成发射不出去或接收不到。由于对接的镜片很小，镜片少偏斜一点，光度对不准，都会影响发射与接收，使误码率增加。利用误码检测仪器可以检测其传输光波的误码率。误码率一般小于 1×10^{-10}。

2. 现场的问题分析

MAX2M 光口内塑料件破损与光纤衰耗增大导致 FOX41 装置端的接收电平超出–30dB（装置最小收信电平），引起 FOX41 接收异常。

四、防范措施

1. 解决 MAX2M 到 FOX41 光缆线芯衰耗大的问题

建议使用光缆备用芯代替问题线芯。

2. 解决 MAX2M 发送光口破损的问题

建议更换 MAX2M 发送光口。

第 20 节　220kV 线路背后单相接地故障时高频保护误动作

一、故障现象

某年 3 月 28 日，220kV L 线路在 MIH 变电站的背后发生单相接地故障，故障点的位置见系统结构示意图 5-54，有关保护与设备的动作情况如下：

1. JID 变电站侧

JID 变电站侧方向高频 LFP901 型保护动作，C 相断路器跳闸并重合成功，操作箱 C 相跳闸指示灯 TC、重合闸动作指示灯 CH 亮。LFP901 型保护动作记录显示，D++动作，动作时间 20ms，故障相 C 相，故障测距 56.3km（注：线路全长 56.3km），故障电流 1.45A，零序电流 0.35A。

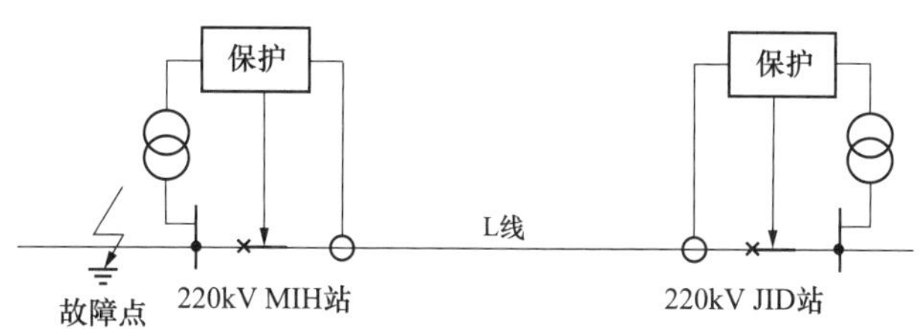

图 5-54　220kV DH 线系统结构与故障点的位置

JID 变电站侧方向高频 LFP902 保护未动作，没有动作记录。

显然，JID 变电站侧保护动作以及断路器跳闸是误动作的行为。检查与分析的重点任务应该是高频通道与保护的整定值方面的相关问题。

2. MIH 变电站侧

L 线路的 MIH 变电站侧保护有启动信息，但未动作。

保护配置情况：线路保护为双重化配置，一套是 PLF901，第二套是 PLF902；LFP 系列保护是 1999 年的产品。配置的 BSF-3 高频收发信机是 1997 年出厂的。

二、检查过程

1. 保护的动作逻辑检查

220kV L 线路 JID 变电站侧方向高频 LFP901 型保护动作后，对其动作的逻辑、故障录波等进行了检查，结果是 L 线路区外的线路故障，两侧同时启动发信机发信。

MIH 变电站侧保护判断为反向故障，应该启动发信机，使发信机继续发信；

JID 变电站侧保护判断为正向故障，保护发出闭锁信号，使本侧的发信机停信；但是该侧的保护也没有收到对侧的高频信号，于是跳闸的条件满足，保护出口动作，断路器跳闸。幸亏重合闸动作成功，避免了一次线路停电的麻烦与损失。

2. 高频通道的检查

故障时 MIH 变电站侧发信机发信正常，但是对侧没有收到本侧的高频信号，问题与高频通道有关，于是对高频通道进行了检查。

经检查，是 MIH 变电站侧高频通道的过电压保护器被击穿，造成了高频信号的短路，所以闭锁信号没能收到，断开过电压保护器后，通道试验正常。

3. 高频的录波检查

（1）高频测试点的设置。为完成两侧高频信号与收信输出接点信号的测试，在 220kV MIH 变电站与 JID 变电站高频保护屏的接线端子处分别设置录波仪器，端子接线见图 5-55。

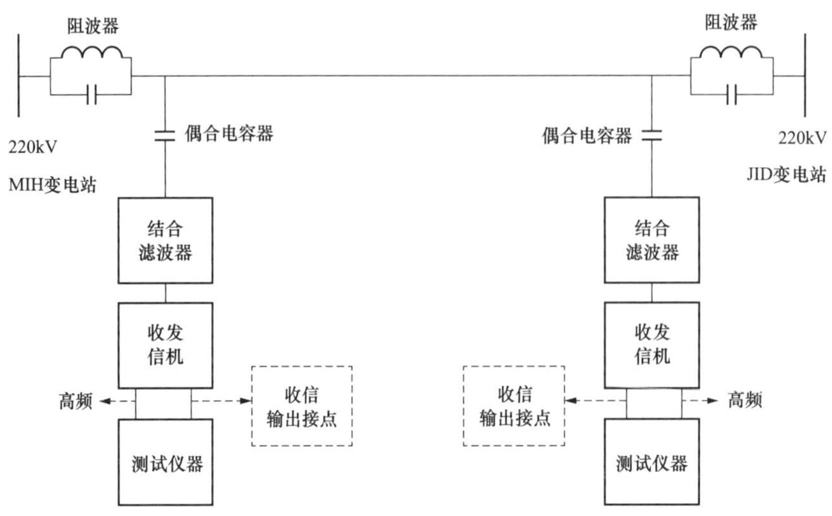

图 5-55 高频通道结构与测试点所在的位置

（2）测试步骤与结果。规定的试验条件：只允许一侧发信机发信，另一侧只能收信，完成以下方式的录波共 10 次。

MIH 变电站保护起信，两侧同时录波 8 次；MIH 变电站实验按钮起信，两侧同时录波 1 次；JID 变电站保护起信，两侧同时录波 1 次。收发信结果如下：

1）MIH 变电站发信：35.5dB；JID 站收信：17.5dB。

2）JID 变电站发信：36.0dB；MIH 站收信：18.0dB。

（3）结论。试验结果正常，根据录波的情况可知，两侧的高频收发信以及高频通道正常，收发信信号的幅值、传输延时以及收信输出逻辑正常。

高频干扰严重，JID 变电站侧高频干扰信号连续不断，幅度为±10V，但是此干扰信号不影响收发信机的正常工作。

三、原因分析

1. JID 变电站侧方向高频 LFP901 型保护动作原因

故障开始时，A、C 相电流增大，C 相二次电流值由 0.8A 增加到 1.45A，满足工频变化量启动的条件，保护启动发信机发信。虽然 A、C 相电流反向，好像发生 A、C 相相间短路，但是 A 相电流的变化幅度不够，而且零序电流的份额也十分充足，因此判断为 C 相接地短路，也是容易理解的。

JID 变电站的保护判断为正方向故障，5ms 后 LFP901 型保护方向元件 ΔF 动作停信，但是没有收到对侧的高频信号，在录波图中发信 FX，收信 SX 同时停止。因此 LFP901 型保护动作的原因是启动量达到定值，闭锁了本侧的高频，但又没有收到对侧的高频闭锁信号，使保护出口开放，造成保护误动作。

2. JID 变电站侧方向高频 LFP902 型保护未动作原因

由于故障点在线路末端以外，保护判断故障点在线路末端，保护感受到的电气变化量很小，故障电流较小，正方向元件 ΔF_Z、F_{0+}均未达到动作值，没有停信输出，LFP902 型的报告中发信 FX 与收信 SX 一直没有停止。因此 LFP902 型保护未动作的原因是启动量没有达到定值。

3. 收不到对侧高频信号导致高频保护误动作的原因

收不到对侧高频信号导致高频保护误动作可能原因有：发信机故障、收信机故障、高频通道故障。

根据上述的检查结果确认，是高频通道故障造成的保护误动作，是 MIH 侧高频通道的过电压保护器被损坏。

4. 造成过电压保护器被击穿的原因

造成过电压保护器被击穿的可能原因有：操作过电压的暂态分量、系统故障电压暂态分量、雷电过程的影响，以及元器件的质量问题等。

由于在线路发生故障之前，高频通道的试验结果还正常。所以，与当时的情形相吻合的是系统故障电压暂态分量的影响，但是，保护的录波图没有将其暂态过程很好的展示出来。

四、防范措施

作为高频通道被损坏的故障，由于过电压保护器的击穿问题并不十分罕见，仅笔者所见也不下于十次八次。因此，应加强相关原因的研究，并采取行之有效的防范措施，以求得问题的彻底解决。

1. 更换过电压保护器

将 MIH 侧高频通道结合滤波器高压侧的过电压保护器更换为性能合格的备品，更换后进行通道的试验，结果正常。

2. 加强对过电压保护器的定期检查

加强对击穿保险的定期检查，以保证其绝缘性能的完好性，是十分必要的。

第 21 节　线路结合滤波器特性变坏与高频保护通道故障报警

一、故障现象

220kV ST 线方向高频保护运行中在阴雨天气时多次出现高频保护通道报警问题，

QUS变电站侧曾经发生收发信机电源插件的故障，但往往是在人员未到达现场或在检查过程中高频通道的异常现象就消失。收发信机为LFX-912型，已经投入运行5年，高频通道频率为62kHz。

结合历次检查分析认为，高频通道存在运行不稳定因素，不排除有运行不稳定的设备影响到高频通道的参数。在实际运行中，最难解决的是不稳定的故障。

由于近年来该通道异常现象不断出现，为了彻底消除故障的根源，需要作进一步地检查。

9月14日再次发生故障，直到天晴也未好，为故障点的定位创造了条件。

二、检查过程

根据高频通道的构成，分析可能的故障原因，以确定检查的项目。

可能的故障原因有：高频电缆故障、结合滤波器故障、耦合电容器故障、阻波器故障、高压线路故障等。运行经验表明，耦合电容器故障的概率较低，因此一般首先考虑其他原因。

1. 高频通道故障检查的一般步骤

高频通道的检查过程分为逐级检查、停电与带电检查等。

（1）逐级检查的原则。高频通道的问题要遵循一级一级地检查、两端配合检查、两端分别检查、空中地下分别检查的原则进行，按照地下没有问题时再查空中阻波器的思路进行，以确定各个环节的完好性。

（2）带电检查的原则。一次系统不停电时检测发、收信电平的幅度，检测相临线路的收信电平等，以判断各个环节的正确性。检测相临线路的收信电平的具体做法：

只允许检线路L1的M侧被发信，检测M侧相临线路L2、L3…高频通道入口处的收信电平值，如果数值大于等于5dB，则说明被检线路L1的M侧阻波器存在特性不良的问题。

只允许被检线路L1的N侧发信，检测N侧相临线路L2、L3…高频通道入口处的收信电平值，如果数值大于等于5dB，则说明被检线路L1的N侧阻波器存在特性不良的问题。

（3）停电检查的原则。一次系统停电过程中，可以定性的判断偶合电容器、阻波器的故障，因为其他部分的故障无须停电就可以判定。

一次系统停电后，可以定量的用高频电源作为输入信号进行电平数据检测；用绝缘表进行绝缘水平等指标的检测，可以进一步检查通道回路的完好性。

停电后如果判明是阻波器的问题，则应先检查其电容器的好与坏，若不能确定这一点，则应进行频率响应特性的正确性的试验。停电检查的方法步骤：

断开 M 侧的断路器及隔离开关，使 M、N 侧两发信机分别发信，进行收信检查，如果结果已经恢复了正常，则可以判定通道的故障位于 M 侧的阻波器上，这时对阻波器进行处理即可。如果结果仍然不正常，则必须进行如下的检查。

断开 N 侧的断路器及隔离开关，使 M、N 侧两发信机分别发信，进行收信检查，如果结果已经恢复了正常，则可以判定通道的故障处于 N 侧的阻波器上，这时对阻波器进行处理即可。

2. 9 月 11 日的故障检查

9 月 11 日 19 时 30 分，ST 线高频方向保护又发生高频通道异常缺陷。检修人员分别检查了 CET 变电站、QUS 变电站侧高频收发信机、结合滤波器、高频电缆接线等，结果正常；两站本侧发信时完成了对收发信机至结合滤波器上口部分高频通道的测试，通道测试结果正常。高频通道异常报警在 12 日 11 时后消失。

高频通道正常后，测试发信机发信正常，测试结果如下：

QUS 变电站侧发信 29dB，结合滤波器 28.5dB，收信 17.9dB；

CET 变电站侧发信 29dB，结合滤波器 28.4dB，收信 17.6dB。

两侧的高频保护恢复正常投运。

3. 9 月 14 日的故障检查

9 月 14 日，ST 线高频通道再次发出报警信号，检查如下：

（1）CET 变电站侧发信。断开 QUS 变电站侧高频收发信机的电源，启动 CET 变电站侧高频发信机，在 QUS 变电站侧结合滤波器处进行测量，数值如下：

合滤波器高压侧大于等于 45dB，结果正常；

合滤波器低压侧小于等于 10dB，数值偏低。

（2）QUS 变电站侧发信。断开 CET 变电站侧高频收发信机的电源，启动 QUS 变电站侧高频发信机，在 QUS 变电站侧结合滤波器处进行测量，数值如下：

结合滤波器高压侧小于等于 45dB，数值偏低；

结合滤波器低压侧大于等于 17dB，结果正常。

三、原因分析

根据上述检测结果可以判为，QUS 变电站侧结合滤波器已经损坏。

1. QUS 变电站侧结合滤波器特性变坏导致了高频通道的异常

最终确认是 QUS 变电站侧结合滤波器特性变坏导致了高频通道的异常。滤波器在雨天里特性表现为绝缘损坏的状况，待到天气晴好时绝缘又得到恢复，如此的结果是雨天潮湿导致元件绝缘能力降低造成的。此时的收发信机远方起信已经勾不起对方的发信机进行发信了，更不能传送正确的保护信息。

由于滤波器特性变坏的异常现象并不多见，乃是值得运行部门重视的问题。

2. 滤波器二次电容器的特性变坏体现出结合滤波器异常

结合滤波器的电路结构见图 5-56。

由于 C1 的特性出现问题，导致了高频通道的损坏。

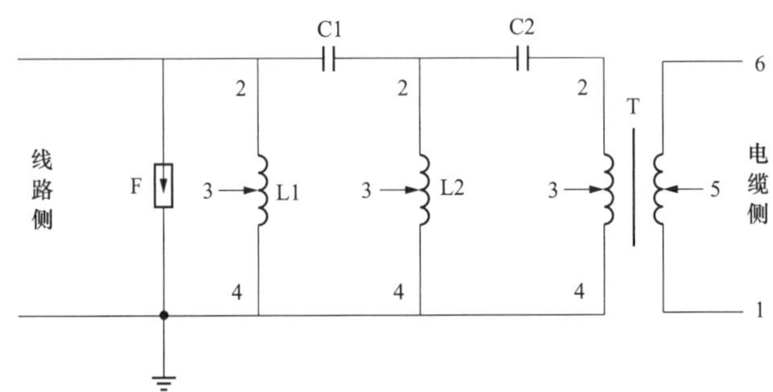

图 5-56　结合滤波器的电路结构图

F—避雷器；T—匹配变量器；C1、C2—电容器；L1、L2—电感线圈

3. 关于收发信机高频通道的异常告警方式

在前几年，高频通道异常的没有设置自动告警功能，靠运行人员每日进行通道检查时的收发信数据来判断高频通道的好与坏。

后来的收发信都带有自动告警功能，只要通道异常，则立即告警。无须运行人员到现场就能发现通道的问题。ST 线高频的收发信机就带有自检功能。

四、防范措施

1. 加强定期的检查

定期检查时，进行电容器的特性参数的检测工作，确保电容指标正确、回路的绝缘水平合格。

2. 做好结合滤波器的防水防潮工作

由于结合滤波器的运行环境比较差，整个装置暴露在外，风吹雪打，日晒雨林，都有可能影响到内部的正常运行。有关部门也曾在密封方面做过工作，并收到了良好的效果。但是，现场的工作决不能松懈，人员决不能掉以轻心，保证结合滤波器外壳封闭的严密性，确保结合滤波器能够防水防潮。

第 22 节　收信间断导致区外线路故障时高频保护误动作

某年 6 月 22 日 220kV L2 线分别发生 A、B 相接地故障，L2 线掉闸同时，JIF 变电站 220kV L6 线方向高频保护掉闸。L2 线、L6 线所在系统及保护配置、高频保护频率设置、故障点的位置见图 5-57。

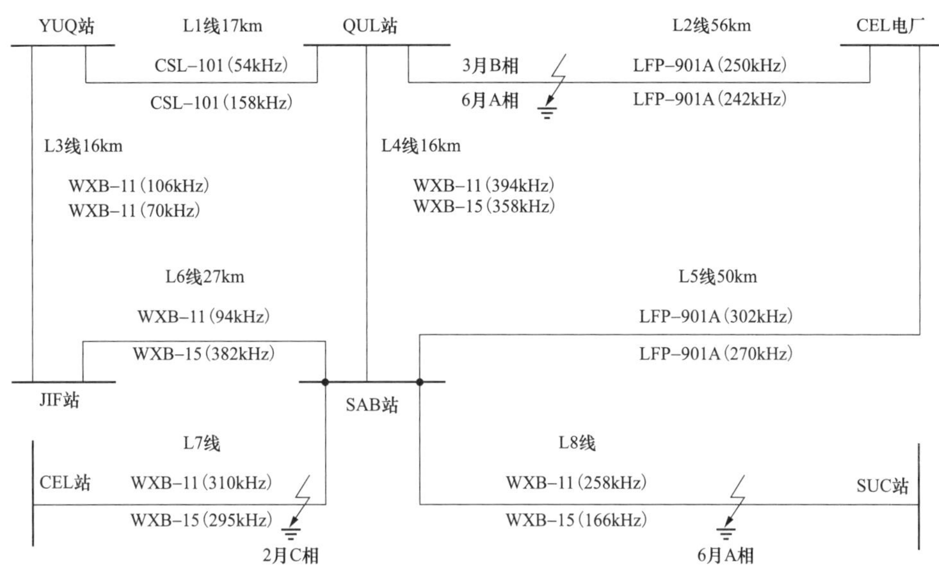

图 5-57　保护配置与高频保护频率设置

一、故障现象

6 月 22 日 13 时 56 分 39 秒，220kV L2 线 A 相接地故障，QUL 变电站 LFP-901A、LFP-902A 型高频保护动作，A 相跳闸，重合成功。同时，JIF 变电站 220kV L6 线 WXB-15 型方向高频保护动作，三相跳闸（投三重），重合成功；SAF 变电站 L6 线保护未动作。3 月 29 日的 L2 线 B 相接地故障，保护动作情况也如此。6 月 10 日 L8 线故障，L6 线方向高频保护未动作。

二、检查过程

1. JIF 变电站 L6 线保护检查

（1）方向元件的动作区测试。WXB-15A 型微机保护正方向元件动作区测试，分别在正方向电流启动定值、大电流（10A）及当时故障电流（约 3A）下进行测试，线路微机保护的停信接点动作正常。

（2）收信输出接点状态及收信波形测试。用双踪记忆示波器检查收发信机的收信波形及收信输出接点良好，无波形间断及接点抖动情况。

（3）转换性故障时保护的动作行为检查。检查保护在转换性故障时的动作状况，自区外故障时的零序电压超前零序电流逐步向区内过渡，检查保护动作的状况，结果正常。

2. SAF 变电站侧 L6 线检查

（1）方向元件的动作区测试。WXB-15A 型微机保护正方向元件动作区测试，分别在正方向电流启动定值、大电流（10A）及当时故障电流（约 3A）下测试，微机保护的停信接点动作正常。

（2）收信输出接点及收信波形测试。测量微机保护启动发信及停止发信的时间差，满足要求。测量转换性故障时微机保护区外转区内时收信继电器的接点返回时间及停信继电器接点的动作时间满足要求。

（3）本侧收发信机发信波形测试。用双踪记忆示波器对收发信机本侧发信波形进行测试，发现跟踪波形有间断现象。

三、原因分析

通过对 6 月 22 日 JIF 变电站 L6 线的跳闸状况分析，认为保护装置自身可能存在下列问题。

1. 高频保护方向元件动作区不正常

方向高频保护方向元件动作区不正常，其正方向元件动作区可能有超过 180°的现象。从录波图看，在 L2 线故障，CEL 电厂侧切除故障后，电流波形有一明显的相位移，如果相位移的角度落入 SAF 变电站正方向元件区内，有可能造成保护误动，所以在检查时要求对 SAF 变电站方向高频保护的方向元件动作特性进行检验。同时对 JIF 变电站侧的方向元件进行检查，看其方向特性是否一致，是否有正反方向特性的重叠现象。

2. 故障期间的功率倒向问题

L2 线故障时 JIF 变电站 L6 线方向高频保护的跳闸时间为 27ms，如果存在功率相位移的问题，那么 JIF 变电站侧的跳闸时间应在 50ms 以后，除非有以下两种可能：

（1）JIF 变电站 L6 线保护的启动不是在故障开始瞬间，或者是启动两次造成保护出口时间是 27ms；而实际的计时起点不是 0ms，因此保护的动作时间也并不是 27ms。

（2）反方向侧转至正方向故障延时 20ms 出口而不是延时 20ms 停信。

对于第一种假设，从 JIF 变电站侧切除负荷电流的时间上可以排除，对于第二种假设，一要询问厂家，再者要进行现场实验，尽可能测量出转换故障的停信时间。

3. 发信波形存在间断现象

根据检查结果可知，微机保护除去上述问题外，SAF 变电站 L6 线方向高频收发信机的发信波形有间断；收信输出接点有抖动现象。

可见，是高频收发信机的发信波形有间断问题导致了保护的误动作。

四、防范措施

由于 SAF 变电站 L6 线发信波形存在间断现象，首先检查发信机是否有插件板损坏；其次检查发信机是否有元件损坏。尽量在小的范围内进行更换处理，避免大动干戈地去更换发信机，或更换整套保护的行为发生。

第 23 节　线路阻波器特性变坏与高频收信异常告警

一、故障现象

某年 3 月，220kV L 线路高频收信降低，两侧均发异常报警信号，高频保护被迫退出运行。在这之前，L 线路的高频通道运行正常，变电站高频通道的运行管理工作也井然有序，每天完成发信与收信的试验，每天完成日常的抄表记录工作。工作无间断，设备无异常。设备维持了良好的运行状况。

二、检查过程

1. 220kV MUW 变电站侧方向高频保护的检查

在 220kV MUW 变电站侧对 220kV L 线路方向高频保护进行了如下检查：

（1）收发信机通道出口处的电平检查。收发信机发信电平 31dB，结果正常；收发信机收信电平 11dB，数据不合格，设备新投产时 19dB。高频通道结构参数与测试点所在的位置见图 5-58。

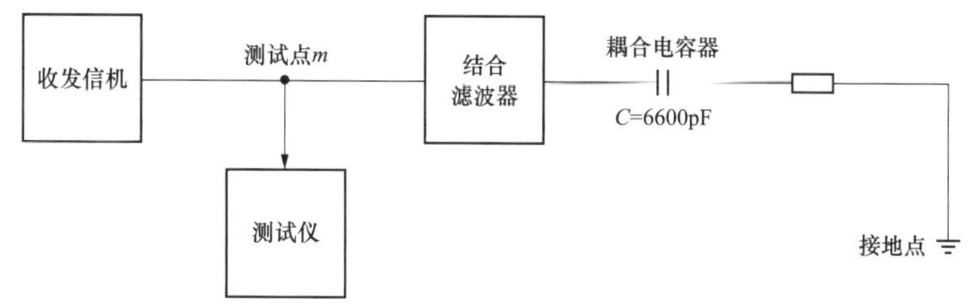

图 5-58　高频通道结构参数与测试点所在的位置

（2）结合滤波器两侧的电平检查。在结合滤波器的高频电缆端，发信时 30dB、收信时 11dB；在结合滤波器的耦合电容器端，发信时 30dB、收信时 11dB。

（3）模拟线路参数的电平检查。合上本侧的小接地开关，检查结合滤波器内过电压保护器良好，用结合滤波器带电容电阻模拟线路进行试验。在结合滤波器的耦合电容器端断开接入一 6600pF 的电容、300Ω 的电阻，模拟线路参数，启动本侧收发信机发信，在结合滤波器的耦合电容器端测得的电平与未断开时基本相同。模拟线路参数测试电路测试见图 5-59。

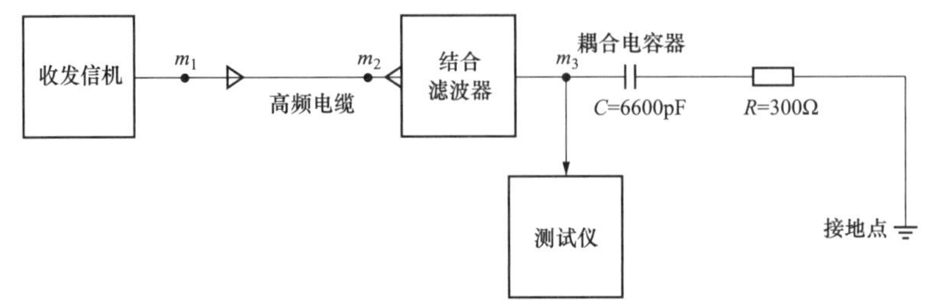

图 5-59　模拟线路参数测试电路

2. 220kV JIG 变电站侧高频保护的检查

在 220kV JIG 变电站侧对 220kV L 线路方向高频保护进行了如下检查：

（1）收发信机通道出口处的电平检查。收发信机发信电平 31dB，结果正常，收发信机收信电平 10dB，数据不合格，设备新投产时 18dB。高频通道结构与测试点所在的位置见图 5-58。

（2）结合滤波器两侧的电平检查。在结合滤波器的高频电缆端，发信时 22dB、收信时 10dB；在结合滤波器的耦合电容器端，发信时 22dB、收信时 10dB。

（3）模拟线路参数进行的电平检查。合上本侧的小接地开关，检查结合滤波器内过电压保护器良好，用结合滤波器带电容电阻模拟线路进行试验。在结合滤波器的耦合电容器端断开接入一 6600pF 的电容、300Ω 的电阻，模拟线路参数，启动本侧收发信机发信，在结合滤波器的耦合电容器端测得的电平 24dB。模拟线路参数测试电路测试见图 5-59，电阻改变时电平的变化情况见表 5-10。

表 5-10　模拟线路参数时电平的变化情况

序号	1	2	3	4
电阻（Ω）	300	400	600	1000
电平（dB）	24	28	32	34

（4）本侧发信时各点的电平检查。退出对侧高频电源，对本侧发信时各点的电平进行检查，发信机的发信端子处测得 35dB，保护屏端子排处 35dB，耦合电容处 22dB。

（5）甩掉结合滤波器以后的设备测试。将高频电缆两端断开用万用表和绝缘电阻表检查结果正确。

甩掉结合滤波器以后的设备，在高频电缆的结合滤波器侧接入 75Ω 电阻，启动本侧收发信机发信，收发信机端子处测得 31dB，75Ω 电阻处 29dB。试验接线见图 5-60。

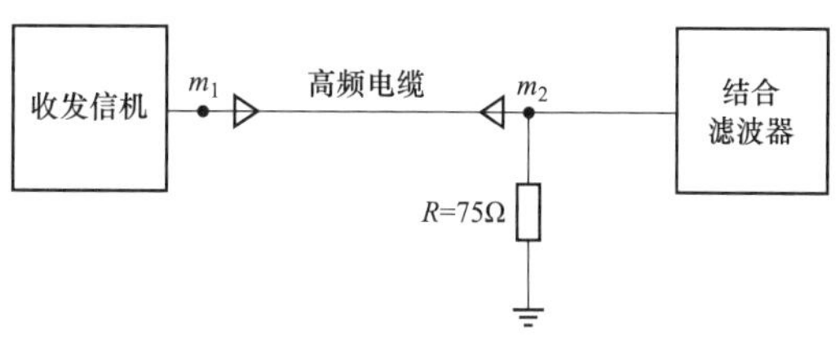

图 5-60　接入 75Ω 电阻的试验电路

（6）相邻线路的高频检查。JIG 变电站侧在 L 线路发信时，在相临线路的收发信机的入口处，测得有较高电平，可见阻波器有信号泄漏现象。

进一步检查发现，阻波器的电容特性变坏，漏电流太大。

三、原因分析

1. 220kV MUW 变电站侧高频通道正常

检查结果表明，220kV MUW 变电站侧高频收发信机工作正常，高频通道也没有问题。

2. 220kV JIG 变电站侧阻波器损坏导致高频信号泄漏太大

由于阻波器的电容特性变坏，漏电流太大。因此，JIG220kV L 线路高频收信降低的原因是其 A 相阻波器的特性变坏，使高频信号的泄漏太大造成的。

分析认为，阻波器电容特性变坏的原因是运行寿命的问题或雷电的影响造成的。

四、防范措施

安排 L 线停电，更换阻波器。

阻波器的型号与参数值得研究，L 线路经过本次故障之后更换了一只新型的阻波器，不谈其参数如何，只看其尺寸就是之前的两倍。也不谈尺寸对参数的影响有多大。但是，此地强调的是，直观的尺寸越大，*L-C* 的参数就越稳定，散热效果也好，当然也有个限度，也有个性价比的限制。

第 24 节　线路收发信机误启动与通道高频干扰问题

一、故障现象

220kV L 线路 XIF 站侧保护高频通道一直工作不正常，现场曾发现干扰信号经常引起 C 相高频收发信机的启动，严重影响了高频保护的可靠运行。

高频通道的结构参数与运行参数详见第 8 节。

二、检查过程

某年 1 月 12 日下午，对 L 线路高频通道的 WUL 电厂侧和 XIF 变电站侧做了详细测试，数据结果如下：

1. 两侧收发信电平的测试

对 A、C 相两通道分别作通道试验检查结果正常，其中 XIF 变电站侧收信电平+19.89dB，发信电平+30.98dB；WUL 电厂侧收对侧为 16dB，收本侧为 31dB。

2. 干扰信号的测试

（1）在正常情况下的干扰电平测试。在正常情况下，通道上存在一个基本恒定的干扰电平，用宽频测试 C 相+12dB，A 相+9.9dB，在干扰大时能使得 C 相收发信机启动。用电平表寻到两相均有 292kHz 干扰频率，测得电平值为+5.43dB。

（2）将高频电缆与装置断开后的测试。在 C 相两侧将高频电缆与装置断开后，仍能测得以上的干扰，电平值与上述结果基本一样。

（3）断开相结合滤波器上端后的测试。将测试仪器移到室外，在 C 相结合滤波器上端（解掉高频电缆）测量，情况没有变化，电平较高+12dB。在干扰较强时，测得为+19.9dB，同时结合滤波器内伴有“滋滋”的放电声。

合上 C 相结合滤波器接地开关，将其退出，测得 A 相仍有同样的干扰。

（4）WUL 电厂侧的测试。该干扰信号在 WUL 电厂侧已衰减为 1.5dB 左右。

（5）干扰电平的测试。

3 月 6 日对变电站侧的频率-电平特性进行了测试，C 相测试数据结果见表 5-11。

表 5-11　C 相电平特性测试数据结果

步序	1	2	3	4
频率（kHz）	99	278	292	407
电平（dB）	7	13	4	8

三、原因分析

因为该干扰信号非常接近收发信机的正常工作频率，严重影响高频保护的可靠运行，现场曾发现干扰信号经常引起 C 相高频收发信机启动，非常容易导致高频保护在区外故障时误动。

1. 变电站侧存在干扰源

根据测试结果可知，发电厂侧的高频信号 5.43dB，变电站侧 15dB。因此，干扰源靠近变电站侧。

2. 干扰信号并非架空地线放电所致

架空地线出现间隙放电时会导致高频远方收信而误启动收信机的问题。在以往的记录中这种启动是偶尔发生的，放电现象并非连续发生。

3. 干扰信号与近处的通信站有关

在 10km 处的山上由矿产部门建立的通信站，其频段为 2000～17000MHz。该站的通信停止时，干扰信号消失。

四、防范措施

1. 架空地线的间隙全部接地

L 为不同时期老旧两段线路连接而成，老线按阶段接地，新线有一点直接接地。须将老线架空地线的间隙全部接地。

2. 将结合滤波器改为窄带滤波器

因为 A 相频率为 278kHz，C 相频率为 106kHz，干扰频率为 100kHz 与 C 相的频率接近，对其影响是难免的。改窄带滤波器可以解决这一问题。

第6章

断路器控制与保护的故障处理

一、断路器控制与保护的基本配置

（1）断路器失灵保护；

（2）断路器三相不一致保护；

（3）死区保护（断路器绝缘击穿保护）；

（4）充电保护；

（5）断路器的跳闸与合闸控制（继电器）；

（6）断路器的跳跃闭锁；

（7）断路器位置异常告警；

（8）重合闸。

二、断路器保护故障的特点

断路器保护的故障处理单列一章的出发点或者说原因，是由于前几年出现了很多不明原因的误动跳闸问题，直到目前为止，还有类似的故障发生。其实，关于断路器的不正确动作，既有二次回路抗干扰问题的成分，也有跳闸出口继电器的因素；既有装置的设计问题，又有运行后反措的结果；既有操作箱的问题，又有本体内的故障。如此，单列一章更容易把问题讲明白，把原因说清楚。

关于断路器误跳问题的分类，在“继电保护故障处理的综述”中已经有比较明确的划分，在此不再另作叙述。本章收集的实例中，由于断路器抗干扰问题导致的误动较多，为的是将同一类问题的不同指标下的故障分析清楚。

值得一提的是，断路器保护与开关量保护的区别。断路器的误动跳闸，信号的误发有不少是开关量保护造成的。但是，开关量保护仅仅是开关量保护的一部分，不可混淆。

第 1 节　热电厂升压站母联断路器保护抗干扰问题与误动跳闸

一、故障现象

CEL 热电厂 220kV 母联断路器某年 12 月 1 日第四次无故障跳闸，前三次跳闸没有任何指示信号和保护信号，第四次跳闸之前由于增加了重动继电器，故障录波器录下了继电器的动作脉冲信号，可以进行跳闸的原因分析。CEL 热电厂 220kV 系统以及母联断路器在系统中的位置见图 6-1。

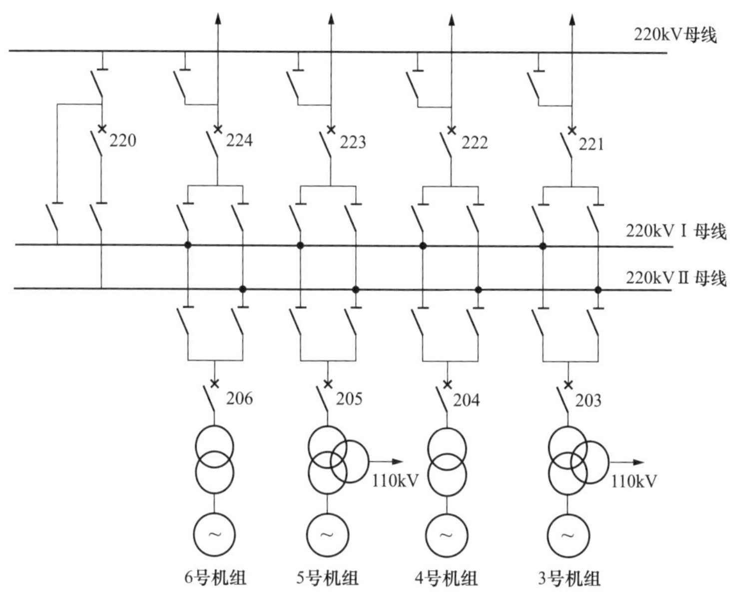

图 6-1　220kV 母联断路器在系统中的位置

二、检查过程

启动母联断路器跳闸的有 3、4、5、6 号机组的保护。为了捕捉到跳闸出口继电器的动作行为，母联断路器三次跳闸之后分别在 3、4、5、6 号机组的启动回路中附加了一只中间继电器 KF1、KF2、KF3、KF4，继电器触点之一启动跳闸，触点之二启动录波，接线见图 6-2 和图 6-3。

1. 附加继电器的动作指标检查

附加继电器 KF1、KF2、KF3、KF4 动作指标如下：

动作电压 150V，动作电流 0.28mA，动作功率 0.04W，动作时间 4ms。

2. 出口继电器动作指标检查

手动跳闸继电器 1KST、KST 动作指标基本一致，结果见表 6-1。

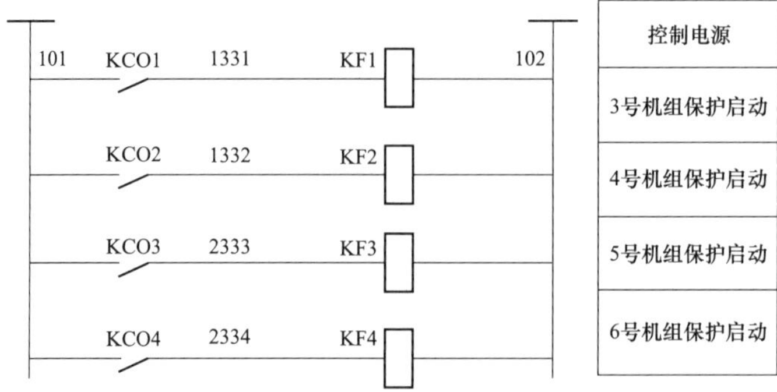

图 6-2 附加继电器的接线

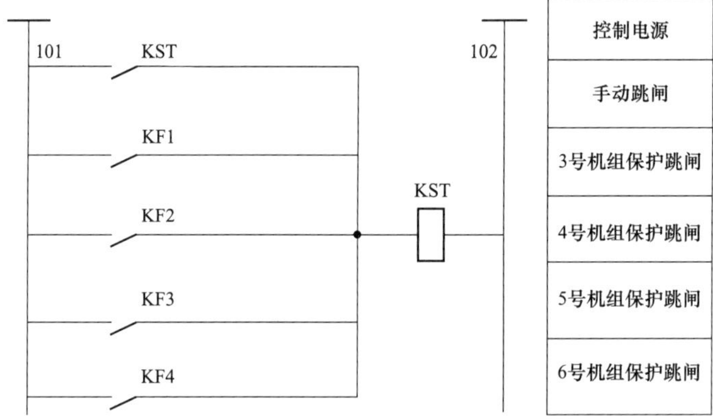

图 6-3 启动手跳继电器的接线

表 6-1　　继电器动作功率测试

继电器	动作电压（V）	动作电流（mA）	动作功率（W）
1KST	136	2.7	0.37
KSTA	147	2.9	0.43
KSTB	139	2.75	0.38
KSTC	144	2.8	0.40
KSTA′	141	2.8	0.39
KSTB′	137	2.7	0.37
KSTC′	132	2.65	0.35
KTQ	148	2.7	0.40
KTR	145	2.65	0.38
KTR′	132	2.85	0.37

3. 附加继电器触点闭合逻辑检查

12 月 1 日，母联断路器跳闸时附加继电器触点闭合逻辑见图 6-4。三台机组 KF1、KF2、KF3 同时有动作输出的记录。

三、原因分析

1. 附加继电器 KF 的动作导致了断路器的跳闸

由于 KF1、KF2、KF3 同时有录波的记录，由此可以确定，是附加继电器 KF 的动作导致了断路器的跳闸。

2. 干扰信号导致了 KF 的误动作

根据录波图 6-4 可知，附加继电器的动作是由干扰信号造成的，即断路器跳闸是干扰造成的，是半路来的干扰信号导致了 KF 的误动作。因为，三台机组的保护都没有动作的记录，三台机组的保护也不可能同时在几个毫秒的时间内动作，即使是误动作也不可能如此。

3. 杂散电容为干扰信号提供了通道

由电缆的杂散电容构成的暂态信号的通道见图 6-5。由于 4 台机组的保护、控制等与母联断路器跳闸继电器 KST 之间的距离较长，使得 101 与 133 之间的杂散电容达到 0.1μF，如此就为干扰信号通过提供了良好的通道。

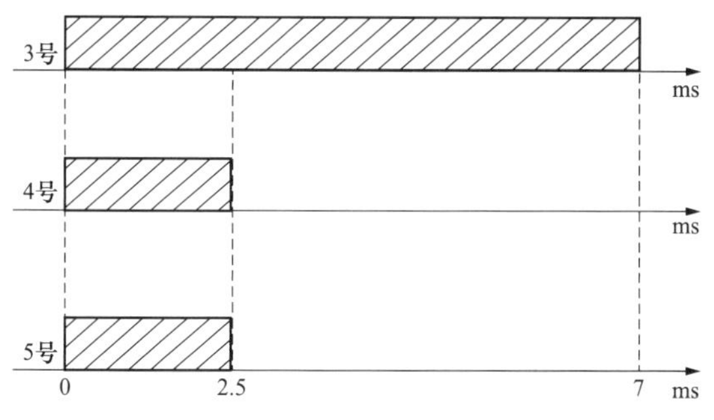

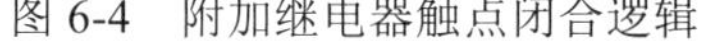

图 6-4　附加继电器触点闭合逻辑

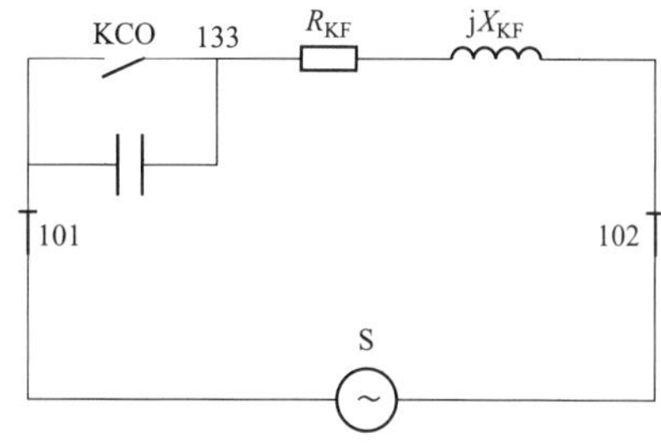

图 6-5　杂散电容构成的暂态信号通道

4. KF 误动作的自身原因是动作功率低

由于 KF 的动作功率只有 0.04W，动作非常灵敏，一有风吹草动就动作。所以断路器第四次跳闸是 KF 的动作功率低造成的。

以前的三次跳闸也与 KST 的动作功率低有关。KST 的动作功率为 0.40W 以下，数值也不算高，在一定的干扰信号下也能够动作。

只是 KF 的动作功率低于 KST，即 KF 的动作更为灵敏。很大程度上 KST 更能躲过小的干扰。但是，如果 KF 不接入 KST 的启动回路，断路器第四次跳闸问题也未必能避免。

另外，KF 的动作时间很快，只有 4ms，也是容易误动作的重要指标。

四、防范措施

拆除附加的重动继电器 KF，断路器跳闸的原因已经明确，重动继电器 KF 的历史使命已经完成，即可拆除。

提高跳闸继电器 KST 的动作功率，将断路器跳闸继电器 KST 的动作功率提高到 2W 以上。

降低跳闸继电器 KST 启动回路的杂散电容，减少机组保护、控制等与母联断路器跳闸继电器 KST 之间的电缆数量。

第 2 节　热电厂线路及桥联断路器保护抗干扰问题与无故障跳闸

DIN 热电厂 220kV 主系统接线为内桥接线，3、4 号机组通过 220kV 211、212 断路器与系统并网。因 220kV 系统改造，其他线停电，3、4 号机组负荷仅通过 220kV 211L1 线送出，系统并网连接接线见图 6-6。因系统方式要求，3、4 号主变压器 110kV 侧断路器处于断开位置。某年 6 月 14 日，系统正常时 3 号机组负荷 138MW，4 号机组负荷 140MW。

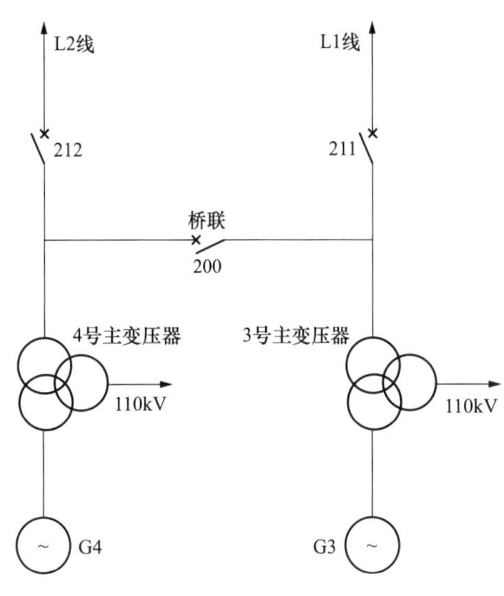

图 6-6　热电厂 220kV 系统简化接线图

一、故障现象

6 月 14 日 15 时 39 分，220kV 桥联 200 断路器及 L1 线 211 断路器相继跳闸且未重合，3、4 号机组与系统唯一的并网通道断开，机组解列。因为发电机过电压、励磁系统故障所以发电机全停、出口断路器跳闸、磁场断路器跳闸、主汽门关闭。现场检查 220kV L1 线及桥联保护装置本身无异常，只是操作箱跳闸指示灯亮。断路器跳闸后，操动机构压力低，闭锁重合闸。信号情况如下：

211 断路器跳闸后，4 号发电机高压厂用变压器 040 断路器跳闸，6kV ⅣA、6kV ⅣB 工作电源 6401、6402 断路器跳闸，备用电源 6403、6404 断路器自动投入。3 号发电机高压厂用变压器 030 断路器拒跳，手动拉开 6kV ⅢA、6kV ⅢB 工作电源 6301、

6302 断路器，合上备用电源 6303、6304 断路器。手动拉开 3 号高压厂用变压器 030 断路器，检查 3、4 号机 6kV 厂用电正常。检查 400V 厂用电发现 3、4 号低压厂用变压器低电压保护跳闸，复归信号，恢复工作电源供电。

同时，主控室正常照明失电，直流自动投入，DCS 发“3 号发电机-变压器组 A 保护柜闭锁”“3 号发电机-变压器组 B 保护柜闭锁”“4 号发电机-变压器组 A 保护柜闭锁”“4 号发电机-变压器组 B 保护柜闭锁”“3 号发电机磁场断路器跳闸”“4 号发电机磁场断路器跳闸”“发电机-变压器组故障录波器启动”“3 号机励磁系统故障”“4 号机励磁系统故障”“6kV ⅢA、ⅢB 厂用闭锁”“400V ⅢA、ⅢB、ⅣA、ⅣB 低电压动作”“3 号机跳原动机”“4 号机跳原动机”信号。网控微机发“L1 线高频方向保护光纤接口动作”“L1 线距离保护光纤接口动作”“L1 线跳闸”“L1 线控制回路断线”“220kV 桥断路器保护跳闸”“211 断路器压力降低禁止合闸”“220kV 桥控制回路断线”“线路故障录波器启动”信号。

二、检查过程

1. 保护动作情况检查

对集控室电子间进行了检查，发现 3 号发电机-变压器组保护 A 柜、B 柜发“励磁系统故障”信号；4 号发电机-变压器组保护 A 柜、B 柜发“励磁系统故障”信号，3 号机厂用快切装置屏发“3 号机厂用快切装置闭锁”，到励磁小间检查发现“励磁过电压”信号。

对 220kV 电子间进行了检查，发现 L1 线保护柜“发 A”信号发出，操作箱跳闸指示灯亮，桥联 200 断路器操作箱跳闸指示灯亮，两个保护装置本身出口指示灯无异常。

2. 故障录波器的录波情况检查

对故障录波器的录波情况进行了检查，电压波形正常；电流波形为负荷电流，电流的消失过程显示出了 200 桥联断路器及 211 断路器的动作顺序。200 桥联断路器 A、B、C 三相同时跳闸两个周波以后，211 断路器 A 相跳闸，25ms 后其余两相跳闸，详见故障录波图 6-7。

检查 211 断路器及桥联 200 断路器保护装置报告，显示电流波形正常，电压波形正常，且无故障分析报告。

3. SOE 记录信号的检查

4 号机 SOE 的记录信号见表 6-2。

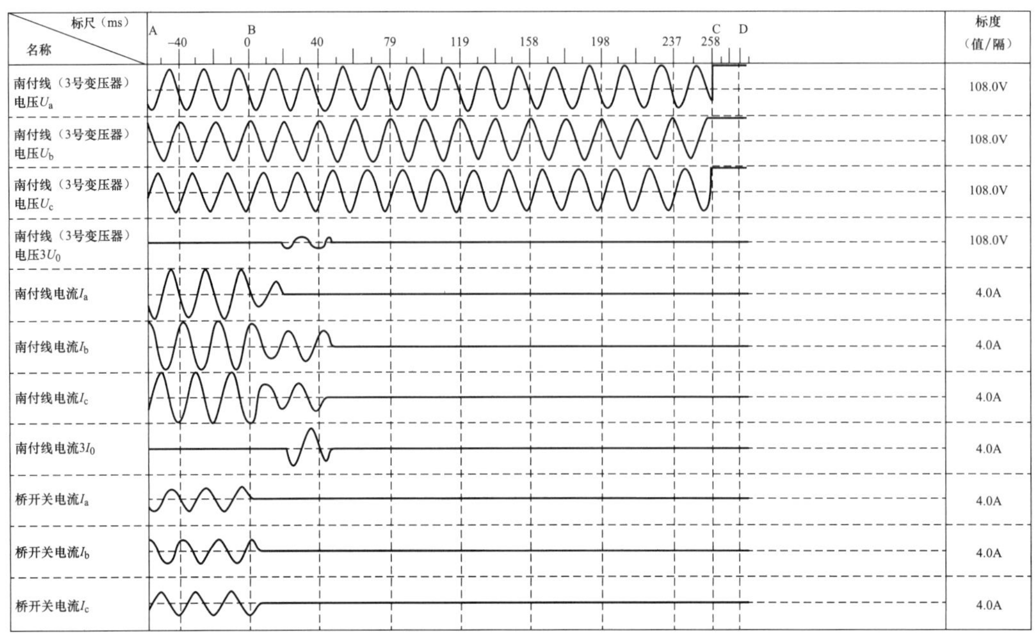

图 6-7　断路器跳闸时故障录波图

表 6-2　　4 号机 SOE 记录

序号	时间	4 号炉配电箱电源故障	结果
1	13:054	返回	0
2	13:081	动作	1
3	13:167	动作	1
4	13:182	返回	0
5	13:454	返回	0
6	13:468	动作	1
7	13:486	返回	0
8	13:567	动作	1
9	13:659	返回	0
10	13:661	动作	1
11	13:684	返回	0
12	14:264	返回	0
13	14:266	动作	1
14	14:357	返回	0
15	14:359	动作	1
16	14:372	返回	0
17	14:375	动作	1

续表

序号	时间	4 号炉配电箱电源故障	结果
18	14:904	动作	1
19	14:916	返回	0
20	14:917	动作	1
21	15:196	返回	0
22	15:258	返回	0
23	15:270	动作	1
24	15:460	动作	1
25	15:574	返回	0
26	15:664	返回	0
27	15:677	动作	1

4. 保护定值等检查

对 211 断路器及桥联 200 断路器保护装置重新进行定值核对及传动试验，并二次回路接线，状况良好，无异常。

三、原因分析

分析认为，220kV 211 断路器和桥联 200 断路器的跳闸均是断路器跳闸出口继电器误动作引起的。主要原因是由于发电机-变压器组保护装置的跳闸电缆较长，并联电缆数多，杂散电容较大，而启动线路保护出口的跳闸继电器的功率较低；并且在一定的干扰下，导致了跳闸继电器误动作。

跳闸继电器误动作的起因是交流电压混入了直流系统，从 4 号机 SOE 的记录信号不难得到答案。因为动作脉冲的时间间隔基本上是 20ms 的倍数关系。

211 断路器 A 相跳闸提前 25ms 的原因是，虽然跳闸继电器为三相式，但是严格的说三相的跳闸继电器动作电流是不会一样的，带动 A 相断路器的动作电流小于 B、C 两相。

实际故障的模拟情况：首先电容电流启动桥联 200 断路器保护出口，再启动 L1 线 211 断路器跳闸出口；211 断路器 A 相先跳，25ms 后启动另外两相跳闸，与上述分析一致。

经过现场的实际测试，桥联 200 断路器和 211 断路器的跳闸继电器功率均小于 0.7W；电缆电容：200 断路器 156nF，211 断路器 90nF，具备了启动跳闸的条件，进一步确证了故障系跳闸继电器误动作造成的，断路器控制回路图见图 6-8。

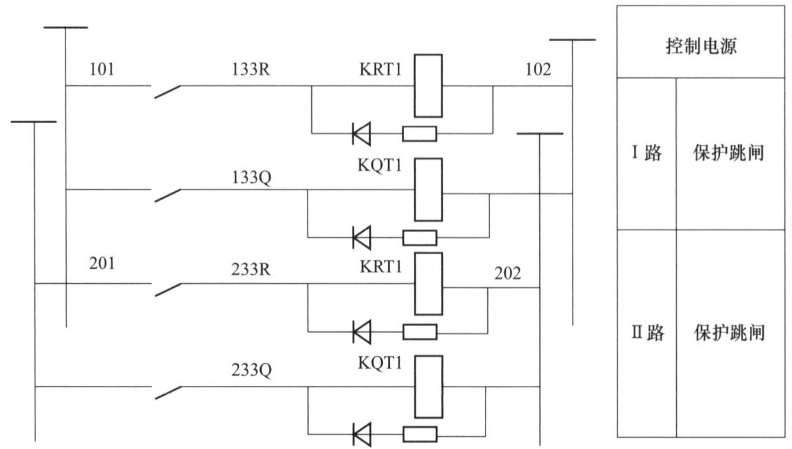

图 6-8　断路器控制回路图

控制电缆电容：101-133R、101-133Q、201-233R、201-233Q 之间的电容。

继电器动作功率：KRT、KQT 的动作功率，即 133R-102、133Q-102、233R-202、233Q-202 之间加电压，使之动作时的功率。

211 断路器、200 断路器动作后未重合原因是，2 个断路器跳闸后，操动机构压力低闭锁重合闸。

四、防范措施

1. 提高跳闸继电器的动作功率

将保护装置跳闸继电器的动作功率提高到 2W 以上。

2. 降低杂散电容的数值

减少并联长电缆的芯数，以减少电容数值。已将 3、4 号发电机-变压器组差动保护跳线路保护和桥联断路器保护的电缆由 8 根减少为 4 根。

200 断路器：电容数值由 156nF 减少为 126nF；

211 断路器：电容数值由 90nF 减少为 60nF。

第 3 节　线路送电断路器合闸后 A 相跳开的非全相问题

一、故障现象

某年 12 月 13 日 13 时 12 分 13 秒，在对 220kV 线路断路器 215 合环送电时，三相合闸后 40ms A 相跳开。就地检查 A 相断路器确已跳闸，但 BC 相尚未断开，后手动将 BC 相分闸断开。出现了所谓的断路器无故障跳闸等问题，所暴露的疑点有三方面：

（1）215A 相断路器跳闸原因不明；

（2）215A 相断路器位置触点状态不能按时转换，分闸后 8s 才回复变位；

（3）215 断路器三相不一致保护不起作用。

二、检查过程

1. 回路绝缘检查

用 500V 的绝缘电阻表对 215 断路器跳闸回路 101、102、133 及 201、202、233 的绝缘进行了检查，结果正常。

2. 保护动作状况检查

就地检查保护屏无故障报警，只有总启动报文。根据保护装置（RCS923、RCS931）录波图，A 相断路器在经历两个周波后跳开。

3. 故障录波检查

由录波图可知，215A 相断路器位置触点状态不能按时转换，分闸后 8s 才恢复变位。

4. 断路器跳合闸时间测试

经过检测 215 断路器合闸时间为 30ms，跳闸时间为 20ms。

5. 断路器传动试验

215 断路器停电后，对断路器进行了就地和远方的分合闸试验，断路器动作正常。

三、原因分析

结合上述检查结果，对 215 断路器跳闸过程中出现的问题做如下分析。

1. 关于断路器误动跳闸的问题

能够导致断路器的误动跳闸可能的原因有四方面，一是机械问题或者液压机构的问题，就是断路器未挂住；二是保护的问题；三是抗干扰问题；四是断路器操作系统的问题。仅对后三者进行粗略的分析。

（1）断路器跳闸不是保护动作的结果。由于 A 相断路器合闸后跳得太快，电流持续的时间较短，只有 40ms，并且保护装置无报警，可以确定 215 断路器跳闸不是保护动作的结果。原因如下所述：

如果是保护动作，则从保护启动到断路器跳闸，到电弧熄灭需要的时间为：保护动作时间 20ms+断路器跳闸时间 20ms+息弧时间＞40ms。

因此，断路器跳闸之前保护没有启动，断路器的跳闸也不可能是保护启动的结果。

注：根据故障录波图谈故障的切除时间，215 断路器于 13 日 9 时 01 分远跳时间为 40ms，这比保护启动时间快，与以上时间的分析不矛盾。

（2）抗干扰问题。进一步从 A 相断路器合闸后电流持续的时间来推断，相断路器的跳闸可能是抗干扰问题造成的。

由于断路器的操作箱跳闸出口继电器的启动回路接线较多，有双重线路保护跳闸的接线、双重母线保护跳闸的接线、手动操作跳闸的接线等，累加起来跳闸启动触点 101 对 133 或 201 对 233 上的杂散电容数额可观。再加上出口继电器功率如果过低，在操作过程中产生的干扰信号的作用下，可能导致断路器误跳。

由于干扰信号持续的时间不确定，有可能启动了断路器跳闸，但是没有能够启动信号环节。也可能干扰信号启动了断路器跳闸，也启动了信号，但是没有注意到，需要进一步检查 SOE 的记录结果。

（3）断路器操作系统的问题。很像是断路器启动跳闸状态没有复位，或者是回路绝缘出了问题，但是这与检查结果相矛盾。因此，可以推断，另一种断路器跳闸的原因是在断路器本体、操作继电器箱存在控制回路的跳闸状态没有返回所造成的。

2. 关于断路器位置触点状态不能按时转换的问题

是位置继电器的问题，可能存在位置触点卡涩现象，使得断路器分闸后经过了 8s 保护装置才收到此开入。

关于继电器合闸不到位的问题，可以肯定，继电器合闸是到位了，不过又跳了。

3. 关于三相不一致保护不起作用的问题

在断路器一相误跳之后，三相不一致未动作，经进一步分析认为操作箱的跳闸位置开入没有到位，与上述的问题一样可能存在位置触点卡涩现象。三相不一致保护的启动回路由三相的 KCT 并联而成。

四、防范措施

为了确认上述分析的结果，为了解决好断路器误跳的问题，采取措施如下：

1. 抗干扰因素的检查

提请线路停电计划，利用线路停电机会，对线路跳闸出口继电器动作功率进行测量和跳闸回路杂散电容的测量。同时举一反三的对其他线路也开展这项工作。

2. 操作箱的功能检查

利用线路停电检修，对 215 断路器进行全面的检查和试验，尤其对断路器机构重点进行检查，对操作继电器箱及接线进行检查。同时通过模拟三相不一致状况，对回路进行测试检查。

3. 设备的整改与反措

严格根据规程，进行保护装置的定期检验或者升级改造。

第 4 节　热电厂升压站母联断路器三相不一致保护拒绝动作

一、故障现象

某年 3 月 23 日 3 时 45 分，ZUT 热电厂 3 号机组在冲转升速过程中，转速接近 3000r/min 分，准备并网工作时，220kV 02 号启动备用变压器 210 断路器的 A 相跳闸；2500ms 后 B、C 相跳开；同时，保护屏有三相不一致保护动作信号发出。

3 月 23 日 4 时，在强送 02 号启动备用变压器，手动操作 210 断路器合闸时，只有 B、C 相合上，A 相依然处于断开位置。此时，三相不一致保护没有动作，10min 后，进行断路器检查，人为拆除 A 相断路器罩体的过程中，B、C 相断路器跳了。三相不一致保护动作信号再次发出。根据录波图可知，A 相在分位的非全相过程中，零序电流非常明显。210 故障断路器在系统中的位置见图 6-9。

在上述环节中，210 断路器存在压力不足的液压故障，辅助触点不到位的机械故障，以及三相不一致保护拒绝动作的电气故障。

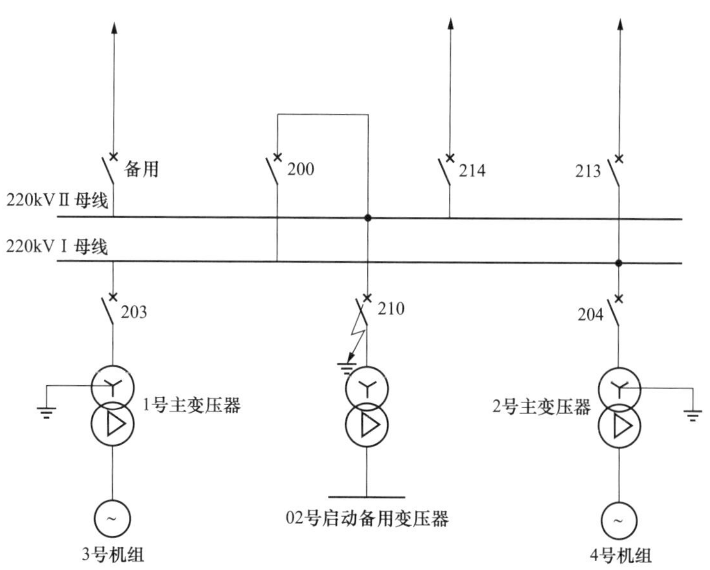

图 6-9　热电厂与线路故障点的位置

二、检查过程

1. 210A 相断路器机械检查

检查 210A 相断路器发现，A 相合闸线圈电磁阀的垫圈损坏导致漏油，泄压后压力明显不足。

2. 断路器跳闸回路绝缘检查

对 A 相跳闸回路的绝缘检查，结果正常。

3. 跳闸继电器动作功率检查

汇控柜继电器就是断路器跳闸的执行继电器，所有的跳闸均经过 K6、K7 出口。断路器控制回路接线与汇控柜跳闸继电器 K6、K7 的位置见图 6-10。

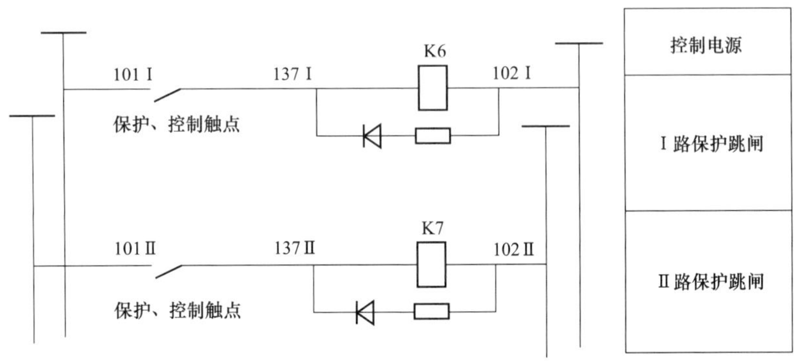

图 6-10 断路器控制回路与汇控柜跳闸继电器的位置

继电器动作功率：KRT、KQT 的动作功率，即 133R-102、133Q-102、233R-202、233Q-202 之间加电压，使之动作时的功率。跳闸继电器 K6、K7 动作功率数据见表 6-3，结果正常。

表 6-3 继电器动作功率测试记录

继电器	动作电压（V）	返回电压（V）	动作电流（mA）	返回电流（mA）	动作功率（W）
K6	120	40	21	7	2.5
K7	119	40	21	8	2.5

4. 电缆接线与杂散电容检查

电缆长 2×200m，双重化保护与跳闸的执行继电器之间的接线为 1 对 2 的关系。控制电缆杂散电容：101-133R、101-133Q、201-233R、201-233Q 之间的电容。杂散电容在 90nF 以上，指标太高。

另外，对汇控柜检查发现，接地铜排没有接地。

5. 三相不一致保护的启动回路与逻辑检查

三相不一致保护启动回路和动作逻辑见图 6-11，对三相不一致保护进行传动试验，结果正常。断路器单相跳闸的回路没有接线。

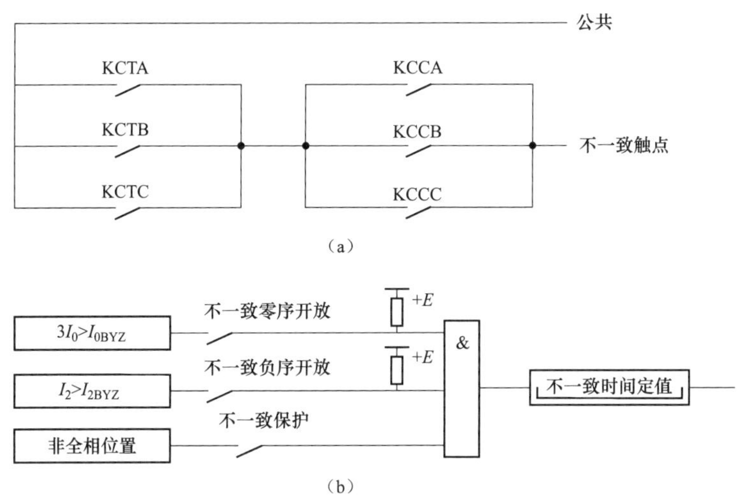

图 6-11　三相不一致保护启动回路和动作逻辑

(a) 三相不一致保护启动回路；(b) 三相不一致保护动作逻辑

三、原因分析

根据上述跳闸继电器的动作参数以及断路器跳闸回路的接线可知，210 断路器的不正常跳闸与抗干扰问题无关。至于断路器存在的压力不足的液压故障，辅助触点的机械故障，以及三相不一致保护的电气故障，都是液压阀门卸压惹的祸，原因分析如下：

1. A 相断路器跳闸是断路器液压阀门漏油泄压造成的

由于断路器高压油的泄漏，使之不能维持其合闸状态而分闸，是压力降低造成的，如此问题之前作者尚未见到过。

2. B、C 相跳开是三相不一致保护动作的结果

汇控柜就地装设三相不一致保护，其中任意一相跳闸后均启动计时，延时 2500ms 后发三相跳闸命令，跳开另外两相。因此，当 A 相断路器由于压力降低而断开后三相不一致保护启动，延时 2500ms 跳开 B、C 相。

3. 压力不足导致 A 相没有合闸

在强送 02 号启动备用变压器，手动操作 210 断路器合闸时，其 A 相没有合闸，依然是压力不足所造成的。虽然 A 相没有合上，但是断路器也没有处于所谓的断开位置，因此，其辅助触点的位置并不明确。

4. 位置触点到位后三相不一致保护再次动作

A 相断路器因为合闸时没有到位，其位置触点也不正常，或许在处于半空中。因此，A 相断路器在合闸过程中由于位置不到位，三相不一致保护的启动回路没有接通，保护

不具备启动的条件，所以，三相不一致保护一开始没有动作。在人为拆除A相断路器的罩体过程中，即B、C相合上10min后，也许是由于振动的原因，A相断路器位置触点正常了，三相不一致保护再次动作跳闸。

可以确定，B、C 相非全相的原因，是三相不一致保护启动回路接触不良造成的，与电源控制回路断线等因素无关。

5. A相触点复位后三相不一致保护动作正常

在处理A相，拆A相断路器罩壳过程中，由于振动的原因A相辅助触点位置恢复到位，三相不一致保护启动，延时2500ms B、C相断路器跳闸。

6. 出现的零序电流属于正常现象

210A相断路器无故障跳闸后，210断路器TA出现的零序属于正常现象。

四、防范措施

1. 更换垫片

液压油的泄露是密封垫破损造成的，更换密封垫后，重新注油，断路器跳合闸试验正常，将断路器投入运行后正常。

2. 执行反措条例

双重化保护与跳闸执行继电器之间的接线为1对1的关系。即A柜保护只跳K6，对应断路器的第Ⅰ跳闸线圈，解除A柜保护跳K7的接线；B柜保护只跳K7，对应断路器的第Ⅱ跳闸线圈，解除A柜保护跳K6的接线。

3. 将电缆屏蔽层接地

将电缆屏蔽层做接地处理。

运行结果表明，采取了措施后问题得到彻底解决。

第5节　发电厂线路断路器拒绝跳闸与保护动作行为

某年2月28日KOL地区大雾，发电厂213线路故障，6台机组全部停止运行，对系统的冲击影响非常严重。故障前的运行方式如下：

110kV系统：

Ⅰ母线带109断路器；Ⅱ母线带101、102、103、104、105、106断路器；母联断路器107在合位。中性点接地方式：1D10、2D20、3D20、6D20隔离开关在合位。

220kV系统：发电厂220kV系统结构见图6-12。

Ⅰ母线带201、203、205、211、213、215、217断路器。

Ⅱ母线带202、204、212、214断路器；Ⅳ母线备用；Ⅴ母线带206、216断路器。

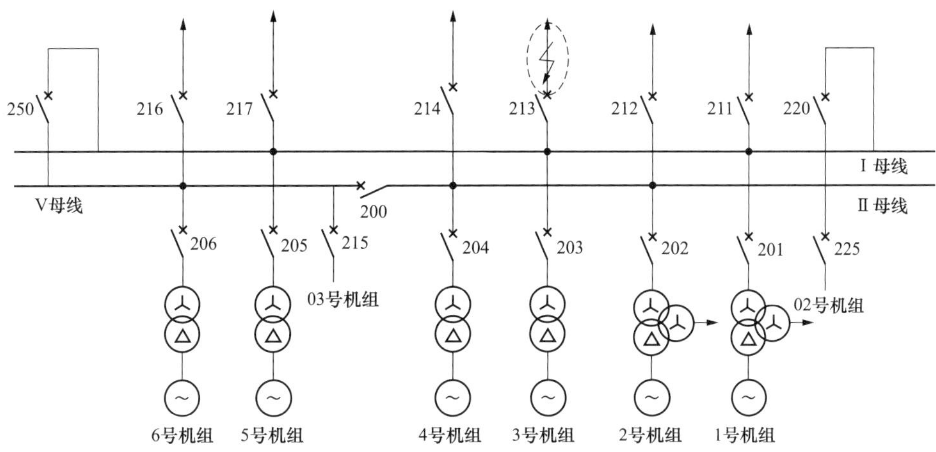

图 6-12　发电厂系统结构与故障点的位置

一、故障现象

2 月 28 日 1 时 25 分发电厂事故音响报警，各表计大幅度摆动。1、3、4、5、6 号机组负荷到零，202 即 2 号主变压器零序过电流动作，101、201、202、203、204、205、206、213、217 断路器跳闸。1 号主变压器“220kV 侧间隙过电流”“低压侧接地”保护动作；3 号机“主变压器零序过电流”保护动作；4 号机“主变压器零序过电压”保护动作；5 号机“主变压器间隙过电流”保护动作；6 号机“主变压器零序过电流”保护动作。213 线路“高频方向”“高频距离”距离Ⅰ、Ⅱ、Ⅲ段，接地，零序动作，重合闸动作；217 线路“高频方向”保护动作；213 断路器控制回路断线。

检查发现 213 线路高频距离、高频方向动作，213 断路器 A 相未跳开，手动打闸。确认 220kV 系统无电压。

217 线高频方向跳闸，重合闸动作，但又立即跳开。211、212、216、214 线高频发信，断路器未动作。

1 时 45 分，合上 217 断路器，220kV 母线充电正常。

1 时 48 分，3 号机并列。

1 时 57 分，4 号机并列。

2 时 39 分，5 号机并列。

4 时 00 分，6 号机并列。

1 号机按调度令转备用。

二、检查过程

1. 220kV 213 线雾闪断路器拒分

由于大雾弥漫，220kV 213 线路雾闪，检查确认故障点位于发电厂的附近，故障发生后线路两侧保护动作，发电厂 213 断路器 A 相却没有跳闸。

2. 外围变电站设备动作情况检查

213 线路对侧站：220kV 线路 213 断路器跳闸，因电厂侧断路器未动，220kV 线路 211、212、216、217、214 断路器跳闸。

211 线路对侧站：220kV 线路 211、212 零序二段、距离三段跳闸，重合闸未动。

213 线路对侧站：220kV 线路 213 高频距离、高频方向保护动作，A 相断路器跳闸，重合闸动作合闸不成功跳开三相。

216 线路对侧站：线路 216 高频发信，接地距离二段动作，A 相断路器跳闸，重合不成功跳三相。线路 217 高频方向动作、接地距离二段动作，A 相跳闸，重合成功。

214 线路对侧站：线路 214 接地距离二段保护动作，高频发信机发信，A 相断路器跳闸，重合闸动作合闸不成功跳开三相。

三、原因分析

1. 213 断路器拒分是泄压造成的

分析认为 213 断路器 A 相拒绝跳闸是泄压闭锁造成的，断路器泄压后自动闭锁跳闸，导致保护动作、断路器拒分。

2. 217 断路器跳闸是保护误动作

根据检查结果可知，CKF 16 号插件底座已断裂，因此 217 线断路器跳闸是保护误动作。底座断裂的 CKF 16 号插件，不能保证逻辑动作的正确性。

3. 保护的配置问题导致事故扩大

首先，事故扩大原因是没有执行先跳母联分段（第一动作时间），再跳不接地变压器（第二动作时间），最后跳接地变压器（第三动作时间）的跳闸原则顺序；其次，没有设置断路器失灵保护。因此，是保护的配置问题导致事故扩大，几乎造成全厂停电。

四、防范措施

1. 投入变压器的零序保护跳母联断路器逻辑

投入变压器的零序跳母联保护，执行先跳母联分段（第一时间）再跳不接地变压器（第二时间）最后跳接地变压器（第三时间）的跳闸原则顺序。

2. 投入失灵保护

对 220kV 断路器，完成断路器失灵保护的设计安装整定与调试，并将其投入运行。

第 6 节　发电厂线路故障断路器跳闸失灵与保护误动作

一、故障现象

某年 9 月 22 日 4 时 17 分，CES 发电厂 220kV 断路器 211 线路 L1 因下雨发生 A 相接地故障，线路保护动作，断路器跳闸。未等重合闸出口，失灵保护动作，跳开三相断路器，失灵保护返回。故障点位于 220kV L1 线路出口处，见图 6-13。

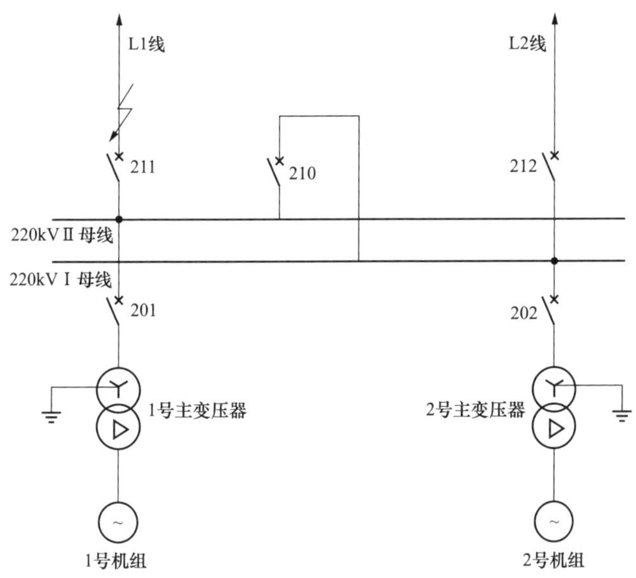

图 6-13　发电厂一次系统与线路故障点的位置

疑点分析：

（1）220kV L1 线路与 L2 线路同塔双回 18km，L2 线路故障电流明显，A 相电流增加，B 相电流增加，C 相电流减小。分析是感应的原因，还是迂回的结果？

（2）失灵保护的动作需要三个条件：失灵保护电流启动元件动作、断路器触点在合闸位置、低电压闭锁开放。

（3）211 断路器跳闸后为何还有电流？

二、检查过程

1. 故障录波的检查

211 断路器 A 相失灵保护动作后没有跳母联以及其他相临断路器。相临的 L2 线路也有故障电流出现，表现为A相电流增加，B相电流增加，C相电流减小。

2. 失灵保护的动作逻辑检查

失灵保护动作逻辑见图6-14。该失灵保护启动元件为相电流元件。失灵保护启动逻辑：当保护启动且相电流$I_p > I_{SLQD}$（失灵启动电流）时，瞬时接通该相失灵启动触点，该触点与外部保护的该相跳闸触点串联后启动失灵保护。

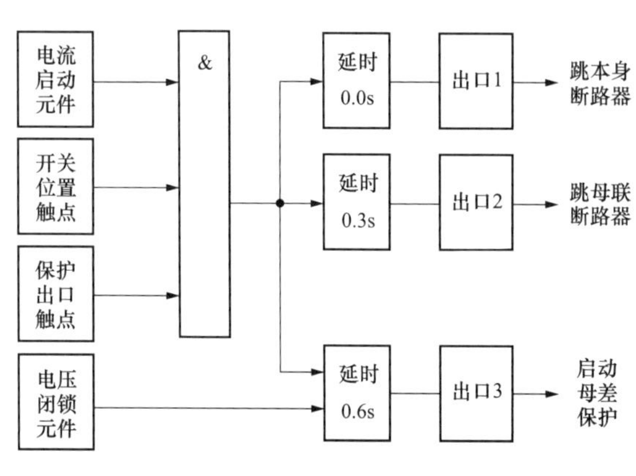

图6-14　失灵保护的逻辑电路

失灵保护的判别元件的动作与返回时间要求均不应大于20ms，即启动量满足时瞬时启动，起动量消除后瞬时返回。

对于有专用跳闸出口回路的单母线及双母线失灵保护装设闭锁元件。发电机-变压器组失灵保护不装设闭锁元件。

（1）电流启动元件。动作电流3.0A，返回电流2.7A，动作时间10ms，返回时间30ms。

（2）电压闭锁元件。动作电压60V，返回电压67V，动作时间20ms，返回时间15ms。

（3）断路器位置启动回路。进行回路检查，发现断路器辅助触点存在卡塞现象。

（4）失灵保护动作逻辑。进行失灵保护的动作逻辑检查，结果正确。

三、原因分析

1. 辅助触点的切换问题导致了断路器失灵保护误动作

由于断路器辅助触点的切换不及时导致了失灵保护的误动作。断路器辅助触点的切换问题属于机械方面的故障，断路器辅助触点的机械故障并不少见，也是保护原理上存在的缺陷，在此不多做分析。

2. 失灵保护误动作跳开三相后保护返回

失灵保护动作跳开三相后保护返回，没有进一步去启动母联断路器以及母线其他设备的跳闸，是正常逻辑配合的结果。

3. 相邻线路的电流特征与同塔双回的构架有关

值得一提的是，作为故障线路的相临线，其电流表现出了如下特征：A相电流增加，幅值大约是故障线路电流一半，相位相反；B相电流增加，幅值大约是A相线路电流一半，相位超前；C相电流减小。对于本线路显然$i_a + i_b + i_c \neq 0$。

对于上述相邻的非故障线路电流的状况可以如此理解：B相电流与C相电流的变化是电磁感应的结果，是故障电流在B相与C相上感应的电流叠加的结果；非故障线路的

A 相电流则主要是系统提供的短路电流，短路电流是迂回的结果。两者的区别就在于此，受篇幅的限制，在此不多做更深刻的分析。线路的换位情况见图 6-15。

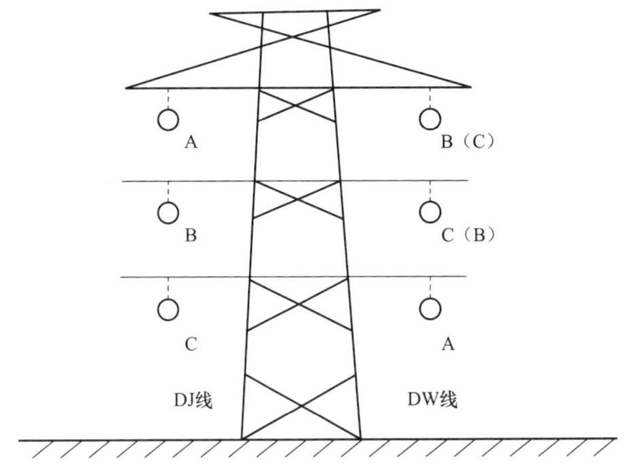

图 6-15　同塔双回线路换位情况

四、防范措施

更换失灵保护的启动方式，不用辅助触点启动失灵保护。

第 7 节　变电站工频交流干扰直流系统与跳闸继电器误动作

一、故障现象

某年 6 月 26 日 12 时 50 分，500kV CEL 变电站 1 号主变压器 500kV 侧 5011、5012 断路器；220kV TLⅡ线 214 断路器；220kV 分段 21F 断路器跳闸。相关保护装置除启动外，无任何动作出口信号。

6 月 28 日 10 时 41 分，变电站再次发生同样的事故，正常时的运行方式见图 6-16。

10 月 30 日 10 时 54 分，1 号主变压器 500kV 侧 5011 断路器（5012 断路器在分）；2 号主变压器 500kV 侧 5032、5033 断路器；220kV 母线分段 21F、22F 断路器跳闸，当时的运行方式见图 6-17。故障前负荷：TLⅠ线，398MW；TLⅡ线，357MW；1 号主变压器，470MW；2 号主变压器，468MW；LCⅠ线：465MW；LCⅡ线，465MW。

变电站三次断路器大面积跳闸之前，系统均正常运行，而且变电站内无任何操作，保护装置无动作信号，监控装置无跳闸信号。30 日跳闸之前的负荷：TLⅠ，398MW；TLⅡ，357MW；1 号主变压器，470MW；2 号主变压器，468MW；LCⅠ，465MW；LCⅡ，465MW。故障后变电站负荷降为零。

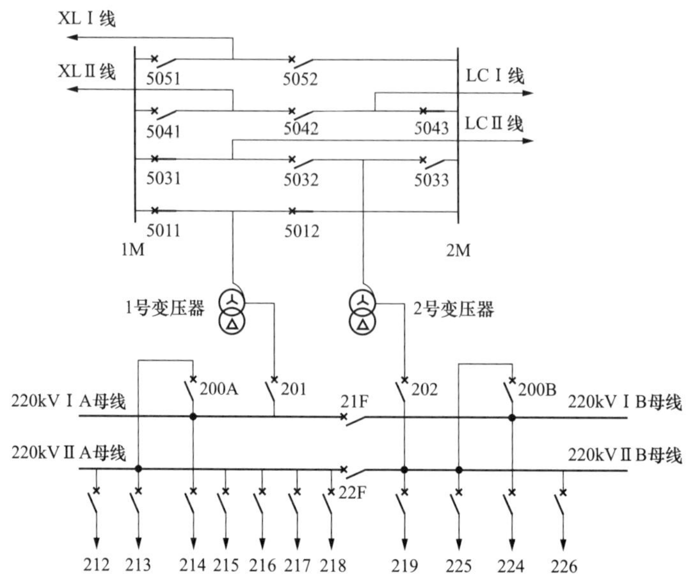

图 6-16　6 月 26、28 日两次故障前的运行方式

（1）监控系统事件记录见表 6-4。

表 6-4　　6 月 26 日监控系统事件记录

序号	时间	动作信息	结果
1	12:50:55:61	Ⅰ母间隔 500kV 接地开关 51-17	合闸
2	12:50:55:61	Ⅱ母间隔 500kV 接地开关 52-17	合闸
3	12:50:55:61	Ⅱ母间隔 500kV 接地开关 52-27	合闸
4	12:50:55:62	Ⅰ母间隔 500kV 接地开关 51-27	合闸
5	12:50:55:74	5011 第二组出口	跳闸
6	12:50:55:75	5012 第二组出口	跳闸
7	12:50:55:76	5012 第一组出口	跳闸
8	12:50:55:76	5011 第一组出口	跳闸
9	12:50:55:79	TL Ⅱ线出口	跳闸
10	12:50:55:93	Ⅰ母线分段 21F 出口	跳闸
11	12:51:04:00	直流系统瞬间接地	发信号
12	12:51:10:00	直流绝缘异常	发信号
13	12:53:21:21	35kV Ⅱ母线 TV 隔离断路器（之后频发此信号）	跳闸
14	12:53:48:60	35kV 2 号站用变压器本体轻瓦斯（之后频发发生-消除此信号）	发信号

（2）几次跳闸的有关保护信号见表 6-5。

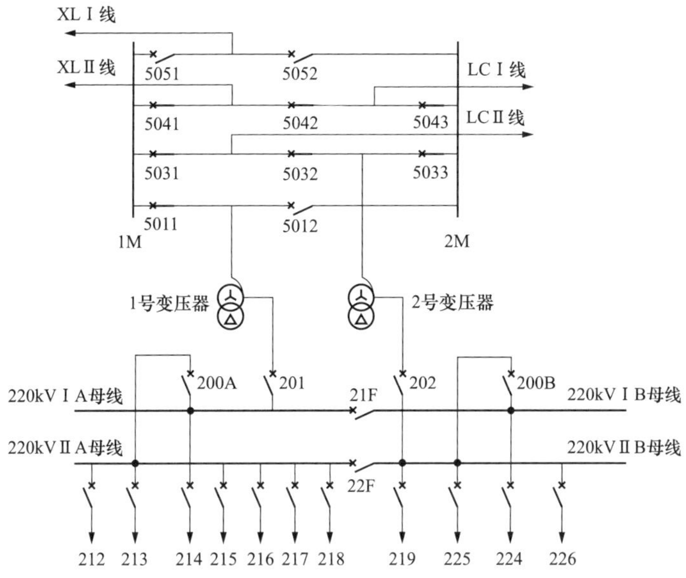

图 6-17　30 日故障前的运行方式

表 6-5　　保护动作记录

跳闸线圈			6 月 26 日	6 月 28 日	10 月 30 日	备注
5011 断路器保护屏	第一跳闸线圈	TA	√	√	√	
		TB	√	√	√	
		TC	√	√	√	
	第二跳闸线圈	TA	√	√		
		TB	√	√		
		TC	√	√		
	三跳开入		√	√		
5012 断路器保护屏	第一跳闸线圈	TA	√	√	断路器在分闸状态	
		TB	√	√		
		TC	√	√		
	第二跳闸线圈	TA	√	√		
		TB	√	√		
		TC	√	√		
	三跳开入		√	√		
5032 断路器保护屏	第一跳闸线圈	TA	断路器在分闸状态	断路器在分闸状态	√	
		TB			√	
		TC			√	
	第二跳闸线圈	TA				
		TB				
		TC				
	三跳开入		√	√		

续表

跳闸线圈			6 月 26 日	6 月 28 日	10 月 30 日	备注
5033 断路器保护屏	第一跳闸线圈	TA	断路器在分闸状态	断路器在分闸状态	√	
		TB			√	
		TC			√	
	第二跳闸线圈	TA				
		TB				
		TC				
	三跳开入		√	√	√	
分段 21F 操作箱	第一跳闸线圈	TA			√	
		TB	√	√	√	
		TC	√	√	√	
	第二跳闸线圈	TA			√	
		TB	√	√	√	
		TC	√	√		
分段 22F 操作箱	第一跳闸线圈	TA	断路器未安装	断路器未安装	√	
		TB			√	
		TC			√	
	第二跳闸线圈	TA			√	
		TB			√	
		TC				
TL II 线 214 断路器操作箱	第一跳闸线圈	TA				
		TB				
		TC				
	第二跳闸线圈	TA	√	√		
		TB				
		TC				
1 号主变压器 C 屏 201 断路器操作箱		保护 I 动作	√	√	√	

（3）操作箱 RCS-921 的记录结果。最有代表性的 30 日 10 时 30 分 50 跳闸，5033 操作箱 RCS-921 的记录结果见表 6-6。

表 6-6　　保护动作时序

序号	时间序列（ms）	动作信息	变位	结果
1	25	断路器 A 相	0—1	跳闸
2	33	保护三相跳闸开入量第 1 次动作	0—1	
3	35	保护三相跳闸开入量第 1 次返回	1—0	

续表

序号	时间序列（ms）	动作信息	变位	结果
4	54	保护三相跳闸开入量第 2 次动作	0—1	
5	59	保护三相跳闸开入量第 2 次返回	1—0	
6	74	保护三相跳闸开入量第 3 次动作	0—1	
7	75	保护三相跳闸开入量第 3 次返回	1—0	
8	94	保护三相跳闸开入量第 4 次动作	0—1	
9	95	保护三相跳闸开入量第 4 次返回	1—0	
10	114	保护三相跳闸开入量第 5 次动作	0—1	
11	115	保护三相跳闸开入量第 5 次返回	1—0	
12	134	保护三相跳闸开入量第 6 次动作	0—1	
13	135	保护三相跳闸开入量第 6 次返回	1—0	

故障分析的突破口：保护三相跳闸开入量的每次动作的时间间隔为 20ms。

二、检查过程

事故后在现场分别对各跳闸断路器控制回路的保护、监控等能够启动跳闸的设备及回路进行了全面检查，其静态特性均正常，绝缘情况良好，没有找到跳闸的起因。最后对能够反映其动态特性的指标进行了检查，包括出口继电器动作电压、动作功率、动作时间测试；跳闸回路分布电容测试、5011 断路器操作箱跳闸回路注入交流试验等，结果这些参数能够分析跳闸断路器的跳闸的原因。变电站保护回路连接示意图如图 6-18 所示。现将试验数据和现场情况分析如下：

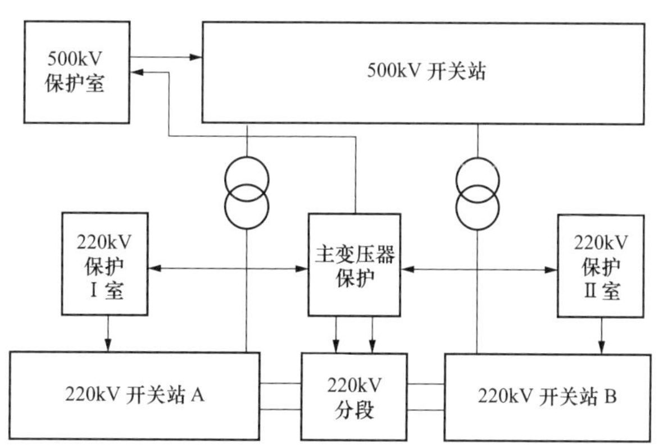

图 6-18　变电站的保护回路连接图

1. 5011 断路器交流注入直流控制系统试验

解开 5011 断路器操作箱直流，控制Ⅰ、Ⅱ回路以及操作箱的直流电源分别取自试验电源屏，在 5011 断路器操作箱第Ⅰ路控制回路负端对地加交流，当电压升到 140V 时，5011 断路器跳闸，第二跳闸线圈灯亮。

第Ⅰ路 101，150V 未动作。第Ⅰ路 102，140V 动作，电流 26mA。

第Ⅱ路 201，140V 动作。第Ⅱ路 202，137V 动作。

2. 控制系统电容参数的测试

（1）500kV 断路器的操作系统。5011、5012、5032、5033 断路器第Ⅰ路跳闸触点处：85nF。第Ⅱ路跳闸触点处：114nF。500kV 其他断路器：30nF。

（2）220kV 断路器操作系统。21F、22F 分段断路器跳闸触点处：90nF。201、202 变压器中压侧断路器：50nF。214 断路器跳闸触点处：5nF。

主变压器三侧断路器、分段断路器操作箱跳闸回路的分布电容较大的原因分析如下：

1、2 号主变压器保护 A、B、C 柜分别跳 5011、5012、5032、5033 断路器的电缆是从主变压器保护室到 500kV 保护室的，跨越距离远，电缆有六根之多，每根长约 200m，所以 5011、5012、5032、5033 断路器操作箱跳闸回路的电容较大。

母差保护跳主变压器 220kV 侧 201、202 断路器的电缆是从 220kV 一、二小室分别到主变压器保护室的，电缆分别有四根，每根长约 80m，所以 1、2 号主变压器 220kV 侧 201、202 断路器操作箱跳闸回路的电容较大。接线如图 6-19 和图 6-20 所示。

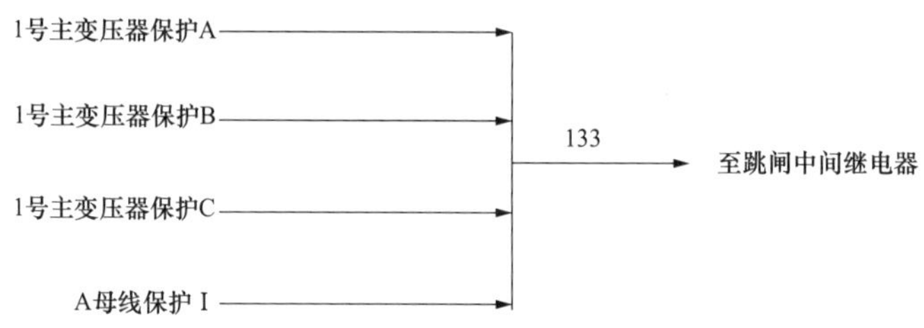

图 6-19　201 断路器 133 跳闸回路接线

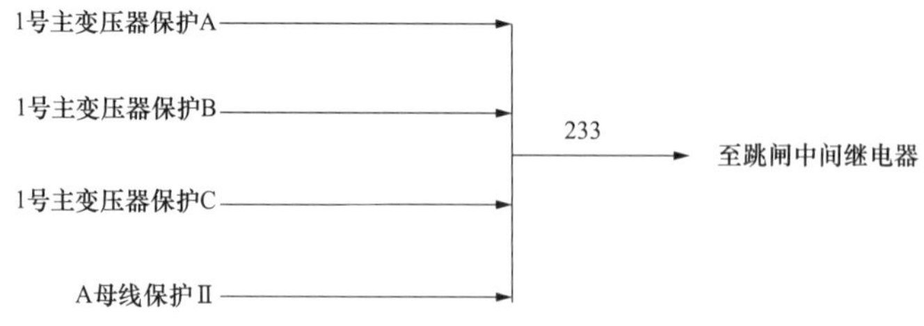

图 6-20　201 断路器 233 跳闸回路接线

220kV 一（二）小室的分段 21F（22F）断路器操作箱均有引自 220kV 二（一）小室母差保护的长电缆，电缆共四根，每根长约 160m，另外由主变压器保护小室分别到

220kV 一小室和二小室的 1、2 号主变压器保护跳分段 21F、22F 断路器的长电缆各 8 根，每根约 80m，虽然主变压器保护跳分段断路器的连接片未投，但回路存在，所以分段 21F、22F 断路器操作箱跳闸回路的电容也较大。接线如图 6-21 和图 6-22 所示。

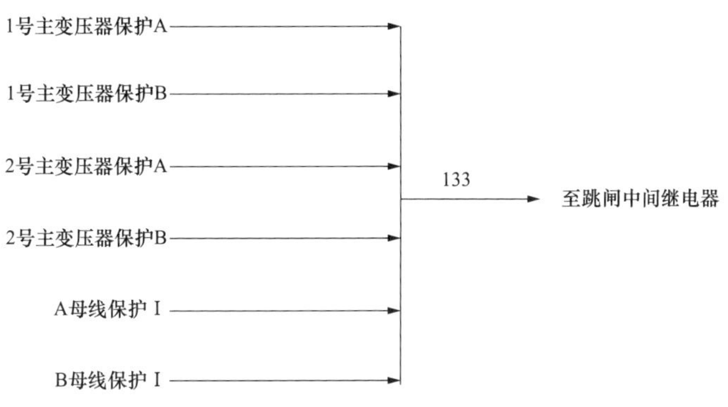

图 6-21　21F 断路器 133 跳闸回路接线

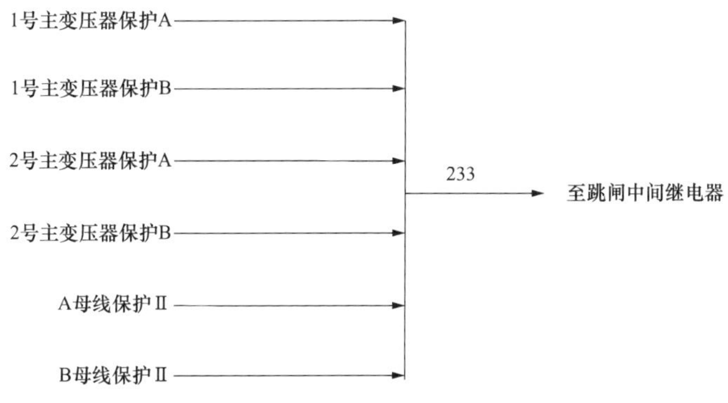

图 6-22　21F 断路器 233 跳闸回路接线

3. 操作箱出口继电器动作参数的测试

5011、5012、5032、5033 动作电压、电流：120V、6.0mA，4ms；

201、202 断路器动作电压、电流：144V、13.0mA，6ms；

21F、22F 分段断路器动作电压、电流：125V、3.1mA，10ms；

214 断路器动作电压、电流：125V、5.1mA，5ms。

三、原因分析

1. 三次停电事故全部是工频交流启动出口继电器造成的

（1）三次跳闸开入量每次动作的时间间隔为 20ms。三次跳闸时，RCS-921 型保护装置启动报告中的“发电机-变压器三跳开入”的记录表明的分析突破口已经明确：保护三次跳闸开入量每次动作的时间间隔为 20ms，而且继电器每个周期内动作一次。由于继电器两侧并联了二极管，见图 6-23，因此具备了 20ms 动作一次并返回的条件，即正半周动作，负半周继电器不动作。20ms 动作一次，是标准的工频交流的周期行为，反过来讲，只有工频交流的作用才有如此的行为。

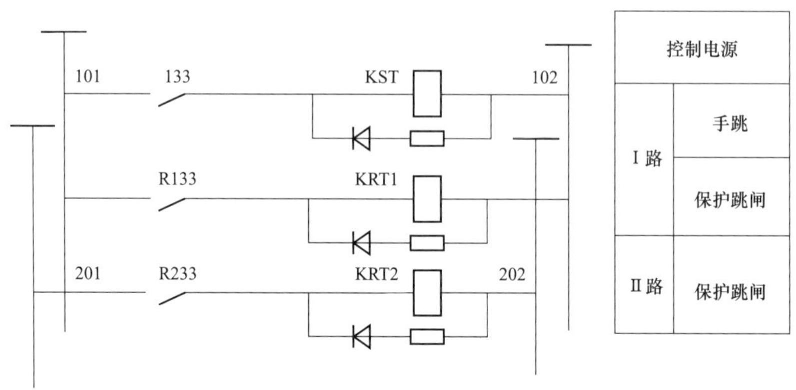

图 6-23　开关控制电路图

RCS-921 型保护装置记录信号的特点：继电器延时动作 4ms，记录延时 5ms，继电器延时返回 2ms。

（2）三次跳闸时均有“直流系统瞬间接地”信号发出。交流系统属于接地系统，交流系统混入直流系统时，直流系统监视装置经过交流接地系统构成回路发出接地信号。即交流系统混入直流系统时必然发出“直流系统瞬间接地”信号。三次跳闸时伴随的“直流系统瞬间接地”信号，也证明交流注入了直流系统。

（3）所有跳闸断路器的操作箱跳闸回路分布电容都大。所有跳闸的断路器均是操作箱跳闸回路分布电容大的，而分布电容只对有交流时才产生作用。当交流量窜入直流回路时，若无对地分布电容的影响，一般情况下只会引起直流瞬间接地而无严重后果，而当跳闸回路分布电容较大时，将会在操作箱出口小继电器上产生电压，达到继电器的动作条件而造成出口跳闸。变电站三次跳闸事故中，所有操作箱有其他保护小间来的长电缆的断路器均出口跳闸，无一例外，就是其跳闸回路分布电容大的原因。而没有从其他小间来的长电缆的断路器，由于分布电容小，当交流量窜入直流回路时，操作箱出口小继电器产生的电压很小，不会出口跳闸。

因此，只有交流串入直流回路，才能解释三次的无故跳闸的现象。

2. 造成出口继电器动作的原因是电缆长并且动作功率低

断路器 5011、5012、5032、5033、21F、22F 均具备这两个条件，三次大面积跳闸时全部动作；214、201、202 例外，原因如下：

214 断路器：变电站未升压前，存在 220kV LCⅠ、Ⅱ线跳闸联跳 220kV TLⅡ线的 1 根长电缆，约 160m，升压后没有拆除，在 6 月 28 日跳闸之后才拆除，所以测试的 214 断路器跳闸回路的分布电容很小，第三次 30 日不会跳闸。

201、202 断路器：出口继电器的动作功率高于其他，所以尽管是“长电缆跨保护室之间连接”，但在三次大面积跳闸时只发出信号均未跳闸。

3. 故障点无法再现

既然工频交流启动了出口继电器，工频交流何处来呢？交流电压来处有 3 种：TA 二次开路电压、TV 二次电压、站用电电压（包括试验电源）。但是 TA 二次当时没有开路问题，TV 二次电压也只有 100V，尚达不到出口继电器 140V 启动的数值，因此只有第三种原因。

虽然通过分析和试验可以判断交流串入直流回路是造成三次跳闸的原因，可是交流串入直流回路的故障点却没有找到，由于静态情况下该故障点不存在，不然一送电就会跳闸。所以当务之急是及时采取反措。

4. 其他疑点分析

（1）Ⅰ、Ⅱ路跳闸线圈全动。28 日之前，站内直流系统Ⅰ、Ⅱ路混到了一起，当交流混入直流系统时Ⅰ、Ⅱ路必然同时受到干扰，满足动作条件的则同时动作。

（2）21F、22F 断路器在 30 日依然Ⅰ、Ⅱ路全动作。21F、22F 断路器在 30 日直流系统Ⅰ、Ⅱ路已经分开，但是动作指示信号Ⅰ、Ⅱ全亮，原因是指示信号Ⅰ、Ⅱ共用一个信号继电器，接线见图 6-24。如此，任意一路启动，两路信号灯全部点亮。

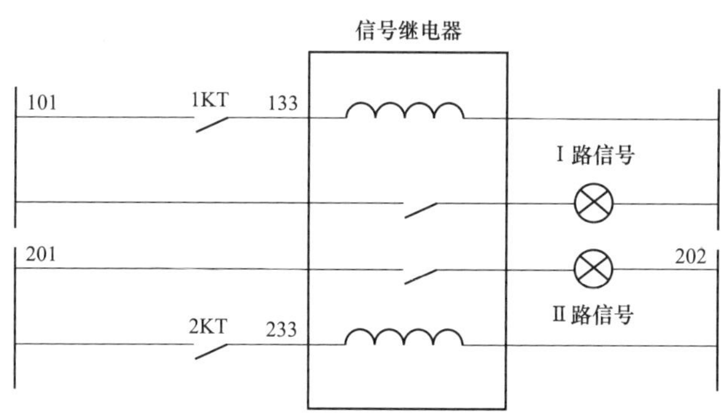

图 6-24 Ⅰ、Ⅱ跳闸共用一个信号继电器的接线

（3）214 前两次Ⅱ路跳闸线圈 A 相动作。26、28 日前两次Ⅱ路跳闸线圈 A 相动作的原因是，214 是Ⅰ室的设备，其Ⅱ路跳闸线圈接有保护Ⅱ室来的长电缆，Ⅰ路没接长电缆。A 相动作代表三相动作，因为三相动作信号接到 A 相启动回路了，B、C 相未接。

（4）长电缆断路器也有未动者。26、28 日前两次故障时还有保护Ⅱ室从Ⅰ室来的长电缆的连接情况，这些元件是，母联断路器 200B，线路断路器 219、224、225、226。断路器未动的原因是动作功率尚未达到启动值，后来 9 月份保护Ⅱ室母线保护已经完善，上述长电缆随即拆除。

（5）其他信号。变电站三次大面积掉闸时总伴随着诸如：35kV Ⅱ母线 TV 隔离开关分闸、35kV 2 号所用电本体轻瓦斯动作等信号，这些信号的启动原理如同跳闸断路器出口跳闸继电器的启动原理一样，无须另作分析。

（6）监视点的设置与拆除。为了捕捉启动跳闸继电器的动作信号，28 日之后，曾经设置了一些监视点，监视点主要是启动出口跳闸继电器的触点信号。但是分析的结论表明，是半路来的电压信号启动了出口跳闸继电器，启动信号是电压，二者原理不同，再保留这些监视点意义不大，必须拆除。

四、防范措施

1. 解决电缆重复铺设的问题

电缆的对地分布电容主要与所处环境电场的电磁感应和电缆自身的结构、芯数、截面、长度、介质材料、屏蔽接地等因数有关，多芯平行导线组成的回路的电容量与芯数成正比，所以减少电缆芯数、截面和长度是降低分布电容的有效方法。

（1）5011、5012、5032、5033 断路器Ⅰ路跳闸线圈。将主变压器保护 A、B 屏的电缆并联，除去一根电缆。执行反措后的指标如下：

5011、5012、5032 断路器Ⅰ路电容由 85nF 减少到 33nF。

5033 断路器Ⅰ路电容由 85nF 减少到 43nF。

（2）5011、5012、5032、5033 断路器的Ⅱ路跳闸线圈。将主变压器保护 A、B、C 屏的电缆并联，除去两根电缆。执行反措后的指标如下：

5011、5012、5032 断路器的Ⅱ路电容由 114nF 减少到 33nF。

5033 断路器Ⅱ路电容由 114nF 减少到 43nF。

（3）21F、22F 断路器的Ⅰ、Ⅱ路跳闸线圈。将 1、2 号主变压器保护的后备保护启动 21F、22F 断路器的Ⅰ、Ⅱ路跳闸线圈 A、B 屏来的多余电缆全部除去，电容由 90nF 减少到 26nF。

反措后 5033 跳闸线圈的指标与众不同，原因是用的电缆型号不同。

上述结果表明，电容的数值已经控制到了电源电压 u_s 为 220V 时的不动区：小于 43nF 的范围之内。

2. 解决继电器动作功率低的问题

对 5011、5012、5032、5033、21F、22F 断路器，将操作箱继电器的动作指标在规程规定的范围内进行调整，使动作功率提到 2W 的水平。

实际上 5011、5012、5032、5033 断路器执行反措后的动作功率接近 3W。极大地提高了抗干扰能力。

3. 设备运行方式的恢复

5012 断路器拆除监视接线，恢复正常运行。其他断路器拆除监视接线。

对于直流母线监视方式的恢复，保留Ⅰ、Ⅱ直流母线 101、102、201、202—地，以及 101—102、201—202 电压监视功能。

对于其他监控方式的恢复，恢复正常方式运行。

第 8 节　热电厂机组磁场断路器误跳失磁与保护动作行为

DIN 热电厂 4 号机组正常运行过程中，在其励磁电压、励磁电流、定子电压、定子电流均正常的情况下发电机失磁，失磁保护出口动作跳机，机组全停。检查励磁系统的静态特性正常，根据主变压器中性点隔离开关位置状态 107 线录波的图形可知，107 线存在变位的暂态过程，同时 AVR 也采集到机组出口 204 断路器的变位信息。因此可以确认，二次系统遭受了很强的干扰，也只有强的干扰信号侵入到故障录波器、励磁系统，才会有主变压器中性点隔离开关与 204 断路器状态的同时变位，但在实际上主变压器中性点隔离开关的位置与 204 断路器的位置并没有发生变化；进而 AVR 误判为机组解列，并误发灭磁指令，导致机组灭磁；机组失磁后保护作出正确判断，出口动作跳机。采取了拟制干扰的屏蔽措施以及相关的抗干扰措施，问题得到很好的解决。

此地是 AVR 的抗干扰问题引发的机组全停，如同干扰使得机跳电、电跳机逻辑误动作一样，其问题分析的思路是值得研究的。

一、故障现象

某年 8 月 20 日，DIN 热电厂 4 号机组失磁Ⅲ段保护出口动作，机组全停；机组热控 DCS 系统没有信息记录；故障录波器启动，并且录波的图形、记录的信息正确；当时电力系统无故障，热电厂内电气无操作；天气晴好。

疑点分析：①发电机组是如何失磁的；②励磁调节器 AVR 为何发出灭磁指令？

二、检查过程

1. 4 号机组故障录波状况的检查

4 号机组故障录波器录波正常，图形见图 6-25。根据图 6-25 可知，一次系统无故障，机组是在励磁电压、励磁电流、定子电压、定子电流均正常的额定状况下突然失磁。

根据主变压器中性点隔离开关位置状态107录波线的图形可知，107录波线存在瞬间变位的暂态过程，但在实际上主变压器中性点隔离开关的位置有没有发生变化，有待于作进一步的分析。

2. 保护装置动作的信息检查

失磁保护Ⅲ段动作，跳闸的相对时间为1000ms。出口继电器KT关主汽门，TMK跳灭磁，TBY跳机组出口断路器。保护装置的录波图形正常。

3. DCS信息检查

DCS没能记录电气专业有价值的信息，给故障分析带来了不少困难。

4. AVR关于204断路器的变位检查

检查结果表明，AVR有204断路器变位的记录，并经过试验确认该通道功能正常。

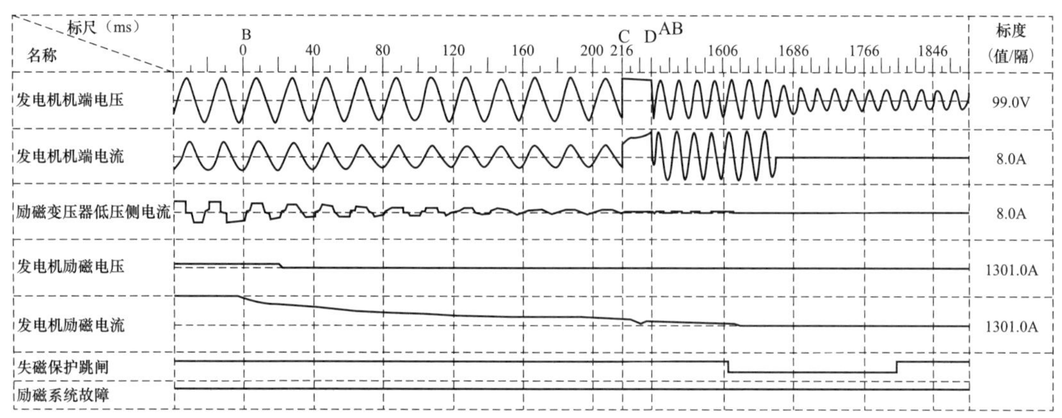

图6-25　4号机组故障录波图形

5. AVR的静态特性检查

（1）励磁系统自动起励，软起励以及灭磁正常。

（2）通道1和通道2，自动和手动之间的相互转换，转换过程中发电机电压、发电机励磁电流、励磁电压等参数平稳。

（3）电流状况的监视结果表明，相并联的励磁功率柜之间的电流分配基本平衡。

（4）正负5%阶跃试验结果正常。

三、原因分析

结合上述检查结果，作出如下分析：

1. 二次系统遭受了严重的干扰

在辅助触点的录波图形上，能够使触点状态发生瞬间变位的因素有两个，一个是触点抖动，另一个是电磁干扰脉冲的入侵。并且对于故障录波器来说，断路器位置触点出现抖动现象与干扰信号入侵故障录波通道，其故障录波采集到的图形是基本一致的。同样地，对于 AVR 来讲，断路器位置辅助触点的抖动与扰信号入侵 AVR 开入量通道的效果也是一致的。但是主变压器高压 204 断路器位置辅助触点与中性点隔离开关位置辅助触点相距 50m 以上，两个位置辅助触点不可能同时抖动到如此同步的地步，即一个触点启动 AVR，另一个触点启动故障，如此的巧合可以不做考虑。因此，只有二次系统遭受了严重干扰信号的干扰，才能解释两种行为的同时性。

至于干扰源在何处，则无处寻觅，这是非常遗憾的事情。但是在控制电缆的附近处有弧焊机投入使用过，也就是说电焊机的作用不可排除。

2. 干扰信号的出现导致 AVR 误判

根据 AVR 的记录可知，AVR 采集到了 204 断路器状态变位的信息，并且检查结果表明该通道的功能正常。因此可以判定，AVR 采集到的 204 断路器状态变位的信息是受干扰影响造成的，机组在励磁电压、励磁电流、定子电压、定子电流均正常的情况下，励磁调节器 AVR 感受到 204 断路器跳闸变位，误判为机组解列，从而误发灭磁指令，导致机组灭磁。

故障录波器采集到的方波信号的图形放大后见图 6-26（a）。试验结果表明，宽度为 4ms 的脉冲作为开入量的输入信号，只要幅度大于 40V 就能够启动后续的逻辑电路，并记忆其信息。

3. 方波信号再次产生干扰

根据电工理论对方波信号在记忆电路中过渡过程的分析可知，瞬间干扰的方波脉冲在二次控制系统的电阻、电容电路中进一步产生脉冲信号，并形成对周围设备的干扰，对于此干扰信号的波形描述见图 6-26（b）。由此可见，方波信号在二次控制系统中并不起好的作用。

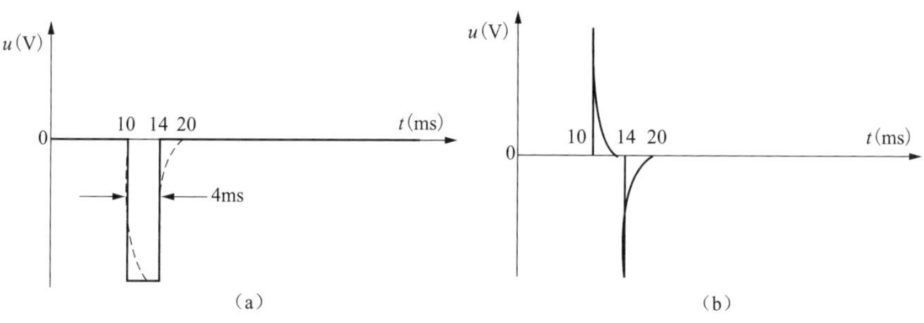

图 6-26　方波产生的干扰脉冲

（a）采集到的方波；（b）方波记忆电路中产生的脉冲

4. 机组失磁导致保护动作

根据故障录波图形可知，是机组失磁在先导致了保护出口的动作，而不是相反。机组失磁 1610ms 后，失磁保护的出口动作，触点闭合的维持时间 200ms 返回。

此时失磁保护作出的判断正确无误，失磁的机组必须停机。

据统计，有若干机组的失磁是保护误动在先导致的，但由于本次故障录波信息明确，无须其他的分析即可得出结论。

四、防范措施

解决 AVR 误判的方法如同干扰使得机跳电、电跳机等开入量误判一样，从宏观上有两种措施可以采取，其一是防范干扰信号入侵；其二是提高后续逻辑电路的抗干扰水平。处理措施如下：

1. 拟制干扰信号的传播

增加吸收脉冲信号的电容电路；将 AVR 逻辑输入的电缆采用屏蔽电缆，并对屏蔽电缆屏蔽层接地，拟制干扰信号的传播。

2. 增加逻辑延时

在 AVR 逻辑判断环节中增加 t=10～20ms 的延时，使 AVR 逻辑判断躲过干扰信号脉冲的影响，如图 6-27 所示。

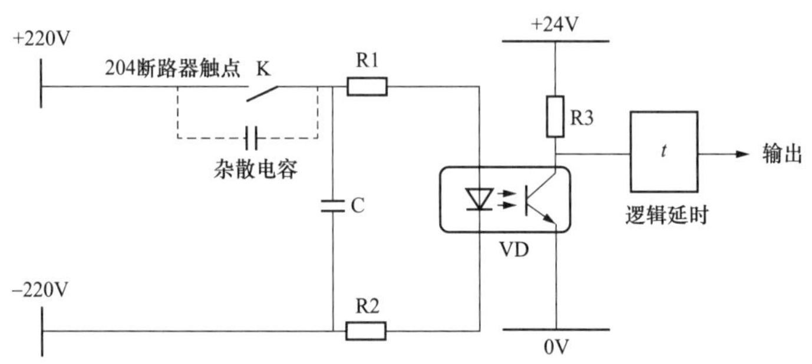

图 6-27　AVR 关于 204 断路器的开入量电路

3. 增加重动继电器

在 AVR 逻辑输入端增设重动继电器，要求继电器的动作功率要大于 5W，以将入侵 AVR 逻辑通道的干扰信号脉冲吸收掉。

以上措施的实施，解决了杂散电容为干扰信号提供通道，使干扰信号跨过触点直接启动了跳闸逻辑的问题，从此关于 AVR 误判的问题得到了解决。

4. 采取降温措施

励磁调节器室内的温度太高，达 50℃以上。采取必要的降温措施、控制室内温度以保证设备的正常运行。

第 9 节　变电站交流混入直流控制系统导致多台断路器跳闸

一、故障现象

某年 4 月 13 日 14 时 27 分，500kV QEC 变电站 5022、21F、22F 断路器跳闸，监控系统后台机显示 5042、5022、5023、500kV 母线、220kV 1A 2A 母线、CW 线、母联Ⅰ、SCⅢ线、CXⅡ线、CUⅠ、CUⅡ线、22F、1 号及 2 号站用变压器、35kV 2 母线，共计 14 台测控装置信息异常，显示为双位置信号错误。通过检查后台机的事件记录，发现伴随着 5022、21F、22F 断路器跳闸，后台机报“直流总屏绝缘一故障”“直流总屏控制母相Ⅰ段电压异常”“直流总屏控制母线Ⅰ段负极绝缘降低”“直流瞬间接地”等信号。根据现场测控屏检查的结果，将故障信息列见表 6-7。

表 6-7　故障时的信息

序号	地点	间隔名称	故障情况
1	500kV 保护室	5042	遥信异常
2		5022	遥信异常
3		5023	遥信异常
4		500kV 母线	装置电源空气开关跳闸
5	220kV Ⅱ保护室	220kV1A2A 母线	遥信异常
6		CW 线	遥信异常
7		母联Ⅰ	遥信异常
8		SCⅢ线	遥信异常
9		CXⅡ线	遥信异常
10	220kVⅠ保护室	CUⅠ	装置电源空气开关跳闸
11		CUⅡ线	遥信异常
12		22F	遥信异常
13	主变压器及 35kV 保护室	1、2 号站用变压器	遥信异常
14		35kV 2 母线	遥信异常

经过检查，发现 D25 测控装置遥信模块出现大面积故障，随即更换损坏的 D25 装置遥信模块。更换后 5042、5022、5023、220kV1A2A 母线、CW 线、母联Ⅰ、SCⅢ线、CXⅡ线测控装置恢复正常运行，接着发生了第二次断路器跳闸事故。

4 月 13 日 22 时 58 分，变电站 5021、5022、21F、22F 四个断路器跳闸的同时，监控系统 CW 线、分段 21F、分段 22F、CUⅡ线测控装置电源直流空气开关跳开；在将空气开关合上时，发现直流供电系统有接地报警信号，具体情况见表 6-8。

表 6-8　直流供电系统接地报警信号

序号	地点	间隔名称	故障情况
1	500kV 保护室	500kV 母线	装置电源空气开关跳闸
2	220kV Ⅱ保护室	CW 线	装置电源空气开关跳闸
3	220kV Ⅰ保护室	CU Ⅰ	装置电源空气开关跳闸
4		CUⅡ线	装置电源空气开关跳闸
5		21F	装置电源空气开关跳闸
6		22F	装置电源空气开关跳闸
7	主变压器及 35kV 保护室	1、2 号站用变压器	遥信异常
8		35kV 2 母线	遥信异常

二、检查过程

由于 CW 线间隔在第一次跳闸后更换了遥信模块，第二次跳闸时又出现遥信模块被损坏的故障，因此对 CW 线间隔两次出现的异常情况进行了检查，通过电源测试以及装置遥信外回路的绝缘检查，发现该间隔的遥信模块存在故障，更换后，测控装置恢复正常运行。之后对其他故障间隔进行了处理，其测控装置均恢复了正常运行。

为了查明故障原因，对 CW 线间隔的遥信模块和 500kV 母线间隔的电源模块返厂进行了测试。

1. 500kV 母线间隔测控装置电源模块的检测

测控装置电源模块的电路见图 6-28，用万用表测量测控装置 D25 电源模块的压敏电阻 RV3/14V275 的阻值，数值为 1100Ω，阻值偏低，正常为无穷大。

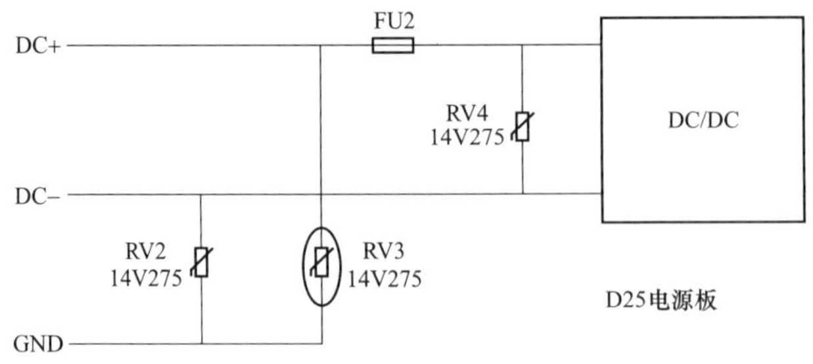

图 6-28　测控装置电源模块电路

2. 220kV CW 线隔测控装置遥信模块的检测

测控装置遥信模块的电路见图 6-29，用万用表测量测控装置 D25 遥信模块的压敏电阻 RV34/14V275 的阻值，数值为 51Ω，阻值太低，正常为无穷大。

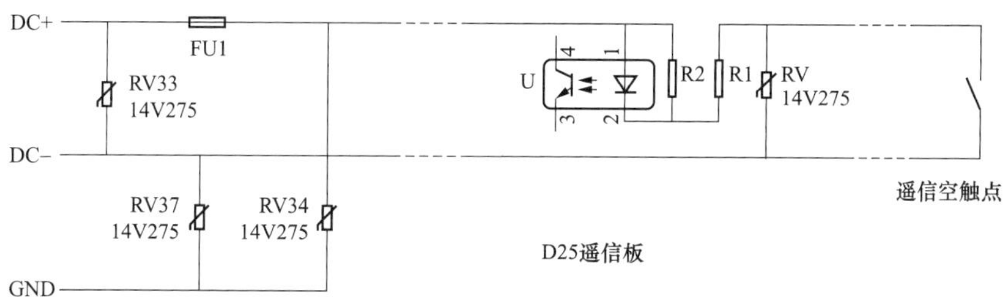

图 6-29　测控装置遥信模块电路

三、原因分析

是交流混入了直流系统才导致了测控装置的损坏，关于此类问题的分析见第 9 节。

经过检查确认，是测控装置的电源模块以及遥信模块电路的元件损坏才导致了测控装置的损坏与告警，现将遥信模块告警与元件损坏的原因分析如下：

1. 是交流串入了直流系统导致了遥信的报警

遥信模块的原理电路见图 6-29。

正常情况下，当遥信外部回路空触点闭合时，电流是从 DC+出去，经熔断器 FU1—光电耦合器 U—电阻 R1—遥信触点—返回到 DC−；光电耦合器 U 输出一个稳态信号送给测控装置，形成 SOE 事件输出。

交流混入了直流时，电流是从 DC+出去，经熔断器 FU1—光电耦合器 U—电阻 R1—RV/14V275 以及与之并联的杂散电容 C—返回到 DC−；光电耦合器 U 输出一个暂态信号送给测控装置，形成 SOE 事件输出。

2. 交流混入时的电压分析

（1）直流系统 220V DC 正常情况下的电压。根据上述电源与遥信模块的原理路可知，正常情况下 DC+对地之间的电压是+110V，DC−对地的电压是直流−110V DC，DC+和 DC−之间的电压保持在 220V DC。

（2）直流系统只有 220V AC 交流作用下的电压。当只有交流电压 220V AC 从遥信回路串到 DC−上时，会强行改变 DC−端的电位，这样 DC−与地之间的电压就变成了 220V AC，如图 6-30 所示。

因为 220V AC 是交流电压有效值，所以 DC−端对大地之间的电压最大值为+310V DC，最小值为−310V DC，是一个 50Hz 的正弦工频电压。由于这个电压的幅度没有超过压敏电阻的承受电压 2×220V，所以接在 DC−和地线之间的压敏电阻（电源板上的 RV2 和遥信板上的 RV37）不会损坏。

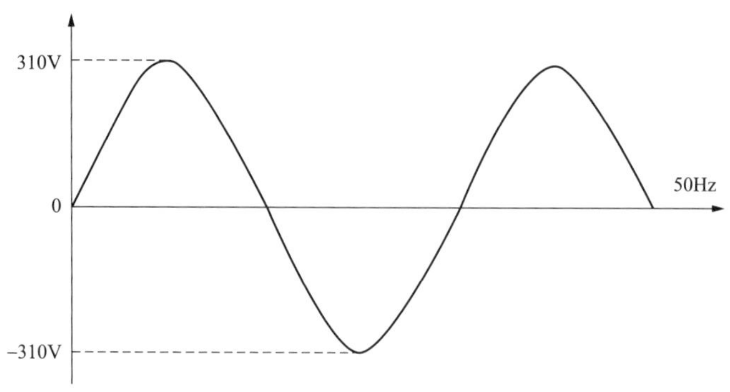

图 6-30　只有交流电压 220V AC 的波形

（3）在 220V DC 与 220V AC 叠加情况下的电压。根据叠加原理可知，在正常的情况下 DC+和 DC–之间的电压是直流电源电压 220V DC，当交流混入时 DC+和大地之间的电压就变成两个电压的叠加，从波形上看就是把220V AC的波形往上抬高了220V DC，见图 6-31。

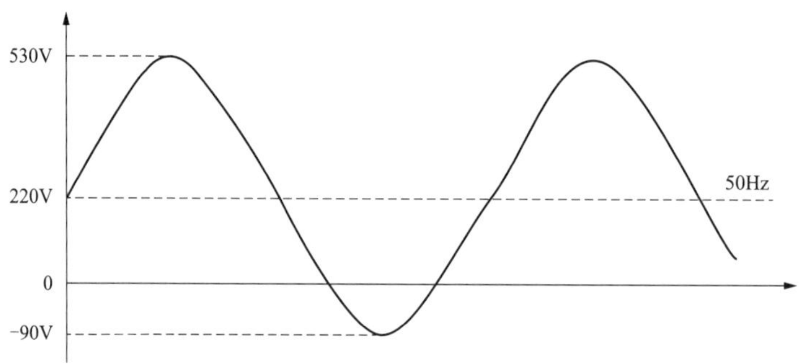

图 6-31　在 220V DC 与 220V AC 叠加情况下的波形

从图 6-31 中可以看出，DC+对大地之间的负向最大电压为–90V，DC+对大地之间的正向最大电压为+530V，而且是一个 50Hz 交变的电压，由于 530V 的电压已经超过了压敏电阻 14V275 的承受电压 2×220V，所以接在 DC+和地线之间的压敏电阻（电源板上的 RV3 和遥信板上的 RV34）会损坏，最后导致直流系统出现的正端接地。

同理，如果 220V 交流电压是从遥信回路或电源模块的 DC+串入，那么电源板上会直接将压敏电阻 RV2 烧坏，在遥信模块会直接将压敏电阻 RV37 烧坏，最后导致直流系统的负端接地。

四、防范措施

1. 更换损坏的压敏电阻

电源板上的与遥信板上的压敏电阻已损坏，更换后功能恢复正常。

2. 确保直流系统的正常运行

（1）加强对现场信号外回路监视，避免外部线路出现破损；

（2）定期对直流回路进行检测和维护，确保直流系统的正常运行。

3. 对 220kV 测控装置的遥信电源和装置电源进行隔离

将 220kV 测控装置的遥信电源与装置电源采取隔离措施，使测控装置遥信电源与测控装置电源分别来自不同的电源开关。

第 10 节　变电站断路器跳闸与继电器端子绝缘击穿

一、故障现象

500kV NAJ 变电站 220kV 侧三年内先后出现过 4 次故障。某年 5 月 8 日，2240 断路器误跳；同一年 6 月 14 日，2203 断路器误跳；第二年 6 月 28 日，2201 断路器误跳；2007 年 9 月 30 日，2206 断路器误跳。断路器跳闸时，周围的电力系统无故障，设备无操作，保护未动作，全部是所谓的无故障跳闸。下面以 2240 断路器误跳的处理过程为例进行分析。

二、检查过程

2240 断路器跳闸的控制回路见图 6-32。在图中 KT 为操作箱跳闸继电器，KD 为汇控柜跳闸中间继电器，C1、C2 为触点两端电缆回路的杂散电容，KTQ 为断路器跳闸线圈。

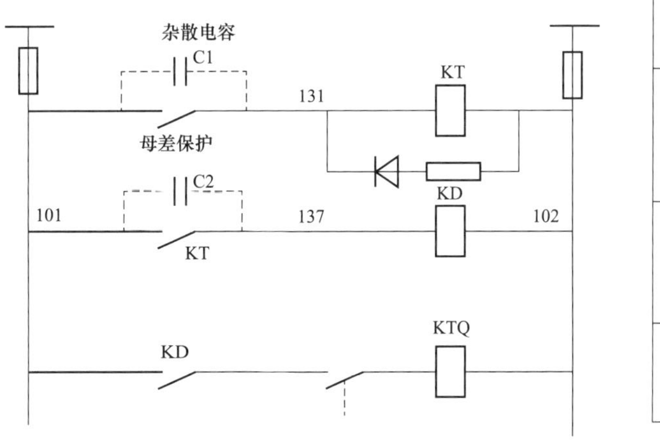

图 6-32　2240 断路器控制回路

1. 控制回路的检查

（1）外观检查：汇控柜跳闸中间继电器 KD 背后的接线端子之间积灰严重，加上阴雨潮湿而跳闸回路的绝缘问题。

（2）绝缘检查：101—地，＜1MΩ；102—地，＜1MΩ；131—地，＜1MΩ；137—地，＜1MΩ。

2. 动态参数的测试

（1）杂散电容的测试：101—地，57.4nf；102—地，73.8nF；131—地，7.4nF；137—地，17.5nF；101—102，36.5nF；101—131，5.3nF；101—137，14.5nF。

（2）继电器动作参数测试：

1）操作箱跳闸继电器 KT：动作电压 138V、动作电流 10mA、动作功率 1.38W；

2）汇控柜中间继电器 KD：动作电压 131V、动作电流 12.5mA、动作功率 1.63W。

三、原因分析

1. 二次系统的抗干扰问题分析

（1）关于电缆的杂散电容。101 与 137 跳闸线是长电缆，101 与 137 跳闸触点之间的杂散电容是 14.5nF。

（2）关于中间继电器的动作功率。汇控柜中间继电器 KD 的动作功率 1.63W，数值偏低。

（3）关于干扰信号。上述电缆的杂散电容、中间继电器的动作功率参数的组合，只有在干扰信号很强时断路器才有可能误动跳闸。例如，在变电站周围出现了严重的系统接地故障，强大的地电流进入变电站接地网，由此产生了很强的电磁干扰，能够使汇控柜中间继电器 KD 或者操作箱跳闸继电器动作。但是当时周围的电力系统无故障，因此将断路器的误动归类于抗干扰问题，是比较勉强的。

2. 汇控柜的问题分析

（1）汇控柜的绝缘问题。由于汇控柜的运行环境很差，容易造成绝缘问题。根据检查结果可知，由于汇控柜跳闸中间继电器 KD 背后的接线端子之间积灰严重，加上阴雨潮湿可能会导通跳闸回路，造成跳闸中间继电器 KD 动作。根据上述的测试与检查结果，将断路器的误动归类于绝缘问题，也只是分析而已。

（2）汇控柜的设置问题。从原理上分析认为，设置汇控柜以及汇控柜的中间继电器 KD 是多余的。

四、防范措施

1. 提高汇控柜中间继电器 KD 的动作功率

若除去汇控柜的工作在近期内不能实施，则将汇控柜中间继电器的动作功率提高到 5W（反措要求），在中间继电器 KD 上并联一只阻值 5kΩ、功率 10W 以上的电阻即可。

2. 提高操作箱中间继电器 KT 的动作功率

将操作箱中间继电器的动作功率提高到 5W（反措要求）。

3. 对汇控柜采取的措施

（1）采取密封的措施，对汇控柜采取密封的措施，以防止接线端子之间积灰；

（2）采取驱潮措施，对汇控柜采取驱潮措施，以防止接线端子之间跳闸回路的导通；

（3）除去汇控柜，对汇控柜采取密封的措施、采取驱潮措施等，都是长期而艰巨的任务，既然汇控柜是多余的，应将汇控柜除去，如此可以减少一个环节，同时也减少故障的概率，也会使问题得到彻底的解决。

最终上述各项措施分时间段逐步得以落实，两年来没有出现断路器误跳的问题。

第 11 节　发电厂升压站断路器断口绝缘击穿与死区保护误动作

一、故障现象

某年 3 月 1 日，ZOD 发电厂正常时的运行方式如下，1～5 号机组并网运行，500、220kV 设备系统正常运行，6 号机组开机准备并网。发电厂的系统结构见图 6-33。

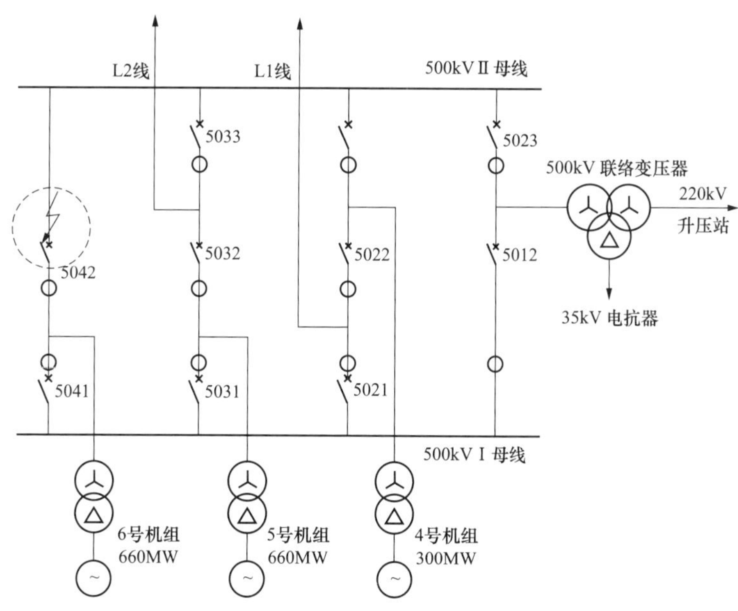

图 6-33　500kV 一次系统结构与故障点的位置

1. 5042 断路器断口绝缘击穿与Ⅱ母线停电

12 时 56 分，发电厂 6 号机开机升压至 20.57kV，5042 断路器 A 相断口绝缘子外绝缘闪络，5042 断路器死区保护动作启动 500kV Ⅱ母线差动（Ⅰ、Ⅱ）保护出口，5013、5023、5033 断路器跳闸，500kV Ⅱ母线停运。5042 断路器故障点的位置见图 6-33。

2. L1 线地故障与 4 号机组停机

在 500kV Ⅱ母线停运、Ⅰ母线单独运行的薄弱方式下，13 时 55 分 53 秒，500kV L1 线 A 相 2.1km 处发生接地故障。在 5022 断路器 A 相跳闸重合过程期间，4 号汽轮机 DEH 的 OPC（汽轮机超速）保护动作后高中压调门快关到零，主汽压上升达 19.57MPa，运行人员按规定打闸停机。

3. L2 线地故障与 5 号机组停机

14 时 30 分 55 秒，500kV L2 线 B 相 13.38km 处接地故障，L2 线保护正确动作 5032 断路器 B 相跳闸，在重合过程中，5 号机组主变压器零序保护动作跳开 5031、5032 断路器，5 号机组解列。

疑点分析：断路器 A 相断口绝缘子外绝缘闪络，6 号发电机向系统注入单相电流，导致发电机失步保护、5042 断路器死区保护动作。

（1）断路器断口的绝缘击穿表现的是纵向不对称故障，此时断路器死区保护的动作行为是否正确。

（2）死区保护与失灵保护的区别，死区保护与短引线保护的区别。

二、检查过程

故障发生后，进行了相关设备的检查、检测与处理，恢复了Ⅱ母线的正常运行，陆续启动了 4、5、6 号机组，将其并网发电。

1. 一次系统检查

对升压站Ⅱ母线及第四串设备进行外观检查，发现 5042 断路器 A 相断口绝缘子外绝缘闪络，500kV Ⅱ母线 5013、5023、5033 断路器跳闸。

2. 死区保护的动作逻辑检查

断路器死区保护的逻辑与断路器失灵保护非常接近，死区保护的出口与断路器失灵保护则一致，保护动作直接启动母线差动（Ⅰ、Ⅱ）保护出口，接线见图 6-34。

断路器死区保护动作的 3 个条件：断路器在断开位置、过电流元件动作、有保护启动。检查发现，除了发电机组 LPSO 失步保护动作外，还有负序电流保护、过电流保护均已动作。

3. 短引线保护的动作逻辑检查

发电机组装设有 MIP 短引线保护，在发电机组不并网的情况下过电流时动作。但是，受主变压器高压侧隔离开关的控制，MIP 短引线保护被闭锁。

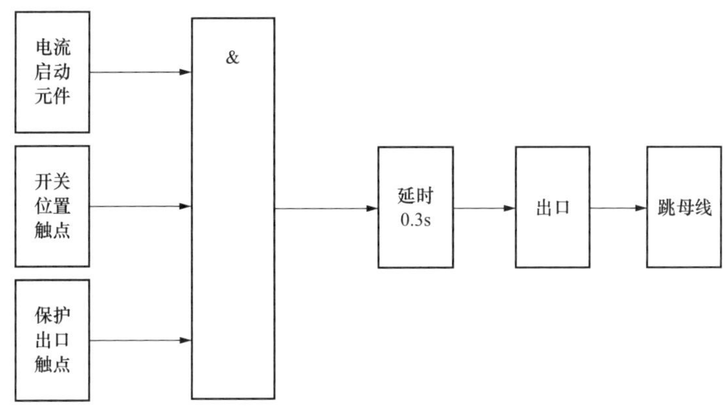

图 6-34　死区保护

三、原因分析

1. 积雪融化导致 5042 断路器断口绝缘击穿

6 号机组升压并网前，发电机与系统为两个电源系统，断路器断口最高电压为系统相电压与主变压器高压侧相电压之和，为 5042 断路器断口绝缘子绝缘击穿提供了动力电源。

5042 断路器断口为垂直结构，在雪后天晴、气温逐渐回升时，断路器断口绝缘子伞裙残雪逐渐融化形成冰挂，容易形成导电通道，为绝缘击穿提供了路径。

因此，积雪的融化与断路器断口的垂直结构是导致绝缘击穿故障发生的主要原因。

2. 死区保护动作导致Ⅱ母线停电

5042 断路器 A 相断口绝缘击穿后，6 号发电机向系统注入单相电流，导致发电机失步保护动作，如此断路器死区保护动作的条件已经具备：断路器在断开位置、过电流元件动作、有保护启动。

其中，保护启动的条件有三种保护同时满足，即发电机组 LPSO 失步保护动作、负序保护动作以及过电流保护动作。

死区保护动作启动 500kV Ⅱ母线差动（Ⅰ、Ⅱ）保护出口，5013、5023、5033 断路器跳闸，500kV Ⅱ母线停运。

3. 单母线运行方式下 L1 线接地故障导致 4 号机降出力并停机

500kV Ⅱ母线停运尚未恢复，4 号机组 5022 单断路器运行，13 时 55 分 53 秒，500kV L1 线 A 相 2.1km 处接地故障，保护正确动作，500kV L1 线 5021、5022 断路器 A 相跳闸重合成功。在 5022 断路器 A 相跳闸重合过程期间，4 号机组带 260MW，汽轮机 DEH 的 OPC（汽轮机超速）保护动作后高中压调门快关到零，由于主汽压不断上升达

19.57MPa，运行人员按运行规程规定打闸。

4. 单母线运行方式下 L2 线接地故障导致 5 号机组停机

500kV Ⅱ母线停运尚未恢复，L2 线 5032 单断路器运行，14 时 30 分 55 秒，500kV L2 线 B 相 13.38KM 处接地故障，L2 线保护正确动作 5032 断路器 B 相跳闸。在 L2 线 5032 断路器 B 相重合过程中，系统非全相零序电流使 5 号机组主变压器零序保护动作跳开 5031、5032 断路器，5 号机组解列。

Ⅱ母线 5033 断路器跳开后，事故处理过程中，未及时投入 5032 断路器先重合连接片，导致 L2 线 B 相故障重合时间达 1502ms（保护动作时间 15ms，断路器跳闸熄弧时间 60ms，重合闸装置计时 1350ms，断路器本体实测合闸时间 77ms，共 1502ms）。当 L2 线 B 相故障 5032 断路器重合过程中，5 号主变压器零序保护（0.5A、1500ms）抢先动作，使 5031、5032 断路器跳闸，5 号机组解列。

5. 事故造成的影响

6 号机组并网推迟，500kVⅡ母线停运（5013、5023、5033 断路器跳闸）1 小时 57 分，500kV 升压站系统结构状况恶化，在 L1、L2 线线路故障时，4 号机组、5 号机组解列，500kV L2 线与系统解列。

6. 死区保护动作行为的评价

死区保护在当时的运行方式下，满足了动作条件而跳闸，但是该保护的设计并不是用于切除这种故障的。也许此时的动作利大于弊，或称为歪打正着，确实属于巧合。

反之，如果死区保护不动作，当时的断路器失灵保护、三相不一致保护、短引线保护也不具备动作条件，只有靠发电机组 LPSO 线路保护、失步保护、负序保护以及过电流保护动作灭磁，发电机组会继续被电网拖着走，后果会更糟糕。

四、防范措施

事故暴露的问题如下，500kV 5041、5042 断路器为垂直断口结构不能适应当地恶劣环境条件下机组并网操作需要；500kV L2 线故障录波器为原 WDGL-Ⅲ录波器，设备老化，没有及时录入故障信息，不能及时为事故分析提供有力的手段，使事故分析持续时间延长。针对上述问题，制定相应的防范措施。

1. 加大设备更新改造的力度

继续加大设备更新改造力度，对 5042 同类断路器进行更新改造，立即更换 500kV L2 线 WDGL-Ⅲ故障录波器，为涉网系统运行提供有力的监控手段。

2. 尽量避免机组恶劣天气条件下操作

在断路器改造前，遇有大雾、雨、雪、沙尘等恶劣天气条件下应尽量避免机组并网操作事宜，以防止类似的故障再次发生。

3. 对主变压器零序电流保护时限进行调整

5 号主变压器零序电流保护时限改为：1.8s。

第 12 节　发电厂升压站断路器失灵保护误动作

ZOD 发电厂 500kV 系统为 3/2 断路器接线，正常运行方式为：Ⅰ、Ⅱ号母线运行，第一、二、三串并串运行，4、5 号机负荷通过 L1、L2 线送入系统，6 号机尚未投入，系统结构见图 6-33，某年 7 月 16 日机组、线路负荷情况见表 6-9。

表 6-9　　机组与线路的负荷情况

序号	元件	有功功率（MW）	无功功率（Mvar）
1	4 号机组	250	70
2	5 号机组	500	180
3	500kV L1 线	186	50
4	500kV L2 线	350	100
5	500kV 联络变压器	202	29
6	500kV 高压电抗器	—	150

一、故障现象

7 月 16 日 20 时 17 分，网控室事故音响发出 5012、5021、5031、5032、5022、5023 断路器跳闸，绿灯闪光，发出以下光字牌：5032 断路器 LFP-921A 型保护跳闸、5031 断路器 LFP-921A 型保护跳闸、5022 出口（三相操作箱来的信号）跳闸、5023 失灵及非全相跳闸、5022 失灵保护跳闸、5021 失灵保护跳闸、5021 出口（三相操作箱来的信号）跳闸、Ⅰ母线差动保护（Ⅰ）动作、Ⅰ母线差动保护（Ⅱ）动作、Ⅰ母线差动保护（Ⅱ）闭锁、500kV 故障录波器启动。

二、检查过程

发电厂的第二串、第三串设备是 2002 年 6 月投入运行。500kV 5031 断路器 TA 型号是 SAS550，SF_6 绝缘介质。其保护的配置与动作信息状况如下：

1. 保护配置检查

断路器保护，500kV 第二串 5021、5022、5023 断路器的保护为 LFP-921B 型保护设备；

500kV 第三串 5031、5032、5033 断路器的保护为 LFP-921A 型保护设备。

线路保护，L1 线的第Ⅰ套保护为 CSL101A 型保护设备；L1 线的第Ⅱ套保护为 LFP-901A 型保护设备。

机组光纤差动保护，5 号机组光纤差动保护Ⅰ为 ABB 公司 REL356 型保护设备；5 号机组光纤差动保护Ⅱ为 L90 型保护设备。

2. TA 接线检查

500kV 5031 断路器 TA 接于Ⅰ母线和 5031 断路器之间，此 TA 二次电流信号量一方面与 5012、5021 的 TA 构成 500kV Ⅰ母线差动保护；另一方面与 5032 的 TA 构成短线差动保护；再一方面同 5032 的 TA 合成电流经光纤通道与 5 号主变压器高压侧 TA 构成 5 号机组引线差动保护。

3. 网控室装置动作检查

网控室检查保护装置动作信号见表 6-10。

表 6-10　　保护装置动作信号情况

断路器号	保护屏	保护装置	信息
5012	PDB-3	CDB-1	TA、TB、TC 灯亮
5021	PLPA21B-02B	LFP-921B	TA、TB、TC 灯亮
		CZX-22	TA、TB、TC 灯亮
5022	PLPA21B-01	LFP-921B	TA、TB、TC 灯亮
		CZX-22	TA、TB、TC 灯亮
5023	PLPA21B-02B	LFP-921B	TA、TB、TC 灯亮
5031	PLP21-02B	LFP-921A	TA、TB、TC 灯亮
		CZX-22A	TA、TB、TC 灯亮
5032	PLP21-01	LFP-921A	TA、TB、TC 灯亮
		CZX-22A	TA、TB、TC 灯亮

500kVⅠ母线差动（一）ABB 保护屏：C 相 TA 开路、C 相跳闸、闭锁灯亮。

500kVⅠ母线差动（二）150 型保护屏：RXSF1 信号继电器掉牌。

5 号机光纤保护屏：跳闸、启动、A 相跳闸、B 相跳闸、C 相跳闸灯亮。

4. 集控室信息检查

集控室检查信号如下：

Ⅱ期集控室：5021、5022、5023、5012 断路器跳闸。

Ⅲ期集控室：L90 型光纤差动保护动作。

REL-356 型光纤差动保护动作。

5031、5032 断路器跳闸。

5．机组 XDPS 系统记录检查

7 月 16 日发电厂 4 号机组 XDPS 系统记录见表 6-11。

表 6-11　　4 号机组 XDPS 系统记录情况

时间	毫秒值	测点名	测点描述	测点值
20:17:21	972	2B0007	油断路器跳闸	1：TRUE
20:17:22	175	2B0035	右高压主汽门关闭	1：TRUE
20:17:22	175	2B0034	左高压主汽门关闭	1：TRUE
20:17:22	214	2B0037	右中压主汽门动作	1：TRUE
20:17:22	222	2B0020	中压主汽阀全关	1：TRUE
20:17:22	224	2B0036	左中压主汽门动作	1：TRUE
20:17:22	291	4L0001	发电机磁场断路器	0：FALSE
20:17:24	271	1B0015	MFT1	1：TRUE
20:17:24	271	1B0017	高压主汽门关	1：TRUE
20:17:24	307	3B0017	A 给水泵汽轮机 MFT	1：TRUE
20:17:24	309	3B0018	B 给水泵汽轮机 MFT	1：TRUE
20:17:24	564	3B0006	B 给水泵汽轮机主汽门全关	1：TRUE
20:17:26	905	1B0004	一次风机全停	1：TRUE
20:17:31	840	1B0004	一次风机全停	0：FALSE

三、原因分析

1．Ⅰ母线两套差动保护动作正确

5031 断路器 C 相 TA 发生接地故障，此故障点属于 500kV Ⅰ母线差动保护范围和 5 号机引出线差动保护范围，Ⅰ母线两套差动（REB103 型和 PMH150 型）保护动作，动作后作用于 5012、5021、5031、5032 断路器跳闸正确。

2．500kV Ⅰ母差误动作造成 5022、5023 断路器跳闸

不正确动作原因分析如下，500kV 第二串保护是 5 月份的改造项目，保护装置是 LFP-900 系列微机保护。由于图纸设计上启动 5021、5022、5023 断路器保护的三相重跳回路并联在一起。这样当母线差动动作时，相当于母线差动保护的动作信号分别送到了第二串的三个断路器上，由于此时故障还并未消除，故障电流达到了辅助判据开放启动的条件（高值 0.8A，实际值已达 2A），致使 500kV 第二串断路器 LTST（三相联跳）动作跳闸。断路器失灵启动跳闸回路见图 6-35。

图 6-35　断路器失灵启动跳闸回路

四、防范措施

解除 5021、5022、5023 断路器多余的重跳启动连线，使启动 5021、5022、5023 断路器保护的三相重跳回路相互独立。

第 13 节　发电厂升压站断路器三相不一致保护误动作

一、故障现象

某年 2 月 13 日 14 时 50 分，XIZ 发电厂 5043 断路器掉闸，三相不一致保护动作。检查保护动作信号，5041、5042、5043 断路器零序电流继电器全部动作。发电厂升压站的系统结构见图 6-36。

二、检查过程

1. 对断路器操作箱的检查

对 5043 断路器操作箱进行了检查，跳闸继电器线圈电阻分别为：

第一组：A 相 14.05kΩ；B 相 13.90kΩ；C 相 13.90kΩ；

第二组：A 相 14.15kΩ；B 相 14.05kΩ；C 相 13.91kΩ。

采用 1000V 绝缘电阻表对跳闸出口回路绝缘进行了检查，绝缘良好；对所有启动跳闸出口的回路绝缘进行了检查，绝缘良好。

2. 对断路器本体的检查

对 5043 断路器本体也进行了检查，跳闸线圈的直流电阻分别为：

第一组：A 相 154Ω；B 相 154Ω；C 相 155Ω；

第二组：A 相 155Ω；B 相 154Ω；C 相 155Ω。

检查断路器操动机构也未发现问题。

从以上检查情况看，断路器偷跳的可能性很小。

但检查中却发现三相不一致保护所用的断路器位置触点中 B 相的动断触点“粘到一起”打不开，构成保护误动作的隐患。

为检查形成零序电流的可能原因，采用 1000V 绝缘电阻表测量三相不一致保护 TA

回路绝缘电阻良好。测量直流电阻：A 相 14.96Ω；B 相 14.86Ω；C 相 14.92Ω。

检查零序继电器动作电流为 0.1A，符合定值。

15 日 18 时 15 分，5043 断路器合闸，5 号机组最高负荷为 520MW 时，测得 5043 断路器二次零序电流为 0.033A。

三、原因分析

1. 位置触点断不开是保护动作的第一个条件

5043 断路器 B 相位置触点“粘到一起”是 5043 断路器三相不一致保护动作的第一个条件。

2. 零序电流达到定值是保护动作的第二个条件

这次保护动作，5043 断路器零序电流达到定值是三相不一致保护动作的第二个条件。分析认为，造成并联运行断路器潮流分配不平衡进而使零序电流达到定值，导致保护动作的原因有以下 3 方面：

（1）与隔离开关的接触电阻有关，该接触电阻为不固定值；

（2）与零序阻抗有关，由于三相布置的原因，使得三相自阻抗、互阻抗以及综合零序阻抗不可能平衡；

（3）与负荷的平衡状况有关，负荷的不平衡程度也会影响零序电流的数值。

这 3 种原因，以第二种影响最大。

以上两者导致与门动作输出，5043 跳闸。三相不一致保护逻辑关系见图 6-36。

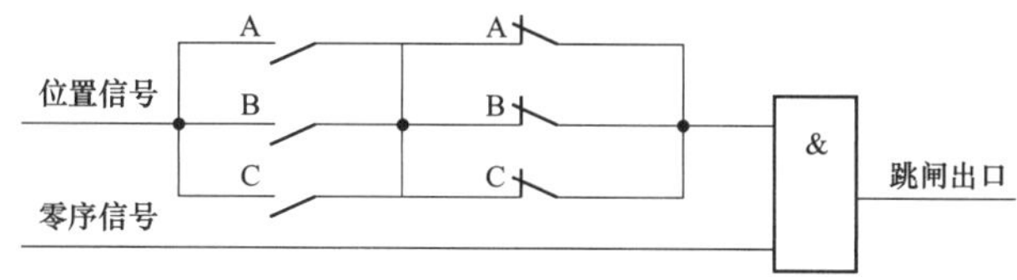

图 6-36　三相不一致保护逻辑关系

四、防范措施

1. 处理断路器的位置触点

对断路器的位置触点进行处理，消除缺陷，并调整继电器满足正常运行工况。

2. 将位置触点接入故障录波器

将 5043 断路器辅助触点接入邹淄线故障录波器，以便于今后的事故分析。

3. 加强巡视工作

第四串和第五串断路器的零序电流，发现电流增大时，及时通知保护班人员核查原因，防止保护误动作。

第14节　发电机组磁场断路器误动跳闸灭磁

一、故障现象

某年7月25日10时43分，FAW发电厂1号机组带负荷288MW，运行中突然跳闸，发出“发电机内部故障”“主汽门关闭”“发电机失磁”等光子牌信号，1号机组全停。DCS系统事故追忆报警信号顺序如下：“Q7磁场断路器事故跳闸”“调节器低励限制”“调节器A柜退出”“调节器B柜退出”“1号发电机失磁”。

二、检查过程

对发电机励磁系统的绝缘、磁场断路器控制回路绝缘进行了检查，都未发现问题；对磁场断路器本体进行了检查，进行跳合闸试验正常，也未发现问题。初步分析认为是磁场断路器运行中的偷跳现象，机组于13时16分并列，运行后一切正常。

由于发电机-变压器组故障录波器死机的原因，事故时未启动。DCS工程师站追忆的开关量变位时序见图6-37。

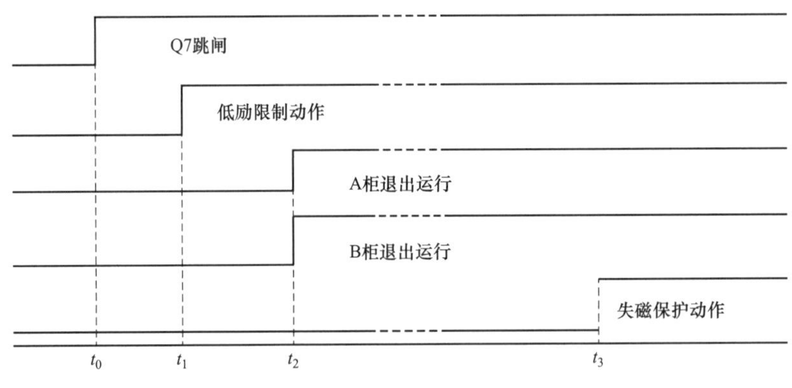

图6-37　开关量变位时序图

t_0—Q7跳闸0ms；t_1—低励限制35ms；t_2—A、B励磁调节装置退出45ms；t_3—失磁保护动作7s

三、原因分析

通过对历史报警记录的追忆，“Q7磁场断路器事故跳闸”最先发出。随即“调节器低励限制”“调节器A柜退出”“调节器B柜退出”“1号发电机失磁”“油磁场断路器跳闸”信号顺序发出。

根据上述故障现象分析可以确定，机组跳闸的原因是发电机-变压器组失磁保护动作。失磁的主要原因是磁场断路器 Q7 事故跳闸。Q7 跳闸后，发电机失去励磁电流，发电机无功功率瞬间突减为−120Mvar，调节器 A/B 柜低励限制动作。

调节器虽然发出调节指令，但是发电机无功功率没有变化，随即调节器发出切除调节器指令，调节器 A/B 柜退出，同时 Q7 跳闸后，发电机失去励磁电流，发电机-变压器组失磁保护动作，主断路器跳闸。

对 Q7 磁场断路器控制回路进行检查和传动试验及测绝缘未发现异常，因此。针对以上现象和检查情况，分析 Q7 跳闸可能的原因如下：

1. 机构方面的问题

Q7 机构经过长期运行及跳合闸操作，发生机械磨损，使得锁片和半圆轴在断路器合闸过程中有时配合不到位，锁扣位置难免会发生轻微变化，锁扣位置过浅（正常为半圆轴锁住锁片 0.9～1.2mm）。磁场断路器在运行中，由于机械磨损使机构间隙变大，长期的振动使半圆轴发生位移偏转，又因为锁扣位置过浅，轻微的位移偏转就会造成锁片脱扣，使机构的稳定性破坏，Q7 磁场断路器机构脱扣、跳闸。

Q7 磁场断路器机构过死点的距离有时会发生变化（正常为 3～4mm），磁场断路器在运行中，长期的振动使过死点的距离变小，造成机构不可靠，Q7 机构脱扣、跳闸。

2. 抗干扰问题

由于温度升高，电器元件工作性能不稳定，Q7 磁场断路器跳闸回路中出现暂态干扰电压脉冲，使分闸线圈短时带电，造成跳闸。

但是，测试结果表明，跳磁场断路器 Q7 的保护出口继电器的动作功率 2W，动作功率合格，不是抗干扰指标不合格的原因。

3. 控制电源的问题

励磁调节器 A 柜中的跳闸回路与正电源转接端子相邻，再加上积灰与空气潮湿，正电源对跳闸回路短时放电造成跳闸。

4. 绝缘击穿的问题

动触头主轴间隙过小（要求正常为 7～11.5mm，最小不得低于 3mm），现已低于 3mm，虽然在理论上只是影响触头压力，但也有可能影响机构的稳定性，造成跳闸。

综上所述，磁场断路器 Q7 跳闸是机构方面的原因造成的。

四、防范措施

调整磁场断路器 Q7 的跳闸机构，使之满足正常性能的要求。若不能满足要求，更换之。

第15节　发电机组DCS远方启动出口断路器跳闸

一、故障现象

某年11月9日23时，ZEH发电厂3号机组发出直流系统绝缘降低报警信号。11月10日2时，电气人员办理好工作票开始检查直流系统的绝缘。由于当时直流绝缘监察装置未能给出确切的指示，无法确定哪一路直流负荷的绝缘降低，只有用传统的方法依次对直流负荷进行断电检查。11月10日4时20分，当断开104断路器的第一路直流控制电源时，备用电源供电的厂用电瞬间消失，柴油机自启动成功。检查发现104断路器已掉闸，保护装置无动作信号，一次设备也正常无损坏现象，11月10日6时32分厂用电成功恢复送电。

发电厂二期工程2×300MW，3、4号机组的02号启动备用变压器经104断路器接到110kV系统，备用电源与厂用电源系统的电气控制全部纳入了DCS分散控制系统，整个电气控制的自动化水平比较高。启动备用变压器系统结构见图6-38。

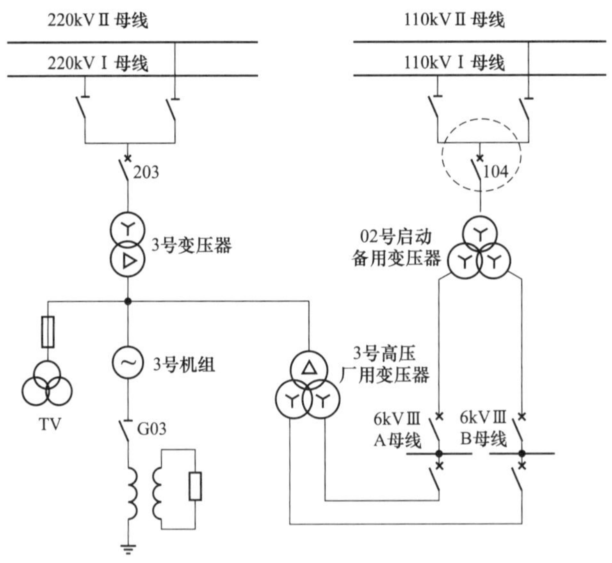

图6-38　3号发电机-变压器组与启动备用变压器系统结构

二、检查过程

根据可能导致104断路器掉闸的原因进行了以下检查与试验：

1. 电气方面跳闸的原因检查

（1）启动备用变压器保护动作状况检查。对02号启动备用变压器保护，以及与104断路器跳闸的保护进行了检查，没有发现设备异常、动作的报警信号，可见104断路器掉闸与电气保护动作无关。

（2）二次回路的检查。

1）对电气控制回路、保护回路的接线进行了检查，结果正确；

2）对保护装置、自动装置的接线进行了检查，也未发现异常现象；

3）用 500V 的绝缘电阻表对保护装置、自动装置，以及相关二次回路的绝缘进行了测试，结果均大于 2MΩ。

（3）对误碰等人为问题的检查。在 104 断路器掉闸时，运行人员未对厂用电系统进行任何操作，当时机组也没有其他运行维护等任务。因此，不存在误碰、误操作而造成 104 断路器的掉闸的问题。

2．DCS 方面跳闸的问题检查与试验

电气方面的检查结束之后，考虑到了 DCS 的原因。分析认为，104 断路器的掉闸可能是由 DCS 引起的，为了确定是 DCS 内部的哪个环节发出了跳闸脉冲，进行了如下试验。

将 104 断路器断开，解除 DCS 跳合 104 断路器的出口二次回路，派人监视 DCS 内部组态、DCS 逻辑、DCS 跳 104 断路器的出口继电器。准备工作就绪后，分别对 104 断路器的两路控制电源进行投切试验。结果表明，当停掉 104 断路器的任一路控制电源时，DCS 跳 104 断路器的出口继电器均动作。

于是对出口继电器的动作时间进行了测试，当停掉 104 断路器的任一路控制电源时，DCS 跳 104 断路器的出口继电器动作大约 2s 的时间，和 DCS 输出跳闸启动脉冲的时间为 2s 正好相吻合。

三、原因分析

根据上述试验结果可以确定，在控制电源停电时，DCS 的确发出了跳闸启动脉冲。分析认为，如果 104 断路器掉闸的信号来源于 DCS 的内部，则有三种可能，其一是 DCS 逻辑上的原因，其二是 DCS 组态上的原因，其三是寄生逻辑的原因，分析如下：

1．104 断路器掉闸与 DCS 的逻辑无关

根据对 DCS 的原理分析，以及对 DCS 的逻辑检查结果可知，在 DCS 的逻辑上不存在因为直流控制电源停电而产生跳闸信号的可能，亦即 DCS 的逻辑上不会因控制回路断线产生跳闸信号的输出。因此，104 断路器掉闸与 DCS 的逻辑无关。

2．是 DCS 的组态问题导致控制回路断线时发出跳闸启动脉冲

再来分析 DCS 组态上的问题，断路器跳闸的原因可能在 DCS 的内部组态上，如果在 DCS 组态的某一个环节上存在错误，则在控制回路断线时就可能发出跳闸启动脉冲。

在进行 DCS 组态问题检查时，发现了如下的组态：104 断路器控制电源断线的输入

信号连接到了DCS组态模块，组态模块的输出连接到了跳闸启动脉冲的输入上。因此，是DCS的组态错误导致控制回路断线时发出启动脉冲。DCS组态模块见图6-39。

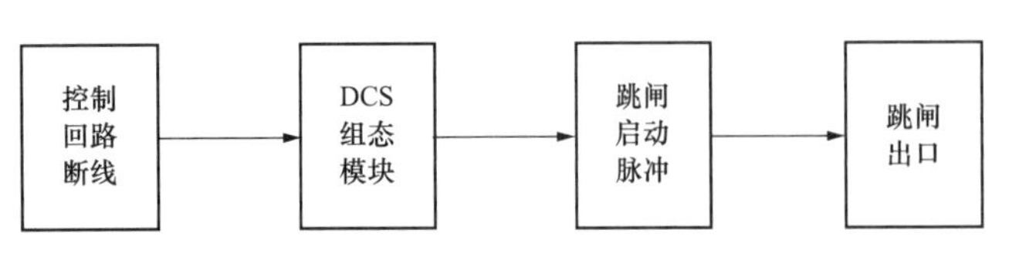

图6-39　DCS组态模块示意图

对DCS组态模块的理解，可以看作电气跳闸矩阵的连接，或者类似于模块之间的连线。对DCS的组态导致控制回路断线时发出启动脉冲的问题，不能用寄生逻辑的理念来理解，或者说不是DCS出现了寄生逻辑。

3. 一路控制回路断线可导致断路器跳闸

因为104断路器有两组跳闸线圈，分别由两路直流工作电源控制，当一路停电时，如果DCS输出一个跳闸启动脉冲，可以启动另一路电源控制的跳闸线圈。如此，当任意一路控制电源停电时，DCS都会发出启动脉冲，启动脉冲启动104断路器的DCS跳闸出口继电器，通过另一路控制电源跳开104断路器。

可见，当两路电源同时断电时，不存在断路器误动跳闸的问题。因为，此时虽然DCS能够输出一个跳闸启动脉冲，但是却不存在断路器跳闸线圈的工作电源。

四、防范措施

1. 104断路器跳闸问题的处理

104断路器的跳闸原因已经明确，决定将DCS组态中的控制电源断线信号取消，控制电源断线信不再进入组态模块。DCS组态修改完成后，又对104断路器两路工作电源的分别进行了拉闸停电试验，共试验3次，104断路器的DCS跳闸出口继电器没有出现动作现象。可见，104断路器掉闸的问题已经解决。

2. 其他断路器跳闸问题的处理

根据104断路器跳闸的问题，对3号机组相关的其他电气断路器（220kV以及6kV断路器）的DCS内部组态进行了检查，发现部分断路器的组态也存在同样的问题，分别进行了更改。由此，3号机组相关的断路器跳闸问题得到解决。断路器控制逻辑见图6-40。

多年的运行结果表明，DCS组态错误导致电气断路器误跳的问题得到彻底解决。

3. 专业工作的评价

（1）重视电气与热工的接口工作。电气控制全部纳入DCS监控之后，虽然提高了电气控制的自动化水平，但是带来了一些新的问题，也给调试和运行工作提出了更高的要求。传统上DCS的调试工作一般由热控人员进行，而热控人员对电气的知识了解甚少，电气调试人员对DCS尤其是DCS的内部组态也了解不多，只能进行部分逻辑上的调试。

因此，电气控制纳入 DCS 监控之后，衔接部分的调试工作应由谁来完成更稳妥，值得考虑。如果要电气人员去调试，则需要电气调试人员更深入地去了解和学习 DCS，有关单位在安排职工培训时也应该予以考虑，这已经成为基建工程必须面对的课题。

（2）避免专业工作管理方面的疏漏。ABB 厂家在 DCS 出厂前组态并不完善，大部分组态是由现场服务人员在现场安装后才完成的，而现场只有一名服务人员，所有的工作都是由一人完成，缺乏技术与管理方面的监督。而且中方工程师不能直接参与外方的工作，这就出现了施工现场的组态工作只有 ABB 现场服务专家一人操办，没有人在技术上为之把关的局面。

（3）拉路查接地的作法行之有效。直流系统中拉路查接地的作法不符合规程的规定，但是在现场依然是最为行之有效的办法，而且一直沿用着，有时被看作是没有办法的办法。

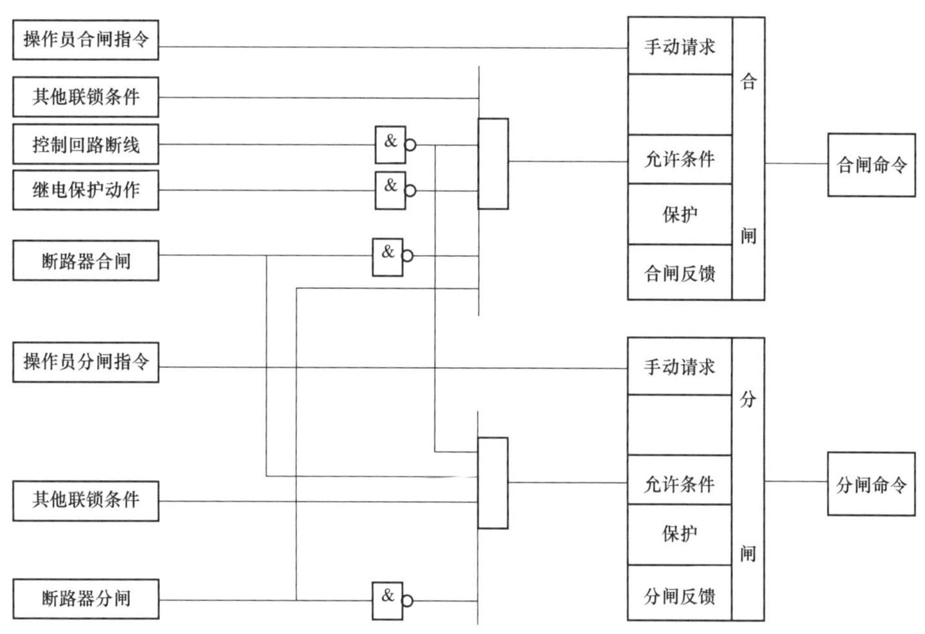

图 6-40　开关控制逻辑框图

第 16 节　线路控制回路绝缘击穿与断路器误动跳闸

一、故障现象

某年 6 月 6 日 23 时 54 分，220kV SAF 变电站线路 212 断路器跳闸，断路器遥信位置由“合位”变为“分位”，断路器跳闸，在这期间无任何保护动作发跳闸命令，操作箱跳闸也没有发出口信号。

二、检查过程

6 月 6 日 23 时 54 分，220kV SAF 变电站线路 212 断路器跳闸后，公司立即组织检修试验工区技术人员抵达现场，对 212 断路器控制回路进行了细致检查，现将现场检查及处理情况描述如下：

1. 基本信息

变电站 220kV 线路 212 断路器 GIS 型号为 ZF16-252-CB/2500-50，2005 年 7 月出厂，2006 年 1 月投入运行；断路器操动机构为 ABB 液压弹簧分相机构，型号 HMB-4/8。一、二次设备均为“变电站一期输变电工程”建设内容，由省咨询院设计，省送变电工程公司负责安装任务。

2. 断路器机构箱内二次端子检查

经检查发现，在 C 相断路器机构箱内，断路器自身的“三相不一致保护”用的断路器辅助触点与断路器位置信号（汇控柜断路器位置指示）接点相邻，由于天气潮湿，三相不一致保护用辅助触点与断路器位置信号触点形成导电通道，致使汇控柜信号正电源窜至三相不一致启动继电器，三相不一致动作，断路器跳闸。三相不一致控制回路接线见图 6-41，现场接线见图 6-42。

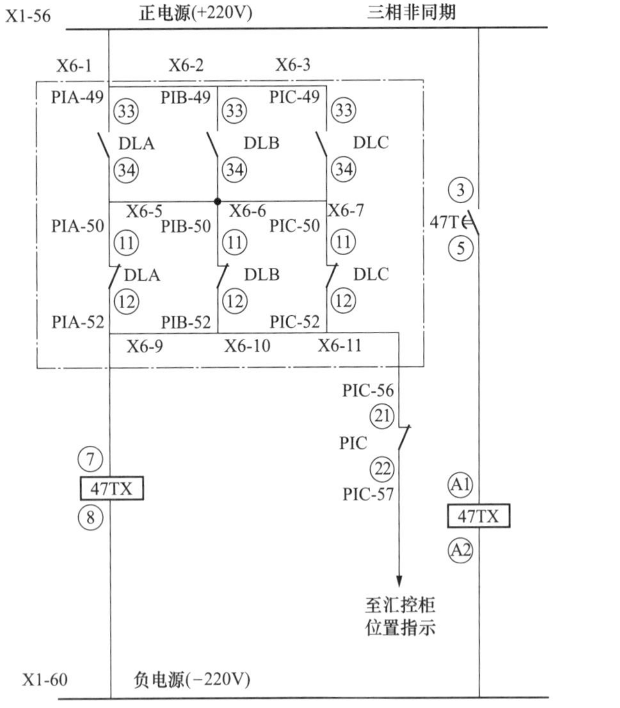

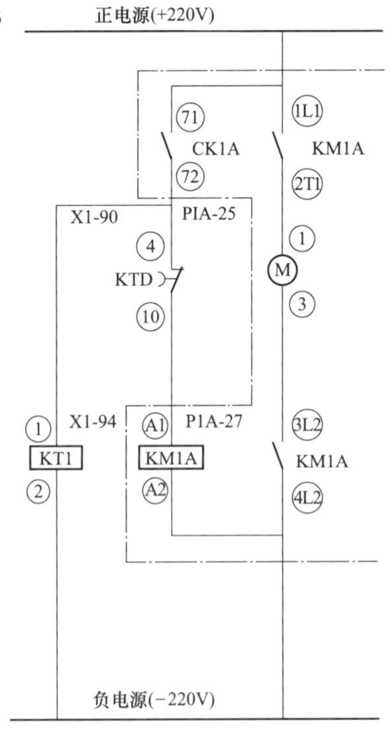

图 6-41　三相不一致控制回路接线图

图 6-42　212 断路器 C 相机构箱内 ABB 操动机构与辅助触点图片

220kV 线路 212 断路器重合闸投单重方式，三相断路器跳闸重合闸未动作符合逻辑。

三、原因分析

根据继电保护反措要求，跳闸端子与正电源端子之间应有空端子隔离，线路 212 断路器 C 相机构箱内断路器本身信号正电源与三相不一致保护启动回路直接相邻，且距离非常近，不符合反措要求，在天气潮湿等外界诱因下造成断路器误跳闸。

四、防范措施

1. 增加隔离措施

原因查明后，将原用于位置指示的辅助触点（21-22）空出，改用辅助触点（71-72），使非全相保护启动回路远离信号正电源，断路器合闸没有再次出现异常现象。

2. 集中治理类似问题

尽快组织排查公司内部所有 220kV 断路器三相不一致保护回路，对类似问题进行集中治理。对于断路器本体非全相保护，计划采用断路器“两对动合触点串联”代替原来的“一对动合触点”，相关回路与任何正电源保持足够的距离；同时对于瓦斯保护等不经电气量闭锁的直接启动跳闸回路，进行了排查与治理。

3. 采取密封措施

加强户外布置断路器设备的防潮管理，检查断路器机构箱、汇控柜密封性及驱潮设备的完好性，对机构箱、汇控柜、端子箱等进行了集中排查与治理。

第17节　变压器高压侧断路器非全相故障与保护拒绝动作

一、故障现象

某年3月23日3时27分，CUZ变电站在2号主变压器送电过程中，合上主变压器500kV侧断路器对2号主变压器充电正常，在合上220kV侧202断路器后，2号主变压器高、中压侧零序过电流保护、3号主变压器中压侧零序过电流保护动作，2、3号主变压器三侧断路器跳闸，2号主变压器RCS-974型非电量及失灵保护中，220kV侧202断路器三相不一致保护（非全相保护）只有启动，未能出口跳闸。

二、检查过程

经现场检查发现，在2号主变压器220kV侧202断路器合闸时，A、B两相合闸成功，C相未能合闸。后因变压器零序保护动作使2号主变压器220kV侧断路器A、B相跳开。21s后202断路器C相合闸。

三、原因分析

1. 2、3号主变压器零序保护动作分析

从故障录波及保护动作情况分析，操作2号主变压器202断路器时，断路器A、B相合闸，C相机构未能动作，由于系统非全相运行，产生零序电流且超过2、3号主变压器零序Ⅲ段定值，2、3号主变压器零序保护是正确动作。

2. 2号主变压器202断路器非全相保护拒动分析

202断路器本体非全相保护已经拆除，非全相保护采用RCS-974型非电量及失灵保护。RCS-974型非全相保护断路器非全相触点采用202断路器操作箱KCT与KCC三相触点先并联，后串联的方式，如图6-43所示。

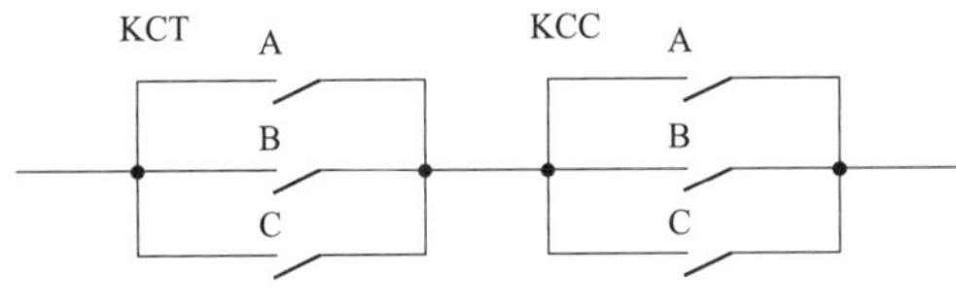

图6-43　202断路器非全相信号示意图

断路器合闸回路结构简图如图6-44所示。由图6-43可知，断路器合闸时KH触点闭合，启动合闸保持继电器KHB，断路器在合闸过程中KHB一直闭合，直至断路器合上后，断路器辅助触点将KHB断开。

在合闸指令发出后，202断路器A、B相合闸，C相未合上，非全相触点中A、B相KCT触点断开（因A、B相处于合闸位置），C相KCT信号由于C相KHB将C相KCT短接，C相KCT失电，触点断开，造成202断路器非全相触点未导通。故202断路器三相不一致保护（非全相保护）只有启动，未能出口动作。

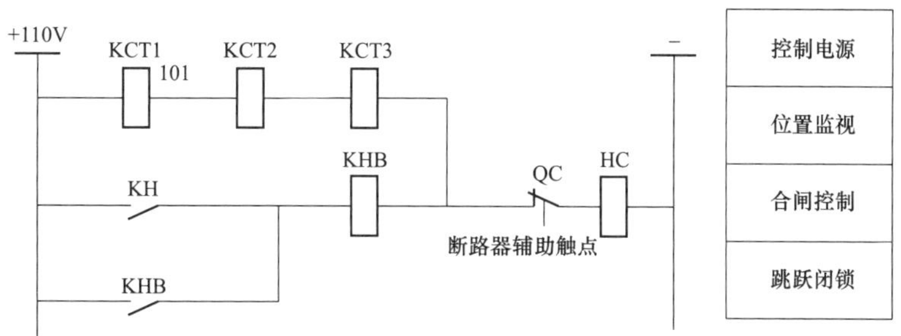

图 6-44　202 断路器合闸回路示意图

3. 202 断路器未合闸的原因分析

事故发生后，GIS 断路器厂家（恩翼帕瓦）赶到现场，经现场分析发现，C 相合闸线圈卡涩是导致 202 断路器 C 相未合上的主要原因。

四、防范措施

1. 三相不一致保护采用断路器本体设备

结合停电机会，将 202 断路器三相不一致保护的非全相触点由操作箱改为断路器本体。启用断路器本体的三相不一致保护是反措所要求的。

2. 更换 202 断路器 C 相合闸线圈

现场更换 202 断路器 C 相合闸线圈后，进行了 202 断路器 C 相分合闸试验，动作行为正常。

第 18 节　发电厂直流系统接地引发的全厂停电

XAX 发电有限公司装机容量为 2×660MW，两台机组均为发电机-变压器组单元接线方式，通过双回 500kV 线路接入华中电网 500kV 变电站，电厂 500kV 升压站电气接线为 3/2 断路器接线，电气主系统结构见图 6-45。发电机-变压器组保护采用德国 SIMENS 生产的微机保护装置，500kV 断路器保护采用 PSL632C 型微机保护，故障录波器采用微机型发电机-变压器组故障录波装置，网控直流绝缘监察装置型号为 IDC-300A。

正常的运行方式，线路 I 运行，5011、5012、5013、5021 断路器在合闸位置。1 号发电机组通过 5012 断路器、2 号机通过 5021 断路器经 5011 断路器共同由线路 I 回线对外送电。01 号启动备用变压器热备用，启动备用变压器 5071 断路器在合闸位置；线路 II 回线检修，5022、5023 断路器在检修状态。

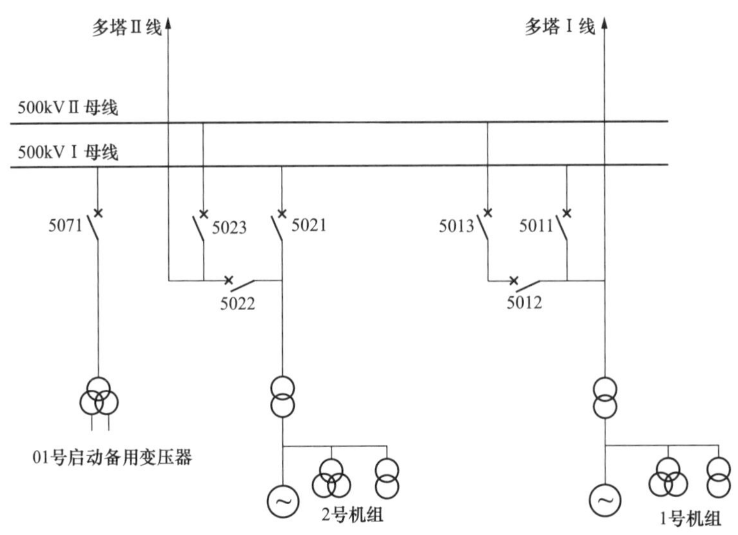

图 6-45　发电厂的电气主系统结构

一、故障现象

某年 10 月 15 日 9:45，1 号机组负荷 340MW，2 号机组负荷 430MW，500kV 升压站 1 号发电机出口 5012、5013 断路器，2 号发电机出口 5021 断路器，启动备用变压器 5071 断路器跳闸，1、2 号机组跳闸，1、2 号柴油发电机组联启，机组保安电源切换成功。经进行全面检查并与电网公司沟通协调后，10 时 51 分，启动备用变压器投入运行，厂用电恢复正常供电，停止柴油发电机事故电源。1 号机组于当日 16 时 50 分点火，16 日凌晨 3 时 13 分并网恢复运行。2 号机组于 21 日晚 20 时 00 分点火，22 时 55 分并网恢复运行。

二、检查过程

1. 设备检修情况

发电厂按照年度秋检计划，10 月 14～16 日进行 500kV 升压站 5023 断路器、TV、TA 检修试验，50231、50232、50236 隔离开关清扫检查，500kV 升压站 5023 断路器保护、线路Ⅱ回保护校验及二次回路检修工作。

14 日进行线路 TV、避雷器的预防性试验；5023 断路器、线路Ⅱ回保护装置二次回路检查，保护装置采样精度、5023 断路器三相不一致保护、断路器失灵保护校验；5023 断路器 SF_6 密度继电器校验工作。14 日上午，发电厂工作人员拆除 5023 断路器三相 SF_6 密度继电器后，6 根信号线用绝缘胶布包扎后悬空放置，SF_6 密度继电器内部接线见图 6-46。14 日中午至 15 日凌晨，发电厂地区持续阴雨连绵。

15 日原计划进行线路 II 回线避雷器常规预防性试验、线路 TV 特性测试、5023 断路器保护装置校验、操作箱内回路检查工作。事件发生时已完成 A 相避雷器上部两节预试项目，5023 断路器保护校验正进行试验前准备工作，502327 接地开关 B 相操动机构箱正进行二次回路清扫检查、螺钉紧固工作。

图 6-46 密度继电器的内部接线

2. 相关记录及保护动作情况

故障发生后，查阅 SOE、故障录波、NCS、发电机-变压器组保护、直流绝缘监测等记录，并将记录的起始时间与 GPS 统一进行了校对，结果见表 6-12。

表 6-12 保护动作时序

序号	时间	信息	结果
1	9:45:29:024	5021 断路器动作	跳闸
2	9:45:29:034	5012 断路器动作	跳闸
3	9:45:29:035	5013 断路器动作	跳闸
4	9:45:29:067	5071 断路器动作	跳闸
5	9:45:29:112	5071 断路器动作	合闸
6	9:45:29:268	5071 断路器动作	跳闸
7	9:45:30:000	1 号发电机正向功率保护动作	出口
8	9:45:30:000	2 号发电机正向功率保护动作	出口
9	9:45:48:796	直流 I 段交流电源报警	失电
10	9:45:49:785	直流 II 段交流电源报警	失电

启动备用变压器保护，5012、5013、5021 断路器保护，线路 I 保护，母差保护均无报警信号和保护动作记录。上述跳闸的 4 台断路器操作箱 FCX-22HP 上显示跳位 A、跳位 B、跳位 C；两组跳圈跳 A、跳 B、跳 C 灯亮。

3. 相关事项检查情况

（1）非电量保护接入断路器操作箱三相跳闸回路。1 号主变压器非电量保护出口触点接入 5012、5013 断路器操作箱三相跳闸回路； 2 号主变压器非电量保护出口触点接入 5021、5022 断路器操作箱三相跳闸回路；01 号启动备用变压器非电量保护出口触点接入 5071 断路器操作箱三相跳闸回路。

（2）长电缆接线与杂散电容超标。1、2 号主变压器和 01 号启动备用变压器非电量保护装置位于集控室电子间，断路器操作箱位于升压站网控室，电缆长度约 300m，电缆杂散电容较大。

（3）断路器操作箱出口中间继电器功率不合格。经与断路器操作箱厂家核实，2007 年前投运的断路器操作箱出口中间继电器功率均未按继电保护反措大于 5W 的要求配置。21 日，测量当前停运的 5022 断路器操作箱变压器非电量保护启动跳闸中间继电器 1KZ 动作电压为直流 70V，动作功率为 0.5W，不满足继电保护反措要求。发电厂升压站 5012、5013、5021、5071 断路器操作箱与 5022 断路器操作箱为同一批次产品，出口中间继电器 1KZ 的动作功率均不满足要求。

三、原因分析

1. 四台 500kV 断路器同时跳闸原因

（1）对侧远跳四台断路器的可能性不存在。经检查，线路 I 回线对侧变电站只有远跳 5011、5012 断路器回路，无法同时远跳 5012、5013、5021、5071 断路器。可排除对侧远跳上述四台断路器。

（2）运行线路 I 无故障。经线路 I 电压曲线可以看出，线路电压在事发前后无明显变化，且线路 I 线 5011 断路器未跳闸，线路 I 保护装置无对侧远跳线路 I 线信号，判断线路 I 无故障。

（3）问题出在直流系统接地。14 日，发电厂工作人员拆除 5023 断路器 SF_6 密度继电器后，6 根信号线用胶布包扎后悬空放置。因连续降雨，且信号线未固定。15 日风力偏大，判断造成直流系统瞬时间歇性接地。

SF_6 密度继电器与 1、2 主变压器，01 号启动备用变压器非电量启动断路器跳闸回路的直流电源均取自网控室直流 I 段母线，发生直流 I 母线间歇性接地故障时，长电缆的杂散电容经中间继电器 1KZ 放电，由于 1KZ 中间继电器动作功率仅为 0.5W，远小于反措要求的 5W。在直流系统间歇性接地过程中，导致长电缆所具有的杂散电容充放电的过渡过程，启动了中间继电器 1KZ，1KZ 动作于断路器的两组跳闸线圈，5012、5013、5021、5071 断路器同时跳闸。

综上所述，5012、5013、5021、5071 断路器跳闸出口继电器动作功率偏小是造成断路器跳闸的第一原因；密度继电器直流信号电源带电、线头未包扎好而接地是造成断路器跳闸的第二原因；1、2 号主变压器和 01 号启动备用变压器非电量保护跳闸回路电缆过长也是造成断路器跳闸的第三因素。

2. 1、2 号机组正向低功率保护动作原因

1 号发电机-变压器组高压侧 5012、5013 断路器跳闸后，机组失去向外部送电通道，机组甩负荷，只带厂用电负荷，有功功率降至 26.7MW，小于正向低功率保护的整定值，保护启动经延时 1s 后机组全停。

同样，2 号发电机-变压器组高压侧 5021 断路器跳闸后，机组失去向外部送电通道，机组甩负荷，有功功率降至 37.7MW，小于正向低功率保护的整定值，延时 1s 后机组全停。

3. 6kV 厂用电消失原因

1、2 号机组正向低功率保护动作后，6kV 母线工作电源进线断路器跳闸，6kV 母线失压。由于快切装置错误地采用了 500kV Ⅰ母线电压作为备用电源有压判据，01 号启动备用变压器接至 500kV Ⅰ母线，保护启动快切后，虽然 6kV 母线备用电源进线断路器合闸成功，但因 01 号启动备用变压器高压侧 5071 断路器处于断开位置，不能提供电源，导致机组 6kV 厂用电消失。

4. 直流绝缘监察装置未报警原因

因发电厂网控室直流系统绝缘装置采样间隔为 1s，无法有效监测直流系统间歇性瞬时接地故障，事故发生时未发出直流接地信号。

四、防范措施

1. 提高工作人员的安全风险防范意识

在实际工作中，有超出工作票所列任务的行为发生，是工作票管理、执行不严谨的具体表现。

加强各级生产人员安全培训，切实提高安全风险防范意识，强化“两票”管理，严格执行“两票”管理规定。检修工作开始前，检修人员应对计划开展的工作进行充分的安全风险评估，相关安全措施应完备并认真执行，工作票所载工作内容及操作票载明操作项目齐全、清晰，检修工作不得超区域、超范围开展。

2. 严格执行检修工艺标准

密度继电器拆除后其信号线头虽然进行了包扎，但未采取可靠的防潮措施，在雨天后也未进行检查、防护，导致直流系统接地，说明检修工艺标准不高。

因此，应该严格执行检修工艺标准，提高人员责任心，确保安全防护措施到位，避免因此可能造成的设备损坏或其他不安全事件的发生。

3. 严格执行反事故技术措施

反事故技术措施中明确规定：对于累计长度超过 200m 的长电缆连接的出口回路，出口继电器回路动作功率应提高到 2W 以上，对于达不到以上要求的，应立即联系厂家，

利用机组检修机会进行改造。国家电网公司《十八项电网重大反事故措施继电保护专业重点实施要求》中规定：所有涉及直接跳闸的重要回路应采用动作电压在额定直流电压的55%～70%范围以内的中间继电器，并要求其动作功率不低于5W。发电厂要求保护直跳重动继电器应满足启动功率大于5W。发电厂未排查500kV断路器操作箱出口继电器回路动作功率是否满足反措要求。

改造升压站内所有500kV断路器操作箱，满足继电保护反措要求，使1、2号发电机-变压器组保护及01号启动备用变压器保护经大功率中间继电器重动后再接入相应断路器操作箱。

4. 改进直流系统绝缘监测装置的功能

改造升压站直流系统绝缘监测装置，使其具备瞬时接地、交流窜直流故障的测记和报警功能。

5. 改进快切装置备用电源有压判据

将快切装置备用电源有压判据改用启动备用变压器低压侧。

第19节　发电厂线路故障与断路器跳闸失灵后相关保护动作行为

YAL发电厂220kV升压站为双母线接线方式，发电厂4台机组分别通过4台三圈升压变压器与220kV升压站相联并入电网；机组通过升压变压器中压侧与110kV系统连接，带地区110kV直供负荷，其中110kV直供负荷中有小电源并网。

发电厂3、4、5、6号机组容量均为145MW，4台机组分别通过出口断路器与升压变压器低压侧连接。

主变压器接地方式：4、5号升压变压器220kV侧中性点接地运行，3、6号升压变压器220kV侧中性点不接地运行。

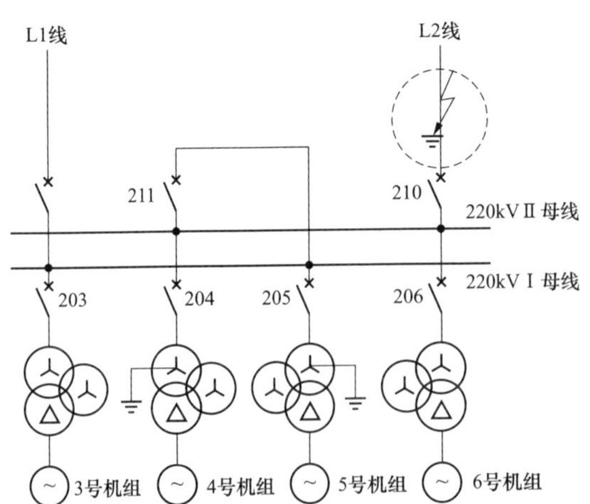

图6-47　发电厂一次系统结构与故障点的位置

220kV升压站正常时的运行方式：3、5号机组、211 L1线路运行于220kV Ⅰ母线；4、6号机组、212 L2线路运行于220kV Ⅱ母线；220kVⅠ、Ⅱ母线合环运行，母联断路器在合闸位置。发电厂的系统结构见图6-47。

一、故障现象

6月30日6时30分，发电厂在拉开220kV升压站线路间隔212断路器时，

BC 相跳闸正常，A 相失灵。断路器 A 相位置指示、辅助触点均在分闸位置，但 A 相实际却在合闸位置。后来在向地调汇报过程中，L2 线路发生 AN 接地故障，因该间隔失灵保护已按照调度令退出，导致升压站所有电源支路后备保护动作，4 台机组全停。

二、检查过程

212 L2 线路停电操作过程中，断路器失灵保护已退出，断路器 A 相分闸失灵，在 L2 线路发生 AN 接地故障时，220kV 升压站各电源支路均由后备保护跳闸切除故障。

有关保护动作的时序坐标见图 6-48，图 6-48 中以 AN 故障发生时间为参考“0”，保护动作时间用相对时间。保护的动作时序即动作过程如下：

T_0=0s，L2 线路发生 AN 接地故障。

T_1=11ms，220kV L2 线 212 间隔线路保护相继动作，断路器 A 相失灵拒绝分闸。

T_2=2.5s，220kV L1 线 211 间隔线路对侧线路距离三段保护动作跳闸。

T_3=4.5s，4 号机组变压器 220kV 侧零序过电流保护动作跳开 204 断路器；5 号机组变压器 220kV 侧零序过电流保护动作跳开 205 断路器。

T_4=5.0s，3 号机组变压器 220kV 侧零序过电流保护动作，跳开 3 号主变压器三侧断路器，3 号机组全停。

T_5=9.5s，4 号发电机频率保护动作，机组全停。

T_6=10.5s，5 号发电机频率保护动作，机组全停。

6 号机组热工振动保护动作，通过机跳电保护解列灭磁，机组全停。

检查发现，6 号机组主变压器高压侧零序过电压保护未动作，即电气保护拒绝动作。

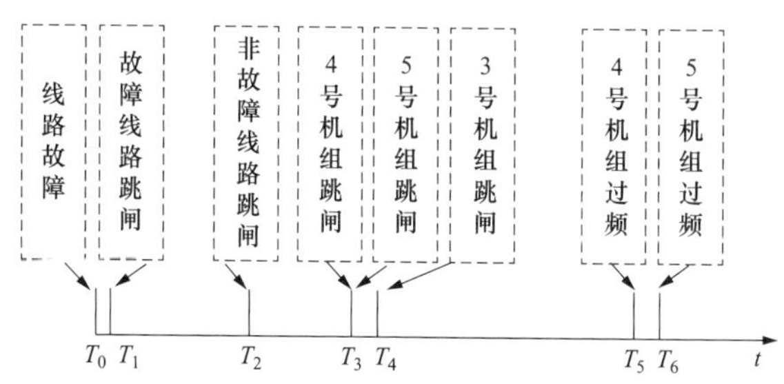

图 6-48　保护动作时序坐标

三、原因分析

对上述保护动作时序与行为进行如下分析：

1. L2 线保护动作行为

T_1=11ms，220kV L2 线 212 间隔配置 RCS931、RCS902 线路保护装置，保护动作正确，

但因 212 断路器 A 相跳闸失灵，保护动作未能切除 A 相故障。保护动作状况见表 6-13。

表 6-13　　　　RCS931、RCS902 线路保护动作状况

相关保护		动作时间（ms）	动作相	动作评价
RCS 931	差动	11	ABC	正确
	距离加速	24	ABC	正确
	零序加速	101	ABC	正确
	三相不一致	200	ABC	正确
	距离二段	268	ABC	正确
	距离三段	2014	ABC	正确
RCS 902	距离加速	24	ABC	正确
	纵联距离	44	ABC	正确
	零序加速	102	ABC	正确
	三相不一致	201	ABC	正确
	距离二段	264	ABC	正确
	距离三段	2014	ABC	正确

2. 线路 I 保护动作行为

由于故障发生在 212 间隔 L2 线路，所以对于 L1 线路保护来说属于区外故障，快速保护没有启动，也在情理之中。

T_2=2.5s，220kV L1 线路 211 间隔线路对侧线路保护距离三段动作，保护动作正确。

3. 4 号机组保护动作行为

（1）4 号机组变压器 220kV 侧零序过电流保护动作行为。T_3=4.5s，4 号机组变压器 220kV 侧零序过电流保护动作跳开 204 断路器，保护动作正确。4 号机组 220kV 侧零序过电流保护动作行为见表 6-14。

（2）4 号机组频率保护动作行为。T_5=9.5s，4 号发电机频率保护动作，机组全停。104 断路器未跳。4 号机组频率保护动作状况见表 6-14。

表 6-14　　　　4 号机组零序过电流与频率保护动作状况

相关保护	电流定值	时间定值	动作结果	原因分析	动作评价
发电机复压过电流	6.44A	8s	未动	未到动作定值，保护未动作	正确
主变压器高压侧零序过电流 I 段	16A	2s	未动	未到电流动作定值，保护未动作	正确
主变压器高压侧零序过电流 II 段	2.9A	4.5s	动作（7.24A）跳 204	故障达到保护定值，保护动作	正确

续表

相关保护	电流定值	时间定值	动作结果	原因分析	动作评价
主变压器高压侧复压方向过电流	4.8A	6.5s	未动	故障电流超过定值，但未到延时定值，保护未动作	正确
发电机频率保护	51Hz	0.2s	动作	故障 4.5s 后，机组带 110kV 系统孤网运行，转速失控，导致保护动作	正确 9.5s 后频率超出 51Hz

4. 5 号机组保护动作行为

（1）5 号机组变压器 220kV 侧零序过电流保护动作行为。T_3=4.5s，5 号机组变压器 220kV 侧零序过电流保护动作跳开 205 断路器，保护动作正确。5 号机组 220kV 侧零序过电流保护动作行为参见表 6-14。

（2）5 号发电机频率保护动作行为。T_6=10.5s，5 号发电机频率保护动作，机组全停。105 断路器未跳。原因分析见表 6-15，4 号机组频率保护动作行为。

5. 3 号机组保护动作行为

T_4=T_3+0.5s=5s，3 号机组 220kV 侧零序过电流保护动作，跳开 3 号主变压器三侧断路器，3 号机组全停。3 号主变压器高压侧间隙过电流动作状况见表 6-15。

表 6-15　　3 号主变压器高压侧间隙过电流动作状况

相关保护	电流定值	时间定值	动作结果	原因分析	动作评价
主变压器高压侧间隙过电流	5A	0.5s	动作	因 3 号主变压器高压侧不接地运行，不提供故障电流，电流保护不动作。在 3、4 号机组跳开后，220kV 系统不接地运行，主变压器间隙击穿保护动作	正确

6. 6 号机组保护动作行为

（1）6 号机组因震动超标热工保护动作。在上述保护动作期间，6 号机组因震动超标热工保护动作，机炉停止运行，发电机出口断路器跳闸，升压站 106 断路器、206 断路器未跳闸。热工保护的具体动作时间不能确定。

（2）6 号机组主变压器高压侧零序保护拒绝动作。6 号机组主变压器高压侧零序保护存在拒绝动作的问题。如果热工保护动作在 T_4=5s 之后，因 220kV 系统无接地主变压器运行，仅剩 6 号变压器不接地运行，6 号变压器的间隙保护本应该动作。如果热工保护动作在 T_4=5s 之前，则发电机出口断路器跳闸后，主变压器高压侧零序保护已经失去启动电源，则保护不会动作。实际状况是主变压器高压侧零序保护未动作。

7. 运行人员拉开未跳闸的断路器

运行人员拉开 4、5、6 号变压器 110kV 侧断路器，拉开 6 号变压器 220kV 侧断路器。操作时序见表 6-16。

表 6-16　　运行人员操作时序

序号	操作	绝对时间
1	拉开 4 号机组中压侧 104 断路器	6:33
2	拉开 5 号机组中压侧 105 断路器	6:37
3	拉开 6 号机组中压侧 106 断路器	6:39
4	拉开 6 号机组高压侧 206 断路器	6:40

注　故障发生时刻为 6:30。

四、防范措施

1. 投入断路器失灵保护

投入断路器失灵保护，并解决后备保护跳母联断路器的问题，即允许后备保护动作跳母联断路器。之前曾经有反事故措施，要求退出后备保护跳母联连接片，以防止保护误动作造成母联断路器误跳闸，影响系统的安全稳定运行。

2. 理清 6 号机组主变压器高压侧间隙保护未动作的原因

由于确认 6 号机组热工保护确切的动作时间有难度，因此对主变压器本体高压侧间隙、保护装置及其回路进行检查，并处理存在的问题。

3. 调整后备保护定值

统筹考虑机组后备保护的定值配合，保证保护选择性的基础上尽量压缩配合时间的级差。

4. 提高故障录波器的正确录波率

本次故障分析中，缺少 4 台机组故障录波数据，给分析工作带来一定困难，特别是阻碍了对 6 号变压器间隙保护未动作原因的分析。建议对超期运行的故障录波装置进行更换，保障故障录波正确率。

5. 避免 110kV 孤网运行

机组是否具备带 110kV 系统孤网运行能力，需要作出进一步的研究。

另外，从上述分析中可以看出，220kV 侧零序过电流保护跳闸出口的行为不一致，4～5 号 220kV 侧零序过电流保护只跳 220kV 侧断路器。4 台机保护整定应保持一致性。

与发电机-变压器组接线机组的区别，本文涉及的发电机出口有断路器，“机组全停”，并不含变压器。

第 20 节　发电厂直流系统接地引发的断路器跳闸与机组全停

一、故障现象

某年 5 月 19 日 14 时 55 分。XAJ 发电厂 1 号机组全停，报警信息：热工 DCS 报直流系统接地信号，电气 NCS 系统报直流系统接地信号，系统保护启动，机跳电启动，主变压器通风启动，断路器 5012、5013 跳闸，磁场断路器跳闸，机组全停。

5 月 19 日 15 时直流电源接地消失。

二、检查过程

1. 开入量保护的配置

5012 断路器保护配置，CZX-22R 型操作箱，RCS-921 型失灵保护、重合闸，RCS-922 型短引线保护。

5013 断路器保护配置，CZX-22R 型操作箱，RCS-921 型失灵保护。

发电机-变压器组保护采用的是 GDT801U 型保护装置。

发电机-变压器组 C 柜非电气量保护配置有发电机断水保护、变压器本体重瓦斯保护、变压器本体轻瓦斯保护、变压器分接开关重瓦斯保护、变压器分接开关轻瓦斯保护、变压器压力释放保护、变压器压力突变保护、变压器温度保护、系统保护、热工机跳电保护。其中，系统保护为升压站断路器跳闸启动的非电气量保护。

热工保护配置，热工保护 DCS 设电跳机开入量重动继电器。

断路器操作箱跳闸出口继电器也属于非电气量保护的范畴。

保护的配置情况见表 6-17。

表 6-17　发电机-变压器组保护的配置一览表

A（B）柜保护—出口信号			
1　发电机差动	8　不对称过负荷定时限	15　发电机失步跳闸	22　一点接地 t_1
2　发电机差动 TA 断线	9　不对称过负荷反时限	16　主变压器通风	23　一点接地 t_2
3　发电机匝间（次）灵敏	10　发电机过励磁定时限	17　发电机过电压	24　阻抗
4　发电机 $3U_0$ 定子接地	11　发电机过励磁反时限	18　程序逆功率	25　启停机
5　发电机 3ω 定子接地	12　逆功率 t_1	19　失磁 t_1～t_4	26　误上电
6　对称过负荷定时限	13　逆功率 t_2	20　频率积累 t_1～t_3	27　发电机-变压器组差动
7　对称过负荷反时限	14　发电机失步报警	21　频率积累 t_4	28　发电机-变压器组差动 TA 断线

续表

29　主变压器差动	34　5013 闪络	39　高压厂用变压器复压过电流	44　TV02 断线
30　主变压器差动 TA 断线	35　主变压器零序过电流 t_1	40　A 分支零序过电流 $t_1 \sim t_2$	45　TV04 断线
31　主变压器复压过电流	36　主变压器零序过电流 t_2	41　B 分支零序过电流 $t_1 \sim t_2$	46　TV21 断线
32　主变压器通风	37　高压厂用变压器差动	42	47　TV22 断线
33　5012 闪络	38　高压厂用变压器差动 TA 断线	43　TV01 断线	48　差动启动报警
A（B）柜保护—出口跳闸			
1　5012（Ⅰ）	7　启动 5013 失灵	13　MK（Ⅰ）	19
2　5012（Ⅱ）	8　主变压器通风	14　MK（Ⅱ）	20
3　启动 5012 失灵	9　1DL	15　关闭主汽门（Ⅱ）	21
4　关闭主汽门	10　2DL	16　关闭主汽门（Ⅲ）	22
5　5013（Ⅰ）	11　启动 A 分支快切	17	23
6　5013（Ⅱ）	12　启动 B 分支快切	18	24
C 柜保护—出口信号			
主变压器非电量保护	高压厂用变压器非电量保护	励磁变压器保护	系统保护
1　主变压器重瓦斯	11　高压厂用变压器重瓦斯	21　励磁变压器温度	31　发电机热工
2　主变压器压力释放	12　高压厂用变压器压力释放	22　励磁系统故障	32　机组紧急停机
3　主变压器冷却器	13　高压厂用变压器冷却器	23　励磁变压器差动	33　发电机断水
4　主变压器绕组温度报警	14　高压厂用变压器温度报警	24　励磁变压器差动 TA 断线	34　系统保护联跳
5　主变压器绕组温度跳闸	15　高压厂用变压器温度跳闸	25　励磁变压器过电流	35
6　主变压器油温报警	16　高压厂用变压器绕组温度报警	26　励磁变压器过负荷（定反）	36
7　主变压器油温跳闸	17　高压厂用变压器绕组温度跳闸	27　励磁回路过负荷（定反）	37
8　主变压器轻瓦斯	18　高压厂用变压器轻瓦斯	28　励磁变压器速断	38
9　主变压器油位	19　高压厂用变压器油位	29	39
10	20　差动启动报警	30	40

续表

C 柜保护—出口跳闸			
1　5012（Ⅰ）	7　启动 5013 失灵	13　MK（Ⅰ）	19
2　5012（Ⅱ）	8　备用	14　MK（Ⅱ）	20
3　启动 5012 失灵	9　1DL	15　关闭主汽门（Ⅱ）	21
4　关闭主汽门	10　2DL	16　关闭主汽门（Ⅲ）	22
5　5013（Ⅰ）	11　启动 A 分支快切	17	23
6　5013（Ⅱ）	12　启动 B 分支快切	18	24

2. 故障录波检查

根据故障录波图形可知，系统保护 400ms 动作变位，同时热工直流 1 接地；热工保护 700ms 报动作，同时热工直流 2 接地；故障录波开关量变位时序见图 6-49。

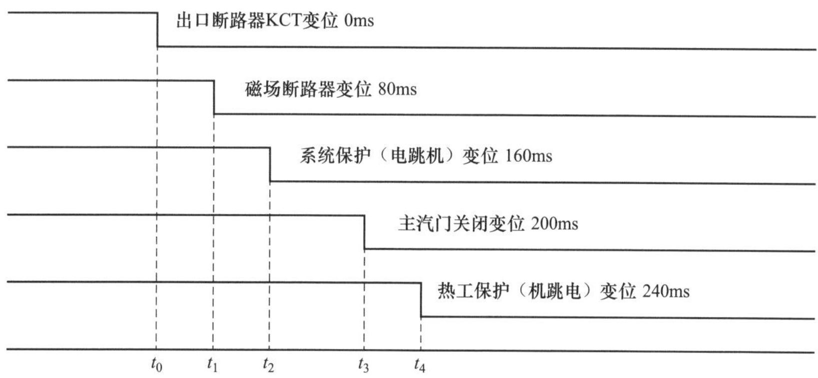

图 6-49　设备动作开入量变位时序示意图

3. 直流系统检查

直流系统绝缘检查装置发接地信号。

DCS 报直流系统接地信号，曾多次出现，分辨率高。

4. 升压站保护检查

断路器操作箱信号指示，5012 断路器跳闸，5013 断路器跳闸。

5. DCS 检查

DCS 显示，机组跳闸后发电机电压升高，汽轮机超速。

开关量变位情况，系统保护启动，机跳电启动，主变压器通风启动。

6. 发电机-变压器组保护检查

发电机-变压器组保护 AB 柜无信号。

C 柜报警系统保护启动，机跳电启动，主变压器通风启动。

主变压器高压侧断路器跳闸，断路器辅助触点即系统保护经 C 柜跳机。

7. 动作功率检查

保护跳闸出口继电器、非电气量保护重动继电器动作功率 $P=UI$，数据＜1W。

热工保护 DCS 电跳机开入量光耦元件启动时间小于 5ms。

5012 断路器保护是 2005 年的产品，动作功率不合格问题未经反措处理。

三、原因分析

1. 5 种保护同是一类问题

以下 5 种保护继电器，即“断路器操作箱跳闸出口继电器，发电机-变压器组 C 柜变压器非电气量保护重动继电器，发电机-变压器组 C 柜系统保护开入量重动继电器，发电机-变压器组 C 柜热工机跳电保护开入量重动继电器，热工保护 DCS 电跳机开入量重动继电器，系统保护即升压站断路器跳闸启动出口继电器”。全部是开入量重动继电器的范畴。

2. C 柜非电气量保护动作均是停机后发出的变位

系统保护、热工机跳电保护报警，都是停机后发出的变位，而不是相反。

按照专业划分，是电气专业的范围，是抗干扰问题惹的祸。

直流系统接地导致发电机-变压器组保护 C 柜非电气量保护误动作，即干扰信号启动出口重动继电器，使断路器 5012、5013 跳闸，磁场断路器 MK 跳闸。只有 C 柜非电气量保护误动作，才会有三者几乎同时跳闸的现象。

信号启动与否不可知晓，因为结果是信号无记忆。其实，信号启动与否并不重要，是保护出口与信号出口时间差存在的原因，是暂态的问题，暂态特性不可用静态的理论来考虑。

ETS 动作也有可能跳机。

四、防范措施

网控直流与机组直流系统分开。

提高重动继电器动作功率，将相关的重动继电器更换，使其动作功率不低于 5W。

增加 DCS 的开入量启动逻辑的延时，根据之前分析的结果，在逻辑环节中增加 10ms 的延时即可。

采取措施后，经过 3 年时间的考验，运行一直正常。

第7章 其他设备保护与二次回路的故障处理

1. 其他设备保护与二次系统的故障处理所涵盖的内容

本章收集了电动机保护、备用电源自动投入等设备及二次回路出现的一些事故处理的典型实例，供大家参考。

2. 其他设备保护与二次系统的故障处理的特点

在其他章节的事例中，曾经涉及了因为二次回路的缺陷而造成的故障。值得说明的是本章所提到的二次回路与保护装置的内容，从原则上区分二次回路与装置的故障是非常明确的，但是本书中并没有严格地去划分回路与装置的问题，而是粗略地将一套保护看作一个整体，在这个概念下的“保护故障”及“二次回路故障”的含义也就比较容易理解了。

二次回路中出现故障是最为常见的，由于二次回路的接线复杂以及运行环境恶劣，二次线的短路、断线以及绝缘的破坏等故障占整个继电保护故障的一半以上。因为二次回路的故障而导致的有关保护的误动或拒动，给电力系统带来了重大损失，这是不可忽视的问题。

近几年来，制造厂人员介入保护装置的现场调试与故障处理工作比较频繁，这一方面减轻了运行检修部门的压力，同时二次回路故障与保护装置故障处理的责任划分也越来越明确。也许是人员配置的原因，目前的趋势是现场工作依赖厂家的现象越来越明显，作者认为这也不是什么好兆头，也属于专业发展的误区之一。

第1节 热电厂线路故障与地电位升高反击二次设备

某年8月14日，HUS热电厂出现了因雷击导致的8台机组全停事故。事故过程中发电厂的厂用电6kV系统电压降低到4.2kV；热电厂对直供用户各厂的110kV供电系统的供电中断；热电厂对直供用户各厂的蒸汽供应中断。因此事故的发生不仅影响了热电厂正常运行，也给供电系统的安全生产造成了巨大的经济损失。

热电厂事故前运行方式，8炉8机运行，锅炉负荷2850t/h，发电485MW，供气880t/h，通过 220kV ZX 线上网送电 80MW，机组运行正常。热电厂一次系统接线见图 7-1，升压站系统的运行方式如下：

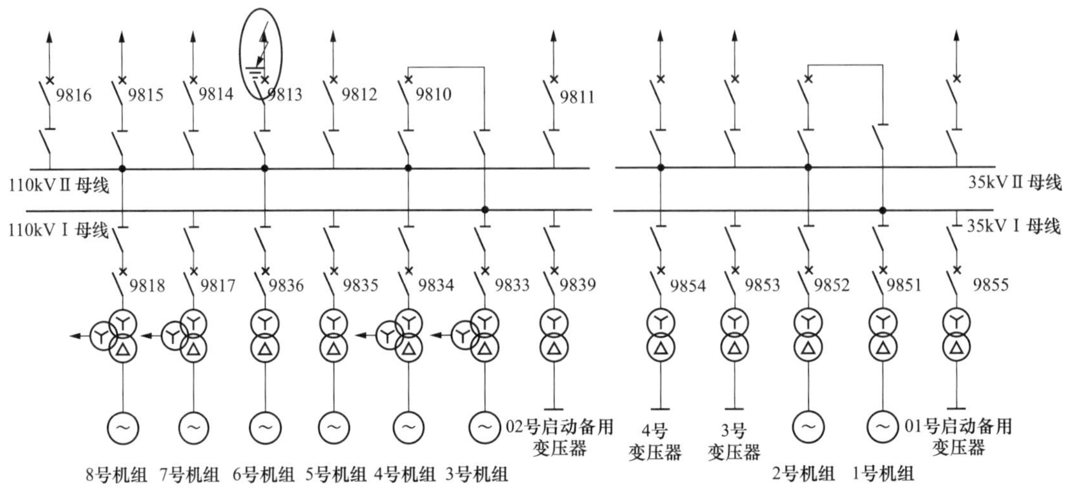

图 7-1　HUS 热电厂运行方式接线与故障点的位置图

220kV ZX 线带 9 号联络变压器接 110kV Ⅰ 母线运行。

110kV 双母线并列运行：

110kV Ⅰ 母线连接：3、5、7 号主变压器。

110kV Ⅱ 母线连接：4、6、8 号主变压器。

35kV 双母线并列运行：

35kV Ⅰ 母线连接：1、3 号主变压器，01 号厂用备用变压器。

35kV Ⅱ 母线连接：2、4 号主变压器。

中性点接地情况：

3 号主变压器 110kV 中性点接地开关 3D10 在合位。

4 号主变压器 110kV 中性点接地开关 4D10 在合位。

9 号联络变压器接 220kV 中性点接地开关 9D20 在合位。

一、故障现象

1. 3 号与 4 号主变压器出现故障

时间 17 时 51 分 00 秒，3 号主变压器中性点引线因雷击而断裂；同时，室外 4 号主变压器有雷电声，随即火光冲天，并伴有剧烈的爆炸声，主变压器北侧浓烟滚滚。

2. 电气主控室直流电源消失

时间 17 时 51 分 48 秒，电气主控室发电机-变压器组控制屏 4D10 位置指示器处突然发出爆炸声并冒出火球；电气主控室的数字表计指示消失；各断路器位置指示灯熄灭。

3. 6kV 电压降低严重

01 号厂用备用变压器 6kV 侧电压表指示 4.2kV。

4. 8 台机组全停

时间 17 时 51 分 52 秒，1、2、3、4 号机超速保护动作停机；5 号机低真空保护动作、甩负荷到零，主汽门、调门关闭停机；6 号机控制电源消失，DCS、DEH 显示屏黑屏停机。如此造成 1～6 号汽轮机汽门关闭但机组未解列。

7、8 号机复压过电流保护动作，机组解列并停机。

1～8 号炉的给粉电源几乎同时中断，锅炉灭火。

5. 110kV 9813 线多处断线

110kV 9813 线巡线检查发现：15～20 号塔之间避雷线遭雷击断线多段，总长度约 1200m；18～20 号塔之间 A 相导线遭雷击断线多段，长度约 300m；18 号避雷线断线与 C 相短路，导致 C 相绝缘子及导线受损。

二、处理过程

8 月 14 日 18 时 00 分，事故发生后，判断直流电源消失原因为熔断器熔断，立即更换控制电源熔断器；检查发现 220kV ZX 线、110kV 各出线、35kV 各出线断路器在合位；检查 1～6 号主变压器各侧断路器在合位。

8 月 14 日 18 时 07 分，为保障厂用电拉开各工作电源断路器，合上备用电源断路器，6kV 系统电压仍然很低，不足 5kV；为提高电压，拉开 35kV 厂南、西夏、曙光线。

8 月 14 日 18 时 10 分，现场手动打掉 1、2、3、4、5、6 号发电机-变压器组各侧断路器；拉开 3、4 号主变压器各侧断路器及隔离开关，此时 6kV 系统电压为 5.0kV；其他母线电压：220kV 母线电压为 220kV，110kV 母线电压为 106kV，35kV 母线电压为 32.5kV。

将 01 号启动备用变压器分接开关由 16 挡升到 18 挡，6kV 母线电压为 5.2kV。

8 月 14 日 18 时 20 分 00 秒，化学水泵房、点火泵房、循环水泵房等公用系统恢复供电，具备点火条件。

8 月 14 日 18 时 30 分 00 秒，为提高厂用电源电压，6kV Ⅲ段倒工作电源，6kV 母线电压由 5.2kV 升高到 5.4kV。

8 月 14 日 18 时 35 分，启动 10 号给水泵。

8 月 14 日 19 时 10 分，8 号锅炉点火。

8 月 14 日 19 时 40 分，对母管冲压，为保障 YX 装置用汽，关闭新区 40KS 以外的供汽阀门，首先用 1 号 POY 对新区 40KS 供汽。

8 月 14 日 20 时 07 分，8 号汽轮机冲转。

8 月 14 日 20 时 36 分，8 号机组并网发电，6kV 母线电压升高到 5.6kV。热电厂恢复一机一炉运行，厂用电电压低的状况有所改善，为其他机组的启动创造了条件。

锅炉 2、3、5、6 号点火，1、3、5、6 号机组开机。

8 月 15 日 1 时 00 分，到热电厂 15KS 投运为止，电厂三个压力等级、十条外供蒸汽管线全部投入运行。

8 月 15 日 1 时 19 分，拉开 9813 线断路器。

8 月 15 日 4 时 20 分，恢复 5 台机组 5 台锅炉的运行方式，热电厂发电负荷达到 250MW。

三、原因分析

事故造成了电厂 8 台机组全停、YX 电网崩溃、化工装置大面积停车，事故涉及范围很广。结合热电厂与胶厂变电站故障录波以及记录结果分析如下：

1. 雷击是故障发生的直接原因

多处线路的被毁说明，在当时雷电活动频繁而剧烈，有目击者说雷电曾落到了 3、4 号变压器处。因此，是雷击造成了事故的发生。

2. 主变压器中性点连线老化问题是关键所在

110kV 9813 线因雷击导致了单相接地故障，故障电流经过输电线路，3、4 号主变压器中性点，大地构成回路，由于 3、4 号主变压器中性点引线老化、导电截面不足而被烧断。

3. 直流熔断器的损坏是因为地电位升高反击二次系统造成的

由于 3、4 号主变压器中性点引线被烧断，造成地电位升高，地电位反击二次系统导致总的直流熔断器熔断。

控制、保护系统因直流电源失电而失灵；DCS、DEH 因直流电源失电而停摆。

4. 02 号启动备用变压器未发挥作用

由于控制系统因直流电源失电而失灵，备用电源自动投入也不例外，致使在 8 台机组全停的关键时刻 02 号启动备用变压器未发挥作用；幸亏 01 号启动备用变压器是在运行方式下，否则当时全厂低电压的厂用电源也是不存在的，那会是全部厂房一片漆黑，真正具备了黑启动的条件。

综上所述，发电厂 8 台机组全停的故障原因是公用直流电源消失。事实证明，发电厂也好，变电站也罢，凡是瞬时全停的事故基本上都是直流系统的问题。

四、防范措施

1. 更换主变压器中性点引线

按要求更换 3、4 号主变压器导电截面不足的中性点引线。

2. 加强厂用电源可靠性研究

针对事故发生后厂用电压低的问题，加强厂用电源可靠性研究，采取相应的措施，以免重蹈覆辙。

3. 合理配置直流熔断器

熔断器的配置应按总熔断器、杆路熔断器、支路熔断器一级比一级小的原则进行合理配置。

第 2 节　由系统谐振引发的热电厂电气复故障

ZAD 热电厂的机组容量为 2×15MW，系统情况见图 7-2。ZAD 热电厂与 ZAD 变电站相距 1km，为了避免 1、2 号主变压器并联运行产生环流，正常运行时 610 断路器处于断开状态。

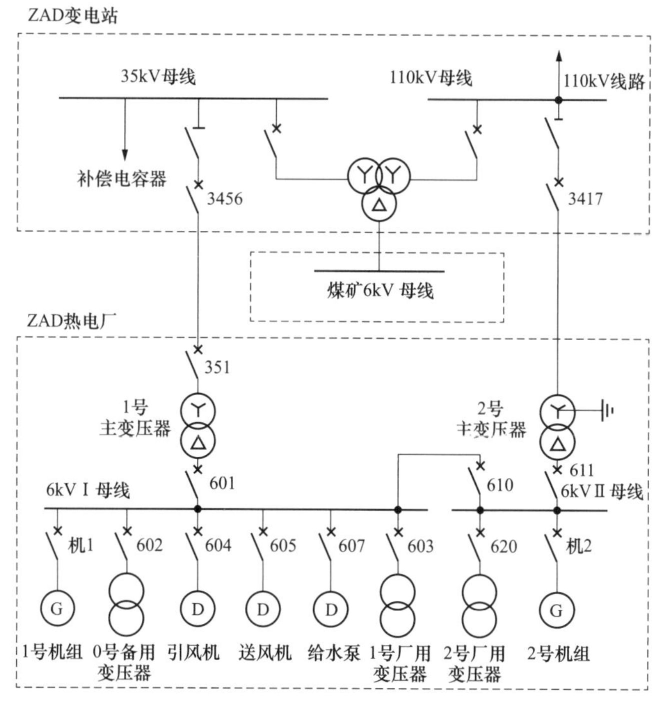

图 7-2　ZAD 热电厂电气主系统接线图

一、故障现象

期间 1 号主变压器差动保护先后动作了 4 次，前 3 次保护跳开变压器断路器 351、

601以后，1号发电机单机带厂用电系统经过一段时间的调整，能够安全停机。第4次故障是9月20日发生的，当时1号发电机的厂用电系统经1号主变压器从110kV系统供电，1号机组于22时41分经机1断路器并网成功。机组并列后，进行增负荷操作，有功功率带到0.676MW、功率因数0.8时停止操作。并网运行1min以后110kV变电站联路断路器3456跳闸，1号主变压器35kV侧351断路器、6kV侧601断路器跳闸，发电机主机房的照明灯瞬间骤亮后熄灭，机1断路器跳闸，厂用电源中断，此时发电机发出一声巨响，并有绝缘材料的焦煳味，同时发电机上方升起了一团烟雾。1号厂用变压器断路器跳闸，0号备用变压器断路器自动投入失败。

二、检查过程

1. 保护的动作行为检查

检查发现，保护装置的动作状况如下：3456断路器的过电流保护动作，1号主变压器差动保护动作，1号厂用变压器时限过电流保护动作，604、605、607断路器的电动机过负荷动作，1号发电机差动速断保护动作，1号发电机复合电压闭锁过电流保护动作，0号备用变压器速断保护动作。

2. 1号发电机一次系统检查

检查发现1号发电机的定子绕组A、C相绝缘击穿，定子接地短路，转子的4号轴瓦被电弧击伤，转子轴键及键槽变形，0号备用变压器被烧毁。

三、原因分析

此次事故暴露的问题是发电机单机瞬时带重负荷时必然引起功率的振荡，即单机系统难以稳定运行。

1. 系统谐振导致3456断路器过电流保护动作

变电站装有补偿电容器，由于电容器的频繁投切，曾多次引起局部系统的谐振现象。根据记录可知，在3456断路器过电流保护动作之前煤矿电容器确有切除第5组的操作，同时系统出现了过电流现象。谐振导致了电流的增大，致使3456断路器电流升到530A，过电流保护动作跳闸。保护定值为I_{dz}=1.2I_N/0.9=6.0A，t_{dz}=0.5s。并联电容器导致谐振过电压、过电流的分析如下：

（1）补偿电容对谐波的作用。由于电网谐波的存在，当运行方式变化时，系统的参数则发生相应的变化，对于有补偿电容的系统容易引起电流谐振使系统出现高电压和大电流。除此之外，根据以往试验资料分析，6kV电容器对三次谐波有放大作用。

（2）谐波产生过电压的原理分析。谐波作为电流源作用于系统中，对局部网络在不计外围电路的作用时的理想状况下的分析如下。谐波作为电流源作用于 X_C 与 X_L 的计算电路见图 7-3，图中 $\dot{I}_s$ 为电流源谐波信号，$X_L = n\omega L$，$X_C = \dfrac{1}{n\omega c}$，设 X_L 与 X_C 的并联电抗为 X，则

$$X = \frac{X_C - X_L}{X_C - X_L} \tag{7-1}$$

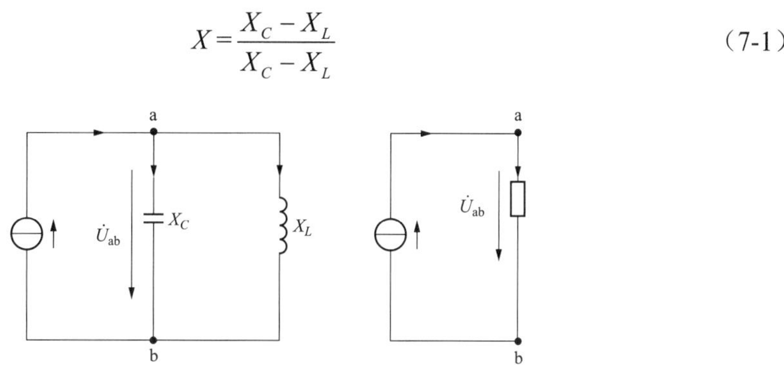

图 7-3　谐波作为电流源作用于 X_C 与 X_L 的计算电路

从式（7-1）中可知当

$X_C = X_L$ 时电容器与电感器发生谐振，此时 X_C 与 X_L 之间进行能量交换。

电容与电感上的电压 $\dot{U}_{ab}$ 及电流 $\dot{I}_C$ 、$\dot{I}_L$ 计算如下

$$\dot{U}_{ab} = \mathrm{j}X\dot{I}_S = \mathrm{j}\frac{X_C X_L}{X_C - X_L}\dot{I}_S \tag{7-2}$$

$\dot{I}_C = \dfrac{\dot{U}_{ab}}{-\mathrm{j}X_C}$，$\dot{I}_L = \dfrac{\dot{U}_{ab}}{\mathrm{j}X_C}$。显然当 $X_C = X_L$ 时，即使 $\dot{I}_S$ 很少，$\dot{U}_{ab} \to \infty$，$\dot{I}_C \to \infty$，$\dot{I}_L \to \infty$。

（3）考虑外围系统影响时的电路分析。计入系统阻抗时的计算电路见图 7-4，根据图 7-4 可知，

$$\dot{U}_{ab} = \mathrm{j}\frac{X_S X}{X_S + X}\dot{I}_S \tag{7-3}$$

从式（7-3）中可知，当系统阻抗计入 X_S 时，对谐振过电压 $\dot{U}_{ab}$ 的升高有抑制作用，同时对电容器与电感器电流的增大也有抑制作用。

（4）实际系统与上述分析的统一性。经过实际测试，当电容器投入数量 n=4 组时，三次谐波的容抗 X_C=5.00Ω，X_L=5.01Ω，此时 X_C 与 X_L 相接近。

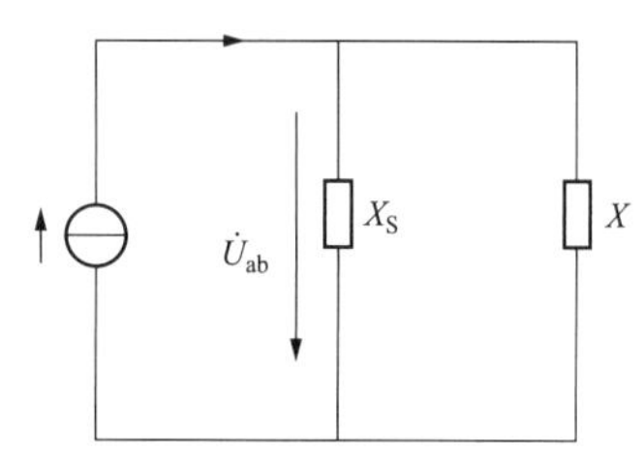

图 7-4　计入系统阻抗时的计算电路

验算结果表明保护的整定无误，保护的静态试验检查结果也正常，由此判定保护的行为属正确动作。断路器 3456 过电流保护动作是由于并网操作及带负荷操作引发的谐振导致的，电容器的投切引起了谐振的问题。

2. 保护的性能差误动作导致了1号主变压器断路器跳闸

1号主变压器保护性能出现问题，采样电流不能正确地反应输入值，静态测试在两端未加任何电流的情况下电流显示值达到2.25A，超过保护的整定值1.25A而误动作。这表明该保护输入通道中已经存在故障。在3456断路器过电流保护动作跳闸之后1号主变压器保护的误动作，或是属于抗干扰性能差导致电流从运行的6.62A降到0之后，瞬态的变化使保护误动作；或是出现巧合，即输入通道错误积累输入的电流值，到达3456断路器跳闸之后正好达到电流整定值1.25A而动作跳闸。根据前三次误动的统计以及保护在3456断路器跳闸以后装置动作状况分析认为，这次保护动作是抗干扰性能差的问题。

3. 发电机出力低于厂用负荷导致发电机系统频率降低

在这之前1号主变压器差动保护投入运行之后曾经三次误动跳闸。前三次1号主变压器误动跳闸后1号机系统没表现出1号主变压器跳闸、0号备用变压器自动投入后，导致0号备用变压器烧毁的故障的原因是由于保护的误动都是在运行中1号机满负荷的情况下发生的，那时发电机的出力15MW大于厂用1.5MW的负荷。

此次3456断路器的跳闸对发电机来说其效果与主变压器断路器跳闸一样，即导致了1号发电机带厂用系统独立运行。故障是在发电机刚刚并网1min，负荷带到0.676MW的情况下发生的，而此时厂用电的负荷却有1.4MW，造成了小马拉大车的现象。尽管调速汽门能进行自动调节，但存储的汽量仍不能满足其要求。因此发电机系统频率降低到47Hz以下，使电动机电流增加，发电机端电压下降。

尽管前三次没有造成发电机的短路，但是由于励磁调节器的性能问题曾使发电机过电压。变压器跳开后，发电机电压升高，对系统造成了过电压冲击，在很大程度上对发电机的绝缘造成了损害，是造成本次发电机绝缘击穿短路的一个重要因素。

4. 发电机系统电压的降低导致了1号厂用变压器过电流保护动作

发电机带厂用系统独立运行后，发电机只带6kV电动机运行，由于频率降低、电压下降，导致1号厂用变压器过载，其过电流保护动作，跳开1号厂用变压器。与此同时，由于6kV电压低的问题使6kV送风电动机、6kV引风电动机、6kV给水泵电动机过负荷，但过负荷并没有使电动机过电流动作跳闸。

5. 1号厂用变压器跳闸后启动备用电源自动投入

1号厂用变压器跳闸后启动备用电源自动投入装置，须经0.7s的延时后动作于0号厂用变压器的断路器合闸。由于400V电动机在由1号厂用变压器带动时已经过电流，又断电0.7s，转速明显下降，再由备用变压器带动400V电动机必然存在自启动过程，加剧了变压器的过电流程度，从而使6kV系统电压进一步降低。

6. 发电机系统电压的进一步降低导致了发电机强励动作

发电机电压降到 80%U_N 时强励动作，使励磁电流上升 1.8 倍，以此来维持发电机的端电压。发电机带备用变压器以及电动机的计算电路见图 7-5。根据发电机的空载试验特性曲线计算出此时发电机的电流、电压分布情况。

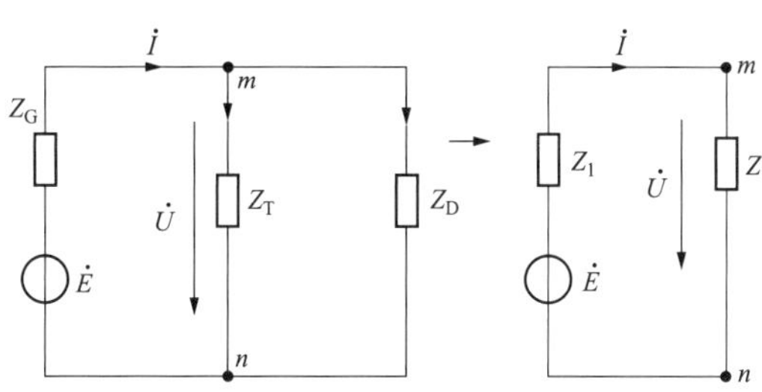

图 7-5　强励时的计算电路

$\dot{E}$ —发电机电动势；Z_G—发电机暂态电抗；Z_T—变压器电抗；Z_D—电动机电抗

根据图 7-5 可知

$$\dot{U}=\frac{\dot{E}Z}{Z_1+Z}$$

正常时：$U=\left|\dot{U}\right|=\left|\frac{\dot{E}Z}{Z_1+Z}\right|=U_N=6.3(\text{kV})/\sqrt{3}$。

强励前：$U=\left|\dot{U}\right|=\left|\frac{\dot{E}Z}{Z_1+Z}\right|\leqslant 80\%U_N=80\%\times 6.3(\text{kV})/\sqrt{3}$。

80%U_N 时强励动作，电压回升。

强励后：$U=\left|\dot{U}\right|=\left|\frac{1.8\dot{E}Z}{Z_1+Z_2}\right|=1.8\times 80\%\times 6.3\text{kV}/\sqrt{3}$。

考虑到转子饱和的因素，以及发生短路 2s 以后机端励磁因发电机电压降低对励磁电流的影响，强励后发电机 $U<1.8\times 80\%\times 6.3\text{kV}/\sqrt{3}=1.44U_N$，实际上 6kV 母线电压到达 8.2kV 是额定值的 1.3 倍，与理论值相接近，厂房灯骤亮就发生在此时。

7. 过电压与过电流的共同作用导致发电机的相间短路

在发电机强行励磁以及电动机自启动的影响下导致了发电机的过电压与过电流，致使 A、C 发生相间对地短路，发电机差动速断保护动作。

发电机差动速断保护动作 0.7s 以后，0 号变压器速断、瓦斯保护动作跳开了 0 号备用变压器的 602 断路器及低压侧 002 断路器。

根据发电机差动速断动作 0.7s 以后，0 号备用变压器保护再次动作的现象可以判定，在发电机保护动作后并没有跳开机 1 断路器，致使短路电流没有得到及时限制。0

号备用变压器的短路电流最高达 3480A。

励磁断路器虽然已跳闸，但发电机的灭磁时间常数空载下为 9s，三相短路时大约为空载状况下的 1/3，相间短路则大于 1/3。即使按 3s 计算，从发电机差动保护动作出口到 0.7s 后 0 号励磁变压器跳闸，到发电机转子回路灭磁结束，发电机一直在提供短路电流，致使发电机的损坏程度相当严重。最后发电机出口断路器是在故障发生 53min 以后手动断开的。

8. 疑点分析

（1）DCS 记录中，保护动作信号比断路器动作信号晚。在 DCS 的事故追忆记录中，保护的动作时间比断路器的跳闸时间晚 100ms，其原因主要是保护跳闸出口继电器比信号继电器动作快，致使保护动作断路器跳开以后，保护的动作信号才能送出。

（2）DCS 记录中发电机差动速断信号送出 4 次。在 DCS 的事故追忆记录中，发电机差动速断保护动作信号共给出 4 次，间隔 200ms。说明该保护一直没有返回。DCS 送出的后 3 次显然是误动输出。

（3）备用电源自动投入动作 3 次。备用电源自动投入的第一次启动是 1 号厂用变压器跳闸后切换 0 号备用变压器的正常启动。第二次启动是在 6kV 母线没有电流的情况下值班人员对 1 号厂用变压器送电失败后退出 1 号厂用变压器后切换 0 号备用变压器的启动，第三次与第二次操作重复。显然备用电源自动投入在没有备用电源的情况下启动是错误的，应该加备用电源电压允许启动信号才行。

四、防范措施

1. 解决谐振问题

对煤矿供电的 35kV 补偿电容器增加电抗器的补偿，使其滤除 3、5、7 次谐波以避免由此引起的谐振问题。

2. 解决发电机系统存在的缺陷

对 610 断路器增加自动投入功能，在两台变压器运行中，6kV 联络断路器不能投入，但任一台变压器退出后，Ⅰ、Ⅱ段出线应具备互为备用的条件。在备用电源没有落实的情况下，当线路负荷大于发电机出力而线路停电时，线路断路器应联动发电机断路器停机，以消除小马拉大车之类的事故。

强行励磁的作用是发电机并网运行以后，当系统出现故障，无功缺额严重时，通过强励能及时输送无功，保证系统的稳定。但对于单机运行的发电机强励的作用已经失去，因此当机组转入单机系统运行时应增加联动功能将其退出。此外，为了便于事故分析应增加强励动作的记录功能。

3. 解决备用电源设计上存在的缺陷

备用电源与工作电源取自发电机出口的 6kV 母线上，在 610 不能并环运行的情况下，当 1 号工作变压器失去电源以后，备用变压器必然也失去了电源，显然自动投入也没有用途。应从 110kV 站单设一条 0 号备用电源线解决备用电源的问题。除去备用电源自动投入的延时，增加工作变压器主保护动作启动、工作变压器分支过电流闭锁条件。

4. 解决保护误动作的问题

变压器的保护在性能上存在着严重问题，应该予以更换。

5. 提高运行人员的技术水平

运行人员的水平直接影响到生产的每个环节，提高运行人员的技术水平是迅速进行故障处理、避免事故扩大的关键因素。

第 3 节　热电厂电缆故障全厂停电与保护动作行为

某年 12 月 28 日 JAD 热电厂正常时的运行方式，东热线 811 断路器、新热线 812 断路器与电网连接，热Ⅰ线 855 断路器运行带后铺变电站，热Ⅱ线 856 断路器热备用，1 号主变压器、2 号主变压器、3 号主变压器运行，4 号主变压器冷备用，1 号发电机、2 号发电机、3 号发电机运行，35kV 母联 850 断路器、10kV 母联 800 断路器运行，6011 断路器带 6kV Ⅰ母线运行，2 号高压厂用变压器带 6kV Ⅱ母线运行，3 号机出线段通过 86A 断路器、6kV A～B 母线、4 号机出线段带 6kV Ⅳ母线、6kV Ⅴ母线运行，0 号高压备用变压器处于备用状态，各备用电源自动投入断路器置投入位，各低压厂用变压器运行，0 号低压备用变压器处于备用状态，各备用电源自动投入断路器置投入位置。

负荷情况，1、2 号机组满载运行；3 号机组带 8000kW；35kV 热Ⅰ线外送 8000kW。

一、故障现象

28 日 7 时 53 分，热电厂控制室警笛警铃响，“10kVⅠ母接地”“10kV Ⅱ母接地”“2 号 F 切机装置动作”“掉牌未复归”光字牌亮，2 号发电机 21 断路器、MK 磁场断路器绿灯闪光，2 号发电机所有表计到零。

20s 后，3 号主变压器 853 断路器、813 断路器、803 断路器绿灯闪光，6011 断路器跳闸，610 断路器合闸，6kV Ⅰ、Ⅱ段电压正常，3 号发电机电流到零，电压 2.8kV，“35kV Ⅰ、Ⅱ母接地”光字牌亮，“3 号 F 切机装置动作”光字牌亮。

随后，主控室灯光忽明忽暗，620 断路器自动投入合闸，此时检查 630 断路器、640

断路器在合位，1 号发电机 11 断路器、MK 磁场断路器绿灯闪光，0 号高压备用变压器跳闸，全厂失电。

二、检查过程

1. 保护动作情况检查

对动作过的保护动作情况进行了检查，结果见表 7-1。

表 7-1　　检查结果

序号	保护名称	动作值	动作时间
1	0 号高压备用变压器过电流动作		掉牌
2	1 号发电机复合电压闭锁过电流保护		掉牌
3	2 号发电机高频切机	51.30Hz	0.3s
4	2 号发电机低周低压切机	48.32Hz	0.2s
5	3 号主变压器比率差动保护	6.51A	0.0s
6	3 号发电机高频切机保护动作	51.15Hz	0.2s

2. 一次设备检查与系统恢复操作

检查发现，3 号主变压器 35kV 侧母线支持绝缘子 B、C 相有放电现象，3 号主变压器气体继电器内有气体。其余设备无异常。

8 时 15 分，断开高压厂用变压器、低压厂用变压器、主变压器断路器，准备倒送电。断开 3 号发电机 31 断路器、QLM 磁场断路器，检查 35kV 母联 850 断路器、10kV 母联 800 断路器在合位。

8 时 20 分，断热Ⅰ线 855 断路器、合上热Ⅱ线 856 断路器，35kVⅠ、Ⅱ母线带电，合上 1 号主变压器 851 断路器、801 断路器，10kVⅠ、Ⅱ母线带电，合上 2 号高压厂用变压器 862 断路器、602 断路器，1 号低压厂用变压器 841 断路器、401 断路器，2 号低压厂用变压器 842 断路器、402 断路器，2 号炉具备启动条件。检查公用变压器 846 断路器未跳。

8 时 40 分，合上 0 号高压备用变压器 860 断路器、610 断路器、640 断路器、844 断路器、404 断路器，4 号炉具备启动条件，可以启动。

3. 一次设备试验

对 3 号主变压器 35kV 侧电缆进行了绝缘电阻测量及交流耐压试验，指标合格。

对 3 号主变压器及 35kV 侧电缆做绝缘电阻、泄漏电流、直流耐压、工频耐压、介质损耗试验，数据合格。

对 3 号主变压器进行了交流耐压试验，绝缘被击穿。

三、原因分析

1. 35kV 电缆故障是全厂停电的诱导

3 号主变压器 35kV 电缆故障，差动保护动作，跳开三侧断路器，引发 3 号机组与系统解列，过频保护动作。

35kV 电缆曾经发生过几次故障。最为严重的一次是电缆头的三相短路，支持绝缘子以及 TV 发出放电声的问题时有发生。故障的起因有以下三方面：首先是对地绝缘的问题；其次是 35kV 系统存在单相接地，另外两相对地电压升高 1.73 倍的问题；第三是 35kV 系统存在谐振过电压的可能性。

2. 机组稳不住导致 1、2 号机组停机

1、2 号机组带 35kV 热 I 线以及厂用电，稳不住导致 2 号机组过频保护动作；1 号机组带热 I 线以及厂用电，出力不够而过负荷。

根据以往运行的资料可知，在与电网的连线断开后电厂便成为独立运行的发电厂，独立运行也曾经有稳定的记录，但是最近两次因为发电与用电存在严重的不平衡，造成机组稳不住而跳机。另外，根据统计规律，突然失去与系统联系的发电厂或发电机组，一般情况会因为稳不住而停摆。

3. 网架结构与运行方式问题导致全厂停电

网架结构与运行方式问题使 3 号主变压器跳闸后，发电厂与外部失去联系，三台机组稳不住跳闸导致全厂停电。

在运行方式上出于避免电磁环网的考虑，热电厂不允许 110、35kV 同时与系统并列运行，在断开与 110kV 的联系后 35kV 的并网点 856 断路器需要人为手动操作才能实现电厂的联网，但在出现问题后再依靠人的反映已经为时晚矣。

4. 故障分析缺少统一的时标

由于热电厂没有统一的时钟信号支持，使故障的分析异常艰难。凭运行人员的感觉最近两次故障是 1、2 号机组先行跳闸后 3 号主变压器跳闸、3 号机组停机，但事实并非如此。

实际上不存在 1、2 号机组先行跳闸导致 3 号主变压器 35kV 电缆故障的问题，是 35kV 电缆故障导致了全厂的停电。

四、防范措施

1. 加强变压器的 35kV 出口连线的绝缘处理

用增加 35kV 连线绝缘子片数，或对裸露的母排用护套进行包装处理的办法提高对

地绝缘的水平，以解决绝缘击穿的问题。

2. 限制变压器35kV侧的过电压出现

针对变压器35kV侧没有消谐措施，其35kV TV又是分级绝缘的问题，建议作如下处理：

（1）更换TV。将35kV TV更换为全绝缘的TV，为在TV中性点加非线性电阻消谐装置做好准备。

（2）在TV中性点加非线性电阻消谐装置。在TV中性点加装非线性电阻，以有效地解决消谐过电压的产生。

（3）在3号主变压器压器中性点加消弧线圈。检测35kV系统的电容电流，如果电容电流大于10A时，在3号主变压器中性点加消弧线圈，以防止接地时产生的弧光过电压。

3. 加装故障录波器

为了便于以后的故障分析，在发电厂装设故障录波器。将6、10、35、110kV母线电压，主变压器、机组电流等参量接入故障录波器。

4. 加装备用电源自动投入装置

由于热电厂不允许110、35kV同时与系统并列运行，为了解决在断开与110kV的联系后35kV的并网点856断路器需要人为手动操作才能实现电厂联网的问题，在856断路器处增设备用电源自动投入装置。

5. 进行35kV负荷的成分分析

进行35kV负荷的成分分析，以采取相应的防范措施，避免谐波引发的谐振过电压问题。

6. 加装接地报警装置

在35kV系统加装接地报警装置，以便及时发现接地故障，避免由此引发的相间短路。

第4节　发电机组断路器跳闸与DCS机跳电保护误动作

一、故障现象

某年9月24日，KAF发电厂1号机组带150MW负荷试运行时，机跳电保护动作，机组出口断路器跳闸、发电机磁场断路器跳闸、主汽门关闭，机组全停。电气保护虽然有机跳电的信号报警，但是热工DCS装置却没有任何信息输出的记录，亦即没有找到导致设备动作的原因。因此机跳电保护的行为属于误动作的范畴。

机组的误停是安全运行的重大隐患，后来由于机跳电或电跳机而停机的故障又出现过多次，对机组所关联的电网造成了很大冲击，引起了调度等部门的高度重视。

疑点分析：①弄清机跳电的信号来自哪里？②热控、电气接地方式的区别以及优缺点分析。③确认电跳机与机跳电保护误动作的分析方法与防范措施与其他开入量一致。

二、检查过程

根据所出现的故障现象，进行了有针对性的检查。

1. 对热工 DCS 的检查

（1）热工 DCS 记录信息的检查。为了寻找机跳电启动信号的来源，对热工 DCS 系统的信息记录进行了检查，结果未能找到启动机跳电保护的原因。也不存在机-炉-电大联锁所设置的主汽门关闭联跳电气断路器的问题。

（2）热工 DCS 启动逻辑与动作时间的检查。DCS 启动逻辑电路见图 7-6，试验结果如下：

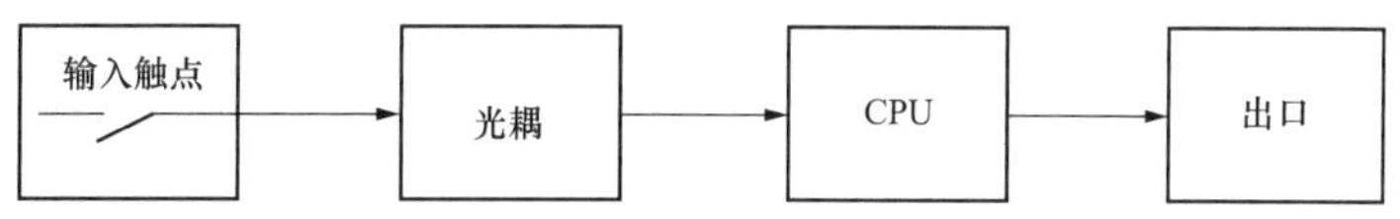

图 7-6　开入量保护的逻辑电路

热工 DCS 启动逻辑非常简单，只要启动输入的触点闭合，无须闭锁条件，则出口动作跳机；DCS 启动逻辑动作时间为 12ms，即从信号输入开始计时到出口动作只需要 12ms 的延时时间；DCS 启动逻辑有记忆作用，只要输入信号不低于 5ms，则就能保证启动出口动作，脉冲输入与出口动作见图 7-7。

图 7-7　脉冲输入与出口动作时序

2. 对电气保护的检查

（1）电气保护记录信息的检查。与热控保护一样，为了寻找电跳机的启动信号的来源，对电气保护系统的信息记录进行了检查，结果未能找到启动电跳机保护的原因。也不存在机-炉-电大联锁所设置的电气断路器跳闸联动主汽门关闭的因素。

（2）电气保护逻辑与动作时间的检查。电气保护启动逻辑电路与热控保护类，逻辑电路见图 7-8，试验结果如下：

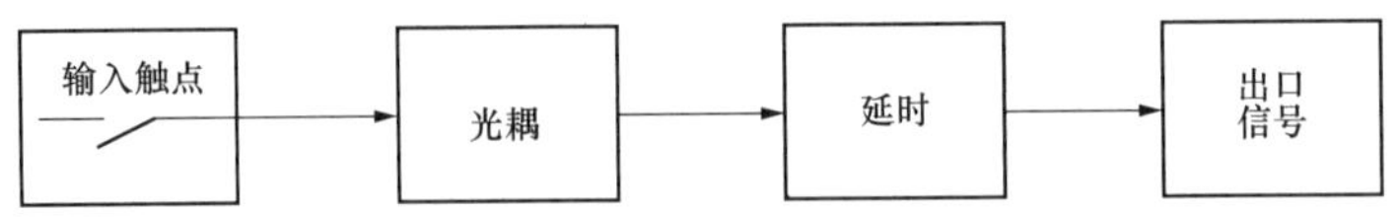

图 7-8　开入量信号的逻辑电路

与热控保护类似，电气保护启动逻辑非常简单，只要启动输入的触点闭合，无须闭锁条件，则出口动作跳机；电气保护作时间为 5ms，即从信号输入开始计时到出口动作只需要 5ms 的延时时间；电气保护有记忆作用，宽度为 5ms 的脉冲作为开入量的输入信号，只要幅度大于 40V 就能够启动后续的逻辑电路，并记忆其信息；电气保护逻辑设有延时时间整定环节，如果不作整定则为 0s，时间整定步长为 0.1s。

3. 对抗干扰接地措施的检查

按照抗干扰反事故措施的要求，热控 DCS 设备所用电缆的屏蔽层，采用的是控制室集中单端接地的方式，检查接线正确无误。

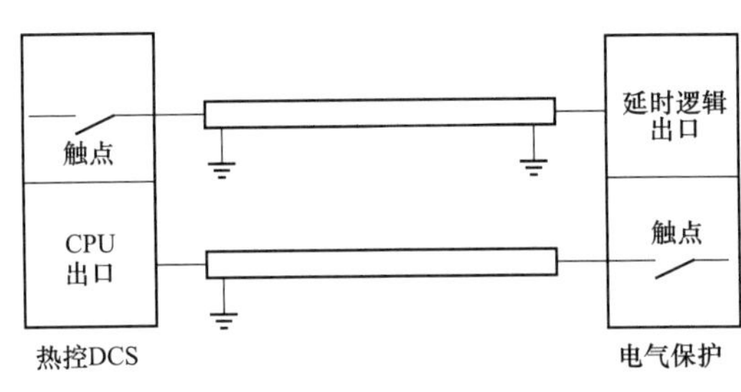

图 7-9　热控与电气保护接地示意图

同样，按照抗干扰反事故措施的要求，电气保护所用电缆的屏蔽层，采用的是控制室集中双端接地的方式，检查发现，在热控侧没有接地。正确的接地示意图见图 7-9。

4. 机组参数

为了便于分析，将机组的参数罗列如下：

发电机：额定功率 P_N=150MW，容量 S_N=176.5MVA，功率因数 $\cos\varphi$=0.85，额定电压 U=15.75V，额定电流 I=1648.9/4.043A，TA 变比 8000/5。

变压器：容量 S_N=180MVA，变比 242/15.75V，短路电压百分数 U_d=13%。

接线形式：发电机-变压器组式单元接线。

三、原因分析

结合上述检查的内容进行分析如下：

1. 是干扰信号启动了电气保护的动作逻辑

在电气保护中，其机跳电的逻辑不是由热控 DCS 对应触点的闭合启动的。因为，在对热控 DCS 的检查时未发现机跳电信号与触点输出的信息记录，即机跳电启动逻辑的开入量没有闭合，也不存在出口继电器触点抖动的因素，又不曾有所谓的寄生逻辑出现，所以可以断定，是干扰信号导致了机跳电保护的误动作。也只有遭受了干扰，才能解释当时电气保护的动作行为。

只是干扰信号没有找到是非常遗憾的环节，但是这并不影响故障的分析，因为按照抗干扰问题的处理思路，已经将所出现的问题彻底解决。

2. 是杂散电容为干扰信号提供了通道

干扰信号的入侵离不开杂散电容，干扰信号入侵机跳电保护连接通道后，是杂散电容为干扰信号入侵提供了路径，使干扰信号跨过了热控 DCS 保护的触点进入电气机跳电保护直接启动了跳闸逻辑，并通过出口导致其误动作。

3. 导致电气机跳电保护出口动作的原因是逻辑输出太快

电气机跳电保护逻辑输入通道采用的是光耦电路，光耦电路能够启动跳闸的原因是动作速度太快。试验表明，机跳电保护的动作时间约 5ms，速度太快。如此只要存在几个毫秒的干扰信号，而且其幅度足够强时，就能够导致保护误动作。

4. 机跳电与电跳机是类似的问题

检查结果表明，电气机跳电保护与热控 DCS 电跳机保护的逻辑电路基本一致。都是光耦启动，经过逻辑延时即至出口，没有闭锁的条件。

至于发电机组电气保护机跳电、热控 DCS 电跳机保护误动行为分析的思路，与其他开入量保护的误动方法一致。例如，母线保护的失灵通道遭受干扰入侵误动问题的三要素：干扰信号太强、杂散电容太大、动作速度太快，可以参考。

5. 电气电缆屏蔽层的单端接地不影响抗干扰效果

电气与热工专业关于抗干扰屏蔽接地的区别在于，电缆屏蔽层的单端接地还是双端接地。按照抗干扰反事故措施的要求，热控 DCS 设备所用电缆的屏蔽层采用的是控制室集中单端接地的方式；而电气保护所用电缆的屏蔽层采用的是双端接地的方式。

检查发现，电气保护的屏蔽层在热控侧没有接地，没有按照反事故措施的要求做。但试验结果表明当时电气电缆屏蔽层的单端接地不影响抗干扰效果。换句话说，电气保护的误动作不是因为电缆的屏蔽层的单端接地造成的。

单端接地与双端接地的优缺点主要是看屏蔽的效果。试验结果表明，对于静电感应单端接地与双端接地效果一样；对于电磁感应，双端接地有时不起好作用。

四、防范措施

根据机跳电与电跳机保护误动的特点，采取有针对性的措施如下：

1. 机跳电保护按反事故措施要求的方式接地

尽管电气的单端接地不影响抗干扰效果，但是为了规范起见，将机跳电保护按反措要求的方式接地。

2. 电气机跳电保护增加逻辑动作的延时

从原理上讲，开入量保护增加 20ms 的延时时间，即可躲过干扰信号的影响。但是受保护设置步长的影响，将电气机跳电保护的逻辑只能增加 100ms 的延时时间。

3. 热工 DCS 电跳机保护采取的措施

对热工 DCS 电跳机保护采取同样的措施，即可解决抗干扰的问题。

第 5 节　ZUZ 发电厂机组 TV 对地悬空与中性点电位漂移 $3U_0$ 报警

一、故障现象

某年 6 月份，运行中的 ZUZ 发电厂机组发出 $3U_0$ 告警信号，发电机出口 TV 二次电压出现严重不平衡，2TV 的开口三角电压 $3U_0$ 达到 27.2V。

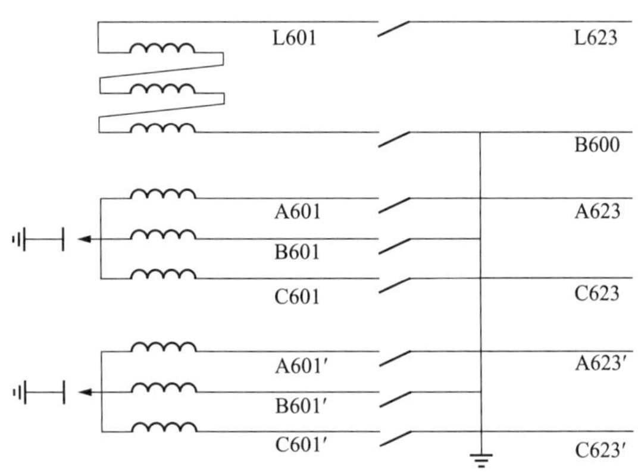

图 7-10　发电机 TV 接线图

发电机出口 1、3TV 一次中性点直接接地，2TV 一次中性点经发电机中性点 TV 接地，三组 TV 二次均为 B 相接地，2TV 接线见图 7-10。

二、检查过程

对 1TV、2TV、3TV 分别进行了电压的测试，线电压的测试结果见表 7-2，相电压见表 7-3，对地电压的测试结果表 7-4。

表 7-2　　线电压的测试结果

TV 序号	U_{AB}		U_{BC}		U_{CA}	
1TV	102.4V	00	102.2V	1100	102.2V	2350
2TV	102.3V	00	102.1V	1090	102.2V	2370
3TV	102.4V	00	102.2V	1090	102.1V	2350

表 7-3　　相电压的测试结果　　V

TV 序号	组别序号	U_{AX}	U_{BY}	U_{CZ}	$3U_0$
1TV	第一组	53.4	63.8	60.7	4.6
2TV	第一组	52.9	63.8	60.7	27.2
	第二组	30.4	43.3	30.5	—
3TV	第一组	53.3	63.7	60.8	10.6
	第二组	34.9	33.7	30.7	—

表 7-4　　对地电压的测试结果　　V

TV 序号	A—地	B—地	C—地
1TV	52.3	62.4	63.3
2TV	52.3	62.4	63.3
3TV	52.3	62.4	63.3

断开二次熔断器再作测试，结果仍然同上。

检查发现，TV 一次接地线与二次地线均未接线。

三、原因分析

关于零序电压 $3U_0$ 与 TV 接地的关系，有如此的规则可以遵循，即只要 TV 一次或二次接地不正常，则必然出现零序电压 $3U_0$；反过来，如果出现零序电压 $3U_0$，则可能的原因有两方面，一是存在 TV 一次或二次接地不正常的问题，二是存在运行系统三相电压不平衡的问题。对于接地不正常的问题在现场种类很多，例如主地网的接地电阻不合格，导线的虚接地，TV 小车轮子对导轨接触不良，缺少二次回路连接线等都属于接地不正常的范畴。对于运行系统三相电压不平衡的问题，可以考虑的因素有，三相系统对地绝缘不平衡、三相系统对地电容不平衡、三相负荷的不平衡等方面。

根据上述测试的数据结果，分析如下：

1. TV 设备本身正常

从二次线电压的测试结果可以看出，三相线电压很平衡，由此可以判定 TV 一、二次设备本身无问题。

2. 是 TV 一次接地异常使中性点发生了漂移

从二次相电压的测试结果可以看出，三相相电压很不平衡，如此可以证明，是 TV 一次接地有问题，使中性点发生了漂移。

3. TV 二次 B 相悬空导致对地电位的升高

从 TV 二次对地电位的测试结果可以看出，B 相的对地电位 62.4V，证明接线有错误。作为正常的接线，TV 的二次 B 相应该接地，只要出现电压证明接地不正常。

四、防范措施

根据上述分析，按设计要求对 TV 一次、二次进行接地处理。事实证明，接地正常后，电压的数值也恢复了正常。

第6节　化工热电厂机组定子接地保护跳闸问题分析

一、故障现象

1. 定子接地 $3U_0$ 保护误动跳闸

某年7月1日之前，SIH化工热电机组定子接地 $3U_0$ 保护跳闸 N 次，机组跳闸以后一直认为发电机定子出现了故障，因此对发电机进行了一系列的检查，并没有找到故障原因。最后安排了机组大修，解体后查询的结果也正常，再次开机后定子接地 $3U_0$ 保护依然动作跳闸。

定子接地零序 $3U_0$ 保护的整定值为3V。

2. 定子接地 $3I_0$ 保护误动跳闸

1月17日，机组在风机启动时再次因为零序电流超标动作跳闸停机。

定子接地零序电流保护TA变比2.4/0.06A，保护动作时的参数如下，机组有功功率 P=1.3MW，无功功率 Q=1Mvar，功率因数0.8，$3U_0$=5.4V，零序电流二次值 $3I_{02}$=0.208A，零序电流一次值 $3I_{01}$=8.32A。

定子接地零序电流保护的二次定值为0.200A，对应的一次定值8A。

二、检查过程

1. 制定试验方案

为了确定定子接地保护误动的原因，需要通过试验数据来获得论证材料。发电厂的一次系统结构见图7-11，发电机的TV/TA与保护的配置见图7-12。其试验框架如下：

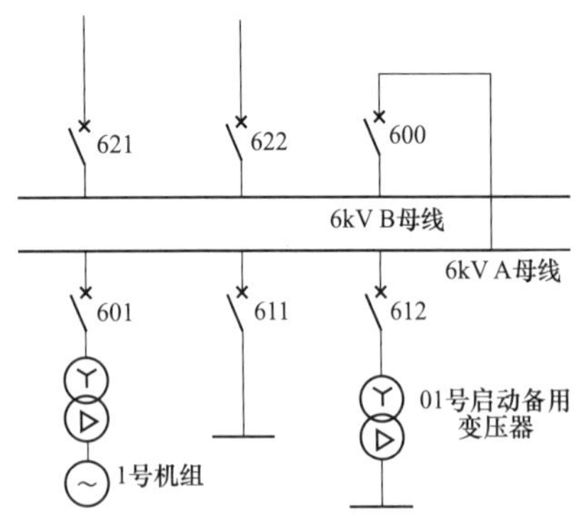

图7-11　发电厂与关联系统结构

（1）6kV 系统参数测试。机组在不并网的情况下，对6kV A、B母线电压进行测试，以确定关联系统运行的平衡状况。

（2）机组空载试验。机组在不并网的情况下，对发电机电压进行测试，以确定发电机单机系统运行的平衡状况。

（3）机组带A母线试验。机组在并网与A母线的情况下，对发电机电压、6kV A母线进行测试，以确定发电机带A母线系统运行的平衡状况。

（4）机组带A-B母线试验。机组在并网与A-B母线的情况下，对发电机电压、6kV

A、B 母线进行测试，以确定发电机带 A 母线与 B 母线系统运行的平衡状况。

（5）注意事项。将发电机组定子接地 $3U_0$ 保护的定值整定到 9V，延时 0.5s 发信号；将发电机组定子接地 $3I_0$ 保护的定值整定到 5A，延时 0.5s 发信号。

将发电机组定子接地 3ω 的保护投信号。

在增加负荷的过程中，密切监视相关参数，使机组处在可控状态下，若出现异常现象或者定子 $3U_0$ 电压接近 9V 时停止试验。如果试验正常，则将机组稳定在额定值附近运行，结束试验。

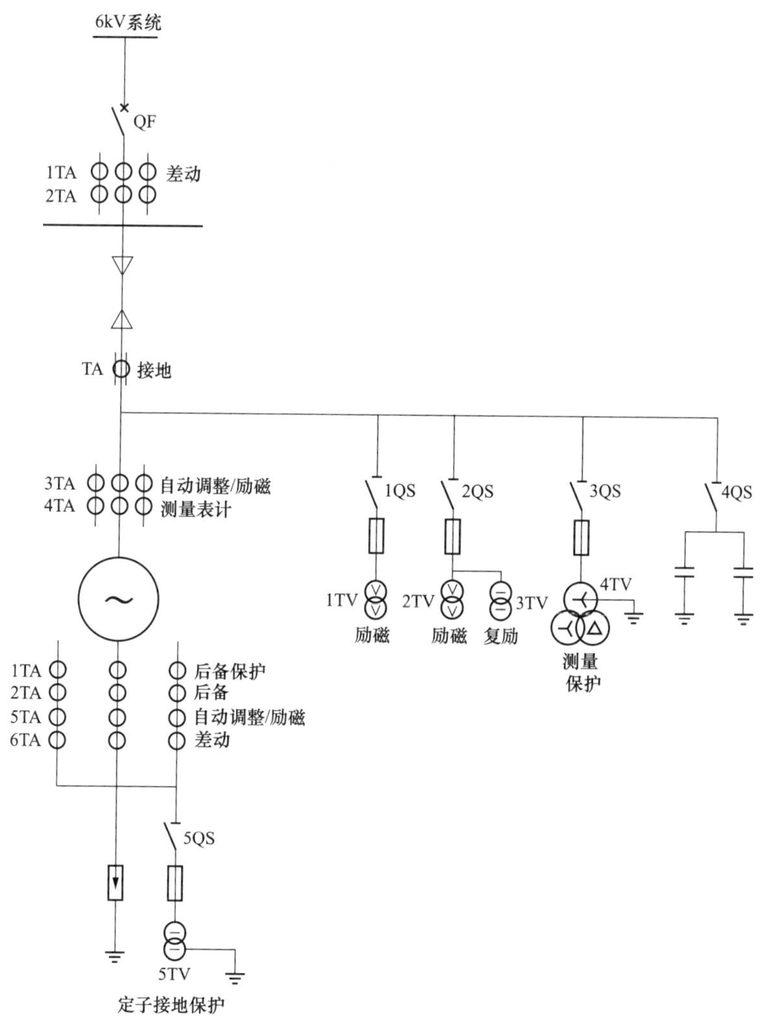

图 7-12 发电机的 TV/TA 与保护的配置

2. 试验过程与记录

在可控的前提条件下，退出发电机定子接地 $3U_0$ 保护的跳闸连接片，进行以下试验，以检测 $3U_0$ 的数据与变化趋势。

（1）机组空载试验。

$P=0$，$Q=0$，$\cos\varphi=1$，试验数据见表7-5。

表7-5 空载试验数据 V

测量位置	$3U_0$	U_0	U_{AN}	U_{BN}	U_{CN}	U_{AB}	U_{BC}	U_{CA}
发电机	1.6	1.3	58.1	59	59.3	102.2	103.2	102.0
A段母线	2.06	1.6	63	63.7	64	110.6	111.4	110.6
B段母线	2.06	1.6						

$3U_0$三次谐波的含量18%，相电压波形正常。

（2）机组带5MW负荷试验。

$P=5.5$，$Q=4.8$，$\cos\varphi=0.86$，试验数据见表7-6。

表7-6 试验数据 V

测量位置	$3U_0$	U_0	U_{AN}	U_{BN}	U_{CN}	U_{AB}	U_{BC}	U_{CA}
发电机	0.89	4.05	63.0	63.7	64	110.6	111.4	110.6
A段	2.01							
B段	2.01							

（3）机组带7.5MW负荷试验。

$P=7.5$，$Q=7.5$，$\cos\varphi=0.88$，试验数据见表7-7。

表7-7 试验数据 V

测量位置	$3U_0$	U_0	U_{AN}	U_{BN}	U_{CN}	U_{AB}	U_{BC}	U_{CA}
发电机	1.12	4.41	65.5	66.3	66.5	114.7	115.3	114.3
A段	1.19							
B段	1.32							

（4）机组带10MW负荷试验。

$P=8.5$，$Q=8.5$，$\cos\varphi=0.88$，试验数据见表7-8。

表7-8 试验数据 V

测量位置	$3U_0$	U_0	U_{AN}	U_{BN}	U_{CN}	U_{AB}	U_{BC}	U_{CA}
发电机	0.77	4.81	65.50	66.30	66.50	114.70	115.30	114.30
A段	1.14							
B段	1.32							

（5）机组带 15MW 负荷试验。

$P = 14.7$，$Q = 10$，$\cos\varphi = 0.86$，试验数据见表 7-9。

表 7-9　　试验数据　　V

测量位置	$3U_0$	U_0	U_{AN}	U_{BN}	U_{CN}	U_{AB}	U_{BC}	U_{CA}
发电机	0.87	5.73	65.00	64.90	66.10	114.00	114.80	113.70
A 段	1.37							
B 段	1.43							

三、原因分析

问题分析的思路，首先理清导致定子接地零序保护出现不平衡电压、电流的原因。应该从 6kV 系统、二次回路以及保护定值等几方面入手，结合以前的实验结果，对于热电机组涉及的几个问题，提出如下分析：

1. 是系统方面的问题导致不平衡电压与电流的增大

由于三相对地绝缘的不平衡、三相对地电容的不平衡、电容电流补偿不到位等原因会导致接地零序的不平衡电压与不平衡电流的增大。

（1）关于机组中性点电压的问题。发电机组空载试验时，中性点电压 U_0 与以前相比变化不大；但是，并网之后中性点电压 U_0 由以前的不足 3V，增加到现在的 5.73V（P=14.7MW 时），其增幅接近 1 倍。

可以确定，该电压不是发电机定子接地引起的，机组检修时的绝缘与耐压试验结果能够说明问题。不平衡电压的出现是系统问题，一方面由于设备老化或泄漏的不平衡等因素会导致电压的波动，出现所谓的虚拟定子接地现象；另外，如前面提到的是系统的电容电流没有得到有效补偿造成的。

关于系统的电容电流的补偿，有规程可查寻，要求 6kV 系统单相接地时接地点的电容电流不大于 15A。

（2）关于机组保护的零序电流问题。除去上述分析的系统问题以外，还有 TA 特性的问题。由于 TA 特性以及二次回路的问题，例如，由于 TA 变比的不正确性，TA 特性的不正确性，还有二次负载的超标等，同样会导致定子接地零序保护不平衡电流的增大。

2. 关于机组基波定子接地电压保护的定值问题

将机组基波定子接地保护的电压定值由 3V 提高到 9V；延时时间 0.5s；投跳闸或信号。基波定子接地电压保护投信号的前提是定子接地零序电流保护投跳闸。

3. 关于机组定子接地零序电流保护的定值问题

保护的定值需要确认。因为发电机定子接地时，如果接地电流大于 5A 则就会烧铁芯，因此定子接地零序电流保护上限值定在5A。如果经测算系统接地电流大于5A，可以采取补偿措施，以降低接地点的接地电流。

上述几方面的问题，需要分别测试与分析，以确定系统的对称状况、TA的带负载的能力以及保护定值的正确性。

4. 一次熔断器容易熔断的问题

关于机组出口电容器的问题，由于电容器两端电压不能突变，又没有采取相应的限流措施，在发电机电压快速上升时电容器可能会产生较大的电流，将熔断器熔断。再是发电机电压上升时，由于各相相位的不同；加上熔断器所处的位置不同，熔丝受磨损的差异等因素，导致只有个别相熔断，也属于正常现象。

四、防范措施

针对发电厂的系统结构与运行参数的具体状况，提出如下防范措施。

1. 将三次谐波定子接地保护投信号

关于机组三次谐波接地保护的投退问题，将机组定子接地三次谐波保护投信号。

2. 将机组中性点避雷器投入运行

关于机组中性点避雷器的问题，将机组中性点避雷器投入运行。

将机组中性点TV投入运行。

3. 将机组出口电容器的退出运行

从原理上讲，保留出口电容器的意义不大，因此将其退出运行。

4. 对电容电流的补偿措施

采取有效的补偿措施，可以降低该飘移电压的数值。

采取上述相关措施后，可以将机组投入正常运行。

第7节　发电厂DCS机跳电保护误动作引发的电气复故障

某年4月18日，ZUD发电厂的500kV系统出现过多台断路器跳闸问题，故障的发生对电力系统的安全稳定运行造成了严重的影响。发电厂的500kV系统结构与故障点的位置见图7-13。

一、故障现象

1. 5022断路器跳闸5次、重合5次

4月18日10时58分19秒5022断路器AB相第一次跳闸，2s后AB相自动重合成功。之后，5022 B相断路器又跳、合闸三次。最后，5022断路器AB再次跳闸，2s后

AB 相又自动重合成功。

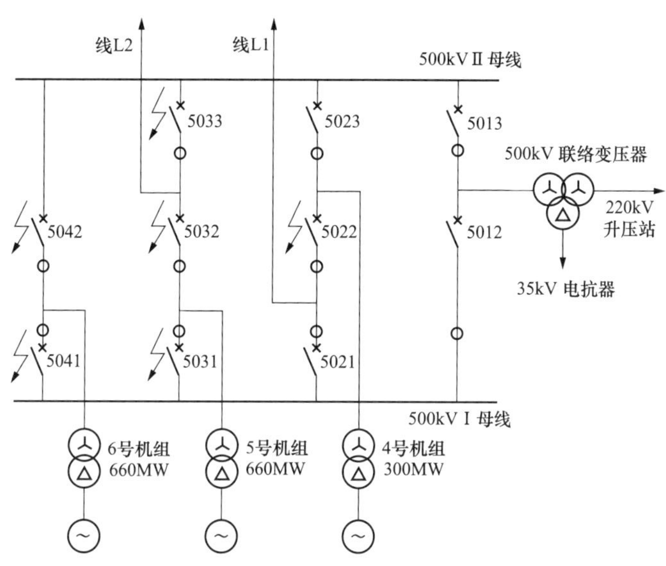

图 7-13　500kV 一次系统结构与故障点的位置

2. 第 3、4 串的断路器相继跳闸

5022 断路器跳合闸期间，6 号主变压器差动速断保护动作跳开 5041、5042 断路器以及 6 号机磁场断路器，6 号机组全停；5 号机组的短线过电流保护动作，跳开 5031、5032 断路器以及 5 号机磁场断路器，5 号机组全停；5032 断路器失灵保护动作，跳开 5033 断路器，但未能启动线路对侧的断路器跳闸。

两台 660MW 机组停机，全厂降出力 930MW，导致系统的频率降低到 49Hz 以下。5032 断路器的跳闸一开始只跳 C 相，5 号机组由同步运行状态转入失磁、失步的异步运行状态，5s 后 5032 断路器的另外两相跳开，5 号机组脱网。

3. 线路 L2 电抗器电气量保护动作

5022 断路器跳合闸期间，线路 L2 电抗器方向保护、过电流保护动作，但未能启动线路两侧的断路器跳闸。

4. 5032 断路器误动合闸

在 5 号机组 5031、5032 断路器以及 5 号机磁场断路器跳开，关闭主汽门之后，汽轮机减速过程中 49s 后 5032 断路器合、分四次，最后只有 AB 相合闸，如此将 5 号机组投入到了系统中去，迫使发电机作为电动机缺相运行，导致发电机失磁、逆功率保护动作。值得庆幸的是没有造成机组的损坏。

5. ZAB 零序电流Ⅱ段保护动作切除线路 L2

5 号机组作为电动机缺相运行过程中，ZOB 站的零序电流Ⅱ段保护动作，将线路 L2

切除。同时5号机组的异步运行告结束。

为了便于分析将主要事件发生的顺序，即设备的动作时序列入表7-10中，0ms是故障录波器启动时间。

表7-10　　动　作　时　序

序号	动作时间	时序坐标（ms）	动作行为
1	10:58:19:000	–25000	5022断路器AB相跳闸
2	10:58:21:800	–12200	5022断路器AB相合闸
3	10:58:33:046	–14	6号机组主变压器差动保护动作
4	10:58:34:024	24	5041断路器跳闸
5	10:58:34:040	40	5042断路器跳闸
6	10:58:34:075	75	5031断路器B相跳闸
7	10:58:34:670	670	5031断路器AC相跳闸
8	10:58:34:690	690	5032断路器C相跳闸
9	10:58:35:005	1505	5022断路器B相跳闸
10	10:58:35:330	1330	5号机组主变压器零序保护动作
11	10:58:35:380	1580	5032断路器失灵保护动作
12	10:58:35:630	1630	5033断路器跳闸
13	10:58:36:940	2940	5022断路器B相合闸
14	10:58:37:055	3055	5号机组短引线保护动作
15	10:58:38:890	4890	5032断路器AB相跳闸
16	10:59:18:000	53890	5032断路器三相合闸
17	10:59:39:000	65000	5022断路器B相跳闸
18	10:59:41:800	128800	5022断路器B相合闸
19	11:00:55:000	141000	线路L2电抗器保护启动

二、检查过程

故障发生以后，根据故障的现象对一次系统、二次系统进行了全面的检查，其有关的数据结果如下：

对500kV升压站的断路器、TA以及支撑绝缘子等设备进行了检查，结果表明：绝缘子的伞裙有局部放电的麻点，但是没有大面积闪络的迹象存在，而且事故发生时的天气晴好，不会由于天气原因造成一次设备的大面积故障。

分别对TA二次回路的绝缘，断路器控制回路的绝缘，以及能够使相关的断路器跳、合闸的回路的绝缘进行了检查，结果均正常。

分别对 5022 等 6 台断路器的性能进行了检查，结果表明：断路器的分合闸同期时间小于等于 10ms，断路器分合闸线圈的动作电压大于等于 70% U_N，断路器的机构打压时间合格，保护带断路器的传动试验结果正常。

合闸继电器动作功率的测试，P 小于 1W。

三、原因分析

经过上述检查可知，500kV 升压站保护的大面积动作并不是一次系统存在的故障造成的，而是保护的大面积误动作造成了断路器跳闸。

1. 4 号机组的 DCS 误发跳闸命令致使 5022 断路器跳闸

DCS 是汽轮机的控制系统，4 号机组的电气控制部分已进入 DCS 控制系统之中。5022 断路器的跳闸路径有三条：第一路，保护跳闸；第二路，手动跳闸；第三路是 DCS 跳闸。根据当时的状况，即无手动跳闸，又无保护跳闸的记录，可以断定 5022 断路器跳闸是 DCS 所为。DCS 使 5022 断路器不对称跳闸后，5022 断路器的自动重合闸正确动作对其合闸。

2. 零序电流进入地网致使继电保护误动作

（1）保护的接地网遭到破坏。根据原电力部反事故措施的要求，保护屏的接地铜排须经过直径为 2mm 的铜线与地网相连接，但是，500kV 升压站的保护屏与地网的连接线已经全部被剪除，使保护的抗干扰能力受到影响。

（2）5022 断路器的不对称跳闸产生零序电流。500kV 升压站的第二串设备中，由于 5022 断路器的三相不对称跳闸，产生了零序电流，即 $3i_0=i_a+i_b+i_c\neq0$。

第二串 $3i_0\neq0$，必然导致其他各串中的 $3i_0$ 存在，只是站外的输入输出平衡，没有零序电流而已。

（3）零序电流进入地网致使继电保护误动作。5022 断路器的不对称跳闸产生的零序电流中伴随着暂态分量。由于零序电流经大地构成回路，因此，500kV 升压站内的零序电流必然进入接地网。进入电缆沟与电缆并行的地网的零序电流在 TA 二次回路、控制回路以及其他回路中产生感应信号，此信号就是一种可怕的干扰源。采集到的干扰信号的波形具有明显的零序信号的特征。

由于保护的抗干扰接地线已经被破坏，干扰信号到来时起不到抑制或抵消作用，使那些受到强干扰作用的保护误动作，并跳开相应的断路器。由此，对保护的大面积误动作，使断路器的大面积跳闸就有了准确的解释。

3. 5032 断路器合闸回路的问题与误发合闸命令有关

5032 断路器的控制回路接线简图见图 7-14。由图 7-14 可知，能够导致合闸继电器

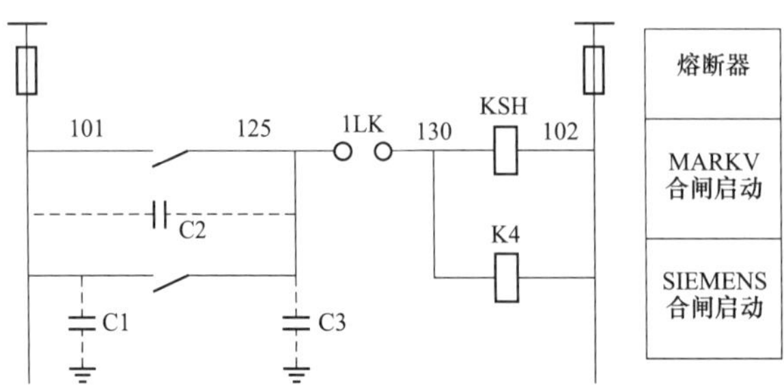

图 7-14　5032 断路器的控制回路接线简图

C1、C2、C3—回路的电容

KSH 动作、5032 断路器合闸、5 号机组误投入的可能性有三种：第一，电容器 C 的充放电；第二，干扰电压的作用；第三，启动回路的 MARKV 或 SIEMENS 触点闭合。

断路器误动合闸的另一种描述，机组误投的可能性有两种：第一是抗干扰的三种因素的问题，KSH 动作功率小于 1W，电缆长杂散电容超标，干扰信号存在；第二是合闸回路的问题，即寄生逻辑的出现。

（1）控制回路杂散电容的问题分析。5032 断路器控制回路的电容量的测试结果见表 7-11。

表 7-11　　**控制回路电容测试结果**　　μF

项目	101—地	101—125	125—地
原始接线合闸回路电容值	1.08	0.44	0.66
MARKV 合闸回路电容值	0.49	0.33	0.47
除去 MARKV 后的电容值	0.58	0.10	0.19

由检测的电容数据可知，原始接线下的合闸回路的电容值偏大。电容量的超标带来的后果有两方面：其一是合闸命令返回时合闸继电器 KSH 延时返回，其二是控制熔断器投入时合闸继电器 KSH 误动作。为了证实分析的正确性，对原始接线下电容的充放电的过程进行了检查，5032 断路器投入控制熔断器时，电容的充电过程在合闸继电器 KSH 上的波形，见图 7-15。

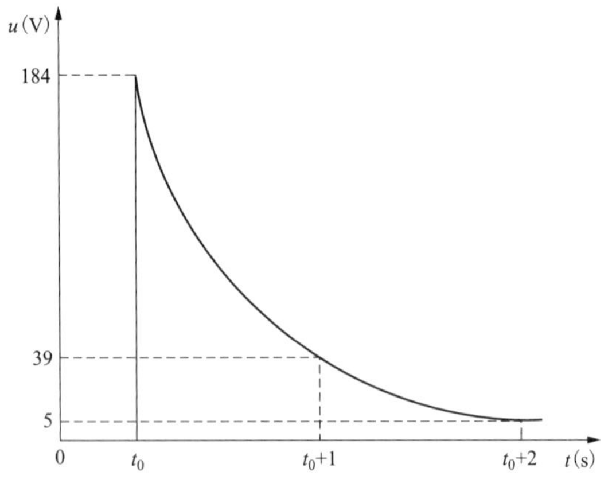

图 7-15　断路器投入控制熔断器时 KSH 上的波形

t_0—投入熔断器的瞬间

由于合闸回路的电容量达 0.44μF，合闸继电器 KSH 与 K4 的并联电阻为 7.5kΩ，在 220V 的直流系统中有明显的充放电过程，且充电期间 KSH 上的电压大于动作值的时间超过 10ms，造成投入熔断器时断路器合闸。事实证明，合闸回路电容的充电过程能够造成 5032 断路器送熔断器时的合闸。除去 MARKV 合闸回路后的电容值明显减小，问题得到解决。

虽然合闸回路电容的充电过程能够造成 5032 断路器送熔断器时的合闸，但是因为事故期间没有造成电容充放电的因素存在，因此 5 号机组的误投入与合闸回路电容的充电过程无关。

（2）控制回路操作干扰的问题分析。当 5032 断路器相邻的设备操作时，在 5032 断路器的合闸回路中有明显的干扰电压波形，5022 断路器操作时 5032 断路器 KSH 上的波形见图 7-16。由图 7-16 可知事故期间 5 号机组的误投入与 5022 断路器的操作干扰无关，因为此时尽管 5022 断路器有跳、合闸行为，但是干扰电压数值在 10V 范围以内，不会造成 5032 断路器的合闸。

（3）MARKV 误发合闸命令造成 5 号机组异步运行。MARKV 是汽轮机控制系统的一部分，软件中设置了一套机组的同期合闸系统，能够实现发电机与系统的差频同期合闸功能。另外还设置了一套 SIEMENS 的专用同期合闸系统，两者双重配置。

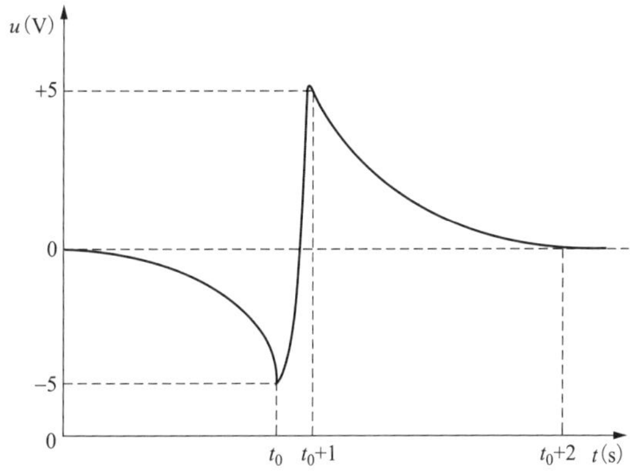

图 7-16　5032 断路器跳闸时 KSH 上的波形

前曾述及，5 号机组的短线保护动作后，已将 5031、5032 断路器跳开，但是线路 L2 的对侧断路器一直没有跳闸，49s 以后 MARKV 误发间断合闸命令，5032 断路器出现跳跃问题。原因是 5 号机组的保护动作后一直处于保持状态，合闸命令只要瞬间返回，则跳跃闭锁继电器失去其闭锁功能。5032 断路器 C 相合闸 3 次后，合闸的压力不能满足再合闸的要求已不再合闸；断路器 AB 相跳闸 5 次后，跳闸的压力不能满足再跳闸的要求已不再跳闸，AB 相处于合闸状态，5 号机组作为两相电动机异步运行。由于 5 号机组已经灭磁，不存在非同期合闸的问题；又因为发电机的转速仍在 2000r/min，5 号机组从系统吸收的电流数量仅接近于额定值，所以没有对机组造成损伤。5 号机组的不对称运行启动了线路 L2 对侧的零序Ⅱ段保护，最终将机组切除。

用测量控制回路杂散电容的方法，结合跳合闸继电器动作功率的测试，可以有效地解决断路器误动分合闸的问题。

用测量控制回路杂散电容的手段来解决二次回路的抗干扰问题，用控制回路杂散电容的参数作为判别影响断路器分合闸动作行为的因素，从此开始了研究抗干扰问题的历史新篇章。

4. 问题分析的思路

有几个环节对加速这次事故的分析与处理工作进程发挥了作用，总结如下：

（1）宏观分析法与微观分析法的应用。发电厂出现 6 台断路器先后跳闸、2 台机组全停、1 条线路停电的复故障时，必须采用宏观上的分析与局部分析相结合的方法，需要在宏观上解决保护大面积的问题；对全局范围内每一问题相关的因素，需要在微观上解决每一细节的具体问题。

（2）升压站内零序电流不为零的考虑。从外部来看，发电厂的升压站是一个接点，但在升压站内部也有电流的分布问题，当站内的一个支路出现不对称现象时必然伴随着零序电流的产生，同时其他的支路也会出现不平衡的问题，造成了所有分支的零序电流的出现。

（3）发电机作为电动机运行的方式。虽然大型发电机作为电动机运行是不常见的，机组停机后出口断路器再合闸的问题更是不允许的，但是根据故障的现象断定 5 号机组曾经被误投入，当时许多人不同意这种观点，是电流的一个脉冲信号证实了问题的存在，对故障的分析提供了很大帮助。

四、防范措施

由于诸多问题的存在给事故的产生提供了条件，同时给故障的分析与处理带来了困难。针对前面提到的检查中发现的问题，以及设计中存在的缺陷特采取以下措施：

1. 完善保护的抗干扰措施

完善的接地网对保护的抗干扰能力的作用是至关重要的，应根据《防止电力生产事故的二十五项重点要求》的要求健全升压站的接地网。同时对保护的交流电流、交流电压、支流电源、开入量、开出量回路采取抗干扰措施。

提高合闸继电器的动作功率，使动作功 P 不小于 2W。

2. 退出 MARKV 的同期系统

MARKV 的同期系统在设计以及性能方面均不如 SIEMENS 的专用同期合闸系统，如此的双重配置属于画蛇添足，应该简化。最终将 MARKV 的同期系统退出运行。

3. 限制 DCS 的电气操作权

电气操作进入 DCS 的设计从提高机组整体自动化水平的角度来看其意义是积极的，但统计数据表明，电气操作、控制功能进入 DCS 的设计曾经出现过许多问题，主要是 DCS 总体上的可靠性还有待于进一步的提高。因此采取了保留电气操作其独立性、限制 DCS 对电气操作权的措施。

4. 简化二次系统的设计

二次系统的设计主要存在以下问题。5、6 号机组集控室的保护信号全部经过光缆传送到网控室，再由网控室控制设备实施跳闸的问题；集控室与升压站相距太远的问题；二次系统结构太复杂的问题；多家的设备难以接口的问题；5031 断路器存在分相操作的问题等尚需进一步的解决。

采取前三条措施以后相关的系统一直运行正常，但是简化系统的设计却不是短时间内能办到的。

第 8 节　发电机组带线路升压时误强励与过电压保护动作行为

一、故障现象

某年 7 月 7 日，在 HYY 发电厂 2 号机进行并网前的试验，当用发电厂 2 号机组带线路零起升压核相时，励磁调节器的强行励磁误动作，导致发电机过电压，数值达 $1.2U_N$，保护启动但没有跳闸，是差动保护动作出口。寻找励磁调节器的强行励磁误动作的原因，以及保护启动没有跳闸的原因是问题分析的关键所在。

机组所带的线路长度 20km、电压等级 330kV，由于机组带的线路长、电压等级高，线路提供的容性电流充足，会引起机组的过励磁，对如此方式下保护应考虑的问题进行分析也是必然的。机组带线路试验系统见图 7-17。

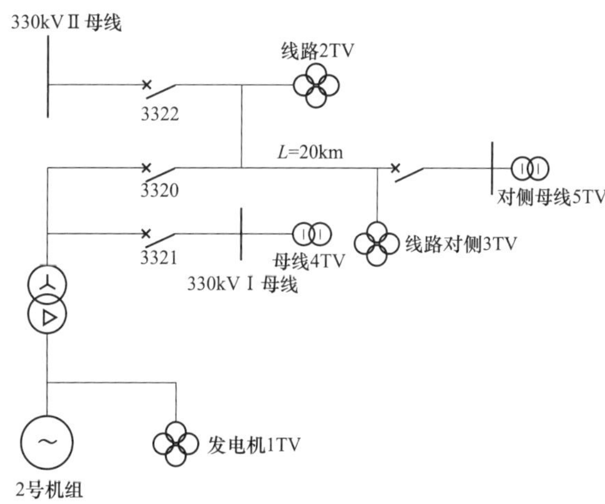

图 7-17　机组带线路试验系统

机组带线路升压时，线路的电流二次值已经达到 0.05A，可以校验保护的极性与方向。为保证保护极性与方向的正确性提供了一种简单的、有效的测试方法。

在一些机组启动过程中，由于运行方式或系统结构的限制，经常会遇到机组带线路零起升压核相等工作，同样会涉及机组进相、保护设定的问题等。因此，本文相关工作有借鉴作用。

二、检查过程

1. 强行励磁动作逻辑的检查

为了控制线路的试验电压，励磁调节器中发电机电压的设定目标值为 $0.5U_N$；设定值与控制的目标值一致。

强行励磁动作的逻辑与主变压器高压侧断路器处于合闸位置有关，逻辑关系见

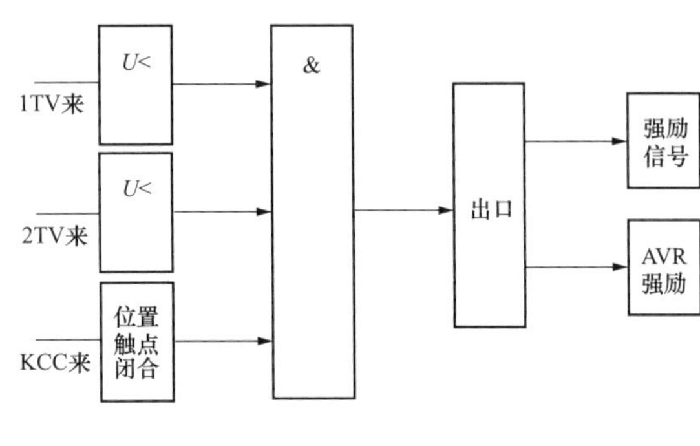

图 7-18　强行励磁动作逻辑

图 7-18。

2. 发电机过电压动作逻辑的检查

机组过电压保护定值为 $U=1.1U_N$，$T=0.0s$。

过电压保护出口连接片已经投入。

进行过电压保护的整组动作试验发现，保护装置不能出口，是过电压保护软连接片位于 0 状态。

3. 机组的特性检查

在做机组总启动电气试验时，完成了发电机组空载特性检查。为了核相又进行了发电机组带线路试验特性检查。发电机组空载额定时的实验数据，以及发电机组带线路验时的实验数据见表 7-12。

表 7-12　　发电机组额定时的实验数据

场景	U_{330}	U_{AB}	U_{BC}	U_{CA}	I_A	I_B	I_C	U_L	I_L	P_f	Q_f
空载时	358kV	22kV	22kV	22kV	80A	80A	80A	150V	1790A	0MW	+7.5Mvar
负载时	347kV	21kV	21kV	21kV	750A	750A	750A	112V	1342A	0.4MW	−82Mvar

注　U_{330}—330kV 系统侧的电压，kV；U_{AB}—发电机侧的 AB 相电压，kV；U_{BC}—发电机侧的 BC 相电压，kV；U_{CA}—发电机侧的 CA 相电压，kV；U_L—发电机侧的励磁电压，V；I_L—发电机的励磁电流，A；I_A—发电机的 A 相电流，A；I_B—发电机的 B 相电流，A；I_C—发电机的 C 相电流，A；P_f—发电机有功功率，MW；Q_f—发电机无功功率，Mvar。

三、原因分析

根据现场检查结果，结合机组试验时的数据，对出现的问题分析如下：

1. 励磁调节器设定错误导致强行励磁误动作

根据强行励磁动作的逻辑可知，首先，强行励磁误动作与励磁设定有关，由于调节器中发电机电压的设定目标值为 $0.5U_N$，系统升压后采样点感受到的电压太低，试图启动强行励磁以维持电压的额定值；其次，强行励磁误动作与断路器位置有关，主变压器高压侧断路器处于合闸位置，开放了逻辑出口；再次，电压设定值与目标值脱节，如果两者没有脱节，则设定为 $0.5U_N$，就会到此为止。

2. 过电压保护软连接片设定错误导致系统过电压

由于过电压保护逻辑的软连接片位于 0 状态，致使发电机出现所谓的过电压时，保护装置不能出口，最后是人为及时的手动灭磁，消除了故障的存在。

3. 试验过程中发电机组处于进相运行状态

升压试验分两个时段，升压段与降压段，升压段从 $0U_N$ 到 $1.05U_N$，降压段从 $1.05U_N$ 降压到 $0U_N$，在整个试验过程中，与发电机组单独的试验相比特点如下：机组一直处于进相运行状态，额定时 20km 线路产生的无功造成机组进相 30Mvar；发电机励磁电压很低，额定时由 150V 下降到 112V；发电机电流很高，额定时由不足 80A 上升到 750A，象征着机组进入进相运行区。

四、防范措施

1. 对机组出现过电压问题进行全面分析

事前对机组带线路升压过程中机组出现过电压的状况进行全面分析，并采取相应的限制措施，是试验工作顺利完成的重要环节。

2. 合理设置保护

认真分析机组进相的深度，并考虑电网系统电压、发电机端电压、厂用系统电压的匹配问题。合理的设定保护，正确使用励磁系统，以保证试验的正常进行。

第 9 节　发电厂 TV 二次系统一点接地与悬浮电位问题

一、故障现象

某年 6 月 25 日，HYY 发电厂 2 号机组升压并网之后，定子接地保护发出报警信号，当时从集控室显示器记录的机组参数如下：

U_{AB}=20.7kV，U_{BC} = 20.8kV，U_{CA} = 21.7kV；

I_A = 1222A，I_B = 1274A，I_C = 1266A；

P = 36.8MW，Q = 28.8Mvar，$\cos\varphi$ = 0.64；

$3U_0$ = 0.2kV，中性点电压 2V。

显然，三相线电压出现了不平衡，同时零序电压超标，是值得分析的问题。HYY 发电厂的设备布置见图 7-19。

疑点分析：

（1）两个概念，N600 外接 57V 干扰电压造成的悬浮电位；正常时出现所谓的悬浮电位。

（2）零序系统与 N600 不是一回事，但是 N600 的悬浮电位会造成零序电压报警。

（3）保护 $3U_0$ 与显示 $3U_0$ 之间的区别来源。

（4）中性点漂移后线电压对称，接地断线后中性点漂移。

线电压不对称时再考虑其他问题。

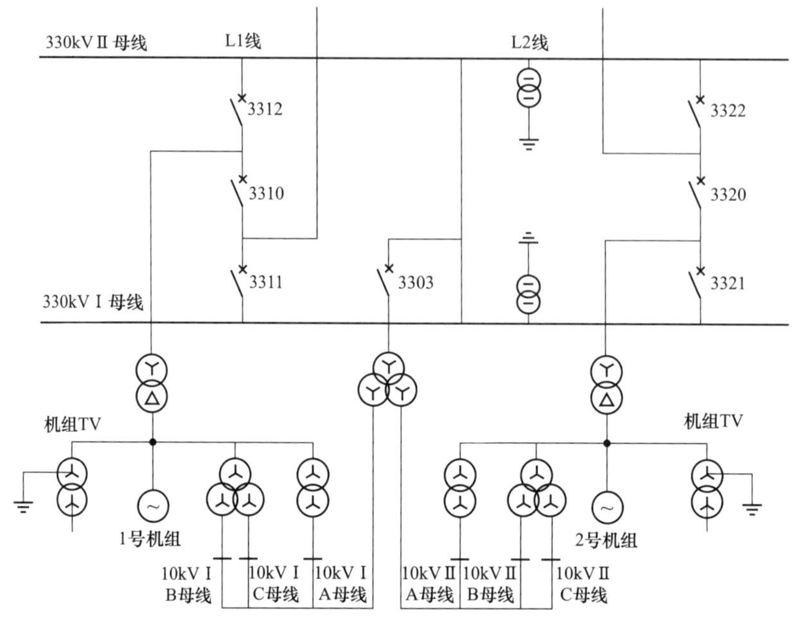

图 7-19　HYY 发电厂的一次系统图

二、检查过程

1. TV 二次接线与接地检查

TV 二次 N600 集中一点接地的位置：330kV 升压站。

故障点的位置：位于 10kV 断路器室，存在两处错误，一是 10kV A 分支 TV 接线错误，将 10kV TV 二次 A603 接到 N600 网络，也就是说，将 57V 的电源接到了 TV 二次中性线 N600 网络上；二是 10kV A 分支电能表接线错误，将电压与电流回路搅在了一起，接线状况见图 7-20。

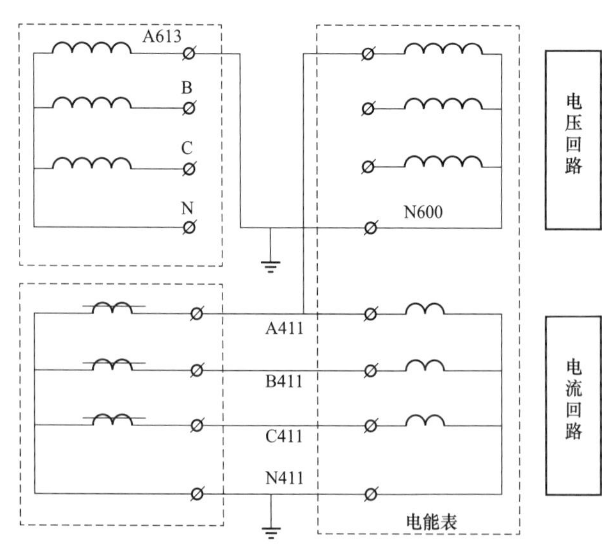

图 7-20　电能表接线示意图

2. 中性线 N600 网络悬浮电位的检查

在现场不同地点测到的一组悬浮电位数据：

10kV 断路器室：N600 中性线—地电压 57V。

机组保护室：N600 小母线—地电压 8V，发电机出口 TV 三相二次电压不平衡，A 相 63V、B 相 56V、C 相 59V。

集控室：显示 $3U_0$ 为 200V（变送器位于保护室）。

发电机 TV 端子箱：三相电压平衡，A 相 57V、B 相 57V、C 相 57V。

330kV 升压站：N600 中性线—地电压 0V。

330kV 网控室：N600 中性线—地电压 0V。

三、原因分析

1. 悬浮电位的出现与 TV 二次一点集中接地有关

当发电厂 TV 二次采取集中一点接地措施以后，中性线 N600 网络除去接地点以外，均处于“悬空”状态，干扰电压入侵后造成 N600 网络上的电位不再相等。整个发电厂的 TV 二次接地网络见图 7-21。接地网络的 E600 接线拓扑图见图 7-22。

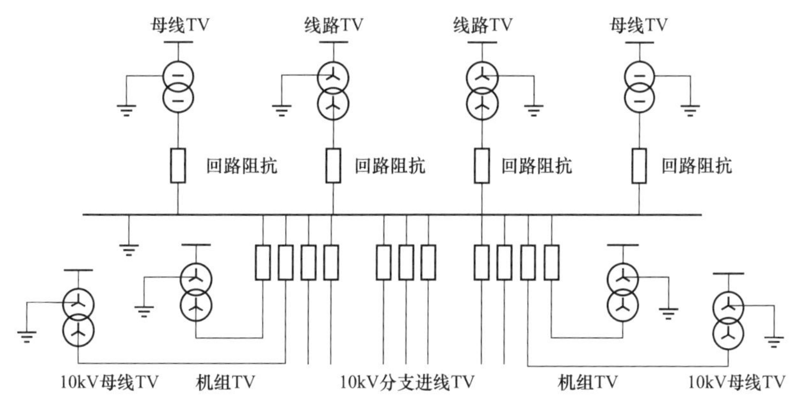

图 7-21　发电厂的 TV 接地网络

2. 干扰信号容易入侵 TV 二次一点集中接地的网络

干扰信号的入侵是悬浮电位的来源之一，例如接线错误；另外强电流下的电磁感应、静电感应等，都可能产生悬浮电位。

干扰信号入侵 TV 二次一点集中接地的网络可以说是畅通无阻，也就是说，一点集中接地的网络面临抗干扰性能差的问题。以上 57VA 相电压混入 N600 网络，导致信号误发就是典型的例证。

悬浮电位与抗干扰问题，可如此推断：干扰信号入侵一点集中接地的网络，出现了悬浮电位；悬浮电位干扰了接地网络；由此造成了各点的电压偏离了正常值。因此，可以说，一点集中接地的网络容易产生悬浮电位，不利于二次系统的抗干扰。

3. 悬浮电位的存在对零序系统影响很大

从检测到的数据可见，悬浮电位的存在对零序系统影响很大，在集控室显示的极端

$3U_0$电压高达200V。显然，机组出口TV二次出现的$3U_0$电压，机组中性点TV二次出现的对地电压，都是N600网络上电压叠加的结果，实际上发电机组的$3U_0$根本就不存在。所谓的发电机定子的虚拟接地就是如此产生的。

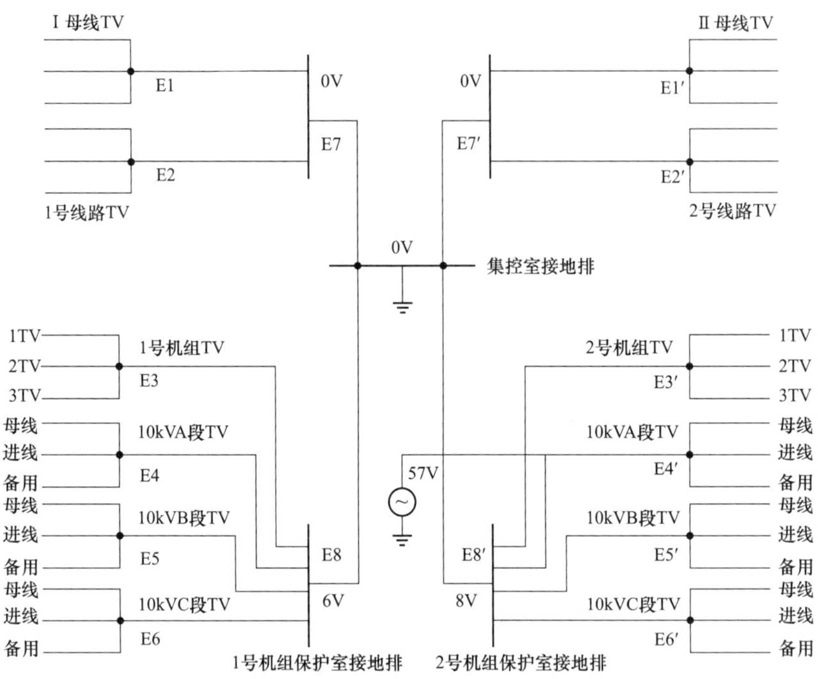

图7-22　E600接线拓扑图

集控室显示的极端$3U_0$的200V电压是悬浮电位的叠加造成的，那么悬浮电位是如何叠加到零序系统的呢？可以根据电路理论进行分析。

四、防范措施

解除错误的接线后，TV二次接地系统的参数正常。

在工程施工过程中，无论是新建工程还是改造工程，保证接线的正确率是非常关键的问题。如果其设计部门、安装部门、调试部门以及运行监督部门齐抓共管，接线错误的现象一定能够得到有效的限制。

第10节　热电厂6kV电源分支故障时厂用变压器差动保护延时动作

一、故障现象

某年5月20日，DIN热电厂甲站3号机组带负荷136MW，3号高压厂用变压器带厂用电运行。15 时 7 分 31 秒，3 号高压厂用变压器差动保护动作，高压侧 030 断路器跳闸，6kV ⅢA 段电源断路器 6301 跳闸，备用电源分支断路器 6303 自动投入成功；6kV ⅢB 母线电源断路器 6302 显示控制回路断线，备用分支断路器 6304 自动投入不成功，6kV ⅢB 母线高压设备全停；6kV ⅢA 段 3 号炉 A 一次风机跳闸。15 时 59 分打闸停机。

相关的一次系统结构与故障点的位置见图 7-23。

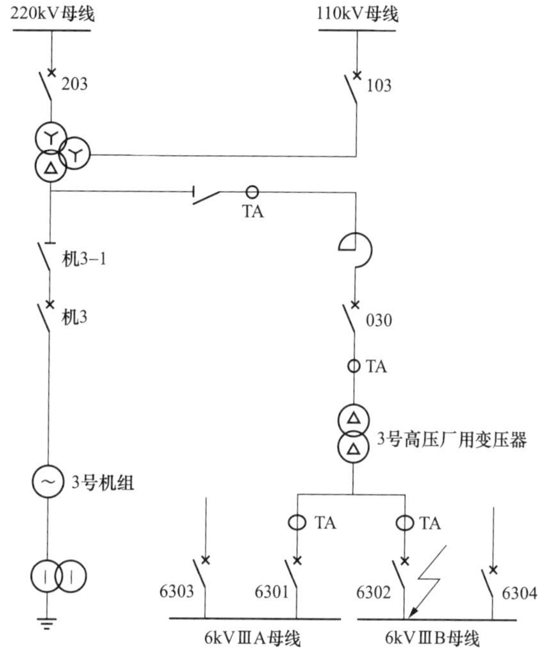

疑点分析：

（1）从故障发生到切除的时标不清晰；过电流不到定值，差动不在区内；

（2）6302 断路器爆炸后，B 柜保护动作后未能立即跳闸；

（3）6kV ⅢB 母线工作电源分支过电流保护没有起作用，高压厂用变压器高压侧复合电压闭锁过电流保护没有起作用。

图 7-23　相关的一次系统与故障点的位置

二、检查过程

1. DCS 记录的信息检查

（1）6kV ⅢB 母线工作电源断路器 6302 显示控制回路断线。

（2）6kV ⅢB 母线备用分支断路器 6304 显示控制回路断线。

（3）2 号化水变断路器 6324 显示控制回路断线，保护动作跳闸，保护装置故障，瓦斯报警。

（4）3 号低压厂用变压器高压侧断路器 6325 显示控制回路断线、断路器 6325 未跳，低压侧 400V ⅢA 段工作电源断路器 4325A、低压侧 400V ⅢB 段工作电源断路器 4325B 未跳。

（5）空压机变压器高压侧断路器 6305 未跳，空压机变低压侧 4305 跳闸，备用电源分支断路器 4315 自动投入成功。

（6）3 号电除尘变压器高压侧断路器 6306 未跳，电除尘变压器低压侧 4306 跳闸，备用电源分支断路器 4316 自动投入成功。

（7）6kV ⅢA 母线 TV 低电压动作，6kV ⅢA 母线系统接地，6kV ⅢA 母线分支快切完毕，6kV ⅢA 母线分支快切装置闭锁。

（8）6kV ⅢB 母线 TV 低电压动作，6kV ⅢB 母线系统接地，6kV ⅢB 母线分支快切完毕，6kV ⅢB 母线分支快切装置闭锁。

2. 就地设备的检查

（1）就地检查时发现，6kV Ⅲ母线断路器室内浓烟滚滚，无法进入。后来确认，是 6kV ⅢB 母线 6302 断路器出烟。

（2）照明系统断路器跳闸，灯光全部熄灭。

（3）6kV ⅢB 母线工作电源断路器 6302、2 号化水变压器断路器 6324、3 号低压厂用变压器高压侧断路器 6325、甲站电源断路器 6327、3 号炉 B 一次风机断路器 6328 未跳，其中相邻的断路器 6302、6324、6325 控制回路全部烧毁。设备的实际状态与 DCS 的显示结果不一致。

3. 保护动作行为的检查

（1）保护 A 柜。3 号高压厂用变压器 B 分支过电流保护 I 段动作，跳厂用变压器 B 分支；高压厂用变压器高压侧过电流保护 I 段动作，启动厂用变压器分支切换、跳厂用变压器 A 分支；高压厂用变压器差动速断、比率差动保护动作，跳厂用变压器 030 断路器。

保护动作时序，计时起点是 6302 断路器爆炸开始，差动速断保护 12.900s，比率差动保护 13.443s，跳闸线圈动作 13.441s。

（2）保护 B 柜。3 号高压厂用变压器 B 分支过电流保护 I 段动作，跳厂用变压器 B 分支；高压厂用变压器高压侧过电流保护 I 段动作，启动厂用变压器分支切换、跳厂用变压器 A 分支；高压厂用变压器差动速断、比率差动保护动作，跳厂用变压器 030 断路器。

保护动作时序，计时起点是以 6302 断路器爆炸开始，差动速断保护 10.195s，比率差动保护 8.957s，跳闸线圈动作 13.402s。

4. 故障录波检查

故障录波器的信息报告见表 7-13，故障录波器的录波图形见图 7-24。

表 7-13　　故障录波报告单

厂站名称：华电淄博热电有限公司	编号：02018
电压等级：10kV	时间：2008-05-20 15:12:02
一、启动量分析	
（1）开关量启动：　无	
（2）通道越线启动：	
6kV 工作 A 段电压 C630（通道 035）：突变量启动	

续表

6kV 工作 A 段电压 L602（通道 036）：突变量启动

6kV 工作 B 段电压 C640（通道 039）：突变量启动

6kV 工作 B 段电压 L602（通道 040）：突变量启动

（3）序分量启动：　　无

（4）谐波启动：　　无

（5）其他启动量：　　无

二、故障分析

（1）故障线路：

（2）故障相别：

（3）跳闸相别：

（4）保护动作时间：

（5）断路器跳闸时间：

（6）断路器重合时间：

（7）再次故障相别：

（8）再次跳闸相别：

（9）保护再次动作时间：

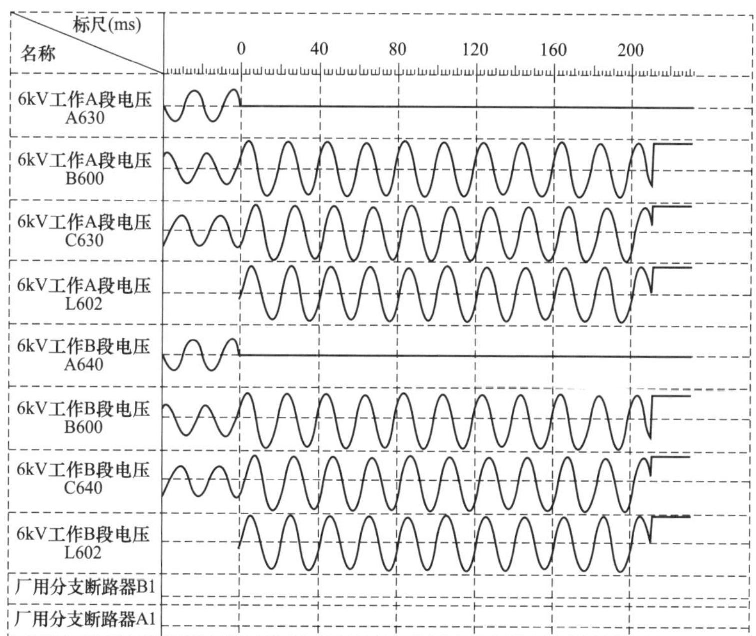

图 7-24　故障录波器的录波图形

从故障录波图形可以找到故障发生到切除的时标，以便进一步分析故障过程与自动装置等设备的动作行为。

三、原因分析

1. 6327 出线短路电流没有达到过电流保护的定值而拒绝动作

5 月 20 日 15 时 7 分 31 秒，3 号机组 6kV ⅢB 段电源断路器 6327 出线运行中损伤造成 A 相接地，持续数秒后发展成三相弧光短路，短路电流达 795A，断路器电流保护的定值为 1110A，因而保护未动作。因此，6kV Ⅲ段分支过电流保护没有起作用，高压厂用变压器复合电压闭锁过电流保护也没有起作用。

2. 6kV 母线电压下降而启动快切装置

由于 6327 出线电缆发生的是三相短路，6kV Ⅲ段电压 $U \leqslant 10\% U_N$，满足了快切装置的启动条件，快切装置启动，一路去跳工作电源进线断路器 6302，另一路去合备用电源进线分支断路器 6304，当 6kV ⅢB 段工作电源进线断路器 6302 跳闸时爆炸，其备用分支断路器 6304 自动投入到永久性故障母线，自动投入不成功而备用分支断路器 6304 过电流保护动作跳闸。

备用分支断路器 6304 过电流保护的指标如下：

TA 变比 2000/5；

保护的定值 $I_{zd} = 14.83$，$t = 1.2s$；

短路电流二次值 $I = 39.7A$，短路电流一次值 39.7/2000/5A=15880A；

保护动作时间 1.2s。

3. 随着故障的蔓延电弧烧到厂用变压器差动保护的区内

6kV ⅢB 段工作电源进线断路器 6302 为 ZN65-12 2000 型手车断路器，断路器动、静触头套管采用高强度绝缘材料制成，断路器爆炸时形成的是弧光短路，而且故障点位于厂用变压器差动保护的区外，差动保护不会动作；6302 爆炸 8.000s 后，随着故障的蔓延，电弧烧到了高压厂用变压器差动保护的区内，3 号厂用变压器差动保护动作正常。

保护 A 柜，差动速断保护 12.900s 动作，比率差动保护 13.443s 动作，3.441s 跳厂用变压器 030 断路器。

保护 B 柜，比率差动保护 8.957s 动作，差动速断保护 10.195s 动作，13.402s 跳厂用变压器 030 断路器。

实际上，030 断路器跳闸时间为 13.441s。因为 B 柜保护动作后未能立即跳闸。检查结果表明，保护动作跳闸未整定（连接片未投），跳闸记忆的是保护 A 柜动作跳闸后返回的信息。

4. 6302 显示控制回路断线

是故障电流的电弧烧毁了上述几个断路器的控制回路，显示控制回路断线也就容易理解了。另外短路发生后 6kV ⅢB 段工作电源进线断路器 6302 附近绝缘的损坏也无法恢复。

四、防范措施

1. 设备的绝缘处理

恢复 6kV ⅢB 段工作电源进线断路器 6302 等设备的绝缘。

2. 保护定值的核算

核算 6327 断路器保护的整定定值，校验灵敏度是否满足规定的要求。

3. 加强设备的管理

6kV ⅢB 段工作电源分支过电流保护没有起作用，高压厂用变压器高压侧复合电压闭锁过电流保护没有起作用，是跳闸连接片未投的问题，值得反思。

第 11 节　发电厂给水泵电动机启动时差动保护误动作

一、故障现象

某年 9 月 16 日，KAF 发电厂 1 号机组启动过程中，进行切换厂用电的操作，手动断开 6kV Ⅰ段备用电源进线断路器，合上工作电源进线断路器时，给水泵电动机出现自启动的特征，其差动保护误动作跳闸。给水泵电动机二次电流额定值 $I_N = 2.5A$。给水泵电动机差动保护的接线见图 7-25。

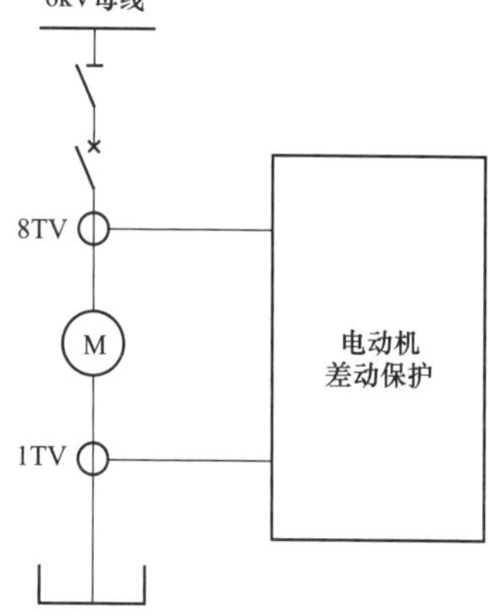

图 7-25　电动机保护接线图

疑点分析：①差动保护采用的是两相电流接线，还是三相电流接线方式？②给水泵电动机在自启动时，其差动保护的动作行为应该如何定性？③如何解决 TA 饱和差动保护不平衡电流超标的问题？

二、检查过程

1. 电动机保护两侧 TA 型号检查

两侧 TA 型号以及数据指标如下：

（1）6kV 侧 TA 型号 L2213J9-10A1，5P10，20VA。

A 相，NO7021506，2007-2；

C 相，NO712777，2007-8。

（2）尾部侧 TA 型号 L2213J9-10A2，5P10，20VA。

A 相，NO7081057，2007-8；

C 相，NO7081059，2007-8。

2．电动机保护两侧 TA 伏安特性检查

电动机差动保护两侧 TA 伏安特性检查结果见表 7-14。

表 7-14　　电动机差动保护两侧 TA 伏安特性

电流（A）		0.1	0.2	0.3	0.5	0.8	1.0	2.0	5.0	8.0	10.0
电压（V）	1TA	113	144	153	169	190	202	245	284	299	309
	8TA	110	140	150	160	180	192	234	270	288	299

三、原因分析

给水泵电动机自启动时，6kV 工作电源进线电流一次值 2291A，二次值 2.85A，TA 变比 2000/5；给水泵 TA 变比 1000/5，二次差动不平衡电流 1.87A；启动时 6kV 侧 TA 二次录波图形出现了严重饱和的现象；给水泵差动保护整定值 $0.5I_N$=1.25A。

1．电动机两侧 TA 存在不同批次的选择

检查结果表明，电动机两侧 TA 存在同型号、不同批次的问题。在差动保护 TA 的设计选型时，要求选用同型号、同批次的产品，以避免出现由于型号、批次的差别，带来特性不一致的问题。

2．电动机两侧 TA 存在特性不一致的问题

根据电动机差动保护两侧 TA 伏安特性的检查结果可知，两侧 TA 伏安特性数据差别较大，而且电动机启动时 6kV 侧 TA 二次录波图形出现了严重饱和的现象。

由以上结果可以断定，由于电动机差动保护两侧 TA 的不同批次、不同特性，导致了电动机在自启动时差动保护的不平衡电流超标而误动作。

四、防范措施

提高差动保护的定值，将差动保护整定值由 $0.50I_N$=1.25A 提高到 $0.8I_N$=2.0A。运行结果表明，定值更改后，差动保护误动的问题得到解决。

第 12 节　发电厂工作电源外接线路故障时机组全停与保护整定问题

一、故障现象

某年 5 月 16 日，WUL 发电厂 3 号机组带 87MW 运行，2 时 21 分控制室发出 6kVⅥ母线接地，6kV、400V 动力设备跳闸，6kV 系统失电，乙送风机速断保护动作，6kVⅤ母线 BZT 动作，6kVⅥ母线 TVA 相断线等信号，锅炉 MFT，机组全停。天气情

况，阴雨。3 号机组的厂用系统结构与故障点的位置见图 7-26。

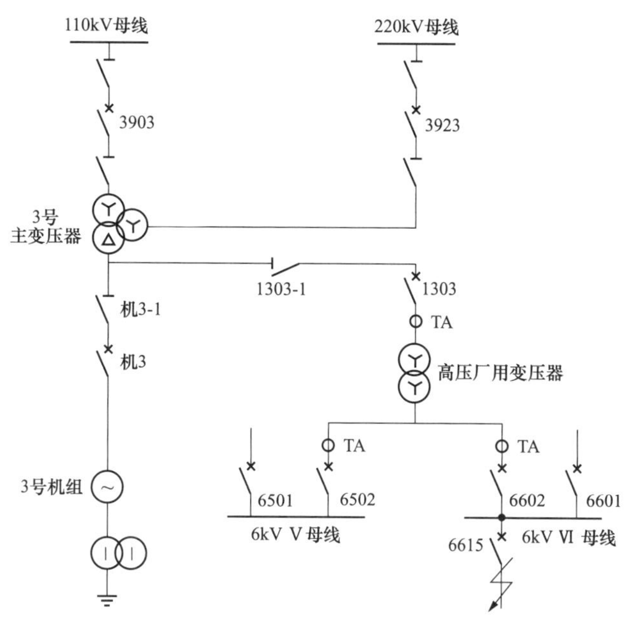

图 7-26　发电厂 3 号机组系统结构与故障点的位置

疑点分析：

（1）有两个 3min 的巧合：第一次故障 3min 后出现第二次故障，第二次故障 3min 后引风机跳闸，锅炉 MFT。原因在哪里？

（2）为何 6kVⅥ母线 BZT 被闭锁，6kVⅤ母线 BZT 动作。

二、检查过程

1. DCS 录波图形的检查

对 DCS 录波图形进行了检查，故障的发生与设备动作的时序见图 7-27。由录波图形可知：

故障的第一阶段：2 时 21 分，发 6kV 绝缘告警信号，6kVⅥ母线 B 相电缆绝缘损坏接地，部分附机停止运行，但机组继续发电。

故障的第二阶段：2 时 24 分，乙送风机相间短路，保护动作跳闸，乙送风机停止运行。

故障的第三阶段：2 时 27 分，故障进一步发展，6kVⅥ母线电压降低，引风机断路器跳闸。

2. 系统电压的检查

对 6kV 系统电压进行了检查，结果如下：

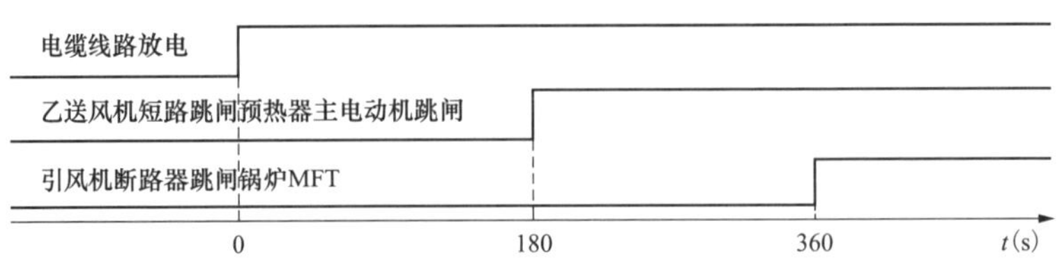

图 7-27　故障发生的时序示意图

（1）6kVⅤ母线的三相电压全部为零，母线 TV 一次侧的三相熔断器全部熔断；

（2）6kVⅥ母线电压不平衡，A 相 3.5kV，B 相 0.1kV，C 相 3.5kV，B 相熔断器熔断。

3. 相关保护的检查

检查外接的施工电源线路保护确认，故障时该保护未动作。对保护的定值进行了检查，结果如下：

速断保护 I_{sd}=24.5A，T_{sd}=0.0s；过电流保护 I_{gl}=4.0A，T_{gl}=1.5s。

4. BZT 的检查

BZT 的问题检查，6kVⅥ母线 TV A 相断线，BZT 被闭锁；6kVⅤ母线 TV A、B、C 相全断线，BZT 动作。

三、原因分析

1. 6kVⅥ母线 A 相引线接地导致送风机线路故障跳闸

16 日 2 时 21 分，6kVⅥ母线外接的扩建施工电源架空线路 6 号杆支持绝缘子 A 相因遭雷击而间歇放电，B、C 相对地电压升高，2 时 24 分导致 3 号炉乙送风机电源进线 B 相电缆绝缘击穿烧坏，并引发三相短路，保护动作跳闸，乙送风机停。由于厂用系统 6kV、400V 母线电压降低，3 号炉甲、乙预热器主电动机跳闸，联动副电动机合闸；另外还有部分低压动力设备跳闸；同时 6kVⅥ、6kVⅤ母线发出接地信号。

2. 6kVⅥ母线 AC 相引线短路导致 400V 辅机动力设备跳闸

16 日 2 时 27 分，6kVⅥ母线外接电源架空线路仍带电运行时发生 C 相接地而发展成相间短路时，由于没有达到速断保护的定值，速断保护不会动作；过电流保护虽然启动，但是过电流保护的延时时间未到时引风机跳闸，锅炉 MFT 动作机组全停。

第一次故障出现 3min 后发生第二次故障，低电压降低，高压油泵跳闸，400V 预热器跳闸等属于接触器低电压返回；第二次故障 3min 后发生第三次故障，即引风机的跳闸，属于程序设计问题。

所暴露的以上问题是线路保护定值不合适造成的，速断保护 I_{sd}=24.5A，T_{sd}=0.0s；

过电流保护 I_{gl}=4.0A，T_{gl}=1.5s。显然，过电流保护定值偏高，延时太长。

因此，为了避免类似问题的发生，需要调整外接的施工电源线路保护的定值，目标是：只要一有风吹草动，就先把这条线路甩掉。

3. 谐振过电压导致 6kVⅤ母线 TV 一次侧的三相熔断器全部熔断

在间歇性单相接地过程中，导致 TV 的电感与系统的电容之间发生谐振，是谐振过电压导致 6kVⅤ母线 TV 一次侧的三相熔断器全部熔断，三相电压全部为零。

4. TV 断线与 BZT 的问题分析

根据对 BZT 的检查可知，6kVⅥ母线 TV 一次侧 A 相熔断器熔断，备用电源自动投入装置 BZT 判断为 TV 断线，将备用电源自动投入装置 BZT 闭锁；6kVⅤ母线 TV 一次侧 A、B、C 三相全部熔断，备用电源自动投入装置 BZT 判断为失压，BZT 动作将工作电源断路器 6502 跳开，并合上备用电源断路器 6501。

四、防范措施

从原则上讲，厂用电源母线不允许外接其他供电线路，但是在无可奈何、必须外接的情况下，采取如下防范措施：

1. 提高外接施工电源线路保护的灵敏度

采取降低电流保护的启动值，缩短其延时时间的方法。将过电流保护的定值改为 $I_{gl}=1.2I_N$=2.0A，T_{gl}=0.1s。问题得到暂时的解决。

2. 提高脱扣继电器的返回电压值

对脱扣继电器的参数进行筛选，选择返回电压值为上限的者。脱扣继电器的动作电压，（80%～105%）U_N；释放电压，（40%～55%）U_N。

第 13 节　发电厂水源地长线路供电系统故障与保护配置

GUF 发电厂水源地距发电厂约 48km，水源地电源引接自发电厂 10kV 公用段母线，经升压变压器升到 35kV，共架设两条电厂至水源地 35kV 输电线路，线路走廊以山坡为主，杆塔分别为铁塔和水泥杆塔，途经河道、山谷，地势复杂。一次接线方式存在较多隐患，线路的故障会殃及机组的安全运行；水源地架空线路没有装设专用的线路保护，是用变压器保护作为架空线的保护，设置太勉强；线路没有装设专用的单相接地告警设备，当线路发生单相接地时不容易发现，长时间运行会引发相间故障。针对以上的状况，采取了在发电厂侧加装架空线的保护，并加装单相接地告警设备的措施，运行监视手段得到很大改观，水源地的供电可靠性进一步提高。线路的系统结构见图 7-28。

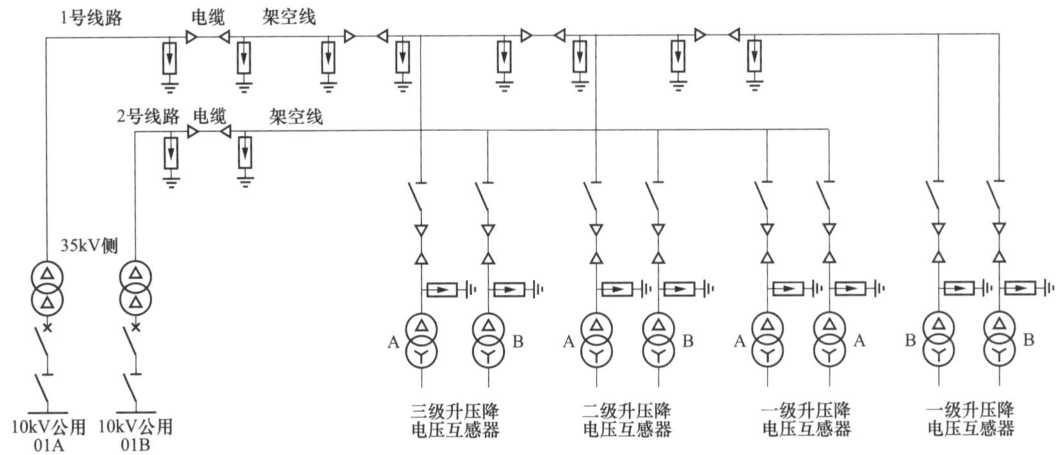

图 7-28　水源地工程电气系统图

一、故障现象

1. 升压泵房降压变压器 A 遭受雷击

某年 6 月 3 日 21 时 30 分，一级升压泵房降压变压器 A 和三级升压泵房降压变压器 A 遭受过电压袭击，变压器损坏，照片见图 7-29，当时发电厂地区正是雷雨天气，水源地一回线变压器侧避雷器的计数器显示避雷器曾经动作过，一级、三级泵房线路末级杆塔避雷器未安装计数器，没有直接证据证明避雷器是否动作过。

图 7-29　变压器的损坏状况

2. 降压变压器 B 电源熔断器跌落

同一年 7 月 18 日，水源二回线线路遭受雷击，线路两侧避雷器动作，一级泵房降压变压器 B 电源侧 C 相熔断器跌落、熔断，B 相熔断器熔断未跌落，B 降压变压器 B 相线圈端部、底部对地放电，造成了变压器损坏；三级泵房降压变压器 B 电源 B 相熔断器熔断未跌落，B 降压变压器 C 相线圈底部绕组有轻微的放电现象。

二、检查过程

1. 一次系统绝缘检查

（1）线路以及相关设备的绝缘状况良好。

（2）检测接地绝缘状况，一级、三级泵站二回线末级杆塔和避雷器接地电阻符合要求。

2. 线路防止过电压措施检查

（1）接地与接地电阻检查。

1）检查发现，末级杆塔及避雷器接地电阻超标；

2）一次系统的设计存在不规范的地方，即一、二回线一、三级泵房末级杆塔处避雷器的接地和杆塔的接地没有完全分开。

（2）防止线路过电压工作检查。线路出站和进站 1～2km 处敷设了避雷线，水源地升压变压器本体 35kV 侧安装了避雷器，水源一线中间连接了三段电缆，电缆两侧分别安装了避雷器，水源二线线路无电缆连接，全线没有安装避雷器；泵房末级杆塔处通过跌落熔断器分别与降压变压器和深井泵变压器连接，跌落熔断器下部分别安装了避雷器；所有避雷器的型号为 Y5W-51/125。

3. 线路保护配置状况检查

（1）线路保护的配置问题。水源地 35kV 架空线路 48km，没有配置专用的反映相间故障的线路保护，是以升压变压器 10kV 电源侧断路器柜的保护作为变压器-线路组的保护。

（2）线路接地告警设备的配置问题。水源地架空线路，没有配置专用的反映单相接地时的告警设备。

三、原因分析

1. 10kV 公用段母线外接线路问题严重

水源地电源接到 10kV 公用段母线，此种接线方式存在较多隐患，线路的故障将会殃及机组的安全运行。其他发电厂的经验已经证明，公用段母线外接长线路的接线方式，当线路故障时会导致 10kV 或 400V 厂用母线电压降低、脱扣继电器返回、辅机停止运行等故障的发生，必须引起高度重视。

2. 线路防止过电压措施不到位

检查结果表明，一、三级泵房末级杆塔处避雷器的接地和杆塔的接地没有完全分开，如此容易在引雷击时毁电气设备。

3. 线路保护配置不完备

（1）单相接地引发相间故障。无单相接地的告警设备，当线路发生单相接地时，运行人员不能及时了解情况，不可能及时排除故障。线路带接地点运行时，不接地相对地电位升高 $\sqrt{3}$ 倍，长期运行容易引发相间故障，因此必须加装反应单相接地的告警设备。

（2）相间故障靠时限保护跳闸。水源地 35kV 架空线路 48km 无专用的线路保护，用变压器保护作为架空线的保护太勉强，因为当线路发生相间故障时，难以实现快速跳闸，延时切除故障就可能增加故障危害的程度，运行经验已经证实了这一点。

四、防范措施

1. 避免变压器带缺陷运行

每次变压器或电缆故障后，应对同一回线路上的其他变压器作详细的试验检查（直流电阻测试、耐压试验等），以免变压器带缺陷运行。

2. 更换与加装避雷器

对全线路不合格的避雷器进行了更换，并加装了计数器。

为避免雷电侵入波对变压器的损害，当变压器进线电缆长度超过 50m 时，在变压器高压侧加装一组避雷器。

3. 对接地网的处理

图 7-30 是发电厂 35kV 第一级杆塔避雷器与接线状况，测试结果表明其避雷器接地电阻不合格。同样，针对末级杆塔及避雷器接地电阻超标的问题，一并进行了接地网处理。

4. 水源地降压变压器 TA 安装位置的处理

设计图纸中标注的水源地降压变压器 TA 安装位置不合适，需现场的核实处理。

图 7-30　发电厂 35kV 第一级杆塔避雷器接线状况

5. 加装架空线的保护与接地的告警设备

针对水源地 35kV 架空线路无专用的相间保护、单相接地告警装置的问题，采取如下措施：

（1）在发电厂加装反应单相接地的告警设备；

（2）在发电厂侧加装架空线路专用的相间保护。

第 14 节　热电厂水源地线路故障零序保护误动作

一、故障现象

某年 1 月 8 日 23 时 32 分，CEL 热电厂 8 号机炉水循环泵电动机发生 B 相单相接地故障，零序保护动作，电动机断路器跳闸；与此同时，水源地岸边泵房电源断路器跳闸；另外，到岸边泵房的电源电缆线路的分接头 A 对地绝缘损坏。热电厂 6kV 8B 母线有关的接线与故障点的位置见图 7-31。

二、检查过程

1. 保护装置动作情况检查

热电厂 6kV 电动机保护装置采用 WDZ-430 型综合保护，装置显示的信息如下：

炉水循环泵 B 保护装置显示为接地保护动作，动作值为：

I_a=1.28A，I_b=52.16A，I_c= 0.39A，$3I_0$=54.32A。

岸边泵房断路器保护装置显示为接地保护动作，动作值为：

I_a= 0.16A，I_b= 0.16A，I_c= 0.15A，$3I_0$= 0.88A。

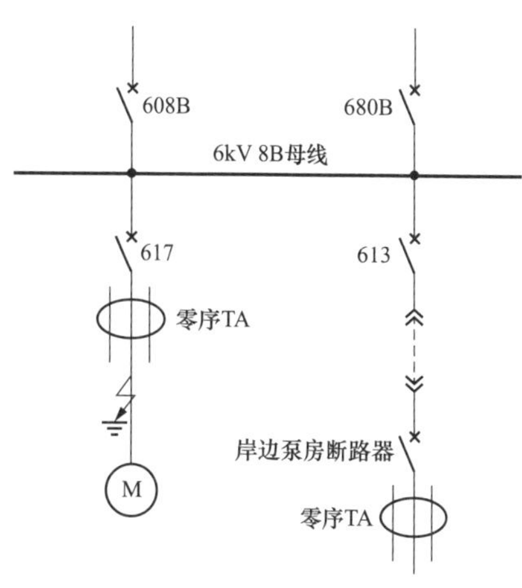

图 7-31　6kV 8B 段接线与故障点的位置

各断路器接地保护的整定值见表 7-15。

表 7-15　各断路器接地保护的整定值

保护类型	整定值	备注
炉水循环泵保护	$5\times I_N$	用 I_{0N}= 0.02A 的零序额定电流 $5I_{0N}$= 0.1A
岸边电源断路器保护	0.75A	

2. 接地保护动作特性检查

WDZ-430 型综合保护的接地保护采用零序电流互感器取得电动机的零序电流，构成电动机的单相接地保护。为防止在电动机较大的启动电流下，由于零序不平衡电流引起保护误动作，保护采用了最大相电流 I_{max} 作制动量，其动作特性见图 7-32。

$$\begin{cases} I_0 > I_{0dz}, 当 I_{max} \leqslant 1.05 I_N 时 \\ I_0 > [1+(I_{max}/I_N - 1.05)/4] I_{0dz}, 当 I_{max} \leqslant 1.05 I_N 时 \\ t_0 > t_{0dz} \end{cases}$$

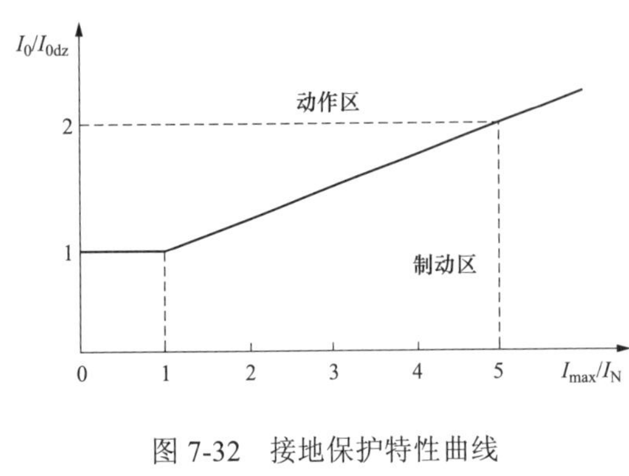

图 7-32　接地保护特性曲线

式中：I_0 为电动机的零序电流倍数；I_{0dz} 为零序电流保护整定值（倍）；I_N 为电动机额定电流，A；t_{0dz} 为接地保护的整定时间，s；t_0 为接地保护动作时间，s。

零序额定电流根据中性点接地方式来确定，本装置有 I_{0N}=0.02A 和 I_{0N}=0.2A 两种供选择。一般情况下，对于小电流接地系统，取 I_{0N}=0.02A；对于大电流接地系统，取 I_{0N}=0.2A。热电厂厂用变压器中性点是经过 6.06Ω 中电阻接地，所以选用 I_{0N}=0.02A 的零序额定电流。

三、原因分析

1. 炉水循环泵跳闸是电动机发生了单相接地故障引起的

B 炉水循环泵的跳闸是由于炉水循环泵电动机 B 相发生了单相接地故障引起的，故障电流超过了零序保护的定值，零序保护动作跳闸。可见，WDZ-430 型综合保护的单相接地保护跳闸属于正确动作。

2. 岸边泵房电缆单相接地与炉水循环泵单相接地故障有关

B 循环水泵单相接地后，引起 6kV 系统非故障相对地电压升高，由于电厂到岸边泵房距离超过 20km，中间电缆接头众多，6kV 系统相电压升高后，绝缘薄弱的接头绝缘击穿，引起电缆 18km 处 A 相接地，问题是容易理解的。

3. 岸边泵房电源断路器跳闸是不平衡电流造成的

在 B 炉水循环泵跳闸的同时，岸边泵房电源断路器零序保护跳闸，是在炉水循环泵电动机发生 B 相接地故障时（或者是在岸边泵房电源电缆 A 相单相接地时），断路器零序 TA 流过的不平衡电流超过保护的定值，零序保护误动作，启动岸边泵房电源断路器跳闸。

四、防范措施

全面检查从电厂到岸边泵房之间电缆接头的绝缘状况，彻底消除存在的事故隐患。

第 15 节　热电厂工作电源切换不成功导致机组全停

某年 5 月 4 日，CEL 热电厂 8 号机组在通过快切装置进行 6kV A 母线由备用向工作电源切换时，因切换不成功导致机组跳闸。现将故障的过程分析如下：

一、故障现象

5 月 4 日 7 时 45 分 00 秒，根据运行方式的要求，在 8 号机组负荷达到 180MW 时，准备将 6kV 母线由启动备用变压器倒至高压厂用变压器供电。

5 月 4 日 7 时 45 分 22 秒，运行人员由 DCS 启动 6kV A 母线快切装置。

5 月 4 日 7 时 45 分 24 秒，6kV A 母线工作电源断路器 608A 断路器合上，1s 后启动备用变压器高压侧 223 断路器跳闸，导致 6kV B 母线失电（当时 B 母线由启动备用变压器供电）。

5 月 4 日 7 时 45 分 57 秒，由于锅炉火检无火焰报警运行人员手动 MFT8 号机组与系统解列。对启动备用变压器进行检查无异常后试送电成功，6kV A、B 母线恢复送电。期间 6kV B 母线和 B 定子冷却水泵、油泵等 400V 动力跳闸，直流油泵联动正常，其他设备跳闸和联锁动作正常。热电厂 8 号机组的系统结构见图 7-33。

疑点分析；

（1）启动备用变压器高压侧 223 断路器不该跳闸。

（2）6kV A 母线备用电源断路器跳闸延时 8s 不符合逻辑。

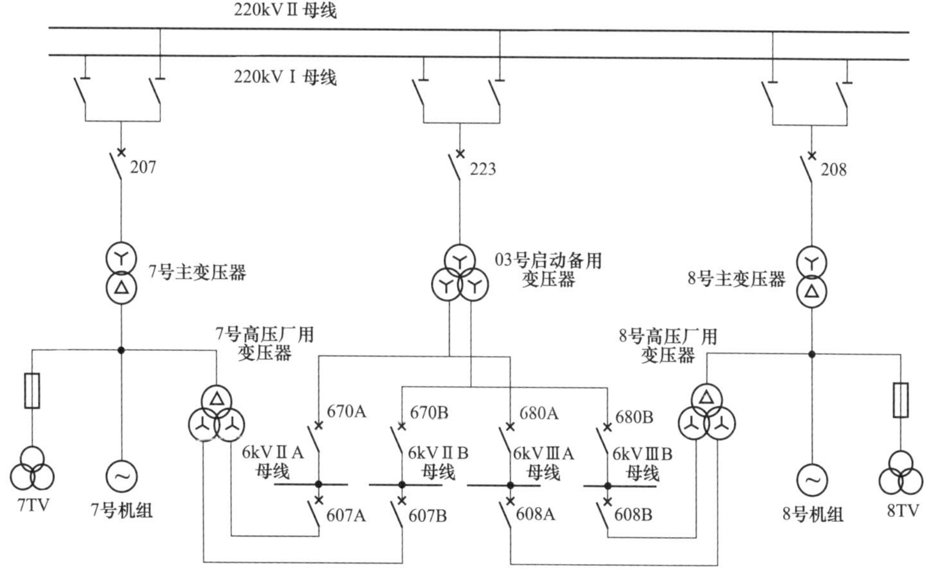

图 7-33　CEL 热电厂 8 号机组电气一次系统图

二、检查过程

223 断路器与 680A 断路器跳闸都存在问题，根据能够造成断路器跳闸的几方面因素，即快切装置动作、保护装置动作、DCS 系统操作动作、人为的操作等进行了如下检查：

1. 快切装置启动备用变压器223断路器跳闸逻辑的检查

对快切装置的值班记录进行了检查，值班运行人员确认快切装置设跳启动备用变压器高压侧223断路器的逻辑连接片没有投入；该连接片的投、停状态在快切装置上没有功能记忆；运行值班也没有记录可查。

对保护动作信号进行了检查，没有发现启动备用变压器223断路器跳闸时相应的保护有任何动作信号发出。

2. 抗干扰问题导致启动备用变压器223断路器跳闸的检查

第一控制回路动作功率，动作电压120V，动作电流3.0mA，动作功率0.36W；

第二控制回路动作功率，动作电压130V，动作电流3.0mA，动作功率0.39W；

第一控制回路杂散电容，101对R133之间的杂散电容为95nF；

第二控制回路杂散电容，201对R233之间的杂散电容为66nF。

3. 680A断路器跳闸的动作逻辑检查

对快切装置的逻辑进行了检查，结果是工作电源断路器608A合上1s后6kV A段母线备用电源断路器680A自动跳开。

对启动备用变压器保护的逻辑进行了检查，结果是启动备用变压器低压侧的A段分支过电流保护最长动作时限为2s，当时680A断路器电流为605.5A，保护定值为4200A，达不到保护动作的定值，保护不可能动作。

对DCS系统的操作记录进行检查，结果是DCS系统没有跳6kV A段母线备用电源680A断路器指令发出。

4. 对6kV A段母线快切装置的检查

5月5～6日对快切装置进行了检查。6日下午15:00在试验准备工作就绪后，将6kV A母线快切装置所有连接片退出，对A段母线快切装置进行试验，通过万用表直阻挡测量装置出口节点的方式进行两次模拟试验，结果是该装置跳启动备用变压器高压侧223断路器和低压侧备用680A断路器的指令是同时发出的。

7时45分24秒，在进行快切装置试验时，当6kV A段母线工作电源608A断路器合上1s后启动备用变压器223断路器跳开，逻辑正确。

11时30分24秒，8号机组开机后倒换厂用电快切装置时，是在6kV A段母线工作电源608A断路器合上1s后又自动跳开备用电源680A断路器的。

三、原因分析

本次跳机的直接原因是启动备用变压器高压侧223断路器跳闸引起6kV B段母线

失电。

1. 223 断路器跳闸原因分析

（1）快切装置动作跳闸的可能性。8 号机组快切装置设计了断路器跳闸的逻辑。在发跳备用断路器 223 指令的同时，发出跳启动备用变压器高压侧断路器指令的逻辑，但由于该功能会导致另一段由启动备用变压器供电的母线失电，故正常时跳启动备用变压器高压侧断路器的连接片一直在“退出”位置。检查结果也表明连接片处于“退出”位置。因此快切装置动作跳闸的可能性不大。

（2）抗干扰问题跳闸的可能性。启动备用变压器高压侧 223 断路器跳闸的另一可能原因是控制回路存在干扰或断路器偷跳引起。根据检测的数据，存在抗干扰问题跳闸的可能性。

（3）人为问题跳闸的可能性。根据现场的情况分析，除去以上两种因素以外，还有不可忽视的另外一种因素就是人为的问题。

2. 680A 断路器跳闸时限问题分析

根据 DCS 显示，6kV A 段备用电源断路器在 7 时 45 分 32 秒跳闸。快切装置逻辑正常时，在工作电源 608A 合上 1s 后 6kV A 段母线备用电源 680A 断路器自动跳开，即 7 时 45 分 25 秒自动跳开。而本次事故时备用电源 680A 断路器 8s 后跳闸的。原因在何处？结合检查结果分析如下：

（1）DCS 模块记忆功能推迟。当快切装置动作时，记录备用断路器动作行为的 DCS 模块短时死机，备用变压器高低压侧断路器虽然同时跳闸，但是由于 DCS 模块的记忆功能推迟，造成低压侧断路器跳闸 7s 后，高压侧断路器才动作跳闸的错觉。

（2）事件群发给记忆功能的 DCS 模块将信息推迟。备用变压器高低压侧断路器虽然同时跳闸，但是由于事件群发给记忆功能的 DCS 模块的，DCS 并没有严格按照时间的顺序记录下来，从而造成低压侧断路器跳闸 7s 后，高压侧断路器才动作跳闸的错觉。

现在以上原因都无法通过确切证据证实。

（3）定值错误。快切装置动作定值整定错误，备用电源 680A 断路器确实是 8s 后跳闸的，与上述检查的结果相矛盾，如此也就无法对证了。

四、防范措施

1. 去掉快切装置跳启动备用变压器高压侧断路器的功能

将 7～8 号机组快切装置的所有跳启动备用变压器高压侧断路器的功能去掉，该项工作已于 5 月 4 日完成。

2. 采取抗干扰的措施。

（1）降低杂散电容指标。减少电缆数量，能够有效的降低杂散电容值。目前，对双重化配置的保护，采取A柜跳第一跳圈、B柜跳第二跳圈的原则，使并联的电缆数量减少。

（2）提高出口继电器的动作功率。将出口继电器的动作功率提高到2W以上，可极大的提高抗干扰能力。尽快更换大功率的出口继电器。

第16节　热电厂化学水供电系统故障与保护的应用问题

一、故障现象

DIN热电厂3、4号机组化学水供电系统自投产以来，一直存在MCC柜电源断路器不明原因跳闸以及低电压变压器误跳的问题；同时存在400V电动机接地故障PC段出线断路器越级跳闸以及出线相邻断路器误动跳闸的问题；在将PC段出线保护的定值调整之后，又出现过400V电动机接地故障MCC柜接触器被烧毁，MCC柜空气断路器拒绝动作，PC段出线断路器再次越级跳闸的故障。

疑点分析：

（1）是什么原因导致电动机出现故障时MCC电源的相邻断路器跳闸？

（2）是什么问题导致MCC柜的电源断路器越级跳闸？

（3）是哪种保护动作的灵敏度不够使电动机被烧坏？

二、检查过程

为了解决上述问题，进行了相关的检查工作。

1. MCC柜电动机保护静态试验

电动机保护静态试验数据见表7-16。

表7-16　电动机保护静态试验数据

序号	一次整定电流值（A）	二次动作电流值（A）	动作时间（s）	TA变比
1	25.0	4.6	0.06	25/5
2	50.0	9.0	0.06	25/5
3	75.0	13.5	0.06	25/5

结果正确。

2. MCC 柜电动机保护的跳闸逻辑检查

电动机保护动作之后启动接触器跳开，空气断路器拒绝动作。可见，保护的跳闸逻辑错误。

3. PC 段出线零序 TA 接线检查

PC 段出线三相 ABC 以及回线 N 同时穿过零序 TA，而且，回线 N 穿过零序 TA 后接地，如此的接线是值得分析的。

4. 零序保护的定值与配合检查

MCC 柜电动机零序保护 100%I_N，0.1s 跳闸；

PC 段出线零序保护 2A，0s 跳闸；

PC 段电源侧零序保护 1804A，0.4s 跳闸。

时间定值的级差配合需要调整。

三、原因分析

MCC 段出线接地保护应用 $3U_0=|\dot{U}_a+\dot{U}_b+\dot{U}_c|=U_j$ 的原理构成；PC 段出线接地保护为 DL-11 型电磁式继电器构成。

1. PC 段零序保护定值问题导致 MCC 柜的电源断路器越级跳闸

PC 段零序保护原来的定值是 2A，0s 跳闸；而 MCC 柜电动机零序保护定值是 100% I_N，0.1s 跳闸。可见保护的时间定值配合不当，因此电动机出现接地故障时 PC 柜的电源断路器会越级跳闸。

2. MCC 柜电动机保护的逻辑错误导致电源断路器越级跳闸

PC 段出线零序保护定值调整后为 4A，0.3s 跳闸；虽然 MCC 柜电动机零序保护定值为 100% I_N，0.1s 跳闸；但电动机保护动作之后启动接触器跳开，接触器却不具备断弧能力，不能切除故障。因此电动机出现故障时 MCC 柜的电源（即 PC 段出线）断路器依然会跳闸。

3. 零序 TA 接线问题导致电动机出现故障时 MCC 电源的相邻断路器跳闸

PC 段出线采用三相 ABC 以及回线 N 同时穿过零序 TA，回线 N 穿过零序 TA 后接地的接线。当电动机出现故障时，地电流在穿过 MCC 电源的 TA 的同时，会有地电流穿过其相邻 TA，如果电流的数值已经达到了保护的定值，则相关的零序保护动作，断路器跳闸。MCC 电源的相邻线路可能不止一条跳闸。

由此可以推断，在发电厂的附近，其他大电流接地系统出现接地故障时，会有地电流穿过上述 TA，并导致其保护误动作。这就是所谓断路器不明原因跳闸的原因所在。

四、防范措施

1. 调整零序保护定值

将零序保护的定值做如下调整：

（1）MCC 柜电动机零序保护 100% I_N，固有时间跳闸；

（2）PC 段出线侧零序保护 4A，0.3s 跳闸；

（3）PC 段电源侧零序保护 1804A，0.6s 跳闸。

2. 更改电动机保护跳闸的逻辑接线

对所有的 MCC 段电动机的接地保护，必须更改电动机保护跳闸的逻辑接线，将电动机保护改为启动空气断路器跳闸。

3. 解决三相回线 N 穿过零序 TA 的问题

对所有的 PC 段出线的接地保护，必须解决三相回线 N 穿过零序 TA 的问题，不允许三相回线 N 穿过零序 TA 的接线存在。

运行结果证明，采取措施后困惑化学水供电系统 8 年的问题得到很好的解决。

电动机接地故障时电流的分布见图 7-34。

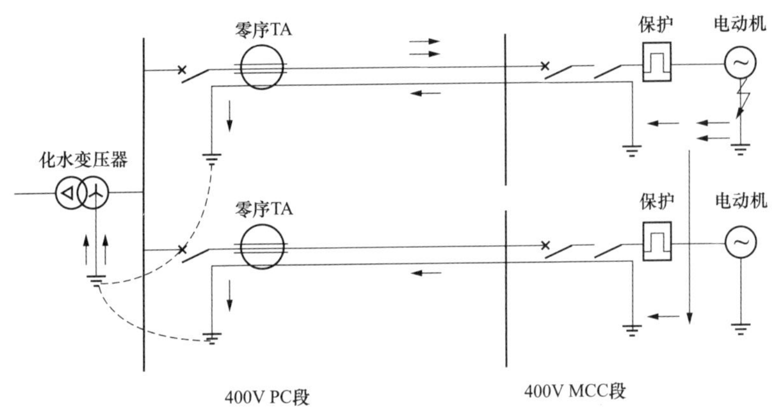

图 7-34　接地电流分布示意图

第 17 节　10kV 无功综合补偿系统的故障特征与保护配置

为了追求电压与无功综合控制的理想指标，满足变电站电压与无功综合控制的需要，研制了新一代 DS3 型变电站 10kV 系统电压无功综合控制装置。重点介绍了新型电压与无功综合控制装置在试制以及运行过程中所暴露的关键问题，分析了装置电容器组微机保护的原理、高压电容器断开后放电 TV 的作用原理、按负荷变化进行调整以及机卡保护防止分合闸线圈和继电器触点烧断的问题。阐明了断路器机构循环投切的工艺问题。

针对变电站 10kV 无功补偿装置运行的特点、故障类型以及补偿设备存在的缺陷，研制了新型的 DS3 型变电站 10kV 系统电压与无功综合控制装置，较好地解决了调压与补偿、谐振过电压与剩余电压、保护可靠性与灵敏性、电容器组的分组与循环投切等问题，分析如下：

一、故障现象

变电站 10kV 无功补偿装置运行的特点存在的问题如下：

1. 并联电容器的异常与故障

（1）电容器渗漏油。并联电容器渗漏油的主要原因是由于产品质量不良、运行维护不当或长期运行缺乏维修致使外皮生锈腐蚀等引起的。

（2）电容器温度过高。电容器温升高影响电容器的寿命，也有可能导致电容器的绝缘击穿。温度过高的主要原因是电容器过电流及通风条件差造成的，过电流则是电容器长时期过电压运行或整流装置产生的高次谐波造成的。此外，电容器内部元件故障，介质老化、介质损耗、tanδ 增大都能导致电容器温升过高。

（3）电容器外壳膨胀。高电场作用下使得电容器内部绝缘介质物游离而分解出气体或部分元件击穿电极对外壳放电等原因，使得电容器的密封外壳内部压力增大，导致电容器的外壳膨胀变形，这是运行中电容器故障的预兆。

（4）电容器闪络。运行中电容器绝缘子闪络放电，其原因是瓷绝缘有缺陷或表面积污造成的。

（5）电容器异音。电容器是一种静止电器又无励磁部分，在正常运行情况下无任何声音。如果运行中发现有放电声或其他不正常声音说明电容器内部有故障。

（6）电容器爆炸。元件内部发生极板间或极板对外壳绝缘击穿放电时就会导致电容器爆炸。

2. 并联电容器合闸涌流的问题

串联电抗器的系统中的位置见图 7-35。电容器在投入的瞬间，会产生涌流，其频率为 250～4000Hz，同时伴随产生过电压。单独一组电容器的合闸涌流约为额定电流的 5～15 倍，大小取决于系统电源的阻抗，逐级投入电容器组时，会产生追加合闸涌流，约为电容器额定电流的 25～250 倍，大小主要取决于已投入电容器组与追加投入电容器组间的阻抗。

3. 并联电容器剩余电压的问题

电容器切除后，两极处于储能状态，具有一定的电能和电压，电压初始值与断路器断开瞬间电压的相位有关。所带电荷反应在电容器两端为直流电，极性不确定，若在这种情况下再次合闸，可能会产生很高的冲击电流与过电压，对设备甚至人身有很大的危害。

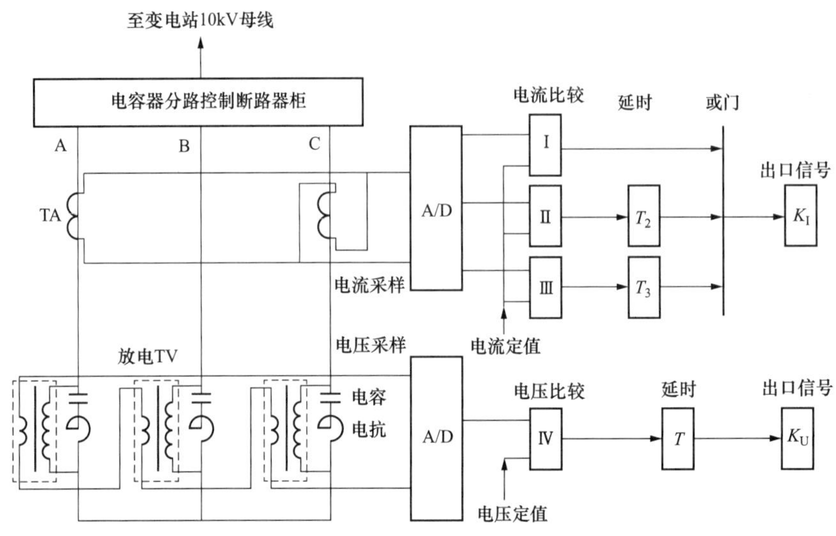

图 7-35 电容器电流电压保护的接线

4. 烧毁跳闸继电器触点的问题

如果断路器在分闸过程中，跳闸回路的电流已接通，但是断路器没有跳开，或者断路器虽已跳开，但其辅助触点没有复位，则跳闸回路的电流要靠跳闸继电器来切断，值得考虑的是 2.5A 直流电流在没有专门的断弧、消弧手段的情况下，只靠一般的继电器是断不开的，此时只有将拉弧的跳闸继电器触点烧断。据统计在低压系统中由于断路器机构的质量问题，这种烧毁跳闸继电器触点的事情是常见的。

二、保护简介

1. 按电容器组接线保护

用于无功补偿装置的电容器保护有三种：新型的三段式相间过电流保护、相电压式零序保护以及母线电压保护，三种保护能够正确反应电容器的各种故障以及不正常运行状态。

（1）三段式过电流保护。三段式过电流保护以 A、C 相电流差为判据，5 组电容器分别接线，用来反应相间短路故障，每路保护的接线见图 7-35，保护的动作条件分别是：第一段，$I_{ac} \geqslant I_{set\,\mathrm{I}}$，以固有的动作时间跳闸。第二段，$I_{ac} \geqslant I_{set\,\mathrm{II}}$，延时时间 $T=T_{set\,\mathrm{II}}$。第三段，$I_{ac} \geqslant I_{set\mathrm{III}}$，延时时间 $T=T_{set\mathrm{III}}$。保护动作后，继电器的触点闭合 1s，人工复位后返回。为了避免电容器投切断路器切断超过遮断容量的电流，增加了电流越限闭锁功能，以防断路器爆炸。

（2）零序电压保护。传统的熔断器、过电流保护都解决不了电容器故障爆炸的问题，但按电容器组相电压接线的零序保护、能够正确反应单相电容器内部单元电容的漏电与击穿故障。

（3）母线电压保护。电压保护的电压信号取自于母线 TV，逻辑位于无功补偿控制器之中，功能设置与判据如下：

过电压保护，动作条件：$U_{ab}>U_{dg}$ 或 $U_{bc}>U_{dg}$ 或 $U_{ca}>U_{dg}$，其中：U_{ab}、U_{bc}、U_{ca} 为母线线电压，U_{dg} 为过电压保护定值。

低电压保护，动作条件：$U_{ab}\leqslant U_{l}$ 或 $U_{bc}\leqslant U_{l}$ 或 $U_{ca}\leqslant U_{l}$，其中 U_{l} 为低电压保护定值。

TV 断线闭锁，动作条件：当 $U_{a}<8V$、$I_{a}>0.5A$，或 $U_{c}<8V$、$I_{a}>0.5A$，或 $U_{b}<8V$、$I_{a}>0.5A$ 时，认为 TV 断线发 TV 断线报警，且闭锁调压及补偿动作输出。

三、问题分析

（1）按电容器组接线的零序保护，解决了电容器爆炸的问题。

1）熔断器与传统的过电流保护解决不了电容器爆炸的问题。由于电容器故障的过程是从泄漏开始经过一定时间到爆炸的，在爆炸之前的泄漏电流比较小，此时熔断器不起作用，只有短路爆炸以后，电流增加到熔断器的熔断值时熔断器才起作用，但此时熔断器与过电流保护的动作已经晚了。况且，根据实际的运行经验以及对多次被烧毁的电容器解体分析可知，损坏者只有一相中的一只是爆炸的，故障过程中的电流依然很小，熔断器与过电流保护起不到保护作用。另外由于故障持续的时间太短，熔断器或过电流保护来不及熔断，电容器已经爆炸了，所以熔断器与过电流保护解决不了电容器爆炸的问题。

2）按电容器组相电压接线的零序保护的动作行为分析。新式的零序保护按三相对中性点电压之和接线，接线见图 7-35，启动的电压直接取自故障电容器本身，启动判据为 $3U'_0=\left|\dot{U}'_a+\dot{U}'_b+\dot{U}'_c\right|\geqslant 3U'_{0\,SET}$，其中 $\dot{U}'_a$、$\dot{U}'_b$、$\dot{U}'_c$ 是每相对中性点的电压。新式的零序保护只反应电容器的内部爆炸故障，不反应母线系统对地的故障。根据相量分析，假设 C 相三只电容器的某一只发生击穿短路的故障，则 $3U'_0=E/3$，见图 7-36。但是假设系统 C 相发生对地故障时，因为电源的三相对称性并没有变化，所以 $3U_0$ 电压值约为 0，根据这种原理实现的保护具有很高的灵敏度。

实际上，中性点漂移时会产生不平衡电压，漂移时 $3U'_0$ 的情况见图 7-37。新式的零序保护按躲过中性点漂移时的不平衡电压整定。这种零序保护对电容器的故障不仅有较高的灵敏度，而且动作行为受区外线路故障的影响较小，提高了动作的可靠性。事实证明新式的零序保护，不仅能够完全取代传统的电容器保护，而且原理先进、动作灵敏，对电容器的轻微故障也能够反映，因此这种保护投入运行以后没有出现电容器爆炸的恶性事故。

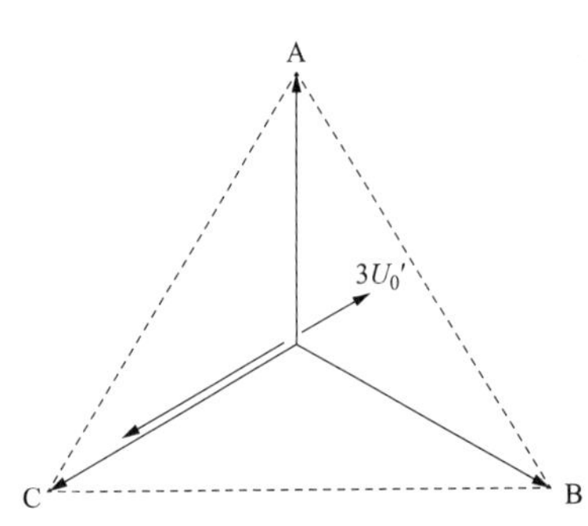

图 7-36　C 相发生短路故障时的相量图

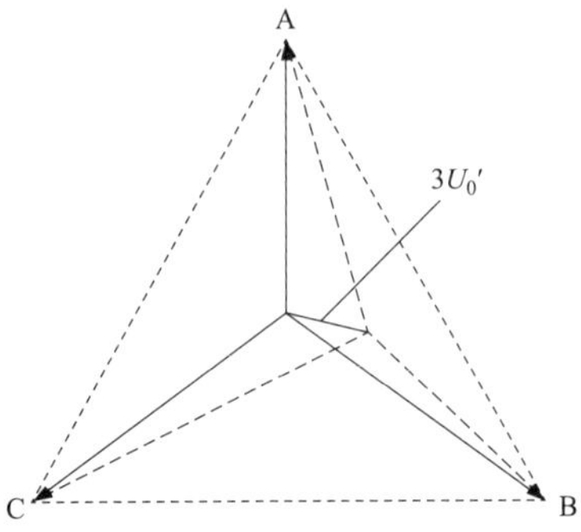

图 7-37　中性点漂移时产生的 $3U_0'$

（2）串联电抗器，解决了涌流和谐振过电压的问题。

1）电容器合闸涌流的限制。大的电流将会产生很大的机械应力，电流所经过的电容器、断路器和电网上的其他设备可能造成损坏，特别是影响断路器的使用寿命。涌流主要是电容器合闸时的暂态过程或谐波谐振引起的。

电容器接通基波电源时，由于合闸角的不同，会产生暂态过程，暂态过电流的数值与谐振问题是截然不同的，其峰值也远小于谐波谐振时的数值，限制合闸涌流的方法主要是安装串联电抗器。串联电抗率为 0.1%～2.0%的电抗器，对每组 1200kvar 以下电容器组产生的涌流有很好的抑制作用。

2）电容器谐振过电压的限制。补偿电容器对谐波有放大作用，补偿电容器对谐波放大后产生谐振过电压与过电流。谐波作为电流源，作用于系统中，对局部网络在理想状况下，在不计外围电路的作用时的分析如下：

谐波作为电流源作用于 X_C 与 X_L 的计算电路见图 7-38，图中 $\dot{I}_\text{S}$ 为电流源谐波信号，$X_L = n\omega L$，$X_C = 1/n\omega C$，设 X_L 与 X_C 的并联电抗为 X，则 $X = \dfrac{X_C X_L}{X_C - X_L}$。

当 X_C=X_L 时电容器与电感器发生谐振，此时 X_C 与 X_L 之间进行能量交换。电容与电感上的电压 $\dot{U}_\text{ab}$ 及 $\dot{I}_C$、$\dot{I}_L$ 如下：

$$\dot{U}_\text{ab} = \text{j}X\dot{I}_\text{S} = \text{j}\frac{X_C X_L}{X_C - X_L}\dot{I}_\text{S}$$

$$\dot{I}_C = \frac{\dot{U}_\text{ab}}{-\text{j}X_C}，\quad \dot{I}_L = \frac{\dot{U}_\text{ab}}{\text{j}X_C}$$

显然当 $X_C = X_L$ 时，即使 $\dot{I}_\text{S}$ 很少，$\dot{U}_\text{ab} \to \infty$，$\dot{I}_C \to \infty$，$\dot{I}_L \to \infty$。

当系统阻抗计入时，系统阻抗对谐振过电压 $\dot{U}_{ab}$ 的升高有抑制作用，同时对电容器与电感器的电流的增大也有抑制作用。

限制谐波流谐振过电流的方法也是安装串联电抗器，串联电抗率为 4.5%～6.0%的电抗器，使补偿电容器之处对某次谐波呈感性状态，以消除谐振过电压与过电流的影响。

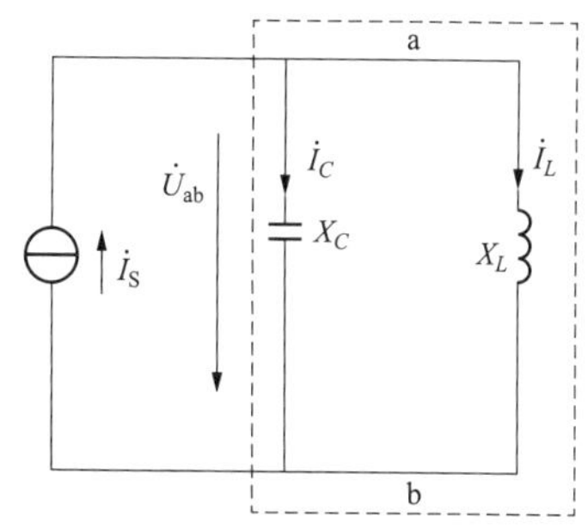

图 7-38 谐波作为电流源作用于 X_C 与 X_L 的计算电路

在现场可根据系统的情况选用不同比率的电抗器，使之既能有效的抑制系统高次谐波，又能抑制电容器的涌流，满足将电流限制在 10 倍额定值以下的要求。

（3）放电线圈，解决了消除剩余电压的问题。

由于电容器切除后，可能会产生很高的冲击电流与过电压，因此在电容组切除后必须尽快放电，放电的方法是在电容器组上并联放电线圈。由于切除后的电容器所带的电属直流，并联一般的电压互感器或变压器的一次线圈就可以快速将电能放掉，放电过程的原理见图 7-39。放电线圈的原理分析如下：

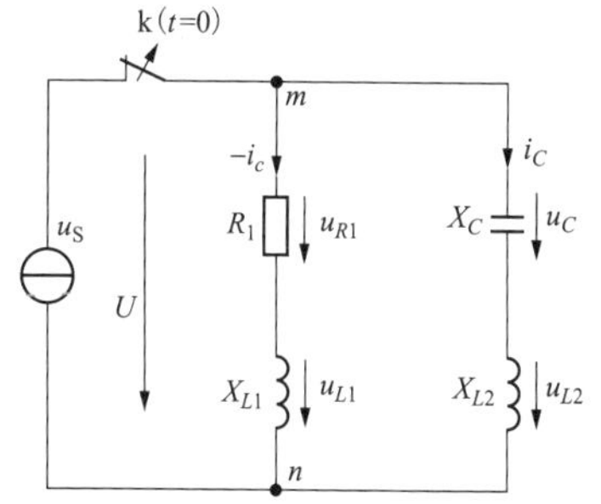

图 7-39 放电线圈分析的计算电路

由图 7-39 可知

$$i_C = C\frac{\mathrm{d}u_C}{\mathrm{d}t}, \quad u_{L2} = L_2\frac{\mathrm{d}i_C}{\mathrm{d}t} = L_2C\frac{\mathrm{d}^2u_C}{\mathrm{d}t^2}$$

断路器断开以前，电容电路处于稳态，电源电压

$$u_S = U_m\sin(\omega t + \varphi)$$

断路器断开以后，电路的暂态方程为

$$L_1C\frac{\mathrm{d}^2u_C}{\mathrm{d}t^2} + L_2C\frac{\mathrm{d}^2u_C}{\mathrm{d}t^2} + RC\frac{\mathrm{d}u_C}{\mathrm{d}t} + u_C = 0$$

电路参数：R_1=3.6kΩ，X_{L1}=36kΩ，X_{L2}= 0.48Ω，X_C= 8Ω。

$$L_1 = \frac{X_{L1}}{\omega} = \frac{36000}{314}\mathrm{H} = 114.6\mathrm{H}, \quad L_2 = \frac{X_{L2}}{\omega} = \frac{0.48}{314}\mathrm{H} = 0.0015\mathrm{H}, \quad L = L_1 + L_2 \approx L_1$$

$$C = \frac{1}{X_C\omega} = \frac{1}{8\times314}\mathrm{F} = 4\times10^{-4}\mathrm{F}, \quad 2\sqrt{\frac{L}{C}} = 2\sqrt{\frac{114.6}{4\times10^{-4}}} = 10.7\times10^2, \quad R = 3.6\times10^3 > 2\sqrt{\frac{L}{C}}$$

所以该电路为非振荡放电电路。二阶方程 $L_1C\frac{\mathrm{d}^2U_C}{\mathrm{d}t^2} + L_2C\frac{\mathrm{d}^2U_C}{\mathrm{d}t^2} + RC\frac{\mathrm{d}U_C}{\mathrm{d}t} + U_C = 0$ 的特征根为

$$p=-\frac{R}{2L}\pm\sqrt{\left(\frac{R}{2L}\right)^2-\frac{1}{LC}}=-15.7\pm15\text{，即 }p_1=-0.7\text{，}\quad p_2=-30.7\text{。}$$

所以电容电压

$$U_C=\frac{U_0}{p_2-p_1}(p_2\mathrm{e}^{p_1t}-p_1\mathrm{e}^{p_2t})=-\frac{U_0}{30}(-30.7\mathrm{e}^{-0.7t}+0.7\mathrm{e}^{-30.7t})=\left(\mathrm{e}^{-0.7t}-\frac{0.7}{30}\mathrm{e}^{-30.7t}\right)U_0$$

放电电流

$$i=-C\frac{\mathrm{d}u_C}{\mathrm{d}t}=-\frac{U_0}{L(p_2-p_1)}(\mathrm{e}^{p_1t}-\mathrm{e}^{p_2t})=-\frac{U_0}{114.6\times30}(\mathrm{e}^{-0.7t}-\mathrm{e}^{-30.7t})$$

当 $t=3$ 时

$$U_C=\left(\mathrm{e}^{-0.7t}-\frac{0.7}{30}\mathrm{e}^{-30.7t}\right)U_0=\left(\mathrm{e}^{-2.1}-\frac{0.7}{30}\mathrm{e}^{-92.1}\right)U_0=\mathrm{e}^{-2.1}U_0=0.122U_0$$

其中 $$U_0=U_\mathrm{m}/\sqrt{2}=10/\sqrt{3}\,\text{kV}=5.77\text{kV}$$

所以 $$U_C=0.122U_0=70\text{V}$$

采用标准的电压互感器作为放电线圈，1200kvar 电容 3s 内就将电容两端电压下降至 70V 以下。

（4）机卡保护，解决了继电器触点烧毁的问题。

机卡保护是防止断路器拒动时烧毁继电器触点的一种保护。断路器的跳闸是由继电器接通跳闸回路，断路器跳闸后由辅助触点断开回路的电流，跳闸电流与跳闸线圈的阻值有关，一般设计断路器的跳闸线圈 $R=88\Omega$，跳闸电流 $I=U/R=220\text{V}/88\Omega=2.5\text{A}$。

引用了机卡保护后，使问题得到了彻底的解决。

（5）自动识别电站运行方式，解决了按负荷变化调整电压无功的问题。

前曾述及，DS3 型无功补偿装置适用于变电站五种运行方式：双变压器变电站两台变压器并列运行，双变压器变电站 1 号主变压器运行、2 号主变压器停止，双变压器变电站 2 号主变压器运行、1 号主变压器停止，单变压器变电站，双变压器变电站两台变压器分段运行。控制器按下述原则自动识别运行方式，确定动作判据。

1）若 1 号主变压器低压侧断路器处于合位。当母联断路器闭合时，视为两台主变压器并列运行，以 1 号主变压器功率因数，1、2 号主变压器无功需求量之和，作为补偿动作条件。

当母联断路器断开时，视为 1 号主变压器需要补偿，以 1 号主变压器功率因数及无功需求量作为补偿动作条件。

2）若 1 号主变压器低压侧断路器处于分位。当母联断路器闭合时，视为 2 号主变压器运行，以 2 号主变压器功率因数及其无功需求量作为补偿动作条件。

当母联断路器断开时，视为 1、2 主变压器都不运行，处于不补偿状态。

控制器按照九区图控制法控制主变压器有载调压装置动作进行升降压，控制专用断路器的合分来投入或切除电容器组。在调压上限以下、调压下限以上设置具有准确的边界条件的模糊控制区域，再加上一定的动作间隔防止调压和投切电容的震荡。值得注意的是，两台变压器并联运行时的调压必须同步进行，否则若一台调压、另一台不动时，并联运行的两台变压器必然会出现环流。装置的判据与逻辑中设置了相应的功能，当一台调压失灵后，停止调压命令的输出，并发告警信号。

（6）通过专用断路器的分散控制，实现了按负荷变化进行电容器投切功能。

电容器投切必须配置专门的断路器。因为断路器投电容器时存在涌流，切电容时存在过压，另外断路器动作频繁，所以电容器投切断路器同负荷开关有很大的区别。

装置采用分体模块式高压专用真空断路器，一面柜体内可安装五台，可以根据总补偿容量以及负荷变化情况，按照等容或不等容的原则灵活方便的进行分组、分级补偿。电容器组按照控制器的指令自动循环投切，保证各电容器组均时使用。因采用的是分体模块组合，当某组出现故障时可自动闭锁，不影响其他组的正常投切。通过对断路器的分散控制和电容器组的灵活搭配，使补偿装置适应负荷变化的能力大大提高，电容投入组数和总容量自动跟踪负荷的变化，从而提高了无功补偿的精度。

四、防范措施

针对变电站 10kV 无功补偿装置运行的特点、故障类型以及补偿设备存在的缺陷，研制了新型的 DS3 型变电站 10kV 系统电压与无功综合控制装置。

DS3 型无功补偿装置以多目标、多约束的控制条件，适时、可靠的控制方式，解决了电压与无功的综合控制问题；逻辑上采用九区图模糊控制算法，有效地防止了投切的振荡，提高了补偿精度；工艺上采用五路分体模块式高压真空专用断路器，实现了分组并自动循环投切；结构上同时采用串联电抗器与放电线圈的，解决了涌流、谐振过电压与剩余电压的问题。独特的三段过电流、相电压式零序电压保护，解决了保护可靠性与灵敏性的问题；运行表明，其性能指标良好，满足变电站电压与无功综合控制的需要。

第 18 节　发电厂增压风机电动机反送电流速段保护误动作

一、故障现象

某年 5 月 27 日 DAH 发电厂增压风机电动机与综合变压器的供电系统发生故障，报警信息如下：

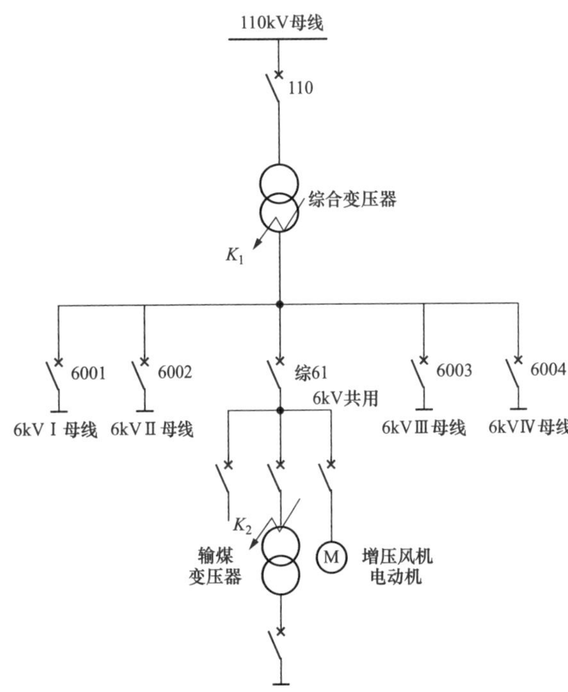

图 7-40　增压风机与综合变压器的供电系统与故障点的位置

21:00:26:208 时，综合 6kV 所有馈线发一次回路接地信号，直至 21:02:34:681 止，该信号发出、返回共记录 3 次，期间母线消谐装置 4 分频动作；

21:02:34:704 时，临时煤场变压器复压过电流Ⅰ段保护动作，变压器断路器跳闸；与此同时 3 号机脱硫增压风机速断保护动作；

21:02:34:917 时，综合变压器差动保护动作；

21:02:35:227 时综合变压器重瓦斯保护动作，增压风机与综合变压器供电系统结构与故障点的位置见图 7-40。

二、检查过程

故障后对 1 号综合变压器进行油样检测，其可燃气体大幅超标，变压器高低压侧绝缘正常，变压器低压侧直流电阻大幅增长，变压器绕组轻微变形。可以断定，综合变压器已损坏。现场的故障状况见图 7-41。

图 7-41　现场的故障状况图

三、原因分析

1. 煤场变压器故障保护动作跳闸

由于天气原因，临时煤场变压器电缆沟内进水，靠近临时煤场变压器本体 1m 处的电缆接头 A 相对地发生弧光接地，间歇性电弧不断重燃，在综合变压器 6kV 系统中产生弧光过电压，2min 后该处电缆接头 C 相因绝缘不能承受过电压也发生了间歇性接地，AC 两相之间形成相间弧光短路，导致该变压器过电流Ⅰ段保护动作跳闸，保护的动作值 34A，一次电流 680A，保护动作情况正确。

2. 综合变压器故障保护动作跳闸

（1）综合变压器区外故障保护启动。在临时煤场变压器电缆中间接头 A 相对地发生弧光接地，继而发展成 AC 两相弧光短路时，由于电弧的不断重燃，综合 6kV 系统电压大幅增加（增加幅度在 2～5 倍），因综合 6kV 母线进线铜排间距小（就地实测相间 12cm，但绝缘子处因有固定螺钉杆导致相间距离进一步缩短，相间间距不足 10cm），绝缘子及母线积灰严重，连续大雾导致室内湿度极大，最终导致综合变压器低压侧母线间绝缘击穿，故障点由 A-B 相短路发展成三相短路，综合变压器差动与重瓦斯保护相继动作。根据对变压器差动及重瓦斯动作时间的分析，认为综合变压器保护动作与临时煤场变压器保护应为同时动作，动作行为均为正确。母线排的故障状况见图 7-42。

图 7-42　母线排的故障状况

（2）综合变压器因区外故障而损坏。煤场变压器故障时流过综合变压器的短路电流近 40kA，综合变压器承受不了大电流的冲击而损坏。

经检查确认，1 号综合变压器故障时变压器高压侧故障电流为 2160A，折合低压侧故障电流 39600A，该综合变压器低压侧额定电流 2886.8A，按反措规定，该变压器应能够承受 72170A 故障电流 2s，但此次故障电流仅为其承受能力的一半水平，且持续时间小于 200ms，所以此次变压器故障属设备制造质量问题。目前厂用变压器的耐受电流冲击的能力大打折扣，甚至对其减半已经是不低的评价了。

3. 脱硫增压风机反送电速断保护动作跳闸

在综合 6kV 母线故障时，3 号炉脱硫增压风机向故障点提供反向短路电流，该电流超过风机正常运行速断定值，保护动作跳闸，当时对电动机进行绝缘和直阻检查正常，属保护装置在复杂故障情况下的正确动作。

四、防范措施

1. 慎重考虑变压器的选型问题

变压器制造质量存在问题是导致损坏的根本原因。在大型厂用变压器的选择上要慎重考虑，并且避免选用电网内频繁出现故障的变压器。

2. 加强电缆沟盖板的防水处理

煤场变压器电缆接头未做防水处理，按电缆引线的工艺制作了室外电缆沟内电缆接头，且该电缆沟盖板未做防水处理，属于工程施工质量以及验收标准问题。因此，必须严格把握验收标准，避免类似故障的发生。

3. 调整运行方式

尽快修复1号综合变压器。1号综合变压器修复后，停运01号高压备用变压器，将6kVⅠ-Ⅳ段，综合6kV母线改接至综合变压器低压侧，01号高压备用变压器转冷备用。如此每月可节约01号高压备用变压器的电量损耗2万kWh。

4. 更换绝缘子

综合变压器母线进线铜排间距过小且使用瓷质绝缘子。设计时未考虑沿海地区空气湿度大的因素，也是此次故障的重要因素；而且电厂三期6kV为不接地系统，易发生单相接地弧光过电压的故障。因此，对各配电系统绝缘子逐步更换为绝缘性能以及憎水性更好的复合材料绝缘子。

5. 调整增压风机速断保护的定值

调整增压风机速断保护的定值，使其躲过区外故障时的反送电流。或者增加0.1s的延时，以解决电流反送时的误动问题。

第19节　发电厂的系统电压调整与机组过励磁保护误动作

一、故障现象

RUH发电厂电压经过半年来的数据观测，发现全厂各级电压的控制目标波动范围较大。500kV母线电压长期高于主变压器分接挡额定电压，当前分接挡额定电压为525kV，母线长期运行在530～536kV范围内，最大偏差2%；发电机机端电压长期偏高，运行在22～23kV最大偏差5%；6kV厂用电电压短时偏低，额定电压为6.3kV，夜间进相时运行在6.0kV左右，最大偏差5%；400V系统电压长期偏低，运行在376～396V范围内，最大偏差5%。虽然以上各级电压指标均在规程允许范围内，但从安全稳定考虑，这种“上高下低”的电压布局势必给整个机组电压控制带来了很大难度，不利于电压目标的精确控制。

问题严重时，过励磁保护启动并动作，导致误发信号并跳机。根据电厂两台机组运行的电压数据，结合现场实际情况，参照主设备设计参数及电网对RUH电厂500kV母线电压控制要求，制定了电压调整方案并付诸实施。

二、检查过程

1. 设备参数检查

（1）设计参数：

发电机机端额定电压为22kV；

主变压器共 5 挡，（525±2）×2.5%/22kV，目前运行在 3 挡，每挡 13.125kV；

高压厂用变压器 A/B 均 5 挡，（22±2）×2.5%/6.3kV，目前运行在 3 挡，每挡 0.55kV；

全厂低压干式变压器（6.3±2）×2.5%/0.4kV，目前运行在 3 挡，每挡 0.145kV。

（2）运行参数：发电厂 1、2 号机组调整前机组运行参数统计见表 7-17、表 7-18。

表 7-17　　1 号机组调整前机组运行参数统计表

时间（月-日 时:分）	P	Q	$\cos\varphi$	22kV	500kV	6kVⅡA	6kVⅡB	400VPCⅡA	00VPCⅡB
11-13 10:10	529	16	0.994	22.21	531.2	6.161	6.127	383.1	377.6
11-23 20:00	339.4	59.39	0.98	22.7	534.5	6.345	6.236	385.7	389
12-08 14:45	425	−3.8	0.999	22.15	530	6.12	6.12	379.3	376.3
12-08 0:35	303	−46.5	0.964	21.97	532.8	6.12	6.05	377	374
12-09 8:10	399.7	8.2	0.993	22.32	532	6.19	6.12	382	378
12-09 9:40	414.6	3.576	0.998	22.22	531.8	6.159	6.132	381.8	377.1

注　前两行为单机运行参数。

表 7-18　　2 号机组调整前机组运行参数统计表

时间（月-日 时:分）	P	Q	$\cos\varphi$	22kV	500kV	6kVⅡA	6kVⅡB	400VPCⅡA	00VPCⅡB
11-13 10:15	621.1	102.7	0.978	22.66	532.3	6.226	6.088	385.8	384
11-21 16:15	499.3	77.7	0.981	22.7	534.7	6.179	6.161	383.7	391.9
11-23 19:10	544.6	57.93	0.986	22.55	534.5	6.144	6.124	382.2	385.2
12-08 14:45	620	80	0.984	22.5	530	6.18	6.05	384	381.9
12-08 0:35	303	10.5	0.992	22.3	533	6.15	6.01	382.3	379.1
12-09 8:10	600	79.4	0.991	22.5	532	6.23	6.13	384	381.0
12-09 9:40	620.2	93.6	0.980	22.55	532.3	6.225	6.054	386	383.4

注　前 3 行为单机运行参数。

2. 母线电压水平及发电机进相状况

由于发电厂处在输送线路首端，500kV 母线电压控制目标 530kV，远低于线路空载电压 538kV。不管机组运行方式如何改变，机组必须首先吸收两条线路约 80Mvar 的无功功率；目前运行在 22～23kV，所以发电机组正常运行状态下无功负荷也不高，一般长期运行在高功率因数的状态下。

（1）500kV 母线电压与发电机电压。电网给定的电压曲线，23:00～6:00 低谷段为 526kV，峰段为 530kV，平段为 528kV。AVC 投入后，单台机组进相深度为 80～100Mvar；

通过与电网调度沟通，已将最低电压改为 530kV，目前运行在 530～535kV 范围内，单台机组进相深度一般不超过 40Mvar。

发电机一般运行在 21.7～23kV 范围内，发电机无功最大值为 100Mvar，功率因数在 0.98～1 内波动。

（2）厂用 6kV 母线电压。由于受机组厂用电负荷不均匀和进相深度变化影响，厂用 6kV 系统电压波动范围较大，一般在 5.9～6.3kV 范围内运行。

（3）厂用 400V 母线电压。目前 400V PC 电压运行在 379～398V 范围内，MCC 电压一般在 365～388V 范围内。

3. 变压器分接头的调整与电压计算

（1）主变压器分接头调整与电压计算。将主变压器分接开关由 3 挡调至 2 挡，电压变比由 525/22kV 变为 538.125/22kV。

值得注意的是，改变高压侧分接位置并没有改变高压侧电压，500kV 母线电压是由系统电压决定的，这个电压只随负荷参数波动，不受高压分接位置影响，从而达到改变低压侧变比及降低发电机机端电压的目的。

因此，变压器分接头的调整方法是，将变压器分接头电压与系统电压相近者的挡位接入系统。并按照这种原则进行相关的计算。

系统 500kV 母线电压控制目标折算到发电机机端电压值估算：

系统电压：上限 536kV；下限 530kV。

机端电压：上限 $U_{G1}=536\times\dfrac{22}{538.125}\text{kV}\approx21.91\text{kV}$

下限 $U_{G2}=530\times\dfrac{22}{538.125}\text{kV}\approx21.67\text{kV}$

结果满足要求，调整后发电机机端电压运行在 21.67～21.91kV，与额定电压相比最大偏差为 1.5%，如此有利于机组绝缘的寿命延长，也有利于过励磁保护的整定。

（2）高压厂用变压器分接头调整与电压计算。将高压厂用变压器 A/B 分接开关由 3 挡调至 4 挡，电压变比由 22/6.3kV 变为 21.45/6.3kV。

改变高压厂用变压器分接头就是改变低压侧电压，直接作用于 6kV 母线电压的调整，这个电压即随机端电压波动，又受 6kV 段上负荷大小影响，和发电机无功功率也有密切联系，因此要综合考虑，运行中尽量保持各段的负荷平衡。

以机端电压上下限为基准折算到低压侧 6kV 母线电压估算值：

机端电压：上限 U_{G1}=21.91kV

下限 U_{G2}=21.67kV

6kV 母线电压：上限 $U_{61}=21.91\times\frac{6.3}{21.45}kV\approx6.44kV$

下限 $U_{62}=21.67\times\frac{6.3}{21.45}kV\approx6.36kV$

结果满足要求，调整高压厂用变压器分接开关调至 4 挡后 6kV 母线电压运行在 6.36～6.44kV 与额定电压最大偏差 2%，考虑机组进相及负荷满载极端情况下仍有 5%偏差余度。

（3）全厂低电压干式变压器抽头调整与电压计算。低电压干式变压器目前运行在 3 挡，变比为 6.3/0.4kV，考虑到 2.5%的压降仍能运行在 390V 以上，参数能够满足现场需要。

三、问题分析

1. 发电机功率因数太高

发电机机端电压长时间在额定值以上运行，功率因数在 0.98～1 之间波动。功率因数太高，发电机在不稳定区域的边缘上运行。

由于主变压器挡位不合适，AVC 投入后表现在主变压器无功倒灌，发电机滞相运行无功也带不上去，造成功率因数太高。

2. 厂用电母线电压太低

也是由于主变压器挡位不合适，限制了厂用系统的电压，即 6kV 及 400V 电压偏低。而且在机组进相运行时厂用电会更低。

3. 两条线路空载运行时电压更高

机组并网运行以后，由于电网电压的限制，再加上线路产生的 80Mvar 无功需要厂内吸收，使得功率因数居高不下。但是发电厂两条线路空载运行时母线电压更高，在 538kV 以上。

在电力系统的运行中，线路的电容电流，即线路产生的无功电流，与线路长度有关，电厂的送出线路为 2×40km，产生的无功 80Mvar，需要机组来平衡。因此，机组发出的无功必须考虑电容电流的影响。

四、防范实施

调整范围为 2 台机组，即 2 台主变压器与 4 台高压厂用变压器，利用机组调停的时间首先完成 1 号机组主变压器及高压厂用变压器分接头调整工作。后来，对于 2 号机组也是利用停机的机会完成的。

1. 注意事项

（1）调节主变压器抽头后，测量每相的接触电阻。

（2）将发电机机端电压控制在 21.2～22.3kV 范围内，保持功率因数在 0.9～0.95 之间。

（3）调节高压厂用变压器分接头，保持 6kV 电压在 6.3～6.5kV 范围内。

（4）要求 400V PC 在 400～410V 范围内，MCC 段电压控制在 390～400V 水平。

（5）对 400V 系统不能满足要求的，采用部分 6kV 干式变压器分接头微调来解决。

2. 试运要求

机组并网后由运行人员调整和监视各级电压情况，手动调节励磁，维持各级电压在正常范围内。

（1）根据负荷变动情况，统计 24h 机端电压、无功及厂用电电压数据。

（2）根据电压数据及无功情况，修正 AVC 定值后申请投入电压自动调整功能。

（3）AVC 投入后监视 24h 调节电压的品质，各参数稳定后正常投用。

调试期间，如果出现有任何参数偏离额定电压的状况，或者出现其他异常现象时，应及时处理。

第 20 节　热电厂机组故障与保护的动作行为

HOT 热电厂的系统结构见图 7-43。热电厂正常时设备的运行方式：35kV 天鸿Ⅱ线运行，天鸿线路Ⅰ备用；2 号主变压器运行，1 号主变压器备用；35kV 分段断路器 300 备用；10kV 分段断路器 9100、9200、9300 运行。

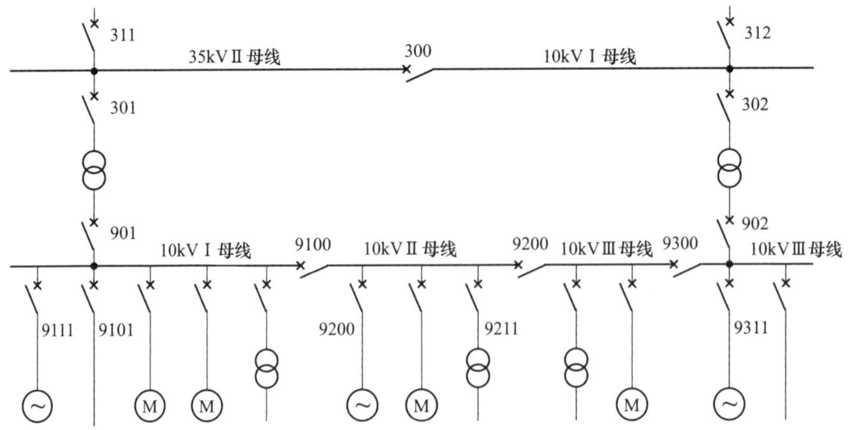

图 7-43　热电厂的系统结构图

发电机的励磁方式，2 号机组是自动励磁方式，2 号发电机组中性点悬空。3 号机组是手动励磁方式，3 号发电机组中性点装有 TV。机组的基本参数见表 7-19（1 号机组未运行，其参数统计略）。

表 7-19　　发电机组基本参数

序号	额定参数	2 号机组	3 号机组
1	容量 S_N	18MVA	15MVA
2	有功 P_N	15MW	12MW
3	功率因数 $\cos\varphi$	0.8	0.8
4	定子电压 U_N	10.5kV	10.5kV
5	定子电流 I_N	1031/2.06A	
6	转子电压 U_L		
7	转子电流 I_L		

一、故障现象

某年 11 月 20 日 1 时 32 分，热电厂事故报警，2 号机组 9211 断路器跳闸、机组全停，3 号机组 9311 断路器跳闸、机组全停，母联 9100 断路器跳闸，有的断路器柜冒烟。

设备故障时电网的运行正常，电厂内部无操作。

在恢复Ⅲ段母线供电后，启动 3 号炉时 3 号炉一次风机故障烧坏，其他设备正常。

二、检查过程

1. 一次设备检查

对故障的 2 号机组、3 号机组以及 3 号炉一次风机等进行了检查结果描述如下：

（1）2 号发电机组，定子铁芯槽口 N 处受损，定子线棒有折损现象；励磁机整流二极管烧坏 3 只。

（2）3 号机组，定子铁芯槽口 M 处受损，定子线棒有折损现象。

（3）对外供电线路断路器避雷器三相全部烧毁。

（4）3 号炉一次风机断路器避雷器有两相被烧断。

（5）10kVⅢ母线 TV B 相熔断。

完成了两台机组的绝缘检测，其结果见表 7-20。

表 7-20　　机组绝缘检测结果　　MΩ

相别	2 号机组	3 号机组
A	0	0
B	0	0
C	—	—

2. 保护检查

（1）2 号机组，差动保护动作，差动速断保护、其他保护未动作；

（2）3 号机组，差动保护动作，差动速断保护、其他保护未动作。

机组保护的定值见表 7-21。

表 7-21　　机组保护的定值

序号	保护类别	2 号机组	3 号机组	9100 断路器
1	差动	3.5A	2.8A	
2	差动速断	24.0A	19.25	
3	速断			36A
4	速断延时			0.3s
5	过电流	4.85A	3.88A	8A
6	过电流延时	1.2s	1.2s	0.8s
7	负序电压	6.3V	6.3V	
8	过负荷	4.25A	3.4A	
9	过负荷延时	10s	10s	
10	过电压	116V	116V	
11	过电压延时	5s	5s	
12	低电压	55V	55V	
13	定子接地电压	15V	15V	
14	定子接地延时	2s	2s	

三、原因分析

1. 2、3 号机组发生了 AB 相短路故障

2、3 号机组定子绕组均发生了 AB 相短路故障，导致差动保护动作，断开出口断路器、磁场断路器、机组全停。

但是故障不是太严重，因为机组定子线棒折损程度较轻、差动速断保护尚未动作。

2. 2、3 号机组故障都是 AB 相的原因

虽然 2、3 号机组定子绕组均发生了 AB 相短路故障，但是故障不会绝对同时发生，必然有先有后。例如 2 号机组 AB 相短路故障在先，并形成短路通道，此时不仅 2 号机组提供 AB 相短路电流，造成 2 号机组的损坏，同时 3 号机组也向 2 号机组的短路通道提供 AB 相短路电流，造成 3 号机组的损坏。

正如上所述，在没有故障录波设备的情况下，区分哪台机组在先是不现实的，此处

也没有必要。

3. AB 相短路是接地故障引起的

根据绝缘检查结果以及 2、3 号机组解体后的检查结果可知，机组首先出现的是定子接地-机组两相定子接地，即 A、B 相定子接地故障，伴随而来的就是定子 A、B 相接地短路故障。

在没有故障录波设备的情况下，分清是哪一相线圈接地在先也是不可能的。

值得注意的是，线路的故障录波显示，系统发生的是 A 相接地故障，BC 相电压升高，12 个周波后三相短路，此故障与 A、B 相接地故障无关，因为不是一个时期的问题。

4. 接地故障是系统谐振引起的

是 10kV 系统谐振引起了过电压，导致定子薄弱环节的对地绝缘击穿，定子绝缘击穿后必然产生接地故障。谐振系统的电路模型见图 7-44。

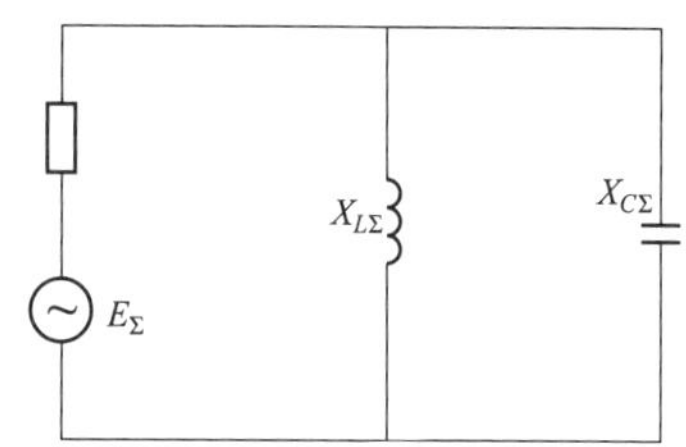

图 7-44　$X_{L\Sigma}$、$X_{C\Sigma}$ 构成的谐振电路

系统谐振是设备放电导致的，最容易引起系统谐振的是设备操作，但是当时又没有操作的任务。分析认为，10kV 系统的谐振是某一处放电引起的。是否是 3 号炉一次风机对地放电引起的，也说不准。

其实，机组失磁的振荡过程也会引发系统谐振。因此，系统的谐振也有可能是机组失磁引起的。

另外，10kV 系统 TV 太多，是具备谐振条件的重要因素。

既然谐振发生了，分清是谁引起的具有一定的意义，但是不容易做到。能够做到的只是采取切实可行的措施避免类似故障的发生。

5. 发电机的故障类型与受损特征

机组发生的故障类型不同，表现出来的受损结果也会不一样，分析如下：

（1）绝缘击穿故障与受损现象。机组绝缘击穿故障，不会造成绝缘的大面积受损。因为是电压行波在行进过程中遇到薄弱环节，将其击穿，因此设备故障受损只是局部的。

（2）短路故障与受损现象。

1）当设备发生短路故障时，会造成绝缘的大面积受损。因为是故障电流所产生的巨大电动力与热效应共同作用，能够造成设备的大面积损坏。

2）短路故障时定子线棒受力的方向向外，不会造成定子铁芯槽口受损以及定子线棒的折损。因此 HOT 热电厂 2、3 号机组定子铁芯槽口受损以及定子线棒折损现象不是这次短路故障造成的。

（3）失磁故障与受损现象。发电机失磁后，机组依然向系统输送有功功率，此时定子线棒承受的是横向的力，而且电动力的数值远不及短路故障。

因此 HOT 热电厂 2、3 号机组定子铁芯槽口受损以及定子线棒折损现象，可能是以往失磁故障时出现的，只是没有暴露出来罢了。

（4）非同期并列故障与受损现象。机组非同期并列与失磁故障一样，定子线棒承受的力同样是横向的，而且作用力的大小决定于合闸角数值，最大时相当于三相短路，比失磁故障更为严重。

（5）振荡故障与受损现象。机组振荡时定子线棒承受的力是交变的，是纵向与横向的合力，受损情况综合了短路与失磁两种故障的特征。

（6）其他电厂的故障实例。LAIC 发电厂 1 号机组非同期并列，故障电流 $4I_N$，定子线棒受损后有折损现象；LIAOC 发电厂 8 号机组出口三相短路，故障电流 $8I_N$，定子线棒受损后形成了一个“喇叭口”。

可见，发电机的故障不同受损现象也不一样，因此，可以根据损坏现象来确定故障的类型，或者说通过分解故障来寻找原因（透过现象看本质）。

6. 几个疑点的分析

根据上述分析可以断定，在 10kV 系统谐振、机组短路时，3 号炉一次风机故障烧坏；外供电线路断路器避雷器被击毁；10kV Ⅲ母线 TV B 相熔断。但是有几点疑点尚未理清。例如：

（1）2 号机组励磁机的故障发生在何时？2 号机组励磁机的故障发生在机组短路时还是后来建压时？轴瓦损坏是大轴振动砸的？

（2）10kV 系统谐振以往发生过多少次？系统谐振发生过多少次？谐振发生时应该有指示、记录。

（3）3 号炉一次风机故障烧坏发生在何时？是在 10kV 系统谐振、是机组短路时还是后来点炉时？

（4）外供电线路断路器避雷器是哪个时段烧坏的？

（5）10kV Ⅲ段母线 TV B 相熔断？

四、防范措施

根据上述情况可知，发电厂的人员配备不足，其运行维护、定期检修、故障处理等日常工作均不能按时开展。诸如机组失磁、定子接地、转子接地等故障下仍然带病坚持工作的状况时有发生，进而会导致更为严重的短路故障将机组烧毁。建议如下：

1. 提高运行水平

努力提高运行人员的专业水平，密切关注故障的报警，及时处理出现的异常现象。

确定机组失磁后的处理措施，避免机组异步运行。

2. 提高检修水平

加强设备定期检修，以提升设备的健康水平。

3. 解决系统的补偿问题

（1）10kV 系统电缆多，进一步测试电容电流，并按照要求进行补偿。

（2）调整运行方式，避免系统满足谐振条件；并安装一次消谐电阻，彻底解决系统的谐振问题。

4. 统筹考虑保护的定值

（1）调整保护定值，保证设备故障时能够快速切除。

（2）增加录波设备，以便故障的分析与处理。

（3）根据收集到的资料只能做如此定性的简单分析，希望补齐空缺，纠正错误，以便得出正确的结论，留下有针对性的措施。

后　　记

在飞雪飘舞的日子里，收到了中国电力出版社发来的《继电保护故障处理技术与实例分析》一书的清样版本，由此可见，出版的准备工作已经基本就绪，其正式版本很快就与大家见面了。在这盼望已久的时刻到来之际，阐述一下作者的感想与意愿。

1. 感谢出版社与提供帮助的人

《继电保护故障处理技术与实例分析》能够顺利出版，与华北电力科学研究院的张洁老师以及中国电力出版社的畅舒编辑的大力帮助是分不开的，在此表示万分感谢。

感谢张洁老师！

感谢畅舒编辑！

感谢中国电力出版社！

中国电力出版社的硕果累累，业绩辉煌，名扬海内外。因此，殷切希望作品能够在中国电力出版社出版。如今出版的愿望终于实现了，感到非常荣耀。

2. 难忘那漫长的写作历程与感人的一幕

该书是由若干短篇文章汇集而成的。每当完成一篇文章，总会有收获的感觉与喜悦，也就是说，完成一个作品就收获一份喜悦。小的文章有小的收获；大的文章有大的收获。要是天气作美遇上“诗成天又雪”日子，会更加令人备受鼓舞。这些年来没有比诗成天又雪的场景更令人兴奋了。恰巧今日书成天又雪，尽管书不是诗，就拿书当作诗来看，用书充当一回诗。回想起来二十个春秋已经过去，这份收获来得确实不容易，或许“诗成天又雪”的精神力量发挥了重要作用。“诗成天又雪”既是一种场景，也是一种意境。可以说，这种场景不常见，这种意境感人至深，这样的一幕叫人难以忘怀。

3. 下一步的任务即将开始，工作仍要继续

为了使该书能充分发挥应有的作用，下一步需要在跟踪专业发展的同时，去跟踪书的使用状况，继续了解社会的需求，收集读者的意见与建议，做好该书的推广与应用工作，很有必要。

能够取得读者的满意，能够获得社会的认可，是作者最为关心的事情。为此目的在取材方面做了全面的考虑。一是横向方面的考虑，覆盖了继电保护以及与之关联的外围专业。二是从专业自身方面的考虑，包含了生产、设计、安装、调试、运行、检修等环节。三是如何收集资料方面的考虑，要亲临现场看一次系统与二次系统、看主要设备与

辅助设备、看正常参数与异常参数，收集第一首资料。四是人为的问题与设备故障的界线划分方面的考虑，要注意人为因素的不确定性。五是时间跨度方面的考虑，将 20 年遇到的各种类型的问题都纳入其中。六是电压等级方面的考虑，既有 10kV 又有 1000kV 电压等级。七是机组类型方面的考虑，既有 10MW 又有 1000MW 的机组等等。

4. 认准目标牢记使命

最后想说的是，无论研究部门还是管理部门，无论运行部门还是检修部门，大家的目标都是一致的。掌握故障处理技术的目的是为了彻底消除故障；其相关工作的总体内容是分析疑点处理故障，研究对策收拾残局；对专业工作的基本要求是远离误区。可以写成这样的格式：

上联：分析疑点处理故障

下联：研究对策收拾残局

横批：远离误区

编著者

2021 年 12 月